西安交通大学 研究生创新教育系列教材

电磁波理论

Electromagnetic Waves Theory

马西奎 董天宇
康 祯 陈 锋 编著

西安交通大学出版社
XI'AN JIAOTONG UNIVERSITY PRESS

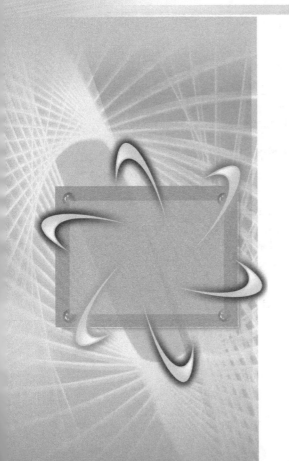

内容简介

本书主要介绍电磁波辐射、散射和传播的理论与分析方法，但只涉及解析方法。全书共分9章，分别阐述基本数学知识、基本电磁理论、基本电磁定理和原理、导行电磁波、电磁波的散射、电磁振荡与谐振腔、格林函数方法、积分变换方法、惠更斯-菲涅耳原理和波动方程的直接积分。书中配有大量习题，供读者训练分析和解决电磁波问题的能力。

国内外电磁场与电磁波的教材不少，其中不乏优秀之作。但大多数教材只是面向本科生教学，只能为进一步学习打下一个初步的基础，学习后尚难于直接阅读前沿论文及从事研究。这本《电磁波理论》教材试图弥补这一不足，其目的是在本科生电磁场与电磁波课程学习的基础上将研究生的电磁波理论水平提高一步。希望通过本书学习，研究生能够比较顺利地阅读有关现代文献并将电磁波理论运用于研究工作中。

本书力求由浅入深，循序渐进，便于在教学中应用。

本书适合作为高等学校电气工程、信息与通信工程、电子科学与技术专业的研究生教材，也可供在相关工程领域从事科学研究和开发工作的科技人员参考。

图书在版编目(CIP)数据

电磁波理论/马西奎等编著. —西安:西安交通大学出版社,2019.12(2022.5 重印)
ISBN 978-7-5693-1451-9

Ⅰ. ①电… Ⅱ. ①马… Ⅲ. ①电磁波—高等学校—教材 Ⅳ. ①O441.4

中国版本图书馆 CIP 数据核字(2019)第 269936 号

书　　名 电磁波理论
DIAN-CI BO LILUN
编 著 者 马西奎　董天宇　康祯　陈锋
责任编辑 贺峰涛

出版发行 西安交通大学出版社
(西安市兴庆南路 1 号　邮政编码 710048)
网　　址 http://www.xjtupress.com
电　　话 (029)82668357　82667874(市场营销中心)
(029)82668315(总编办)
传　　真 (029)82668280
印　　刷 西安日报社印务中心

开　　本 720 mm×1000 mm　1/16　**印张** 22　**字数** 390 千字
版次印次 2019 年 12 月第 1 版　2022 年 5 月第 3 次印刷
书　　号 ISBN 978-7-5693-1451-9
定　　价 75.00 元

如发现印装质量问题，请与本社市场营销中心联系。
订购热线:(029)82665248　(029)82667874
投稿热线:(029)82664954
读者信箱:eibooks@163.com

前　言

自2011年起，作者已连续为6届研究生讲授“电磁波理论”课程，基于多年从事电磁场与电磁波教学和科研的经验，撰写了这本电磁波理论教材。根据科学技术发展中所涉及的电磁问题，要编写一本适合研究生教学的电磁波理论教材是一件比较困难的事情。虽然，近半个世纪以来，电气工程、电子科学与技术的发展充满生机，新的研究领域一个接着一个地出现，但是它们都离不开基础学科的支撑。从作者多年来的教学和科研实践看出，数学、物理从来都是科学的基础，电磁场与电磁波理论则是众多电类科学与技术的基础。至今，电磁场与电磁波作为电类学科发展基础的地位没有变化，学好这门基础课对研究生们将来的学习和科研是极为重要的。当然，内容的选取和组织是编写教材首先要解决的关键问题。

国内外电磁场与电磁波的教材不少，其中不乏优秀之作。但大多数教材只是面向本科生教学，只能为进一步学习打下一个初步的基础，学习后尚难于直接阅读前沿论文及从事研究。这本《电磁波理论》教材试图弥补这一不足，其目的是在本科生电磁场与电磁波课程学习的基础上将研究生的电磁波理论水平提高一步。希望通过本书学习，研究生能够比较顺利地阅读有关现代文献并将电磁波理论运用于研究工作中。

本书在阐述电磁波特性的同时，着重讨论电磁波问题的求解方法，但只涉及解析方法。在电磁波问题求解中，有用的解析方法很多，作者仙山盗草，也只是选择了若干。因为在许多教材中已对数值方法有充分或专门的讲述，所以本书不涉及数值方法。显然，一本讲电磁波理论与方法的书，如果不讲理论与方法的实际应用，恰似一本讲鸡蛋的书，只谈鸡蛋的几何结构、几何性质以及内部组织等，却免谈其繁殖功能一样不得要领。如果理论与方法脱离它的实际源泉太远，又遭受长期的抽象和“脱水”，它将会干瘪退化。因此，本书也对电磁波理论与方法的实际应用做了一些努力。另外，本书力求由浅入深，循序渐进，便于在教学中应用。

本书共分9章。第1章和第2章分别是基本数学知识和基本电磁理论，这是学习与研究电磁波必要的数学和物理准备，旨在使不同专业知识背景的读者能在同一起点上进入麦克斯韦方程的“领地”，站稳脚跟后，来研究电磁波问题。第 3 章是基本电磁定理和原理，包括唯一性定理、叠加原理和二重性(对偶定理)、镜像原理、等效原理、感应定理和互易定理。这些都是全书分析电磁波问题的方法基础，掌握这些定理对达到“登堂入室”之境地会有难以估量的作用。第 4 章介绍导行电磁波，包括波导的基本理论、矩形波导、圆波导、同轴圆柱波导、单根圆柱直导线、径向波导、介质板波导、波导的损耗和波导激励与耦合。第 5 章介绍电磁波的散射，包括波的变换、理想导电圆柱体对平面波的散射、理想导电圆柱体对柱面波的散射、理想导电劈对柱面波的散射、理想导电球对平面波的散射、介质球对平面波的散射、理想导电球对球面波的散射和互易定理在电磁散射分析中的应用。第 6 章介绍电磁振荡与谐振腔，包括谐振回路与谐振腔的基本性质、矩形谐振腔、圆柱形谐振腔、同轴圆柱谐振腔、双重入式谐振腔、单重入式谐振腔、球形谐振腔和谐振腔的微扰。第 7 章介绍格林函数方法，包括用格林函数表示的一般边值问题的解、几种简单情形的格林函数、格林函数的本征函数集展开法解、格林函数的分离变量法解和格林函数的积分变换法解。第 8 章介绍积分变换方法，包括傅里叶变换在柱面坐标中的应用、半空间辐射问题、接地平面上的孔隙、理想导电圆筒上的孔隙、平面电流层的辐射和平行导电板的无限长阵对 TEM 波的反射和透射。第 9 章介绍惠更斯-菲涅耳原理和波动方程的直接积分，包括惠更斯-菲涅耳原理、标量波的基尔霍夫公式、矢量波动方程的斯特雷顿-朱兰成解、矢量波的惠更斯原理与谢昆诺夫等效定理以及口径天线的辐射场。

受本书性质、对象、篇幅，特别是作者知识范围所限，电磁波理论中的许多重要论题，如导波系统不均匀性分析、变截面波导系统、电磁波数值解法等在本书中都未能涉及。不过，作者相信在学习好这本书之后，再进一步学习和研究深入的专题不会有太大的困难。

本书适合作为高等学校电气工程、信息与通信工程、电子科学与技术专业的研究生教材。

本书由马西奎主编，董天宇博士、康祯博士和陈锋博士参加了本书的撰写工作。

本书受西安交通大学 2017 年研究生教育改革项目教材建设立项支持。

本书在编写过程中得到了西安交通大学电气工程学院各位同仁的大力支持。使用本书初稿的研究生们也指出了初稿中许多不足，作者一并在此表示衷心的感谢。

特别是，我要感谢上天赐予我一个耐心支持我工作的家庭，要感谢我的妻子丁西亚教授和我的女儿马丁，她们在我多年的教学和科研工作中给予了许多理解和支持。

限于作者的学识水平，虽然数易其稿，书中可能仍会有不足和疏漏，热忱欢迎各位读者对本书提出宝贵意见。

马西奎

2018 年 12 月于西安交通大学

目　录

第 1 章　基本数学知识

本章是本书的数学基础，主要包括六部分内容：正交函数与函数的级数展开、斯特姆-刘维尔方程、贝塞尔函数、勒让德函数、田谐函数和球面贝塞尔函数。在这里，我们对这些最基本的数学基础知识作比较简单的介绍，其目的是方便读者阅读和学习后面各章节。

1.1　正交函数与函数的级数展开

1.1.1　正交函数

正交是垂直在数学上的一种抽象化和一般化。例如，在三维欧氏空间中，互相垂直的向量之间是正交的。从数学意义上来说，两个不同向量正交是指它们的内积为零，这意味着这两个向量之间没有任何相关性。更一般地说，一组 n 个互相正交的向量必然是线性无关的，所以必然可以张成一个 n 维空间，那么，空间中的任何一个向量可以用它们来线性表示。

函数的正交是向量正交的推广，函数可以看成无穷维向量。对于两个函数 $f(x)$ 和 $g(x)$，可以定义如下的内积[1]：

$$\langle f(x), g(x)\rangle_{w(x)} = \int_a^b f(x)g(x)w(x)\mathrm{d}x \tag{1.1.1}$$

其中，$w(x)$ 称为权函数，它是一个非负的函数。这个内积叫作带权 $w(x)$ 的内积。如果两个函数带权 $w(x)$ 的内积为零，就称这两个函数带权 $w(x)$ 正交，即

$$\int_a^b f(x)g(x)w(x)\mathrm{d}x = 0 \tag{1.1.2}$$

如果一个函数系列$\{f_i(x): i = 1,2,3,\cdots\}$ 满足

$$\begin{aligned}\langle f_i(x), f_j(x)\rangle_{w(x)} &= \int_a^b f_i(x)f_j(x)w(x)\mathrm{d}x \\ &= \| f_i(x) \|^2\delta_{ij} = \| f_j(x) \|^2\delta_{ij}\end{aligned} \tag{1.1.3}$$

就称这一个函数系列为带权 $w(x)$ 的正交函数族。其中，δ_{ij} 是克罗内克函数；而 $\| f_i(x) \|$ 或 $\| f_j(x) \|$ 称为函数 $f_i(x)$ 或 $f_j(x)$ 的带权 $w(x)$ 的模值 $N(f_i(x))$ 或 $N(f_j(x))$，有

$$N(f_i(x)) = \| f_i(x) \|_{w(x)} = \sqrt{\langle f_i(x), f_i(x)\rangle_{w(x)}} \tag{1.1.4}$$

例如，三角函数族就是最常用到的正交函数族，它们的正交性用公式表示出来就是

$$\int_0^{2\pi} \sin nx \sin mx \, \mathrm{d}x = \pi \delta_{nm} \tag{1.1.5}$$

$$\int_0^{2\pi} \cos nx \cos mx \, \mathrm{d}x = \pi \delta_{nm} \tag{1.1.6}$$

$$\int_0^{2\pi} \sin nx \cos mx \, \mathrm{d}x = 0 \tag{1.1.7}$$

1.1.2 函数的级数展开

如果有一个函数 $u(x)$，它定义在区间 (a,b) 上，则可以把它近似展开成如下的一个正交函数族 $\{f_i(x):i=1,2,3,\cdots\}$ 的线性组合：

$$S_n(x) = \sum_{i=1}^{n} c_i f_i(x) \tag{1.1.8}$$

实际上，这里是用 $S_n(x)$ 来近似表示定义在区间 (a,b) 上的函数 $u(x)$。式中，c_i 是未知系数，所要解决的问题是如何选择这些未知系数 c_i。为了解决这个问题，定义一个误差项

$$\Delta_n(x) = u(x) - S_n(x) \tag{1.1.9}$$

并考虑带权 $w(x)$ 的均方差

$$M = \frac{1}{b-a}\int_a^b \Delta_n^2(x) w(x) \, \mathrm{d}x \tag{1.1.10}$$

的最小值，即取

$$\frac{\mathrm{d}M}{\mathrm{d}c_i} = 0 \quad (i = 1,2,3,\cdots,n) \tag{1.1.11}$$

就可以得到系数 c_i：

$$c_i = \frac{\int_a^b u(x) f_i(x) w(x) \, \mathrm{d}x}{\int_a^b f_i(x) f_i(x) w(x) \, \mathrm{d}x} = \frac{\langle u(x), f_i(x) \rangle_{w(x)}}{N^2(f_i(x))} \tag{1.1.12}$$

当 $n \to +\infty$ 时误差项等于零，即 $\lim\limits_{n\to+\infty} M = 0$，则称正交函数族 $\{f_i(x):i=1,2,3,\cdots\}$ 为完备正交函数族。这时，对于任意函数 $u(x)$，都可以用一个无穷级数表示：

$$u(x) = \sum_{i=1}^{+\infty} c_i f_i(x) \tag{1.1.13}$$

也就是说，把式(1.1.8)的求和扩展到无限大的整数，它就能收敛于 $u(x)$。式(1.1.13)就是函数 $u(x)$ 的正交级数展开，或正交分解。其中，未知系数 c_i 由式(1.1.12)确定[1]。

例 1.1.1 函数 $u(x)$ 的傅里叶级数展开。

解　我们先来看由下列 $2n+1$ 个正弦、余弦项之和来近似表示定义在区间 $(-\pi,\pi)$ 上的函数 $u(x)$：

$$S_n(x)=\sum_{k=0}^{n}A_k\cos kx+\sum_{k=1}^{n}B_k\sin kx \tag{1.1.14}$$

这里的正弦函数 $\sin kx$ 和余弦函数 $\cos kx$ 都是正交函数。为了选择系数 A_k 和 B_k，定义一个误差项

$$\Delta_n(x)=u(x)-S_n(x)$$

并让均方差

$$M=\frac{1}{2\pi}\int_{-\pi}^{\pi}\Delta_n^2(x)\mathrm{d}x$$

取最小值，由此得到

$$\begin{cases}A_k=\dfrac{\varepsilon_k}{2\pi}\displaystyle\int_{-\pi}^{\pi}u(x)\cos kx\,\mathrm{d}x\\ B_k=\dfrac{1}{\pi}\displaystyle\int_{-\pi}^{\pi}u(x)\sin kx\,\mathrm{d}x\end{cases} \tag{1.1.15}$$

式中，$\varepsilon_k\left(=\begin{cases}1 & k=0\\ 2 & k>0\end{cases}\right)$是诺依曼数（请注意，在本书后续章节中经常会用到诺依曼数 ε_k，有时下标 k 会换成 n 或 m）。如果考虑误差项 $\Delta_n(x)$ 和式(1.1.15)，则可以看出，当 $n\to+\infty$ 时误差项 $\Delta_n(x)$ 等于零，所以有

$$u(x)=\sum_{k=0}^{+\infty}(A_k\cos kx+B_k\sin kx) \tag{1.1.16}$$

式(1.1.16)就是函数 $u(x)$ 的傅里叶级数展开。

从例 1.1.1 中可看出，一个函数进行通常的正交函数展开式(1.1.13)，类似于进行熟知的傅里叶级数展开。

1.1.3　常用的完备正交函数族

在解决电磁波工程中大多数问题时，都会遇到把一个任意函数展开成一个任意正交函数族的级数。因此，必须解决的首要问题是如何确定一族函数是否正交。通过研究斯特姆-刘维尔方程的解，可以得到用来确定一族正交函数的一般理论，此方程将在下一节中讨论。下面先简要介绍电磁波理论中经常用到的几个正交函数族。

1. 三角函数族

三角函数族 $\{1,\cos x,\cos 2x,\cdots,\cos kx,\cdots,\sin x,\sin 2x,\cdots,\sin kx,\cdots\}$，当所取函数个数为无限多时，在区间 $[-\pi,\pi]$ 内组成完备正交函数族。

复变函数族 $\{\mathrm{e}^{\mathrm{j}nx}:n=0,\pm1,\pm2,\cdots\}$ 在区间 $[-\pi,\pi]$ 内，也是一个完备正交函数族。

2. 贝塞尔函数

无论是静电场、恒定磁场、涡流场，还是电磁波问题，只要是在圆柱坐标系下求其分离变量解，都会遇到贝塞尔(Bessel) 函数。这些问题的共同特点是，函数的空间关系都能够用拉普拉斯算子表示。在圆柱坐标系下，拉普拉斯算子能够分离成三个常微分方程，其中之一就是如下的 n 阶贝塞尔方程：

$$\frac{\mathrm{d}}{\mathrm{d}x}\left(x\frac{\mathrm{d}u}{\mathrm{d}x}\right)+\left(x-\frac{n^2}{x}\right)u=0 \tag{1.1.17}$$

其中的一个解就是 n 阶第一类贝塞尔函数 $\mathrm{J}_n(x)$，而另一个解称为 n 阶第二类贝塞尔函数 $\mathrm{Y}_n(x)$，也称为诺依曼函数。

贝塞尔函数族$\{\mathrm{J}_n(x):n=0,1,2,\cdots\}$或$\{\mathrm{Y}_n(x):n=0,1,2,\cdots\}$都是在电磁波理论中经常出现的一类正交函数族。

3. 勒让德函数

当在球面坐标系下对拉普拉斯算子进行变量分离时，会出现如下的 n 阶勒让德(Legendre) 方程：

$$(1-x^2)\frac{\mathrm{d}^2u}{\mathrm{d}x^2}-2x\frac{\mathrm{d}u}{\mathrm{d}x}+n(n+1)u=0 \tag{1.1.18}$$

勒让德方程式(1.1.18) 的一个解就是 n 阶第一类勒让德函数 $\mathrm{P}_n(x)$，而另一个解称为 n 阶第二类勒让德函数 $\mathrm{Q}_n(x)$。

勒让德函数族$\{\mathrm{P}_n(x):n=0,1,2,\cdots\}$或$\{\mathrm{Q}_n(x):n=0,1,2,\cdots\}$也都是在电磁波理论中经常出现的一类正交函数族。

4. 田谐函数

田谐(Tesseral harmonics) 函数又称为球谐函数，记作 $\mathrm{T}^{\mathrm{e}}_{mn}(\theta,\phi)$(偶田谐函数)或 $\mathrm{T}^{\mathrm{o}}_{mn}(\theta,\phi)$(奇田谐函数)，在这里省略其具体形式。它们都是二维函数，可以用来把定义在一个球面上一个任意区域的函数 $u(\theta,\phi)$ 展开为二重傅里叶级数，有

$$u(\theta,\phi)=\sum_{m=0}^{n}\sum_{n=0}^{+\infty}\left(a_{mn}\mathrm{T}^{\mathrm{e}}_{mn}(\theta,\phi)+b_{mn}\mathrm{T}^{\mathrm{o}}_{mn}(\theta,\phi)\right) \tag{1.1.19}$$

式(1.1.19) 中的系数 a_{mn} 和 b_{mn} 能够由 $\mathrm{T}^{i}_{mn}(\theta,\phi)$($i=\mathrm{e}$ 或 o) 的正交性条件确定出来。

1.2 斯特姆-刘维尔方程

在科学和技术中，最常遇到的基本常微分方程之一就是齐次的二阶线性常微分方程[1]，它的普遍形式是

$$L(u)+\lambda wu=0 \tag{1.2.1}$$

式(1.2.1) 中的 L 称为微分算子，其定义为

$$L=\frac{\mathrm{d}}{\mathrm{d}x}\left[p\frac{\mathrm{d}}{\mathrm{d}x}\right]-q \tag{1.2.2}$$

这里，p、q 和 $w(w\geqslant 0)$ 都是 x 的连续函数，而 λ 是一个常数。方程式(1.2.1) 是斯特姆-刘维尔(Strum-Liouvile) 方程的齐次形式。在应用分离变量法解偏微分方程定解问题时，都会出现斯特姆-刘维尔方程，常数 λ 是在分离变量时引入的分离常数。为了满足原来偏微分方程定解问题中的给定边界条件，只有当 λ 取为某些特殊值时，方程式(1.2.1) 才有非零特解。把 λ 的这些特殊值称为本征值，其对应的非零特解称为本征函数。因此，我们看到函数 $u(x)$ 是个本征函数。

从数学意义上来说，寻求所有本征值和本征函数的问题称为本征值问题或称为斯特姆-刘维尔问题。斯特姆-刘维尔方程的本征值及其本征函数是对一定的边界条件而言的。

设在区域 $a\leqslant x\leqslant b$ 中，$u(x)$ 和 $v(x)$ 满足下列边界条件之一：

(1) 一般边界条件：

$$\left[v^*(x)p(x)\frac{\mathrm{d}u(x)}{\mathrm{d}x}\right]\bigg|_{x=a}=\left[v^*(x)p(x)\frac{\mathrm{d}u(x)}{\mathrm{d}x}\right]\bigg|_{x=b} \tag{1.2.3}$$

式(1.2.3) 中 $v^*(x)$ 为 $v(x)$ 的复共轭。

或者写为

$$\left[u(x)p(x)\frac{\mathrm{d}v^*(x)}{\mathrm{d}x}\right]\bigg|_{x=a}=\left[u(x)p(x)\frac{\mathrm{d}v^*(x)}{\mathrm{d}x}\right]\bigg|_{x=b} \tag{1.2.4}$$

(2) 齐次边界条件：

$$\left[\alpha u(x)+\beta\frac{\mathrm{d}u(x)}{\mathrm{d}x}\right]\bigg|_{x=a\text{或}b}=0 \tag{1.2.5}$$

(3) 周期边界条件：

$$u(a)=u(b)\quad \text{及}\quad \frac{\mathrm{d}u(x)}{\mathrm{d}x}\bigg|_{x=a}=\frac{\mathrm{d}u(x)}{\mathrm{d}x}\bigg|_{x=b} \tag{1.2.6}$$

可以证明，满足上述边界条件的斯特姆-刘维尔方程的本征值问题的本征值和本征函数必然存在，其证明可参阅有关的数学书籍。在这里，我们所关心的是以下几个重要的性质：

(1) 如果 $p(x)$、$q(x)$ 都是连续函数，而且 $p(x)$ 是连续可微的，则存在无穷多个本征值 $\lambda_1,\lambda_2,\lambda_3,\cdots$，且

$$\lambda_1\leqslant\lambda_2\leqslant\lambda_3\cdots$$

相应地有本征函数

$$u_1(x),u_2(x),u_3(x),\cdots$$

(2) 当 $q(x)\geqslant 0$ 时，所有的本征值 λ_n 都是正实数。

(3) 对应于不同本征值 λ_m 及 λ_n 的本征函数 $u_m(x)$ 和 $u_n(x)$，在区间$[a,b]$ 以 $w(x)$ 为权，相互正交：

$$\int_a^b u_m(x)u_n(x)w(x)\mathrm{d}x = 0 \quad m \neq n \tag{1.2.7}$$

因为本征值分别为 λ_m 和 λ_n 的两个本征函数 $u_m(x)$ 和 $u_n(x)$ 都满足方程式(1.2.1)，所以有

$$L(u_m) + \lambda_m w u_m = 0$$

$$L(u_n) + \lambda_n w u_n = 0$$

现在，用 u_n 乘第一个方程，用 u_m 乘第二个方程，两式相减之后，在区间$[a,b]$上积分，得

$$\int_a^b [u_n L(u_m) - u_m L(u_n)]\mathrm{d}x = (\lambda_n - \lambda_m)\int_a^b w u_m u_n \mathrm{d}x$$

将算子 L 代入上式的左边，完成积分，得

$$\left[p\left(u_n \frac{\mathrm{d}u_m}{\mathrm{d}x} - u_m \frac{\mathrm{d}u_n}{\mathrm{d}x}\right)\right]\Bigg|_a^b = (\lambda_n - \lambda_m)\int_a^b w u_m u_n \mathrm{d}x$$

注意到，上面所述的三种边界条件式(1.2.3)、式(1.2.5)和式(1.2.6)，将它们分别代入上式的左边，其结果都为零。因此，有

$$(\lambda_n - \lambda_m)\int_a^b w u_m u_n \mathrm{d}x = 0$$

只要 $\lambda_m \neq \lambda_n$，那么

$$\int_a^b w u_m u_n \mathrm{d}x = 0 \tag{1.2.8}$$

这一结果说明，对于这三种边界条件，u_m 和 u_n 在区间$[a,b]$以 $w(x)$ 为权相互正交。

(4) 在一个区间内具有分段连续的一阶和二阶导数，并满足本征值问题的边界条件的任意函数 $f(x)$，可以展开为一个绝对而一致收敛，并以相应的本征函数组为基的无穷级数，数学上可表示为

$$f(x) = \sum_{n=1}^{+\infty} c_n u_n(x) \tag{1.2.9}$$

这也称为广义傅里叶级数展开。式中，c_n 为展开系数：

$$c_n = \frac{1}{N^2(u_n)}\int_a^b f(x)u_n(x)w(x)\mathrm{d}x \tag{1.2.10}$$

式(1.2.10)中的分母

$$N^2(u_n) = \int_a^b [u_n(x)]^2 w(x)\mathrm{d}x \tag{1.2.11}$$

称为本征函数的模值方。其中 $w(x)$ 称为权函数。

最后，还要指出一点，上述本征值问题是相当广泛存在的，电磁波理论中所出现的本征值问题，几乎都是它的特例。在数学上，把有关斯特姆-刘维尔方程本征值的一些结论，称为斯特姆-刘维尔理论。这一理论适用于在后面几节中将要讨论的

贝塞尔方程和勒让德方程本征值问题。

1.3　贝塞尔函数

当 $p(x)=x, q(x)=\frac{n^2}{x}, \lambda=1, w(x)=x$ 时，斯特姆-刘维尔方程式(1.2.1)就化为如下的 n 阶贝塞尔方程：

$$x^2\frac{\mathrm{d}^2 u}{\mathrm{d}x^2}+x\frac{\mathrm{d}u}{\mathrm{d}x}+(x^2-n^2)u=0 \tag{1.3.1}$$

其中 n 为任意实数或复数。在本书中 n 只限于实数，且由于方程的系数中出现 n^2 的项，所以在讨论时，不妨暂先假定 $n\geqslant 0$。

1.3.1　贝塞尔方程的解

贝塞尔方程式(1.3.1)的一个解是无穷级数所确定的函数，称为 n 阶第一类贝塞尔函数，记作

$$\mathrm{J}_n(x)=\sum_{m=0}^{+\infty}(-1)^m\frac{x^{n+2m}}{2^{n+2m}m!\,\Gamma(n+m+1)}\qquad(n\geqslant 0) \tag{1.3.2}$$

式(1.3.2)中 $\Gamma(n+m+1)$ 是 Γ 函数。应用达朗贝尔判别法可以判定这个级数在整个数轴上收敛。

由于贝塞尔方程是一个二阶微分方程，因此它必然有两个线性无关解。贝塞尔方程式(1.3.1)的另一个解称为第二类贝塞尔函数，或称为诺依曼函数，记作 $\mathrm{Y}_n(x)$。在 n 不为整数的情况，我们定义第二类贝塞尔函数为

$$\mathrm{Y}_n(x)=\frac{\mathrm{J}_n(x)\cos n\pi-\mathrm{J}_{-n}(x)}{\sin n\pi}\qquad(n\neq \text{整数}) \tag{1.3.3}$$

显然，$\mathrm{Y}_n(x)$ 与 $\mathrm{J}_n(x)$ 是线性无关的。在 n 不是整数时，$\mathrm{J}_n(x)$ 和 $\mathrm{J}_{-n}(x)$ 是两个独立解。因此，方程式(1.3.1)的通解可写成

$$u=A\mathrm{J}_n(x)+B\mathrm{Y}_n(x) \tag{1.3.4}$$

当 n 为整数时，我们定义第二类贝塞尔函数为

$$\mathrm{Y}_n(x)=\lim_{\alpha\to n}\frac{\mathrm{J}_\alpha(x)\cos\alpha\pi-\mathrm{J}_{-\alpha}(x)}{\sin\alpha\pi}\qquad(n\text{ 为整数}) \tag{1.3.5}$$

由于当 n 为整数时，$\mathrm{J}_{-n}(x)=(-1)^n\mathrm{J}_n(x)=\mathrm{J}_n(x)\cos n\pi$，所以上式右端的极限是"$\frac{0}{0}$"形式的不定型极限，应用洛必塔法则并经过冗长的推导，最后可得到[2]

$$\mathrm{Y}_0(x)=\frac{2}{\pi}\mathrm{J}_0(x)\left(\ln\frac{x}{2}+C\right)-\frac{2}{\pi}\sum_{m=0}^{+\infty}\frac{(-1)^m\left(\frac{x}{2}\right)^{2m}}{(m!)^2}\sum_{k=0}^{m-1}\frac{1}{k+1} \tag{1.3.6}$$

$$Y_n(x) = \frac{2}{\pi}J_n(x)\left(\ln\frac{x}{2}+C\right) - \frac{1}{\pi}\sum_{m=0}^{n-1}\frac{(n-m-1)!}{m!}\left(\frac{x}{2}\right)^{-n+2m}$$

$$-\frac{1}{\pi}\sum_{m=0}^{+\infty}\frac{(-1)^m\left(\frac{x}{2}\right)^{n+2m}}{m!(n+m)!}\left(\sum_{k=0}^{n+m-1}\frac{1}{k+1}+\sum_{k=0}^{m-1}\frac{1}{k+1}\right)$$

$$(n=1,2,3,\cdots) \tag{1.3.7}$$

式中 $C=\lim\limits_{n\to+\infty}\left(1+\frac{1}{2}+\frac{1}{3}+\cdots+\frac{1}{n}-\ln n\right)=0.5772\cdots$，称为欧拉常数。显然，这个 $Y_n(x)$ 与 $J_n(x)$ 也是线性无关的。

综合上面的分析结果，不论 n 是否为整数，贝塞尔方程式(1.3.1)的通解都可表示为式(1.3.4)的形式。其中，A、B 为任意常数，n 为任意实数。

当 n 为整数时，前面几个第一类和第二类贝塞尔函数的图形分别如图 1.3.1 和图 1.3.2 所示。显然，当 $x=0$ 时，$J_n(x)$ 为有限值，而 $Y_n(x)$ 为无限大。

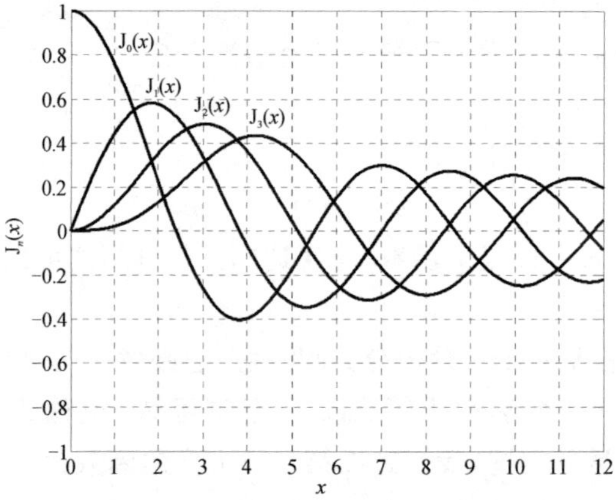

图 1.3.1　第一类贝塞尔函数

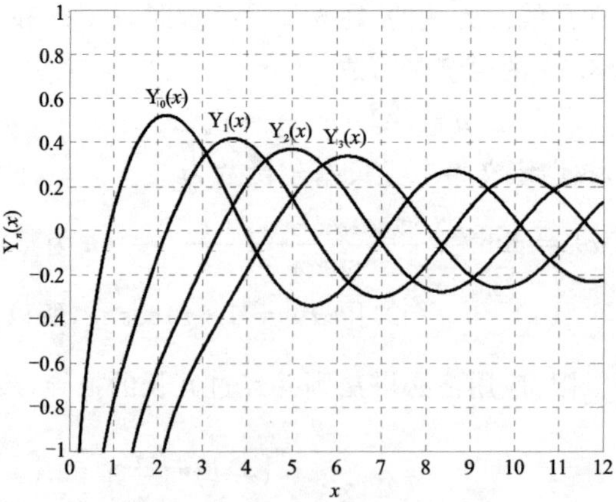

图 1.3.2　第二类贝塞尔函数

1.3.2　贝塞尔函数的递推公式

不同阶的贝塞尔函数之间是有一定的联系的，在介绍这种联系之前，我们先介绍贝塞尔函数的母函数。n 阶贝塞尔函数的母函数是[3]

$$\exp\left[\frac{x}{2}\left(t-\frac{1}{t}\right)\right]=\sum_{n=-\infty}^{+\infty}\mathrm{J}_n(x)t^n \qquad (t\neq 0) \tag{1.3.8}$$

若 n 是实整数，则 x 可以是复数。如果令 $t=\mathrm{e}^{\mathrm{j}\phi}$，则式(1.3.8) 变成

$$\mathrm{e}^{\mathrm{j}x\sin\phi}=\sum_{n=-\infty}^{+\infty}\mathrm{J}_n(x)\mathrm{e}^{\mathrm{j}n\phi} \tag{1.3.9}$$

用 $\mathrm{e}^{-\mathrm{j}m\phi}\mathrm{d}\phi$ 同乘以式(1.3.9) 两边，并在区间$(0,2\pi)$ 上完成积分后，得到

$$\mathrm{J}_n(x)=\frac{1}{2\pi}\int_0^{2\pi}\mathrm{e}^{\mathrm{j}(x\sin\phi-n\phi)}\mathrm{d}\phi \tag{1.3.10}$$

由于函数 $\mathrm{J}_n(x)$ 是实数(x 是实数)，所以式(1.3.10) 可以写成以下形式：

$$\mathrm{J}_n(x)=\frac{1}{2\pi}\int_0^{2\pi}\cos(x\sin\phi-n\phi)\mathrm{d}\phi \tag{1.3.11}$$

$$0=\frac{1}{2\pi}\int_0^{2\pi}\sin(x\sin\phi-n\phi)\mathrm{d}\phi$$

式(1.3.11) 称为贝塞尔函数的初始形式。此外，还可以导出贝塞尔函数的其他积分表示形式。

例 1.3.1　若令 $t=\mathrm{e}^{\mathrm{j}\left(\frac{\pi}{2}-\phi+\psi\right)}$，试从贝塞尔函数的母函数导出贝塞尔函数的其他积分表示形式。

解　如果 $t=\mathrm{e}^{\mathrm{j}\left(\frac{\pi}{2}-\phi+\psi\right)}$，则式(1.3.8) 变成

$$\mathrm{e}^{\mathrm{j}x\cos(\phi-\psi)}=\sum_{n=-\infty}^{+\infty}\mathrm{J}_n(x)\mathrm{e}^{\mathrm{j}n\left(\frac{\pi}{2}-\phi+\psi\right)}$$

用 $\mathrm{e}^{\mathrm{j}m\phi}$ 同乘以上式两边，并在区间$(-\pi,\pi)$ 上完成积分后，得到

$$\frac{1}{2\pi}\int_{-\pi}^{\pi}\mathrm{e}^{\mathrm{j}x\cos(\phi-\psi)+\mathrm{j}m\phi}\mathrm{d}\phi=\mathrm{J}_n(x)\mathrm{e}^{\mathrm{j}n\left(\frac{\pi}{2}+\psi\right)}$$

整理之，得

$$\mathrm{J}_n(x)=\frac{1}{2\pi}\int_{-\pi}^{\pi}\mathrm{e}^{\mathrm{j}x\cos(\phi-\psi)+\mathrm{j}n\left(\phi-\psi-\frac{\pi}{2}\right)}\mathrm{d}\phi$$

式中，ψ 为任意常数。如果取 $\psi=0$，又可得到

$$\mathrm{J}_n(x)=\frac{1}{2\pi}\int_{-\pi}^{\pi}\mathrm{e}^{\mathrm{j}x\cos\phi+\mathrm{j}n\left(\phi-\frac{\pi}{2}\right)}\mathrm{d}\phi$$

当推导贝塞尔函数的递推公式和一些有用的恒等式时，应用其母函数表示法是十分方便的。例如，对式(1.3.8) 两边求 t 的导数并比较 t 的相同幂次项，即可得

到如下递推公式：

$$\frac{2n}{x}\mathrm{J}_n(x)=\mathrm{J}_{n-1}(x)+\mathrm{J}_{n+1}(x) \tag{1.3.12}$$

同样，对式(1.3.8)两边求 x 的导数并比较 t 的相同幂次项，得到含有导数的另一递推公式：

$$2\mathrm{J}'_n(x)=\mathrm{J}_{n-1}(x)-\mathrm{J}_{n+1}(x) \tag{1.3.13}$$

另外，还能导出如下两个递推公式：

$$\frac{\mathrm{d}}{\mathrm{d}x}[x^n\mathrm{J}_n(x)]=x^n\mathrm{J}_{n-1}(x) \tag{1.3.14}$$

$$\frac{\mathrm{d}}{\mathrm{d}x}[x^{-n}\mathrm{J}_n(x)]=-x^n\mathrm{J}_{n+1}(x) \tag{1.3.15}$$

以上的式(1.3.12)、式(1.3.13)、式(1.3.14)和式(1.3.15)便是第一类贝塞尔函数的递推公式。它们在有关贝塞尔函数的分析和计算中十分有用。同理，第二类贝塞尔函数也有与第一类贝塞尔函数完全相同的递推公式。

例 1.3.2 半奇数阶贝塞尔函数 $\mathrm{J}_{n+\frac{1}{2}}(x)=(-1)^n\sqrt{\frac{2}{\pi}}x^{n+\frac{1}{2}}\left(\frac{1}{x}\frac{\mathrm{d}}{\mathrm{d}x}\right)^n\left(\frac{\sin x}{x}\right)$ 的导出。注意，微分算子 $\left(\frac{1}{x}\frac{\mathrm{d}}{\mathrm{d}x}\right)^n$ 是算子 $\frac{1}{x}\frac{\mathrm{d}}{\mathrm{d}x}$ 连续作用 n 次的缩写，它与 $\frac{1}{x^n}\frac{\mathrm{d}^n}{\mathrm{d}x^n}$ 是不同的。

解 先计算 $\mathrm{J}_{\frac{1}{2}}(x)$ 和 $\mathrm{J}_{-\frac{1}{2}}(x)$，由式(1.3.2)可得

$$\mathrm{J}_{\frac{1}{2}}(x)=\sum_{m=0}^{+\infty}\frac{(-1)^m}{m!\,\Gamma\left(\frac{3}{2}+m\right)}\left(\frac{x}{2}\right)^{\frac{1}{2}+2m}$$

由于

$$\begin{aligned}\Gamma\left(\frac{3}{2}+m\right)&=\frac{1\times3\times5\cdots(2m+1)}{2^{m+1}}\Gamma\left(\frac{1}{2}\right)\\&=\frac{1\times3\times5\cdots(2m+1)}{2^{m+1}}\sqrt{\pi}\end{aligned}$$

所以得

$$\begin{aligned}\mathrm{J}_{\frac{1}{2}}(x)&=\sqrt{\frac{2}{\pi x}}\sum_{m=0}^{+\infty}\frac{(-1)^m}{(2m+1)!}x^{2m+1}\\&=\sqrt{\frac{2}{\pi x}}\sin x\end{aligned} \tag{1.3.16}$$

同理，可得

$$\mathrm{J}_{-\frac{1}{2}}(x)=\sqrt{\frac{2}{\pi x}}\cos x \tag{1.3.17}$$

利用递推公式(1.3.12)，得到

$$\begin{aligned}
\mathrm{J}_{\frac{3}{2}}(x) &= \frac{1}{x}\mathrm{J}_{\frac{1}{2}}(x) - \mathrm{J}_{-\frac{1}{2}}(x) \\
&= \sqrt{\frac{2}{\pi x}}\left(-\cos x + \frac{1}{x}\sin x\right) \\
&= -\sqrt{\frac{2}{\pi}}x^{\frac{3}{2}}\left(\frac{1}{x}\frac{\mathrm{d}}{\mathrm{d}x}\right)\left(\frac{\sin x}{x}\right)
\end{aligned}$$

一般说来，有

$$\mathrm{J}_{n+\frac{1}{2}}(x) = (-1)^n\sqrt{\frac{2}{\pi}}x^{n+\frac{1}{2}}\left(\frac{1}{x}\frac{\mathrm{d}}{\mathrm{d}x}\right)^n\left(\frac{\sin x}{x}\right) \tag{1.3.18}$$

同样地，也有

$$\mathrm{J}_{-\left(n+\frac{1}{2}\right)}(x) = \sqrt{\frac{2}{\pi}}x^{n+\frac{1}{2}}\left(\frac{1}{x}\frac{\mathrm{d}}{\mathrm{d}x}\right)^n\left(\frac{\cos x}{x}\right) \tag{1.3.19}$$

这些结果说明，半奇数阶贝塞尔函数都是初等函数。

1.3.3　贝塞尔函数的正交性

由于贝塞尔方程是斯特姆-刘维尔方程的一个特例，所以贝塞尔函数系列作为其解也应该是一个正交函数族。对于不同阶数的贝塞尔函数，其正交性可以表示为[1]

$$\int_a^b x\mathrm{B}_n(\alpha x)\mathrm{B}_m(\alpha x)\mathrm{d}x = \delta_{mn}N \tag{1.3.20}$$

式中

$$\begin{aligned}
N &= \left[\frac{x^2}{2}\{\mathrm{B}_n^2(\alpha x) - \mathrm{B}_{n-1}(\alpha x)\mathrm{B}_{n+1}(\alpha x)\}\right]\Bigg|_a^b \\
&= \left[\frac{x^2}{2}\left\{\mathrm{B}'^2_n(\alpha x) + \left(1 - \frac{n^2}{\alpha^2 x^2}\right)\mathrm{B}_n^2(\alpha x)\right\}\right]\Bigg|_a^b
\end{aligned} \tag{1.3.21}$$

在上述表达式中，$\mathrm{B}_n(\alpha x)$ 可以是 $\mathrm{J}_n(\alpha x)$，也可以是 $\mathrm{Y}_n(\alpha x)$。

若 α 值不同，对于阶数相同的贝塞尔函数，也是正交的，可以写成

$$\int_a^b x\mathrm{B}_n(\alpha_i x)\mathrm{B}_n(\alpha_j x)\mathrm{d}x = \delta_{ij}N \tag{1.3.22}$$

利用 1.2 节中关于本征函数系的完备性可知，任意在$[a,b]$上具有一阶连续导数及分段连续的二阶导数的函数 $f(x)$，只要它在 $x=0$ 处有界，都能按贝塞尔函数展开成绝对且一致收敛的级数。在后面，将通过例子来说明按贝塞尔函数展开成级数在求解电磁波问题时的用法。

1.3.4 贝塞尔函数的其他类型

1. 第三类贝塞尔函数

由于 $J_n(x)$ 和 $Y_n(x)$ 的各种线性组合也是方程式(1.3.1)的解，所以可定义第三类贝塞尔函数，记作 $H_n^{(1)}(x)$ 和 $H_n^{(2)}(x)$，有

$$H_n^{(1)}(x)=J_n(x)+jY_n(x) \tag{1.3.23}$$

$$H_n^{(2)}(x)=J_n(x)-jY_n(x) \tag{1.3.24}$$

其中，$j=\sqrt{-1}$。第三类贝塞尔函数又称汉克尔(Hankel)函数。$H_n^{(1)}(x)$ 为 n 阶第一类汉克尔函数，$H_n^{(2)}(x)$ 为 n 阶第二类汉克尔函数。它们在外部边值问题中十分有用，能表示波动现象。

由于汉克尔函数是 $J_n(x)$ 与 $Y_n(x)$ 的线性组合，所以，同样也具有与第一类贝塞尔函数完全相同的递推公式。

2. 修正贝塞尔函数

在求解某些问题时，会遇到形如

$$x^2\frac{d^2u}{dx^2}+x\frac{du}{dx}-(x^2+n^2)u=0 \tag{1.3.25}$$

的方程。如果令 $x=-jt$ 就可将这个方程化成贝塞尔方程式(1.3.1)。

因此，方程式(1.3.25)的通解为

$$u=AJ_n(jx)+BY_n(jx) \tag{1.3.26}$$

这里

$$J_n(jx)=j^n\sum_{m=0}^{+\infty}\frac{x^{n+2m}}{2^{n+2m}m!\Gamma(n+m+1)}=j^nI_n(x) \tag{1.3.27}$$

式(1.3.27)中的 $I_n(x)$ 被定义为第一类修正贝塞尔函数。

关于第二类修正贝塞尔函数 $K_n(x)$ 定义如下：

$$K_n(x)=\begin{cases}\lim\limits_{\alpha\to n}\dfrac{\frac{1}{2}\pi[I_{-\alpha}(x)-I_\alpha(x)]}{\sin\alpha\pi} & (\text{当 } n \text{ 为整数时})\\[2ex] \dfrac{\frac{1}{2}\pi[I_{-n}(x)-I_n(x)]}{\sin n\pi} & (\text{当 } n \text{ 不为整数时})\end{cases} \tag{1.3.28}$$

最后，方程式(1.3.25)的通解又可写为

$$u=AI_n(x)+BK_n(x) \tag{1.3.29}$$

其中，A、B 为任意常数。

前几个 $I_n(x)$ 与 $K_n(x)$ 的图形分别如图 1.3.3 所示。显然，$I_n(x)$ 和 $K_n(x)$ 没有实零点，所以它们的图形不是振荡型曲线，这是与 $J_n(x)$ 和 $Y_n(x)$ 不同的一点。

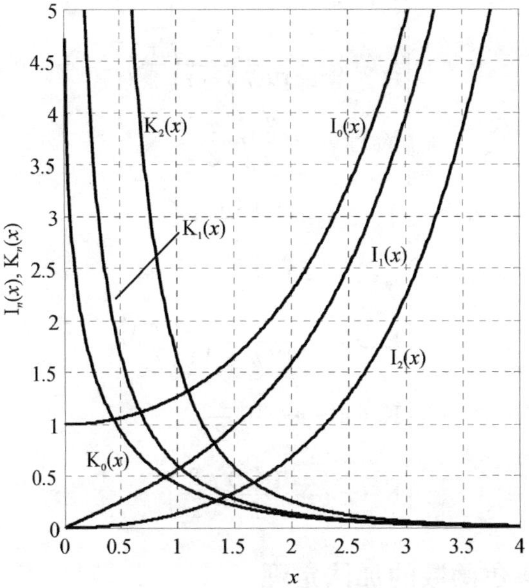

图 1.3.3　第一类和第二类修正贝塞尔函数

1.3.5　贝塞尔函数的渐近公式

当自变量很大时，或自变量很小时，各类贝塞尔函数都有渐近公式，这些渐近公式既能逼近贝塞尔函数，又能节约计算时间，这对应用贝塞尔函数解决工程技术问题有非常重要的意义。

对于大自变量，即 $x \to +\infty$ 时，有如下渐近公式：

$$
\begin{cases}
\mathrm{J}_n(x) \to \sqrt{\dfrac{2}{\pi x}}\cos\left(x-\dfrac{\pi}{4}-\dfrac{n\pi}{2}\right) \\
\mathrm{Y}_n(x) \to \sqrt{\dfrac{2}{\pi x}}\sin\left(x-\dfrac{\pi}{4}-\dfrac{n\pi}{2}\right) \\
\mathrm{H}_n^{(1)}(x) \to \sqrt{\dfrac{2}{\pi x}}\mathrm{e}^{\mathrm{j}\left(x-\frac{\pi}{4}-\frac{n\pi}{2}\right)} \\
\mathrm{H}_n^{(2)}(x) \to \sqrt{\dfrac{2}{\pi x}}\mathrm{e}^{-\mathrm{j}\left(x-\frac{\pi}{4}-\frac{n\pi}{2}\right)} \\
\mathrm{I}_n(x) \to \dfrac{1}{\sqrt{2\pi x}}\mathrm{e}^{x} \\
\mathrm{K}_n(x) \to \sqrt{\dfrac{\pi}{2x}}\mathrm{e}^{-x}
\end{cases}
\tag{1.3.30}
$$

对于小自变量，即 $x \to 0$ 时，有如下渐近公式：

$$\begin{cases} J_0(x) \to 1 \\ J_n(x) \to \dfrac{1}{\Gamma(n+1)}\left(\dfrac{x}{2}\right)^n \\ Y_0(x) \to \dfrac{2}{\pi}\ln\dfrac{x}{2} \\ Y_n(x) \to -\dfrac{\Gamma(n)}{\pi}\left(\dfrac{2}{x}\right)^n \\ I_0(x) \to 1 \\ I_n(x) \to \dfrac{1}{\Gamma(n+1)}\left(\dfrac{x}{2}\right)^n \\ K_0(x) \to -\ln\dfrac{x}{2} \\ K_n(x) \to \dfrac{\Gamma(n)}{2}\left(\dfrac{2}{x}\right)^n \end{cases} \tag{1.3.31}$$

1.3.6 贝塞尔函数的加法定理

如图 1.3.4 所示，O 和 O_1 分别代表两个直角坐标系的原点，两坐标系的 Oxy 平面与纸平面都相重合，且通过 O_1 的轴 x_1、y_1、z_1 分别平行于通过 O 的轴 x、y、z。在分析电磁波问题时，经常会遇到用贝塞尔函数在坐标系(x,y,z)的 $\boldsymbol{r}$ 和 $\boldsymbol{r}_0$ 处的值来表示贝塞尔函数在坐标系(x_1,y_1,z_1)的 $\boldsymbol{r}_1$ 处的值问题，这就需要贝塞尔函数的加法定理[4]。

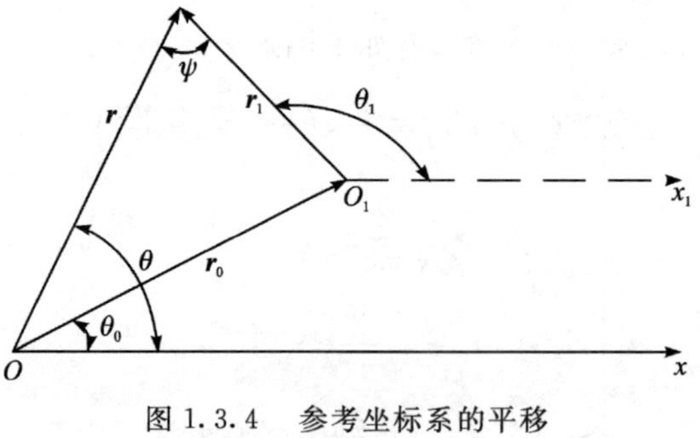

图 1.3.4 参考坐标系的平移

根据例 1.3.1 题的第一个结果，可以写出下式：

$$J_n(r_1) = \frac{1}{2\pi}\int_{-\pi}^{\pi} e^{jr_1\cos(\phi-\psi)+jn\left(\phi-\psi-\frac{\pi}{2}\right)}\,d\phi \tag{1.3.32}$$

式中，取 ψ 为图 1.3.4 中矢量 $\boldsymbol{r}$ 和 $\boldsymbol{r}_1$ 之间的夹角。

从图 1.3.4 中看到，有以下关系式：

$$r_1\cos\psi = r - r_0\cos(\theta-\theta_0) \quad 和 \quad r_1\sin\psi = r_0\sin(\theta-\theta_0) \tag{1.3.33}$$

利用上式(1.3.33)，可得到

$$r_1\cos(\phi-\psi) = r\cos\phi - r_0\cos(\phi+\theta-\theta_0) \tag{1.3.34}$$

将上式(1.3.34)代入式(1.3.32)中，有

$$\mathrm{J}_n(r_1) = \frac{1}{2\pi}\int_{-\pi}^{\pi} \mathrm{e}^{\mathrm{j}r\cos\phi-\mathrm{j}r_0\cos(\phi+\theta-\theta_0)+\mathrm{j}n\left(\phi-\psi-\frac{\pi}{2}\right)}\mathrm{d}\phi \tag{1.3.35}$$

利用如下关系式：

$$\mathrm{e}^{-\mathrm{j}x\cos\beta} = \sum_{m=-\infty}^{+\infty}\mathrm{e}^{-\mathrm{j}\frac{m\pi}{2}}\mathrm{J}_m(x)\mathrm{e}^{\mathrm{j}m\beta}$$

有

$$\mathrm{e}^{-\mathrm{j}r_0\cos(\phi+\theta-\theta_0)} = \sum_{m=-\infty}^{+\infty}\mathrm{e}^{-\mathrm{j}\frac{m\pi}{2}}\mathrm{J}_m(r_0)\mathrm{e}^{\mathrm{j}m(\phi+\theta-\theta_0)} \tag{1.3.36}$$

把式(1.3.36)代入式(1.3.35)中，交换积分与求和次序并整理之后，式(1.3.35)变成

$$\mathrm{J}_n(r_1) = \sum_{m=-\infty}^{+\infty}\mathrm{J}_m(r_0)\left\{\left[\frac{1}{2\pi}\int_{-\pi}^{\pi}\mathrm{e}^{\mathrm{j}r\cos\phi+\mathrm{j}(n+m)\left(\phi-\frac{\pi}{2}\right)}\mathrm{d}\phi\right]\mathrm{e}^{-\mathrm{j}n\psi}\mathrm{e}^{\mathrm{j}m(\theta-\theta_0)}\right\} \tag{1.3.37}$$

利用例 1.3.1 题中的第二个结果，显然式(1.3.37)中的方括号项是 $\mathrm{J}_{n+m}(r)$，因此，式(1.3.37)可以简写成

$$\mathrm{J}_n(r_1) = \mathrm{e}^{-\mathrm{j}n\psi}\sum_{m=-\infty}^{+\infty}\mathrm{J}_m(r_0)\mathrm{J}_{n+m}(r)\mathrm{e}^{\mathrm{j}m(\theta-\theta_0)} \tag{1.3.38}$$

这就是 n 阶第一类贝塞尔函数的加法定理。特别是，当 $n=0$ 时，有零阶第一类贝塞尔的加法定理如下：

$$\mathrm{J}_0(r_1) = \sum_{m=-\infty}^{+\infty}\mathrm{J}_m(r_0)\mathrm{J}_m(r)\mathrm{e}^{\mathrm{j}m(\theta-\theta_0)} \tag{1.3.39}$$

式中，θ 和 θ_0 如图 1.3.4 所示。式(1.3.39)也可以写成另一种形式如下：

$$\mathrm{J}_0(r_1) = \sum_{m=0}^{+\infty}\varepsilon_m\mathrm{J}_m(r_0)\mathrm{J}_m(r)\cos m(\theta-\theta_0) \tag{1.3.40}$$

式中，$m=0$ 时 $\varepsilon_m=1$，$m>0$ 时 $\varepsilon_m=2$。

类似地，对于汉克尔函数也可得加法定理[4]：

$$\mathrm{H}_n^{(1)}(r_1) = \begin{cases} \mathrm{e}^{-\mathrm{j}n\psi}\displaystyle\sum_{m=-\infty}^{+\infty}\mathrm{J}_m(r_0)\mathrm{H}_{n+m}^{(1)}(r)\mathrm{e}^{\mathrm{j}m(\theta-\theta_0)} & (|\boldsymbol{r}|>|r_0\cos(\theta-\theta_0)|) \\ \mathrm{e}^{-\mathrm{j}n\psi}\displaystyle\sum_{m=-\infty}^{+\infty}\mathrm{H}_m^{(1)}(r_0)\mathrm{J}_{n+m}(r)\mathrm{e}^{\mathrm{j}m(\theta-\theta_0)} & (|\boldsymbol{r}|<|r_0\cos(\theta-\theta_0)|) \end{cases} \tag{1.3.41}$$

和

$$H_n^{(2)}(r_1)=\begin{cases}e^{-jn\psi}\sum\limits_{m=-\infty}^{+\infty}J_m(r_0)H_{n+m}^{(2)}(r)e^{jm(\theta-\theta_0)} & (|\boldsymbol{r}|>|r_0\cos(\theta-\theta_0)|)\\ e^{-jn\psi}\sum\limits_{m=-\infty}^{+\infty}H_m^{(2)}(r_0)J_{n+m}(r)e^{jm(\theta-\theta_0)} & (|\boldsymbol{r}|<|r_0\cos(\theta-\theta_0)|)\end{cases}$$

(1.3.42)

特别是，当 $n=0$ 时，有零阶第二类汉克尔函数的加法定理如下[4]：

$$H_0^{(2)}(r_1)=\begin{cases}\sum\limits_{m=-\infty}^{+\infty}J_m(r_0)H_m^{(2)}(r)e^{jm(\theta-\theta_0)} & (|\boldsymbol{r}|>|r_0\cos(\theta-\theta_0)|)\\ \sum\limits_{m=-\infty}^{+\infty}H_m^{(2)}(r_0)J_m(r)e^{jm(\theta-\theta_0)} & (|\boldsymbol{r}|<|r_0\cos(\theta-\theta_0)|)\end{cases}$$

(1.3.43)

式(1.3.43)在电磁波问题分析中会经常遇到。

1.4 勒让德函数

当 $p(x)=1-x^2, q(x)=0, \lambda=n(n+1), w(x)=1$ 时，斯特姆-刘维尔方程式(1.2.1)就化为如下的 n 阶勒让德方程：

$$(1-x^2)\frac{d^2u}{dx^2}-2x\frac{du}{dx}+n(n+1)u=0 \qquad (-1\leqslant x\leqslant 1) \tag{1.4.1}$$

1.4.1 勒让德方程的解

当 n 为整数时，勒让德方程式(1.4.1)的一个解是

$$P_n(x)=\frac{1}{2^n n!}\frac{d^n}{dx^n}(x^2-1)^n \tag{1.4.2}$$

这是一个多项式，称为 n 次的勒让德多项式(或称为第一类勒让德函数)。式(1.4.2)称为勒让德多项式的罗德利克(Rodrigues)表达式。

特别是，当 $n=0,1,2,3,4,5$ 时，分别有

$$P_0(x)=1$$

$$P_1(x)=x$$

$$P_2(x)=\frac{1}{2}(3x^2-1)$$

$$P_3(x)=\frac{1}{2}(5x^3-3x)$$

$$P_4(x) = \frac{1}{8}(35x^4 - 30x^2 + 3)$$

$$P_5(x) = \frac{1}{8}(63x^5 - 70x^3 + 15x)$$

它们的图形如图 1.4.1 所示[5]

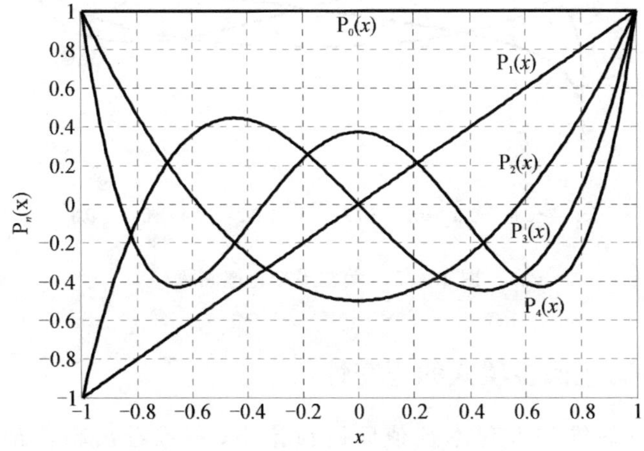

图 1.4.1　第一类勒让德函数

勒让德方程式(1.4.1) 的另一个解称为第二类勒让德函数，记作 $Q_n(x)$。这些函数在 $|x| = 1$ 上没有定义，所以它们在闭区间$[-1,1]$上是无界的。当 n 是整数时，第二类勒让德函数也变成多项式，且可以把它们表示为

$$Q_n(x) = P_n(x)\left[\frac{1}{2}\ln\frac{1+x}{1-x}\right] - \frac{2n-1}{1-n}P_{n-1}(x) - \frac{2n-5}{3(n-1)}P_{n-3}(x) - \cdots \tag{1.4.3}$$

特别是，当 $n = 0,1,2$ 时，分别有

$$Q_0(x) = \frac{1}{2}\ln\frac{1+x}{1-x}$$

$$Q_1(x) = \frac{x}{2}\ln\frac{1+x}{1-x} - 1$$

$$Q_2(x) = \frac{3x^2-1}{4}\ln\frac{1+x}{1-x} - \frac{3x}{2}$$

它们的图形如图 1.4.2 所示[5]。

这样，当 n 为整数时，方程式(1.4.1) 的通解为

$$u = C_1 P_n(x) + C_2 Q_n(x) \tag{1.4.4}$$

值得指出的是，当 n 为非整数时，情况较为复杂，通常被认为是超几何方程。

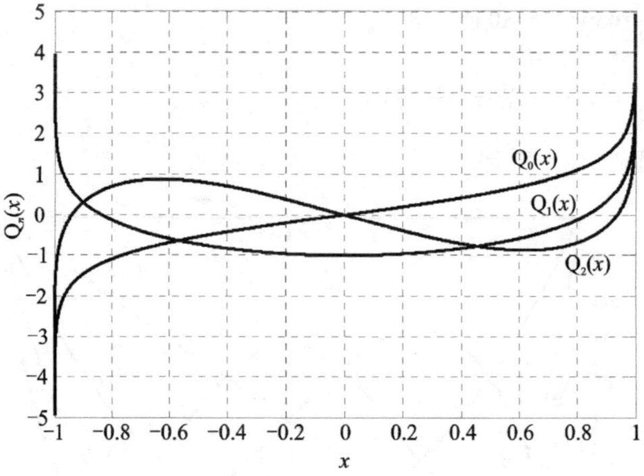

图 1.4.2 第二类勒让德函数

1.4.2 勒让德多项式的正交性

从斯特姆-刘维尔方程本征值问题讨论中，不难看出勒让德多项式系列 $\{P_n(x): n = 0, 1, 2, \cdots\}$ 是一个正交函数族。勒让德多项式的正交性表示为

$$\int_{-1}^{1} P_m(x) P_n(x) dx = \begin{cases} 0 & (m \neq n) \\ \dfrac{2}{2n+1} & (m = n) \end{cases} \tag{1.4.5}$$

而把定积分 $\int_{-1}^{1} P_n^2(x) dx$ 的值 $\dfrac{2}{2n+1}$ 称为勒让德多项式模值的二次方。式(1.4.5)的证明可参阅南京工学院数学教研组编《数学物理方程与特殊函数（第 2 版）》[2]（高等教育出版社，1982 年）第 137 – 139 页。

设函数 $f(x)$ 满足 1.2 节所述按本征函数展开的条件，则 $f(x)$ 按勒让德多项式展开可以表示为

$$f(x) = \sum_{n=0}^{+\infty} c_n P_n(x) \qquad (-1 < x < 1) \tag{1.4.6}$$

式(1.4.6) 中，系数 c_n 为

$$c_n = \frac{2n+1}{2} \int_{-1}^{1} f(x) P_n(x) dx \qquad (n = 0, 1, 2, \cdots) \tag{1.4.7}$$

1.4.3 勒让德多项式的递推公式

不同阶勒让德多项式之间有如下递推公式：

$$(n+1) P_{n+1}(x) - (2n+1) x P_n(x) + n P_{n-1}(x) = 0 \tag{1.4.8}$$

$$P_1(x) - x P_0(x) = 0 \tag{1.4.9}$$

$$\mathrm{P}_n(x)=\mathrm{P}'_{n+1}(x)+\mathrm{P}'_{n-1}(x)-2x\mathrm{P}'_n(x) \tag{1.4.10}$$

$$\mathrm{P}'_1(x)=\mathrm{P}_0(x) \tag{1.4.11}$$

与贝塞尔函数的递推公式的导出过程一样，上述勒让德多项式的递推公式也能用其母函数求出。n 阶勒让德多项式 $\mathrm{P}_n(x)$ 的母函数是

$$(1-2xt+t^2)^{-\frac{1}{2}}=\sum_{n=0}^{+\infty}\mathrm{P}_n(x)t^n \tag{1.4.12}$$

其中，$|x|\leqslant 1$ 和 $|t|<1$。如果把式(1.4.12) 的左边在 $t=0$ 附近展开成麦克劳林级数，得

$$\begin{aligned}\mathrm{P}_n(x)&=\frac{1}{n!}\frac{\partial^n}{\partial t^n}(1-2xt+t^2)^{-\frac{1}{2}}\Big|_{t=0}\\&=\frac{1}{2^n n!}\frac{\mathrm{d}^n}{\mathrm{d}x^n}(x^2-1)^n\end{aligned} \tag{1.4.13}$$

从式(1.4.12) 能够求出如下一些关系：

$$\mathrm{P}_n(-x)=(-1)^n\mathrm{P}_n(x) \tag{1.4.14}$$

$$\mathrm{P}_n(\pm 1)=(\pm 1)^n \tag{1.4.15}$$

1.5　田谐函数

在球面坐标系下，当把一个球面上定义在一个任意区域的函数 $f(\theta,\phi)$ 展开为正交函数的二重广义傅里叶级数时，都会遇到田谐函数。田谐函数是一个与 θ 和 ϕ 都相关的二元函数，它与 ϕ 的相关性由正弦函数表示，而与 θ 的相关性则由连带勒让德多项式表示。在介绍田谐函数之前，我们先介绍连带勒让德多项式。

1.5.1　连带勒让德多项式

在球坐标系中，对拉普拉斯方程进行变量分离便会引出连带勒让德方程如下：

$$(1-x^2)\frac{\mathrm{d}^2u}{\mathrm{d}x^2}-2x\frac{\mathrm{d}u}{\mathrm{d}x}+\left[n(n+1)-\frac{m^2}{1-x^2}\right]u=0 \tag{1.5.1}$$

其中，m 是正整数。当 n 为正整数时，这个方程的一个解便是连带勒让德多项式，记为 $\mathrm{P}_n^m(x)$，其表达式如下：

$$\mathrm{P}_n^m(x)=(-1)^m(1-x^2)^{\frac{m}{2}}\frac{\mathrm{d}^m\mathrm{P}_n(x)}{\mathrm{d}x^m}\quad(m\leqslant n,\ |x|\leqslant 1) \tag{1.5.2}$$

我们把它称为 n 次 m 阶的第一类连带勒让德多项式。从斯特姆-刘维尔理论可知，连带勒让德多项式系列$\{\mathrm{P}_n^m(x):n=0,1,2,\cdots\}$在区间$[-1,1]$上也构成完备正交系。经过计算，可以得到它的模的二次方为

$$N^2[\mathrm{P}_n^m(x)]=\int_{-1}^{1}[\mathrm{P}_n^m(x)]^2\mathrm{d}x=\frac{2}{2n+1}\frac{(n+m)!}{(n-m)!} \tag{1.5.3}$$

当n为正整数时，连带勒让德方程式(1.5.1)的另一个解称为第二类连带勒让德多项式，记为$Q_n^m(x)$，其表达式如下：

$$Q_n^m(x)=(-1)^m(1-x^2)^{\frac{m}{2}}\frac{d^m Q_n(x)}{dx^m}\quad(m\leqslant n,\ |x|<1)\tag{1.5.4}$$

我们把它称为n次m阶的第二类连带勒让德多项式。函数$Q_n^m(x)$在$|x|=1$上没有定义，因而在许多问题中不会用到$Q_n^m(x)$。

1.5.2 田谐函数

当在球坐标系内求解不具有轴对称性问题时，要求将已知函数$f(\theta,\phi)$按照函数系$\{P_n^m(\cos\theta)\cos m\phi, P_n^m(\cos\theta)\sin m\phi\}(n=0,1,2,\cdots;m=0,1,2,\cdots,n)$展开，即

$$f(\theta,\phi)=\sum_{n=0}^{+\infty}\sum_{m=0}^{n}(A_n^m T_{mn}^{e}(\theta,\phi)+B_n^m T_{mn}^{o}(\theta,\phi))\tag{1.5.5}$$

其中，A_n^m和B_n^m为任意常数，而$T_{mn}^{e}(\theta,\phi)$和$T_{mn}^{o}(\theta,\phi)$称为田谐函数，又称球谐函数，其表达式分别为

$$\begin{cases}T_{mn}^{e}(\theta,\phi)=P_n^m(\cos\theta)\cos m\phi\\ T_{mn}^{o}(\theta,\phi)=P_n^m(\cos\theta)\sin m\phi\end{cases}\tag{1.5.6}$$

为了计算系数A_n^m和B_n^m，需要利用上述函数系的如下正交关系式：

$$\int_0^{2\pi}d\phi\int_0^{\pi}T_{mn}^{i}(\theta,\phi)T_{pq}^{j}(\theta,\phi)\sin\theta d\theta=\frac{4\pi(n+m)!}{\varepsilon_m(2n+1)(n-m)!}\delta_{mp}\delta_{nq}\delta_{ij}\tag{1.5.7}$$

其中，ε_m是诺依曼数。利用通常的方法与式(1.5.7)可得

$$\begin{cases}A_n^m=\dfrac{\varepsilon_m(2n+1)(n-m)!}{4\pi(n+m)!}\displaystyle\int_0^{\pi}\int_0^{2\pi}f(\theta,\phi)P_n^m(\cos\theta)\cos m\phi\sin\theta d\phi d\theta\\ B_n^m=\dfrac{\varepsilon_m(2n+1)(n-m)!}{4\pi(n+m)!}\displaystyle\int_0^{\pi}\int_0^{2\pi}f(\theta,\phi)P_n^m(\cos\theta)\sin m\phi\sin\theta d\phi d\theta\end{cases}\tag{1.5.8}$$

值得指出的是，田谐函数在$\theta=0$、π处等于零，而在其他$n-m$个θ值处给出$n-m$圈纬线。正弦函数的零点产生m条经线。于是，n次、m阶田谐函数的零点把球面分成球矩形。

1.5.3 勒让德函数的加法定理

设单位球面上有两个点P和Q，P点矢量$\boldsymbol{r}(\theta,\phi)$和$Q$点矢量$\boldsymbol{r}'(\theta',\phi')$之间的夹角为$\gamma$，现在的问题是用坐标$(\theta,\phi)$和$(\theta',\phi')$来表示$P_n(\cos\gamma)$。设$P_n(\cos\gamma)$具有如下展开式：

$$P_n(\cos\gamma)=\frac{c_0}{2}P_n(\cos\theta)+\sum_{m=1}^{n}(c_m\cos m\phi+d_m\sin m\phi)P_n^m(\cos\theta)\tag{1.5.9}$$

式中

$$\cos\gamma=\cos\theta\cos\theta'+\sin\theta\sin\theta'\cos(\phi-\phi')\tag{1.5.10}$$

将式(1.5.9)两边同乘以 $P_n^m(\cos\theta)\cos m\phi$，并在单位球面上积分，并利用正交性，我们得到

$$\int_0^{2\pi}\int_0^{\pi} P_n(\cos\gamma)P_n^m(\cos\theta)\cos m\phi\sin\theta\mathrm{d}\theta\mathrm{d}\phi = \frac{2\pi}{2n+1}\frac{(n+m)!}{(n-m)!}c_m \quad (1.5.11)$$

但是，左边的积分结果为[4]

$$\int_0^{2\pi}\int_0^{\pi} P_n(\cos\gamma)P_n^m(\cos\theta)\cos m\phi\sin\theta\mathrm{d}\theta\mathrm{d}\phi = \frac{4\pi}{2n+1}P_n^m(\cos\theta')\cos m\phi'$$

这样

$$c_m = 2\frac{(n-m)!}{(n+m)!}P_n^m(\cos\theta')\cos m\phi'$$

同样，得到

$$d_m = 2\frac{(n-m)!}{(n+m)!}P_n^m(\cos\theta')\sin m\phi'$$

将 c_m 和 d_m 代入式(1.5.9)，得到

$$P_n(\cos\gamma) = P_n(\cos\theta')P_n(\cos\theta) + 2\sum_{m=1}^{n}\frac{(n-m)!}{(n+m)!}P_n^m(\cos\theta')P_n^m(\cos\theta)\cos m(\phi-\phi') \quad (1.5.12)$$

这就是勒让德函数的加法定理。或者将其进一步展开为

$$P_n(\cos\gamma) = \sum_{m=-n}^{n}\frac{(n-m)!}{(n+m)!}P_n^m(\cos\theta')P_n^m(\cos\theta)\mathrm{e}^{\mathrm{j}m(\phi-\phi')} \quad (1.5.13)$$

从数学上来看，该定理可将任意两个矢量 $\boldsymbol{r}$ 及 $\boldsymbol{r}'$ 的方位角进行分离。在电磁波理论中，它可用于波函数及波型的变换。

1.6　球面贝塞尔函数

1.6.1　球面贝塞尔函数的基本知识

在球面坐标系中求解亥姆霍兹方程时，会用到球面贝塞尔函数，它的习惯定义为

$$b_n(x) = \sqrt{\frac{\pi}{2x}}B_{n+\frac{1}{2}}(x) \quad (1.6.1)$$

在式(1.6.1)中，$B_{n+\frac{1}{2}}(x)$ 是奇数阶贝塞尔函数中的任何一个，即 $J_{n+\frac{1}{2}}(x)$、$Y_{n+\frac{1}{2}}(x)$、$H_{n+\frac{1}{2}}^{(1)}(x)$、$H_{n+\frac{1}{2}}^{(2)}(x)$ 等。$b_n(x)$ 可由 $B_{n+\frac{1}{2}}(x)$ 相对应的名称和字母来得到（例如，$j_n(x)$ 是第一类球面贝塞尔函数，$h_n^{(2)}(x)$ 是第二类球面汉克尔函数，等等）。在正弦电磁场问题中，另一种球面贝塞尔函数的习惯定义为

$$\hat{\mathrm{B}}_n(x) = \sqrt{\frac{\pi x}{2}}\mathrm{B}_{n+\frac{1}{2}}(x) \tag{1.6.2}$$

实际上，$\mathrm{b}_n(x)$ 是微分方程

$$\frac{\mathrm{d}}{\mathrm{d}x}\left[x^2\frac{\mathrm{d}\mathrm{b}_n(x)}{\mathrm{d}x}\right]+[x^2-n(n+1)]\mathrm{b}_n(x)=0 \tag{1.6.3}$$

的一个解。而 $\hat{\mathrm{B}}_n(x)$ 却是微分方程

$$x^2\frac{\mathrm{d}^2\hat{\mathrm{B}}_n(x)}{\mathrm{d}x^2}+[x^2-n(n+1)]\hat{\mathrm{B}}_n(x)=0 \tag{1.6.4}$$

的一个解。

当 $n=0,1,2$ 时，$\mathrm{j}_n(x)$ 和 $\mathrm{y}_n(x)$ 曲线分别如图 1.6.1 和图 1.6.2 所示[1]。

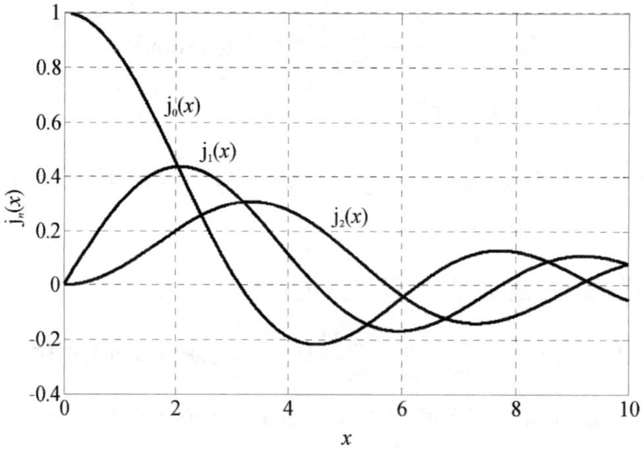

图 1.6.1 第一类球面贝塞尔函数

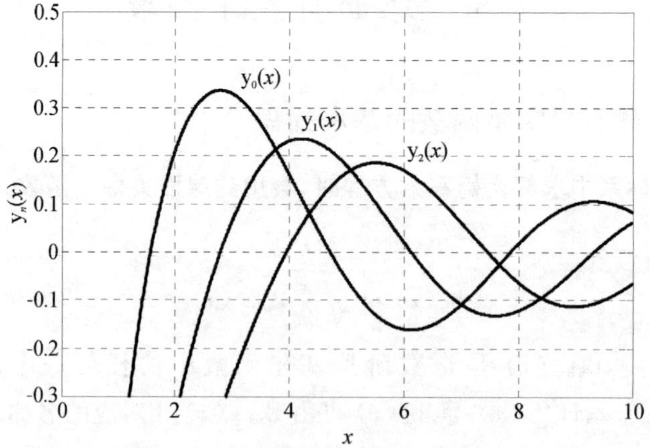

图 1.6.2 第二类球面贝塞尔函数

特别实用的是，整数阶 n 的球面贝塞尔函数在形式上比柱面贝塞尔函数简单得多。它们可以写成闭式，例如

$$\begin{cases} \mathrm{j}_0(x)=\dfrac{\sin x}{x}, & \mathrm{h}_0^{(1)}(x)=\dfrac{\mathrm{e}^{\mathrm{j}x}}{\mathrm{j}x} \\ \mathrm{y}_0(x)=-\dfrac{\cos x}{x}, & \mathrm{h}_0^{(2)}(x)=\mathrm{h}_0^{(1)*}(x) \\ \hat{\mathrm{J}}_0(x)=\sin x, & \hat{\mathrm{H}}_0^{(1)}(x)=-\mathrm{j}\mathrm{e}^{\mathrm{j}x} \\ \hat{\mathrm{Y}}_0(x)=-\cos x, & \hat{\mathrm{H}}_0^{(2)}(x)=\hat{\mathrm{H}}_0^{(1)*}(x) \end{cases} \tag{1.6.5}$$

球面贝塞尔函数有下列递推公式：

$$\begin{cases} \dfrac{(2n+1)}{x}\mathrm{b}_n(x)=\mathrm{b}_{n-1}(x)+\mathrm{b}_{n+1}(x) \\ \dfrac{(2n+1)}{x}\hat{\mathrm{B}}_n(x)=\hat{\mathrm{B}}_{n-1}(x)+\hat{\mathrm{B}}_{n+1}(x) \\ (2n+1)\mathrm{b}'_n(x)=n\mathrm{b}_{n-1}(x)-(n+1)\mathrm{b}_{n+1}(x) \\ (2n+1)\hat{\mathrm{B}}'_n(x)=(n+1)\hat{\mathrm{B}}_{n-1}(x)-n\hat{\mathrm{B}}_{n+1}(x) \end{cases} \tag{1.6.6}$$

不难得到，球面贝塞尔函数的正交积分为

$$\int_a^b x^2\mathrm{b}_n(x)\mathrm{b}_m(x)\mathrm{d}x=\delta_{mn}N \tag{1.6.7}$$

其中

$$N=\left[\frac{x^3}{2}\{\mathrm{b}_n^2(x)-\mathrm{b}_{n-1}(x)\mathrm{b}_{n+1}(x)\}\right]\Big|_a^b$$

以及

$$\int_a^b \hat{\mathrm{B}}_n(x)\hat{\mathrm{B}}_m(x)\mathrm{d}x=\delta_{mn}\hat{N} \tag{1.6.8}$$

其中

$$\hat{N}=\left[\frac{x}{2}\{\hat{\mathrm{B}}_n^2(x)-\hat{\mathrm{B}}_{n-1}(x)\hat{\mathrm{B}}_{n+1}(x)\}\right]\Big|_a^b$$

其他有用的几个关系如下：

$$\begin{cases} \mathrm{j}_n(-x)=(-1)^n\mathrm{j}_n(x), & \mathrm{h}_n^{(1)}(-x)=(-1)^n\mathrm{h}_n^{(2)}(x) \\ \mathrm{y}_n(-x)=(-1)^{n+1}\mathrm{y}_n(x), & \mathrm{h}_n^{(2)}(-x)=(-1)^n\mathrm{h}_n^{(1)}(x) \\ \hat{\mathrm{J}}_n(-x)=(-1)^{n+1}\hat{\mathrm{J}}_n(x), & \hat{\mathrm{H}}_n^{(1)}(-x)=(-1)^{n+1}\hat{\mathrm{H}}_n^{(2)}(x) \\ \hat{\mathrm{Y}}_n(-x)=(-1)^n\hat{\mathrm{Y}}_n(x), & \hat{\mathrm{H}}_n^{(2)}(-x)=(-1)^{n+1}\hat{\mathrm{H}}_n^{(1)}(x) \end{cases} \tag{1.6.9}$$

特别值得提到的是下列渐近公式：

$$\hat{\mathrm{H}}_n^{(2)}(x)\underset{x\to+\infty}{\longrightarrow}\mathrm{j}^{n+1}\mathrm{e}^{-\mathrm{j}x} \tag{1.6.10}$$

这是在辐射问题中很有用的一个渐近公式。以及对于大自变量，即 $x\to+\infty$，有渐

近公式如下：

$$\begin{cases} \mathrm{j}_n(x) \to \dfrac{1}{x}\cos\left(x-\dfrac{(n+1)\pi}{2}\right) & \mathrm{y}_n(x) \to \dfrac{1}{x}\sin\left(x-\dfrac{(n+1)\pi}{2}\right) \\ \mathrm{h}_n^{(1)}(x) \to \dfrac{1}{x}\mathrm{e}^{\mathrm{j}\left(x-\frac{(n+1)\pi}{2}\right)} & \mathrm{h}_n^{(2)}(x) \to \dfrac{1}{x}\mathrm{e}^{-\mathrm{j}\left(x-\frac{(n+1)\pi}{2}\right)} \end{cases} \tag{1.6.11}$$

对于小的自变量，即 $x \to 0$，有渐近公式如下：

$$\begin{cases} \mathrm{j}_n(x) \to \dfrac{n!}{(2n+1)!}(2x)^n \\ \mathrm{y}_n(x) \to -(2n-1)!x^{-(n+1)} \end{cases} \tag{1.6.12}$$

1.6.2 球面贝塞尔函数的加法定理

在求解球面波被球体散射时，需要用下列零阶第二类球面汉克尔函数加法定理：

$$\mathrm{h}_0^{(2)}(|\boldsymbol{r}-\boldsymbol{r}'|) = \begin{cases} \sum\limits_{n=0}^{+\infty}(2n+1)\mathrm{j}_n(r)\mathrm{h}_n^{(2)}(r')\mathrm{P}_n(\cos\alpha) & (r<r') \\ \sum\limits_{n=0}^{+\infty}(2n+1)\mathrm{j}_n(r')\mathrm{h}_n^{(2)}(r)\mathrm{P}_n(\cos\alpha) & (r>r') \end{cases} \tag{1.6.13}$$

式中，$|\boldsymbol{r}-\boldsymbol{r}'| = \sqrt{r^2+r'^2-2rr'\cos\alpha}$，$\cos\alpha = \cos\theta\cos\theta' + \sin\theta\sin\theta'\cos(\phi-\phi')$。

为了证明球面汉克尔函数加法定理式(1.6.13)，令

$$\mathrm{h}_0^{(2)}(|\boldsymbol{r}-\boldsymbol{r}'|) = \sum_{n=0}^{+\infty} f(r,r')\mathrm{P}_n(\cos\alpha) \tag{1.6.14}$$

根据函数 $\mathrm{h}_0^{(2)}(|\boldsymbol{r}-\boldsymbol{r}'|) = \dfrac{\mathrm{j}\mathrm{e}^{-\mathrm{j}|\boldsymbol{r}-\boldsymbol{r}'|}}{|\boldsymbol{r}-\boldsymbol{r}'|}$ 的性质，可以推知，函数 $f(r,r') = f(r',r)$；当 $r \to 0$ 时，$\mathrm{h}_0^{(2)}(|\boldsymbol{r}-\boldsymbol{r}'|)$ 为有限值，所以，$f(r,r')$ 应为第一类球面贝塞尔函数 $\mathrm{j}_n(r)$；当 $r \to +\infty$ 时，$f(r,r')$ 应为第二类球面汉克尔函数 $\mathrm{h}_0^{(2)}(r)$。这样，可取

$$f(r,r') = \begin{cases} a_n\mathrm{j}_n(r)\mathrm{h}_n^{(2)}(r') & (r<r') \\ a_n\mathrm{j}_n(r')\mathrm{h}_n^{(2)}(r) & (r>r') \end{cases} \tag{1.6.15}$$

为了求出系数 a_n，令 $r' \to +\infty$，则 $|\boldsymbol{r}-\boldsymbol{r}'| = r' - r\cos\alpha$。因此，当 $r' \to +\infty$ 时，有

$$\mathrm{h}_0^{(2)}(|\boldsymbol{r}-\boldsymbol{r}'|) \to \frac{\mathrm{e}^{-\mathrm{j}r'}\mathrm{e}^{\mathrm{j}r\cos\alpha}}{-\mathrm{j}r'} \tag{1.6.16}$$

应该注意到，这里在进行近似时，将分母中的 $|\boldsymbol{r}-\boldsymbol{r}'|$ 近似为 r'，而对指数 $\mathrm{e}^{-\mathrm{j}|\boldsymbol{r}-\boldsymbol{r}'|}$ 中的 $|\boldsymbol{r}-\boldsymbol{r}'|$ 则近似为 $r'-r\cos\alpha$。式(1.6.16)分子中指数项可作如下展开[6]：

$$e^{jr\cos\alpha} = \sum_{n=0}^{+\infty}(2n+1)j^n P_n(\cos\alpha)j_n(r) \tag{1.6.17}$$

因此，当 $r \to r'$ 时，有展开式如下：

$$h_0^{(2)}(|\boldsymbol{r}-\boldsymbol{r}'|) \to \frac{e^{-jr'}}{-jr'}\sum_{n=0}^{+\infty}(2n+1)j^n P_n(\cos\alpha)j_n(r) \tag{1.6.18}$$

将式(1.6.15)代入式(1.6.14)中，并当 $r' \to +\infty$ 时，利用 n 阶第二类球面汉克尔函数的大自变量近似公式，有

$$h_0^{(2)}(|\boldsymbol{r}-\boldsymbol{r}'|) \to \frac{e^{-jr'}}{-jr'}\sum_{n=0}^{+\infty}a_n j^n P_n(\cos\alpha)j_n(r) \tag{1.6.19}$$

将式(1.6.19)与式(1.6.18)相比较，可知系数 $a_n = 2n+1$。那么，将式(1.6.15)代入式(1.6.14)中，即可得到式(1.6.13)。

式(1.6.13)中的上标 2 换成 1，也是成立的。由此可以得到零阶第一类球面汉克尔函数加法定理如下：

$$h_0^{(1)}(|\boldsymbol{r}-\boldsymbol{r}'|) = \begin{cases} \sum_{n=0}^{+\infty}(2n+1)j_n(r)h_n^{(1)}(r')P_n(\cos\alpha) & (r<r') \\ \sum_{n=0}^{+\infty}(2n+1)j_n(r')h_n^{(1)}(r)P_n(\cos\alpha) & (r>r') \end{cases} \tag{1.6.20}$$

类似地，还可以证明零阶第一类和第二类球面贝塞尔函数的加法定理为

$$j_0(|\boldsymbol{r}-\boldsymbol{r}'|) = \sum_{n=0}^{+\infty}(2n+1)j_n(r)j_n(r')P_n(\cos\alpha) \tag{1.6.21}$$

和

$$y_0(|\boldsymbol{r}-\boldsymbol{r}'|) = \sum_{n=0}^{+\infty}(2n+1)y_n(r)y_n(r')P_n(\cos\alpha) \tag{1.6.22}$$

当我们需要把位于 Q 点($\boldsymbol{r}'$ 处)的波源产生的球面波表示成位于原点 O 处的波源所产生的球面波之和时，会用到上述的球面汉克尔函数加法定理和球面贝塞尔函数加法定理。这时，加法定理中的 $\boldsymbol{r}$ 矢量是观察点或计算点的位置矢量。

1.6.3　第一类 *n* 阶球面贝塞尔函数的母函数

第一类 n 阶球面贝塞尔函数的母函数是

$$e^{\pm jx\cos\theta} = \sum_{n=0}^{+\infty}(2n+1)(\pm j)^n j_n(x)P_n(\cos\theta) \tag{1.6.23}$$

那么，$j_n(x)$ 的积分表达式为

$$j_n(x) = \frac{(\pm j)^{-n}}{2}\int_0^{\pi} e^{\pm jx\cos\theta}P_n(\cos\theta)\sin\theta d\theta \tag{1.6.24}$$

1.7 朗斯基多项式

我们知道,齐次二阶线性常微分方程的通解由两个线性无关函数组成,其中每一个函数都满足同一个方程。对这两个函数进行线性无关的检验,就要求其朗斯基多项式不等于零[7-8]。另一方面,若能知道这两个线性无关函数组合的朗斯基多项式之值,对简化许多问题的解也是十分有用的。为此,我们定义二阶线性常微分方程的朗斯基多项式如下:

$$W(u_1,u_2)=\begin{vmatrix} u_1 & u_2 \\ u_1' & u_2' \end{vmatrix} \tag{1.7.1}$$

式中,$u_1(x)$ 和 $u_2(x)$ 都是该微分方程的解。如果 $u_1(x)$ 和 $u_2(x)$ 是线性无关的,则

$$W(u_1,u_2)\neq 0 \tag{1.7.2}$$

可以证明,斯特姆-刘维尔方程式(1.2.1)的两个线性无关解的朗斯基多项式为常数除以 $p(x)$[8],即

$$p(x)W(u_1,u_2)=C \tag{1.7.3}$$

式中 C 是一个与 x 无关的常数。

1.7.1 贝塞尔函数的朗斯基多项式

可以求得贝塞尔函数的各种朗斯基多项式为

$$\mathrm{J}_n(x)\mathrm{Y}_n'(x)-\mathrm{J}_n'(x)\mathrm{Y}_n(x)=\mathrm{J}_n(x)\mathrm{Y}_{n-1}(x)-\mathrm{J}_{n-1}(x)\mathrm{Y}_n(x)=\frac{2}{\pi x} \tag{1.7.4}$$

$$\mathrm{Y}_n(x)\mathrm{H}_n^{(2)\prime}(x)-\mathrm{Y}_n'(x)\mathrm{H}_n^{(2)}(x)=-\frac{2}{\pi x} \tag{1.7.5}$$

$$\mathrm{J}_n(x)\mathrm{H}_n^{(2)\prime}(x)-\mathrm{J}_n'(x)\mathrm{H}_n^{(2)}(x)=\frac{2}{\mathrm{j}\pi x} \tag{1.7.6}$$

而含有 $\mathrm{H}_n^{(1)}(x)$ 的朗斯基多项式的类似关系可以通过下面的关系求得

$$\mathrm{H}_n^{(1)}(x)=\mathrm{H}_n^{(2)*}(x) \tag{1.7.7}$$

式中,星号表示共轭复数。

可以求得修正贝塞尔函数的各种朗斯基多项式为

$$\mathrm{I}_s(x)\mathrm{K}_s'(x)-\mathrm{I}_s'(x)\mathrm{K}_s(x)=-\frac{1}{x}\qquad (s=n) \tag{1.7.8}$$

$$\mathrm{I}_s(x)\mathrm{I}_{-s}'(x)-\mathrm{I}_s'(x)\mathrm{I}_{-s}(x)=-\frac{2}{\pi x}\sin s\pi\qquad (s\neq n) \tag{1.7.9}$$

可以求得球面贝塞尔函数的各种朗斯基多项式为

$$\mathrm{j}_n(x)\mathrm{y}_n'(x)-\mathrm{j}_n'(x)\mathrm{y}_n(x)=\frac{1}{x^2} \tag{1.7.10}$$

$$\mathrm{j}_n(x)\mathrm{h}_n^{(2)'}(x)-\mathrm{j}'_n(x)\mathrm{h}_n^{(2)}(x)=-\frac{\mathrm{j}}{x^2} \tag{1.7.11}$$

利用 $\mathrm{h}_n^{(1)}(x)=\mathrm{j}_n(x)+\mathrm{j}\mathrm{y}_n(x)$，$\mathrm{h}_n^{(2)}(x)=\mathrm{h}_n^{(1)*}(x)$ 等关系就能由式(1.7.10)和式(1.7.11)得到其他球面贝塞尔函数和汉克尔函数的朗斯基多项式。

此外，还有如下朗斯基多项式：

$$\hat{\mathrm{J}}_n(x)\,\hat{\mathrm{Y}}'_n(x)-\hat{\mathrm{J}}'_n(x)\,\hat{\mathrm{Y}}_n(x)=1 \tag{1.7.12}$$

$$\hat{\mathrm{H}}_n^{(2)}(x)\,\hat{\mathrm{Y}}'_n(x)-\hat{\mathrm{H}}_n^{(2)'}(x)\,\hat{\mathrm{Y}}_n(x)=1 \tag{1.7.13}$$

$$\hat{\mathrm{J}}_n(x)\,\hat{\mathrm{H}}_n^{(2)'}(x)-\hat{\mathrm{J}}'_n(x)\,\hat{\mathrm{H}}_n^{(2)}(x)=-\mathrm{j} \tag{1.7.14}$$

1.7.2　勒让德函数的朗斯基多项式

可以求得勒让德函数的各种朗斯基多项式为

$$\mathrm{P}_n^m(x)\mathrm{Q}_n^{m'}(x)-\mathrm{P}_n^{m'}(x)\mathrm{Q}_n^m(x)=\frac{\mathrm{e}^{\mathrm{j}\pi m}2^{2m}\Gamma\left[1+\frac{(m+n)}{2}\right]\Gamma\left[\frac{(1+m+n)}{2}\right]}{(1-x^2)\Gamma\left[1+\frac{(n-m)}{2}\right]\Gamma\left[\frac{(1+n-m)}{2}\right]} \tag{1.7.15}$$

$$\mathrm{P}_n(x)\mathrm{Q}'_n(x)-\mathrm{P}'_n(x)\mathrm{Q}_n(x)=\frac{1}{1-x^2} \tag{1.7.16}$$

$$\mathrm{P}_s(x)\mathrm{P}'_s(-x)-\mathrm{P}'_s(x)\mathrm{P}_s(-x)=-\frac{2}{\pi}\frac{\sin s\pi}{1-x^2}\qquad(s\neq n) \tag{1.7.17}$$

习　题

1.1　由下列 $2n+1$ 个正弦、余弦项之和来近似表示定义在区间$(-\pi,\pi)$上的函数 $f(x)$：

$$S_n(x)=\sum_{k=0}^{n}A_k\cos kx+\sum_{k=1}^{n}B_k\sin kx$$

若要使误差 $\Delta_n(x)=f(x)-S_n(x)$ 的均方差

$$M=\frac{1}{2\pi}\int_{-\pi}^{\pi}\Delta_n^2(x)\mathrm{d}x$$

取最小值，试证明未知系数 A_k 和 B_k 应由下列关系

$$A_k=\frac{\varepsilon_k}{2\pi}\int_{-\pi}^{\pi}f(x)\cos kx\,\mathrm{d}x$$

$$B_k=\frac{1}{\pi}\int_{-\pi}^{\pi}f(x)\sin kx\,\mathrm{d}x$$

来决定。其中，ε_k 是诺依曼数。

1.2 试确定下面方程中的 p、q、w、λ 以及正交积分：

(1) 长为 L 而两端固定的振动弦的振动方程；

(2) 连带勒让德方程 $(1-x^2)\dfrac{d^2u}{dx^2}-2x\dfrac{du}{dx}+\left[n(n+1)-\dfrac{m^2}{1-x^2}\right]u=0$；

(3) 球面贝塞尔方程 $\dfrac{d}{dx}\left[x^2\dfrac{du}{dx}\right]+[x^2-n(n+1)]u=0$。

1.3 试证 $J_n(x)=\dfrac{1}{2\pi}\int_0^{2\pi}e^{j(x\sin\phi-n\phi)}d\phi$ 满足贝塞尔方程式(1.3.1)。

1.4 证明：

(1) $J_n(x)=(-1)^nJ_{-n}(x)$

(2) $J_n(-x)=(-1)^nJ_n(x)$

1.5 证明：

(1) $e^{\pm jx\sin\phi}=\sum\limits_{-\infty}^{+\infty}(\pm 1)^nJ_n(x)e^{jn\phi}$

(2) $e^{\pm jx\cos\phi}=\sum\limits_{-\infty}^{+\infty}(\pm j)^nJ_n(x)e^{jn\phi}$

1.6 利用 $J_n(x)$ 的母函数

$$\exp\left[\frac{x}{2}\left(t-\frac{1}{t}\right)\right]=\sum_{-\infty}^{+\infty}J_n(x)t^n\qquad(t\neq 0)$$

求出如下递推公式：

$$\frac{2n}{x}J_n(x)=J_{n-1}(x)+J_{n+1}(x)$$

$$2J'_n(x)=J_{n-1}(x)-J_{n+1}(x)$$

1.7 利用勒让德函数的母函数

$$(1-2xt+t^2)^{-\frac{1}{2}}=\sum_{n=0}^{+\infty}P_n(x)t^n$$

求出下列关系：

$$\frac{1}{R}=\frac{1}{r_0}\sum_{n=0}^{+\infty}\left(\frac{r}{r_0}\right)^nP_n(\cos\xi)\qquad(r<r_0)$$

$$\frac{1}{R}=\frac{1}{r}\sum_{n=0}^{+\infty}\left(\frac{r_0}{r}\right)^nP_n(\cos\xi)\qquad(r>r_0)$$

式中 $R=|\boldsymbol{r}-\boldsymbol{r}_0|$，$\xi$ 是矢量 $\boldsymbol{r}$ 与 $\boldsymbol{r}_0$ 之间的夹角，即 $R^2=r^2+r_0^2-2rr_0\cos\xi$。

1.8 证明：$(2n+1)P_n(x)=P'_{n+1}(x)-P'_{n-1}(x)$。

1.9 证明：$u=J_n(\alpha x)$ 为方程

$$x^2\frac{d^2u}{dx^2}+x\frac{du}{dx}+[\alpha^2x^2-n^2]u=0$$

的解。

1.10　求解：(1) $\frac{\mathrm{d}}{\mathrm{d}x}\mathrm{J}_0(\alpha x)$；　(2) $\frac{\mathrm{d}}{\mathrm{d}x}[x\mathrm{J}_1(\alpha x)]$。

1.11　试证明：

(1)$\mathrm{J}_{\frac{3}{2}}(x) = \sqrt{\frac{2}{\pi x}}\left[\frac{1}{x}\cos\left(x-\frac{\pi}{2}\right)+\sin\left(x-\frac{\pi}{2}\right)\right]$

(2)$\mathrm{J}_{\frac{5}{2}}(x) = \sqrt{\frac{2}{\pi x}}\left[\left(1-\frac{3}{x^2}\right)\sin(x-\pi)+\frac{3}{x}\cos(x-\pi)\right]$

1.12　试证方程

$$x^2\frac{\mathrm{d}^2u}{\mathrm{d}x^2}+(x^2-2)u=0$$

的一个解是 $u = x^{\frac{1}{2}}\mathrm{J}_{\frac{3}{2}}(x)$。

1.13　试证方程

$$x^2\frac{\mathrm{d}^2u}{\mathrm{d}x^2}-x\frac{\mathrm{d}u}{\mathrm{d}x}+(1+x^2-n^2)u=0$$

的一个解是 $u = x\mathrm{J}_n(x)$。

1.14　设 $\lambda_i(i=1,2,3,\cdots)$ 是方程 $\mathrm{J}_1(x)=0$ 的正根，将函数

$$f(x) = x \qquad (0<x<1)$$

展开成贝塞尔函数 $\mathrm{J}_1(\lambda_i x)$ 的级数。

1.15　证明：

$$\mathrm{P}_n(1)=1,\quad \mathrm{P}_n(-1)=(-1)^n$$

$$\mathrm{P}_{2n-1}(0)=0,\quad \mathrm{P}_{2n}(0)=\frac{(-1)^n(2n)!}{2^{2n}(n!)^2}$$

1.16　证明：

$$x^2=\frac{2}{3}\mathrm{P}_2(x)+\frac{1}{3}\mathrm{P}_0(x)$$

$$x^3=\frac{2}{5}\mathrm{P}_3(x)+\frac{3}{5}\mathrm{P}_1(x)$$

1.17　若 $f(x)=\begin{cases}0, & -1<x\leqslant 0\\ x, & 0<x<1\end{cases}$，证明：

$$f(x)=\frac{1}{4}\mathrm{P}_0(x)+\frac{1}{2}\mathrm{P}_1(x)+\frac{5}{16}\mathrm{P}_2(x)-\frac{3}{32}\mathrm{P}_4(x)+\cdots$$

1.18　证明：$\mathrm{P}_n(x)=\frac{1}{2n+1}[\mathrm{P}'_{n+1}(x)-\mathrm{P}'_{n-1}(x)]$

1.19　验证 $\mathrm{P}_n(x)=\frac{1}{2^n n!}\frac{\mathrm{d}^n}{\mathrm{d}x^n}(x^2-1)^n$ 满足勒让德方程。

1.20　利用勒让德函数的母函数，证明递推公式

$$\mathrm{P}_{n+1}(x)=\frac{2n+1}{n+1}x\mathrm{P}_n(x)-\frac{n}{n+1}\mathrm{P}_{n-1}(x)$$

1.21 令$\boldsymbol{A}$和$\boldsymbol{B}$为两个矢量，而θ为它们之间的夹角。规定$\boldsymbol{C}=\boldsymbol{A}-\boldsymbol{B}$，证明在$|\boldsymbol{B}|>|\boldsymbol{A}|$时，有

$$\frac{1}{|\boldsymbol{C}|}=\frac{1}{\sqrt{|\boldsymbol{A}|^2+|\boldsymbol{B}|^2-2|\boldsymbol{A}||\boldsymbol{B}|\cos\theta}}=\frac{1}{|\boldsymbol{B}|}\sum_{n=0}^{+\infty}\left(\frac{|\boldsymbol{A}|}{|\boldsymbol{B}|}\right)^n\mathrm{P}_n(\cos\theta)$$

1.22 若将函数

$$f(\theta,\phi)=\begin{cases}1 & (0<\theta<\frac{\pi}{2})\\ 0 & (\frac{\pi}{2}<\theta<\pi)\end{cases}$$

展开成如下形式的二重傅里叶-勒让德级数：

$$f(\theta,\phi)=\sum_{n=0}^{+\infty}\sum_{m=0}^{+\infty}(A_{mn}\mathrm{T}_{mn}^{\mathrm{e}}(\theta,\phi)+\mathrm{B}_{mn}\mathrm{T}_{mn}^{\mathrm{o}}(\theta,\phi))$$

试确定系数A_{mn}和B_{mn}。

1.23 证明下列变换：

$$\mathrm{J}_n(\rho)=\sum_{m=0}^{+\infty}\mathrm{A}_m\mathrm{j}_{2m+n}(r)\mathrm{P}_{2m+n}^n(\cos\theta)$$

式中

$$A_m=\frac{(-1)^n(4m+2n+1)(2m)!}{2^{2m+n}(m+n)m!(m+n-1)!}$$

1.24 推导下列公式：

$$\int_{-1}^{1}\mathrm{h}_0^{(2)}(|\boldsymbol{r}-\boldsymbol{r}'|)\mathrm{d}(\cos\xi)=\begin{cases}2\mathrm{j}_0(r')\mathrm{h}_0^{(2)}(r) & (r>r')\\ 2\mathrm{j}_0(r)\mathrm{h}_0^{(2)}(r') & (r<r')\end{cases}$$

式中，ξ是$\boldsymbol{r}$与$\boldsymbol{r}'$之间的夹角。

1.25 证明下列变换：

$$\frac{\mathrm{e}^{-\mathrm{j}|\boldsymbol{r}-\boldsymbol{r}'|}}{|\boldsymbol{r}-\boldsymbol{r}'|}=\frac{1}{\mathrm{j}rr'}\sum_{n=0}^{+\infty}(2n+1)\hat{\mathrm{J}}_n(r')\hat{\mathrm{H}}_n^{(2)}(r)\mathrm{P}_n(\cos\xi)\qquad(r>r')$$

式中，ξ是$\boldsymbol{r}$与$\boldsymbol{r}'$之间的夹角。

1.26 试证明式(1.6.17)。

1.27 试证明下式：

$$\mathrm{e}^{-\mathrm{j}x\cos\beta}=\sum_{-\infty}^{+\infty}\mathrm{e}^{-\mathrm{j}\frac{m\pi}{2}}\mathrm{J}_m(x)\mathrm{e}^{\mathrm{j}m\beta}$$

（提示：应用贝塞尔函数的母函数，取$t=\mathrm{e}^{\mathrm{j}(\beta-\frac{\pi}{2})}$）。

1.28 证明整数阶贝塞尔函数的母函数为

$$\boldsymbol{W}(x,t)=\mathrm{e}^{\frac{x}{2}(t-\frac{1}{t})}$$

即

$$W(x,t) = \sum_{n=-\infty}^{+\infty} \mathrm{J}_n(x) t^n$$

(提示:分别将 $e^{\frac{x}{2}t}$,$e^{-\frac{x}{2}t^{-1}}$ 展开成 t 的幂级数)[3]。

参考文献

[1] STINSON D C. Intermediate Mathematics of Electromagnetics [M]. Englewood Cliffs,New Jersey:Prentice-Hall,Inc. ,1976.

[2] 南京工学院数学教研组.数学物理方程与特殊函数 [M]. 2 版.北京:高等教育出版社,1982.

[3] 奚定平.贝塞尔函数 [M].北京:高等教育出版社,1998.

[4] STRATTON J A. Electromagnetic Theory [M]. New York: McGraw-Hill Book Co. ,Inc. ,1941.

[5] HARRINGTON R F. Time-Harmonic Electromagnetic Fields [M]. New York:McGraw-Hill Book Co. ,Inc. ,1961.

[6] 杨儒贵.高等电磁理论 [M].北京:高等教育出版社,2008.

[7] MARGENAU H, MURPHY G. The Mathematics of Physics and Chemistry [M]. Princeton,NJ:D. Van Nostrand Co. ,Inc. ,1943.

[8] DUFF G, NAYLOR D. Differential Equations of Applied Mathematics [M]. New York: John Wiley & Sons,Inc. ,1966.

第 2 章　基本电磁理论

本章介绍电磁场的基本理论。首先，我们讨论麦克斯韦方程和媒质的电磁特性，并导出在不同媒质分界面上电磁场量必须满足的衔接条件。然后，讨论电磁场的波动性、电磁场中的位函数、辐射条件和吸收条件以及横电波和横磁波。

2.1　麦克斯韦方程

2.1.1　麦克斯韦方程

1864 年，英国物理学家麦克斯韦(Maxwell)在英国皇家学会宣读的论文《电磁场的动力学理论》中，就提出了"电磁场的基本方程组"，现在也称为麦克斯韦方程，其微分形式为

$$\nabla \times \boldsymbol{H} = \boldsymbol{J} + \frac{\partial \boldsymbol{D}}{\partial t} \tag{2.1.1}$$

$$\nabla \times \boldsymbol{E} = -\frac{\partial \boldsymbol{B}}{\partial t} \tag{2.1.2}$$

$$\nabla \cdot \boldsymbol{B} = 0 \tag{2.1.3}$$

$$\nabla \cdot \boldsymbol{D} = \rho \tag{2.1.4}$$

式中，$\boldsymbol{E}$ 和 $\boldsymbol{B}$ 分别是电场强度和磁感应强度，$\boldsymbol{H}$ 和 $\boldsymbol{D}$ 分别是磁场强度和电位移矢量。$\boldsymbol{J}$ 和 ρ 分别是电流密度和电荷密度，它们两者是激发电磁场之源。这些方程也隐含着电荷守恒和电流连续性定律：

$$\nabla \cdot \boldsymbol{J} = -\frac{\partial \rho}{\partial t} \tag{2.1.5}$$

方程式(2.1.1)和式(2.1.2)是麦克斯韦方程的核心，说明变化的电场和磁场是相互联系、不可分割的统一体，因而把它们统一称为电磁场。电磁场所遵循的基本规律就是麦克斯韦方程。

2.1.2　广义麦克斯韦方程

观察方程式(2.1.1)右边，将 $\frac{\partial \boldsymbol{D}}{\partial t}$ 项看作电流是合理的，因此习惯性称 $\frac{\partial \boldsymbol{D}}{\partial t}$ 为位移电流密度。这样，按照麦克斯韦方程的对称观点，将 $\frac{\partial \boldsymbol{B}}{\partial t}$ 项作为位移磁流来考虑也

应该是合理的。因此，源实质上可以是电型源或磁型源。电型源就是电流密度 $\boldsymbol{J}$ 和电荷密度 ρ，磁型源就是虚构的磁流密度 $\boldsymbol{J}_\mathrm{m}$ 和磁荷密度 ρ_m。引入这两种虚构的源 $\boldsymbol{J}_\mathrm{m}$ 和 ρ_m，能够使我们用对称形式写出麦克斯韦方程如下：

$$\nabla \times \boldsymbol{H} = \boldsymbol{J} + \frac{\partial \boldsymbol{D}}{\partial t} \tag{2.1.6}$$

$$\nabla \times \boldsymbol{E} = -\boldsymbol{J}_\mathrm{m} - \frac{\partial \boldsymbol{B}}{\partial t} \tag{2.1.7}$$

$$\nabla \cdot \boldsymbol{B} = \rho_\mathrm{m} \tag{2.1.8}$$

$$\nabla \cdot \boldsymbol{D} = \rho \tag{2.1.9}$$

这就是广义麦克斯韦方程。

可惜为难的是如何真正理解实际中磁流和磁荷这样两个虚构的量。这里，我们不妨把磁型源看成是某种复杂形式电型源的一种等效变换的结果，它只是为了使得分析问题方便起见。例如，我们有时将一个小电流环等效为一个与电流环面垂直的磁偶极子。对于某些复杂电磁场问题的分析，引入磁型源的假想概念确实是有益的。这样一种方法尤其适用于天线的分析计算。但是，应该注意到，磁流和磁荷只是起到数学工具的作用，它们事实上是不存在的，而时变电磁场的源是时变电流和电荷。

广义麦克斯韦方程也隐含着磁荷守恒和磁流连续性定律：

$$\nabla \cdot \boldsymbol{J}_\mathrm{m} = -\frac{\partial \rho_\mathrm{m}}{\partial t} \tag{2.1.10}$$

2.1.3　正弦电磁场

以一定频率随时间作正弦变化的电磁场，称为正弦电磁场。分析正弦电磁场的有效工具就是交流电路分析中所采用的复数方法。在这里，应用复数法运算后，可得麦克斯韦方程的复数形式为

$$\nabla \times \dot{\boldsymbol{H}} = \dot{\boldsymbol{J}} + \mathrm{j}\omega \dot{\boldsymbol{D}} \tag{2.1.11}$$

$$\nabla \times \dot{\boldsymbol{E}} = -\dot{\boldsymbol{J}}_\mathrm{m} - \mathrm{j}\omega \dot{\boldsymbol{B}} \tag{2.1.12}$$

$$\nabla \cdot \dot{\boldsymbol{B}} = \dot{\rho}_\mathrm{m} \tag{2.1.13}$$

$$\nabla \cdot \dot{\boldsymbol{D}} = \dot{\rho} \tag{2.1.14}$$

其中，$\dot{\boldsymbol{E}}$、$\dot{\boldsymbol{H}}$、$\dot{\boldsymbol{B}}$ 和 $\dot{\boldsymbol{D}}$ 分别是 $\boldsymbol{E}$、$\boldsymbol{H}$、$\boldsymbol{B}$ 和 $\boldsymbol{D}$ 的复数形式，$\dot{\boldsymbol{J}}$、$\dot{\rho}$、$\dot{\boldsymbol{J}}_\mathrm{m}$ 和 $\dot{\rho}_\mathrm{m}$ 分别是 $\boldsymbol{J}$、ρ、$\boldsymbol{J}_\mathrm{m}$ 和 ρ_m 的复数形式。ω 是角频率。

2.2　媒质的电磁特性

麦克斯韦方程没有牵涉到媒质在电磁场中所呈现的性质，是一种非限定形式，

并未确定$\boldsymbol{B}$和$\boldsymbol{H}$、$\boldsymbol{D}$和$\boldsymbol{E}$及$\boldsymbol{J}$和$\boldsymbol{E}$之间的限定关系。当加上媒质的电磁特性制约后，即共同构成其限定形式[1]。

媒质的电磁特性方程就是描述场矢量之间的本构方程，它们作为辅助方程与麦克斯韦方程一起构成一个自身一致的方程组，从而场方程组就成为可解的了。本构方程提供了对各种媒质的一种描述，包括电介质、磁介质和导电体。

对于普通的一般媒质，其本构方程可以写成

$$\boldsymbol{D} = \varepsilon_0 \boldsymbol{E} + \boldsymbol{P} \tag{2.2.1}$$

$$\boldsymbol{B} = \mu_0 \boldsymbol{H} + \mu_0 \boldsymbol{M} \tag{2.2.2}$$

其中$\boldsymbol{P}$和$\boldsymbol{M}$分别是媒质的极化强度和磁化强度。

对于各向同性、线性媒质，其本构方程可以简化为

$$\boldsymbol{D} = \varepsilon \boldsymbol{E} \tag{2.2.3}$$

$$\boldsymbol{B} = \mu \boldsymbol{H} \tag{2.2.4}$$

式中，ε和μ分别为媒质的介电常数和磁导率。

从媒质的导电性能来考虑，本构方程可表示为

$$\boldsymbol{J} = \gamma \boldsymbol{E} \tag{2.2.5}$$

式中，γ为媒质的电导率。$\gamma = 0$的媒质称为理想介质，$\gamma = +\infty$的媒质称为理想导体，介于这两者之间的媒质称为导电媒质。

当电磁场以一定频率随时间作正弦变化时，对于各向同性、线性媒质，其本构方程的复数形式如下：

$$\dot{\boldsymbol{D}} = \hat{\varepsilon}(\omega)\dot{\boldsymbol{E}} \tag{2.2.6}$$

$$\dot{\boldsymbol{B}} = \hat{\mu}(\omega)\dot{\boldsymbol{H}} \tag{2.2.7}$$

$$\dot{\boldsymbol{J}} = \hat{\gamma}(\omega)\dot{\boldsymbol{E}} \tag{2.2.8}$$

称$\hat{\varepsilon}(\omega)$、$\hat{\mu}(\omega)$和$\hat{\gamma}(\omega)$分别为媒质的复介电常数、复磁导率和复电导率。值得注意的是，这些参数不一定就是恒定值，但是

$$\hat{\varepsilon}(\omega), \hat{\mu}(\omega), \hat{\gamma}(\omega) \underset{\omega \to 0}{\longrightarrow} \varepsilon, \mu, \gamma。$$

为了以后分析方便起见，引入如下定义：

$$\hat{y}(\omega) = \hat{\gamma} + \mathrm{j}\omega\hat{\varepsilon} \tag{2.2.9}$$

$$\hat{z}(\omega) = \mathrm{j}\omega\hat{\mu} \tag{2.2.10}$$

把$\hat{y}(\omega)$称为媒质的导纳率，简记为$\hat{y}$；把$\hat{z}(\omega)$称为媒质的阻抗率，简记为$\hat{z}$。

2.3 分界面上的衔接条件

在电磁场中，空间往往分片分布着两种或多种媒质。对于两种互相密切相接的媒质，分界面两侧的电磁场之间存在着一定的关系，称为电磁场中不同媒质分界面

上场量的衔接条件。它反映了从一种媒质到相邻的另一种媒质过渡时，分界面上电磁场的变化规律[1]。

一般而言，由于分界面两侧的媒质电磁特性发生突变，经过分界面时，场矢量也可能随之突变。所以，对于分界面上的各点，麦克斯韦方程的微分形式已失去意义，必须回到与之相应的麦克斯韦方程的积分形式，去考虑有限空间中场量之间的关系。媒质分界面上电磁场场量衔接条件即可由之导出，它们有如下的数学形式：

$$\boldsymbol{n}\times(\boldsymbol{H}_2-\boldsymbol{H}_1)=\boldsymbol{K} \tag{2.3.1}$$

$$\boldsymbol{n}\times(\boldsymbol{E}_2-\boldsymbol{E}_1)=\boldsymbol{K}_{\mathrm{m}} \tag{2.3.2}$$

$$\boldsymbol{n}\cdot(\boldsymbol{B}_2-\boldsymbol{B}_1)=\sigma_{\mathrm{m}} \tag{2.3.3}$$

$$\boldsymbol{n}\cdot(\boldsymbol{D}_2-\boldsymbol{D}_1)=\sigma \tag{2.3.4}$$

如图 2.3.1 所示，$\boldsymbol{n}$ 是由媒质 1 指向媒质 2 的分界面上的单位法向矢量。$\boldsymbol{K}$ 和 σ 分别是分界面上的传导面电流密度和面自由电荷密度，$\boldsymbol{K}_{\mathrm{m}}$ 和 σ_{m} 分别是分界面上的面磁流密度和面磁荷密度。

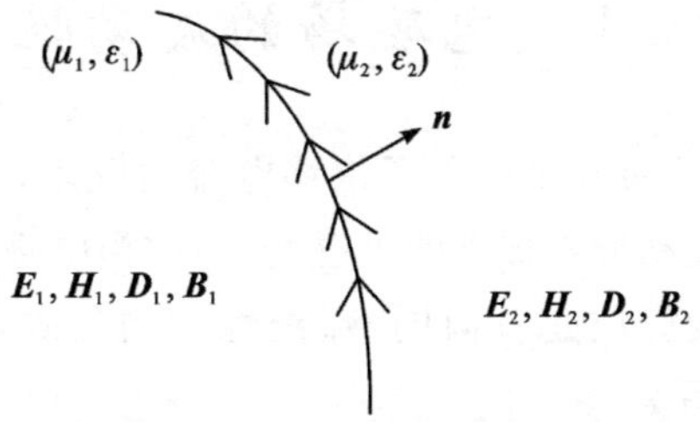

图 2.3.1　两种媒质的分界面

分界面上的衔接条件的物理意义是与麦克斯韦方程组一致的，它亦称为分界面上的场方程。实际上，衔接条件中只有两个切向场条件是必需的，而法向场条件可用于检验切向场所得的结果。也就是说，只要切向场条件得到满足，就可保证法向场条件自然满足。

如果分界面的一边(例如区域(1)) 是理想导体，由于在理想导体内部不可能存在电磁场，所以理想导体内部 $\boldsymbol{E}_1=\boldsymbol{0}$，$\boldsymbol{H}_1=\boldsymbol{0}$，$\boldsymbol{B}_1=\boldsymbol{0}$ 和 $\boldsymbol{D}_1=0$。但是，即使 $\boldsymbol{E}_1=\boldsymbol{0}$，也能在理想导体表面存在面传导电流 $\boldsymbol{K}$ 和面电荷 σ。因此，理想导体表面上的边界条件为

$$\boldsymbol{n}\times\boldsymbol{H}_2=\boldsymbol{K} \tag{2.3.5}$$

$$\boldsymbol{n}\times\boldsymbol{E}_2=\boldsymbol{0} \tag{2.3.6}$$

$$\boldsymbol{n}\cdot\boldsymbol{B}_2=0 \tag{2.3.7}$$

$$\boldsymbol{n}\cdot\boldsymbol{D}_2=\sigma \tag{2.3.8}$$

由此可见，在理想导体表面外邻近的媒质中，只有电场的法向分量和磁场的切向分

量。就是说电力线垂直于理想导体表面，磁力线平行于理想导体表面。此类边界条件在求解天线问题，求解传输线、波导中的场分布时是要遇到的。

理想导磁体为一种在其表面上磁场强度 $\boldsymbol{H}$ 的切向分量为零的材料。如果设分界面的一边(例如区域(1))是理想导磁体，那么理想导磁体表面上的边界条件为

$$\boldsymbol{n}\times\boldsymbol{H}_2=\boldsymbol{0} \tag{2.3.9}$$

$$\boldsymbol{n}\times\boldsymbol{E}_2=\boldsymbol{K}_{\mathrm{m}} \tag{2.3.10}$$

$$\boldsymbol{n}\cdot\boldsymbol{B}_2=\sigma_{\mathrm{m}} \tag{2.3.11}$$

$$\boldsymbol{n}\cdot\boldsymbol{D}_2=0 \tag{2.3.12}$$

可见，在理想导磁体表面外邻近的媒质中，只有电场的切向分量和磁场的法向分量。就是说磁力线垂直于理想导磁体表面，电力线平行于理想导磁体表面。应该说明的是，这纯粹是一种数学概念。理想导磁体表面上必须有的“面磁流”是没有实际意义的。

2.4 电磁场的波动性

麦克斯韦的一个重要贡献是引入了位移电流的概念，揭示了变化的电磁场具有波动的性质。这种以波动形式传播的电磁场，通称为电磁波。

在无源空间中，假设媒质是各向同性、线性和均匀的，$\boldsymbol{D}=\varepsilon\boldsymbol{E}$，$\boldsymbol{B}=\mu\boldsymbol{H}$，$\boldsymbol{J}=\gamma\boldsymbol{E}$，则麦克斯韦方程可写为

$$\nabla\times\boldsymbol{H}=\gamma\boldsymbol{E}+\varepsilon\frac{\partial\boldsymbol{E}}{\partial t} \tag{2.4.1}$$

$$\nabla\times\boldsymbol{E}=-\mu\frac{\partial\boldsymbol{H}}{\partial t} \tag{2.4.2}$$

$$\nabla\cdot\boldsymbol{H}=0 \tag{2.4.3}$$

$$\nabla\cdot\boldsymbol{E}=0 \tag{2.4.4}$$

取式(2.4.1)两边的旋度，并利用式(2.4.2)，可得

$$\nabla\times\nabla\times\boldsymbol{H}+\mu\varepsilon\frac{\partial^2\boldsymbol{H}}{\partial t^2}+\mu\gamma\frac{\partial\boldsymbol{H}}{\partial t}=\boldsymbol{0}$$

利用矢量恒等式 $\nabla\times\nabla\times\boldsymbol{H}=\nabla(\nabla\cdot\boldsymbol{H})-\nabla^2\boldsymbol{H}$，并考虑式(2.4.3)，那么有

$$\nabla^2\boldsymbol{H}-\mu\gamma\frac{\partial\boldsymbol{H}}{\partial t}-\mu\varepsilon\frac{\partial^2\boldsymbol{H}}{\partial t^2}=\boldsymbol{0} \tag{2.4.5}$$

同理，可推导出

$$\nabla^2\boldsymbol{E}-\mu\gamma\frac{\partial\boldsymbol{E}}{\partial t}-\mu\varepsilon\frac{\partial^2\boldsymbol{E}}{\partial t^2}=\boldsymbol{0} \tag{2.4.6}$$

式(2.4.5)和式(2.4.6)是无源有损耗媒质中 $\boldsymbol{E}$ 和 $\boldsymbol{H}$ 所满足的方程，是广义的波动

方程。它表明，脱离了场源的电磁场 $\boldsymbol{E}$ 和 $\boldsymbol{H}$，即使场源消失后，也将总是以波动形式在空间中运动着。

对于随时间以角频率变化的正弦电磁场，方程式(2.4.5) 和式(2.4.6) 的复数形式分别是

$$\nabla^2\dot{\boldsymbol{H}}+k^2\dot{\boldsymbol{H}}=\boldsymbol{0} \tag{2.4.7}$$

$$\nabla^2\dot{\boldsymbol{E}}+k^2\dot{\boldsymbol{E}}=\boldsymbol{0} \tag{2.4.8}$$

其中，k 称为媒质的波传播常数，有

$$k=\sqrt{-\hat{z}\hat{y}} \tag{2.4.9}$$

以及 $\hat{z}=\mathrm{j}\omega\mu$ 和 $\hat{y}=\gamma+\mathrm{j}\omega\varepsilon$。于是，$\dot{\boldsymbol{E}}$ 和 $\dot{\boldsymbol{H}}$ 在直角坐标系中的各个分量($\dot{E}_x,\dot{E}_y,\dot{E}_z$) 和($\dot{H}_x,\dot{H}_y,\dot{H}_z$) 都满足标量波动方程或亥姆霍兹方程：

$$\nabla^2\dot{\psi}+k^2\dot{\psi}=0 \tag{2.4.10}$$

但是，值得指出的是，虽然所有满足麦克斯韦方程的场量一定满足波动方程，反之则不然。一般满足波动方程的场矢量 $\dot{\boldsymbol{E}}$ 和 $\dot{\boldsymbol{H}}$，只有当它们同时也满足麦克斯韦方程时，才能构成一种可允许的电磁场。此外，场量在媒质的分界面上必须满足分界面衔接条件。如果媒质延伸到无限远，还必须特别注意场量在无限远处的表现。

这里取一简单解，来说明电磁场的波动行为[2]。设媒质为某一理想介质，即有 $\hat{y}=\mathrm{j}\omega\varepsilon,\hat{z}=\mathrm{j}\omega\mu$ 和

$$k=\omega\sqrt{\mu\varepsilon} \tag{2.4.11}$$

此外，取 $\dot{\boldsymbol{E}}$ 只有 y 分量，并不随 y 和 z 变化。因此，式(2.4.8) 就化为

$$\frac{\mathrm{d}^2\dot{E}_y}{\mathrm{d}x^2}+k^2\dot{E}_y=0 \tag{2.4.12}$$

这个方程的通解是 $\mathrm{e}^{-\mathrm{j}kx}$ 和 $\mathrm{e}^{\mathrm{j}kx}$ 的线性组合。特别地，考虑解

$$\dot{E}_y=E_0\mathrm{e}^{-\mathrm{j}kx} \tag{2.4.13}$$

与这一解相应的磁场强度 $\dot{\boldsymbol{H}}$ 可由

$$\mathrm{j}\omega\mu\dot{\boldsymbol{H}}=-\nabla\times\dot{\boldsymbol{E}}=\mathrm{j}k\dot{E}_y\boldsymbol{e}_z \tag{2.4.14}$$

求出。

把 $k=\omega\sqrt{\mu\varepsilon}$ 代入式(2.4.14)，得

$$\dot{E}_y=\sqrt{\frac{\mu}{\varepsilon}}\dot{H}_z \tag{2.4.15}$$

式(2.4.15) 表明，电场强度分量 $\dot{E}_y$ 与磁场强度分量 $\dot{H}_z$ 之比为常数，称为理想介质的波阻抗，记为 η，有

$$\eta=\sqrt{\frac{\mu}{\varepsilon}} \tag{2.4.16}$$

相应于式(2.4.13)的电场瞬时形式解为

$$E_y=\sqrt{2}E_0\cos(\omega t-kx) \tag{2.4.17}$$

而磁场瞬时形式解为

$$H_z=\frac{\sqrt{2}}{\eta}E_0\cos(\omega t-kx) \tag{2.4.18}$$

从上面的式(2.4.17)和式(2.4.18)中的相位因子$(\omega t-kx)$可看出,这是平面波。例如,在$t=0$时,$x=0$处的相位为零,即在$x=0$处的平面上电场处于峰值。在另一时刻t,波峰平面移至$x=\frac{\omega}{k}t$处。此外,在等相位面的平面上,$\boldsymbol{E}$和$\boldsymbol{H}$的相位是固定的。这个平面波又称为均匀平面波,因为$\boldsymbol{E}$和$\boldsymbol{H}$的幅值在等相位面上是固定不变的,即等幅面与等相面相重合。因此,$E_0\cos(\omega t-kx)$代表一个沿正x方向传播的均匀平面波,并称之为行波,其相速度(定义为等相位点移动的速度)大小为

$$v_{\mathrm{p}}=\frac{\mathrm{d}x}{\mathrm{d}t}=\frac{\omega}{k}=\frac{1}{\sqrt{\mu\varepsilon}} \tag{2.4.19}$$

在此波中,$\boldsymbol{E}$线总是平行于y轴,而这种波可以认为是在y方向成线性极化的。

由式(2.4.17)或式(2.4.18)可看出,kx代表相位角,k表示电磁波传播单位距离时所滞后的相位,因此k又称为相位常数。在传播方向上相位改变2π时的距离定义为波长,以λ表示,所以有

$$\lambda=\frac{2\pi}{k}\quad 或\quad \lambda=\frac{v}{f} \tag{2.4.20}$$

式中,f是频率。

同理可知,$E_0\cos(\omega t+kx)$代表一个沿$-x$方向传播的平面波。平面电磁波在理想介质中传播的情况如图2.4.1和图2.4.2所示。

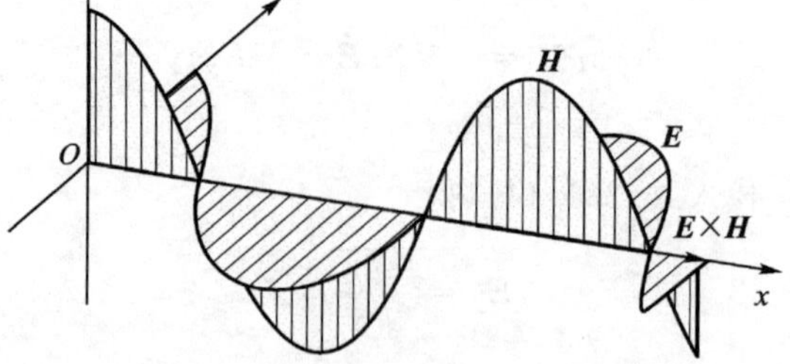

图2.4.1 理想介质中均匀平面波的电场和磁场

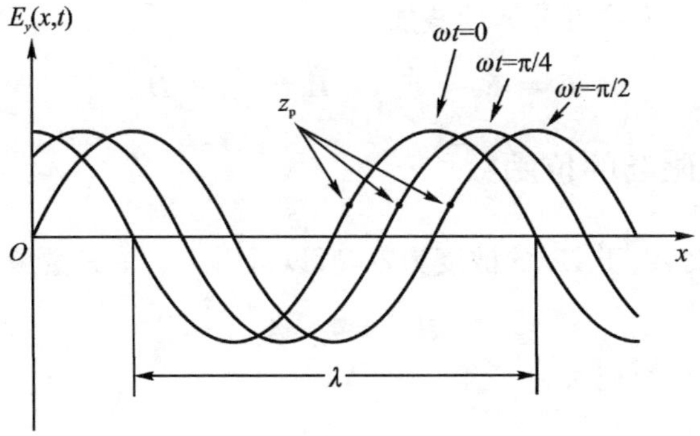

图 2.4.2　理想介质中均匀平面波在几个不同瞬时的电场

2.5　电磁场中的位函数

对于变化的电磁场，可以引入被称作位函数的辅助量，而使求解麦克斯韦方程的问题简化。

假设在各向同性、线性介质中同时有电型源和磁型源，由于麦克斯韦方程式(2.1.11)、(2.1.12)、(2.1.13)和(2.1.14)是线性的，因此总场可以看成两部分之和，一部分是电型源激励的，另一部分是磁型源激励的。如果我们按照这种方法分离电型源和磁型源，则可以把各向同性、线性、均匀介质中的麦克斯韦方程写成以下两组形式[2]。

电型源：

$$\nabla \times \dot{\boldsymbol{H}}_e = \hat{y}\dot{\boldsymbol{E}}_e + \dot{\boldsymbol{J}} \tag{2.5.1}$$

$$\nabla \times \dot{\boldsymbol{E}}_e = -\hat{z}\dot{\boldsymbol{H}}_e \tag{2.5.2}$$

$$\nabla \cdot \dot{\boldsymbol{H}}_e = 0 \tag{2.5.3}$$

$$\nabla \cdot \dot{\boldsymbol{E}}_e = \frac{\dot{\rho}}{\varepsilon} \tag{2.5.4}$$

磁型源：

$$\nabla \times \dot{\boldsymbol{H}}_m = \hat{y}\dot{\boldsymbol{E}}_m \tag{2.5.5}$$

$$\nabla \times \dot{\boldsymbol{E}}_m = -\hat{z}\dot{\boldsymbol{H}}_m - \dot{\boldsymbol{J}}_m \tag{2.5.6}$$

$$\nabla \cdot \dot{\boldsymbol{H}}_m = \frac{\dot{\rho}_m}{\mu} \tag{2.5.7}$$

$$\nabla \cdot \dot{\boldsymbol{E}}_m = 0 \tag{2.5.8}$$

式中，$\hat{y} = \mathrm{j}\omega\varepsilon$，$\hat{z} = \mathrm{j}\omega\mu$。

那么，总场就是两个部分解的叠加：

$$\dot{\boldsymbol{E}} = \dot{\boldsymbol{E}}_{\mathrm{e}} + \dot{\boldsymbol{E}}_{\mathrm{m}}, \quad \dot{\boldsymbol{H}} = \dot{\boldsymbol{H}}_{\mathrm{e}} + \dot{\boldsymbol{H}}_{\mathrm{m}} \tag{2.5.9}$$

2.5.1 电磁场的位函数

以电型源为例，由于 $\dot{\boldsymbol{H}}_{\mathrm{e}}$ 的散度为零，所以可引入一个矢量函数 $\dot{\boldsymbol{A}}$[2]，使

$$\dot{\boldsymbol{H}}_{\mathrm{e}} = \nabla \times \dot{\boldsymbol{A}} \tag{2.5.10}$$

这样，由式(2.5.2)，我们得到

$$\nabla \times (\dot{\boldsymbol{E}}_{\mathrm{e}} + \hat{z}\dot{\boldsymbol{A}}) = \boldsymbol{0}$$

上述结果表明，存在一个标量函数 $\dot{\varphi}$，它满足

$$\dot{\boldsymbol{E}}_{\mathrm{e}} + \hat{z}\dot{\boldsymbol{A}} = -\nabla\dot{\varphi}$$

或

$$\dot{\boldsymbol{E}}_{\mathrm{e}} = -\hat{z}\dot{\boldsymbol{A}} - \nabla\dot{\varphi} \tag{2.5.11}$$

这样，便把 $\dot{\boldsymbol{E}}_{\mathrm{e}}$ 和 $\dot{\boldsymbol{H}}_{\mathrm{e}}$ 用 $\dot{\boldsymbol{A}}$ 和 $\dot{\varphi}$ 表达出来，称 $\dot{\boldsymbol{A}}$ 为电磁场的磁矢位函数，称 $\dot{\varphi}$ 为电标位函数。

把式(2.5.10)和式(2.5.11)代入式(2.5.1)，得到

$$\nabla \times \nabla \times \dot{\boldsymbol{A}} - k^2\dot{\boldsymbol{A}} = \dot{\boldsymbol{J}} - \hat{y}\,\nabla\dot{\varphi} \tag{2.5.12}$$

如果利用 $\nabla \times \nabla \times \dot{\boldsymbol{A}} = \nabla(\nabla \cdot \dot{\boldsymbol{A}}) - \nabla^2\dot{\boldsymbol{A}}$，则式(2.5.12)化成

$$\nabla^2\dot{\boldsymbol{A}} + k^2\dot{\boldsymbol{A}} = -\dot{\boldsymbol{J}} + \nabla(\nabla \cdot \dot{\boldsymbol{A}} + \hat{y}\dot{\varphi}) \tag{2.5.13}$$

其中，$k^2 = -\hat{z}\hat{y}$。把式(2.5.11)代入式(2.5.4)，得到

$$\nabla^2\dot{\varphi} + \hat{z}\,\nabla \cdot \dot{\boldsymbol{A}} = -\frac{\dot{\rho}}{\varepsilon} \tag{2.5.14}$$

显然，方程式(2.5.13)和式(2.5.14)是一组相当复杂的联立的二阶偏微分方程。从直观上我们看出，要通过这组方程解出 $\dot{\boldsymbol{A}}$ 和 $\dot{\varphi}$，最好是能够把 $\dot{\boldsymbol{A}}$ 和 $\dot{\varphi}$ 分开，找出它们各自所独立满足的微分方程。这是容易做到的，通常选取 $\dot{\boldsymbol{A}}$ 和 $\dot{\varphi}$ 满足如下条件：

$$\nabla \cdot \dot{\boldsymbol{A}} = -\hat{y}\dot{\varphi} \tag{2.5.15}$$

这就是洛伦兹条件。那么，式(2.5.13)和式(2.5.14)就分别化为

$$\nabla^2\dot{\boldsymbol{A}} + k^2\dot{\boldsymbol{A}} = -\dot{\boldsymbol{J}} \tag{2.5.16}$$

$$\nabla^2\dot{\varphi} + k^2\dot{\varphi} = -\frac{\dot{\rho}}{\varepsilon} \tag{2.5.17}$$

通常，称这两个方程为非齐次亥姆霍兹方程[2]。

此时，用 $\dot{\boldsymbol{A}}$ 表示的 $\dot{\boldsymbol{E}}_{\mathrm{e}}$ 和 $\dot{\boldsymbol{H}}_{\mathrm{e}}$ 如下：

$$\begin{cases}\dot{\boldsymbol{E}}_e = -\hat{z}\dot{\boldsymbol{A}} + \dfrac{1}{\hat{y}}\nabla(\nabla\cdot\dot{\boldsymbol{A}}) \\ \dot{\boldsymbol{H}}_e = \nabla\times\dot{\boldsymbol{A}}\end{cases} \tag{2.5.18}$$

同理，对于磁型源，有[2]

$$\begin{cases}\dot{\boldsymbol{E}}_m = -\nabla\times\dot{\boldsymbol{F}} \\ \dot{\boldsymbol{H}}_m = -\hat{y}\dot{\boldsymbol{F}} - \nabla\dot{\phi}\end{cases} \tag{2.5.19}$$

称 $\dot{\boldsymbol{F}}$ 为电矢位函数，$\dot{\phi}$ 为磁标位函数。电矢位函数 $\dot{\boldsymbol{F}}$ 和磁标位函数 $\dot{\phi}$ 分别满足如下非齐次亥姆霍兹方程：

$$\nabla^2\dot{\boldsymbol{F}} + k^2\dot{\boldsymbol{F}} = -\dot{\boldsymbol{J}}_m \tag{2.5.20}$$

$$\nabla^2\dot{\phi} + k^2\dot{\phi} = -\frac{\dot{\rho}_m}{\mu} \tag{2.5.21}$$

且有如下条件：

$$\nabla\cdot\dot{\boldsymbol{F}} = -\hat{z}\dot{\phi} \tag{2.5.22}$$

此时，用 $\dot{\boldsymbol{F}}$ 表示的 $\dot{\boldsymbol{E}}_m$ 和 $\dot{\boldsymbol{H}}_m$ 如下：

$$\begin{cases}\dot{\boldsymbol{E}}_m = -\nabla\times\dot{\boldsymbol{F}} \\ \dot{\boldsymbol{H}}_m = -\hat{y}\dot{\boldsymbol{F}} + \dfrac{1}{\hat{z}}\nabla(\nabla\cdot\dot{\boldsymbol{F}})\end{cases} \tag{2.5.23}$$

那么，根据式(2.5.9)，当电型源和磁型源同时存在时，全解就是式(2.5.18)和式(2.5.23)这两部分解的叠加[2]，有

$$\begin{cases}\dot{\boldsymbol{E}} = -\nabla\times\dot{\boldsymbol{F}} - \hat{z}\dot{\boldsymbol{A}} + \dfrac{1}{\hat{y}}\nabla(\nabla\cdot\dot{\boldsymbol{A}}) \\ \dot{\boldsymbol{H}} = \nabla\times\dot{\boldsymbol{A}} - \hat{y}\dot{\boldsymbol{F}} + \dfrac{1}{\hat{z}}\nabla(\nabla\cdot\dot{\boldsymbol{F}})\end{cases} \tag{2.5.24}$$

值得注意的是，在应用电磁场的位函数进行计算时，我们不应该认为 $\dot{\boldsymbol{A}}$ 仅是由 $\dot{\boldsymbol{J}}$ 所贡献的，而 $\dot{\boldsymbol{F}}$ 仅是由 $\dot{\boldsymbol{J}}_m$ 所贡献的。上述分为电型源和磁型源分别进行计算，然后进行叠加，只不过是一种选择方法而已。实际上，不论实际的源如何，我们可以用 $\dot{\boldsymbol{A}}$ 或 $\dot{\boldsymbol{F}}$(或 $\dot{\boldsymbol{A}}$ 和 $\dot{\boldsymbol{F}}$ 两项)来表征场。在 2.7 节中，我们将考虑矢位的一种特殊选择方法。

2.5.2　亥姆霍兹方程的解

这里先看一个简单的例子。如图 2.5.1 所示，一个电偶极矩为 Il 的电偶极子的电流元为 z 向，并位于坐标原点。由于电流是 z 向的，所以 $\dot{\boldsymbol{A}}$ 也只有 z 向分量，并除原点之外，到处满足亥姆霍兹方程：

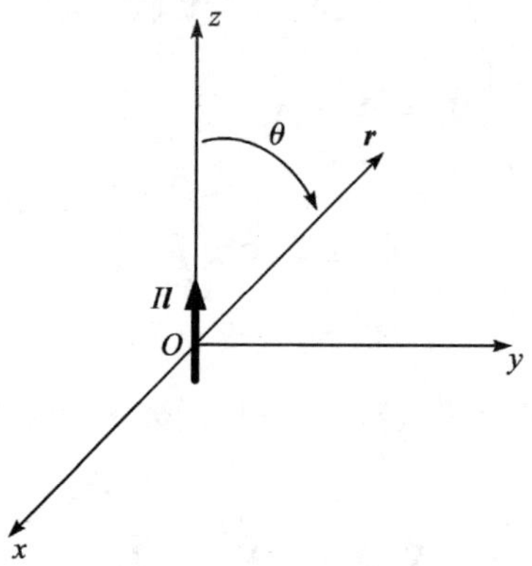

图 2.5.1　在坐标原点的 z 向电偶极子

$$\nabla^2 \dot{A}_z + k^2 \dot{A}_z = 0 \tag{2.5.25}$$

考虑到是点源 Il，所以应该是球面对称的。因此，令 $\dot{A}_z = \dot{A}_z(r)$，方程式(2.5.25)将简化为

$$\frac{1}{r^2}\frac{\mathrm{d}}{\mathrm{d}r}\left(r^2 \frac{\mathrm{d}\dot{A}_z}{\mathrm{d}r}\right) + k^2 \dot{A}_z = 0 \tag{2.5.26}$$

这个方程有两个特解：$\frac{1}{r}\mathrm{e}^{-\mathrm{j}kr}$ 和 $\frac{1}{r}\mathrm{e}^{\mathrm{j}kr}$。第一个特解代表向外行波，而第二个特解代表向内行波。因此，应该取第一个特解，并取

$$\dot{A}_z = \frac{C}{r}\mathrm{e}^{-\mathrm{j}kr} \tag{2.5.27}$$

式中，C 是一个常数。当 $k \to 0$ 时，式(2.5.25) 化为恒定磁场中的拉普拉斯方程，其解为

$$A_z = \frac{Il}{4\pi r}$$

所以常数 C 必须是

$$C = \frac{Il}{4\pi}$$

因此，式(2.5.27) 变成

$$\dot{A}_z = \frac{Il}{4\pi r}\mathrm{e}^{-\mathrm{j}kr} \tag{2.5.28}$$

式(2.5.28) 表示一个向外的球面波，因其等相面是球面。

将式(2.5.28) 代入式(2.5.18) 中，得到电磁场是[2,3]

$$\begin{cases}\dot{E}_r = \dfrac{Il}{2\pi}\mathrm{e}^{-\mathrm{j}kr}\left(\dfrac{\eta}{r^2}+\dfrac{1}{\mathrm{j}\omega\varepsilon r^3}\right)\cos\theta \\ \dot{E}_\theta = \dfrac{Il}{4\pi}\mathrm{e}^{-\mathrm{j}kr}\left(\dfrac{\mathrm{j}\omega\mu}{r}+\dfrac{\eta}{r^2}+\dfrac{1}{\mathrm{j}\omega\varepsilon r^3}\right)\sin\theta \\ \dot{H}_\phi = \dfrac{Il}{4\pi}\mathrm{e}^{-\mathrm{j}kr}\left(\dfrac{\mathrm{j}k}{r}+\dfrac{1}{r^2}\right)\sin\theta\end{cases} \tag{2.5.29}$$

在 $l \leqslant r \leqslant 2\lambda = \dfrac{2\pi}{k}$ 区域，电场 $\dot{\boldsymbol{E}}$ 的形式与静电偶极子的电场强度完全相同，而 $\dot{\boldsymbol{H}}$ 则与电流元产生的恒定磁场形式完全相同。正是因为如此，我们称这一部分场是似稳场。在远离电流元处（$kr \geqslant 1$），式(2.5.29) 简化为

$$\begin{cases}\dot{E}_\theta = \eta\dfrac{\mathrm{j}Il}{2\lambda r}\mathrm{e}^{-\mathrm{j}kr}\sin\theta \\ \dot{H}_\phi = \dfrac{\mathrm{j}Il}{2\lambda r}\mathrm{e}^{-\mathrm{j}kr}\sin\theta\end{cases} \quad (r \gg \lambda) \tag{2.5.30}$$

这叫作辐射场。

对于任意电流分布的电磁场，只需要将每一电流元电磁场的解加以叠加。若电流元 $\boldsymbol{Il}$ 不是在坐标原点，而是位于点 $\boldsymbol{r}'$，且方向不一定沿 z 向，那么式(2.5.28) 可一般化为

$$\dot{\boldsymbol{A}}(r) = \frac{\boldsymbol{Il}}{4\pi\,|\,\boldsymbol{r}-\boldsymbol{r}'\,|}\mathrm{e}^{-\mathrm{j}k|\boldsymbol{r}-\boldsymbol{r}'|} \tag{2.5.31}$$

最后，对于电流分布 $\dot{\boldsymbol{J}}(\boldsymbol{r}')$，体积元 $\mathrm{d}V'$ 内所包含的电流元是 $\boldsymbol{Il} = \dot{\boldsymbol{J}}(\boldsymbol{r}')\mathrm{d}V'$，这样利用式(2.5.31)，可得所有电流元产生的 $\dot{\boldsymbol{A}}$ 为

$$\dot{\boldsymbol{A}}(\boldsymbol{r}) = \frac{1}{4\pi}\int_{V'}\frac{\dot{\boldsymbol{J}}(\boldsymbol{r}')\mathrm{e}^{-\mathrm{j}k|\boldsymbol{r}-\boldsymbol{r}'|}}{|\,\boldsymbol{r}-\boldsymbol{r}'\,|}\mathrm{d}V' \tag{2.5.32}$$

这就是亥姆霍兹方程式(2.5.16) 的积分解。值得注意的是，这只是一个特解，它适用于无限大线性、各向同性和均匀介质，且电流 $\dot{\boldsymbol{J}}(\boldsymbol{r}')$ 分布在有限空间中。

同理，亥姆霍兹方程式(2.5.20) 的积分解为

$$\dot{\boldsymbol{F}}(\boldsymbol{r}) = \frac{1}{4\pi}\int_{V'}\frac{\dot{\boldsymbol{J}}_{\mathrm{m}}(r')\mathrm{e}^{-\mathrm{j}k|\boldsymbol{r}-\boldsymbol{r}'|}}{|\,\boldsymbol{r}-\boldsymbol{r}'\,|}\mathrm{d}V' \tag{2.5.33}$$

对于亥姆霍兹方程式(2.5.17) 和式(2.5.21)，也有与上述类似的积分解，这里略去。

2.5.3　辐射场

一般来说，计算有限体积的源在远区的辐射场要比计算近区的似稳场容易[2]。如图 2.5.2 所示，设在无限大线性、各向同性和均匀的介质中，在坐标原点附近有一有限体积的源分布。如果只考虑辐射区（$r \gg r'_{\max}$），那么从图 2.5.2 中看出

$$|\boldsymbol{r}-\boldsymbol{r}'| \to r - r'\cos\xi \tag{2.5.34}$$

式中，ξ是$\boldsymbol{r}$与$\boldsymbol{r}'$之间的夹角。具体地说，在式(2.5.32)和式(2.5.33)中，$|\boldsymbol{r}-\boldsymbol{r}'|^{-1}$可以近似为$r^{-1}$，即式(2.5.34)的第二项可以忽略。然而，除非$r'_{\max} \ll \lambda$，在$\mathrm{e}^{-\mathrm{j}k|\boldsymbol{r}-\boldsymbol{r}'|}$中不能忽略$r'\cos\xi$。因此，在辐射区，式(2.5.32)和式(2.5.33)分别简化为[2]

$$\dot{\boldsymbol{A}}(\boldsymbol{r}) = \frac{\mathrm{e}^{-\mathrm{j}kr}}{4\pi r}\int_{V'} \dot{\boldsymbol{J}}(\boldsymbol{r}')\mathrm{e}^{\mathrm{j}kr'\cos\xi}\mathrm{d}V' \tag{2.5.35}$$

$$\dot{\boldsymbol{F}}(\boldsymbol{r}) = \frac{\mathrm{e}^{-\mathrm{j}kr}}{4\pi r}\int_{V'} \dot{\boldsymbol{J}}_{\mathrm{m}}(\boldsymbol{r}')\mathrm{e}^{\mathrm{j}kr'\cos\xi}\mathrm{d}V' \tag{2.5.36}$$

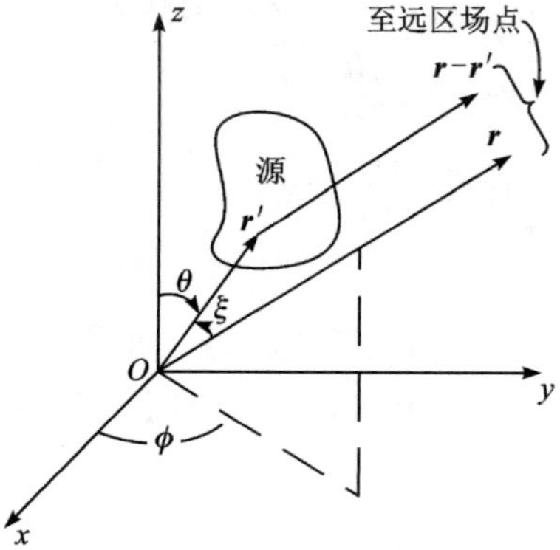

图 2.5.2 辐射场的计算

注意到这两个计算公式与电偶极子的计算公式(2.5.28)在r的依赖性方面相同，因此辐射区的电磁场可以用下式来表示：

$$\dot{E}_\theta = \eta \dot{H}_\phi, \quad \dot{E}_\phi = -\eta \dot{H}_\theta \tag{2.5.37}$$

如果只保留r^{-1}变化的各主要项，得[2]

$$\dot{E}_\theta = \eta(\nabla \times \dot{\boldsymbol{A}})_\phi - (\nabla \times \dot{\boldsymbol{F}})_\theta = -\mathrm{j}\omega\mu \dot{A}_\theta - \mathrm{j}k\dot{F}_\phi \tag{2.5.38}$$

$$\dot{E}_\phi = -\eta(\nabla \times \dot{\boldsymbol{A}})_\theta - (\nabla \times \dot{\boldsymbol{F}})_\phi = -\mathrm{j}\omega\mu \dot{A}_\phi + \mathrm{j}k\dot{F}_\theta \tag{2.5.39}$$

磁场$\dot{\boldsymbol{H}}$可由式(2.5.37)求得。因此，求辐射区的电磁场时，不需要对矢位进行微分。

2.6 辐射条件和吸收条件

在电磁波分析中，经常会遇到尺寸有限的电磁波源在无限远处产生的电磁场问题，称之为开放区域问题，或外部边值问题。对于这种开放区域问题，必须给出电磁场在无限远处应该满足的条件，该条件称为索末菲(Sommerfeld)条件[3]，它不同于通常的边界条件。索末菲条件有三种形式，分别适用于三维、二维和一维无限空间。

2.6.1 平面波的索末非条件

在直角坐标系中，考虑磁矢位 $\dot{\boldsymbol{A}}$ 的某一个分量，记为 $\dot{\psi}(x,y,z)$，由式(2.5.16)知，它满足如下非齐次标量亥姆霍兹方程：

$$\nabla^2\dot{\psi}(x,y,z)+k^2\dot{\psi}(x,y,z)=\dot{g}(x,y,z) \tag{2.6.1}$$

现在，用 $\frac{1}{\sqrt{2\pi}}\mathrm{e}^{-\mathrm{j}\alpha z}$ 乘以方程式(2.6.1)的两边，并从 $-\infty$ 到 $+\infty$ 对 z 进行积分，式(2.6.1)将变成为

$$\frac{1}{\sqrt{2\pi}}\int_{-\infty}^{+\infty}(\nabla^2+k^2)\dot{\psi}(x,y,z)\mathrm{e}^{-\mathrm{j}\alpha z}\mathrm{d}z=\frac{1}{\sqrt{2\pi}}\int_{-\infty}^{+\infty}\dot{g}(x,y,z)\mathrm{e}^{-\mathrm{j}\alpha z}\mathrm{d}z \tag{2.6.2}$$

显然，式(2.6.2)右边是 $\dot{g}(x,y,z)$ 的傅里叶变换，即 $\tilde{\dot{g}}(x,y,\alpha)$。那么将左边对 z 进行两次分部积分，得到[4]

$$\frac{1}{\sqrt{2\pi}}\left\{\mathrm{e}^{-\mathrm{j}\alpha z}\left[\frac{\partial\dot{\psi}(x,y,z)}{\partial z}+\mathrm{j}\alpha\dot{\psi}(x,y,z)\right]\right\}\Bigg|_{z=-\infty}^{z=+\infty}+(\nabla_{\mathrm{t}}^2+k^2-\alpha^2)\tilde{\dot{\psi}}(x,y,\alpha)$$

$$=\tilde{\dot{g}}(x,y,\alpha) \tag{2.6.3}$$

式中，$\nabla_{\mathrm{t}}^2\left(=\frac{\partial^2}{\partial x^2}+\frac{\partial^2}{\partial y^2}\right)$是横向拉普拉斯算子，$\tilde{\dot{\psi}}(x,y,\alpha)$ 是 $\dot{\psi}(x,y,z)$ 的傅里叶变换。

如果假设方程式(2.6.3)中左边第一项等于零，即

$$\left[\left\{\frac{\partial\dot{\psi}(x,y,z)}{\partial z}+\mathrm{j}\alpha\dot{\psi}(x,y,z)\right\}\mathrm{e}^{-\mathrm{j}\alpha z}\right]\Bigg|_{z=-\infty}^{z=+\infty}=0 \tag{2.6.4}$$

那么它就会简化成如下含有两个自变量的偏微分方程：

$$(\nabla_{\mathrm{t}}^2+k^2-\alpha^2)\tilde{\dot{\psi}}(x,y,\alpha)=\tilde{\dot{g}}(x,y,\alpha) \tag{2.6.5}$$

一般来说，由于 $\dot{\psi}$ 和 $\frac{\partial\dot{\psi}}{\partial z}$ 中任一项或者由于 $\mathrm{e}^{-\mathrm{j}\alpha z}$ 在 $z=|+\infty|$ 处等于零，所以式(2.6.4)的假设是成立的。在数学上来说，这些假设意味着该项在求傅里叶变换时往往含有一个“收敛因子”。其物理意义是，在有耗的媒质中有限源在无限远处不产生影响[5]。实际上，式(2.6.4)中花括号内的这一项等于零就是辐射平面波之索末非辐射条件[6]：

$$\lim_{|z|\to+\infty}\left(\frac{\partial\dot{\psi}}{\partial z}+\mathrm{j}\alpha\dot{\psi}\right)=0 \tag{2.6.6}$$

这一极限表明，在无耗媒质中，随时间变化的有限波源会在无限远处产生场，不过它们一定是自源发出的波，即辐射波。如果辐射波是平面波，则 α 前面的符号一定是正的。例如，$\mathrm{e}^{-\mathrm{j}\alpha z}$ 代表向 $+z$ 方向传播的平面波，显然对于所有 z 值 $\dot{\psi}=\mathrm{e}^{-\mathrm{j}\alpha z}$ 满足辐射条件式(2.6.6)，而 $\dot{\psi}=\mathrm{e}^{\mathrm{j}\alpha z}$ 当负号代替正号时，也满足辐射条件式(2.6.6)。

辐射条件的一般形式可以写为[4]

$$\lim_{R\to+\infty} R^{\frac{h-1}{2}}\left(\frac{\partial\dot{\psi}}{\partial R}+\mathrm{j}k\dot{\psi}\right)=0 \tag{2.6.7}$$

式中，h 表示空间的维数，R 是场点到原点的距离，$k=\omega\sqrt{\mu\varepsilon}$ 称为传播常数。

2.6.2 柱面波的索末非条件

现在，我们考虑在柱面坐标下方程式(2.6.1)的傅里叶变换解：

$$\nabla^2\dot{\psi}(\rho,\phi,z)+k^2\dot{\psi}(\rho,\phi,z)=\dot{g}(\rho,\phi,z) \tag{2.6.8}$$

假定 $\dot{\psi}(\rho,\phi,z)$ 和$\dot{g}(\rho,\phi,z)$ 都能作如下展开[4]：

$$\begin{cases}\dot{\psi}(\rho,\phi,z)=\sum\limits_{-\infty}^{+\infty}\dot{\Psi}_n(\rho,z)\mathrm{e}^{\mathrm{j}n\phi}\\ \dot{g}(\rho,\phi,z)=\sum\limits_{-\infty}^{+\infty}\dot{g}_n(\rho,z)\mathrm{e}^{\mathrm{j}n\phi}\end{cases} \tag{2.6.9}$$

把式(2.6.9)代入方程式(2.6.8)中，两边同乘以$\frac{1}{\sqrt{2\pi}}\mathrm{e}^{-\mathrm{j}\alpha z}$ 并从$-\infty$至$+\infty$对 z 进行积分之后，得到非齐次常微分方程：

$$\left[\frac{1}{\rho}\frac{\mathrm{d}}{\mathrm{d}\rho}\left(\rho\frac{\mathrm{d}}{\mathrm{d}\rho}\right)+\left(k_1^2-\frac{n^2}{\rho^2}\right)\right]\tilde{\dot{\Psi}}_n(\rho,\alpha)=\tilde{\dot{g}}_n(\rho,\alpha) \tag{2.6.10}$$

式中，$\tilde{\dot{\Psi}}_n(\rho,\alpha)$ 是 $\dot{\Psi}_n(\rho,z)$ 的傅里叶变换，$\tilde{\dot{g}}_n(\rho,\alpha)$ 是$\dot{g}_n(\rho,z)$ 的傅里叶变换，且 $k_1^2=k^2-\alpha^2$。

用 $\rho\mathrm{J}_n(\lambda\rho)$ 同乘以方程式(2.6.10)两边，并从0至$+\infty$对 ρ 进行积分之后，得到

$$\left[\rho\left\{\mathrm{J}_n(\lambda\rho)\frac{\mathrm{d}\tilde{\dot{\Psi}}_n(\rho,\alpha)}{\mathrm{d}\rho}-\tilde{\dot{\Psi}}_n(\rho,\alpha)\frac{\mathrm{d}\mathrm{J}_n(\lambda\rho)}{\mathrm{d}\rho}\right\}\right]\Bigg|_{\rho=0}^{\rho=+\infty}+(k_1^2-\lambda^2)\tilde{\dot{\Psi}}_n(\lambda,\alpha)=\tilde{\dot{g}}_n(\lambda,\alpha) \tag{2.6.11}$$

式中，$\tilde{\dot{\Psi}}_n(\lambda,\alpha)\left(=\int_0^{+\infty}\tilde{\dot{\Psi}}_n(\rho,\alpha)\mathrm{J}_n(\lambda\rho)\rho\mathrm{d}\rho,\quad 0\leqslant\rho<+\infty,\lambda\geqslant 0\right)$ 和 $\tilde{\dot{g}}_n(\lambda,\alpha)$ $\left(=\int_0^{+\infty}\tilde{\dot{g}}_n(\rho,\alpha)\mathrm{J}_n(\lambda\rho)\rho\mathrm{d}\rho,0\leqslant\rho<+\infty,\lambda\geqslant 0\right)$ 分别称为 $\tilde{\dot{\Psi}}_n(\rho,\alpha)$ 和$\tilde{\dot{g}}_n(\rho,\alpha)$ 的傅里叶-贝塞尔变换。如果假设方程式(2.6.11)左边第一项等于零，即

$$\left[\rho\left\{\mathrm{J}_n(\lambda\rho)\frac{\mathrm{d}\tilde{\dot{\Psi}}_n(\rho,\alpha)}{\mathrm{d}\rho}-\tilde{\dot{\Psi}}_n(\rho,\alpha)\frac{\mathrm{d}\mathrm{J}_n(\lambda\rho)}{\mathrm{d}\rho}\right\}\right]\Bigg|_{\rho=0}^{\rho=+\infty}=0 \tag{2.6.12}$$

那么，由方程式(2.6.11)就可求得

$$\tilde{\dot{\Psi}}_n(\lambda,\alpha)=\frac{1}{k_1^2-\lambda^2}\tilde{\dot{g}}_n(\lambda,\alpha) \tag{2.6.13}$$

显然，只要 $\tilde{\dot{\Psi}}_n(\rho,\alpha)$ 和$\frac{\mathrm{d}\tilde{\dot{\Psi}}_n(\rho,\alpha)}{\mathrm{d}\rho}$ 在原点都是有限值，则式(2.6.12)左边在下

限处等于零。而在上限处，用大自变量渐近公式代替 $J_n(\lambda\rho)$ 和 $\dfrac{dJ_n(\lambda\rho)}{d\rho}$，即

$$\lim_{\lambda\rho\to+\infty} J_n(\lambda\rho) = \sqrt{\frac{2}{\pi\lambda\rho}}\cos\left(\lambda\rho - \frac{(2n+1)\pi}{4}\right)$$

$$\lim_{\lambda\rho\to+\infty} \frac{dJ_n(\lambda\rho)}{d\rho} = -\sqrt{\frac{2\lambda}{\pi\rho}}\sin\left(\lambda\rho - \frac{(2n+1)\pi}{4}\right)$$

并应用欧拉恒等式，式(2.6.12) 在上限处变成

$$\lim_{\rho\to+\infty}\sqrt{\frac{\rho}{2\pi\lambda}}\left\{\left[\frac{d\dot{\tilde{\Psi}}_n(\rho,\alpha)}{d\rho} - j\lambda\dot{\tilde{\Psi}}_n(\rho,\alpha)\right]e^{j\left(\lambda\rho-\frac{(2n+1)\pi}{4}\right)} + \left[\frac{d\dot{\tilde{\Psi}}_n(\rho,\alpha)}{d\rho} + j\lambda\dot{\tilde{\Psi}}_n(\rho,\alpha)\right]e^{-j\left(\lambda\rho-\frac{(2n+1)\pi}{4}\right)}\right\} = 0 \tag{2.6.14}$$

不难看出，在式(2.6.14) 的花括号中的第一项和第二项分别代表向内和向外传播的柱面波的渐近式。如果是有耗媒质，则 λ 将是复数，$e^{\pm j\lambda\rho}$ 项在远离波源处总是等于零。

如果是无耗媒质，要使式(2.6.14) 成立，那么必须满足下列两种条件[4]：

$$\lim_{\rho\to+\infty}\sqrt{\rho}\left[\frac{d\dot{\tilde{\Psi}}_n(\rho,\alpha)}{d\rho} + j\lambda\dot{\tilde{\Psi}}_n(\rho,\alpha)\right] = 0 \quad (\text{辐射条件}) \tag{2.6.15}$$

$$\lim_{\rho\to+\infty}\sqrt{\rho}\left[\frac{d\dot{\tilde{\Psi}}_n(\rho,\alpha)}{d\rho} - j\lambda\dot{\tilde{\Psi}}_n(\rho,\alpha)\right] = 0 \quad (\text{吸收条件}) \tag{2.6.16}$$

实际上，对于正弦柱面波，上述两个条件式(2.6.15) 和式(2.6.16) 就是索末菲条件式(2.6.7)。

2.6.3　球面波的索末菲条件

现在，让我们考虑在球面坐标系下非齐次标量亥姆霍兹方程式(2.6.1) 的解。如果假定[4]

$$\dot{\psi}(r,\theta,\phi) = \sum_{n=0}^{+\infty}\sum_{m=0}^{n}\dot{\Psi}_n(r)T_{mn}^{i}(\theta,\phi) \tag{2.6.17}$$

和

$$\dot{g}(r,\theta,\phi) = \sum_{q=0}^{+\infty}\sum_{p=0}^{q}\dot{g}_q(r)T_{pq}^{j}(\theta,\phi) \tag{2.6.18}$$

其中，$T_{mn}^{i}(\theta,\phi)$ 和 $T_{pq}^{j}(\theta,\phi)$ 都是田谐函数。将式(2.6.17) 和式(2.6.18) 代入非齐次标量亥姆霍兹方程

$$(\nabla^2 + k^2)\dot{\psi}(r,\theta,\phi) = \dot{g}(r,\theta,\phi)$$

中，得到

$$\sum_{n=0}^{+\infty}\sum_{m=0}^{n}\left[\frac{1}{r^2}\frac{\mathrm{d}}{\mathrm{d}r}\left(r^2\frac{\mathrm{d}}{\mathrm{d}r}\right)-\frac{n(n+1)}{r^2}+k^2\right]\dot{\Psi}_n(r)\mathrm{T}_{mn}^i(\theta,\phi)=\sum_{q=0}^{+\infty}\sum_{p=0}^{q}\dot{g}_q(r)\mathrm{T}_{pq}^j(\theta,\phi) \tag{2.6.19}$$

给式(2.6.19)两边同乘以 $\mathrm{T}_{st}^k(\theta,\phi)\sin\theta$,并利用田谐函数的正交条件,便可以得到非齐次常微分方程

$$\left[\frac{1}{r^2}\frac{\mathrm{d}}{\mathrm{d}r}\left(r^2\frac{\mathrm{d}}{\mathrm{d}r}\right)+k^2-\frac{n(n+1)}{r^2}\right]\dot{\Psi}_n(r)=\dot{g}_n(r) \tag{2.6.20}$$

现在,用$\sqrt{\frac{2}{\pi}}r^2\mathrm{j}_n(\alpha r)$ 同乘以方程式(2.6.20)两边,并从 0 至 $+\infty$ 对 r 进行积分,得到

$$\sqrt{\frac{2}{\pi}}\int_0^{+\infty}\left\{\left[\frac{1}{r^2}\frac{\mathrm{d}}{\mathrm{d}r}\left(r^2\frac{\mathrm{d}}{\mathrm{d}r}\right)+k^2-\frac{n(n+1)}{r^2}\right]\dot{\Psi}_n(r)\right\}\mathrm{j}_n(\alpha r)r^2\mathrm{d}r=\tilde{\dot{g}}_n(\alpha) \tag{2.6.21}$$

其中,$\tilde{\dot{g}}_n(\alpha)$ 是$\dot{g}_n(r)$ 的球面傅里叶变换,其定义为

$$\tilde{\dot{g}}_n(\alpha)=\sqrt{\frac{2}{\pi}}\int_0^{+\infty}\dot{g}_n(r)\mathrm{j}_n(\alpha r)r^2\mathrm{d}r \tag{2.6.22}$$

对式(2.6.21)左边进行两次分部积分,首先作代换 $r^2\left[\frac{\mathrm{d}\dot{\Psi}_n(r)}{\mathrm{d}r}\right]=h(r)$,因此其第一项变成

$$\int_0^{+\infty}\frac{\mathrm{d}h(r)}{\mathrm{d}r}\mathrm{j}_n(\alpha r)\mathrm{d}r=h(r)\mathrm{j}_n(\alpha r)\Big|_0^{+\infty}-\int_0^{+\infty}h(r)\frac{\mathrm{d}\mathrm{j}_n(\alpha r)}{\mathrm{d}r}\mathrm{d}r$$

再次用分部积分求留下的一个积分,有

$$\begin{aligned}\int_0^{+\infty}h(r)\frac{\mathrm{d}\mathrm{j}_n(\alpha r)}{\mathrm{d}r}\mathrm{d}r&=\int_0^{+\infty}r^2\frac{\mathrm{d}f_n(r)}{\mathrm{d}r}\frac{\mathrm{d}\mathrm{j}_n(\alpha r)}{\mathrm{d}r}\mathrm{d}r\\&=\dot{\Psi}_n(r)r^2\frac{\mathrm{d}\mathrm{j}_n(\alpha r)}{\mathrm{d}r}\Big|_0^{+\infty}-\int_0^{+\infty}\dot{\Psi}_n(r)\frac{\mathrm{d}}{\mathrm{d}r}\left[r^2\frac{\mathrm{d}\mathrm{j}_n(\alpha r)}{\mathrm{d}r}\right]\mathrm{d}r\end{aligned}$$

利用上述结果,将式(2.6.21)变成

$$\sqrt{\frac{2}{\pi}}\left[r^2\frac{\mathrm{d}\dot{\Psi}_n(r)}{\mathrm{d}r}\mathrm{j}_n(\alpha r)-r^2\dot{\Psi}_n(r)\frac{\mathrm{d}\mathrm{j}_n(\alpha r)}{\mathrm{d}r}\right]\Big|_0^{+\infty}+(k^2-\alpha^2)\tilde{\dot{\Psi}}_n(\alpha)=\tilde{\dot{g}}_n(\alpha) \tag{2.6.23}$$

其中,$\tilde{\dot{\Psi}}_n$ 是 $\dot{\Psi}_n$ 的球面傅里叶变换,其定义与式(2.6.22)相同。

如果假设下列条件成立:

$$\left[r^2\left\{\mathrm{j}_n(\alpha r)\frac{\mathrm{d}\dot{\Psi}_n(r)}{\mathrm{d}r}-\frac{\mathrm{d}\mathrm{j}_n(\alpha r)}{\mathrm{d}r}\dot{\Psi}_n(r)\right\}\right]\Big|_0^{+\infty}=0 \tag{2.6.24}$$

那么,由式(2.6.23)得到如下结果:

$$\tilde{\dot{\Psi}}_n(\alpha)=\frac{\tilde{\dot{g}}_n(\alpha)}{k^2-\alpha^2} \tag{2.6.25}$$

显然，如果 $\dot{\Psi}_n(r)$ 和 $\frac{\mathrm{d}\dot{\Psi}_n(r)}{\mathrm{d}r}$ 在原点是有限值，式(2.6.24)左边在下限处等于零。此外，如果用 $\mathrm{j}_n(\alpha r)$ 和 $\frac{\mathrm{dj}_n(\alpha r)}{\mathrm{d}r}$ 在大 r 值处的渐近公式，即

$$\lim_{r\to+\infty}\mathrm{j}_n(\alpha r)=\frac{1}{\alpha r}\cos\left(\alpha r-\frac{(n+1)\pi}{2}\right)$$

$$\lim_{r\to+\infty}\frac{\mathrm{dj}_n(\alpha r)}{\mathrm{d}r}=-\frac{1}{r}\sin\left(\alpha r-\frac{(n+1)\pi}{2}\right)$$

那么，式(2.6.24)左边在上限处可近似成

$$\lim_{r\to+\infty}\frac{r}{2\alpha}\left\{\left[\frac{\mathrm{d}\dot{\Psi}_n(r)}{\mathrm{d}r}-\mathrm{j}\alpha\dot{\Psi}_n(r)\right]\mathrm{e}^{\mathrm{j}\left(\alpha r-\frac{(n+1)\pi}{2}\right)}+\left[\frac{\mathrm{d}\dot{\Psi}_n(r)}{\mathrm{d}r}+\mathrm{j}\alpha\dot{\Psi}_n(r)\right]\mathrm{e}^{-\mathrm{j}\left(\alpha r-\frac{(n+1)\pi}{2}\right)}\right\}\tag{2.6.26}$$

显然，式(2.6.26)花括号内第一项和第二项分别代表向内和向外传播的球面波的渐近(大自变量)式。对于有损耗媒质，由于在远离源处 $\mathrm{e}^{\pm\mathrm{j}\alpha r}$ 项等于零，所以 α 应为复数。

如果媒质是无损耗的，要使式(2.6.24)成立，那么就有下列两种条件[4]：

$$\lim_{r\to+\infty}r\left[\frac{\mathrm{d}\dot{\Psi}_n(r)}{\mathrm{d}r}+\mathrm{j}\alpha\dot{\Psi}_n(r)\right]=0\quad\text{(辐射条件)}\tag{2.6.27}$$

$$\lim_{r\to+\infty}r\left[\frac{\mathrm{d}\dot{\Psi}_n(r)}{\mathrm{d}r}-\mathrm{j}\alpha\dot{\Psi}_n(r)\right]=0\quad\text{(吸收条件)}\tag{2.6.28}$$

实际上，对于球面波，上面两式(2.6.27)和(2.6.28)就是索末菲条件式(2.6.7)。

总之，在无损耗媒质中，有限波源在无限远处产生的电磁场[4]：(1) 对于三维无限空间，无限远处电磁场振幅至少与距离 R 的一次方成反比，其相位随距离增加不断滞后，与距离 R 的一次方成正比；(2) 对于二维无限空间，无限远处电磁场的振幅至少与距离 $\sqrt{R}$ 成反比，其相位与距离的关系与三维相同；(3) 对于一维无限空间，无限远处电磁场的振幅与距离无关，相位与距离的关系与前面两种情况相同。实际上，一维空间的电磁场形成平面波，自身不具有发散特性，三维和二维无限空间电磁场振幅衰减是由于无限远处电磁场本身的发散特性导致的。

上述索末菲条件是描述标量场的辐射特性的，无限远处矢量场也满足索末菲条件，其数学形式为[4-6]

$$\lim_{R\to+\infty}R[\boldsymbol{\nabla}\times\dot{\boldsymbol{\psi}}+\mathrm{j}k\boldsymbol{e}_R\times\dot{\boldsymbol{\psi}}]=0\tag{2.6.29}$$

上式中矢量 $\dot{\boldsymbol{\psi}}$ 为电场强度 $\dot{\boldsymbol{E}}$ 或磁场强度 $\dot{\boldsymbol{H}}$，也可为磁矢位 $\dot{\boldsymbol{A}}$ 或电矢位 $\dot{\boldsymbol{F}}$，$\boldsymbol{e}_R$ 为波传播方向。上式(2.6.29)的含义与前面介绍的标量场的索末菲条件的含义相同。它们说明，对于无耗媒质，一切尺寸有限波源在无限远处的电磁场都满足上述索末菲条件。

2.7 横电波和横磁波

在无源区域中，由于 $\dot{\boldsymbol{J}} = \dot{\boldsymbol{J}}_{\mathrm{m}} = 0$，所以方程式(2.5.16)和式(2.5.20)分别简化为

$$\nabla^2\dot{\boldsymbol{A}} + k^2\dot{\boldsymbol{A}} = 0 \tag{2.7.1}$$

和

$$\nabla^2\dot{\boldsymbol{F}} + k^2\dot{\boldsymbol{F}} = 0 \tag{2.7.2}$$

应该注意，矢位 $\dot{\boldsymbol{A}}$ 和 $\dot{\boldsymbol{F}}$ 在直角坐标系中的各个分量$(\dot{A}_x, \dot{A}_y, \dot{A}_z)$和$(\dot{F}_x, \dot{F}_y, \dot{F}_z)$都满足标量波动方程，或亥姆霍兹方程：

$$\nabla^2\dot{\psi} + k^2\dot{\psi} = 0 \tag{2.7.3}$$

下面我们来确定如何将场在 $\dot{\boldsymbol{A}}$ 和 $\dot{\boldsymbol{F}}$ 之间分配。

2.7.1 直角坐标系中的横磁波和横电波[2]

在直角坐标系中，如果取 $\dot{\boldsymbol{F}} = 0$ 和

$$\dot{\boldsymbol{A}} = \dot{\psi}\boldsymbol{e}_z \tag{2.7.4}$$

那么，由式(2.5.24)，有

$$\dot{\boldsymbol{E}} = -\hat{z}\dot{\boldsymbol{A}} + \frac{1}{\hat{y}}\nabla(\nabla\cdot\dot{\boldsymbol{A}}),\quad \dot{\boldsymbol{H}} = \nabla\times\dot{\boldsymbol{A}} \tag{2.7.5}$$

式(2.7.5)可展开成

$$\begin{cases} \dot{E}_x = \dfrac{1}{\hat{y}}\dfrac{\partial^2\dot{\psi}}{\partial x\partial z}, & \dot{H}_x = \dfrac{\partial\dot{\psi}}{\partial y} \\ \dot{E}_y = \dfrac{1}{\hat{y}}\dfrac{\partial^2\dot{\psi}}{\partial y\partial z}, & \dot{H}_y = -\dfrac{\partial\dot{\psi}}{\partial x} \\ \dot{E}_z = \dfrac{1}{\hat{y}}\left(\dfrac{\partial^2}{\partial z^2} + k^2\right)\dot{\psi}, & \dot{H}_z = 0 \end{cases} \tag{2.7.6}$$

显然，这是一个没有磁场的 $\dot{H}_z$ 分量的电磁波。习惯上，把它称为对 z 的横磁波，记作 TM 波。这说明在无源区域中，可以由式(2.7.6)来表示任意的 TM 波，仅需求 $\dot{\Psi}$ 满足的方程式(2.7.3)。

另一方面，如果取 $\dot{\boldsymbol{A}} = 0$ 和

$$\dot{\boldsymbol{F}} = \dot{\psi}\boldsymbol{e}_z \tag{2.7.7}$$

那么，由式(2.5.24)，有

$$\dot{\boldsymbol{E}} = -\nabla\times\dot{\boldsymbol{F}},\quad \dot{\boldsymbol{H}} = -\hat{y}\dot{\boldsymbol{F}} + \frac{1}{\hat{z}}\nabla(\nabla\cdot\dot{\boldsymbol{F}}) \tag{2.7.8}$$

式(2.7.8)的展开式为

$$\begin{cases} \dot{E}_x = -\dfrac{\partial \dot{\psi}}{\partial y}, & \dot{H}_x = \dfrac{1}{\hat{z}} \dfrac{\partial^2 \dot{\psi}}{\partial x \partial z} \\ \dot{E}_y = \dfrac{\partial \dot{\psi}}{\partial x}, & \dot{H}_y = \dfrac{1}{\hat{z}} \dfrac{\partial^2 \dot{\psi}}{\partial y \partial z} \\ \dot{E}_z = 0, & \dot{H}_z = \dfrac{1}{\hat{z}} \left(\dfrac{\partial^2}{\partial z^2} + k^2 \right) \dot{\psi} \end{cases} \tag{2.7.9}$$

显然，这是一个没有电场的 $\dot{E}_z$ 分量的电磁波。习惯上，把它称为对 z 的横电波，记作TE波。这说明在无源区域中，可以由式(2.7.9)来表示任意的TE波，仅需求 $\dot{\psi}$ 满足的方程式(2.7.3)。

现在，假设某一电磁波既不是横电波也不是横磁波，如果由该电磁波的 $\dot{E}_z$ 分量按照[2]

$$\frac{\partial^2 \dot{\psi}}{\partial z^2} + k^2 \dot{\psi} = \hat{y} \dot{E}_z \tag{2.7.10}$$

求得一解 $\dot{\psi}$，它将能够由式(2.7.6)来表示一个对 z 的 TM 波。显然，这个 TM 波与原来的电磁波有相同的 $\dot{E}_z$，所以两者之差是一个没有电场的 $\dot{E}_z$ 分量的电磁波，即一个对 z 的横电波或 TE 波。如果由原来电磁波的 $\dot{H}_z$ 分量按照

$$\frac{\partial^2 \dot{\psi}}{\partial z^2} + k^2 \dot{\psi} = \hat{z} \dot{H}_z \tag{2.7.11}$$

求得一解 $\dot{\psi}$，它将能够由式(2.7.9)来表示一个对 z 的 TE 波。这个 TE 波就是我们所要确定的上述 TM 波与原来的电磁波之差所产生的 TE 波。这一结论表明，任何电磁波都能表示成 TM 波与 TE 波之和，或者可分解为 TM 波和 TE 波两种模式。

首先，需要指出一点，对于某一给定的电磁波来说，它究竟是 TE 波、TM 波还是 TEM 波，是与所选定的纵方向有关的。如果从数学分析的角度看，把电磁波分解成 TE 波和 TM 波两种模式的场来分别分析计算，不仅会带来许多方便，也便于实际应用。

此外，由于 z 方向是任意的，所以可以将上述分析结果表示成一般形式。如果取 $\boldsymbol{C}$ 是一固定方向的单位矢量，且定义

$$\dot{\boldsymbol{A}} = \dot{\psi}^a \boldsymbol{C}, \quad \dot{\boldsymbol{F}} = \dot{\psi}^f \boldsymbol{C} \tag{2.7.12}$$

那么，由式(2.7.5)就能给出一个对 $\boldsymbol{C}$ 的TM波，而由式(2.7.8)能给出一个对 $\boldsymbol{C}$ 的TE波。由于任一给定电磁波都能表示成 TM 波与 TE 波之和，所以其场可由 $\dot{\psi}^a$ 和 $\dot{\psi}^f$ 表示成

$$\begin{cases} \dot{\boldsymbol{E}} = -\nabla \times (\dot{\psi}^f \boldsymbol{C}) - \hat{z} \dot{\psi}^a \boldsymbol{C} + \dfrac{1}{\hat{y}} \nabla (\nabla \cdot \dot{\psi}^a \boldsymbol{C}) \\ \dot{\boldsymbol{H}} = \nabla \times (\dot{\psi}^a \boldsymbol{C}) - \hat{y} \dot{\psi}^f \boldsymbol{C} + \dfrac{1}{\hat{z}} \nabla (\nabla \cdot \dot{\psi}^f \boldsymbol{C}) \end{cases} \tag{2.7.13}$$

式中，$\dot{\psi}^a$ 和 $\dot{\psi}^f$ 都是方程式(2.7.3)的解。不难看出，对于一个给定的电磁波问题，求亥姆霍兹方程式(2.7.3)的解，以及选择合适的 $\dot{\psi}^a$ 和 $\dot{\psi}^f$ 都是十分重要的。

例 2.7.1 如图 2.7.1 所示，位于 $y=0$ 和 $y=b$ 的两块无限大平面导体板形成了一个平行板波导。

(1) 假定 $z=0$ 平面上有一电流层 $\dot{\boldsymbol{K}}=\dot{K}_y\boldsymbol{e}_y$，该波导在 $\pm z$ 方向都是匹配的，求该电流层产生的磁场 $\dot{H}_x$。

(2) 若电流层 $\dot{\boldsymbol{K}}=\dot{K}_x\boldsymbol{e}_x$，求其产生的电场 $\dot{E}_x$。

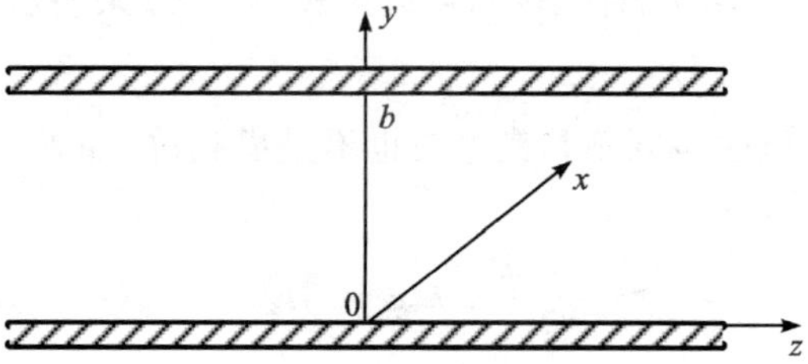

图 2.7.1 平行板波导

解 在直角坐标系中，标量波动方程的分离变量解可取为

$$\dot{\psi}(x,y,z)=\sum_n B_n \mathrm{h}_n(k_x x)\mathrm{h}_n(k_y y)\mathrm{h}_n(k_z z)$$

式中，B_n 为待定系数，而

$$k_x^2+k_y^2+k_z^2=k^2$$

当取 $\dot{\boldsymbol{F}}=\boldsymbol{0}$ 和 $\dot{\boldsymbol{A}}=\dot{\psi}\boldsymbol{e}_z$ 时，由式(2.7.6)可见 $\dot{H}_z=0$，所以是对 z 的 TM 波。当取 $\dot{\boldsymbol{A}}=\boldsymbol{0}$ 和 $\dot{\boldsymbol{F}}=\dot{\psi}\boldsymbol{e}_z$ 时，由式(2.7.9)可见 $\dot{E}_z=0$，所以是对 z 的 TE 波。根据对称性 $\dfrac{\partial}{\partial x}=0$，取 $\mathrm{h}_n(k_x x)=1$；由于在 $\pm z$ 方向都是匹配的，取 $\mathrm{h}_n(k_z z)=\mathrm{e}^{-\gamma_n|z|}$。

(1) 对于 $\dot{\boldsymbol{K}}=\dot{K}_y\boldsymbol{e}_y$ 的情况，$\dot{H}_x$ 不应为零。因此，选择对 z 的 TM 波。当 $y=0$ 和 $y=b$ 时，由于均有 $\dot{E}_x=0$，所以取 $\mathrm{h}_n(k_y y)=\sin\dfrac{n\pi y}{b}$。这样，就有

$$\dot{\psi}^{\mathrm{TM}}=\begin{cases}\displaystyle\sum_{n=0}^{+\infty}B_n^+\sin\frac{n\pi y}{b}\mathrm{e}^{-\gamma_n z} & (z>0)\\ \displaystyle-\sum_{n=0}^{+\infty}B_n^-\sin\frac{n\pi y}{b}\mathrm{e}^{\gamma_n z} & (z<0)\end{cases}$$

此时，有

$$\dot{E}_y=\frac{1}{\hat{y}}\frac{\partial^2\dot{\psi}^{\mathrm{TM}}}{\partial y\partial z},\quad \dot{H}_x=\frac{\partial\dot{\psi}^{\mathrm{TM}}}{\partial y}$$

由 $z=0$ 处的边界条件：$\dot{E}_y^+=\dot{E}_y^-$ 和 $\dot{H}_x^+-\dot{H}_x^-=\dot{K}_y$，可得

$$B_n^+ = B_n^- = B_n \quad 和 \quad \sum_{n=0}^{+\infty} \frac{n\pi}{b} 2B_n \cos\frac{n\pi y}{b} = \dot{K}_y$$

将上面两式中的第二式两边同乘以 $\cos\frac{m\pi y}{b}\mathrm{d}y$，并从 0 至 b 对 y 积分，得

$$B_n = \frac{\varepsilon_n}{2n\pi}\int_0^b \dot{K}_y \cos\frac{n\pi y}{b}\mathrm{d}y$$

式中 ε_n 是诺依曼数。因此，得到

$$\dot{H}_x = \begin{cases} \sum_{n=0}^{+\infty} \frac{n\pi}{b} B_n \cos\frac{n\pi y}{b} \mathrm{e}^{-\gamma_n z} & (z > 0) \\ -\sum_{n=0}^{+\infty} \frac{n\pi}{b} B_n \cos\frac{n\pi y}{b} \mathrm{e}^{\gamma_n z} & (z > 0) \end{cases}$$

(2) 对于 $\dot{\boldsymbol{K}} = \dot{K}_x \boldsymbol{e}_x$ 的情况，选取使 $\dot{H}_y$ 不为零的波型函数

$$\dot{\psi}^{\mathrm{TE}} = \begin{cases} \sum_{n=0}^{+\infty} C_n^+ \cos\frac{n\pi y}{b} \mathrm{e}^{-\gamma_n z} & (z > 0) \\ \sum_{n=0}^{+\infty} C_n^- \cos\frac{n\pi y}{b} \mathrm{e}^{\gamma_n z} & (z < 0) \end{cases}$$

此时，由

$$\dot{E}_x = -\frac{\partial \dot{\psi}^{\mathrm{TE}}}{\partial y}, \quad \dot{H}_y = \frac{1}{\hat{z}} \frac{\partial^2 \dot{\psi}^{\mathrm{TE}}}{\partial y \partial z}$$

和在 $z = 0$ 处的边界条件：$\dot{E}_x^+ = \dot{E}_x^-$ 和 $\dot{H}_y^+ - \dot{H}_y^- = -\dot{K}_x$，可得

$$C_n^+ = C_n^- = C_n \quad 和 \quad C_n = \frac{\mathrm{j}\omega\mu}{n\pi\gamma_n}\int_0^b \dot{K}_x \sin\frac{n\pi y}{b}\mathrm{d}y \quad (n = 1, 2, \cdots)$$

最后，得到

$$\dot{E}_x = \sum_{n=1}^{+\infty} \frac{n\pi}{b} C_n \sin\frac{n\pi y}{b} \mathrm{e}^{-\gamma_n |z|}$$

2.7.2　圆柱坐标系中的横磁波和横电波[2]

在圆柱坐标系中，沿 z 坐标方向的单位矢量 $\boldsymbol{e}_z$ 是一固定矢量，这样如果取 $\dot{\boldsymbol{F}} = \boldsymbol{0}$ 和

$$\dot{\boldsymbol{A}} = \dot{\psi} \boldsymbol{e}_z \tag{2.7.14}$$

那么，由式(2.7.13) 就能得到对 z 的 TM 波。将式(2.7.13) 在圆柱坐标系中展开，其结果是[2]

$$
\begin{cases}
\dot{E}_\rho = \dfrac{1}{\hat{y}} \dfrac{\partial^2 \dot{\psi}}{\partial\rho\partial z}, & \dot{H}_\rho = \dfrac{1}{\rho}\dfrac{\partial\dot{\psi}}{\partial\phi} \\
\dot{E}_\phi = \dfrac{1}{\hat{y}\rho} \dfrac{\partial^2 \dot{\psi}}{\partial\phi\partial z}, & \dot{H}_\phi = -\dfrac{\partial\dot{\psi}}{\partial\rho} \\
\dot{E}_z = \dfrac{1}{\hat{y}}\left(\dfrac{\partial^2}{\partial z^2} + k^2\right)\dot{\psi}, & \dot{H}_z = 0
\end{cases}
\tag{2.7.15}
$$

同样,如果取 $\dot{\boldsymbol{A}} = \boldsymbol{0}$ 和

$$
\dot{\boldsymbol{F}} = \dot{\psi}\boldsymbol{e}_z \tag{2.7.16}
$$

那么,由式(2.7.13)就能得到对 z 的 TE 波,其展开式是[2]

$$
\begin{cases}
\dot{E}_\rho = -\dfrac{1}{\rho}\dfrac{\partial\dot{\psi}}{\partial\phi}, & \dot{H}_\rho = \dfrac{1}{\hat{z}} \dfrac{\partial^2 \dot{\psi}}{\partial\rho\partial z} \\
\dot{E}_\phi = \dfrac{\partial\dot{\psi}}{\partial\rho}, & \dot{H}_\phi = \dfrac{1}{\hat{z}\rho} \dfrac{\partial^2 \dot{\psi}}{\partial\phi\partial z} \\
\dot{E}_z = 0, & \dot{H}_z = \dfrac{1}{\hat{z}}\left(\dfrac{\partial^2}{\partial z^2} + k^2\right)\dot{\psi}
\end{cases}
\tag{2.7.17}
$$

类似地,一个任意的电磁波(E_z 和 H_z 都存在)可以表示成式(2.7.15)和式(2.7.17)之和。

例 2.7.2 已知无限长 z 向均匀表面电流圆柱,其半径为 a(见图 2.7.2),面电流密度为 $\dot{\boldsymbol{K}} = \dot{K}_0\boldsymbol{e}_z$。求该电流产生的场。

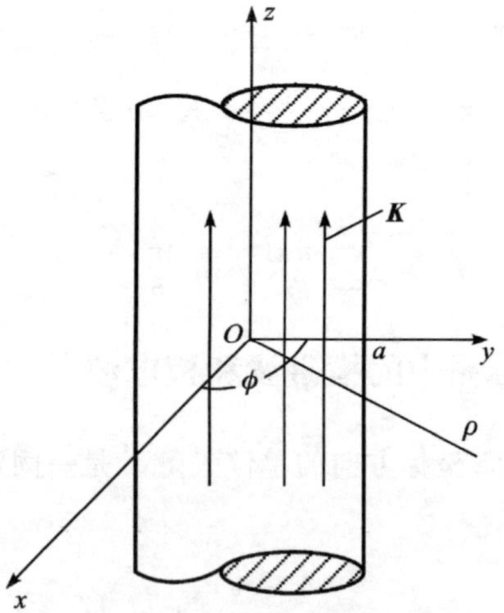

图 2.7.2 均匀面电流圆柱

解 在圆柱坐标系中,标量波动方程的分离变量解可取为

$$
\dot{\psi}(\rho,\phi,z) = \mathrm{B}_n(k_\rho\rho)\mathrm{h}(n\phi)\mathrm{h}(k_z z)
$$

式中，$B_n(k_\rho \rho)$ 为 n 阶贝塞尔函数，$h(n\phi)$ 和 $h(k_z z)$ 均为谐函数，而且 $k_z^2 = k^2 - k_\rho^2$。

由于电流分布与 z 和 ϕ 无关，所以根据表面电流圆柱内外场的分布性质，取 $\dot{\psi}(\rho,\phi,z)$ 为

$$\dot{\psi}(\rho,\phi,z) = \begin{cases} C_1 J_0(k\rho) & (\rho < a) \\ C_2 H_0^{(2)}(k\rho) & (\rho > a) \end{cases}$$

根据对称性可知，$\dfrac{\partial}{\partial\phi} = \dfrac{\partial}{\partial z} = 0$。那么，由式(2.7.17)得到对 z 的 TE 波场：

$$\begin{cases} \dot{E}_\phi = \dfrac{\partial\dot{\psi}}{\partial\rho}, \quad \dot{H}_z = \dfrac{k^2}{\hat{z}}\dot{\psi}; \\ \dot{E}_\rho = \dot{E}_z = \dot{H}_\rho = \dot{H}_\phi = 0. \end{cases}$$

由式(2.7.15)得到对 z 的 TM 波场：

$$\begin{cases} \dot{E}_z = \dfrac{k^2}{\hat{y}}\dot{\psi}, \quad \dot{H}_\phi = -\dfrac{\partial\dot{\psi}}{\partial\rho}, \\ \dot{E}_\rho = \dot{E}_\phi = \dot{H}_\rho = \dot{H}_z = 0. \end{cases}$$

根据题中的电流分布可知 $\dot{H}_\phi \neq 0$，所以该电流产生的场为对 z 的 TM 波。由场的边界条件，在 $\rho = a$ 处，有

$$\lim_{\alpha\to 0}\dot{E}_z(a-\alpha) = \lim_{\alpha\to 0}\dot{E}_z(a+\alpha)$$

$$\lim_{\alpha\to 0}[\dot{H}_\phi(a+\alpha) - \dot{H}_\phi(a-\alpha)] = \dot{K}_0$$

得

$$C_1 J_0(ka) = C_2 H_0^{(2)}(ka)$$

$$k[C_1 J'_0(ka) - C_2 H_0^{(2)\prime}(ka)] = \dot{K}_0$$

联立求解上面两个方程，并利用朗斯基多项式，有

$$H_0^{(2)\prime}(ka) J_0(ka) - J'_0(ka) H_0^{(2)}(ka) = \frac{2}{\mathrm{j}\pi ka}$$

可得

$$C_1 = -\frac{\mathrm{j}\pi a\dot{K}_0 H_0^{(2)}(ka)}{2} \quad \text{和} \quad C_2 = -\frac{\mathrm{j}\pi a\dot{K}_0 J_0(ka)}{2}$$

最后，得到该电流产生的场为

$$\dot{E}_z = \begin{cases} -\dfrac{\pi}{2}\sqrt{\dfrac{\mu}{\varepsilon}} ka\dot{K}_0 H_0^{(2)}(ka) J_0(k\rho) & (\rho \leqslant a) \\ -\dfrac{\pi}{2}\sqrt{\dfrac{\mu}{\varepsilon}} ka\dot{K}_0 J_0(ka) H_0^{(2)}(k\rho) & (\rho > a) \end{cases}$$

和

$$\dot{H}_\phi = \begin{cases} \dfrac{\mathrm{j}}{2}k\pi a\dot{K}_0\mathrm{H}_0^{(2)}(ka)\mathrm{J}_0'(k\rho) & (\rho < a) \\ \dfrac{\mathrm{j}}{2}k\pi a\dot{K}_0\mathrm{J}_0(ka)\mathrm{H}_0^{(2)\prime}(k\rho) & (\rho > a) \end{cases}$$

以及

$$\dot{E}_\rho = \dot{E}_\phi = \dot{H}_\rho = \dot{H}_z = 0。$$

2.7.3 球坐标系中的横磁波和横电波[2]

类似地，在球坐标系中，任意电磁波也能将其场作为两部分之和：一部分是对 $\boldsymbol{r}$ 方向的 TM 波，另一部分是对 $\boldsymbol{r}$ 方向的 TE 波。此时，可分别选择 $\dot{\boldsymbol{A}} = \dot{A}_r\boldsymbol{e}_r$ 和 $\dot{\boldsymbol{F}} = \dot{F}_r\boldsymbol{e}_r$，且电磁波的总场是由式(2.5.24) 给出的，在球坐标系中的展开式为[2]

$$\begin{cases} \dot{E}_r = \dfrac{1}{\hat{y}}\left(\dfrac{\partial^2}{\partial r^2} + k^2\right)\dot{A}_r, & \dot{H}_r = \dfrac{1}{\hat{z}}\left(\dfrac{\partial^2}{\partial r^2} + k^2\right)\dot{F}_r \\ \dot{E}_\theta = \dfrac{-1}{r\sin\theta}\dfrac{\partial\dot{F}_r}{\partial\phi} + \dfrac{1}{\hat{y}r}\dfrac{\partial^2\dot{A}_r}{\partial r\partial\theta}, & \dot{H}_\theta = \dfrac{1}{r\sin\theta}\dfrac{\partial\dot{A}_r}{\partial\phi} + \dfrac{1}{\hat{z}r}\dfrac{\partial^2\dot{F}_r}{\partial r\partial\theta} \\ \dot{E}_\phi = \dfrac{1}{r}\dfrac{\partial\dot{F}_r}{\partial\theta} + \dfrac{1}{\hat{y}r\sin\theta}\dfrac{\partial^2\dot{A}_r}{\partial r\partial\phi}, & \dot{H}_\phi = -\dfrac{1}{r}\dfrac{\partial\dot{A}_r}{\partial\theta} + \dfrac{1}{\hat{z}r\sin\theta}\dfrac{\partial^2\dot{F}_r}{\partial r\partial\phi} \end{cases} \tag{2.7.18}$$

显然，当 $\dot{F}_r = 0$ 时，得到对于 r 的 TM 波；相反，当 $\dot{A}_r = 0$ 时，得到对于 r 的 TE 波。

需要指出一点，式(2.7.18) 中的 $\dot{A}_r$ 和 $\dot{F}_r$ 却都不是亥姆霍兹方程式(2.7.3) 的解。这是因为 $\nabla^2\dot{A}_r \neq (\nabla^2\dot{\boldsymbol{A}})_r$。例如，对于矢位 $\dot{\boldsymbol{A}} = \dot{A}_r\boldsymbol{e}_r$，代入无源区($\dot{\boldsymbol{J}} = 0$ 时) 的方程式(2.5.12)，有

$$\nabla\times\nabla\times(\dot{A}_r\boldsymbol{e}_r) - k^2\dot{A}_r\boldsymbol{e}_r = -\hat{y}\nabla\dot{\varphi} \tag{2.7.19}$$

上式(2.7.19) 展开式的 θ 和 ϕ 分量分别是

$$\frac{\partial^2\dot{A}_r}{\partial r\partial\theta} = -\hat{y}\frac{\partial\dot{\varphi}}{\partial\theta}, \quad \frac{\partial^2\dot{A}_r}{\partial r\partial\phi} = -\hat{y}\frac{\partial\dot{\varphi}}{\partial\phi} \tag{2.7.20}$$

由上式(2.7.20)，可以得到下列关系

$$\frac{\partial\dot{A}_r}{\partial r} = -\hat{y}\dot{\varphi} \tag{2.7.21}$$

把式(2.7.21) 代入式(2.7.19) 展开式中的 $\boldsymbol{r}$ 分量，得到

$$\frac{\partial^2\dot{A}_r}{\partial r^2} + \frac{1}{r^2\sin\theta}\frac{\partial}{\partial\theta}\left(\sin\theta\frac{\partial\dot{A}_r}{\partial\theta}\right) + \frac{1}{r^2\sin^2\theta}\frac{\partial^2\dot{A}_r}{\partial\phi^2} + k^2\dot{A}_r = 0 \tag{2.7.22}$$

上式可简写为

$$(\nabla^2 + k^2)\frac{\dot{A}_r}{r} = 0 \tag{2.7.23}$$

同理，可求得 $\dot{F}_r$ 的方程是

$$(\nabla^2 + k^2)\frac{\dot{F}_r}{r} = 0 \tag{2.7.24}$$

方程式(2.7.23)和式(2.7.24)的结果说明，$\frac{\dot{A}_r}{r}$ 和 $\frac{\dot{F}_r}{r}$ 满足亥姆霍兹方程。这样一来，如果取 $\dot{\psi}^a = \frac{\dot{A}_r}{r}$ 和 $\dot{\psi}^f = \frac{\dot{F}_r}{r}$，则可由矢位

$$\begin{cases} \dot{\boldsymbol{A}} = \dot{A}_r \boldsymbol{e}_r = r\dot{\psi}^a \boldsymbol{e}_r \\ \dot{\boldsymbol{F}} = \dot{F}_r \boldsymbol{e}_r = r\dot{\psi}^f \boldsymbol{e}_r \end{cases} \tag{2.7.25}$$

来构成电磁波。其中，$\dot{\Psi}^a$ 和 $\dot{\Psi}^f$ 都是亥姆霍兹方程式(2.7.3)的解。

例 2.7.3　如图 2.7.3 所示，在半径为 a 的导电球壳上有一孔隙，除孔隙以外，球面上 $\dot{\boldsymbol{E}}$ 的切向分量都是零，而在孔隙缝内仅存在不依赖于 ϕ 的 $\dot{E}_\theta$ 分量。试分析球的孔隙所产生的电磁波[2]。

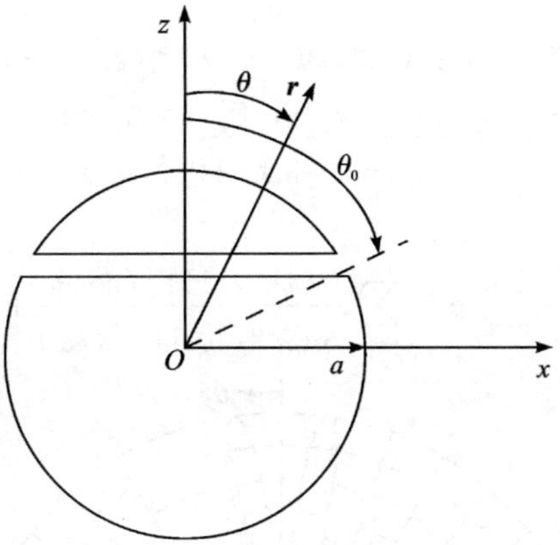

图 2.7.3　开缝的导电球壳

解　由于在孔隙缝内仅存在不依赖于 ϕ 的 $\dot{E}_\theta$ 分量，显然这是一个具有旋转对称性的对于 r 的 TM 波，即仅有 $\dot{H}_\phi$ 分量。这种场能用 $\dot{\boldsymbol{A}} = \dot{A}_r \boldsymbol{e}_r$ 和 $\dot{\boldsymbol{F}} = \boldsymbol{0}$ 来表示，且 $\dot{A}_r$ 的形式为

$$\dot{A}_r = \sum_{n=1}^{+\infty} a_n \hat{\mathrm{H}}_n^{(2)}(kr)\mathrm{P}_n(\cos\theta) \tag{2.7.26}$$

式中，a_n 为待定系数。从式(2.7.18)可计算得到

$$\dot{E}_\theta = \frac{k}{\hat{y}r}\sum_{n=1}^{+\infty} a_n \hat{\mathrm{H}}_n^{(2)\prime}(kr)\frac{\partial}{\partial\theta}\mathrm{P}_n(\cos\theta) \tag{2.7.27}$$

注意到 $\frac{\partial \mathrm{P}_n}{\partial\theta} = \mathrm{P}_n^1$，上式两边同乘以 $\mathrm{P}_m^1(\cos\theta)\sin\theta\mathrm{d}\theta$，并令 $r = a$，然后从 0 到 π 对其

积分,得

$$\int_0^{\pi}\dot{E}_{\theta}\,|_{r=a}\,\mathrm{P}_n^1(\cos\theta)\sin\theta\mathrm{d}\theta=\frac{k}{\hat{y}a}a_n\;\hat{\mathrm{H}}_n^{(2)\prime}(ka)\;\frac{n(n+1)}{2n+1}$$

由上式就可求出系数

$$a_n=\frac{\hat{y}a(2n+1)}{kn(n+1)\;\hat{\mathrm{H}}_n^{(2)\prime}(ka)}\int_0^{\pi}\dot{E}_{\theta}\Big|_{r=a}\mathrm{P}_n^1(\cos\theta)\sin\theta\mathrm{d}\theta \tag{2.7.28}$$

把 a_n 代回式(2.7.27)就得到开缝导电球壳所辐射电磁波的 $\dot{E}_{\theta}$ 分量。

在辐射区域中,应用 $\mathrm{H}_n^{(2)}$ 的渐近公式,由式(2.7.27)得到

$$\dot{E}_{\theta}\Big|_{kr\to+\infty}=\frac{k}{\hat{y}r}\mathrm{e}^{-\mathrm{j}kr}\sum_{n=1}^{+\infty}a_n\mathrm{j}^n\mathrm{P}_n^1(\cos\theta) \tag{2.7.29}$$

实际上,应用互易定理,也能从平面波的散射结果得到这一结果。

假设缝的宽度很窄,那么可以认为在 $r=a$ 的球面上,$\dot{E}_{\theta}$ 近似是 $\theta=\theta_0$ 处的冲激函数,即表示成

$$\dot{E}_{\theta}\Big|_{r=a}=\frac{V_0}{a}\delta(\theta-\theta_0) \tag{2.7.30}$$

式中,V_0 是跨缝电压。那么。将式(2.7.30)代入式(2.7.28)中,完成积分后,得到

$$a_n=\frac{\hat{y}V_0(2n+1)\mathrm{P}_n^1(\cos\theta_0)\sin\theta_0}{kn(n+1)\;\hat{\mathrm{H}}_n^{(2)\prime}(ka)} \tag{2.7.31}$$

而式(2.7.29)变成

$$\dot{E}_{\theta}=\frac{V_0\sin\theta_0}{r}\mathrm{e}^{-\mathrm{j}kr}\sum_{n=1}^{+\infty}\frac{\mathrm{j}^n(2n+1)\mathrm{P}_n^1(\cos\theta_0)}{n(n+1)\;\hat{\mathrm{H}}_n^{(2)\prime}(ka)}\mathrm{P}_n^1(\cos\theta) \tag{2.7.32}$$

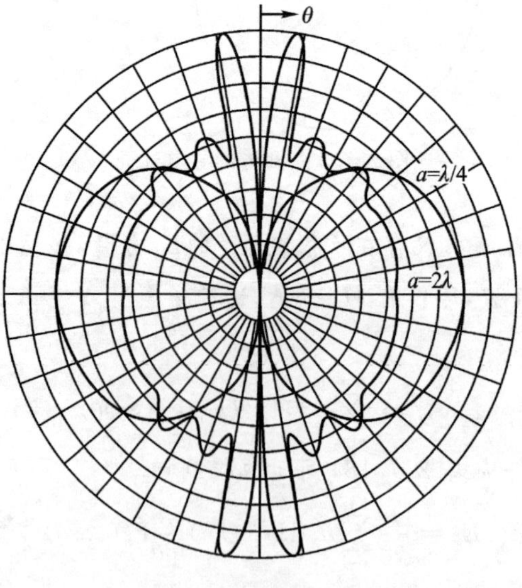

图 2.7.4 当 $\theta_0=\frac{\pi}{2}$ 时,开缝导电球壳的辐射图[2]

当导电球壳分为两半(即 $\theta_0=\dfrac{\pi}{2}$)时,图 2.7.4 给出了球的半径分别是 $a=\lambda/4$ 和 $a=2\lambda$ 的辐射图[2]。可以看出,很小的球壳的辐射特性与电偶极子的辐射特性相似,而很大的球壳的辐射几乎没有方向性,并且在 $\theta=0$ 和 $\theta=\pi$ 附近受到严重的干扰。特别地,当 θ_0 趋于零时,辐射图如图 2.7.5 所示,从一小磁流环和一小电流元的等效性来看,这是很自然地所能预料到的结果。

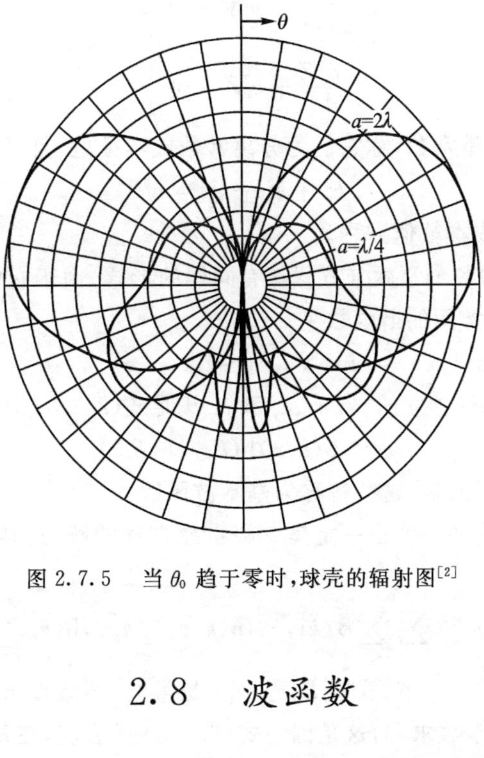

图 2.7.5　当 θ_0 趋于零时,球壳的辐射图[2]

2.8　波函数

式(2.7.13)表明,一旦求得标量亥姆霍兹方程的通解,我们怎样去构成场方程的通解。应用分离变量法,对于某些坐标系的亥姆霍兹方程,就能构成其通解。在这一节中,我们将应用分离变量法来求直角坐标系、圆柱坐标系和球坐标系这三种常见正交坐标系的解。

2.8.1　平面波函数[2]

在直角坐标系中,亥姆霍兹方程是

$$\frac{\partial^2\dot{\psi}}{\partial x^2}+\frac{\partial^2\dot{\psi}}{\partial y^2}+\frac{\partial^2\dot{\psi}}{\partial z^2}+k^2\dot{\psi}=0 \tag{2.8.1}$$

假设有如下形式的分离变量解:

$$\dot{\psi}=X(x)Y(y)Z(z) \tag{2.8.2}$$

将式(2.8.2)代入式(2.8.1)中,并除以 $\dot{\psi}$,得

$$\frac{1}{X}\frac{\mathrm{d}^2X}{\mathrm{d}x^2}+\frac{1}{Y}\frac{\mathrm{d}^2Y}{\mathrm{d}y^2}+\frac{1}{Z}\frac{\mathrm{d}^2Z}{\mathrm{d}z^2}+k^2=0 \tag{2.8.3}$$

不难将式(2.8.3)分离为三个常微分方程:

$$\left.\begin{aligned}\frac{\mathrm{d}^2X}{\mathrm{d}x^2}+k_x^2X=0\\ \frac{\mathrm{d}^2Y}{\mathrm{d}y^2}+k_y^2Y=0\\ \frac{\mathrm{d}^2Z}{\mathrm{d}z^2}+k_z^2Z=0\end{aligned}\right\} \tag{2.8.4}$$

式中,k_x、k_y 和 k_z 都是常数,称它们为分离常数或本征值,且必须满足:

$$k_x^2+k_y^2+k_z^2=k^2 \tag{2.8.5}$$

上式称为分离方程或本征值方程。

式(2.8.4)中的各个常微分方程都有同样的形式。由于它们的解都是谐函数,所以称之为谐方程。常用的谐函数是

$$\mathrm{h}(k_xx)\sim\sin k_xx,\quad \cos k_xx,\quad \mathrm{e}^{\mathrm{j}k_xx},\quad \mathrm{e}^{-\mathrm{j}k_xx} \tag{2.8.6}$$

这些谐函数是相互线性独立的。当 k_x、k_y 和 k_z 满足式(2.8.5)时,根据式(2.8.2),有

$$\dot{\psi}=\mathrm{h}(k_xx)\mathrm{h}(k_yy)\mathrm{h}(k_zz) \tag{2.8.7}$$

这就是亥姆霍兹方程的解。这些解称为基本波函数。

基本波函数的线性组合也一定是亥姆霍兹方程的解,这样就构成更一般的波函数。例如:

$$\dot{\psi}=\sum_{k_y}\sum_{k_x}B(k_x,k_y)\mathrm{h}(k_xx)\mathrm{h}(k_yy)\mathrm{h}(k_zz) \tag{2.8.8}$$

就是亥姆霍兹方程的一种解。式中 $B(k_x,k_y)$ 是常数。不难看出,式(2.8.8)中只对 k_x 和 k_y 这两个分离常数求和,这是因为式(2.8.5)所表明,在 k_x、k_y 和 k_z 中只有两个可以独立选择。

一般来说,对于具体问题,所需要的 $k_i(i=x,y,z)$ 值是由问题的边界条件决定的,这就是在数学上 k_i 被称之为本征值的原因。相应于各个本征值的基本波函数称为本征函数。

在以后的章节中我们将看到,在有限区域(例如波导和谐振腔)的解的特征是其本征值有不连续谱,而在无限区域(例如天线)的解却常要求其本征值有连续谱。例如,对于无限区域,亥姆霍兹方程的一种解是

$$\psi=\int_{k_y}\int_{k_x}f(k_x,k_y)\mathrm{h}(k_xx)\mathrm{h}(k_yy)\mathrm{h}(k_zz)\mathrm{d}k_x\mathrm{d}k_y \tag{2.8.9}$$

式中,$f(k_x,k_y)$ 是一解析函数,而积分是在复数 k_x 和 k_y 的区域内的任何路径上进行的。式(2.8.9)表明,分离参数有连续变化的性质,所以称之为本征值具有连

续谱。

掌握各种谐函数的数学性质和物理解释，对为具体问题适当地选择其所需的谐函数会有很大的帮助。我们知道，波函数 $\dot{\psi}$ 是按照下式：

$$\psi = \sqrt{2}\mid\dot{\psi}\mid\cos(\omega t+\alpha) = \sqrt{2}\mathrm{Re}(\dot{\psi}\mathrm{e}^{\mathrm{j}\omega t}) \tag{2.8.10}$$

来代表其瞬时形式的。式中 $\dot{\psi} = \mid\dot{\psi}\mid\mathrm{e}^{\mathrm{j}\alpha}$。这样一来，有：(1)$\mathrm{h}(kx) = \mathrm{e}^{-\mathrm{j}kx}$($k$ 是正实数）形式的解代表沿 $+x$ 方向传播的无衰减波。如果 k 是复数，且 $\mathrm{Re}(k) > 0$，那么按照 $\mathrm{Im}(k)$ 是负或正，沿 $+x$ 方向就是有衰减或增强的波。同样，对于 $\mathrm{h}(kx) = \mathrm{e}^{\mathrm{j}kx}$，也能作相同的分析。如果 k 是纯虚数，两种谐函数 $\mathrm{e}^{-\mathrm{j}kx}$ 和 $\mathrm{e}^{\mathrm{j}kx}$ 都代表凋落场。(2)$\mathrm{h}(kx) = \sin kx$ 和 $\mathrm{h}(kx) = \cos kx$(k 是实数）形式的解代表纯驻波。如果 k 是复数，它们代表局部化驻波。

表 2.8.1　谐函数的数学性质和物理解释[2]

$\mathrm{h}(kx)$	零	无限大*	$k=\beta-\mathrm{j}\alpha$ 的特殊情形	特殊表示形式	物理解释
$\mathrm{e}^{-\mathrm{j}kx}$	$kx\to-\mathrm{j}\infty$	$kx\to+\mathrm{j}\infty$	k 实数 k 虚数 k 复数	$\mathrm{e}^{-\mathrm{j}\beta x}$ $\mathrm{e}^{-\mathrm{j}\alpha x}$ $\mathrm{e}^{-\alpha x}\mathrm{e}^{-\mathrm{j}\beta x}$	$+x$ 行波 凋落场 衰减行波
$\mathrm{e}^{\mathrm{j}kx}$	$kx\to+\mathrm{j}\infty$	$kx\to-\mathrm{j}\infty$	k 实数 k 虚数 k 复数	$\mathrm{e}^{\mathrm{j}\beta x}$ $\mathrm{e}^{\alpha x}$ $\mathrm{e}^{\alpha x}\mathrm{e}^{\mathrm{j}\beta x}$	$-x$ 行波 凋落场 衰减行波
$\sin kx$	$kx=n\pi$	$kx\to\pm\mathrm{j}\infty$	k 实数 k 虚数 k 复数	$\sin\beta x$ $-\mathrm{j}\,\mathrm{sh}\alpha x$ $\sin\beta x\,\mathrm{ch}\alpha x$ $-\mathrm{j}\cos\beta x\,\mathrm{sh}\alpha x$	驻波 两种凋落场 局部化驻波
$\cos kx$	$kx=\left(n+\dfrac{1}{2}\right)\pi$	$kx\to\pm\mathrm{j}\infty$	k 实数 k 虚数 k 复数	$\cos\beta x$ $\mathrm{ch}\alpha x$ $\cos\beta x\,\mathrm{ch}\alpha x$ $+\mathrm{j}\sin\beta x\,\mathrm{sh}\alpha x$	驻波 两种凋落场 局部化驻波

* 此列列出了主要奇异点的渐进行为。

在表 2.8.1 中，我们总结了以上的物理解释，其中根据习惯，采用了 $k=\beta-\mathrm{j}\alpha$，而 α 和 β 都是实数。应该注意到，对于具体问题的求解，主要是靠经验选择适当的谐函数。

例 2.8.1　考虑下列形式的基本波函数：

$$\dot{\psi} = \mathrm{e}^{-\mathrm{j}k_x x}\mathrm{e}^{-\mathrm{j}k_y y}\mathrm{e}^{-\mathrm{j}k_z z}$$

式中，k_x、k_y 和 k_z 满足关系式 $k_x^2+k_y^2+k_z^2=k^2$。另一方面，如果有矢量

$$\boldsymbol{k} = k_x\boldsymbol{e}_x + k_y\boldsymbol{e}_y + k_z\boldsymbol{e}_z$$

和矢径矢量

$$\boldsymbol{r} = x\boldsymbol{e}_x + y\boldsymbol{e}_y + z\boldsymbol{e}_z$$

其中，$|\boldsymbol{k}| = k$。那么，可将这个基本波函数表示成

$$\dot{\psi} = \mathrm{e}^{-\mathrm{j}\boldsymbol{k}\cdot\boldsymbol{r}}$$

试证明，对于实数 k，这是一个在 $\boldsymbol{k}$ 方向传播的标量均匀平面波。

解 $\dot{\psi} = \mathrm{e}^{-\mathrm{j}k_x x}\mathrm{e}^{-\mathrm{j}k_y y}\mathrm{e}^{-\mathrm{j}k_z z}$ 可以写成如下形式：

$$\dot{\psi} = \mathrm{e}^{\mathrm{j}\Phi(x,y,z)}$$

其中，$\Phi(x,y,z) = -k_x x - k_y y - k_z z$ 或 $\Phi(x,y,z) = -\boldsymbol{k}\cdot\boldsymbol{r}$。显然，$\Phi(x,y,z)$ 是基本波函数 $\dot{\psi} = \mathrm{e}^{-\mathrm{j}\boldsymbol{k}\cdot\boldsymbol{r}}$ 的初相。初相固定的表面是等相面，其定义是

$$\Phi(x,y,z) = \text{常数}$$

把这些等相面的垂线叫作波的法线。波的法线当然是在 $\nabla\Phi$ 的方向，并且是沿着相位改变得最快的曲线。对于这里给出的基本波函数，其等相面的方程为

$$\Phi(x,y,z) = -k_x x - k_y y - k_z z = \text{常数}$$

显然，这是一个平面方程，即等相面是平面，对应的波就是平面波。

相位在某一方向的减少率叫作该方向的相位常数。例如，在直角坐标系中，在 x、y 和 z 三个方向的相位常数分别是

$$\beta_x = -\frac{\partial\Phi}{\partial x},\quad \beta_y = -\frac{\partial\Phi}{\partial y},\quad \beta_z = -\frac{\partial\Phi}{\partial z}$$

这些相位常数可看作是按

$$\boldsymbol{\beta} = -\nabla\Phi$$

所规定的矢量相位常数的各个分量。因此，最大相位常数是沿着波的法线。对于实数 k，应用公式 $\boldsymbol{\beta} = -\nabla\Phi$，可以求得给定基本波函数的矢量相位常数：

$$\boldsymbol{\beta} = -\nabla(-\boldsymbol{k}\cdot\boldsymbol{r}) = \boldsymbol{k}$$

因此，等相位面是垂直于 $\boldsymbol{k}$ 的平面。波的振幅在等相面上是一个固定值。因此，给定的基本波函数 $\mathrm{e}^{-\mathrm{j}\boldsymbol{k}\cdot\boldsymbol{r}}$ 代表沿 $\boldsymbol{k}$ 方向传播的标量均匀平面波。

应该注意到，如果等相面是柱面或球面，它们分别叫作柱面波和球面波。

2.8.2 柱面波函数[2]

对于边界符合圆柱面坐标系的问题，采用圆柱面坐标系去求解最为合适。这里，考虑标量亥姆霍兹方程的解，标量圆柱面坐标亥姆霍兹方程是

$$\frac{1}{\rho}\frac{\partial}{\partial\rho}\left(\rho\frac{\partial\dot{\psi}}{\partial\rho}\right) + \frac{1}{\rho^2}\frac{\partial^2\dot{\psi}}{\partial\phi^2} + \frac{\partial^2\dot{\psi}}{\partial z^2} + k^2\dot{\psi} = 0 \tag{2.8.11}$$

根据分离变量法，可求得下列形式的解：

$$\dot{\psi} = R(\rho)\Phi(\phi)Z(z) \tag{2.8.12}$$

将式(2.8.12)代入方程式(2.8.11)中，可以分离出如下三个常微分方程：

$$\left.\begin{aligned}&\frac{1}{\rho}\frac{\mathrm{d}}{\mathrm{d}\rho}\left(\rho\frac{\mathrm{d}R}{\mathrm{d}\rho}\right)+[(k_\rho\rho)^2-n^2]R=0\\&\frac{\mathrm{d}^2\Phi}{\mathrm{d}\phi^2}+n^2\Phi=0\\&\frac{\mathrm{d}^2Z}{\mathrm{d}z^2}+k_z^2=0\end{aligned}\right\}\tag{2.8.13}$$

式中，n 是一常数。k_ρ 和 k_z 定义为

$$k_\rho^2+k_z^2=k^2\tag{2.8.14}$$

不难看出，Φ 和 Z 的方程都是谐方程，它们的解是谐函数，并且一般用 $\mathrm{h}(n\phi)$ 和 $\mathrm{h}(k_zz)$ 来表示。R 的方程是 n 阶贝塞尔方程，其解一般用 $\mathrm{B}_n(k_\rho\rho)$ 表示。经常会应用到的贝塞尔方程的解是

$$\mathrm{B}_n(k_\rho\rho)\sim\mathrm{J}_n(k_\rho\rho),\quad \mathrm{Y}_n(k_\rho\rho),\quad \mathrm{H}_n^{(1)}(k_\rho\rho),\quad \mathrm{H}_n^{(2)}(k_\rho\rho)\tag{2.8.15}$$

这些函数是相互线性独立的。

按照式(2.8.12)，有

$$\dot{\psi}=\mathrm{B}_n(k_\rho\rho)\mathrm{h}(n\phi)\mathrm{h}(k_zz)\tag{2.8.16}$$

这些 $\dot{\psi}$ 称为圆柱面坐标系中的基本波函数。基本波函数的线性组合也是亥姆霍兹方程的解，这样就构成更一般的波函数。例如：

$$\dot{\psi}=\sum_n\sum_{k_z}C_{nk_z}\mathrm{B}_n(k_\rho\rho)\mathrm{h}(n\phi)\mathrm{h}(k_zz)\tag{2.8.17}$$

式中，C_{nk_z} 是常数。应该注意到，式(2.8.17)中只对 n 和分离常数 k_z 求和。也可以只对 n 和分离常数 k_ρ 求和，来构成亥姆霍兹方程的另一种解。但是，不能对两种分离常数 k_ρ 和 k_z 求和，因它们两者是由方程式(2.8.14)相互联系的，而不是相互独立的。

虽然 n 通常是不连续的，也可以对分离常数 k_z 或 k_ρ 积分，来构成亥姆霍兹方程的可能解：

$$\dot{\psi}=\sum_n\int_{k_z}f_n(k_z)\mathrm{B}_n(k_\rho\rho)\mathrm{h}(n\phi)\mathrm{h}(k_zz)\mathrm{d}k_z\tag{2.8.18}$$

或

$$\dot{\psi}=\sum_n\int_{k_\rho}g_n(k_\rho)\mathrm{B}_n(k_\rho\rho)\mathrm{h}(n\phi)\mathrm{h}(k_zz)\mathrm{d}k_\rho\tag{2.8.19}$$

式中，积分是在复数平面的任一围线上进行的，而 $f_n(k_z)$ 和 $g_n(k_\rho)$ 都是由边界条件来确定的函数。实际上，式(2.8.18)是一个傅里叶积分，而式(2.8.19)是一个傅里叶-贝塞尔积分。

现在，我们来讨论函数 $\mathrm{B}_n(k_\rho\rho)$、$\mathrm{h}(n\phi)$ 和 $\mathrm{h}(k_zz)$ 的数学性质和物理解释。首先，考虑到圆柱面坐标系的 z 坐标也是直角坐标之一，所以在前面直角坐标系中对

$h(k_z z)$ 的各种讨论和物理解释在这里也适用。ϕ 坐标是角坐标，如果希望求得从 $0 \sim 2\pi$ 的一切 ϕ 角的区域内的场，且 ψ 是单值的，那么就必须有 $\dot{\psi}(\phi) = \dot{\psi}(\phi + 2\pi)$。这意味着，$h(n\phi)$ 必须是对 ϕ 的周期函数；首先 n 就必须是一整数。一般选择 $h(n\phi)$ 为 $\sin n\phi$ 或 $\cos n\phi$，或 $\sin n\phi$ 和 $\cos n\phi$ 的线性组合。有时，也取指数式 $e^{jn\phi}$ 或 $e^{-jn\phi}$，这样在某些情况下更易于进行解析处理，因此，式(2.8.17)、式(2.8.18) 和式(2.8.19) 中对 n 的求和就是对 ϕ 的傅里叶级数。

最后，讨论对于贝塞尔方程的各种解 $B_n(k_\rho \rho)$。应注意到，在 $\rho = 0$ 仅有 $J_n(k_\rho \rho)$ 是非奇异的。因此，如果场在 $\rho = 0$ 是有限的，$B_n(k_\rho \rho)$ 必须选择 $J_n(k_\rho \rho)$，而基本波函数的形式（包括 $\rho = 0$）是

$$\dot{\psi} = J_n(k_\rho \rho) e^{jn\phi} e^{jk_z z} \tag{2.8.20}$$

但是，从式(2.8.14)，得到

$$k_\rho = \pm \sqrt{k^2 - k_z^2}$$

k_ρ 的符号是未定的。习惯上，选择其实数部分为正的根，即 $\mathrm{Re}(k_\rho) > 0$。如果 k_ρ 是虚数，可按照极限 $\mathrm{Im}(k) \to 0$ 而选择根。如果 k_ρ 是复数，$H_n^{(2)}(k_\rho \rho)$ 就是在自变量 $\rho \to +\infty$ 时趋于零的唯一解。如果 k_ρ 是实数，它代表向外行波。因此，如果在无限远处没有场源，而且 $\rho \to +\infty$ 也包括在内，则 $B_n(k_\rho \rho)$ 必须是 $H_n^{(2)}(k_\rho \rho)$。因此，基本波函数为（包括 $\rho \to +\infty$ 在内）

$$\dot{\psi} = H_n^{(2)}(k_\rho \rho) e^{jn\phi} e^{jk_z z} \tag{2.8.21}$$

此外，在某些情况下，选择柱面函数的其他形式可能会更方便一些。如果注意到贝塞尔函数与谐函数之间的相似性，就可以深入地了解其行为。可以作出下列定性类比：

$$\left.\begin{array}{lll} J_n(k\rho) & \text{类似于} & \cos k\rho \\ Y_n(k\rho) & \text{类似于} & \sin k\rho \\ H_n^{(1)}(k\rho) & \text{类似于} & e^{jk\rho} \\ H_n^{(2)}(k\rho) & \text{类似于} & e^{-jk\rho} \end{array}\right\} \tag{2.8.22}$$

这一类比表明，对于实数 k，$J_n(k\rho)$ 和 $Y_n(k\rho)$ 表现为振荡行为，它们代表圆柱面驻波。对于实数 k，$H_n^{(1)}(k\rho)$ 和 $H_n^{(2)}(k\rho)$ 代表圆柱面行波。$H_n^{(1)}(k\rho)$ 代表向内行波，$H_n^{(2)}(k\rho)$ 代表向外行波。如果 k 是复数，这些行波在传播方向将会衰减或增强。当 k 是虚数时（$k = -j\alpha$），习惯上采用修正贝塞尔函数 $I_n(\alpha\rho)$ 和 $K_n(\alpha\rho)$，它们的渐进行为可以作出下列定性的类比：

$$\left.\begin{array}{lll} I_n(\alpha\rho) & \text{类似于} & e^{\alpha\rho} \\ K_n(\alpha\rho) & \text{类似于} & e^{-\alpha\rho} \end{array}\right\} \tag{2.8.23}$$

显然，修正贝塞尔函数可以用于代表凋落类型的场。在表 2.8.2 中，我们总结了贝塞尔方程各种解的数学性质和物理解释。

表 2.8.2 贝塞尔方程的解的数学性质和物理解释($\gamma=1.781$)[2]

$B_n(k\rho)$	另一种表示式	小自变量渐近公式 ($k\rho\to 0$)	大自变量渐近公式 ($\lvert k\rho\rvert\to\rho$)	零	无限大	物理解释
$H_n^{(1)}(k\rho)$	$J_n(k\rho)+jY_n(k\rho)$	$1-j\frac{2}{\pi}\ln\left(\frac{2}{\gamma k\rho}\right),n=0$ $\frac{(k\rho)^n}{2^n n!}-j\frac{2^n(n-1)!}{\pi(k\rho)^n},n>0$	$\sqrt{\frac{-2j}{\pi k\rho}}j^{-n}e^{jk\rho}$	$k\rho\to j\infty$	$k\rho=0$ $k\rho\to -j\infty$	k 实数:向内行波 k 虚数:凋落场 k 复数:衰减行波
$H_n^{(2)}(k\rho)$	$J_n(k\rho)-jY_n(k\rho)$	$1+j\frac{2}{\pi}\ln\left(\frac{2}{\gamma k\rho}\right),n=0$ $\frac{(k\rho)^n}{2^n n!}+j\frac{2^n(n-1)!}{\pi(k\rho)n},n>0$	$\sqrt{\frac{2j}{\pi k\rho}}j^{n}e^{-jk\rho}$	$k\rho\to -j\infty$	$k\rho=0$ $k\rho\to +j\infty$	k 实数:向外行波 k 虚数:凋落场 k 复数:衰减行波
$J_n(k\rho)$	$\frac{1}{2}[H_n^{(1)}(k\rho)+H_n^{(2)}(k\rho)]$	$1,n=0$ $\frac{(k\rho)^n}{2^n n!},n>0$	$\sqrt{\frac{2}{\pi k\rho}}\cos(k\rho-\frac{n\pi}{2}-\frac{\pi}{4})$	沿实数轴有无数个零点	$k\rho\to +j\infty$	k 实数:驻波 k 虚数:两种凋落场 k 复数:局部化驻波
$Y_n(k\rho)$	$\frac{1}{2j}[H_n^{(1)}(k\rho)-H_n^{(2)}(k\rho)]$	$-\frac{2}{\pi}\ln\left(\frac{2}{\gamma k\rho}\right),n=0$ $-\frac{2^n(n-1)!}{\pi(k\rho)^n},n>0$	$\sqrt{\frac{2}{\pi k\rho}}\sin(k\rho-\frac{n\pi}{2}-\frac{\pi}{4})$	沿实数轴有无数个零点	$k\rho=0$ $k\rho\to \pm j\infty$	k 实数:驻波 k 虚数:两种凋落场 k 复数:局部化驻波

①当 $k=-j\alpha$ 时,用函数 $I_n(jk\rho)=I_n(\alpha\rho)=j^nJ_n(-j\alpha\rho)$ 和 $K_n(jk\rho)=K_n(\alpha\rho)=\frac{\pi}{2}(-j)^{n+1}H_n^{(2)}(-j\alpha\rho)$。

②当 $k=0$ 时,在 $n=0$ 的贝塞尔函数是 1 和 $\ln\rho$;在 $n\neq 0$ 的贝塞尔函数是 ρ^n 和 ρ^{-n}。

2.8.3 球面波函数[2]

在球坐标系中,亥姆霍次方程是

$$\frac{1}{r^2}\frac{\partial}{\partial r}\left(r^2\frac{\partial\dot{\psi}}{\partial r}\right)+\frac{1}{r^2\sin\theta}\frac{\partial}{\partial\theta}\left(\sin\theta\frac{\partial\dot{\psi}}{\partial\theta}\right)+\frac{1}{r^2\sin^2\theta}\frac{\partial\dot{\psi}}{\partial\phi^2}+k^2\dot{\psi}=0 \quad (2.8.24)$$

这里,仍然应用分离变量,令

$$\dot{\psi}=R(r)H(\theta)\Phi(\phi) \quad (2.8.25)$$

将此代入式(2.8.24)中,可以使它分离成三个常微分方程:

$$\left.\begin{aligned}&\frac{\mathrm{d}}{\mathrm{d}r}\left(r^2\frac{\mathrm{d}R}{\mathrm{d}r}\right)+[(kr)^2-n(n+1)]R=0\\&\frac{1}{\sin\theta}\frac{\mathrm{d}}{\mathrm{d}\theta}\left(\sin\theta\frac{\mathrm{d}H}{\mathrm{d}\theta}\right)+\left[n(n+1)-\frac{m^2}{\sin^2\theta}\right]H=0\\&\frac{\mathrm{d}^2\Phi}{\mathrm{d}\phi^2}+m^2\Phi=0\end{aligned}\right\} \quad (2.8.26)$$

应该注意到,式中 m 和 n 都是分离常数,但它们之间并无相互联系。

不难看出,Φ 的方程是谐方程,它的解是谐函数 $\mathrm{h}(m\phi)$。R 的方程是球面贝塞尔方程,其解称为球面贝塞尔函数,一般用 $\mathrm{b}_n(kr)$ 表示。H 的方程是连带勒让德方程,其解称为连带勒让德函数 $\mathrm{L}_n^m(\cos\theta)$:$\mathrm{P}_n^m(\cos\theta)$ 和 $\mathrm{Q}_n^m(\cos\theta)$。

按照式(2.8.25),有

$$\dot{\psi}=\mathrm{b}_n(kr)\mathrm{L}_n^m(\cos\theta)\mathrm{h}(m\phi) \quad (2.8.27)$$

这就是球面坐标系中的基本波函数。由基本波函数的线性组合可以构成更一般的波函数,有

$$\dot{\psi}=\sum_m\sum_n C_{mn}\mathrm{b}_n(kr)\mathrm{L}_n^m(\cos\theta)\mathrm{h}(m\phi) \quad (2.8.28)$$

式中,C_{mn} 是常数。另一方面,对 m 和 n 的积分也是亥姆霍兹方程的解,但是一般不会用到这样的解。

现在,我们来讨论函数 $\mathrm{h}(m\phi)$、$\mathrm{b}_n(kr)$ 和 $\mathrm{L}_n^m(\cos\theta)$ 的数学性质和物理解释。谐函数 $\mathrm{h}(m\phi)$ 已在前面的柱面波函数中讨论过,这里就不再重复。m 是一个整数,对于函数 $\mathrm{L}_n^m(\cos\theta)$,除 n 为整数的 $\mathrm{P}_n^m(\cos\theta)$ 以外,所有的解在 $\theta=0$ 或 $\theta=\pi$ 都有奇异性。因此,如果 $\dot{\psi}$ 在 θ 从 0 到 π 的变化区间之内是有限的,那么 n 必定也是一个整数。定性地讲,球面贝塞尔函数 $\mathrm{b}_n(kr)$ 和相应的柱面贝塞尔函数的行为是相同的。于是,当 k 是实数时,$\mathrm{j}_n(kr)$ 和 $\mathrm{y}_n(kr)$ 代表驻波,$\mathrm{h}_n^{(1)}(kr)$ 代表向内行波,$\mathrm{h}_n^{(2)}(kr)$ 代表向外行波。

在 $r=0$ 时,只有球面贝塞尔函数 $\mathrm{j}_n(kr)$ 的值是有限的。于是,代表球内的有限场的基本波函数(包括 $r=0$)是

$$\dot{\psi}=\mathrm{j}_n(kr)\mathrm{P}_n^m(\cos\theta)\mathrm{e}^{\mathrm{j}m\phi} \quad (2.8.29)$$

式中，m 和 n 都是整数。对于球外的有限场，必须选择向外行波（在无限远处有正当的行为）。因此，当包括 $r \to +\infty$ 时，所需要的基本波函数为

$$\dot{\psi} = \mathrm{h}_n^{(2)}(kr)\mathrm{P}_n^m(\cos\theta)\mathrm{e}^{\mathrm{j}m\phi} \tag{2.8.30}$$

式中，m 和 n 都是整数。

习　　题

2.1　如图所示，有一电流为 $\dot{I}$ 的小电流环。证明其磁矢位是

$$\dot{A}_\phi = \dot{A}_y\big|_{\phi=0} = \frac{\dot{I}a}{4\pi}\int_0^{2\pi} f\cos\phi'\mathrm{d}\phi'$$

式中：

$$f = \frac{\mathrm{e}^{-\mathrm{j}k\sqrt{r^2+a^2-2ra\sin\theta\cos\phi'}}}{\sqrt{r^2+a^2-2ra\sin\theta\cos\phi'}}$$

在 $a=0$ 处将 f 展开为麦克劳林级数，并证明

$$\dot{A}_\phi \underset{a\to 0}{\longrightarrow} \frac{\dot{I}\pi a^2}{4\pi}\mathrm{e}^{-\mathrm{j}kr}\left(\frac{\mathrm{j}k}{r}+\frac{1}{r^2}\right)\sin\theta$$

$\dot{I}\pi a^2 = \dot{I}S$ 称为电流环的磁偶极矩。

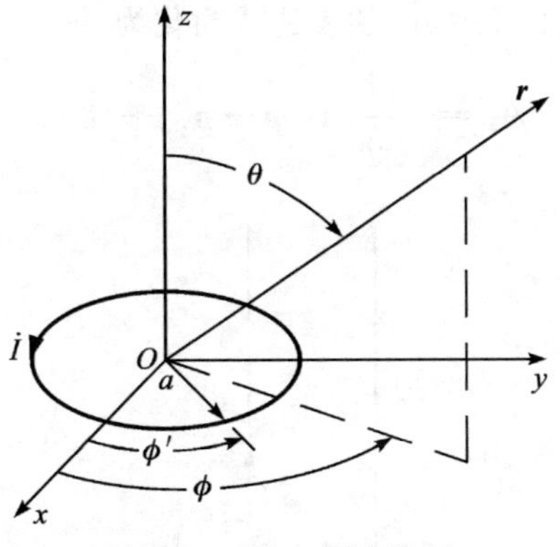

习题 2.1 图　圆电流环

2.2　证明习题 2.1 的小电流环的场是

$$\dot{H}_r = \frac{\dot{I}S}{2\pi}\mathrm{e}^{-\mathrm{j}kr}\left(\frac{\mathrm{j}k}{r^2}+\frac{1}{r^3}\right)\cos\theta$$

$$\dot{H}_\theta = \frac{\dot{I}S}{4\pi}\mathrm{e}^{-\mathrm{j}kr}\left(-\frac{k^2}{r}+\frac{\mathrm{j}k}{r^2}+\frac{1}{r^3}\right)\sin\theta$$

$$\dot{E}_\phi = \frac{\eta\dot{I}S}{4\pi}\mathrm{e}^{-\mathrm{j}kr}\left(\frac{k^2}{r}-\frac{\mathrm{j}k}{r^2}\right)\sin\theta$$

2.3 证明在 $x=0$ 平面上的电流层 $\dot{\boldsymbol{J}}=\dot{J}_0\boldsymbol{e}_y$，将在无限的均匀媒质中产生外向平面波，其电场为

$$\dot{E}_y=\begin{cases}-\dfrac{\eta\dot{J}_0}{2}\mathrm{e}^{-\mathrm{j}kx} & (x>0)\\ -\dfrac{\eta\dot{J}_0}{2}\mathrm{e}^{\mathrm{j}kx} & (x<0)\end{cases}$$

并确定该外向平面波的磁场强度 $\dot{H}$。

2.4 对于具有 z 方向电矩 $\dot{I}_\mathrm{m}S$ 的无限小磁流环，求其电磁场。如果

$$\dot{I}l=\mathrm{j}\omega\varepsilon\dot{I}_\mathrm{m}S$$

证明此无限小的磁流环的电磁场与图 2.5.1 中电流元的电磁场一样。

2.5 证明式(2.5.38)和式(2.5.39)。

2.6 证明 $\dot{\psi}=\mathrm{e}^{-\mathrm{j}kz}\ln\rho$ 是标量亥姆霍兹方程的一个解。

2.7 如习题 2.7 图所示，在无限大均匀媒质中，设在 ρ' 处有一沿 z 轴的无限长直线电流 $\dot{I}$，可以求得磁矢位 $\dot{\boldsymbol{A}}$ 为

$$\dot{\boldsymbol{A}}=\dot{A}_z\boldsymbol{e}_z=\frac{\dot{I}}{4\mathrm{j}}\mathrm{H}_0^{(2)}(k\mid\boldsymbol{\rho}-\boldsymbol{\rho}'\mid)\boldsymbol{e}_z$$

证明当 $k=0$ 时，上式中 $\dot{A}_z$ 的表达式简化为

$$\dot{A}_z=-\frac{\dot{I}}{2\pi}\ln\mid\boldsymbol{\rho}-\boldsymbol{\rho}'\mid+\text{常数}$$

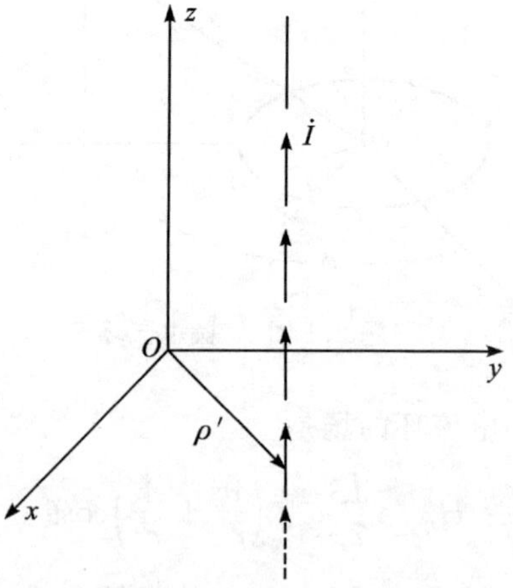

习题 2.7 图　一条无限长的线电流 $\dot{I}$

2.8 证明习题 2.7 中无限长线电流 $\dot{I}$ 的电磁场如下：

$$\dot{H}_\phi = \frac{\dot{I}k}{4\mathrm{j}} \mathrm{H}_1^{(2)}(k\,|\,\boldsymbol{\rho}-\boldsymbol{\rho}'\,|)$$

$$\dot{E}_z = -\frac{\dot{I}k^2}{4\omega\varepsilon} \mathrm{H}_0^{(2)}(k\,|\,\boldsymbol{\rho}-\boldsymbol{\rho}'\,|)$$

2.9　证明习题2.8中的电磁场当 $k\,|\,\boldsymbol{\rho}-\boldsymbol{\rho}'\,|\geqslant 1$ 时相当于 $|\,\boldsymbol{\rho}-\boldsymbol{\rho}'\,|^{-\frac{1}{2}}\mathrm{e}^{-\mathrm{j}k|\boldsymbol{\rho}-\boldsymbol{\rho}'|}$。若无衰减因子 $|\,\boldsymbol{\rho}-\boldsymbol{\rho}'\,|^{-\frac{1}{2}}$，这就表现为向外传播的平面波。因此，习题2.8中的电磁场代表一个向外传播的均匀柱面波。

参考文献

[1] 马西奎. 电磁场理论及应用［M］. 2版. 西安：西安交通大学出版社，2018.

[2] HARRINGTON R F. Time-Harmonic Electromagnetic Fields［M］. New York：McGraw-Hill Book Co.，Inc.，1961.

[3] STRATTON J A. Electromagnetic Theory［M］. New York：McGraw-Hill Book Co.，Inc.，1941.

[4] STINSON D C. Intermediate Mathematics of Electromagnetics［M］. Englewood Cliffs，New Jersey：Prentice-Hall，Inc.，1976.

[5] COLLIN R. Field Theory of Guided Waves［M］. New York：McGraw-Hill Book Co.，Inc.，1960.

[6] SOMMERFELD A. Partial Differential Equations in Physics［M］. New York：Academic Press，Inc.，1949.

第 3 章　基本电磁定理和原理

在电磁理论中,有许多定理和原理,它们对于揭示电磁场与波的特性和规律以及电磁场与波的计算,都有很重要的应用。在本章中,我们将分别介绍唯一性定理、叠加原理和二重性(对偶定理)、镜像原理、等效原理、感应定理和互易定理。这些定理和原理在电磁理论中处于非常重要的地位,特别是在解决复杂工程电磁场和电磁波问题中获得了广泛的应用。

3.1　唯一性定理

在给定场源分布条件下,如果边界条件和初始条件都已确定,那么电磁场的运动状态就能够由麦克斯韦方程唯一地确定,这就是唯一性定理所要回答的问题。首先,它指出获得唯一解都需要什么样的条件,其次若知道一个解是唯一解的话,那么就能够保证这个解是正确解。可以说,它是寻求和发展电磁场问题分析方法的重要理论基础。有了唯一性定理,我们可以用任何方便的方法去寻找电磁场问题的解,只要得到的解符合唯一性定理所要求的条件,这个解就一定是正确解。

3.1.1　时变电磁场的唯一性定理

对于一般时变电磁场问题,其唯一性定理可具体地表述如下:如果给定某区域 V 内的场源分布,包围区域 V 的闭合面 S 上的电场强度和磁场强度值(即边界条件),以及此区域内任一点在 $t=0$ 时刻的电场强度和磁场强度值(即初始条件),那么在这个区域内任一点、任一时刻的麦克斯韦方程的解将是唯一的。

我们采用反证法来证明唯一性定理[1],这里不妨假设在所考虑的区域内存在两组不同的解($\boldsymbol{E}_1,\boldsymbol{H}_1$)和($\boldsymbol{E}_2,\boldsymbol{H}_2$)。由于已经给定了在区域 V 内的场源分布,因而这两组不同的解的差场

$$\delta\boldsymbol{E}=\boldsymbol{E}_1-\boldsymbol{E}_2;\quad \delta\boldsymbol{H}=\boldsymbol{H}_1-\boldsymbol{H}_2 \tag{3.1.1}$$

应满足无源的麦克斯韦方程

$$\left.\begin{aligned}&\nabla\times\delta\boldsymbol{H}=\frac{\partial(\delta\boldsymbol{D})}{\partial t},\quad \nabla\times\delta\boldsymbol{E}=-\frac{\partial(\delta\boldsymbol{B})}{\partial t}\\&\nabla\cdot(\delta\boldsymbol{B})=0,\qquad\quad \nabla\cdot(\delta\boldsymbol{D})=0\end{aligned}\right\} \tag{3.1.2}$$

现在,应用坡印亭定理,可以得到

$$\oint_S (\delta \boldsymbol{E} \times \delta \boldsymbol{H}) \cdot \mathrm{d}S = -\frac{\partial}{\partial t}\int_V \frac{1}{2}(\varepsilon \mid \delta \boldsymbol{E} \mid^2 + \mu \mid \delta \boldsymbol{H} \mid^2)\mathrm{d}V \tag{3.1.3}$$

这里，利用了 $\boldsymbol{D} = \varepsilon \boldsymbol{E}$，$\boldsymbol{B} = \mu \boldsymbol{H}$。又由于在包围区域 V 的边界面 S 上电场强度和磁场强度的值为已知，所以总有在边界面 S 上 $\delta \boldsymbol{E} = 0$ 及 $\delta \boldsymbol{H} = 0$，于是式(3.1.3)的左方为零，从而得到

$$\frac{\partial}{\partial t}\int_V \frac{1}{2}(\varepsilon\delta \mid \boldsymbol{E} \mid^2 + \mu\delta \mid \boldsymbol{H} \mid^2)\mathrm{d}V = 0$$

或者

$$\int_V (\varepsilon\delta \mid \boldsymbol{E} \mid^2 + \mu\delta \mid \boldsymbol{H} \mid^2)\mathrm{d}V = C \tag{3.1.4}$$

式中，C 是一个与时间无关的常数。由初始条件，在 $t = 0$ 时刻，有 $\delta \boldsymbol{E} = \delta \boldsymbol{H} = 0$，所以 $C = 0$。这样，在 $t > 0$ 时刻，式(3.1.4)成为

$$\int_V (\varepsilon\delta \mid \boldsymbol{E} \mid^2 + \mu\delta \mid \boldsymbol{H} \mid^2)\mathrm{d}V = 0 \tag{3.1.5}$$

考虑到 $\varepsilon > 0$ 和 $\mu > 0$，在式(3.1.5)中的被积函数恒为正值，因此使式(3.1.5)成立的充要条件是

$$\delta \boldsymbol{E} = \boldsymbol{0}, \quad \delta \boldsymbol{H} = \boldsymbol{0} \tag{3.1.6}$$

这样，就证明了两个解($\boldsymbol{E}_1, \boldsymbol{H}_1$)和($\boldsymbol{E}_2, \boldsymbol{H}_2$)是完全相同的，即 $\boldsymbol{E}_1 = \boldsymbol{E}_2$ 和 $\boldsymbol{H}_1 = \boldsymbol{H}_2$。

应当指出，在上面所给出的边界条件有点多余了。由 $\oint_S (\delta \boldsymbol{E} \times \delta \boldsymbol{H}) \cdot \mathrm{d}\boldsymbol{S} = 0$ 看出，只需要在 S 面上有 $(\delta \boldsymbol{E} \times \delta \boldsymbol{H}) \cdot \boldsymbol{e}_n = 0$，就能够使式(3.1.5)成立。考虑到 $(\delta \boldsymbol{E} \times \delta \boldsymbol{H}) \cdot \boldsymbol{e}_n = (\boldsymbol{e}_n \times \delta \boldsymbol{E}) \cdot \delta \boldsymbol{H} = (\delta \boldsymbol{H} \times \boldsymbol{e}_n) \cdot \delta \boldsymbol{E}$，可见只要在 S 面上 $\boldsymbol{e}_n \times \delta \boldsymbol{E} = \boldsymbol{0}$ 或 $\delta \boldsymbol{H} \times \boldsymbol{e}_n = \boldsymbol{0}$，便有 $(\delta \boldsymbol{E} \times \delta \boldsymbol{H}) \cdot \boldsymbol{e}_n = 0$。这说明只要在所有时刻给定 $\boldsymbol{E}$ 或 $\boldsymbol{H}$ 在 S 面上的切向分量，那么就能够保证解是唯一的。

3.1.2　正弦稳态电磁场的唯一性定理

对于正弦稳态电磁场，假设在区域 V 内有两组不同的解($\dot{\boldsymbol{E}}_1, \dot{\boldsymbol{H}}_1$)和($\dot{\boldsymbol{E}}_2, \dot{\boldsymbol{H}}_2$)。这两组解都满足麦克斯韦方程，它们间的差场[1]

$$\delta \dot{\boldsymbol{E}} = \dot{\boldsymbol{E}}_1 - \dot{\boldsymbol{E}}_2 \quad \text{和} \quad \delta \dot{\boldsymbol{H}} = \dot{\boldsymbol{H}}_1 - \dot{\boldsymbol{H}}_2$$

在区域 V 中，这个差场应满足无源麦克斯韦方程

$$\left.\begin{aligned} \nabla \times \delta \dot{\boldsymbol{E}} &= \hat{z}\delta \dot{\boldsymbol{H}} \\ \nabla \times \delta \dot{\boldsymbol{H}} &= \hat{y}\delta \dot{\boldsymbol{E}} \end{aligned}\right\} \tag{3.1.7}$$

现在，将复数形式坡印亭定理应用于这个差场，得到

$$-\oint_S (\delta \dot{\boldsymbol{E}} \times \delta \dot{\boldsymbol{H}}^*) \cdot \mathrm{d}\boldsymbol{S} = \int_V [\hat{z} \mid \delta \dot{\boldsymbol{H}} \mid^2 + \hat{y}^* \mid \delta \dot{\boldsymbol{E}} \mid^2]\mathrm{d}V \tag{3.1.8}$$

由于在包围区域 V 的边界面 S 上电场强度和磁场强度的值为已知，这样在边界面

S 上总有 $\delta\dot{\boldsymbol{E}}=\mathbf{0}$ 及 $\delta\dot{\boldsymbol{H}}^{*}=\mathbf{0}$，所以式(3.1.8)左边的闭合面积分一定为零。那么，式(3.1.8)右边的体积分为零，其成立的充要条件是实部和虚部都等于零，这样就有

$$\left.\begin{aligned}\int_V[\mathrm{Re}(\hat{z})\mid\delta\dot{\boldsymbol{H}}\mid^2+\mathrm{Re}(\hat{y})\mid\delta\dot{\boldsymbol{E}}\mid^2]\mathrm{d}V=0\\ \int_V[\mathrm{Im}(\hat{z})\mid\delta\dot{\boldsymbol{H}}\mid^2-\mathrm{Im}(\hat{y})\mid\delta\dot{\boldsymbol{E}}\mid^2]\mathrm{d}V=0\end{aligned}\right\}\tag{3.1.9}$$

对于有损耗的媒质，由于 $\mathrm{Re}(\hat{z})$ 和 $\mathrm{Re}(\hat{y})$ 总是正的，所以只有在 V 中到处是 $\delta\dot{\boldsymbol{E}}=\delta\dot{\boldsymbol{H}}=0$ 时，式(3.1.9)中的第一式才能够成立，这也使得式(3.1.9)中的第二式成立。因此，也就证明了两个解是完全相同的，即 $\dot{\boldsymbol{E}}_1=\dot{\boldsymbol{E}}_2$ 和 $\dot{\boldsymbol{H}}_1=\dot{\boldsymbol{H}}_2$。上述结果说明，在有损耗区域内，如果给定了场源分布以及包围该区域边界面上 $\dot{\boldsymbol{E}}$(或 $\dot{\boldsymbol{H}}$)的切向分量，或一部分边界面上 $\dot{\boldsymbol{E}}$ 的切向分量和其余边界面上 $\dot{\boldsymbol{H}}$ 的切向分量，那么在有损耗区域内的电磁场解答将是唯一的。

应该注意到，在上述证明中我们曾假定 V 中的媒质是有损耗的，所以在无损耗媒质中唯一性定理的证明是不能成立的。对于无损耗媒质情况，若要获得唯一性，应将无损耗媒质中的场作为有损耗媒质中的 $\mathrm{Re}(\hat{z})$ 和 $\mathrm{Re}(\hat{y})$ 都趋于零但都并不等于零时的极限情况处理。如果一开始便假定 $\mathrm{Re}(\hat{z})=0$ 和 $\mathrm{Re}(\hat{y})=0$，就不会出现式(3.1.9)中的第一式，因而便不能得出 $\delta\dot{\boldsymbol{E}}=\delta\dot{\boldsymbol{H}}=\mathbf{0}$，这时从式(3.1.9)中的第二式就只能得到在体积 V 内电场能等于磁场能这一结论。

例 3.1.1 应用唯一性定理，试证明电偶极子 $\dot{I}\boldsymbol{l}$(假定为 z 向，并位于坐标原点，如图 3.1.1 所示)在无限大的有损耗区域内，所产生的辐射场为 $\dot{H}_\phi=\dfrac{\mathrm{j}\dot{I}l}{2\lambda r}\mathrm{e}^{-\mathrm{j}kr}\sin\theta$ 和 $\dot{E}_\theta=\eta\dot{H}_\phi$ [1]。

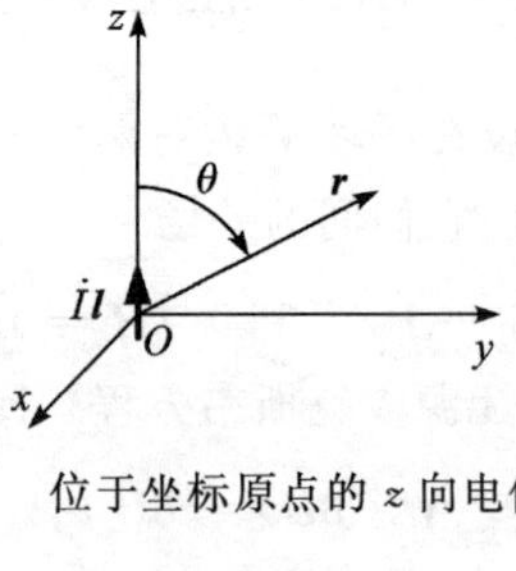

图 3.1.1 位于坐标原点的 z 向电偶极子 $\dot{I}\boldsymbol{l}$

解 容易求得，电偶极子 $\dot{I}\boldsymbol{l}$ 所产生的辐射场有两个独立解。一个是向外行波：

$$\dot{H}_\phi^{(1)}=\frac{\mathrm{j}\dot{I}l}{2\lambda r}\mathrm{e}^{-\mathrm{j}kr}\sin\theta,\quad \dot{E}_\theta^{(1)}=\eta\dot{H}_\phi^{(1)}$$

另一个是向内行波：

$$\dot{H}_{\phi}^{(2)} = -\frac{\mathrm{j}\dot{I}l}{2\lambda r}\mathrm{e}^{\mathrm{j}kr}\sin\theta, \quad \dot{E}_{\theta}^{(2)} = -\eta\dot{H}_{\phi}^{(2)}$$

在以往分析中，根据波必须是从源向外而不是向内的因果律，我们舍弃了向内行波这一个解。现在，按照唯一性定理来作出对这两种解的取舍。令向外行波和向内行波分别是唯一性定理证明中所选取的解(1)和解(2)，那么两者的差场将是

$$\delta\dot{H}_{\phi} = \dot{H}_{\phi}^{(1)} - \dot{H}_{\phi}^{(2)} = \mathrm{j}\frac{\dot{I}l}{\lambda r}\cos kr\sin\theta \quad 和 \quad \delta\dot{E}_{\theta} = \dot{E}_{\theta}^{(1)} - \dot{E}_{\theta}^{(2)} = \eta\frac{\dot{I}l}{\lambda r}\sin kr\sin\theta$$

在有损耗媒质中，由于 k 是复数，所以当 $r > 0$ 时，$\sin kr$ 和 $\cos kr$ 都没有零点。这样对任何一个半径为 r 的球面 S，闭合面积分 $\oint_S (\delta\dot{\boldsymbol{E}} \times \delta\dot{\boldsymbol{H}}^*) \cdot \mathrm{d}\boldsymbol{S} = 0$ 条件都不能成立。在这种情况下，当 r 趋于无限大时，只有解(1)为零。因此，它就是在有损耗媒质中所要得到的解。然而，在无损耗媒质中(k 是实数)，却可以选择某一些特殊 r 值的球面，而使 $\delta\dot{\boldsymbol{H}}_{\phi}$ 或 $\delta\dot{\boldsymbol{E}}_{\theta}$ 为零。于是，无须要求此解的唯一性就能满足 $\oint_S (\delta\dot{\boldsymbol{E}} \times \delta\dot{\boldsymbol{H}}^*) \cdot \mathrm{d}\boldsymbol{S} = 0$ 条件。这时，我们只能根据波必须是从源向外而不是向内的因果律，而舍弃向内行波这一个解。

反过来，上述分析结果意味着，在无限大的有损耗区域内，对于有限范围的给定源分布，任何满足下列条件

$$\lim_{r \to +\infty}\oint_S (\dot{\boldsymbol{E}} \times \dot{\boldsymbol{H}}^*) \cdot \mathrm{d}\boldsymbol{S} = 0 \tag{3.1.10}$$

的解必然就是矢位积分解。

3.2　叠加原理和二重性(对偶定理)

3.2.1　叠加原理

从理论上和实验结果上都可以证明，对于线性媒质来说，每一个场源所激发的电磁场不会因其他场源的存在而改变，当空间中有许多场源同时存在时，空间任一点的电磁场等于各个场源单独在该点所激发的电磁场的和，这就是叠加原理。因此，对于线性媒质来说，叠加原理是电磁场的一个基本性质，它是计算任意复杂场源分布所激发的电磁场的理论基础。由叠加原理很容易推出，当电磁场中的场源分布密度都相应地增加相同的倍数时，电磁场的空间分布结构不会变化，只是各点的场值都相应地增加几倍。

假设在无限大的均匀媒质中同时有电型源和磁型源，则其中的电磁场基本方程组的复数形式是

$$-\nabla \times \dot{\boldsymbol{E}} = \hat{z}\dot{\boldsymbol{H}} + \dot{\boldsymbol{J}}_{\mathrm{m}}; \quad \nabla \times \dot{\boldsymbol{H}} = \hat{y}\dot{\boldsymbol{E}} + \dot{\boldsymbol{J}} \tag{3.2.1}$$

式中，$\dot{\boldsymbol{J}}$ 和 $\dot{\boldsymbol{J}}_{\mathrm{m}}$ 分别是电型源的电流密度和磁型源的磁流密度。由于方程式(3.2.1)是线性的，因此根据叠加原理，可以把总电磁场分成两部分。其中，一部分是由 $\dot{\boldsymbol{J}}$ 所单独激发的场 $\dot{\boldsymbol{E}}'$ 和 $\dot{\boldsymbol{H}}'$，另一部分是由 $\dot{\boldsymbol{J}}_{\mathrm{m}}$ 所单独激发的场 $\dot{\boldsymbol{E}}''$ 和 $\dot{\boldsymbol{H}}''$。为了说明清楚起见，令

$$\dot{\boldsymbol{E}} = \dot{\boldsymbol{E}}' + \dot{\boldsymbol{E}}''; \quad \dot{\boldsymbol{H}} = \dot{\boldsymbol{H}}' + \dot{\boldsymbol{H}}'' \tag{3.2.2}$$

式(3.2.2)中的 $\dot{\boldsymbol{E}}'$ 和 $\dot{\boldsymbol{H}}'$ 满足下列方程：

$$\nabla \times \dot{\boldsymbol{H}}' = \hat{y}\dot{\boldsymbol{E}}' + \dot{\boldsymbol{J}}; \quad -\nabla \times \dot{\boldsymbol{E}}' = \hat{z}\dot{\boldsymbol{H}}' \tag{3.2.3}$$

而 $\dot{\boldsymbol{E}}''$ 和 $\dot{\boldsymbol{H}}''$ 则满足下列方程：

$$\nabla \times \dot{\boldsymbol{H}}'' = \hat{y}\dot{\boldsymbol{E}}''; \quad -\nabla \times \dot{\boldsymbol{E}}'' = \hat{z}\dot{\boldsymbol{H}}'' + \dot{\boldsymbol{J}}_{\mathrm{m}} \tag{3.2.4}$$

这样就不难看出，$\dot{\boldsymbol{E}} = \dot{\boldsymbol{E}}' + \dot{\boldsymbol{E}}''$ 和 $\dot{\boldsymbol{H}} = \dot{\boldsymbol{H}}' + \dot{\boldsymbol{H}}''$ 满足电磁场方程式(3.2.1)。

不难证明，这两部分场可分别用矢位 $\dot{\boldsymbol{A}}$ 和 $\dot{\boldsymbol{F}}$ 来表示：

$$\dot{\boldsymbol{E}}' = \frac{1}{\hat{y}}(\nabla \times \nabla \times \dot{\boldsymbol{A}} - \dot{\boldsymbol{J}}); \quad \dot{\boldsymbol{H}}' = \nabla \times \dot{\boldsymbol{A}} \tag{3.2.5}$$

和

$$\dot{\boldsymbol{E}}'' = -\nabla \times \dot{\boldsymbol{F}}; \quad \dot{\boldsymbol{H}}'' = \frac{1}{\hat{z}}(\nabla \times \nabla \times \dot{\boldsymbol{F}} - \dot{\boldsymbol{J}}_{\mathrm{m}}) \tag{3.2.6}$$

因此，总解就是这两部分解的叠加，有

$$\left.\begin{aligned} \dot{\boldsymbol{E}} &= -\nabla \times \dot{\boldsymbol{F}} + \frac{1}{\hat{y}}(\nabla \times \nabla \times \dot{\boldsymbol{A}} - \dot{\boldsymbol{J}}) \\ \dot{\boldsymbol{H}} &= \nabla \times \dot{\boldsymbol{A}} + \frac{1}{\hat{z}}(\nabla \times \nabla \times \dot{\boldsymbol{F}} - \dot{\boldsymbol{J}}_{\mathrm{m}}) \end{aligned}\right\} \tag{3.2.7}$$

式中

$$\left.\begin{aligned} \dot{\boldsymbol{A}}(\boldsymbol{r}) &= \frac{1}{4\pi}\int_{V'} \frac{\dot{\boldsymbol{J}}(\boldsymbol{r}')\mathrm{e}^{-\mathrm{j}k|\boldsymbol{r}-\boldsymbol{r}'|}}{|\boldsymbol{r}-\boldsymbol{r}'|}\mathrm{d}V' \\ \dot{\boldsymbol{F}}(\boldsymbol{r}) &= \frac{1}{4\pi}\int_{V'} \frac{\dot{\boldsymbol{J}}_{\mathrm{m}}(\boldsymbol{r}')\mathrm{e}^{-\mathrm{j}k|\boldsymbol{r}-\boldsymbol{r}'|}}{|\boldsymbol{r}-\boldsymbol{r}'|}\mathrm{d}V' \end{aligned}\right\} \tag{3.2.8}$$

应该注意到，式(3.2.8)给出的积分解是有限场源分布在无限大均匀空间内所产生的场。它的应用是有条件限制的。

3.3.2 二重性(对偶原理)

比较电型源单独所激发的场满足的方程式(3.2.3)与磁性源单独所激发的场满足的方程式(3.2.4)，可以看出它们之间具有相似的形式。或者说，引入磁流后的电磁场基本方程组式(3.2.1)中关于电的量和磁的量具有二重性或对偶性。这种

二重性是指一类问题中所有的源都是电型源，而另一类问题中所有的源都是磁型源。为了便于清楚地看出这种二重性或对偶性，将只有电型源的和只有磁型源的电磁场基本方程组，以及它们在无限均匀空间中的解如表 3.2.1[1] 所列。

表 3.2.1　电型源和磁型源的对偶性比较[1]

电型源	磁型源
$\nabla\times\dot{\boldsymbol{H}}=\hat{y}\dot{\boldsymbol{E}}+\dot{\boldsymbol{J}}$	$-\nabla\times\dot{\boldsymbol{E}}=\hat{z}\dot{\boldsymbol{H}}+\dot{\boldsymbol{J}}_{\mathrm{m}}$
$-\nabla\times\dot{\boldsymbol{E}}=\hat{z}\dot{\boldsymbol{H}}$	$\nabla\times\dot{\boldsymbol{H}}=\hat{y}\dot{\boldsymbol{E}}$
$\dot{\boldsymbol{H}}=\nabla\times\dot{\boldsymbol{A}}$	$\dot{\boldsymbol{E}}=-\nabla\times\dot{\boldsymbol{F}}$
$\dot{\boldsymbol{A}}(\boldsymbol{r})=\dfrac{1}{4\pi}\int_{V'}\dfrac{\dot{\boldsymbol{J}}(\boldsymbol{r}')\mathrm{e}^{-\mathrm{j}k\lvert\boldsymbol{r}-\boldsymbol{r}'\rvert}}{\lvert\boldsymbol{r}-\boldsymbol{r}'\rvert}\mathrm{d}V'$	$\dot{\boldsymbol{F}}(\boldsymbol{r})=\dfrac{1}{4\pi}\int_{V'}\dfrac{\dot{\boldsymbol{J}}_{\mathrm{m}}(\boldsymbol{r}')\mathrm{e}^{-\mathrm{j}k\lvert\boldsymbol{r}-\boldsymbol{r}'\rvert}}{\lvert\boldsymbol{r}-\boldsymbol{r}'\rvert}\mathrm{d}V'$

从表 3.2.1 中不难看出，磁型源方程式可以通过对电型源方程式中的变量进行系统地交换而获得，反之亦然。把这种对应形式称为二重性或对偶性。在表 3.2.2 中，我们归纳了这两种源的场所对应的物理量，即有关变量变换。也就是说，如果按照这个表中的符号变换，那么电型源方程就会变为磁型源方程，而磁型源方程则会变为电型源方程。

表 3.2.2　电型源和磁型源的对偶量[1]

电型源	磁型源
$\dot{\boldsymbol{E}}$	$\dot{\boldsymbol{H}}$
$\dot{\boldsymbol{H}}$	$-\dot{\boldsymbol{E}}$
$\dot{\boldsymbol{J}}$	$\dot{\boldsymbol{J}}_{\mathrm{m}}$
$\dot{\boldsymbol{A}}$	$\dot{\boldsymbol{F}}$
$\hat{y}$	$\hat{z}$
$\hat{z}$	$\hat{y}$
k	k
η	$1/\eta$

从数学意义上来看，如果描述两种不同现象的方程具有同样的数学形式，它们的解也将取相同的数学形式。它指出只要通过对一种类型问题（例如电型源问题）的求解，再利用对应量的关系进行变量的替换，便可立即得到另一种类型问题（磁型源问题）的解，而不需要重复求解方程。

例 3.2.1　如图 3.2.1(a) 所示，在坐标原点有一个电矩为 $\dot{I}\boldsymbol{l}$ 的 z 向电流偶极子（又称为电流元）；而如图 3.2.1(b) 所示，在坐标原点有一个磁矩为 $\dot{I}_{\mathrm{m}}\boldsymbol{l}$ 的 z 向磁

流偶极子(又称为磁流元)。应用二重性原理,试由电流偶极子的辐射场写出磁流偶极子的辐射场[1]。

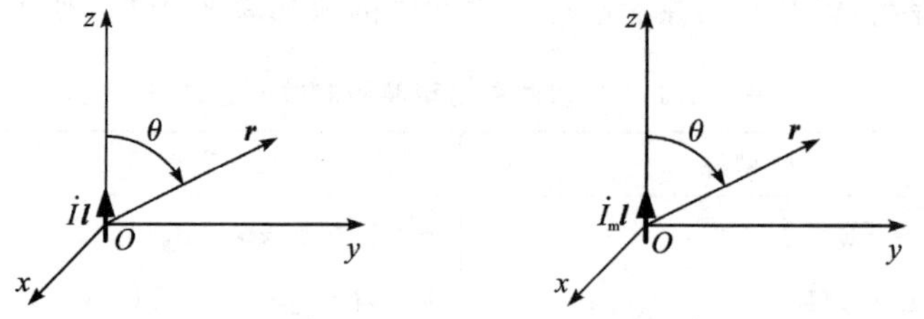

(a) 在坐标原点的z向电流元　(b) 在坐标原点的z向磁流元

图 3.2.1　磁流偶极子和电流偶极子的二重性

解　不难得到,电流偶极子的辐射场是

$$\left.\begin{aligned}\dot{E}_r &= \frac{\dot{I}l}{2\pi}\mathrm{e}^{-\mathrm{j}kr}\left(\frac{\eta}{r^2}+\frac{1}{\mathrm{j}\omega\varepsilon r^3}\right)\cos\theta\\ \dot{E}_\theta &= \frac{\dot{I}l}{4\pi}\mathrm{e}^{-\mathrm{j}kr}\left(\frac{\mathrm{j}\omega\mu}{r}+\frac{\eta}{r^2}+\frac{1}{\mathrm{j}\omega\varepsilon r^3}\right)\sin\theta\\ \dot{H}_\phi &= \frac{\dot{I}l}{4\pi}\mathrm{e}^{-\mathrm{j}kr}\left(\frac{\mathrm{j}k}{r}+\frac{1}{r^2}\right)\sin\theta\end{aligned}\right\}\tag{3.2.9}$$

式中 $\eta=\sqrt{\mu/\varepsilon}$。由二重性原理,根据表 3.2.2 中电型源和磁型源的对偶量关系,对式(3.2.9)进行符号替换,就可以得到磁流偶极子的辐射场:

$$\left.\begin{aligned}\dot{H}_r &= \frac{\dot{I}_\mathrm{m}l}{2\pi}\mathrm{e}^{-\mathrm{j}kr}\left(\frac{1}{\eta r^2}+\frac{1}{\mathrm{j}\omega\mu r^3}\right)\cos\theta\\ \dot{H}_\theta &= \frac{\dot{I}_\mathrm{m}l}{4\pi}\mathrm{e}^{-\mathrm{j}kr}\left(\frac{\mathrm{j}\omega\varepsilon}{r}+\frac{1}{\eta r^2}+\frac{1}{\mathrm{j}\omega\mu r^3}\right)\sin\theta\\ \dot{E}_\phi &= -\frac{\dot{I}_\mathrm{m}l}{4\pi}\mathrm{e}^{-\mathrm{j}kr}\left(\frac{\mathrm{j}k}{r}+\frac{1}{r^2}\right)\sin\theta\end{aligned}\right\}\tag{3.2.10}$$

例 3.2.2　如图 3.2.2 所示,有一个小电流圆环,其电流为 $\dot{I}$,面积为 $S=\pi a^2$。$\dot{I}\boldsymbol{S}$ 称为该小电流圆环的磁矩。已知小电流圆环的辐射场为[1]

$$\left.\begin{aligned}\dot{E}_\phi &= \frac{\eta\dot{I}S}{4\pi}\mathrm{e}^{-\mathrm{j}kr}\left(\frac{k^2}{r}-\frac{\mathrm{j}k}{r^2}\right)\sin\theta\\ \dot{H}_r &= \frac{\dot{I}S}{2\pi}\mathrm{e}^{-\mathrm{j}kr}\left(\frac{\mathrm{j}k}{r^2}+\frac{1}{r^3}\right)\cos\theta\\ \dot{H}_\theta &= \frac{\dot{I}S}{4\pi}\mathrm{e}^{-\mathrm{j}kr}\left(-\frac{k^2}{r}+\frac{\mathrm{j}k}{r^2}+\frac{1}{r^3}\right)\sin\theta\end{aligned}\right\}\tag{3.2.11}$$

式中 $\eta=\sqrt{\mu/\varepsilon}$。若有一个小磁流圆环,其磁流为 $\dot{I}_\mathrm{m}$ 和面积为 $S=\pi a^2$。$\dot{I}_\mathrm{m}\boldsymbol{S}$ 称为该

磁流圆环的电矩。应用二重性原理，试由小电流圆环的辐射场写出小磁流圆环的辐射场。

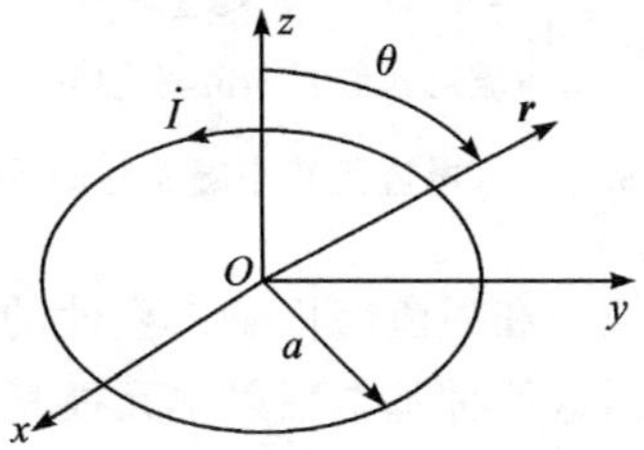

图 3.2.2 小电流圆环

解 由二重性原理，根据表 3.2.2 中电型源和磁型源的对偶量关系，在式(3.2.11) 中进行符号替换，就可以得到小磁流圆环的辐射场

$$\left.\begin{aligned}\dot{H}_\phi &= \frac{\dot{I}_\mathrm{m}S}{4\pi\eta}\mathrm{e}^{-\mathrm{j}kr}\left(\frac{k^2}{r}-\frac{\mathrm{j}k}{r^2}\right)\sin\theta\\ \dot{E}_r &= -\frac{\dot{I}_\mathrm{m}S}{2\pi}\mathrm{e}^{-\mathrm{j}kr}\left(\frac{\mathrm{j}k}{r^2}+\frac{1}{r^3}\right)\cos\theta\\ \dot{E}_\theta &= -\frac{\dot{I}_\mathrm{m}S}{4\pi}\mathrm{e}^{-\mathrm{j}kr}\left(-\frac{k^2}{r}+\frac{\mathrm{j}k}{r^2}+\frac{1}{r^3}\right)\sin\theta\end{aligned}\right\} \tag{3.2.12}$$

例 3.2.3 证明磁流偶极子与小电流圆环所产生的电磁场是等效的[1]。

解 通过比较式(3.2.10) 和式(3.2.11) 不难看出，位于坐标原点的 z 向磁流偶极子与小电流圆环产生的电场强度的形式十分相似。如果选择

$$\dot{I}_\mathrm{m}l = \mathrm{j}\omega\mu\dot{I}S \tag{3.2.13}$$

则式(3.2.10) 和(3.2.11) 将是相同的。因此，在实际中可以用小电流圆环来实现磁流元的效应，如图 3.2.3 所示。

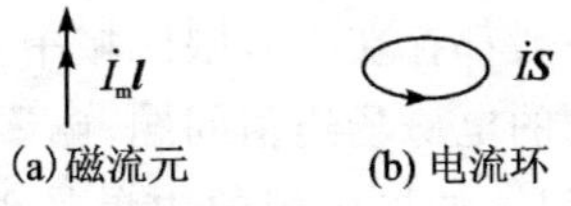

图 3.2.3 磁流元与小电流圆环的等效

例 3.2.4 证明电流偶极子(或电流元) 与小磁流圆环所产生的电磁场是等效的[1]。

解 通过比较式(3.2.9) 和式(3.2.12) 不难看出，位于坐标原点的 z 向电流偶极子与小磁流圆环产生的电场强度的形式十分相似。如果选择

$$\dot{I}l = -\mathrm{j}\omega\varepsilon\dot{I}_\mathrm{m}S \tag{3.2.14}$$

则式(3.2.9) 和(3.2.12) 将是相同的。因此，在实际中可以用磁流环来实现电流元

的效应，如图 3.2.4 所示。

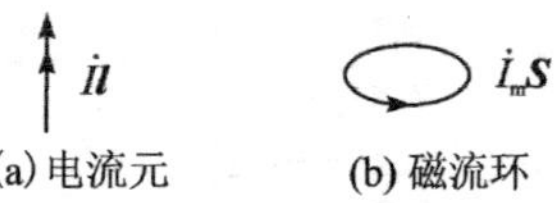

图 3.2.4　电流元和小磁流环的等效

最后，我们给出电流偶极子和磁流偶极子二重性的一种物理解释。如图 3.2.5 所示，引入磁流、磁荷概念后，这两种基本辐射单元极其相似。电流偶极子长度上有交流电流，由于其两端电流为零，因此有电荷的堆积。作为实际可用的磁振子的裂缝天线，其口径上存在着与口径面相切的切向电场分量，相当于磁流密度。由于在裂缝的两端切向电场为零，即磁流密度为零，因而裂缝的两端也相当于有磁荷的堆积[2]。

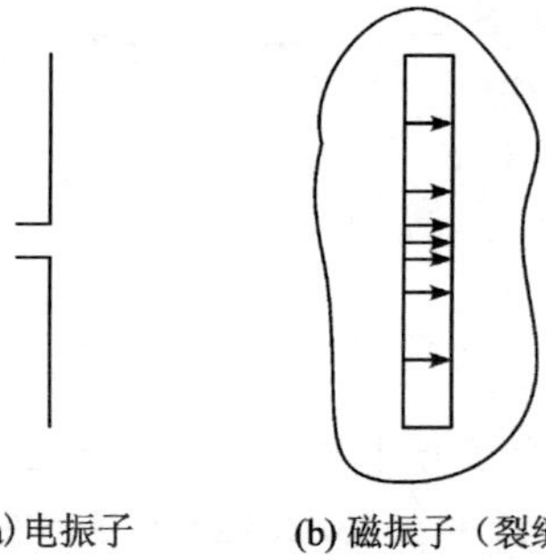

图 3.2.5　电振子与磁振子的二重性

3.3　镜像原理

在实际问题中，电磁场一般都存在于有限区域中，其边界特性会直接影响区域中的电磁场分布，这就是所谓的电磁场边值问题。电磁场边值问题的求解通常是一件比较复杂或困难的事情。但是，如果区域的边界是理想导电体或理想导磁体，且边界曲面又可与选定坐标系的某个坐标面重合，那么问题的求解就会变得简单一些。镜像原理特别适合于这一类特殊边值问题的分析和计算，它是用位于区域外的一组（一个或数个，甚至无穷个）镜像源来代替边界的影响。根据唯一性定理，只要这些镜像源与区域内的真实源在边界上共同产生的场与原来的场相同，那么在该区域中的电磁场分布保持不变，即这些镜像源与区域内的真实源在该区域中共同所产生的电磁场就是原来的电磁场。可以看到，镜像原理的目的就是去除边界，采用镜像源等效边界的影响，使原来的有限区域扩展为无限的均匀媒质区域，从而简化问题的求解[3-4]。

3.3.1　无限大理想导电平面[1,4]

现在考虑边界面是无限大理想导电平面这样一类边值问题。对于理想导电表面上电场强度切向分量为零的边界条件，可以应用源与它的“镜像”模拟来得到满足。这样的话，就将原来看似复杂的边值问题转化为源与其镜像产生的场，使场的求解大为简化。

按照唯一性定理，确定“镜像”的原则是：它与源共同产生的场在边界面上必须满足理想导电表面上的边界条件。

例如，最简单的情况就是一个电偶极子 $\dot{\boldsymbol{p}}=\dot{I}\boldsymbol{l}$ 位于无限大理想导电平面前方，且垂直于平面，如图 3.3.1(a) 所示。这是一个典型的电磁场边值问题，其边界条件是在理想导电平面上电场强度切向分量和磁感应强度法向分量都为零。如果在理想导电平面另一侧，电偶极子 $\dot{\boldsymbol{p}}=\dot{I}\boldsymbol{l}$ 的对称位置处垂直放置一个方向相同和大小相等的电偶极子 $\dot{\boldsymbol{p}}^{+}=\dot{I}\boldsymbol{l}$，并且去除无限大理想导电平面使得整个空间变为无限大的均匀媒质空间后，如图 3.3.1(b) 所示，容易证明这两个电偶极子在原理想导电平面所在边界面上共同产生的电场强度切向分量和磁感应强度法向分量都为零，即原先的边界条件未变。同时，无限大理想导电平面前方空间中的场源 $\dot{\boldsymbol{p}}=\dot{I}\boldsymbol{l}$ 也没有改变。那么，根据唯一性定理，无限大理想导电平面前方空间中的场分布应该就是原先的场分布。也就是说，可以由原电偶极子 $\dot{\boldsymbol{p}}=\dot{I}\boldsymbol{l}$ 和电偶极子 $\dot{\boldsymbol{p}}^{+}=\dot{I}\boldsymbol{l}$ 计算无限大理想导电平面前方空间中的场。这里的电偶极子 $\dot{\boldsymbol{p}}^{+}=\dot{I}\boldsymbol{l}$ 相当于原电偶极子 $\dot{\boldsymbol{p}}=\dot{I}\boldsymbol{l}$ 对导电平面的“镜像”，因此称为镜像原理，它代替了无限大理想导电平面上的感应电流的作用。由于整个空间已经变为无限大的均匀媒质空间，因而计算大为简化。

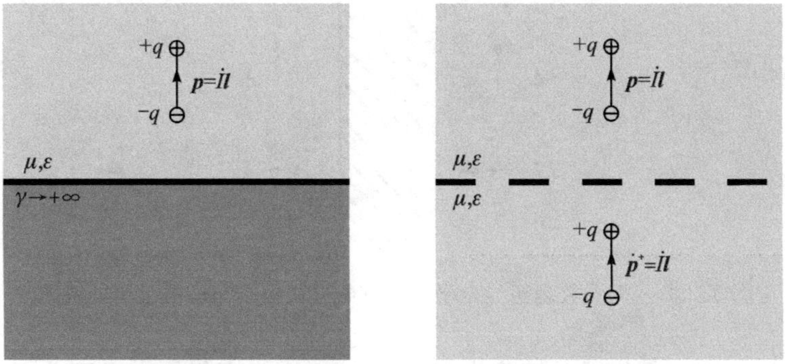

(a) 原问题　　(b) 镜像问题

图 3.3.1　无限大理想导电平面前方的电偶极子的镜像

但是，应用镜像原理法时，要注意适用区域。这里，原电偶极子 $\dot{\boldsymbol{p}}=\dot{I}\boldsymbol{l}$ 和镜像电偶极子 $\dot{\boldsymbol{p}}^{+}=\dot{I}\boldsymbol{l}$ 共同产生的场仅适用于无限大理想导电平面前方空间，后方空间内实际上不存在场。此外，与静电场中的镜像法相比较，在时变场中应用镜像理论，只有当导体是理想导电体时，它才是严格地成立的。当然，在工程应用中，对于一些电导率很高的良导体，可以近似看作理想导体，如果这时边界又可近似成无限大，那么就可以应用镜像原理求解。例如，在天线理论的工程应用中，对于位于地面上方的长波或中波段天线，地面可以近似当作无限大理想导电平面，这样就可以利用镜像原理计算天线的辐射场。

同理，在电偶极子 $\dot{\boldsymbol{p}}=\dot{I}\boldsymbol{l}$ 平行放置的情况下，也可以利用镜像电偶极子 $\dot{\boldsymbol{p}}^{+}=\dot{I}\boldsymbol{l}$ 代替无限大理想导电平面上的感应电流的作用，但是方向恰好与原电偶极子 $\dot{\boldsymbol{p}}=\dot{I}\boldsymbol{l}$ 的方向相反。对于无限大理想导电平面前方的磁偶极子 $\dot{\boldsymbol{p}}_{\mathrm{m}}=\dot{I}_{\mathrm{m}}\boldsymbol{l}$，也能够利用镜像磁偶极子 $\dot{\boldsymbol{p}}_{\mathrm{m}}^{+}=\dot{I}_{\mathrm{m}}\boldsymbol{l}$ 代替无限大理想导电平面上的感应磁流的作用。如图 3.3.2 所示，给出了各种偶极子源的镜像的大小和方向。应该注意的是，在应用镜像法时必须保持对于理想导体表面两侧的对称性[1]。

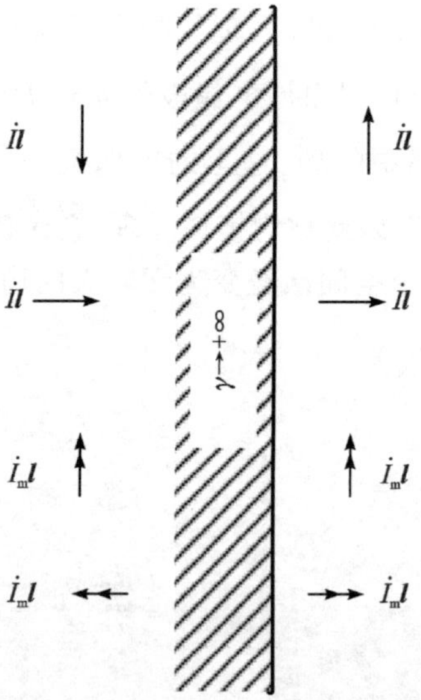

图 3.3.2　无限大理想导电平面前方的电偶极子和磁偶极子的镜像

如果以电(磁)偶极子的镜像为基础，对于无限大理想导电平面前方的各种电流(磁流)分布，都可以用其镜像电流(磁流)来代替无限大理想导电平面的作用。

例 3.3.1　如图 3.3.3(a) 所示，在地平面(近似认为理想导电的)上方，有一个垂直于地平面的电流元(短偶极子天线),距离地平面的高度为 d,求该电流元产生的远区辐射场。

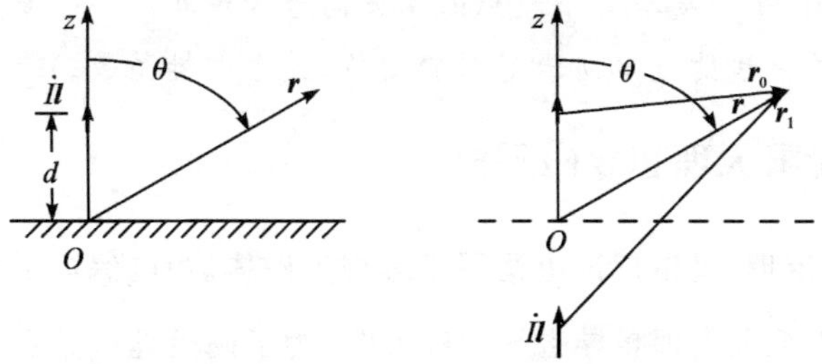

(a) 原来问题　　(b) 镜像问题

图 3.3.3　靠近地平面的电流元

解　根据镜像原理,此电流元在地平面之上产生的场相当于如图 3.3.3(b) 所示的两个电流元共同产生的场。两个电流元共同产生的辐射场为

$$\left.\begin{aligned}\dot{H}_\phi &= \frac{\mathrm{j}\dot{I}l}{2\lambda}\left(\frac{\mathrm{e}^{-\mathrm{j}kr_0}}{r_0}+\frac{\mathrm{e}^{-\mathrm{j}kr_1}}{r_1}\right)\sin\theta \\ \dot{E}_\theta &= \frac{\mathrm{j}\dot{I}l\eta}{2\lambda}\left(\frac{\mathrm{e}^{-\mathrm{j}kr_0}}{r_0}+\frac{\mathrm{e}^{-\mathrm{j}kr_1}}{r_1}\right)\sin\theta\end{aligned}\right\}$$

当 $r \gg d$ 时,从每一个电流元发出的矢径近似平行于从原点发出的矢径,可表示为

$$r_0 = r - d\cos\theta \quad 和 \quad r_1 = r + d\cos\theta$$

因此,上述辐射场可以近似成

$$\left.\begin{aligned}\dot{H}_\phi &= \frac{\mathrm{j}\dot{I}l}{\lambda r}\mathrm{e}^{-\mathrm{j}kr}\cos(kd\cos\theta)\sin\theta \\ \dot{E}_\theta &= \frac{\mathrm{j}\dot{I}l\eta}{\lambda r}\mathrm{e}^{-\mathrm{j}kr}\cos(kd\cos\theta)\sin\theta\end{aligned}\right\}$$

该短偶极子天线通过上半球面($z > 0$) 向外辐射的总功率是

$$\begin{aligned}P &= \int_{半球}\dot{E}_\theta\dot{H}_\phi^*\,\mathrm{d}S = 2\pi\eta\int_o^{\pi/2}|\dot{H}_\phi|^2 r^2\sin\theta\mathrm{d}\theta \\ &= 2\pi\eta\left|\frac{\dot{I}l}{\lambda}\right|^2\left[\frac{1}{3}-\frac{\cos 2kd}{(2kd)^2}+\frac{\sin 2kd}{(2kd)^3}\right]\end{aligned}$$

该短偶极子天线沿地平面相对于无定向辐射器的增益是[1]

$$g = \frac{4\pi r^2\eta\,|\,H_\phi(\theta=90^0)\,|^2}{P} = \frac{2}{\dfrac{1}{3}-\dfrac{\cos 2kd}{(2kd)^2}+\dfrac{\sin 2kd}{(2kd)^3}}$$

显然,当 $kd \to +\infty$ 时,辐射功率等于孤立电流元的辐射功率,增益 $g = 6$;当 $kd \to 0$ 时,辐射功率是孤立电流元的辐射功率的 2 倍,增益 $g = 3$。这些结果都是预料之

中的。在 $kd=2.88$ 时出现最大增益 $g=6.57$，于是可得到的增益超过孤立电流元增益 1.5 的 4 倍之多。(注：在相同的辐射功率下，某天线在最大辐射方向上某一距离处产生的辐射功率密度与一个理想的无方向性天线在同一距离处产生的功率密度之比，定义为该天线的无定向辐射器的增益，或方向性系数。)

3.3.2 无限大理想导磁平面

按照唯一性定理，镜像理论也适用于理想导磁体。当电偶极子 $\dot{\boldsymbol{p}}=\dot{I}\boldsymbol{l}$ 或磁偶极子 $\dot{\boldsymbol{p}}_{\mathrm{m}}=\dot{I}_{\mathrm{m}}\boldsymbol{l}$ 位于无限大理想导磁平面前方时，为了满足理想导磁表面磁场强度切向分量和电场强度法向分量都为零的边界条件，应用镜像原理时，各种源的镜像关系与无限大理想导电平面的情况恰好相反。如图 3.3.4 所示，给出了各种偶极子源的镜像的大小和方向。

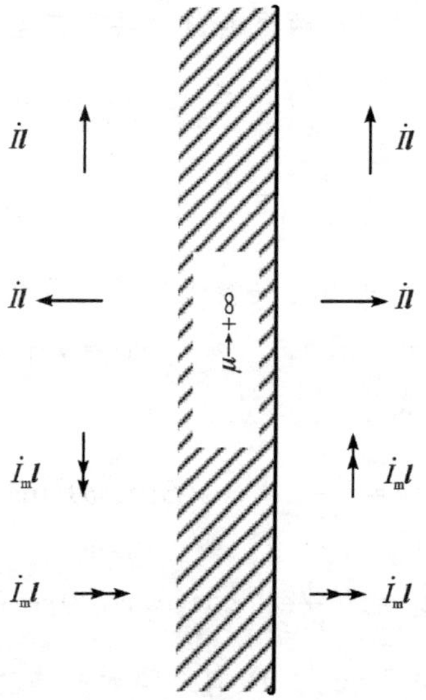

图 3.3.4 无限大理想导磁平面前方的电偶极子和磁偶极子的镜像

3.3.3 理想导电(磁)夹

当电偶极子或磁偶极子位于由两块半无限大理想导电(磁)板构成的理想导电(磁)夹板中时，也可以应用镜像原理来求解。图 3.3.5 为位于理想导电夹板中的平行电偶极子的镜像关系。应该注意到，为了满足边界条件，夹角 α 必须为 180° 的整分数，即 $\alpha=\pi/n$，这里 n 为整数。

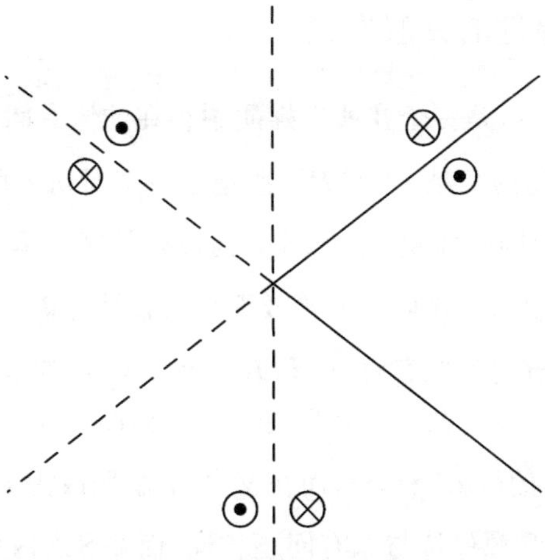

图 3.3.5　半无限大理想导电夹板中的电偶极子镜像

3.4　等效原理

如果仅仅关心某个区域(称之为感兴趣的场域) 内的电磁场,我们就可以把这个感兴趣的场域的解看作是其内部的源和边界上的源所共同产生的电磁场。根据唯一性定理,只要它们在边界上共同产生的电磁场与原来的场相同(即满足同样的边界条件),那么在这个感兴趣的场域中,原来的电磁场和源都会保持不变。实际上,所谓边界上的源并不是真正的源,而是一种等效源,它代替了感兴趣的场域外部的真实的源在这个区域的影响。这就是等效原理,它指出对于源以外的某个区域而言,一个真实的源的影响可以由等效源来代替。要使这种等效原理成立,其充要条件是等效源和感兴趣的场域内部的源在边界上共同产生的电磁场与原来的场相同。

应该指出,这种代替只是对于源以外的某个区域是等效的,并且等效源并不唯一,两个不同的源在某一区域内产生相同的电磁场,就说这两个不同的源对这个区域而言是等效的。例如,小电流环与假想的磁流元在源的外部区域所产生的场是相同的,而在源的内部的场却是完全不同的,这种等效仅对源外区域是成立的,或者说对源外区这种等效才是有效的。不难看出,在应用等效原理时,感兴趣的场域才是“有效区域”。在这一点上,电磁场理论中的等效原理与电路理论中的戴维南等效定理完全相同。

一般说来,等效原理有如下 3 种形式:等效原理的一般形式、罗夫(Love) 等效形式、谢昆诺夫(Schelkunoff) 等效形式。

3.4.1 等效原理的一般形式[1]

如图 3.4.1(a) 所示，是一个在线性媒质中存在的原有问题，源是 $\dot{\boldsymbol{J}}$ 和 $\dot{\boldsymbol{J}}_m$，它们在全空间共同产生的场的解是 $\dot{\boldsymbol{E}}^a$ 和 $\dot{\boldsymbol{H}}^a$。假想有一个封闭表面 S(图中的虚线)，把源 $\dot{\boldsymbol{J}}$ 和 $\dot{\boldsymbol{J}}_m$ 包在 S 所包围的体积 V_i 内，S 表面以外的区域是 V_o。现在，将 S 面内的源 $\dot{\boldsymbol{J}}$ 和 $\dot{\boldsymbol{J}}_m$ 都移去，希望用 S 表面上的等效面源来代替源 $\dot{\boldsymbol{J}}$ 和 $\dot{\boldsymbol{J}}_m$ 在体积 V_o 中的影响，即保证在 V_o 中的解仍是原有解 $\dot{\boldsymbol{E}}^a$ 和 $\dot{\boldsymbol{H}}^a$。至于 V_i 内的解是什么，我们不关心，可以是任何解，甚至是零场。在这里我们建立一个如图 3.4.1(b) 所示的等效问题，在 V_o 中的解仍是原来的解 $\dot{\boldsymbol{E}}^a$ 和 $\dot{\boldsymbol{H}}^a$，而在 V_i 中的解则改为 $\dot{\boldsymbol{E}}^b$ 和 $\dot{\boldsymbol{H}}^b$。其方法是：在 S 之外可规定场、媒质和源保持与原有问题相同，而在 S 之内可规定解改变为 $\dot{\boldsymbol{E}}^b$ 和 $\dot{\boldsymbol{H}}^b$。为了建立这样的等效问题，根据在分界面上场量衔接条件，在 S 面上必须放置如下的面电流 $\dot{\boldsymbol{K}}$ 和面磁流 $\dot{\boldsymbol{K}}_m$：

$$\dot{\boldsymbol{K}} = \boldsymbol{n} \times (\dot{\boldsymbol{H}}^a - \dot{\boldsymbol{H}}^b), \quad \dot{\boldsymbol{K}}_m = (\dot{\boldsymbol{E}}^a - \dot{\boldsymbol{E}}^b) \times \boldsymbol{n} \tag{3.4.1}$$

式中：$\boldsymbol{n}$ 是从 S 面内指向面外的法向方向单位矢量；$\dot{\boldsymbol{E}}^a$ 和 $\dot{\boldsymbol{H}}^a$ 是原问题在 S 表面上的场值；$\dot{\boldsymbol{E}}^b$ 和 $\dot{\boldsymbol{H}}^b$ 则是图 3.4.1(b) 所示等效问题 V_i 中的场在 S 表面上的值。这里，在 S 面上放置的面电流 $\dot{\boldsymbol{K}}$ 和面磁流 $\dot{\boldsymbol{K}}_m$ 就是在这种形式中的等效源。

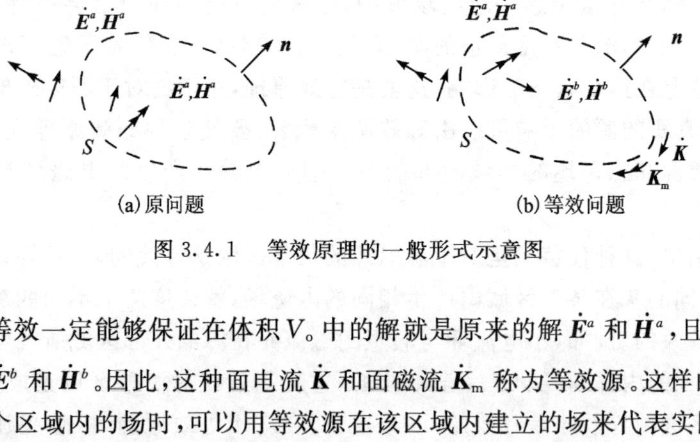

图 3.4.1 等效原理的一般形式示意图

上述等效一定能够保证在体积 V_o 中的解就是原来的解 $\dot{\boldsymbol{E}}^a$ 和 $\dot{\boldsymbol{H}}^a$，且在体积 V_i 内的解为 $\dot{\boldsymbol{E}}^b$ 和 $\dot{\boldsymbol{H}}^b$。因此，这种面电流 $\dot{\boldsymbol{K}}$ 和面磁流 $\dot{\boldsymbol{K}}_m$ 称为等效源。这样的话，当需要确定某个区域内的场时，可以用等效源在该区域内建立的场来代表实际的源(实际的源是不需要知道的，或甚至就不可能知道) 所产生的场，也往往会给计算带来很大的方便。

3.4.2 罗夫等效形式

按照上述的等效原理的一般形式，如果源在由闭合面 S 所包围的体积 V 内，欲

求 V 外任一点的场时，在 V 内的场可以是任意假定的。现在，作为一个特例，不妨令在闭合面 S 之外仍为原有问题（图 3.4.2(a)）的场，而在 S 之内的场为零，于是问题化为图3.4.2(b) 所示的等效。此时，在闭合面 S 内、外两侧场量出现了不连续。为了满足在 S 面上场量的衔接条件，可以假定在 S 面上存在如下面电流 $\dot{\boldsymbol{K}}$ 和面磁流 $\dot{\boldsymbol{K}}_{\mathrm{m}}$：

$$\dot{\boldsymbol{K}} = \boldsymbol{n}\times\dot{\boldsymbol{H}};\quad \dot{\boldsymbol{K}}_{\mathrm{m}} = \dot{\boldsymbol{E}}\times\boldsymbol{n} \tag{3.4.2}$$

式中：$\boldsymbol{n}$ 是从 S 面内指向面外的法向方向单位矢量；$\dot{\boldsymbol{E}}$ 和 $\dot{\boldsymbol{H}}$ 是 S 面上的原有场。这样 V 内的真实源的影响就被边界面上的等效面源 $\dot{\boldsymbol{K}} = \boldsymbol{n}\times\dot{\boldsymbol{H}}$ 和 $\dot{\boldsymbol{K}}_{\mathrm{m}} = \dot{\boldsymbol{E}}\times\boldsymbol{n}$ 所代替。根据唯一性定理可知，等效面源在 S 之外可以产生唯一的与原有源相同的场，而在 S 之内的场是零。当然，等效面源也是在外部空间才等效的。这种等效形式称为罗夫等效形式，它是由罗夫于 1901 年完成的。

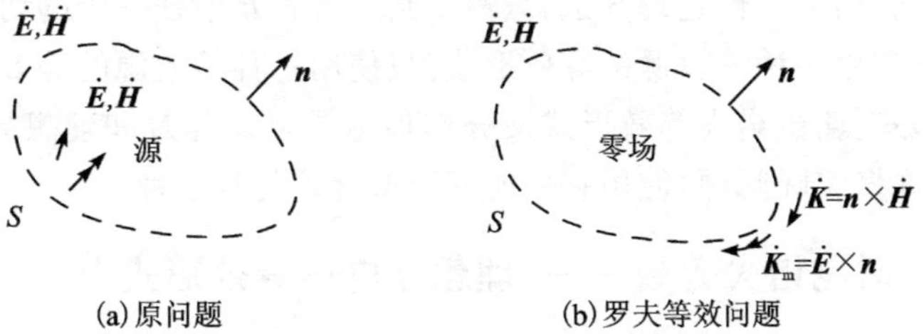

图 3.4.2　罗夫等效形式的示意图

由于在图 3.4.2(b) 的问题中 S 面之内的场是零，所以就 S 面之外的场而言，在 S 面之内不论是什么媒质，都无差别。若假定 S 面之内存在与其外相同的媒质，这些等效面源将作用于无限大的媒质空间，因此就可以应用矢位积分解来确定它们的场。

例 3.4.1　已知在 $r > a$ 区域的场为

$$\dot{E}_r = \frac{\dot{I}l}{2\pi}\mathrm{e}^{-\mathrm{j}kr}\left(\frac{\eta}{r^2}+\frac{1}{\mathrm{j}\omega\varepsilon r^3}\right)\cos\theta$$

$$\dot{E}_\theta = \frac{\dot{I}l}{4\pi}\mathrm{e}^{-\mathrm{j}kr}\left(\frac{\mathrm{j}\omega\mu}{r}+\frac{\eta}{r^2}+\frac{1}{\mathrm{j}\omega\varepsilon r^3}\right)\sin\theta$$

$$\dot{H}_\phi = \frac{\dot{I}l}{4\pi}\mathrm{e}^{-\mathrm{j}kr}\left(\frac{\mathrm{j}k}{r}+\frac{1}{r^2}\right)\sin\theta$$

而在 $r < a$ 的区域内的场为零。试确定在 $r = a$ 球面上的面电流 $\dot{\boldsymbol{K}}$ 和面磁流 $\dot{\boldsymbol{K}}_{\mathrm{m}}$。

解　根据罗夫等效方法，在 $r = a$ 球面上的面电流 $\dot{\boldsymbol{K}}$ 为

$$\dot{\boldsymbol{K}} = \boldsymbol{n}\times\dot{\boldsymbol{H}}\Big|_{r=a} = \boldsymbol{e}_r\times\dot{H}\boldsymbol{e}_\phi\Big|_{r=a}$$

$$= -\boldsymbol{e}_\theta\frac{\dot{I}l}{4\pi}\mathrm{e}^{-\mathrm{j}ka}\left(\frac{\mathrm{j}k}{a}+\frac{1}{a^2}\right)\sin\theta$$

而 $r=a$ 球面上的面磁流 $\dot{\boldsymbol{K}}_{\mathrm{m}}$ 为

$$\dot{\boldsymbol{K}}_{\mathrm{m}}=\dot{\boldsymbol{E}}\times\boldsymbol{n}\Big|_{r=a}=\boldsymbol{e}_\theta\dot{E}_\theta\times\boldsymbol{e}_r\Big|_{r=a}$$

$$=-\boldsymbol{e}_\phi\frac{\dot{I}l}{4\pi}\mathrm{e}^{-\mathrm{j}ka}\left(\frac{\mathrm{j}\omega\mu}{a}+\frac{\eta}{a^2}+\frac{1}{\mathrm{j}\omega\varepsilon a^3}\right)\sin\theta$$

值得注意到，在 $r>a$ 区域的场为位于坐标原点处的电流元 $\dot{I}\boldsymbol{l}$ 产生的场。这一结果说明，在 $r>a$ 区域内，$r=a$ 球面上的面电流 $\dot{\boldsymbol{K}}$ 和面磁流 $\dot{\boldsymbol{K}}_{\mathrm{m}}$ 所产生的场与位于坐标原点处的电流元 $\dot{I}\boldsymbol{l}$ 产生的场相同，因此它们称为在 $r>a$ 区域是等效的，但在 $r<a$ 区域却是不等效的。

在罗夫等效形式中需要使用两种等效源，它要求在边界上同时给定 $\dot{\boldsymbol{E}}$ 和 $\dot{\boldsymbol{H}}$ 的切向分量。然而，由唯一性定理知道，只需要给定 $\dot{\boldsymbol{E}}$ 和 $\dot{\boldsymbol{H}}$ 中任一个的切向分量，所以一定存在着只使用一种等效源的等效形式。只使用一种等效源的等效形式，就是谢昆诺夫等效形式。谢昆诺夫等效形式又分作理想导电体等效和理想导磁体等效两种形式。对于许多实际问题，使用它们能够降低计算的复杂性。

3.4.3 谢昆诺夫等效 —— 理想导电体等效形式[3]

像上面所述，由于在图 3.4.2(b) 的问题中 S 面之内的场是零，所以就 S 面之外的场而言，在 S 面之内不论是什么媒质，都无差别。现在，把图 3.4.2(b) 中 S 面内的体积用理想导电体取代，来建立理想导电体等效问题。

如图 3.4.3(a) 所示为原有问题，按照罗夫等效方法，可以将 S 面内的体积用理想导电体取代。不过，这时面电流 $\dot{\boldsymbol{K}}$ 不起作用，因为靠近理想导电体表面的切向

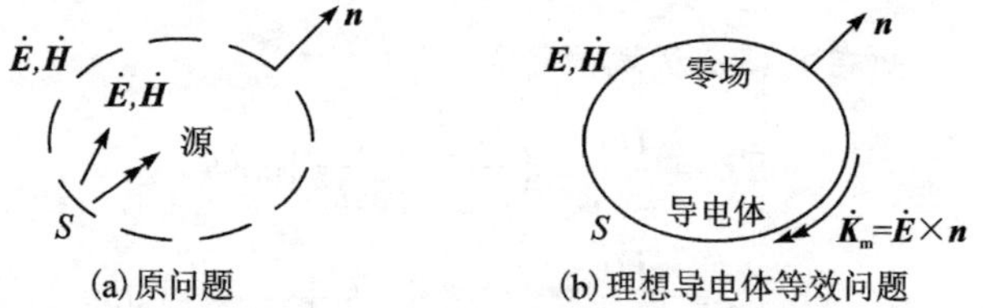

图 3.4.3 谢昆诺夫等效 —— 理想导电体等效形式示意图

电流元不会在 S 面之外产生任何场。那么，如图 3.4.3(b) 所示，只有在理想导电体表面 S 上放置的面磁流层①起作用。因此，根据唯一性定理，S 之外的场在这两种情况也应该都是相同的，且有

① 注：因 $\dot{\boldsymbol{E}}$ 的切向分量在导电体表面上（恰在 $\dot{\boldsymbol{K}}_{\mathrm{m}}$ 之后）是零，并恰在 $\dot{\boldsymbol{K}}_{\mathrm{m}}$ 之前等于原来的场分量，所以在图 3.4.3(a) 和(b) 的 S 面上，$\dot{\boldsymbol{E}}$ 的切向分量都是相同的。

$$\dot{\boldsymbol{K}}_{\mathrm{m}} = \dot{\boldsymbol{E}} \times \boldsymbol{n} \tag{3.4.3}$$

它在 S 面之外产生的场就是原来的场 $\dot{\boldsymbol{E}}$ 和 $\dot{\boldsymbol{H}}$。这就是由谢昆诺夫于 1936 年给出的理想导电体等效形式。

例 3.4.2　开口波导辐射问题。假设开口波导终端位于无限大的理想导电平面[5]。

解　图 3.4.4(a) 是原始问题，令开口波导终端位于无限大的理想导电平面，假设在开口波导终端部分仅有切向电场分量 $\dot{E}_{\mathrm{t}}$ 及切向磁场分量 $\dot{H}_{\mathrm{t}}$，这当然是近似的。其余部分由于是理想导电体表面，仅存在切向磁场分量 $\dot{H}_{\mathrm{t}}$ 和法向电场分量 $\dot{E}_{\mathrm{n}}$。设想在波导开口终端所在的无限大平面作一假想平面(即以 $z=0$ 无限大平面代替波导开口终端及理想导电平面)，与左半球(半径为无限大)构成一个封闭面 S，并令在 S 面内部空间为零场，而 S 面外部空间保持原先的场。为了维持这种边界条件，在假想的无限大平面上应有等效面源 $\dot{\boldsymbol{K}}$ 和 $\dot{\boldsymbol{K}}_{\mathrm{m}}$。根据罗夫等效原理，如图 3.4.4(b) 所示，波导开口终端所在部分平面上的等效面源为 $\dot{\boldsymbol{K}} = \boldsymbol{n} \times \dot{H}_{\mathrm{t}}\boldsymbol{e}_{\mathrm{t}}$ 和 $\dot{\boldsymbol{K}}_{\mathrm{m}} = \dot{E}_{\mathrm{t}}\boldsymbol{e}_{\mathrm{t}} \times \boldsymbol{n}$；而剩余部分平面上的等效面源仅有 $\dot{\boldsymbol{K}} = \boldsymbol{n} \times \dot{H}_{\mathrm{t}}\boldsymbol{e}_{\mathrm{t}}$。

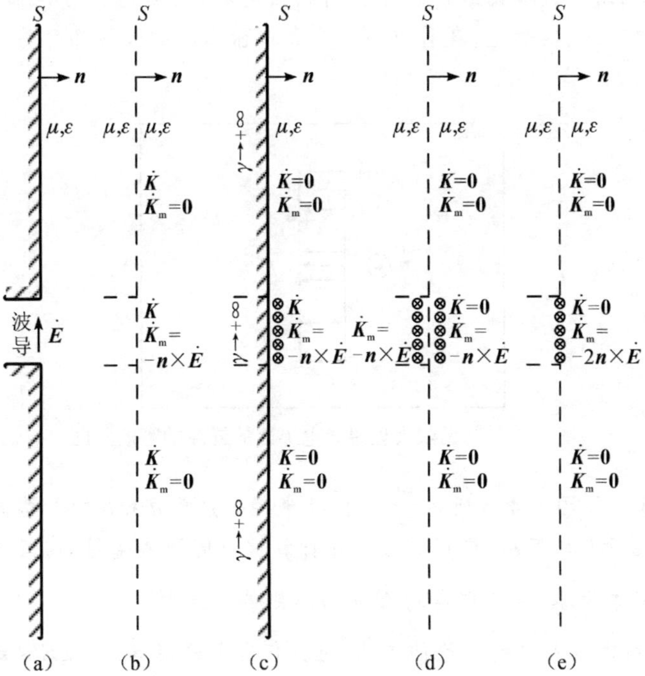

图 3.4.4　接有无限大理想导电平板波导开口的等效问题[5]

假想在无限大平面左边半空间内无场，令其内填充满理想导电体，如图3.4.4(c)所示，则位于该理想导电体表面附近的面电流 $\dot{\boldsymbol{K}}$ 的辐射作用消失，只有面磁流 $\dot{\boldsymbol{K}}_m$ 起作用。由于边界为无限大的理想导电平面，可以应用镜像原理来计算该面磁流 $\dot{\boldsymbol{K}}_m$ 所产生的辐射场。如图3.4.4(d)所示，即把无限大理想导电体边界去掉，并对面磁流 $\dot{\boldsymbol{K}}_m$ 作镜像。最后，合并初始面磁流和镜像面磁流，使得 $\dot{\boldsymbol{K}}_m = 2(\dot{E}_t\boldsymbol{e}_t \times \boldsymbol{n})$，如图3.4.4(e)所示。显然，$z=0$ 两侧再次变为均匀空间，仅在波导开口终端上有等效面磁流 $\dot{\boldsymbol{K}}_m = 2(\dot{E}_t\boldsymbol{e}_t \times \boldsymbol{n})$，利用矢位积分计算这个 $\dot{\boldsymbol{K}}_m$ 在 $z>0$ 半空间任一点的辐射场，它就是波导开口的辐射场。

同理，对于图3.4.5所示无限大理想导电屏上的缝隙，也可以应用上述所讨论的方法计算其辐射场。若缝隙上的电场强度为 $\dot{\boldsymbol{E}}$，则仅有如下的面磁流存在[5]：

$$\dot{\boldsymbol{K}}_m = 2\dot{\boldsymbol{E}} \times \boldsymbol{n} \tag{3.4.4}$$

但应该注意，这个面磁流只存在于缝隙部分，而其余部分没有等效源。可以看出，只要求得等效源便可计算辐射场。但是，一般不能精确地给出等效源(由于不能精确给出波导开口或缝隙处的场)，通常采取其他途径获得近似的等效源。例如波导口和喇叭天线，利用导波理论解出波导和喇叭内的场，近似地作为口面场分布，进而计算它们的辐射场。实际上，各种口面分布和口面形状的天线都可仿照上面的方法计算辐射场。

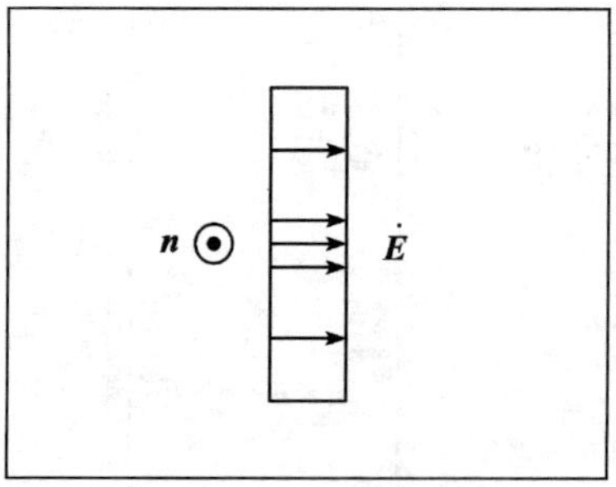

图3.4.5 无限大理想导电屏上的缝隙的等效问题

例3.4.3 如图3.4.6所示，有一内外半径分别为 a 和 b 的开路同轴线通向一接地平面。若 a 和 b 都很小，应用等效原理计算这个问题的辐射场。假设开口端的表面上 $\boldsymbol{n}\times\dot{\boldsymbol{H}}$ 基本为零，且切向电场 $\dot{\boldsymbol{E}}$ 是传输线的模式[1]。

解 应用例3.4.2所讨论的方法，可知仅有面磁流 $\dot{\boldsymbol{K}}_m = 2\dot{\boldsymbol{E}} \times \boldsymbol{n}$ 存在。因此，如图3.4.6(b)所示，面磁流 $\dot{\boldsymbol{K}}_m$ 向无限空间辐射，在 $z>0$ 区域产生原有的源所建立的同样场。而在 $z<0$ 区域，产生一镜像场，但无意义。

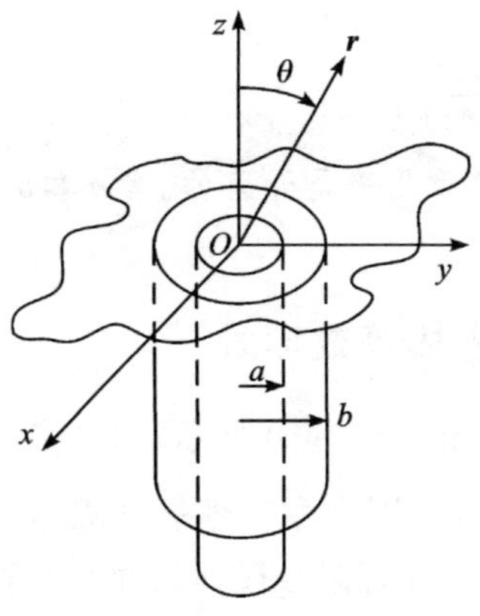

(a)原问题

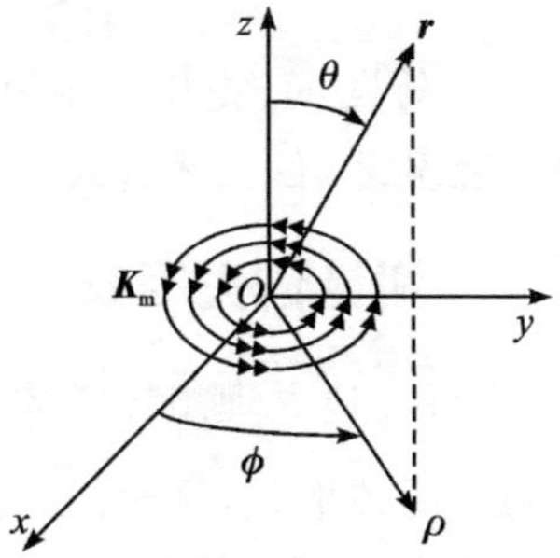

(b)等效问题

图 3.4.6　同轴线通向接地平面

应该注意到，此时 $\dot{\boldsymbol{K}}_m$ 只存在于孔隙上(同轴线开口)，因为在接地平面上切向的 $\dot{\boldsymbol{E}}$ 是零。假定在孔隙上的场是同轴线的传输线模式，即

$$\dot{E}_\rho = \frac{-\dot{V}}{\rho\ln(b/a)}$$

式中，$\dot{V}$ 是同轴线内外导体间的电压。因此，图 3.4.6(b) 中的面磁流为

$$(\dot{K}_m)_\phi = \frac{2\dot{V}}{\rho\ln(b/a)} \qquad (a < \rho < b)$$

此面磁流可看作强度为 $\mathrm{d}\dot{I}_m = (\dot{K}_m)_\phi \mathrm{d}\rho$ 的磁流丝的一种连续分布。如果 $b \ll \lambda$，这就是一个小磁流环，相当于一个电偶极子。于是，源的总电偶极矩大小是

$$\dot{I}_m S = \int \pi\rho^2 \mathrm{d}\dot{I}_m = \frac{\pi\dot{V}}{\ln(b/a)}\int_a^b 2\rho\mathrm{d}\rho = \frac{\pi\dot{V}(b^2-a^2)}{\ln(b/a)}$$

与此小磁流环等效的电流元为

$$\dot{I}l = \mathrm{j}\omega\varepsilon\dot{I}_m S$$

根据电流元辐射场的计算公式和以上各式，得到辐射场为

$$\dot{H}_\phi = \frac{-\omega\varepsilon\pi\dot{V}(b^2-a^2)}{2\lambda r\ln(b/a)}\mathrm{e}^{-\mathrm{j}kr}\sin\theta$$

和 $\dot{E}_\theta = \eta\dot{H}_\phi$。

又天线辐射功率为

$$P = \frac{4\pi}{3\eta}\left(\frac{\pi^2(b^2-a^2)\,|\,\dot{V}\,|}{\lambda^2\ln(b/a)}\right)^2$$

我们注意到，辐射功率与 λ^4 成反比。根据天线辐射电导的定义 $G_e = \dfrac{P}{|\,\dot{V}\,|^2}$，得到辐

射电导为

$$G_e = \frac{4\pi^5}{3\eta}\left[\frac{b^2 - a^2}{\lambda^2 \ln(b/a)}\right]^2$$

对于普通的同轴线，G_e 是比较小的，而从同轴线看几乎是开路的。当 a 和 b 增大时，辐射就变得更显著，但上述公式必须加以修正。

3.4.4 谢昆诺夫等效 —— 理想导磁体等效形式[3]

同理，也可以建立理想导磁体等效问题。如图 3.4.7(b) 所示，如果将 S 面内的体积用理想导磁体取代，这时面磁流 $\dot{\boldsymbol{K}}_m$ 不起作用，因为靠近理想导磁体表面的切向磁流源不会在 S 面之外产生任何场。那么，只有在理想导磁体表面 S 上放置的面电流层起作用，且有：

$$\dot{\boldsymbol{K}} = \boldsymbol{n} \times \dot{\boldsymbol{H}} \tag{3.4.5}$$

它在 S 面之外产生的场就是原来的场 $\dot{\boldsymbol{E}}$ 和 $\dot{\boldsymbol{H}}$。这就是由谢昆诺夫于 1936 年给出的理想导磁体等效形式。

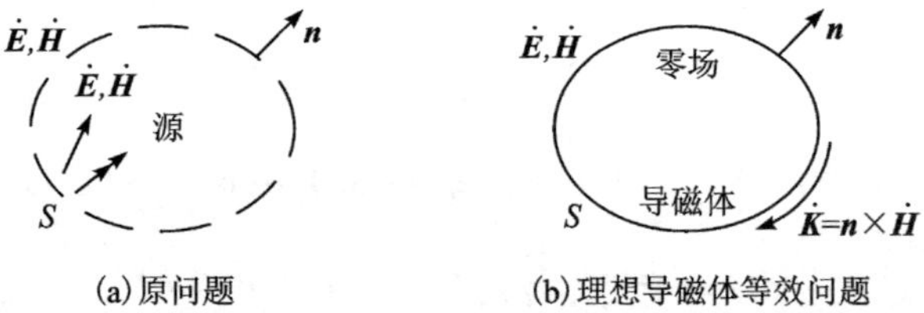

图 3.4.7 谢昆诺夫等效 —— 理想导磁体等效形式示意图

不难看出，在建立等效问题时，式(3.4.1) 和式(3.4.2) 都应用了 S 面两侧 $\dot{\boldsymbol{E}}$ 和 $\dot{\boldsymbol{H}}$ 的切向分量。根据唯一性定理，只需要给定 $\dot{\boldsymbol{E}}$ 或 $\dot{\boldsymbol{H}}$ 的切向分量就能唯一地确定场。这意味着，在应用等效原理时，可以只用面磁流($\dot{\boldsymbol{E}}$ 的切向分量) 或只用面电流($\dot{\boldsymbol{H}}$ 的切向分量) 来进行等效。实际上，理想导电体等效和理想导磁体等效都是从这一点出发的。

应当注意到，当闭合面 S 内引入理想导电体或理想导磁体后，整个空间变为非均匀空间，不能应用矢位函数的积分解来计算空间中的电磁场，必须根据边界特性求解相应的边值问题。此外，在应用面等效原理求解电磁场问题时，S 面必须是封闭的或无限大的。

3.4.5 等效原理的电路理论解释[1]

如图 3.4.8 所示，考虑连接至无源网络的一个源(有源网络)，对于无源网络来说，试图建立一个等效源。其方法是，首先将原来的源关掉，而只连接源阻抗，然后在两端之间通以等于原问题中端电流的电流源 I，并在源阻抗与无源网络之间串接等于原来问题中端电压的电压源 U。这种等效问题示于图 3.4.8(b) 中，从电路理论分析来看，源阻抗显然是受不到这些等效源的激励，而无源网络的激励则没有改变。

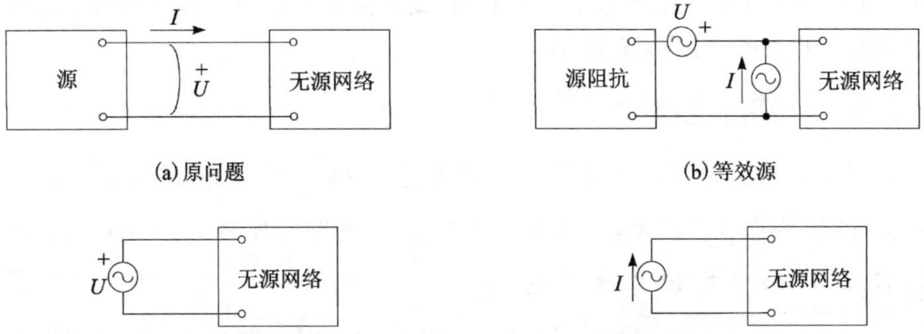

(a) 原问题　(b) 等效源

(c) 源阻抗由短路代替　(d) 源阻抗由开路代替

图 3.4.8　等效原理的一种电路理论解释[1]

由于图 3.4.8(b) 中的源阻抗未受激励，所以可以用任意阻抗来代替它，而不会影响无源网络的激励。这类似于图 3.4.2(b) 中所示的等效场中，在 S 面之内可以任意放置媒质。特别地，在源阻抗改为短路时，将电流源断开，只留下电压源激励无源网络（这是电路理论中叠加原理的结果）。于是，如图 3.4.8(c) 所示，电压源单独对无源网络产生等于原有源的激励，这就类似于图 3.4.3(b) 中只用面磁流层的情况。另一方面，在源阻抗改为开路时，只留下电流源来激励无源网络，如图 3.4.8(d) 所示。这种情况类似于图 3.4.7(b) 中只用面电流层的情况。

一般来说，当图 3.4.8(b) 中的源阻抗改为其他值时，则单独由 U 或单独由 I 在无源网络中引起的部分激励会有所改变，但它们引起的总激励保持不变。

现在，我们回到等效原理上来。在前面曾经讲过，在图 3.4.2(b) 所示的问题中，由于在 S 面内的场是零，所以在 S 面内不论是什么媒质，都不会改变 S 面之外的场。这里，可以引入一理想导电体来支持图 3.4.2(b) 中的面磁流层，而恰在靠近理想导电体表面的面电流层不会产生场（可以想象理想导电体把电流短路了，也可由互易定理证明）。因此，在有理想导电体存在时，场是单独由面磁流所形成的。换一种方式，引入一理想导磁体来支持图 3.4.2(b) 中的面电流层，而恰在靠近理想导磁体表面的面磁流不会产生场（可以想象理想导磁体把磁流短路了）。同样，在有理想导磁体存在时，场是单独由面电流形成的。值得注意的是，当在图 3.4.2(b) 中的 S 面内放置一般性媒质时，则单独由 $\dot{\boldsymbol{K}}$ 或单独由 $\dot{\boldsymbol{K}}_{\mathrm{m}}$ 在 S 面之外形成的部分场将有所改变，但总场保持不变。

3.5 感应定理

感应定理是反映散射场与入射场之间关系的一个重要定理，利用它可以从已知投射到障碍物上的入射场来求其散射场(或反射场)。感应定理与等效原理在概念上是密切相关的，但是又有区别。

3.5.1 感应定理[1,4]

如图 3.5.1(a) 所考虑的问题中，一组源是在有障碍物时进行辐射的。这里，入射场 $\dot{\boldsymbol{E}}^{i}$ 和 $\dot{\boldsymbol{H}}^{i}$ 为这些源在无障碍物时产生的场，而散射场 $\dot{\boldsymbol{E}}^{s}$ 和 $\dot{\boldsymbol{H}}^{s}$ 为有障碍物时的总场 $\dot{\boldsymbol{E}}$ 和 $\dot{\boldsymbol{H}}$ 与入射场 $\dot{\boldsymbol{E}}^{i}$ 和 $\dot{\boldsymbol{H}}^{i}$ 之差，即

$$\dot{\boldsymbol{E}}^{s} = \dot{\boldsymbol{E}} - \dot{\boldsymbol{E}}^{i};\quad \dot{\boldsymbol{H}}^{s} = \dot{\boldsymbol{H}} - \dot{\boldsymbol{H}}^{i} \tag{3.5.1}$$

从物理意义上来说，我们可以把散射场看成是由障碍物中的感应电流和极化电流所产生的场。显然，在障碍物之外的区域中，入射场和总场有相同的源分布。

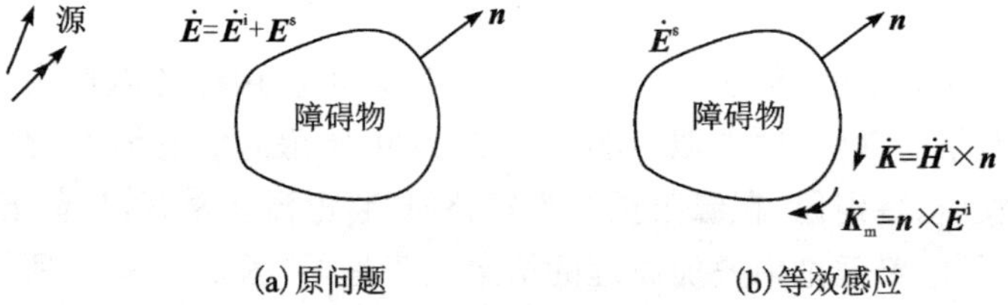

图 3.5.1 感应定理的说明

现在，我们来建立这样一个问题，在已知入射场 $\dot{\boldsymbol{E}}^{i}$ 和 $\dot{\boldsymbol{H}}^{i}$ 的情况下，试图求出在障碍物内部原先的场，以及在障碍物外部区域中的散射场。如图 3.5.1(b) 所示，保留障碍物，并假定障碍物内部的场为原先的场，而在障碍物外部区域中的场为散射场 $\dot{\boldsymbol{E}}^{s}$ 和 $\dot{\boldsymbol{H}}^{s}$。按照等效原理，在障碍物表面 S 上必须有下列等效面电流 $\dot{\boldsymbol{K}}$ 和面磁流 $\dot{\boldsymbol{K}}_{m}$：

$$\dot{\boldsymbol{K}} = \boldsymbol{n} \times (\dot{\boldsymbol{H}}^{s} - \dot{\boldsymbol{H}});\quad \dot{\boldsymbol{K}}_{m} = (\dot{\boldsymbol{E}}^{s} - \dot{\boldsymbol{E}}) \times \boldsymbol{n} \tag{3.5.2}$$

式中，$\boldsymbol{n}$ 是由 S 面内指出向外；$\dot{\boldsymbol{E}}^{s}$ 和 $\dot{\boldsymbol{H}}^{s}$ 分别为散射场的电场强度和磁场强度在 S 面上的值；$\dot{\boldsymbol{E}}$ 和 $\dot{\boldsymbol{H}}$ 分别为总场的电场强度和磁场强度在 S 面上的值。应用式(3.5.1)，这些面源可简化为

$$\dot{\boldsymbol{K}} = \dot{\boldsymbol{H}}^{i} \times \boldsymbol{n};\quad \dot{\boldsymbol{K}}_{m} = \boldsymbol{n} \times \dot{\boldsymbol{E}}^{i} \tag{3.5.3}$$

式中，$\dot{\boldsymbol{E}}^{i}$ 和 $\dot{\boldsymbol{H}}^{i}$ 分别为入射场的电场强度和磁场强度在 S 面上的值。根据唯一性定

理，这些等效面源在有障碍物存在时在 S 面之内产生的场为总场 $\dot{\boldsymbol{E}}$ 和 $\dot{\boldsymbol{H}}$，在 S 面之外为散射场 $\dot{\boldsymbol{E}}^{s}$ 和 $\dot{\boldsymbol{H}}^{s}$。这样，根据式(3.5.3)定义的等效面源就可求出障碍物外部区域的散射场，这就是所谓的感应定理。

应该注意到，由于障碍物存在，整个空间是非均匀空间，所以不能应用式(3.2.8)从 $\dot{\boldsymbol{K}}$ 和 $\dot{\boldsymbol{K}}_{m}$ 通过矢位积分来计算散射场。因此，图 3.5.1(b)中场的求法仍然必须归结为在给定边界条件下的一个边值问题来处理，它与原来的问题(见图 3.5.1(a))是一样的复杂。但是，它们的场能近似地求出，由此得到 S 之内的 $\dot{\boldsymbol{E}}$、$\dot{\boldsymbol{H}}$ 和 S 之外的 $\dot{\boldsymbol{E}}^{s}$、$\dot{\boldsymbol{H}}^{s}$ 的近似公式。

3.5.2　理想导电体障碍物

当障碍物是理想导电体时，感应定理可以进一步简化。由于靠近理想导电体表面的等效面电流 $\dot{\boldsymbol{K}}$ 没有辐射作用，仅需考虑等效面磁流 $\dot{\boldsymbol{K}}_{m}$ 即可，这是一个很有意义的结果。如果导体表面是平面，根据镜像理论这是十分显然的。在一般情况下，这就需要应用互易定理来证明，见下一节的例 3.6.1。同理，当障碍物为理想导磁体时，由于靠近理想导磁体表面的等效面磁流 $\dot{\boldsymbol{K}}_{m}$ 没有辐射作用，仅需考虑等效面电流 $\dot{\boldsymbol{K}}$ 即可。

如图 3.5.2 所示，在理想导电体表面 S 上总场 $\dot{\boldsymbol{E}}$ 的切向分量为零，即 $\boldsymbol{n}\times\dot{\boldsymbol{E}}=\boldsymbol{0}$。根据式(3.5.1)中的第一式，那么在 S 面上有

$$\boldsymbol{n}\times\dot{\boldsymbol{E}}^{s}=-\boldsymbol{n}\times\dot{\boldsymbol{E}}^{i}$$

上式表明，我们已经知道了散射场 $\dot{\boldsymbol{E}}^{s}$ 在 S 面上的切向分量，所以能构成图 3.5.2(b)的感应定理表示形式。先保留理想导体障碍物，并规定在 S 之外存在 $\dot{\boldsymbol{E}}^{s}$、$\dot{\boldsymbol{H}}^{s}$。为了支持这样的场，根据等效原理，在 S 面上必须有面磁流 $\dot{\boldsymbol{K}}_{m}$ 为

$$\dot{\boldsymbol{K}}_{m}=\dot{\boldsymbol{E}}^{s}\times\boldsymbol{n}=\boldsymbol{n}\times\dot{\boldsymbol{E}}^{i} \tag{3.5.4}$$

这个面磁流 $\dot{\boldsymbol{K}}_{m}$ 可以想象为引起电场的切向分量从导体表面上的零值跳跃至恰在

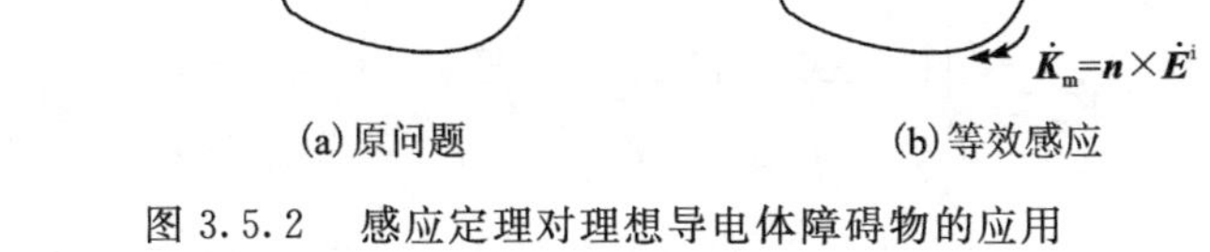

(a)原问题　　(b)等效感应

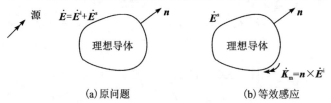

图 3.5.2　感应定理对理想导电体障碍物的应用

$\dot{\boldsymbol{K}}_{\mathrm{m}}$ 之外的 $\dot{\boldsymbol{E}}^{\mathrm{s}}$ 的切向分量值。因此，在图 3.5.2(b) 中电场的切向分量值一定是 $\dot{\boldsymbol{E}}^{\mathrm{s}}$ 的切向分量值。当障碍物为理想导电体时，按照唯一性定理，式(3.5.4) 给出的面磁流 $\dot{\boldsymbol{K}}_{\mathrm{m}}$ 在 S 之外必定产生散射场 $\dot{\boldsymbol{E}}^{\mathrm{s}}$、$\dot{\boldsymbol{H}}^{\mathrm{s}}$。

例 3.5.1 求解大尺寸理想导电平板产生的散射场[1]。

解 这是感应定理的一个典型应用例子。如图 3.5.3(a) 所示为原来的问题。建立直角坐标系，令大尺寸理想导电平板位于 $z=0$ 的平面内。平面电磁波从左方垂直入射到理想导电平板，并取入射波的电场强度为

$$\dot{\boldsymbol{E}}^{\mathrm{i}} = \dot{E}_0 \mathrm{e}^{-\mathrm{j}kz} \boldsymbol{e}_x, \quad \dot{\boldsymbol{H}}^{\mathrm{i}} = \dot{H}_0 \mathrm{e}^{-\mathrm{j}kz} \boldsymbol{e}_y$$

其中，$\dfrac{\dot{E}_0}{\dot{H}_0} = \eta$。

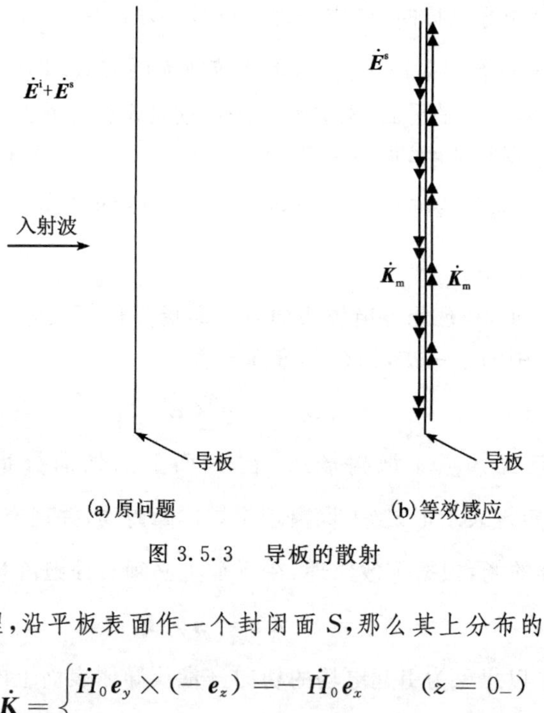

图 3.5.3 导板的散射

按照感应定理，沿平板表面作一个封闭面 S，那么其上分布的等效面源

$$\dot{\boldsymbol{K}} = \begin{cases} \dot{H}_0 \boldsymbol{e}_y \times (-\boldsymbol{e}_z) = -\dot{H}_0 \boldsymbol{e}_x & (z = 0_-) \\ \dot{H}_0 \boldsymbol{e}_y \times \boldsymbol{e}_z = \dot{H}_0 \boldsymbol{e}_x & (z = 0_+) \end{cases}$$

和

$$\dot{\boldsymbol{K}}_{\mathrm{m}} = \begin{cases} (-\boldsymbol{e}_z) \times \dot{E}_0 \boldsymbol{e}_x = -\dot{E}_0 \boldsymbol{e}_y & (z = 0_-) \\ \boldsymbol{e}_z \times \dot{E}_0 \boldsymbol{e}_x = \dot{E}_0 \boldsymbol{e}_y & (z = 0_+) \end{cases}$$

由于散射体是理想导电体，面电流 $\dot{\boldsymbol{K}}$ 的辐射消失，仅需要考虑面磁流 $\dot{\boldsymbol{K}}_{\mathrm{m}}$ 的辐射。散

射场是由面对入射波一边的面磁流 $\dot{\boldsymbol{K}}_\mathrm{m}=-\dot{E}_0\boldsymbol{e}_y$ 和离开入射波一边的面磁流 $\dot{\boldsymbol{K}}_\mathrm{m}=\dot{E}_0\boldsymbol{e}_y$ 所产生，这些面磁流在原来的导体板存在时进行辐射，如图 3.5.3(b) 所示。如果只关心反向散射场，即在 $z<0$ 半空间中的散射场，那么仅需计算左侧表面上面磁流产生的辐射场，因为右侧表面上面磁流对反向散射场的贡献很小(接收器看不见的每个磁流元，对反向散射场是没有贡献的)。由于散射体是大尺寸理想导体板，可以利用镜像原理计算散射场。按照镜像原理，散射体消失，整个空间变为自由空间，那么产生反向散射场的等效源为 $2\dot{\boldsymbol{K}}_\mathrm{m}=-2\dot{E}_0\boldsymbol{e}_y$，即与面磁流 $2\dot{\boldsymbol{K}}_\mathrm{m}=-2\dot{E}_0\boldsymbol{e}_y$ 在自由空间的辐射一样。因此，可以应用积分方法计算反向散射场。在远离导板处，它的反向散射场的电场强度是

$$\mathrm{d}\dot{E}_x^\mathrm{s}=\frac{-\mathrm{j}k\dot{E}_0\mathrm{d}S}{2\pi r}\mathrm{e}^{-\mathrm{j}kr}$$

在整个平板上求和，得远处的反向散射场的电场强度为

$$\dot{E}_x^\mathrm{s}=\int_{\text{平板}}\mathrm{d}\dot{E}_x^\mathrm{s}=\frac{-\mathrm{j}k\dot{E}_0A}{2\pi r}\mathrm{e}^{-\mathrm{j}kr}$$

式中，A 是平板的面积。

障碍物的反射面积或雷达截面的定义是，入射波功率在无定向辐射时能产生同样反向散射功率密度，其数学表达式为

$$A_\mathrm{e}=\lim_{r\to+\infty}\left(4\pi r^2\frac{\overline{S}^\mathrm{s}}{\overline{S}^\mathrm{i}}\right)\tag{3.5.5}$$

式中，$\overline{S}^\mathrm{i}$ 是入射功率密度，$\overline{S}^\mathrm{s}$ 是散射功率密度。对于平板问题，容易计算得到 $\overline{S}^\mathrm{i}=\dfrac{|\dot{E}_0|^2}{\eta}$ 和 $\overline{S}^\mathrm{s}=\dfrac{1}{\eta}\left|\dfrac{k\dot{E}_0A}{2\pi r}\right|^2$，所以导板的反射面积是

$$A_\mathrm{e}\approx\frac{k^2A^2}{\pi}=\frac{4\pi A^2}{\lambda^2}\tag{3.5.6}$$

上式仅对大尺寸平板和垂直入射才有效。

当平面波向导电板斜入射时，也可以应用上述方法计算反向散射场。顺便指出，求解上述散射场的另一种方法是物理光学方法[4]。这种方法是首先根据入射场求出导板上实际分布的真实电流，由边界条件得到理想导板在入射场作用下产生的表面电流为

$$\dot{\boldsymbol{K}}=2\boldsymbol{n}\times\dot{\boldsymbol{H}}^\mathrm{i}\tag{3.5.7}$$

然后，根据这个真实的表面电流计算其辐射场。如果仅考虑 $z<0$ 半空间的散射场，同样也可忽略右边真实的表面电流对于反向散射场的贡献。应当指出，上述两种方法都是近似的。可以证明，当平面波向导体板垂直入射时，这两种方法的计算结果是相同的。

3.5.3 感应定理与等效原理的比较

比较感应定理和等效原理可以看出，它们的相同之处都是将某一区域外部的真实源用边界面上的等效面源来代替，并保持在该区域中的场不变。

它们的区别之处是：1) 等效原理用于求总场，感应定理用于求散射场。等效原理可用于两区域都是有源的情况，而感应定理则要求两区域都是无源的。2) 等效原理中的两区域边界上的等效源是未知的。一般情况下，需要通过建立积分方程求解，只是在一些特殊情况下，才可以近似得到等效面源。而感应定理中的两区域边界上的等效源是已知的，是由入射场可以精确求得的。3) 一般情况下，在应用等效原理时，可采用整个空间充满均匀媒质的矢位积分公式由等效面源计算场。而对于感应定理，障碍物表面上的等效源与障碍物内外空间中的场是一个边值问题，一般不能应用整个空间充满均匀媒质的矢位积分公式由等效面源计算障碍物内外空间中的场。但是，应用感应定理的优点是它把等效面源转换为已知函数，在一些特殊情况下，这对求解散射场问题是十分方便的。

3.6 互易定理

互易定理反映了a组源对b组源的响应与b组源对a组源的响应之间的联系。它在电磁理论中处于极其重要的地位，获得了广泛的应用。互易定理具有多种形式[1,4,6]。

在线性媒质中，考虑两组频率相同的a源($\dot{\boldsymbol{J}}^a,\dot{\boldsymbol{J}}_m^a$)和$b$源($\boldsymbol{J}^b,\boldsymbol{J}_m^b$)，它们分别位于有限体积$V_a$和$V_b$内。若用$\dot{\boldsymbol{E}}^a$、$\dot{\boldsymbol{H}}^a$表示a源单独产生的场，$\dot{\boldsymbol{E}}^b$、$\dot{\boldsymbol{H}}^b$表示b源单独产生的场。那么，这两组场分别满足的场方程是

$$\begin{aligned}\nabla\times\dot{\boldsymbol{H}}^a&=\hat{y}\dot{\boldsymbol{E}}^a+\dot{\boldsymbol{J}}^a\\-\nabla\times\dot{\boldsymbol{E}}^a&=\hat{z}\dot{\boldsymbol{H}}^a+\dot{\boldsymbol{J}}_m^a\end{aligned}\qquad\text{和}\qquad\begin{aligned}\nabla\times\dot{\boldsymbol{H}}^b&=\hat{y}\dot{\boldsymbol{E}}^b+\dot{\boldsymbol{J}}^b\\-\nabla\times\dot{\boldsymbol{E}}^b&=\hat{z}\dot{\boldsymbol{H}}^b+\dot{\boldsymbol{J}}_m^b\end{aligned}$$

以$\dot{\boldsymbol{E}}^b$点乘$\nabla\times\dot{\boldsymbol{H}}^a$的方程，$\dot{\boldsymbol{H}}^a$点乘$-\nabla\times\dot{\boldsymbol{E}}^b$的方程，并将相乘的结果相加，得

$$-\nabla\cdot(\dot{\boldsymbol{E}}^b\times\dot{\boldsymbol{H}}^a)=\hat{y}\dot{\boldsymbol{E}}^a\cdot\dot{\boldsymbol{E}}^b+\hat{z}\dot{\boldsymbol{H}}^a\cdot\dot{\boldsymbol{H}}^b+\dot{\boldsymbol{E}}^b\cdot\dot{\boldsymbol{J}}^a+\dot{\boldsymbol{H}}^a\cdot\dot{\boldsymbol{J}}_m^b$$

再将上式中的a和b互换，得

$$-\nabla\cdot(\dot{\boldsymbol{E}}^a\times\dot{\boldsymbol{H}}^b)=\hat{y}\dot{\boldsymbol{E}}^b\cdot\dot{\boldsymbol{E}}^a+\hat{z}\dot{\boldsymbol{H}}^b\cdot\dot{\boldsymbol{H}}^a+\dot{\boldsymbol{E}}^a\cdot\dot{\boldsymbol{J}}^b+\dot{\boldsymbol{H}}^b\cdot\dot{\boldsymbol{J}}_m^a$$

由后一式减去前一式，得

$$-\nabla\cdot(\dot{\boldsymbol{E}}^a\times\dot{\boldsymbol{H}}^b-\dot{\boldsymbol{E}}^b\times\dot{\boldsymbol{H}}^a)=\dot{\boldsymbol{E}}^a\cdot\dot{\boldsymbol{J}}^b-\dot{\boldsymbol{E}}^b\cdot\dot{\boldsymbol{J}}^a+\dot{\boldsymbol{H}}^b\cdot\dot{\boldsymbol{J}}_m^a-\dot{\boldsymbol{H}}^a\cdot\dot{\boldsymbol{J}}_m^b \tag{3.6.1}$$

下面分几种情况，对式(3.6.1)进行分析。

3.6.1　洛伦兹互易定理

首先,如果在某一点无源($\dot{\boldsymbol{J}}=\dot{\boldsymbol{J}}_{\mathrm{m}}=\mathbf{0}$),式(3.6.1) 简化为

$$\nabla\cdot(\dot{\boldsymbol{E}}^{\mathrm{a}}\times\dot{\boldsymbol{H}}^{\mathrm{b}}-\dot{\boldsymbol{E}}^{\mathrm{b}}\times\dot{\boldsymbol{H}}^{\mathrm{a}})=0 \tag{3.6.2}$$

这称为洛伦兹互易定理(微分形式)。如果在某一体积V内任何一点都无源($\dot{\boldsymbol{J}}=\dot{\boldsymbol{J}}_{\mathrm{m}}=\mathbf{0}$),并将式(3.6.1) 在整个无源区域内进行积分,就得

$$\oint_S(\dot{\boldsymbol{E}}^{\mathrm{a}}\times\dot{\boldsymbol{H}}^{\mathrm{b}}-\dot{\boldsymbol{E}}^{\mathrm{b}}\times\dot{\boldsymbol{H}}^{\mathrm{a}})\cdot\mathrm{d}\boldsymbol{S}=0 \tag{3.6.3}$$

这就是无源区域的洛伦兹互易定理的积分形式。

值得进一步讨论的是,如果在某一体积 V 内有源($\dot{\boldsymbol{J}}\neq\mathbf{0};\dot{\boldsymbol{J}}_{\mathrm{m}}\neq\mathbf{0}$),并将式(3.6.1) 在整个有源区域内进行积分,就得

$$\oint_S(\dot{\boldsymbol{E}}^{\mathrm{a}}\times\dot{\boldsymbol{H}}^{\mathrm{b}}-\dot{\boldsymbol{E}}^{\mathrm{b}}\times\dot{\boldsymbol{H}}^{\mathrm{a}})\cdot\mathrm{d}S=\int_V(\dot{\boldsymbol{E}}^{\mathrm{b}}\cdot\dot{\boldsymbol{J}}^{\mathrm{a}}-\dot{\boldsymbol{E}}^{\mathrm{a}}\cdot\dot{\boldsymbol{J}}^{\mathrm{b}}+\dot{\boldsymbol{H}}^{\mathrm{a}}\cdot\dot{\boldsymbol{J}}_{m}^{\mathrm{b}}-\dot{\boldsymbol{H}}^{\mathrm{b}}\cdot\dot{\boldsymbol{J}}_{\mathrm{m}}^{\mathrm{a}})\cdot\mathrm{d}V \tag{3.6.4}$$

式(3.6.4) 中体积分V仅对源区求积即可。因此,如果闭合面S外没有任何其他源,也就是说,该闭合面 S 包围了全部源,那么无论闭合面 S 增大或减小,只要它包围了全部源,其积分值始终等于右端体积分,即左端面积分应为常数。既然无论闭合面 S 增大或减小,其面积分值为常数,当闭合面 S 扩大到无限远处时,这个结论仍然应该成立。由于 V 中源的体积为有限区域,所以式(3.6.4) 左边面积分在 $r\to+\infty$ 球面上的积分将趋于零,即式(3.6.3) 成立。这意味着,只要闭合面 S 包围了全部源,或者全部源均位于闭合面 S 以外,那么式(3.6.3) 均成立。因此,洛伦兹互易定理表明,当仅存在两组源时,无论闭合面 S 是否包围了两组源,由两组源产生的场在闭合面 S 上满足关系式(3.6.3)。

由洛伦兹互易定理可以证明,同一天线作为发射天线的特性与作为接收天线的特性是相同的;在波导和谐振腔中,同一个探极作为激励器和作为接收器的天线相同。

3.6.2　卡森互易定理

由于式(3.6.4) 左边面积分为零,那么其右边体积分应等于零,即

$$\int_V(\dot{\boldsymbol{E}}^{\mathrm{a}}\cdot\dot{\boldsymbol{J}}^{\mathrm{b}}-\dot{\boldsymbol{E}}^{\mathrm{b}}\cdot\dot{\boldsymbol{J}}^{\mathrm{a}}+\dot{\boldsymbol{H}}^{\mathrm{b}}\cdot\dot{\boldsymbol{J}}_{\mathrm{m}}^{\mathrm{a}}-\dot{\boldsymbol{H}}^{\mathrm{a}}\cdot\dot{\boldsymbol{J}}_{\mathrm{m}}^{\mathrm{b}})\mathrm{d}V=0$$

也可以写成以下形式

$$\int_V(\dot{\boldsymbol{E}}^{\mathrm{a}}\cdot\dot{\boldsymbol{J}}^{\mathrm{b}}-\dot{\boldsymbol{H}}^{\mathrm{a}}\cdot\dot{\boldsymbol{J}}_{\mathrm{m}}^{\mathrm{b}})\mathrm{d}V=\int_V(\dot{\boldsymbol{E}}^{\mathrm{b}}\cdot\dot{\boldsymbol{J}}^{\mathrm{a}}-\dot{\boldsymbol{H}}^{\mathrm{b}}\cdot\dot{\boldsymbol{J}}_{\mathrm{m}}^{\mathrm{a}})\mathrm{d}V \tag{3.6.5}$$

进一步地,假定两组源都是分布在 V 中的局部区域内,例如 a 源仅存在于 V_{a} 中,b

源仅存在于 V_b 中，上式又可写为下面形式

$$\int_{V_b}(\dot{\boldsymbol{E}}^a\cdot\dot{\boldsymbol{J}}^b-\dot{\boldsymbol{H}}^a\cdot\dot{\boldsymbol{J}}_m^b)\mathrm{d}V=\int_{V_a}(\dot{\boldsymbol{E}}^b\cdot\dot{\boldsymbol{J}}^a-\dot{\boldsymbol{H}}^b\cdot\dot{\boldsymbol{J}}_m^a)\mathrm{d}V \tag{3.6.6}$$

这就是卡森(Carson)互易定理。它表示从源点到场点这一系统的互易性质，是最有用的互易定理形式，使得互易定理获得了最广泛的应用。例如，考察某一空间区域 V 中的两个点 1 和 2。设在 1 点仅放电流 $\dot{\boldsymbol{J}}^a\Delta V$，它在 2 点产生的电场为 $\dot{\boldsymbol{E}}^a$；在 2 点仅放电流 $\dot{\boldsymbol{J}}^b\Delta V$，它在 1 点产生的电场为 $\dot{\boldsymbol{E}}^b$。由卡森互易定理式(3.6.6)，得到

$$\dot{\boldsymbol{E}}^a\cdot\dot{\boldsymbol{J}}^b\Delta V=\dot{\boldsymbol{E}}^b\cdot\dot{\boldsymbol{J}}^a\Delta V \quad 或 \quad \dot{\boldsymbol{E}}^a\cdot\dot{\boldsymbol{J}}^b=\dot{\boldsymbol{E}}^b\cdot\dot{\boldsymbol{J}}^a \tag{3.6.7}$$

式(3.6.7)表示空间区域 V 中任意两点 1 与 2 之间的源和场的互易关系。可以看出，在某些情况下，可以应用互易定理由某一空间区域中一种源的已知场求另一种源的场。

当源为面电流和面磁流时，式(3.6.5)和式(3.6.6)中的体积分都变为面积分。

此外，由理想导电体所包围的有限区域内的场，式(3.6.3)能够满足，所以式(3.6.5)在此时也适用。

例 3.6.1 应用互易定理，证明位于任意形状理想导电体表面附近的平行电流元不能辐射电磁场[1,4,6]。

解 用反证法。如果位于任意形状理想导电体表面附近的平行电流元 $\dot{I}^a\boldsymbol{l}^a$ 可以辐射电磁场，那么至少有一点场不为零，记为 $\dot{\boldsymbol{E}}^a$，如图 3.6.1 所示。在该点放置另一个电流元 $\dot{I}^b\boldsymbol{l}^b$，且令 $\boldsymbol{l}^b$ 与 $\dot{\boldsymbol{E}}^a$ 的方向一致。已知理想导电体表面可存在电场强度的垂直分量，所以电流元 $\dot{I}^b\boldsymbol{l}^b$ 在电流元 $\dot{I}^a\boldsymbol{l}^a$ 附近产生的电场强度 $\dot{\boldsymbol{E}}^b$ 必须垂直于理想导电体表面，因此也垂直于电流元 $\dot{I}^a\boldsymbol{l}^a$。对于这两组电流元 $\dot{I}^a\boldsymbol{l}^a$、$\dot{I}^b\boldsymbol{l}^b$ 及其产生的电场强度 $\dot{\boldsymbol{E}}^a$、$\dot{\boldsymbol{E}}^b$，应用卡森互易定理，并考虑到电流元 $\dot{I}\boldsymbol{l}=(\dot{\boldsymbol{J}}\mathrm{d}S)l=\dot{\boldsymbol{J}}\mathrm{d}V$ 及 $\dot{\boldsymbol{E}}^a\cdot\dot{I}^b\boldsymbol{l}^b=\dot{E}^a\dot{I}^b l^b$，求得

$$\dot{\boldsymbol{E}}^b\cdot\dot{I}^a\boldsymbol{l}^a=\dot{E}^a\dot{I}^b l^b$$

由于 $\dot{\boldsymbol{E}}^b$ 垂直于 $\boldsymbol{l}^a$，所以上式左端等于零，由此得到 $\dot{E}^a\dot{I}^b l^b=0$。但是，$\dot{I}^b l^b\neq0$，因此，只可能 $\dot{\boldsymbol{E}}^a=\boldsymbol{0}$。已知电场强度 $\dot{\boldsymbol{E}}^a$ 是任意假定的，这就证明了位于任意形状理想导电体表面附近的平行电流元不可能在空间产生任何电磁场。

类似地，采用上述方法也可以证明，位于任意形状理想导电体表面附近的垂直磁流元、位于任意形状理想导磁体表面附近的平行磁流元以及位于任意形状理想导磁体表面附近的垂直电流元都不可能在空间产生任何电磁场。从表面上看来，这些结论似乎与镜像原理完全一致，但是它们的依据是互易定理。镜像原理在这些场

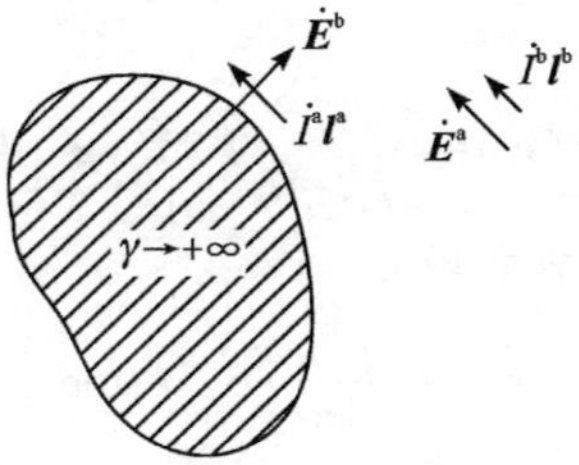

图 3.6.1　理想导电体表面与电流元

合均不能应用。这些问题都是三维边值问题，应用互易定理却使得这样复杂的边值问题迎刃而解，非常方便。

下面来解释互易定理的物理意义。因为在式(3.6.5)中出现的积分量不是共轭量，一般来说这些积分并不表示功率，所以称它们为反应。按定义，场 a 对源 b 的反应，用符号可以表示为

$$\langle a,b\rangle=\int_V(\dot{\boldsymbol{E}}^{a}\cdot\dot{\boldsymbol{J}}^{b}-\dot{\boldsymbol{H}}^{a}\cdot\dot{\boldsymbol{J}}_{m}^{b})\mathrm{d}V \tag{3.6.8}$$

而场 b 对源 a 的反应用符号 $\langle b,a\rangle$ 表示。于是，互易定理式(3.6.5)用反应可表示为

$$\langle a,b\rangle=\langle b,a\rangle \tag{3.6.9}$$

反应概念能用来作为等效性的一种衡量，因为源对其在某一范围内等效的一切场必定有相同的反应。许多其他定理的证明都可基于互易定理。当式(3.6.9)成立时，即场 a 对源 b 的反应等于场 b 对源 a 的反应，我们说这个系统是互易的或可逆的。

3.6.3　互易定理应用举例

例 3.6.2　有一天线长为 L，线上电流 $\dot{I}^{a}=I_0\sin\left[k\left(\frac{L}{2}-|z|\right)\right]$。试应用互易定理计算此偶极子天线的辐射场[7]。

解　按照互易定理，场 a 对源 b 的反应等于场 b 对源 a 的反应。因此，位于原点处的偶极子天线在远区产生的辐射场等于由远区偶极子在原点处产生的场。对于这个问题，互易定理的表达式可写为

$$\int_V\dot{\boldsymbol{E}}^{a}\cdot\dot{\boldsymbol{J}}^{b}\mathrm{d}V=\int_V\dot{\boldsymbol{E}}^{b}\cdot\dot{\boldsymbol{J}}^{a}\mathrm{d}V$$

此处，$\dot{\boldsymbol{J}}^{a}$ 为位于 z 轴的线电流 $\dot{I}^{a}$，所以

$$\int_V\dot{\boldsymbol{E}}^{b}\cdot\dot{\boldsymbol{J}}^{a}\mathrm{d}V=\int_{-L/2}^{L/2}\dot{E}^{bz}\dot{I}^{a}(z')\mathrm{d}z'$$

式中，z' 为 z 轴上任一点。若取 $\dot{\boldsymbol{J}}^{b}$ 为位于 $\boldsymbol{r}$ 点的电偶极子 $\dot{\boldsymbol{p}}=\dot{p}\boldsymbol{e}_\theta$ 所形成的点源，则

$$\int_V\dot{\boldsymbol{E}}^{a}\cdot\dot{\boldsymbol{J}}^{b}\mathrm{d}V=\dot{p}\dot{E}^{a\theta}(r)$$

因此

$$\dot{E}^{a\theta}(\boldsymbol{r})=\frac{1}{\dot{p}}\int_{-L/2}^{L/2}\dot{E}^{bz}\dot{I}^{a}(z')\mathrm{d}z'$$

$\dot{\boldsymbol{p}}$ 在 z 轴上的 z' 点产生的 z 向电场为

$$\dot{E}^{bz}=\frac{\mathrm{j}\omega\mu\dot{p}}{4\pi r_1}\mathrm{e}^{-\mathrm{j}kr_1}\sin\theta$$

式中，r_1 为 $\boldsymbol{r}$ 点到 z' 的距离。当 $r\gg z'$ 时，上式又可写为

$$\dot{E}^{bz}\approx\frac{\mathrm{j}\omega\mu\dot{p}}{4\pi r}\mathrm{e}^{-\mathrm{j}k(r-z'\cos\theta(\mathrm{j})}\sin\theta$$

所以，此偶极子天线的辐射场为

$$\begin{aligned}\dot{E}^{a\theta}(\boldsymbol{r})&=\frac{\mathrm{j}\omega\mu \mathrm{I}_0}{4\pi r}\mathrm{e}^{-\mathrm{j}kr}\sin\theta\int_{-L/2}^{L/2}\mathrm{e}^{\mathrm{j}kz'\cos\theta}\sin\left[k\left(\frac{L}{2}-|z'|\right)\right]\mathrm{d}z'\\&=\frac{\mathrm{j}\eta \mathrm{I}_0}{2\pi r}\mathrm{e}^{-\mathrm{j}kr}\frac{\cos\left(\frac{kL}{2}\cos\theta\right)-\cos\frac{kL}{2}}{\sin\theta}\end{aligned}$$

式中 $\eta=\sqrt{\mu/\varepsilon}$。

例 3.6.3 如图 3.6.2 所示，在导电半平面上，与边缘距离 d 处有一磁偶极子 $\dot{\boldsymbol{p}}_{\mathrm{m}}=\dot{p}_{\mathrm{m}}\boldsymbol{e}_x$。试应用互易定理证明其辐射场为[7]

$$\dot{E}_\theta=\frac{\dot{p}_{\mathrm{m}}}{4\pi dr\sin\theta}\mathrm{e}^{-\mathrm{j}kr}\sum_{n=0}^{+\infty}\mathrm{j}^{n/2}n\mathrm{J}_{n/2}(kd\sin\theta)\sin\frac{n\phi}{2}$$

$$\dot{E}_\phi=\frac{k\dot{p}_{\mathrm{m}}}{4\pi r}\mathrm{e}^{-\mathrm{j}kr}\cos\theta\sum_{n=0}^{+\infty}\mathrm{j}^{n/2}\varepsilon_n\mathrm{J}'_{n/2}(kd\sin\theta)\cos\frac{n\phi}{2}$$

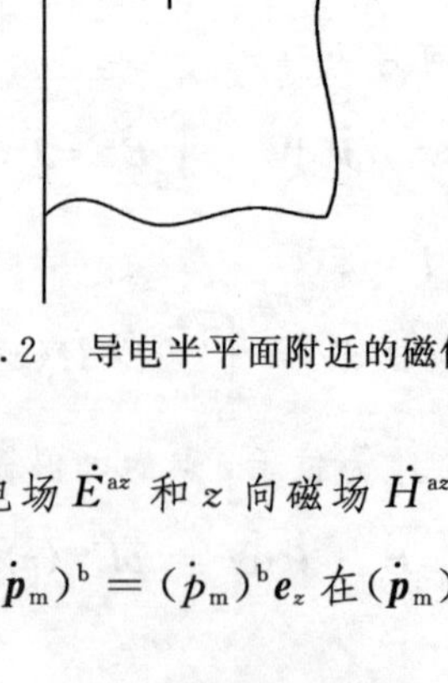

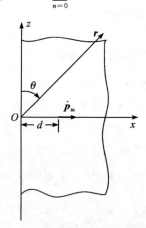

图 3.6.2 导电半平面附近的磁偶极子

解 $(\dot{\boldsymbol{p}}_{\mathrm{m}})^{a}$ 产生的 z 向电场 $\dot{E}^{az}$ 和 z 向磁场 $\dot{H}^{az}$ 可分别由辐射区的电偶极子 $(\dot{\boldsymbol{p}}_{\mathrm{e}})^{b}=(\dot{p}_{\mathrm{e}})^{b}\boldsymbol{e}_z$ 和磁偶极子 $(\dot{\boldsymbol{p}}_{\mathrm{m}})^{b}=(\dot{p}_{\mathrm{m}})^{b}\boldsymbol{e}_z$ 在 $(\dot{\boldsymbol{p}}_{\mathrm{m}})^{a}$ 所在点产生的 x 向磁场 $\dot{H}^{bx}$

求出。由互易定理，得到

$$(\dot{p}_{\mathrm{e}})^{\mathrm{b}}\dot{E}^{\mathrm{a}z}=-(\dot{p}_{\mathrm{m}})^{\mathrm{a}}\dot{H}^{\mathrm{b}x}$$

$$(\dot{p}_{\mathrm{m}})^{\mathrm{b}}\dot{H}^{\mathrm{a}z}=(\dot{p}_{\mathrm{m}})^{\mathrm{a}}\dot{H}^{\mathrm{b}x}$$

当有导电半平面存在时，$(\dot{\boldsymbol{p}}_{\mathrm{e}})^{\mathrm{b}}$ 产生的矢量磁位的标量波函数为

$$\dot{\psi}^{\mathrm{b}}=\frac{(\dot{p}_{\mathrm{e}})^{\mathrm{b}}}{2\pi r}\mathrm{e}^{-\mathrm{j}kr}\sum_{n=1}^{+\infty}\mathrm{j}^{n/2}\mathrm{J}_{n/2}(k\rho_0\sin\theta)\sin\frac{n\phi_0}{2}\sin\frac{n\phi}{2}$$

所以

$$\begin{aligned}\dot{H}^{\mathrm{b}x}&=\frac{1}{\rho_0}\frac{\partial\dot{\psi}^{\mathrm{b}}}{\partial\phi_0}\bigg|_{\rho_0=d,\phi_0=0}\\&=\frac{(\dot{p}_{\mathrm{e}})^{\mathrm{b}}}{4\pi d}\frac{\mathrm{e}^{-\mathrm{j}kr}}{r}\sum_{n=1}^{+\infty}\mathrm{j}^{n/2}n\mathrm{J}_{n/2}(kd\sin\theta)\sin\frac{n\phi}{2}\end{aligned}$$

因此，得到

$$\begin{aligned}\dot{E}_{\theta}&=-\frac{\dot{E}^{\mathrm{a}z}}{\sin\theta}=\frac{(\dot{p}_{\mathrm{m}})^{\mathrm{a}}}{(\dot{p}_{\mathrm{e}})^{\mathrm{b}}}\frac{\dot{H}^{\mathrm{b}x}}{\sin\theta}\\&=\frac{(\dot{p}_{\mathrm{m}})^{\mathrm{a}}}{4\pi d\sin\theta}\frac{\mathrm{e}^{-\mathrm{j}kr}}{r}\sum_{n=1}^{+\infty}\mathrm{j}^{n/2}n\mathrm{J}_{n/2}(kd\sin\theta)\sin\frac{n\phi}{2}\end{aligned}$$

又有导电半平面存在时，$(\dot{\boldsymbol{p}}_{\mathrm{m}})^{\mathrm{b}}$ 产生的矢量电位的标量波函数为

$$\dot{\psi}^{\mathrm{b}}=\frac{(\dot{p}_{\mathrm{m}})^{\mathrm{b}}}{4\pi}\frac{\mathrm{e}^{-\mathrm{j}kr}}{r}\mathrm{e}^{\mathrm{j}kz_0\cos\theta}\sum_{n=0}^{+\infty}\mathrm{j}^{n/2}\varepsilon_n\mathrm{J}_{n/2}(k\rho_0\sin\theta)\cos\frac{n\phi_0}{2}\cos\frac{n\phi}{2}$$

所以

$$\begin{aligned}\dot{H}^{\mathrm{b}x}&=\frac{1}{\mathrm{j}\omega\mu}\frac{\partial^2\dot{\psi}^{\mathrm{b}}}{\partial\rho_0\partial z_0}\bigg|_{\rho_0=d,\phi_0=0,z_0=0}\\&=\frac{k^2(\dot{p}_{\mathrm{m}})^{\mathrm{b}}}{4\pi\omega\mu}\frac{\mathrm{e}^{-\mathrm{j}kr}}{r}\sin\theta\cos\theta\sum_{n=0}^{+\infty}\mathrm{j}^{n/2}\varepsilon_n\mathrm{J}'_{n/2}(kd\sin\theta)\cos\frac{n\phi}{2}\end{aligned}$$

因此，得到

$$\begin{aligned}\dot{E}_{\phi}&=-\eta\dot{H}_{\theta}=\eta\frac{\dot{H}^{\mathrm{a}z}}{\sin\theta}=\frac{\eta}{\sin\theta}\frac{(\dot{p}_{\mathrm{m}})^{\mathrm{a}}}{(\dot{p}_{\mathrm{m}})^{\mathrm{b}}}\dot{H}^{\mathrm{b}x}\\&=\frac{k(\dot{p}_{\mathrm{m}})^{\mathrm{a}}}{4\pi}\frac{\mathrm{e}^{-\mathrm{j}kr}}{r}\cos\theta\sum_{n=0}^{+\infty}\mathrm{j}^{n/2}\varepsilon_n\mathrm{J}'_{n/2}(kd\sin\theta)\cos\frac{n\phi}{2}\end{aligned}$$

式中 $(\dot{p}_{\mathrm{m}})^{\mathrm{a}}=\dot{p}_{\mathrm{m}}$。

例 3.6.4 等效原理的内场证明。试应用互易定理证明在罗夫等效中，面等效源在闭合面内产生的电磁场为零[4]。

解 用反证法。先假定面等效源 $\dot{\boldsymbol{K}}^{\mathrm{a}}$ 和 $\dot{\boldsymbol{K}}^{\mathrm{a}}_{\mathrm{m}}$ 可在闭合面 S 内 P 点产生的电场强度为 $\dot{\boldsymbol{E}}^{\mathrm{a}}$，如图3.6.3所示。在 P 点放置一个测试源 $\dot{I}^{\mathrm{b}}\boldsymbol{l}$，且令其方向与电场强度 $\dot{\boldsymbol{E}}^{\mathrm{a}}$ 的方向一致。由于闭合面 S 中的真实源 $\dot{\boldsymbol{J}}^{\mathrm{a}}$ 和 $\dot{\boldsymbol{J}}^{\mathrm{a}}_{\mathrm{m}}$ 已被闭合面 S 上的等效源 $\dot{\boldsymbol{K}}^{\mathrm{a}}$ 和 $\dot{\boldsymbol{K}}^{\mathrm{a}}_{\mathrm{m}}$ 代

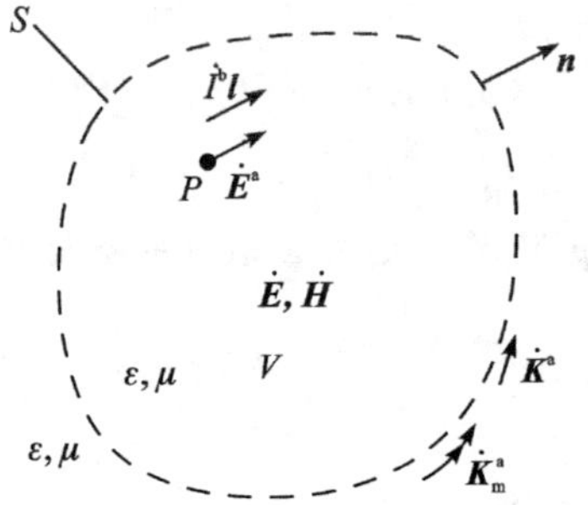

图 3.6.3 等效原理的内场证明

替,因此整个空间全部源仅为等效源$\dot{\boldsymbol{K}}^{a}$、$\dot{\boldsymbol{K}}_{m}^{a}$和测试源$\dot{I}^{b}\boldsymbol{l}$,那么利用卡森互易定理,且考虑到$\dot{\boldsymbol{K}}^{a}$和$\dot{\boldsymbol{K}}_{m}^{a}$是在闭合面$S$上分布的面源,求得

$$\oint_{S}[\dot{\boldsymbol{E}}^{b}\cdot\dot{\boldsymbol{K}}^{a}-\dot{\boldsymbol{H}}^{b}\cdot\dot{\boldsymbol{K}}_{m}^{a}]\mathrm{d}S=\dot{\boldsymbol{E}}^{a}\cdot\dot{I}^{b}\boldsymbol{l}$$

由于闭合面S包围了全部源,因此上式左端面积分应为零。但是右端$\dot{I}^{b}\boldsymbol{l}$不为零,且它与$\dot{\boldsymbol{E}}^{a}$相平行,这就证实了在闭合面$S$中假定存在的电场$\dot{\boldsymbol{E}}^{a}$应为零。

例 3.6.5 等效原理的外场证明。试应用互易定理证明在罗夫等效中,面等效源在闭合面外能产生原先的电磁场[4]。

解 与例 3.6.4 一样,用反证法。为此,设电流源$\dot{\boldsymbol{J}}^{a}$和磁流源$\dot{\boldsymbol{J}}_{m}^{a}$位于闭合面$S_{a}$所包围的区域$V_{a}$中,它们共同在$S_{a}$外一点$P$产生的电场强度为$\dot{\boldsymbol{E}}^{a}$,如图 3.6.4 所示。现在,在$P$点放置一个测试源$\dot{I}^{b}\boldsymbol{l}$,并以足够大的闭合面$S$包围电流源$\dot{\boldsymbol{J}}^{a}$、磁流源$\dot{\boldsymbol{J}}_{m}^{a}$和测试源$\dot{I}^{b}\boldsymbol{l}$。由于闭合面$S$包围了全部源,那么对于闭合面$S$包围的体积$V$,卡森互易定理成立,即

$$\int_{V}[\dot{\boldsymbol{E}}^{b}\cdot\dot{\boldsymbol{J}}^{a}-\dot{\boldsymbol{H}}^{b}\cdot\dot{\boldsymbol{J}}_{m}^{a}]\mathrm{d}V=\int_{V}[\dot{\boldsymbol{E}}^{a}\cdot\dot{\boldsymbol{J}}^{b}-\dot{\boldsymbol{H}}^{a}\cdot\dot{\boldsymbol{J}}_{m}^{b}]\mathrm{d}V$$

考虑到此时$\dot{\boldsymbol{J}}_{m}^{b}=\boldsymbol{0}$,$\dot{\boldsymbol{J}}^{b}\mathrm{d}V=\dot{I}^{b}\boldsymbol{l}$,且电流源$\dot{\boldsymbol{J}}^{a}$和磁流源$\dot{\boldsymbol{J}}_{m}^{a}$仅存在于区域$V_{a}$中,因此上式可写为

$$\int_{V_{a}}[\dot{\boldsymbol{E}}^{b}\cdot\dot{\boldsymbol{J}}^{a}-\dot{\boldsymbol{H}}^{b}\cdot\dot{\boldsymbol{J}}_{m}^{a}]\mathrm{d}V=\dot{\boldsymbol{E}}^{a}\cdot\dot{I}^{b}\boldsymbol{l} \tag{3.6.10}$$

由于S_{a}仅包围了电流源$\dot{\boldsymbol{J}}^{a}$和磁流源$\dot{\boldsymbol{J}}_{m}^{a}$,由洛伦兹互易定理式(3.6.4)得

$$\int_{V_{a}}[\dot{\boldsymbol{E}}^{b}\cdot\dot{\boldsymbol{J}}^{a}-\dot{\boldsymbol{H}}^{b}\cdot\dot{\boldsymbol{J}}_{m}^{a}]\mathrm{d}V=\oint_{S_{a}}[(\dot{\boldsymbol{E}}^{a}\times\dot{\boldsymbol{H}}^{b})-(\dot{\boldsymbol{E}}^{b}\times\dot{\boldsymbol{H}}^{a})]\cdot\mathrm{d}\boldsymbol{S} \tag{3.6.11}$$

比较式(3.6.10)和式(3.6.11),求得

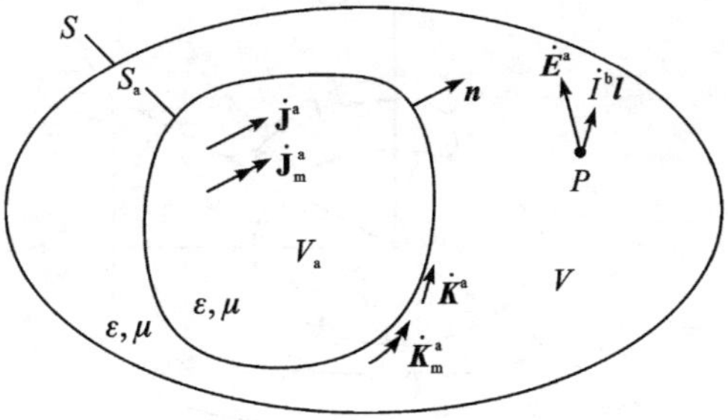

图 3.6.4　等效原理的外场证明

$$\oint_{S_a}[(\dot{\boldsymbol{E}}^a\times\dot{\boldsymbol{H}}^b)-(\dot{\boldsymbol{E}}^b\times\dot{\boldsymbol{H}}^a)]\cdot d\boldsymbol{S}=\dot{\boldsymbol{E}}^a\cdot\dot{I}^b\boldsymbol{l} \tag{3.6.12}$$

将 $d\boldsymbol{S}=\boldsymbol{n}dS$ 代入式(3.6.12)，再利用混合积公式，式(3.6.12) 可写成

$$\oint_{S_a}[\dot{\boldsymbol{E}}^b\cdot(\boldsymbol{n}\times\dot{\boldsymbol{H}}^a)-\dot{\boldsymbol{H}}^b\cdot(\dot{\boldsymbol{E}}^a\times\boldsymbol{n})]dS=\dot{\boldsymbol{E}}^a\cdot\dot{I}^b\boldsymbol{l} \tag{3.6.13}$$

根据等效源的定义，如果令 $\dot{\boldsymbol{K}}^a=\boldsymbol{n}\times\dot{\boldsymbol{H}}^a$ 和 $\dot{\boldsymbol{K}}_m^a=\dot{\boldsymbol{E}}^a\times\boldsymbol{n}$，那么式(3.6.13) 又可写为

$$\oint_{S_a}[\dot{\boldsymbol{E}}^b\cdot\dot{\boldsymbol{K}}^a-\dot{\boldsymbol{H}}^b\cdot\dot{\boldsymbol{K}}_m^a]dS=\dot{\boldsymbol{E}}^a\cdot\dot{I}^b\boldsymbol{l} \tag{3.6.14}$$

由于面等效源 $\dot{\boldsymbol{K}}^a$ 和 $\dot{\boldsymbol{K}}_m^a$ 分布在 S_a 表面上，因此式(3.6.14) 左端对 S_a 面积分可以转变为对区域 V_a 的体积分该式仍然成立，即

$$\int_{V_a}[\dot{\boldsymbol{E}}^b\cdot\dot{\boldsymbol{K}}^a-\dot{\boldsymbol{H}}^b\cdot\dot{\boldsymbol{K}}_m^a]dV=\dot{\boldsymbol{E}}^a\cdot\dot{I}^b\boldsymbol{l} \tag{3.6.15}$$

将此式与卡森互易定理式(3.6.6) 进行对比，可以认为闭合面 S_a 外 P 点的原先电场 $\dot{\boldsymbol{E}}^a$ 是由面等效源 $\dot{\boldsymbol{K}}^a$ 和 $\dot{\boldsymbol{K}}_m^a$ 产生的。这就证明了位于闭合面 S_a 上的面等效源 $\dot{\boldsymbol{K}}^a$ 和 $\dot{\boldsymbol{K}}_m^a$ 在闭合面 S_a 外产生原先的电磁场。

习　　题

3.1　如习题 3.1 图所示，有一个电流为 $\dot{I}$ 的小电流圆环。

(1) 证明其磁矢位是

$$\dot{A}_\phi=\dot{A}_y\Big|_{\phi=0}=\frac{\dot{I}a}{4\pi}\int_0^{2\pi}f\cos\phi'\,d\phi'$$

式中：

$$f=\frac{e^{-jk\sqrt{r^2+a^2-2ra\sin\theta\cos\phi'}}}{\sqrt{r^2+a^2-2ra\sin\theta\cos\phi'}}$$

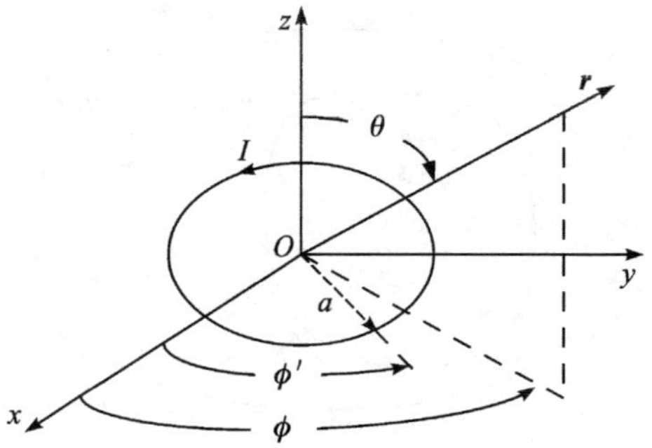

习题 3.1 图　小电流圆环

(2) 在 $a=0$ 处将 f 展开成幂级数，并证明

$$\dot{A}_{\phi}\big|_{a\to 0}=\frac{\dot{I}\pi a^{2}}{4\pi}\mathrm{e}^{-\mathrm{j}kr}\left(\frac{\mathrm{j}k}{r}+\frac{1}{r^{2}}\right)\sin\theta$$

$\dot{I}\pi a^{2}=\dot{I}S$ 称为小电流圆环的磁矩。

(3) 证明小电流圆环的电磁场是

$$\dot{H}_{r}=\frac{\dot{I}S}{2\pi}\mathrm{e}^{-\mathrm{j}kr}\left(\frac{\mathrm{j}k}{r^{2}}+\frac{1}{r^{3}}\right)\cos\theta$$

$$\dot{H}_{\theta}=\frac{\dot{I}S}{4\pi}\mathrm{e}^{-\mathrm{j}kr}\left(-\frac{k^{2}}{r}+\frac{\mathrm{j}k}{r^{2}}+\frac{1}{r^{3}}\right)\sin\theta$$

$$\dot{E}_{\phi}=\frac{\eta\dot{I}S}{4\pi}\mathrm{e}^{-\mathrm{j}kr}\left(\frac{k^{2}}{r}-\frac{\mathrm{j}k}{r^{2}}\right)\sin\theta$$

(4) 证明小电流圆环的辐射电阻是

$$R_{\mathrm{e}}=\frac{2\pi}{3}\eta\left(\frac{kS}{\lambda}\right)^{2}$$

3.2 在 $y=0$ 接地平面之前距离 d，有一个 z 向电流元 $\dot{I}\boldsymbol{l}$，如习题 3.2 图所示。

(1) 证明其辐射场是

$$\dot{E}_{\theta}=\frac{-\eta\dot{I}l}{\lambda r}\mathrm{e}^{-\mathrm{j}kr}\sin\theta\sin(kd\sin\phi\sin\theta)$$

$$\dot{H}_{\phi}=\frac{1}{\eta}\dot{E}_{\theta}$$

(2) 计算其辐射功率，并证明以 $\dot{I}$ 为参考的辐射电阻是

$$R_{\mathrm{e}}=\frac{\eta\pi l^{2}}{\lambda^{2}}\left[\frac{2}{3}-\frac{\sin 2kd}{2kd}-\frac{\cos 2kd}{(2kd)^{2}}+\frac{\sin 2kd}{(2kd)^{3}}\right]$$

(3) 对于 $d\leqslant\frac{\lambda}{4}$，最大辐射是在 y 方向。证明

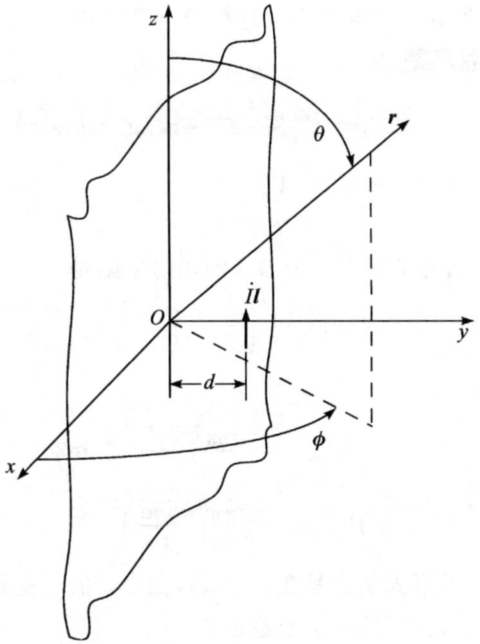

习题 3.2 图　平行于接地平面的电流元

$$R_e\Big|_{kd\to 0}=\eta\frac{32\pi^3 l^2 d^2}{15\lambda^4}$$

而增益在 d 很小时是 7.5，在 $d=\lambda/4$ 时是 5.21，在 d 相当大时大约是 6。

3.3　在习题 3.2 图中，假定小电流环（而非电流元）的 z 向磁矩是 $\dot{I}S$。

(1) 证明其辐射场是

$$\dot{E}_\phi=\frac{\eta k^2\dot{I}S}{2\pi r}e^{-jkr}\sin\theta\cos(kd\sin\phi\sin\theta)$$

和 $\eta\dot{H}_\theta=-\dot{E}_\phi$。

(2) 证明以 $\dot{I}$ 为参考的辐射电阻是

$$R_e=\pi\eta\left(\frac{kS}{\lambda}\right)^2\left[\frac{2}{3}+\frac{\sin 2kd}{2kd}+\frac{\cos 2kd}{(2kd)^2}-\frac{\sin 2kd}{(2kd)^3}\right]$$

最大辐射是沿着接地平面，并在 x 方向。对于小的 kd，有

$$R_e\Big|_{kd\to 0}=\frac{4\pi\eta}{3}\left(\frac{kS}{\lambda}\right)^2$$

它是孤立小环的辐射电阻的 2 倍。在 $d=0$ 时，增益是 3；在 $d=\dfrac{\lambda}{4}$ 时，增益是 7.1；在 $d\to+\infty$ 时，增益是 6。

3.4　假定有一个小电流环的 z 向磁矩是 $\dot{I}S$，离无限大理想导电平面的距离为 d，

且该小电流环所在平面与无限大理想导电平面相平行。

(1) 证明其辐射场是

$$\dot{E}_\phi = \frac{\mathrm{j}\eta 2\pi \dot{I} S}{\lambda^2 r}\mathrm{e}^{-\mathrm{j}kr}\sin(kd\cos\theta)\sin\theta$$

$$\dot{H}_\theta = -\frac{1}{\eta}\dot{E}_\phi$$

(2) 求辐射功率,并证明以 $\dot{I}$ 为参考的辐射电阻是

$$R_\mathrm{e} = 2\pi\eta\left(\frac{kS}{\lambda}\right)^2\left[\frac{1}{3}+\frac{\cos 2kd}{(2kd)^2}-\frac{\sin 2kd}{(2kd)^3}\right]$$

对于小的 d,有

$$\dot{E}_\phi\big|_{kd\to 0} = \frac{\mathrm{j}\eta\pi\dot{I}Skd}{\lambda^2 r}\mathrm{e}^{-\mathrm{j}kr}\sin 2\theta$$

$$R_\mathrm{e}\big|_{kd\to 0} = \frac{\pi\eta}{15}\left(\frac{kSkd}{\lambda}\right)^2$$

于是,对于小 d 的最大辐射是在 $\theta = 45°$,在小 d 的增益是 15/4。对于大的 d,最大辐射紧靠近接地平面,而增益是 6。

3.5 单极天线是垂直于接地平面的一根直线,并在接地平面馈电,如习题 3.5 图所示。证明其辐射场与中心馈电的偶极子天线的辐射场相同。证明单极天线的增益是相应偶极子天线的增益的2倍,而其辐射电阻是偶极子天线辐射电阻的 1/2。

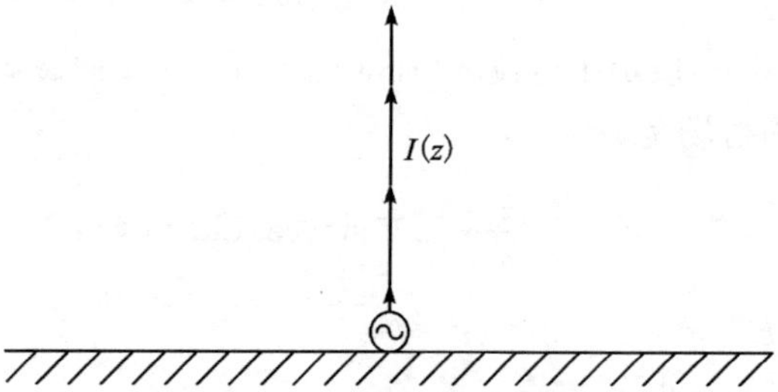

习题 3.5 图 单极天线

3.6 若电流源 $\dot{\boldsymbol{J}}$ 和磁流源 $\dot{\boldsymbol{J}}_\mathrm{m}$ 位于闭合面 S 外,试求在 S 面内产生原来场的等效面源,并证明该等效面源在 S 面外产生的辐射场为零。

3.7 内外半径 a 和 b 都比较小的开路同轴线,其终端无接地平面。对于正好包围这同轴线的表面,应用等效原理来计算这个问题。假定在整个表面上 $\boldsymbol{e}_n \times \dot{\boldsymbol{H}}$ 基本上是零,而在开口端切向的 $\dot{\boldsymbol{E}}$ 是传输线模式的场。试证明:按这种近似方法所求得的辐射场是终端有接地平面的辐射场的 1/2,而辐射电导也是终端有接地平面的辐射电导的 1/2。

3.8　一种缝隙天线是在导电接地平面上的缝隙，如习题 3.8 图所示。当在缝隙的中心作电压馈电时，就称之为偶极子缝隙天线。在缝隙内的场将基本上是 kz 的正弦函数。假定在缝隙内的电场强度为

$$\dot{E}_x = \frac{\dot{V}}{w}\sin\left[k\left(\frac{L}{2} - |z|\right)\right]$$

利用二重性定理，根据对称天线的结果直接导出其空间辐射场。

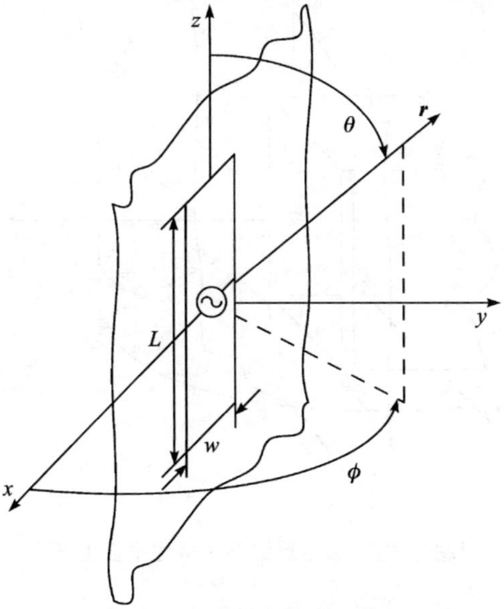

习题 3.8 图　缝隙天线

(1) 证明辐射场是

$$\dot{H}_\theta = \begin{cases} -\dfrac{\mathrm{j}\dot{V}\mathrm{e}^{-\mathrm{j}kr}}{\eta\pi r}\dfrac{\cos\left(k\dfrac{L}{2}\cos\theta\right) - \cos\left(k\dfrac{L}{2}\right)}{\sin\theta} & (y < 0) \\ \dfrac{\mathrm{j}\dot{V}\mathrm{e}^{-\mathrm{j}kr}}{\eta\pi r}\dfrac{\cos\left(k\dfrac{L}{2}\cos\theta\right) - \cos\left(k\dfrac{L}{2}\right)}{\sin\theta} & (y > 0) \end{cases}$$

(2) 若天线的辐射电导的定义为 $G_e = P/|\dot{V}|^2$。证明

$$(G_e)_{缝隙偶极子} = \frac{4(R_e)_{导线偶极子}}{\eta^2}$$

式中，R_e 是电偶极子天线的辐射电阻。输入电压 V_i 和 V_m 的关系是 $V_i = V\sin(kL/2)$，所以输入电导是

$$G_i = \frac{G_e}{\sin^2(kL/2)}$$

3.9　习题 3.9 图所示为由矩形波导通向接地平面的孔隙天线。假定在孔口的 $\dot{E}_x$

就是 TE_{01} 波导模式的 $\dot{E}_x$，证明辐射场是

$$\dot{H}_\theta=\frac{\mathrm{j}bE_0\mathrm{e}^{-\mathrm{j}kr}}{2\eta r}\frac{\sin\left(k\dfrac{a}{2}\cos\phi\sin\theta\right)\cos\left(k\dfrac{b}{2}\cos\theta\right)}{\cos\phi\left[\pi^2-(kb\cos\theta)^2\right]}$$

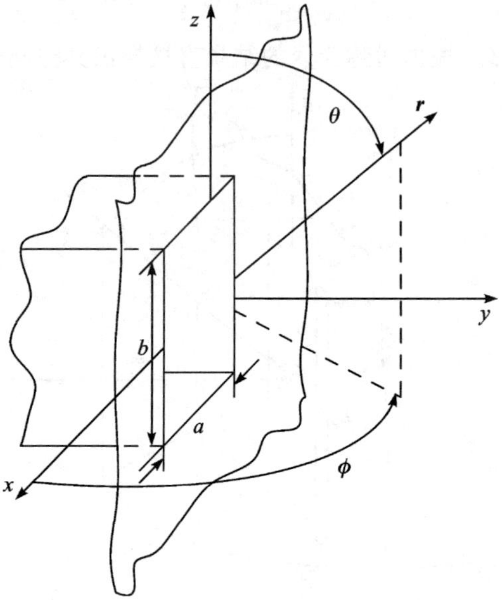

习题 3.9 图　矩形波导在接地平面上开孔

3.10　如习题 3.10 图所示，矩形理想导电平板在 y 方向宽度为 a 和在 z 方向宽度

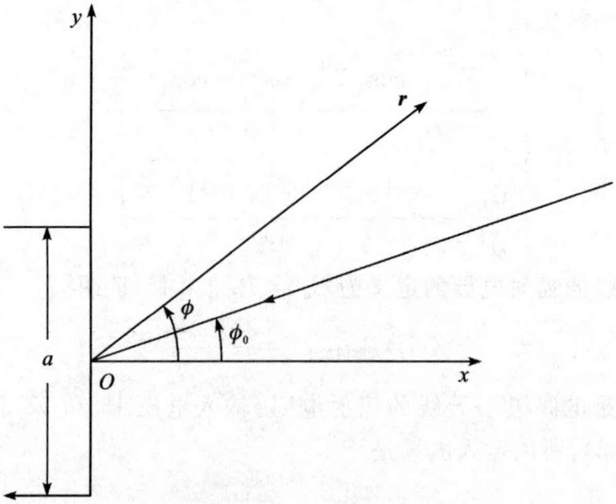

习题 3.10 图　矩形平板的散射

为 b。令入射平面波的电场强度为

$$\dot{E}_z^{\mathrm{i}} = \dot{E}_0 \mathrm{e}^{\mathrm{j}k(x\cos\phi_0 + y\sin\phi_0)}$$

应用感应定理，当 r 很大时，证明在 xy 平面内的反向散射场是

$$\dot{E}_z \approx \frac{k\dot{E}_0 ab\,\mathrm{e}^{-\mathrm{j}kr}}{\mathrm{j}2\pi r} \cdot \frac{\sin\left[k\left(\frac{a}{2}\right)(\sin\phi + \sin\phi_0)\right]}{k\left(\frac{a}{2}\right)(\sin\phi + \sin\phi_0)}\cos\phi$$

以及反射面积是

$$A_{\mathrm{e}} \approx 4\pi\left[\frac{ab\cos\phi_0 \sin(ka\sin\phi_0)}{\lambda ka\sin\phi_0}\right]^2$$

3.11　对于正交偏振

$$\dot{H}_z^{\mathrm{i}} = \dot{H}_0 \mathrm{e}^{\mathrm{j}k(x\cos\phi_0 + y\sin\phi_0)}$$

重复习题 3.10。当 r 很大时，证明在 xy 平面内的散射场是

$$\dot{H}_z \approx \frac{\mathrm{j}kH_0 ab\,\mathrm{e}^{-\mathrm{j}kr}}{2\pi r} \cdot \frac{\sin\left[k\left(\frac{a}{2}\right)(\sin\phi + \sin\phi_0)\right]}{k\left(\frac{a}{2}\right)(\sin\phi + \sin\phi_0)}\cos\phi$$

证明反射面积与习题 3.10 所求得的相同。

3.12　应用互易定理计算电偶极子天线的辐射场。在计算时，在远处（大 r）置一 θ 向电流元，并应用卡森互易定理式(3.6.6)，求得

$$\dot{E}_\theta = \frac{\mathrm{j}\eta\dot{I}\,\mathrm{e}^{-\mathrm{j}kr}}{2\pi r}\left[\frac{\cos\left(k\frac{L}{2}\cos\theta\right) - \cos\left(k\frac{L}{2}\right)}{\sin\theta}\right]$$

参考文献

[1] HARRINGTON R F. Time-Harmonic Electromagnetic Fields [M]. New York: McGraw-Hill Book Co., Inc., 1961.

[2] 陈抗生. 电磁场与电磁波 [M]. 2 版. 北京：高等教育出版社，2007.

[3] SCHELKUNOFF S A. Some Equivalence Theorems of Electromagnetics and Their Applications to Radiation Problems [J]. BSTJ, 1936, 15: 92 - 112.

[4] 杨儒贵. 高等电磁理论 [M]. 北京：高等教育出版社，2008.

[5] 李宗谦，佘京兆. 微波技术 [M]. 西安：西安交通大学出版社，1991.

[6] 傅君眉，冯恩信. 高等电磁理论 [M]. 西安：西安交通大学出版社，2000.

[7] 楼仁海，傅君眉，刘鹏程. 电磁理论解题指导 [M]. 北京：北京理工大学出版社，1988.

第4章　导行电磁波

我们可以利用导体来引导电磁波在有限空间中传播，使它不至于扩散到漫无边际的空间中去。被导体引导着传播的电磁波称为导行电磁波，用来引导电磁波传播的导体结构称为波导。波导可以做成导线、导体面或导管形状，而导线又称为传输线，为的是与其他形状的波导相区别。除传输线外，最常用的波导是一根无限长的空心金属管子，内壁常镀以银。常见的波导有横截面为矩形和圆形的管子，分别称为矩形波导或圆波导。波导管的金属管壁能把电磁波限制在管中，只能在管内部且沿着管的轴线方向传播。它是一种微波传输工具。

本章首先介绍导行电磁波的基本理论。以矩形波导、部分填充矩形波导、圆波导、同轴圆柱波导、单根圆柱直导线和径向波导为例，分析在由导体面为边界的波导中电磁波的传播特性。然后，以介质板波导为例，介绍介质波导中表面电磁波的传播特性。最后，介绍波导的损耗计算方法、波导激励与耦合方法。

4.1　波导的基本理论

分析波导中的电磁场，就是去确定电磁波沿波导纵向（轴向）的传播特性和电磁场在波导横截面内（横向）的分布情况。为了数学上力求简单，我们把直角坐标系的 z 轴选作波导管的轴线方向，这样波导管的横截面就是 Oxy 平面。

4.1.1　电磁波解的分类[1]

我们所讨论的波导管具有轴向均匀性，即它们的横截面形状和媒质特性沿轴线 z 不变化。设波导内填充均匀、线性、各向同性的理想介质，且波导内没有激励源存在（即 $\dot{\rho}=0$ 和 $\dot{\boldsymbol{J}}=\boldsymbol{0}$），那么正弦电磁波满足如下齐次亥姆霍兹方程：

$$\nabla^2\dot{\boldsymbol{E}}+k^2\dot{\boldsymbol{E}}=\boldsymbol{0} \tag{4.1.1}$$

$$\nabla^2\dot{\boldsymbol{H}}+k^2\dot{\boldsymbol{H}}=\boldsymbol{0} \tag{4.1.2}$$

式中，$k=\omega\sqrt{\mu\varepsilon}$ 是波数。既然波导轴线沿 z 方向，那么不论波的传播情况在波导内怎样复杂，其最终的效果只能是一个沿 z 方向前进的导行电磁波。因而可以分别把波导内电场分量 $\dot{\boldsymbol{E}}$ 和磁场分量 $\dot{\boldsymbol{H}}$ 写成

$$\dot{\boldsymbol{E}}=\boldsymbol{E}(x,y)\mathrm{e}^{-\gamma z} \tag{4.1.3}$$

$$\dot{\boldsymbol{H}} = \boldsymbol{H}(x,y)\mathrm{e}^{-\gamma z} \tag{4.1.4}$$

其中，$\boldsymbol{E}(x,y)$ 和 $\boldsymbol{H}(x,y)$ 都是待定函数，γ 为沿 z 方向的传播常数。

将式(4.1.3) 代入方程式(4.1.1) 中，得到

$$\nabla_{\mathrm{t}}^2 \boldsymbol{E}(x,y) + k_{\mathrm{c}}^2 \boldsymbol{E}(x,y) = \boldsymbol{0} \tag{4.1.5}$$

这里∇_{t}^2是横向拉普拉斯算子，在直角坐标系中，$\nabla_{\mathrm{t}}^2 = \dfrac{\partial^2}{\partial x^2} + \dfrac{\partial^2}{\partial y^2}$；在圆柱坐标系中，$\nabla_{\mathrm{t}}^2 = \dfrac{1}{\rho}\dfrac{\partial}{\partial \rho}\left(\rho \dfrac{\partial}{\partial \rho}\right) + \dfrac{1}{\rho^2}\dfrac{\partial^2}{\partial \phi^2}$。式中，$k_{\mathrm{c}}$ 称为横向波数，有

$$k_{\mathrm{c}}^2 = k^2 + \gamma^2 \tag{4.1.6}$$

同理

$$\nabla_{\mathrm{t}}^2 \boldsymbol{H}(x,y) + k_{\mathrm{c}}^2 \boldsymbol{H}(x,y) = \boldsymbol{0} \tag{4.1.7}$$

可以由方程式(4.1.5) 和方程式(4.1.7) 得到 $\boldsymbol{E}(x,y)$ 和 $\boldsymbol{H}(x,y)$ 各分量的标量波动方程。也可先求解 $\boldsymbol{E}(x,y)$ 和 $\boldsymbol{H}(x,y)$ 的纵向分量的波动方程，得到两个纵向分量 E_z 和 H_z，然后再根据电磁场基本方程组求得所有横向分量。纵向分量 E_z 和 H_z 分别满足的标量波动方程为

$$\frac{\partial^2 E_z}{\partial x^2} + \frac{\partial^2 E_z}{\partial y^2} + k_{\mathrm{c}}^2 E_z = 0 \tag{4.1.8}$$

$$\frac{\partial^2 H_z}{\partial x^2} + \frac{\partial^2 H_z}{\partial y^2} + k_{\mathrm{c}}^2 H_z = 0 \tag{4.1.9}$$

由上述两个方程求得 E_z 和 H_z 后，即可从电磁场基本方程组中的两个旋度方程得到 4 个横向场分量。在直角坐标系中，它们的表达式分别为

$$\left.\begin{aligned}
E_x &= -\frac{1}{k_{\mathrm{c}}^2}\left(\gamma \frac{\partial E_z}{\partial x} + \hat{z}\frac{\partial H_z}{\partial y}\right) \\
E_y &= \frac{1}{k_{\mathrm{c}}^2}\left(-\gamma \frac{\partial E_z}{\partial y} + \hat{z}\frac{\partial H_z}{\partial x}\right) \\
H_x &= \frac{1}{k_{\mathrm{c}}^2}\left(\hat{y}\frac{\partial E_z}{\partial y} - \gamma \frac{\partial H_z}{\partial x}\right) \\
H_y &= -\frac{1}{k_{\mathrm{c}}^2}\left(\hat{y}\frac{\partial E_z}{\partial x} + \gamma \frac{\partial H_z}{\partial y}\right)
\end{aligned}\right\} \tag{4.1.10}$$

这样，只要求出导行电磁波的纵向分量 E_z 和 H_z 的解，利用式(4.1.10) 即可获得横向分量 E_x、E_y 和 H_x、H_y。同理，在圆柱坐标系中，也能得到与式(4.1.10) 相类似的公式来计算各个横向分量。

根据以上分析，在波导中传播的导行电磁波可能出现 E_z 或 H_z 分量。因此，可以依照 E_z 和 H_z 的存在情况，将在波导中传播的导行电磁波分为三种波型(或模式)：TEM 波型、TE 波型及 TM 波型。

横电磁波(TEM)：这种波既无 E_z 分量又无 H_z 分量，即 $E_z = 0$、$H_z = 0$。从式

(4.1.10) 可看出，只有当 $k_c = 0$ 时，横向分量才不为零。所以有 $\gamma^2 = -k^2$，或者

$$\gamma = jk = j\omega\sqrt{\mu\varepsilon} \tag{4.1.11}$$

则方程式(4.1.5) 和式(4.1.7) 就都变成

$$\nabla_t^2 \boldsymbol{E}(x,y) = 0 \tag{4.1.12}$$

$$\nabla_t^2 \boldsymbol{H}(x,y) = 0 \tag{4.1.13}$$

这正是拉普拉斯方程。这一结果表明，波导系统中 TEM 波在横截面上的场分量满足拉普拉斯方程。因此，其分布应该与静态场中相同边界条件下的场分布相同。正是由于这一点，我们断定凡能维持二维静态场的波导系统，都能传输 TEM 波。例如二线传输线、同轴线等。也就是说，为了传输 TEM 波必须要有两个以上的导体。关于这一点可解释为：由于 TEM 波在横截面上的电场分布具有与静电场同样的性质，即不闭合的横向电力线必定起始于一个导体而终止于另一个导体，这样必须存在两根或两根以上的导体。或者，由于 TEM 波在横截面上的磁场分布具有与恒定磁场同样的性质，即闭合的横向磁力线必须包围纵向传导电流或纵向位移电流，波导中既然没有电场的纵向分量，不能提供纵向位移电流。因此，必须存在纵向传导电流，这就意味着波导内部必须至少再存在一根内导体，这就是二线传输线。

对于金属波导管来说，由于不能维持二维静态场，所以不能传输 TEM 波。这是波导管中电磁波显著的特点之一。因为闭合的横向磁力线必须包围纵向传导电流或纵向位移电流，既然波导中没有内导体，不能提供纵向传导电流，因此，必须存在纵向位移电流，这意味着存在纵向电场分量。另一方面，闭合的横向电力线必须包围纵向磁场，这意味着存在纵向磁场分量。因此，金属波导管不能传输横电磁波。仅有横向磁场分量的电磁波称为横磁波，或简称 TM 波；仅有横向电场分量的电磁波称为横电波，或简称 TE 波。波导只能传输 TM 波和 TE 波。下面分别讨论这两种波的传播特性。在进行理论分析时，将波导壁近似为理想导体。

横电波(TE 波)：当传播方向上有磁场的分量而无电场的分量($H_z \neq 0, E_z = 0$) 时，此导行电磁波称为 TE 波。对于 TE 波，需要研究确定 H_z 的方法。H_z 满足亥姆霍兹方程式(4.1.9)，且在金属导体内壁的边界条件为

$$\left.\frac{\partial H_z}{\partial n}\right|_S = 0 \tag{4.1.14}$$

这表明对于 TE 波来说，归结为在第二类齐次边界条件下求解二维齐次亥姆霍兹方程式(4.1.9)。对于该方程，只有在 k_c 取某些特定的离散值时才有解，使解存在的 k_c 值称为本征值。针对不同截面形状及尺寸的波导，这些本征值是不同的。

横磁波(TM 波)：当传播方向上有电场的分量而无磁场的分量($E_z \neq 0, H_z = 0$) 时，此导行电磁波称为 TM 波。对于 TM 波，需要研究确定 E_z 的方法。E_z 满足亥姆霍兹方程式(4.1.8)，且在金属导体内壁的边界条件为

$$E_z \Big|_S = 0 \tag{4.1.15}$$

这表明对于 TM 波来说，归结为在第一类齐次边界条件下求解二维亥姆霍兹波动方程式(4.1.8) 的本征值 k_c 的问题。

4.1.2　电磁波在波导中的传播特性[1]

求得 TE 波和 TM 波的各个分量后，再分析它们在波导中的传播特性。对于 TE 波和 TM 波，式(4.1.6) 中的 $k_c^2 \neq 0$。因此，将它改写成

$$\gamma = \begin{cases} \mathrm{j}\sqrt{k^2 - k_c^2} = \mathrm{j}\beta & (k > k_c) \\ \sqrt{k_c^2 - k^2} = \alpha & (k < k_c) \end{cases} \tag{4.1.16}$$

由式(4.1.3) 和式(4.1.4) 可知，当 $k > k_c$ 时，波沿 z 方向传播，这种模式称为传播模式；当 $k < k_c$ 时，场沿 z 方向随着离开激励源的距离不断增长而迅速按指数作衰减，波导内没有波的传播，即波导是截止的，这种模式称为非传播模式或凋落模式。从传播模式变为非传播模式发生在 $k = k_c$ 处，k_c 又称为截止波数。因此，把 $k = k_c$ 时的频率称为截止频率 f_c，有

$$f_c = \frac{k_c}{2\pi\sqrt{\mu\varepsilon}} \tag{4.1.17}$$

把对应于截止频率 f_c 的自由空间波长 λ_c 称为截止波长，有

$$\lambda_c = \frac{v}{f_c} = \frac{2\pi}{k_c} \tag{4.1.18}$$

由上述两式可见，波导的本征值 k_c 决定了它的截止频率和截止波长。k_c 与波导的几何形状和尺寸大小有关。

当工作频率 f 比截止频率 f_c 高或工作波长 λ 比截止波长 λ_c 短时，电磁波才可以在波导内传播，为传播模式；反之，电磁波不能在波导内传播，为非传播模式。这与传播 TEM 波的导波系统不同，TEM 波传播模式是没有截止频率和截止波长的，因此，在双导体传输线中既可传播高频电磁波，也可传播低频电磁波以至稳恒电流。

当 $f > f_c$(或 $k > k_c$) 时，由式(4.1.16) 得

$$\gamma = \mathrm{j}\beta = \mathrm{j}k\sqrt{1 - \left(\frac{k_c}{k}\right)^2} = \mathrm{j}k\sqrt{1 - \left(\frac{f_c}{f}\right)^2} \tag{4.1.19}$$

这是一个相位常数为 β 的传播模式，且有

$$\beta = k\sqrt{1 - \left(\frac{f_c}{f}\right)^2} \tag{4.1.20}$$

此时，波导内沿 z 轴方向上相位差 2π 的两点间的距离，称为相应的波导波长 λ_g 为

$$\lambda_{g}=\frac{2\pi}{\beta}=\frac{\lambda}{\sqrt{1-\left(\frac{f_{c}}{f}\right)^{2}}}>\lambda \tag{4.1.21}$$

式中$\lambda(=\frac{2\pi}{k}=\frac{v}{f})$是频率为$f$的平面电磁波在无限大理想介质中的波长(也称工作波长)。上式表明,波导波长λ_g大于电磁波在无限大媒质中传播时的波长λ。

在波导内,波沿z轴方向传播的相速度为

$$v_{p}=\frac{\omega}{\beta}=\frac{v}{\sqrt{1-\left(\frac{f_{c}}{f}\right)^{2}}}>v \tag{4.1.22}$$

可见,在波导中波的相速度v_p亦大于在无限大媒质中波的相速度$v=\frac{1}{\sqrt{\mu\varepsilon}}$。也说明波在波导内的真实传播方向并不是$z$轴方向,而是曲折前进,这一点不同于TEM波。式(4.1.22)还表明v_p是频率的函数,这意味着TE波和TM波都是具有色散性质的波。这种色散不同于电磁波在导电媒质中传播时由于损耗所引起的色散,它是由波导的边界条件引起的,因此称它为几何色散。

对于截止波数k_c不同的波,称为不同模式的波。它们的截止频率f_c、截止波长λ_c、波导波长λ_g、相位常数β等参量一般是不同的。但也有可能出现不同模式的波具有相同参量的情况,这种情况称为不同模式的波的"简并"现象。

当$f<f_c$(或$k<k_c$)时,γ为一实数,由式(4.1.16)得到

$$\gamma=\alpha=k_{c}\sqrt{1-\left(\frac{f_{c}}{f}\right)^{2}} \tag{4.1.23}$$

这说明传播常数是一个实数,由于场分量都有传播因子$e^{-\gamma z}=e^{-\alpha z}$,所以波沿$z$方向很快衰减。由此可见,波导呈现高通滤波器的特性。对给定的模式,只有频率高于模式截止频率的波,才能在波导内传播。

4.1.3 用矢量位$\dot{\boldsymbol{A}}$和$\dot{\boldsymbol{F}}$表示TE波和TM波[2]

分析波导中的场还可以应用矢量位$\dot{\boldsymbol{A}}$和$\dot{\boldsymbol{F}}$。对于轴线与z轴平行的长直波导,令$\dot{\boldsymbol{A}}=\dot{\psi}\boldsymbol{e}_z$和$\dot{\boldsymbol{F}}=\boldsymbol{0}$,在直角坐标系中,则$z$方向TM波的各场分量可表示为

$$\left.\begin{aligned}
\dot{E}_{x}&=\frac{1}{\hat{y}}\frac{\partial^{2}\dot{\psi}}{\partial x\partial z},\quad \dot{H}_{x}=\frac{\partial\dot{\psi}}{\partial y}\\
\dot{E}_{y}&=\frac{1}{\hat{y}}\frac{\partial^{2}\dot{\psi}}{\partial y\partial z},\quad \dot{H}_{y}=-\frac{\partial\dot{\psi}}{\partial x}\\
\dot{E}_{z}&=\frac{1}{\hat{y}}\left(\frac{\partial^{2}}{\partial z^{2}}+k^{2}\right)\dot{\psi},\quad \dot{H}_{z}=0
\end{aligned}\right\} \tag{4.1.24}$$

同理，令 $\dot{\boldsymbol{F}} = \dot{\psi}\boldsymbol{e}_z$ 和 $\dot{\boldsymbol{A}} = 0$，则 z 方向 TE 波的各场分量可表示为

$$\left.\begin{aligned} \dot{E}_x &= -\frac{\partial \dot{\psi}}{\partial y}, \quad \dot{H}_x = \frac{1}{\hat{z}}\frac{\partial^2 \dot{\psi}}{\partial x \partial z} \\ \dot{E}_y &= \frac{\partial \dot{\psi}}{\partial x}, \quad \dot{H}_y = \frac{1}{\hat{z}}\frac{\partial^2 \dot{\psi}}{\partial y \partial z} \\ \dot{E}_z &= 0, \quad \dot{H}_z = \frac{1}{\hat{z}}\left(\frac{\partial^2}{\partial z^2} + k^2\right)\dot{\psi} \end{aligned}\right\} \tag{4.1.25}$$

在圆柱坐标系中，z 方向 TM 波的各场分量和 z 方向 TE 波的各场分量，也有分别与式(4.1.24) 和式(4.1.25) 相似的形式。为了节省篇幅，这里略去。

对于轴线与 z 轴平行的长直波导，$\dot{\boldsymbol{E}}$ 和 $\dot{\boldsymbol{H}}$ 在波导金属壁上应满足边界条件

$$\boldsymbol{n} \times \dot{\boldsymbol{E}}\Big|_S = \boldsymbol{0} \tag{4.1.26}$$

式中，$\boldsymbol{n}$ 为 S 面上的法向单位矢量。将式(4.1.24) 代入式(4.1.26) 中，得到

$$\left(\frac{\partial^2 \dot{\psi}}{\partial z^2} + k^2 \dot{\psi}\right)\Big|_S = 0 \tag{4.1.27}$$

由于电磁波沿 z 轴传播，那么，在直角坐标系中，矢量位 $\dot{\boldsymbol{A}}$ 可写成如下形式

$$\dot{\boldsymbol{A}}(x,y,z) = \dot{\psi}\boldsymbol{e}_z = \dot{A}(x,y)\mathrm{e}^{-\gamma z}\boldsymbol{e}_z \tag{4.1.28}$$

将式(4.1.28) 代入式(4.1.27) 中，得到

$$(\gamma^2 + k^2)\dot{\psi}\Big|_S = 0 \tag{4.1.29}$$

由于对于 TM 波，$\gamma^2 \neq k^2$，所以由上式(4.1.29) 可得，$\dot{\psi}$ 在 S 面上的边界条件为

$$\dot{\psi}|_S = 0 \tag{4.1.30}$$

同理，对于 TE 波，可得 $\dot{\psi}$ 在 S 面上的边界条件为

$$\frac{\partial \dot{\psi}}{\partial n}\Big|_S = 0 \tag{4.1.31}$$

式中，$\boldsymbol{n}$ 为 S 面上的法向方向。

4.1.4　TE 波和 TM 波的波阻抗[2]

波导模式的另一重要性质是存在波阻抗。对于 TM 波，根据式(4.1.24) 和式(4.1.28)，得到

$$\hat{y}\dot{E}_x = -\gamma\frac{\partial \dot{\psi}}{\partial x} = \gamma \dot{H}_y \quad 和 \quad \hat{y}\dot{E}_y = -\gamma\frac{\partial \dot{\psi}}{\partial y} = -\gamma \dot{H}_x$$

于是，TM 波在 z 方向的波阻抗是

$$(Z_0)^{\mathrm{TM}} = \frac{\dot{E}_x}{\dot{H}_y} = \frac{-\dot{E}_y}{\dot{H}_x} = \frac{\gamma}{\hat{y}} = \begin{cases} \dfrac{\beta}{\omega\varepsilon} & (f > f_c) \\ \dfrac{\alpha}{\mathrm{j}\omega\varepsilon} & (f < f_c) \end{cases} \tag{4.1.32}$$

同理，对于 TE 模式，根据式(4.1.25) 和(4.1.28)，得到

$$\hat{z}\dot{H}_x = -\gamma\frac{\partial\dot{\psi}}{\partial x} = -\gamma\dot{E}_y \quad 和 \quad \hat{z}\dot{H}_y = -\gamma\frac{\partial\dot{\psi}}{\partial y} = \gamma\dot{E}_x$$

因此，在 z 方向的波阻抗是

$$(Z_0)^{\mathrm{TE}} = \frac{\dot{E}_x}{\dot{H}_y} = \frac{-\dot{E}_y}{\dot{H}_x} = \frac{\hat{z}}{\gamma} = \begin{cases} \dfrac{\omega\mu}{\beta} & (f > f_c) \\ \dfrac{\mathrm{j}\omega\mu}{\alpha} & (f < f_c) \end{cases} \tag{4.1.33}$$

值得注意的是：(1) 对于任意频率 f，总有 $(Z_0)^{\mathrm{TM}}(Z_0)^{\mathrm{TE}} = \eta^2$ 成立。其中，$\eta = \sqrt{\dfrac{\mu}{\varepsilon}}$ 是媒质的波阻抗。(2) 对于传播模式，由于 $\beta < k$，所以 TE 波的波阻抗 $(Z_0)^{\mathrm{TE}}$ 总是大于 η，而 TM 波的波阻抗 $(Z_0)^{\mathrm{TM}}$ 总是小于 η。(3) 对于非传播模式，TE 波的波阻抗 $(Z_0)^{\mathrm{TE}}$ 是电感性的，而 TM 模式的波阻抗 $(Z_0)^{\mathrm{TM}}$ 是电容性的。

4.1.5 波导场模式的正交性[6]

这里，我们以管壁为理想导体的柱形波导中不同波型的横向磁场分量为例，来说明波导场模式的正交性。设 $\dot{\psi}_i = \dot{u}_i \mathrm{e}^{-\gamma_i z}$ 和 $\dot{\psi}_j = \dot{u}_j \mathrm{e}^{-\gamma_j z}$ 为柱形波导中第 i 个和第 j 个 TM 波或 TE 波的波函数，其相应的传播常数分别为 γ_i 和 γ_j，显然，$\dot{u}_i$ 和 $\dot{u}_j$ 都满足如下亥姆霍兹方程

$$\left.\begin{aligned} \nabla_t^2\dot{u}_i + (k^2+\gamma_i^2)\dot{u}_i = 0 \\ \nabla_t^2\dot{u}_j + (k^2+\gamma_j^2)\dot{u}_j = 0 \end{aligned}\right\} \tag{4.1.34}$$

在波导横截面 S 的周界 l 上，$\dot{u}_i$ 和 $\dot{u}_j$ 满足边界条件

$$\left.\begin{aligned} &\dot{u}_i = 0, \quad \dot{u}_j = 0 \quad (对\ \mathrm{TM}\ 波) \\ &\frac{\partial\dot{u}_i}{\partial n} = 0, \quad \frac{\partial\dot{u}_j}{\partial n} = 0 \quad (对\ \mathrm{TE}\ 波) \end{aligned}\right\} \tag{4.1.35}$$

由二维格林第二公式 $\int_S(\Phi\nabla_t^2\Psi - \Psi\nabla_t^2\Phi)\mathrm{d}S = \oint_l\left(\Phi\dfrac{\partial\Psi}{\partial n} - \Psi\dfrac{\partial\Phi}{\partial n}\right)\mathrm{d}l$，若取 Φ 为 $\dot{u}_i$，取 Ψ 为 $\dot{u}_j$，则可得

$$\int_S(\dot{u}_i\nabla_t^2\dot{u}_j - \dot{u}_j\nabla_t^2\dot{u}_i)\mathrm{d}S = \oint_l\left(\dot{u}_i\frac{\partial\dot{u}_j}{\partial n} - \dot{u}_j\frac{\partial\dot{u}_i}{\partial n}\right)\mathrm{d}l \tag{4.1.36}$$

利用方程式(4.1.34) 和边界条件式(4.1.35)，式(4.1.36) 变为

$$(\gamma_i^2 - \gamma_j^2)\int_S\dot{u}_i\dot{u}_j\mathrm{d}S = 0 \tag{4.1.37}$$

若 $\gamma_i \neq \gamma_j$，则由上式得到

$$\int_S\dot{u}_i\dot{u}_j\mathrm{d}S = 0 \qquad (i \neq j) \tag{4.1.38}$$

若 $\gamma_i = \gamma_j$，即 $\dot{u}_i$ 和 $\dot{u}_j$ 是简并的，则可取 $\dot{u}'_i = \dot{u}_i$ 和 $\dot{u}'_j = \dot{u}_j - \dfrac{\int_S \dot{u}_i \dot{u}_j \mathrm{d}S}{\int_S \dot{u}_i^2 \mathrm{d}S} \dot{u}_i$ 分别代替 $\dot{u}_i$ 和 $\dot{u}_j$，这时有 $\int_S \dot{u}'_j \dot{u}'_i \mathrm{d}S = 0$。即对于任意的 i 和 j，式(4.1.38) 都成立。

若取 Φ 为 $\dot{u}_i$，取 Ψ 为 $\dot{u}_j$，利用二维格林第一公式 $\int_S (\nabla_t \Phi \cdot \nabla_t \Psi + \Phi \nabla_t^2 \Psi) \mathrm{d}S = \oint_l \Phi \dfrac{\partial \Psi}{\partial n} \mathrm{d}l$ 及式(4.1.34) 和式(4.1.35)，则可得

$$\begin{aligned}\int_S \nabla_t \dot{u}_i \cdot \nabla_t \dot{u}_j \mathrm{d}S &= -\int_S \dot{u}_i \nabla_t^2 \dot{u}_j \mathrm{d}S + \oint_l \dot{u}_i \frac{\partial \dot{u}_j}{\partial n} \mathrm{d}l \\ &= (k^2 + \gamma_j^2) \int_S \dot{u}_i \dot{u}_j \mathrm{d}S \end{aligned} \tag{4.1.39}$$

将式(4.1.38) 代入式(4.1.39) 中的右边，这样得到，对于不同的 TM 波型之间或不同的 TE 波型之间，或 TM 波型与 TE 波型之间总有

$$\int_S \nabla_t \dot{u}_i \cdot \nabla_t \dot{u}_j \mathrm{d}S = 0 \tag{4.1.40}$$

第 i 个 TM 波型和 TE 波型的横向磁场分量可由其相应的横向波函数 $\dot{u}_i^{\mathrm{e}}$ 和 $\dot{u}_i^{\mathrm{m}}$ 写出，有

$$\dot{\boldsymbol{H}}_{ti}^{\mathrm{TM}} = \mathrm{j}\omega\varepsilon \nabla_t \dot{u}_i^{\mathrm{e}} \times \boldsymbol{e}_z \quad 和 \quad \dot{\boldsymbol{H}}_{ti}^{\mathrm{TE}} = -\gamma_i \nabla_t \dot{u}_i^{\mathrm{m}}$$

因此，对于两个不同的 TM 波型($i \neq j$)，有

$$\begin{aligned}\int_S \dot{\boldsymbol{H}}_{ti}^{\mathrm{TM}} \cdot \dot{\boldsymbol{H}}_{tj}^{\mathrm{TM}} \mathrm{d}S &= -(\omega\varepsilon)^2 \int_S (\nabla_t \dot{u}_i^{\mathrm{e}} \times \boldsymbol{e}_z) \cdot (\nabla_t \dot{u}_j^{\mathrm{e}} \times \boldsymbol{e}_z) \mathrm{d}S \\ &= -(\omega\varepsilon)^2 \int_S \nabla_t \dot{u}_i^{\mathrm{e}} \cdot \nabla_t \dot{u}_j^{\mathrm{e}} \mathrm{d}S \\ &= 0 \end{aligned} \tag{4.1.41}$$

对于两个不同的 TE 波型($i \neq j$)，有

$$\int_S \dot{\boldsymbol{H}}_{ti}^{\mathrm{TE}} \cdot \dot{\boldsymbol{H}}_{tj}^{\mathrm{TE}} \mathrm{d}S = \gamma_i \gamma_j \int_S \nabla_t \dot{u}_i^{\mathrm{m}} \cdot \nabla_t \dot{u}_j^{\mathrm{m}} \mathrm{d}S = 0 \tag{4.1.42}$$

对于一个 TM 波型和一个 TE 波型，有

$$\begin{aligned}\int_S \dot{\boldsymbol{H}}_{ti}^{\mathrm{TM}} \cdot \dot{\boldsymbol{H}}_{tj}^{\mathrm{TE}} \mathrm{d}S &= -\mathrm{j}\omega\varepsilon\gamma_j \int_S (\nabla_t \dot{u}_i^{\mathrm{e}} \times \boldsymbol{e}_z) \cdot \nabla_t \dot{u}_j^{\mathrm{m}} \mathrm{d}S \\ &= \mathrm{j}\omega\varepsilon\gamma_j \int_S \nabla_t \cdot (\dot{u}_i^{\mathrm{e}} \boldsymbol{e}_z \times \nabla_t \dot{u}_j^{\mathrm{m}}) \mathrm{d}S \\ &= \mathrm{j}\omega\varepsilon\gamma_j \oint_l (\nabla_t \dot{u}_j^{\mathrm{m}} \times \boldsymbol{e}_z) \cdot \boldsymbol{e}_n \dot{u}_i^{\mathrm{e}} \mathrm{d}l \end{aligned}$$

由于在周界上 l 上 $\dot{u}_i^{\mathrm{e}} = 0$，所以上式为零，即得到

$$\int_S \dot{\boldsymbol{H}}_{ti}^{\mathrm{TM}} \cdot \dot{\boldsymbol{H}}_{tj}^{\mathrm{TE}} \mathrm{d}S = 0 \tag{4.1.43}$$

由能流密度矢量的定义知，$\dot{\boldsymbol{E}}\times\dot{\boldsymbol{H}}^*$ 表示电磁波的能量流动密度。因此，从物理意义上来看，式(4.1.41)和式(4.1.42)分别表明，波导中不同TM波型或不同TE波型，彼此之间不会形成能量流动，而式(4.1.43)表明TM波与TE波之间也不会形成能量流动。这样一来，就可以把波导中的电磁波展开成为TM波与TE波的级数和形式，利用上述的正交性方便地求出级数中各项的系数，分析各个模式的贡献。

4.2 矩形波导

4.2.1 矩形波导中的TM和TE模式[2]

矩形波导管是一种最常用的波导，它是由4块理想导体板组成的截面为矩形的波导管，如图4.2.1所示。矩形截面沿 x 轴和 y 轴方向的长度分别为 a 和 b，其截面形状和媒质特性不沿轴线变化。一般说来，在矩形波导中最常用的传播模式是对 z 的TM模式(无 $\dot{H}_z$ 分量)和对 z 的TE模式(无 $\dot{E}_z$ 分量)两类。设波导内填充均匀、线性、各向同性的理想介质，我们下面应用基本波函数来分别讨论TM波和TE波在矩形波导管中的传播特性。

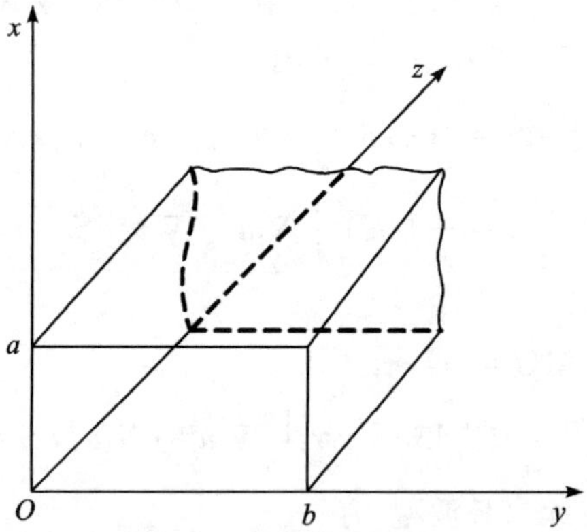

图4.2.1 矩形波导

对于 z 的TM模式，由于 $\dot{H}_z=0$，所以用仅有 z 分量的磁矢位 $\dot{\boldsymbol{A}}=\dot{\psi}\boldsymbol{e}_z$ 就可以表示电磁场的各个分量。考虑到波沿 z 轴方向为行波，因此波函数 $\dot{\psi}$ 选取为下列形式

$$\dot{\psi}=\mathrm{h}(k_x x)\mathrm{h}(k_y y)\mathrm{e}^{-\gamma z} \tag{4.2.1}$$

这里，$\dot{\psi}$ 在理想导电壁上应满足边界条件式(4.1.30)。因此，考虑到在4个导电壁($x=0$、$x=a$、$y=0$ 和 $y=b$)上 $\dot{\psi}=0$ 的条件，所以选择

$$h(k_x x)=a_m \sin k_x x \qquad \left(k_x=\frac{m\pi}{a},\quad m=1,2,3,\cdots\right)$$

$$h(k_y y)=b_n \sin k_y y \qquad \left(k_y=\frac{n\pi}{b},\quad n=1,2,3,\cdots\right)$$

式中，a_m 和 b_n 都是常数，且分离常数 k_x、k_y 和传播常数 γ 三者之间满足如下关系：

$$k^2+\gamma^2=k_x^2+k_y^2=k_c^2 \tag{4.2.2}$$

显然，每一对整数 m 和 n 对应着一种模式，称之为 TM_{mn} 模式，或 TM_{mn} 波，其波函数是

$$\dot{\psi}_{mn}^{TM}=A_{mn}\sin\frac{m\pi x}{a}\sin\frac{n\pi y}{b}e^{-\gamma z} \quad (m=1,2,3,\cdots;n=1,2,3,\cdots) \tag{4.2.3}$$

式中，$A_{mn}=a_m b_n$。不难看出，A_{mn} 取任意的非零值，均可以使 $\dot{\psi}_{mn}^{TM}$ 满足亥姆霍兹方程。由此可见，A_{mn} 的值不可能由边界条件来决定。式(4.2.3) 清楚地表明，从物理意义上说，A_{mn} 代表电磁波的振幅；从数学上讲，A_{mn} 是一个积分常数，其值由 $t=0$ 时的初始条件决定。另外，分离常数 k_x 和 k_y 的值取决于波导壁的边界条件，反映了波导系统的一种本质性质，所以 k_x 和 k_y 成为矩形波导横磁波的本征值，对应的函数 $\sin k_x x$ 和 $\sin k_y y$ 称为本征函数。由此可见，分离常数和积分常数具有不同的物理意义和数学意义。

一组(m,n) 的值对应于一个模式，它们的线性组合也是亥姆霍兹方程的解。所以，一般来说，有

$$\dot{\psi}^{TM}=\sum_{m=1}^{+\infty}\sum_{n=1}^{+\infty}\dot{\psi}_{mn}^{TM}=\sum_{m=1}^{+\infty}\sum_{n=1}^{+\infty}A_{mn}\sin\frac{m\pi x}{a}\sin\frac{n\pi y}{b}e^{-\gamma z} \tag{4.2.4}$$

上式(4.2.4) 表明，一组(m,n) 的值所对应的 TM_{mn} 模式能独立地在波导中传输，这也意味着在波导中可以同时存在无限多个 TM_{mn} 模式，但真正能沿波导传输的 TM_{mn} 模式却是与波导的尺寸和工作频率有关。将式(4.2.4) 代入式(4.1.24) 中，就可以得到在矩形波导中 TM 波电磁场的各个分量。

对于 z 的 TE 模式，由于 $\dot{E}_z=0$，所以用仅有 z 分量的电矢位 $\dot{\boldsymbol{F}}=\dot{\psi}\boldsymbol{e}_z$ 就可以表示电磁场的各个分量。这里，仍然考虑到波沿 z 轴方向为行波，所以 $\dot{\psi}$ 也应选为式(4.2.1) 的形式。但是，$\dot{\psi}$ 在理想导电壁上应满足边界条件式(4.1.31)。这样，为了在 4 个导电壁($x=0$、$x=a$、$y=0$ 和 $y=b$) 上满足边界条件$\left.\frac{\partial\dot{\psi}}{\partial n}\right|_S=0$，必须选择

$$h(k_x x)=a_m \cos k_x x \qquad \left(k_x=\frac{m\pi}{a},\quad m=0,1,2,3,\cdots\right)$$

$$h(k_y y)=b_n \cos k_y y \qquad \left(k_y=\frac{n\pi}{b},\quad n=0,1,2,3,\cdots\right)$$

式中，a_m 和 b_n 都是常数，且分离常数 k_x、k_y 和传播常数 γ 三者之间也满足式(4.2.2) 关系。

注意，除 m 和 n 同时为零外，每一对整数 m 和 n 都对应着一种模式，称之为 TE_{mn} 模式，其波函数是

$$\dot{\psi}_{mn}^{TE} = A_{mn}\cos\frac{m\pi x}{a}\cos\frac{n\pi y}{b}e^{-\gamma z} \tag{4.2.5}$$

式中，$A_{mn} = a_m b_n$，其物理意义和数学意义与式(4.2.3)中的 A_{mn} 相同。同理，一组 (m,n) 的值对应于一个模式，它们的线性组合也是亥姆霍兹方程的解。所以，一般来说，有

$$\dot{\psi}^{TE} = \sum_{m=1}^{+\infty}\sum_{n=1}^{+\infty}\dot{\psi}_{mn}^{TE} = \sum_{m=1}^{+\infty}\sum_{n=1}^{+\infty}A_{mn}\cos\frac{m\pi x}{a}\cos\frac{n\pi y}{b}e^{-\gamma z} \tag{4.2.6}$$

同样，式(4.2.6)表明，一组 (m,n) 的值所对应的 TE_{mn} 模式能独立地在波导中传输，这也意味着在波导中可以同时存在无限多个 TE_{mn} 模式，但真正能沿波导传输的 TE_{mn} 模式却是与波导的尺寸和工作频率有关。将式(4.2.6)代入式(4.1.25)中，就可以得到在矩形波导中TE波电磁场的各个分量。

4.2.2 矩形波导中TM和TE模式的特性参数[2]

从式(4.2.2)可得模式传播常数 $\gamma = j\beta$。例如，对于一组 (m,n) 的值所规定的模式，有

$$\gamma_{mn} = jk_z = \begin{cases} j\beta = j\sqrt{k^2 - (k_c)_{mn}^2} & (k > k_c) \\ \alpha = \sqrt{(k_c)_{mn}^2 - k^2} & (k < k_c) \end{cases} \tag{4.2.7}$$

式中，$(k_c)_{mn}$ 称为由一组 (m,n) 的值所规定的模式的截止波数，有

$$(k_c)_{mn} = \sqrt{\left(\frac{m\pi}{a}\right)^2 + \left(\frac{n\pi}{b}\right)^2} \tag{4.2.8}$$

从式(4.2.8)看出，对于实数 k，当 $k = (k_c)_{mn}$ 时，传播常数为零。于是，在 $k > k_c$ 时，这种模式是传播的；在 $k < k_c$ 时，这种模式是不传播(凋落)的。

由式(4.1.17)和式(4.1.18)，可分别求出截止频率和截止波长为

$$(f_c)_{mn} = \frac{(k_c)_{mn}}{2\pi\sqrt{\mu\varepsilon}} = \frac{1}{2\sqrt{\mu\varepsilon}}\sqrt{\left(\frac{m}{a}\right)^2 + \left(\frac{n}{b}\right)^2} \tag{4.2.9}$$

$$(\lambda_c)_{mn} = \frac{2\pi}{(k_c)_{mn}} = \frac{2}{\sqrt{\left(\frac{m}{a}\right)^2 + \left(\frac{n}{b}\right)^2}} \tag{4.2.10}$$

可以看出，对一定尺寸的波导，当 (m,n) 值不同时，截止频率和截止波长也都不同。波导中截止频率最低或截止波长最长的模式称为该波导的主模，或称为基模。其余的模式称为高次模。当 $a > b$ 时，矩形波导中的主模是 TE_{10}，其截止波长为 $2a$。反之，主模是 TE_{01}。

现在，可用截止频率 f_c 将传播常数重新表示为

$$\gamma = \mathrm{j}k_z = \begin{cases} \mathrm{j}\beta = \mathrm{j}k\sqrt{1-\left(\dfrac{f_\mathrm{c}}{f}\right)^2} & (f > f_\mathrm{c}) \\ \alpha = k_\mathrm{c}\sqrt{1-\left(\dfrac{f}{f_\mathrm{c}}\right)^2} & (f < f_\mathrm{c}) \end{cases} \tag{4.2.11}$$

式中,省略了模式指数(m,n)。

利用式(4.1.32)和式(4.2.11),可以得到 TM 波在 z 方向的波阻抗是

$$(Z_0)^{\mathrm{TM}} = \frac{\dot{E}_x}{\dot{H}_y} = \frac{-\dot{E}_y}{\dot{H}_x} = \frac{\gamma}{\hat{y}} = \begin{cases} \sqrt{\dfrac{\mu}{\varepsilon}}\sqrt{1-\left(\dfrac{f_\mathrm{c}}{f}\right)^2} & (f > f_\mathrm{c}) \\ \dfrac{k_\mathrm{c}}{\mathrm{j}\omega\varepsilon}\sqrt{1-\left(\dfrac{f}{f_\mathrm{c}}\right)^2} & (f < f_\mathrm{c}) \end{cases} \tag{4.2.12}$$

同理,利用式(4.1.33)和式(4.2.11),可以得到 TE 波在 z 方向的波阻抗是

$$(Z_0)^{\mathrm{TE}} = \frac{\dot{E}_x}{\dot{H}_y} = \frac{-\dot{E}_y}{\dot{H}_x} = \frac{\hat{z}}{\gamma} = \begin{cases} \sqrt{\dfrac{\mu}{\varepsilon}}\dfrac{1}{\sqrt{1-\left(\dfrac{f_\mathrm{c}}{f}\right)^2}} & (f > f_\mathrm{c}) \\ \dfrac{\mathrm{j}\omega\mu}{k_\mathrm{c}\sqrt{1-\left(\dfrac{f}{f_\mathrm{c}}\right)^2}} & (f < f_\mathrm{c}) \end{cases} \tag{4.2.13}$$

式中,省略了模式指数(m,n)。

从上面的分析可以看出,在波导中,各个模式的波都有它自己特殊的截止波长、速度和波阻抗。当频率高到可容许多于一种模式的波传输时,合成场将是波导中所存在的各种模式的波的场的总和。其中若某一模式的波的场比别的模式的波的场强得多,那么这一模式就是显著模式。在波导中传播的各模式的波中,某一模式是否显著,主要取决于激励的方法,以及波导的对称性。这是因为凋落模也可以和传播模同时出现在靠近波导内的不规则处和不连续处,但它很快地就衰减了。而且,当频率高到一定程度足以传播其他模式的波时,则主模式并不一定显著。例如,以 TE_{10} 模式的波来激励矩形波导,其横截面示于图 4.2.2(a)。在波导的横截面上,

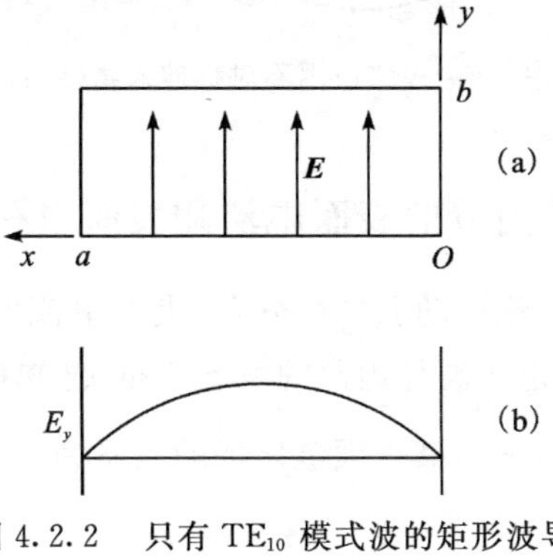

图 4.2.2　只有 TE_{10} 模式波的矩形波导

电场强度分量 $\dot{E}_y$ 的变化是正弦的，如图 4.2.2(b)。现在假设 a 大于一个波长，从而 TE_{20} 模式的波也能够被传播。如果只以 TE_{10} 模式的波来激励矩形波导，只要波导是完全规则的，则 TE_{20} 模式就不会出现。但是实际上波导中总有一些不对称和不规则的地方，这就要把 TE_{10} 模式的部分能量转变为 TE_{20} 模式的能量。因此，如果有一个不对称安放的螺钉，伸入波导中，如图 4.2.3(a) 所示，则 $\dot{E}_y$ 的分布将变成不对称的(见图 4.2.3(b))。这个合成场可分解成 TE_{10} 和 TE_{20} 两个分量，如图 4.2.3(c) 和图 4.2.3(d) 所示。如果 TE_{10} 和 TE_{20} 模式的波都能被传输，那么，在波导内螺钉以外的地方就有这两种模式的能量。实际上，螺钉是一个接收天线，它从 TE_{10} 模式的波吸取能量，并再予以辐射，从而激励出 TE_{20} 模式的波。但是如果把频率降低到只允许 TE_{10} 模式的波通过，则只会在螺钉附近，才有图 4.2.3(b) 的不对称场存在，沿波导再远一些的地方就完全是 TE_{10} 模式的波了。为了避免多模式波传输问题，波导常常运用于只能够传输一种模式的波的状态。

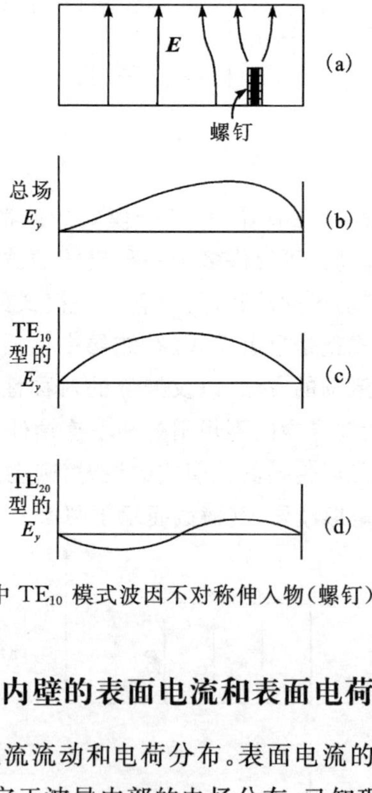

图 4.2.3　矩形波导中 TE_{10} 模式波因不对称伸入物(螺钉)产生了 TE_{20} 模式波

4.2.3　矩形波导内壁的表面电流和表面电荷[3]

在波导内壁表面有电流流动和电荷分布。表面电流的分布决定于波导内部的磁场结构，而电荷分布决定于波导内部的电场分布。已知理想导体表面上的表面电流密度 $\dot{\boldsymbol{K}}$ 和表面电荷密度 $\dot{\sigma}$ 与其表面电磁场的关系为

$$\dot{\boldsymbol{K}} = \boldsymbol{n} \times \dot{\boldsymbol{H}}|_S \tag{4.2.14}$$

$$\dot{\sigma} = \boldsymbol{n} \cdot \dot{\boldsymbol{D}}|_S \tag{4.2.15}$$

以 TE_{mn} 为例，求解 $x = a$ 内壁面上的表面电流密度 $\dot{\boldsymbol{K}}$ 和表面电荷密度 $\dot{\sigma}$。注意到 $x = a$ 内壁面上的法向方向 $\boldsymbol{n} = -\boldsymbol{e}_x$，那么

$$\dot{\boldsymbol{K}}|_{x=a} = \boldsymbol{e}_y(-1)^m A_{mn} \cos\frac{n\pi y}{b} - \boldsymbol{e}_z(-1)^m \frac{\mathrm{j}\beta n\pi}{k_c^2 b} A_{mn} \sin\frac{n\pi y}{b} \tag{4.2.16}$$

$$\dot{\sigma}|_{x=a} = (-1)^{m+1} \frac{\mathrm{j}\omega\mu^2}{k_c^2} \frac{n\pi}{b} \sin\frac{n\pi y}{b} \tag{4.2.17}$$

其余内壁面上的表面电流密度 $\dot{\boldsymbol{K}}$ 和表面电荷密度 $\dot{\sigma}$，求解方法与上相同。

按照 TE_{10} 模在波导内壁邻近空间的电磁场分布，可以得到波导内壁上的表面电流密度分布如图 4.2.4 所示。可以看到，波导内壁上的表面电流和表面电荷的分布与其邻近空间的电磁场分布密切相关。如果人为地使波导内壁上的表面电流密度和表面电荷密度发生改变(例如在波导壁上切割缝隙)，那么附近空间的电磁场分布也将随之改变。因此，获悉波导内壁上的表面电流和表面电荷的分布，具有重要的电磁工程应用价值。

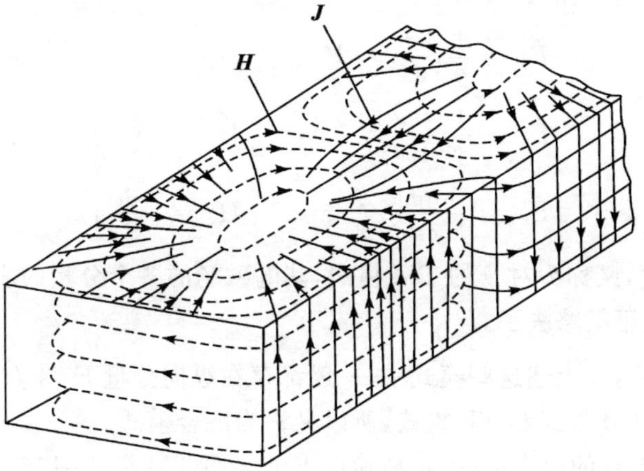

图 4.2.4　波导内壁电流分布

4.3　矩形波导中的纵截面电模和磁模

将矩形波导中的模式分为对 z 的 TM 或 TE 模式是很重要的。它们要么磁场有横向分量，没有纵向分量；要么电场有横向分量，没有纵向分量。但是，在有些场合，会同时有电场和磁场的纵向分量。这时的电磁波就不是上述的 TM 或 TE 模式，而称为纵截面电模或纵截面磁模，分别用 LSE 模和 LSM 表示[2,3]。例如，在直角坐标系中，如果选择

$$\dot{\boldsymbol{F}} = \dot{\psi}\boldsymbol{e}_x \quad 和 \quad \dot{\boldsymbol{A}} = 0 \tag{4.3.1}$$

这样，将会得到对 x 的 TE 模式。电场位于纵向截面的 Oyz 平面内。这是一种 LSE 模，其电磁场的各个分量的表达式为

$$\left.\begin{aligned} \dot{E}_x &= 0, & \dot{H}_x &= \frac{1}{\hat{z}}\left(\frac{\partial^2}{\partial x^2} + k^2\right)\dot{\psi} \\ \dot{E}_y &= -\frac{\partial \dot{\psi}}{\partial z}, & \dot{H}_y &= \frac{1}{\hat{z}}\frac{\partial^2 \dot{\psi}}{\partial x \partial y} \\ \dot{E}_z &= \frac{\partial \dot{\psi}}{\partial y}, & \dot{H}_z &= \frac{1}{\hat{z}}\frac{\partial^2 \dot{\psi}}{\partial x \partial z} \end{aligned}\right\} \tag{4.3.2}$$

另一种 LSE 模，又称为对 y 的 TE 模式，其电磁场的各个分量的表达式的导出方法与上相同。这里就略去了。

同样，在直角坐标系中，如果选择

$$\dot{\boldsymbol{A}} = \dot{\psi}\boldsymbol{e}_x \quad 和 \quad \dot{\boldsymbol{F}} = 0 \tag{4.3.3}$$

将会得到对 x 的 TM 模式。磁场位于纵向截面的 Oyz 平面内。这是一种 LSM 模，其电磁场的各个分量的表达式为

$$\left.\begin{aligned} \dot{E}_x &= \frac{1}{\hat{y}}\left(\frac{\partial^2}{\partial x^2} + k^2\right)\dot{\psi}, & \dot{H}_x &= 0 \\ \dot{E}_y &= \frac{1}{\hat{y}}\frac{\partial \dot{\psi}}{\partial x \partial y}, & \dot{H}_y &= \frac{\partial \dot{\psi}}{\partial z} \\ \dot{E}_z &= \frac{1}{\hat{y}}\frac{\partial \dot{\psi}}{\partial x \partial z}, & \dot{H}_z &= -\frac{\partial \dot{\psi}}{\partial y} \end{aligned}\right\} \tag{4.3.4}$$

另一种 LSM 模，又称为对 y 的 TM 模式，其电磁场的各个分量的表达式的导出方法与上相同。这里就略去了。

应该注意到，在上述这些模式中，一般都存在纵向分量 $\dot{E}_z$ 和 $\dot{H}_z$。也就是说，同时存在对 z 的 TM 模式和 TE 模式，所以又称为混合模式。

根据矩形波导的边界条件，容易确定出对 x 的 TM 模式($\mathrm{TM}x_{mn}$)的模式函数是

$$\dot{\psi}_{mn}^{\mathrm{TM}x} = A_{mn}\cos\frac{m\pi x}{a}\sin\frac{n\pi y}{b}\mathrm{e}^{-\gamma z} \tag{4.3.5}$$

式中，$m = 0,1,2,\cdots;n = 1,2,3,\cdots$。分离常数方程是式(4.2.2)，$\gamma$ 由式(4.2.11)决定。对 x 的 TE 模式($\mathrm{TE}x_{mn}$)的模式函数是

$$\dot{\psi}_{mn}^{\mathrm{TE}x} = F_{mn}\sin\frac{m\pi x}{a}\cos\frac{n\pi y}{b}\mathrm{e}^{-\gamma z} \tag{4.3.6}$$

式中，$m = 1,2,3,\cdots;n = 0,1,2,\cdots$。分离常数方程仍然是式(4.2.2)，$\gamma$ 也由式(4.2.11)决定。

对于 TMx 模式，容易求得其 z 向特性波阻抗为

$$(Z_0)_{mn}^{\mathrm{TM}x}=\frac{\dot{E}_x}{\dot{H}_y}=\frac{k^2-(m\pi/a)^2}{-\mathrm{j}\gamma\omega\varepsilon}=\begin{cases}\dfrac{k^2-\left(\dfrac{m\pi}{a}\right)^2}{\omega\varepsilon\beta} & (f>f_c)\\[2ex] \dfrac{k^2-\left(\dfrac{m\pi}{a}\right)^2}{-\mathrm{j}\omega\varepsilon\alpha} & (f<f_c)\end{cases}\tag{4.3.7}$$

当 a 比较小时，截止的 $\mathrm{TM}x_{mn}$ 模式($m\neq 0$) 的 z 向特性波阻抗呈电容性，而截止的 $\mathrm{TM}x_{on}$ 模式的 z 向特性波阻抗呈电感性。同样，求得 TEx 模式的 z 向特性波阻抗是

$$(Z_0)_{mn}^{\mathrm{TE}x}=\frac{-\dot{E}_y}{\dot{H}_x}=\frac{-\mathrm{j}\gamma\omega\mu}{k^2-\left(\dfrac{m\pi}{a}\right)^2}=\begin{cases}\dfrac{\omega\mu\beta}{k^2-\left(\dfrac{m\pi}{a}\right)^2} & (f>f_c)\\[2ex] \dfrac{-\mathrm{j}\omega\mu\alpha}{k^2-\left(\dfrac{m\pi}{a}\right)^2} & (f<f_c)\end{cases}\tag{4.3.8}$$

当 a 比较小时，截止的 $\mathrm{TM}x_{mn}$ 模式的 z 向特性波阻抗呈电感性。

4.4　部分填充矩形波导[2]

如图 4.4.1 所示，考虑在 $x=0$ 和 $x=d$ 之间有填充介质(或有两种介质) 的矩形波导。这个问题可以分成 $0<x<d$ 和 $d<x<a$ 的两个均匀区域，其中不可能存在对 z 的纯 TE 模式或纯 TM 模式，大部分模式是混合模式，同时具有 $\dot{E}_z$ 和 $\dot{H}_z$。因此，这里举例求对 x 的 TE 模式或 TM 模式。

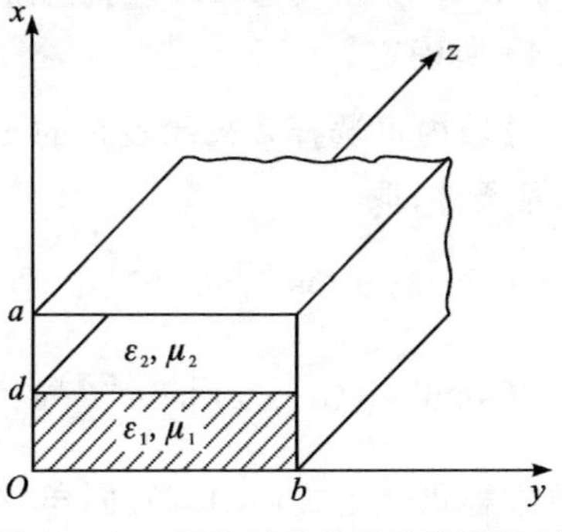

图 4.4.1　部分填充介质的矩形波导

对于这种问题，可以使用分域分离变量方法先求每一区域的解，再使其 $\dot{\boldsymbol{E}}$ 和 $\dot{\boldsymbol{H}}$ 的切向分量在介质分界面上保持连续。现在，先求对 x 的 TM 场。在每一分域(分域 1，$x<d$；分域 2，$x>d$) 选择 $\dot{\psi}$ 来代表 $\dot{\boldsymbol{A}}$ 的 x 分量。为了满足在导体壁上电场切向分量为零的边界条件，取

$$\left.\begin{aligned}\dot{\psi}_1 &= C_1\cos k_{x1}x\sin\frac{n\pi y}{b}e^{-jk_zz}\\ \dot{\psi}_2 &= C_2\cos[k_{x2}(a-x)]\sin\frac{n\pi y}{b}e^{-jk_zz}\end{aligned}\right\}\tag{4.4.1}$$

式中，$n=1,2\cdots$。为了实现在 $x=d$ 处 $\dot{\boldsymbol{E}}$ 和 $\dot{\boldsymbol{H}}$ 的切向分量分别相匹配，显然应该取 $k_y=n\pi/b$，而 k_z 在两个分域中必须是相同的。在两个分域内，根据式(4.2.2)，分离常数的方程分别是

$$\left.\begin{aligned}k_{x1}^2+\left(\frac{n\pi}{b}\right)^2+k_z^2 &= k_1^2=\omega^2\mu_1\varepsilon_1\\ k_{x2}^2+\left(\frac{n\pi}{b}\right)^2+k_z^2 &= k_2^2=\omega^2\mu_2\varepsilon_2\end{aligned}\right\}\tag{4.4.2}$$

根据在 4.3 节中给出的电磁波解的构成分析，容易计算出 $\dot{E}_{y1}$、$\dot{E}_{z1}$ 和 $\dot{E}_{y2}$、$\dot{E}_{z2}$ 分量。根据 $\dot{E}_y$ 和 $\dot{E}_z$ 在 $x=d$ 处的连续性：$\dot{E}_{y1}|_{x=d}=\dot{E}_{y2}|_{x=d}$ 和 $\dot{E}_{z1}|_{x=d}=\dot{E}_{z2}|_{x=d}$，得到

$$\frac{1}{\varepsilon_1}C_1k_{x1}\sin k_{x1}d=-\frac{1}{\varepsilon_2}C_2k_{x2}\sin[k_{x2}(a-d)]\tag{4.4.3}$$

同样，计算出 $\dot{H}_{y1}$、$\dot{H}_{z1}$ 和 $\dot{H}_{y2}$、$\dot{H}_{z2}$。再根据 $\dot{H}_y$ 和 $\dot{H}_z$ 在 $x=d$ 的连续性，得到

$$C_1\cos k_{x1}d=C_2\cos[k_{x2}(a-d)]\tag{4.4.4}$$

式(4.4.3) 与式(4.4.4) 左右两边分别相除，得到

$$\frac{k_{x1}}{\varepsilon_1}\tan k_{x1}d=-\frac{k_{x2}}{\varepsilon_2}\tan[k_{x2}(a-d)]\tag{4.4.5}$$

最后，联立求解方程式(4.4.2) 和式(4.4.5)，就能解得 k_{x1}、k_{x2} 和 k_z。而 C_1/C_2 比值由式(4.4.3) 或(4.4.4) 所确定。

对 x 的 TE 场，在每一分域内可选择 $\dot{\psi}$ 来代表 $\dot{\boldsymbol{F}}$ 的 x 分量。为了满足在导体壁上电场切向分量为零的边界条件，取

$$\left.\begin{aligned}\dot{\psi}_1 &= C_1\sin k_{x1}x\cos\frac{n\pi y}{b}e^{-jk_zz}\\ \dot{\psi}_2 &= C_2\sin[k_{x2}(a-x)]\cos\frac{n\pi y}{b}e^{-jk_zz}\end{aligned}\right\}\tag{4.4.6}$$

式中，$n=1,2\cdots$。分离常数方程仍然是式(4.4.2)。同样，在 $x=d$ 处，根据切向 $\dot{\boldsymbol{E}}$ 和 $\dot{\boldsymbol{H}}$ 的连续性，可得特征方程为

$$\frac{k_{x1}}{\mu_1}\cot k_{x1}d=-\frac{k_{x2}}{\mu_2}\cot[k_{x2}(a-d)]\tag{4.4.7}$$

同样，联立方程式(4.4.2) 和式(4.4.7)，就能解得 k_{x1}、k_{x2} 和 k_z。

部分填充介质矩形波导的场的特点是：场倾向于集中在较高 ε 和 μ 乘积值的介质区域内。在无损耗情况下，各种模式的截止频率($k_z=0$) 总是在充满 μ_1、ε_1 材料

的波导和充满 μ_2、ε_2 材料的波导的相应模式的截止频率之间。与充满一种电介质的波导不同，相应的 TEx 和 TMx 模式的截止频率是不同的。还有，就是知道了部分填充波导的截止频率，也不足以由式(4.2.11) 确定其他频率的 k_z。还必须在每一频率下对式(4.4.5) 或式(4.4.7) 进行求解。

当 k_1 和 k_2 比较接近时，可以估计到 k_{x1} 和 k_{x2} 都比较小(在空波导内 k_x 是零)。因此，式(4.4.5) 可近似为

$$\frac{k_{x1}^2 d}{\varepsilon_1} = \frac{-k_{x2}^2(a-d)}{\varepsilon_2} \tag{4.4.8}$$

当已知 ω 时，联立式(4.4.2) 和式(4.4.8)，可以解出 k_{x1} 和 k_{x2}。应该注意到，当 k_{x1} 是实数时，k_{x2} 是虚数；反之，当 k_{x1} 是虚数时，k_{x2} 就是实数。在式(4.4.2) 中，令 $k_z = 0$，就可以求得截止频率。例如，对主模式($n = 1$)，应用式(4.4.8)，有

$$\left.\begin{aligned} k_{x1}^2 + \left(\frac{\pi}{b}\right)^2 &= \omega^2 \mu_1 \varepsilon_1 \\ \frac{-\varepsilon_2 d}{\varepsilon_1(a-d)} k_{x1}^2 + \left(\frac{\pi}{b}\right)^2 &= \omega^2 \mu_2 \varepsilon_2 \end{aligned}\right\}$$

由此解之，得到截止角频率 ω_c 为

$$\omega_c = \frac{\pi}{b}\sqrt{\frac{\varepsilon_1(a-d)+\varepsilon_2 d}{\varepsilon_1(a-d)\varepsilon_2\mu_2 + \varepsilon_2 d \varepsilon_1 \mu_1}} \tag{4.4.9}$$

应该注意到，这就是两端都短路的平行平板传输线的谐振方程，其单位宽度电感和电容分别为 $L = \mu a$ 和 $C = \dfrac{\varepsilon_1\varepsilon_2}{\varepsilon_1(a-d)\varepsilon_2 d}$。实际上，任意横截面长直金属管波导在截止频率处都是二维谐振器。

现在，我们来看另一种情况。如图 4.4.2(a) 所示，假定介质边界面平行于波导的窄边，这种部分填充波导的分析方法与上相同，仅仅是 $a > b$。对于主模式 TEx_{10} 或 TE$_{10}$ 模式来说，令 $n = 0$ 时，从式(4.4.2) 和式(4.4.7) 可求得各本征值。当 k_1 和 k_2 比较接近时，k_{x1} 和 k_{x2} 近似地等于空波导的 $k_x = \pi/a$ 值。因此，在 π/a 处对 k_{x1} 和 k_{x2} 作近似，就可以得到方程式(4.4.7) 的近似解。对于主模式 TEx_{10}，在截止频率

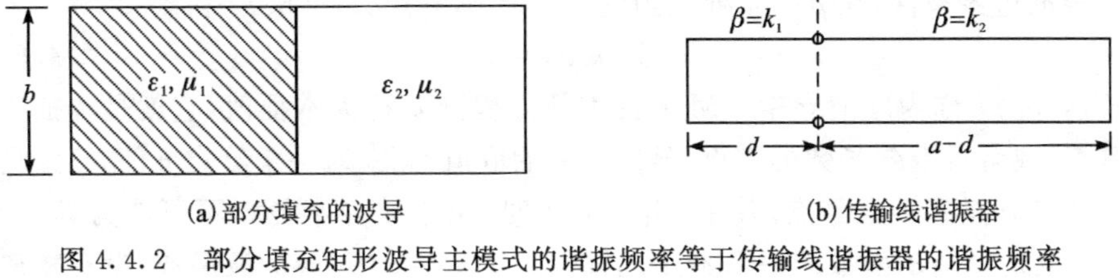

(a) 部分填充的波导　　(b) 传输线谐振器

图 4.4.2　部分填充矩形波导主模式的谐振频率等于传输线谐振器的谐振频率

处，由式(4.4.2)得到 $k_{x1}^2 = k_{1c}^2 = \omega_c^2\mu_1\varepsilon_1$ 和 $k_{x2}^2 = k_{2c}^2 = \omega_c^2\mu_2\varepsilon_2$。将这些结果代入式(4.4.7)中，得到

$$\frac{1}{\eta_1}\cot k_{1c}d = -\frac{1}{\eta_2}\cot[k_{2c}(a-d)] \tag{4.4.10}$$

这就是两对终端短路后相并接传输线(图 4.4.2(b))的谐振方程。它们的特性阻抗 Z_0 值分别为 η_1 和 η_2，而相位常数 β 值分别为 k_{1c} 和 k_{2c}。从电磁波的观点来看，在截止频率处，$\mathrm{TE}x_{10}$ 模式与沿 x 方向传播的平行平板传输线模式相同。

4.5 圆波导

如图 4.5.1 所示，圆波导就是一根理想导体圆管，圆管的内半径为 a。这是柱面波函数在电磁波传播分析中应用的一个最典型的问题。

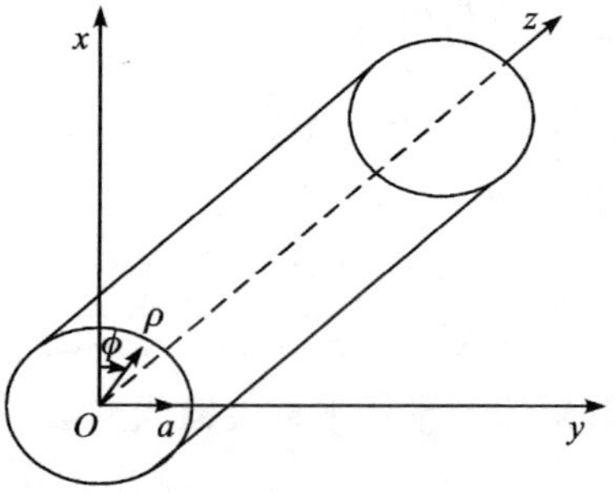

图 4.5.1 圆波导

根据圆波导几何结构的特点，选用圆柱坐标系，且令圆波导的轴线沿 z 轴。首先，讨论对于 z 的 TM 模式，只需用仅有 z 分量的 $\dot{\boldsymbol{A}} = \dot{\psi}\boldsymbol{e}_z$。考虑到在 $\rho = 0$ 处，场是有限值，所以波函数 $\dot{\psi}$ 应取如下形式：

$$\dot{\psi}^{\mathrm{TM}} = A_n \mathrm{J}_n(k_c\rho)\begin{Bmatrix}\sin n\phi \\ \cos n\phi\end{Bmatrix}\mathrm{e}^{-\gamma z} \tag{4.5.1}$$

式中，A_n 为常数，$n = 0,1,2,\cdots$。传播常数 γ 与截止波数 k_c 之间满足下列关系：

$$k_c^2 = k^2 + \gamma^2 \tag{4.5.2}$$

根据边界条件，在 $\rho = a$ 处波函数 $\dot{\psi}_n^{\mathrm{TM}} = 0$，利用式(4.5.1)得到

$$\mathrm{J}_n(k_c a) = 0 \tag{4.5.3}$$

上式(4.5.3)称为圆波导中 TM 波的本征方程。$k_c a$ 称为本征值，它就是本征方程的零点，或者贝塞尔函数的零点，显然与 n 的取值有关。对一个给定 n 值，已知贝塞尔函数具有无穷多个零点。其中，当 $n \geqslant 1$ 时，由于波导半径 a 不可能为零，所以 $k_c = 0$ 也是贝塞尔函数的一个零点。但是，由于 $k_c = 0$ 对应的波函数，没有物理意义，所以应该舍弃 $k_c = 0$ 的情况，只取本征方程式(4.5.3)的非零根。把这些非零根

按其值从小到大排序，并用 x_{np} 表示，即 $k_c a = x_{np}$，对应的截止波数为 k_{cnp}，则

$$k_{cnp} = \frac{x_{np}}{a} \tag{4.5.4}$$

由式(4.5.4)知，对于给定半径的圆波导，截止波数的值与对应零点的序号 p 直接相关。一组(n,p)值对应于一种场结构，或称为一种 TM 模式，记作 TM_{np}。由式(4.5.1)知，n 是在角向 $0 \sim 2\pi$ 之间场量变化的周期数目，所以 n 称为角向模式指数；p 是纵向电场分量在径向 $0 \sim a$ 之间的零点数目，所以 p 称为径向模式指数。

将式(4.5.4)给出的 k_{cnp} 值代入式(4.5.1)中，得到 TM_{np} 模式的波函数为

$$\dot{\psi}_{np}^{\mathrm{TM}} = \mathrm{J}_n\left(\frac{x_{np}\rho}{a}\right)\begin{Bmatrix}\sin n\phi \\ \cos n\phi\end{Bmatrix}\mathrm{e}^{-\gamma z} \tag{4.5.5}$$

式中，$n = 0,1,2,\cdots$ 是贝塞尔函数的阶数；$p = 1,2,3,\cdots$ 是根的序号。

对于 z 的 TE 模式，只需用仅有 z 分量的 $\dot{\boldsymbol{F}} = \dot{\psi}\boldsymbol{e}_z$。此时，波函数 $\dot{\psi}$ 也应取式(4.5.1)那样的形式，即

$$\dot{\psi}^{\mathrm{TE}} = A_n \mathrm{J}_n(k_c\rho)\begin{Bmatrix}\sin n\phi \\ \cos n\phi\end{Bmatrix}\mathrm{e}^{-\gamma z} \tag{4.5.6}$$

式中，A_n 为常数，$n = 0,1,2,\cdots$。传播常数 γ 与截止波数 k_c 仍然满足关系式(4.5.2)。现在，在 $\rho = a$ 的导体壁上，边界条件为 $\dfrac{\partial\dot{\psi}^{\mathrm{TE}}}{\partial\rho} = 0$。因此，将边界条件代入式(4.5.6)中，得到圆波导中 TE 波的本征方程为

$$\mathrm{J}'_n(k_c a) = 0 \tag{4.5.7}$$

它的根称为本征值，其值与 n 有关。由于 $\mathrm{J}'_n(x)$ 有无数个零点，按其值从小到大排序，编排为 x'_{np}，$p = 1,2,3,\cdots$ 是根的序号。即 $k_c a = x'_{np}$，则由此得到对应的截止波数为

$$k_{cnp} = \frac{x'_{np}}{a} \tag{4.5.8}$$

当 n 和 p 取值不同时，截止波数 k_{cnp} 不同，场结构也不同。换句话说，一组(n,p)值对应于一种场结构，或称为一种 TE 模式，记作 TE_{np}。n 和 p 分别称为角向模式指数和径向模式指数。

将式(4.5.8)给出的 k_{cnp} 值代入式(4.5.6)中，得到 TE_{np} 模式的波函数如下：

$$\dot{\psi}_{np}^{\mathrm{TE}} = \mathrm{J}_n\left(\frac{x'_{np}\rho}{a}\right)\begin{Bmatrix}\sin n\phi \\ \cos n\phi\end{Bmatrix}\mathrm{e}^{-\gamma z} \tag{4.5.9}$$

式中，$n = 0,1,2,\cdots$；$p = 1,2,3,\cdots$。

与矩形波导一样，在圆波导中也可以同时存在无限多个 TE 模和 TM 模，但不存在 TE_{n0} 模和 TM_{n0} 模。TE_{0p} 模和 TM_{1p} 模的截止波长相同，它们是简并的。此外，还存在极化简并。这是因为可选用 $\sin n\phi$ 或 $\cos n\phi$ 两种可能性的缘故，除了 $n = 0$ 的

模式外，它们只是极化面旋转了 90°，所以称为极化简并。

在需要有旋转对称的情况下，才使用圆波导。由于极化简并，它的主"模式"TE_{11} 也是一对简并模式，所以在圆波导中不可能实现单模式传播。但是应该注意到，除 TE_{0p} 模式和 TM_{1p} 模式之外，其他 TE 模式和 TM 模式却具有不同的截止频率和不同的传播常数。在图 4.5.2 中给出了几种低阶模式的场分布。

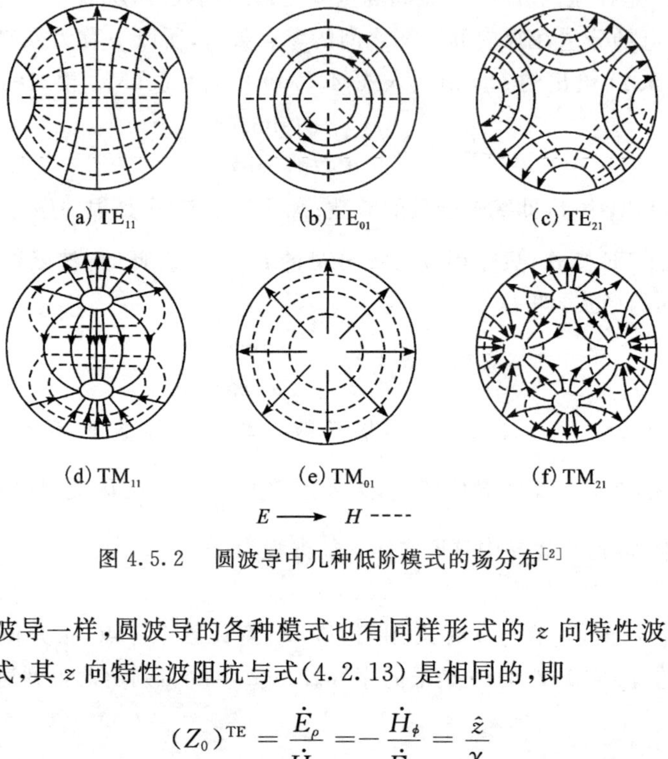

图 4.5.2 圆波导中几种低阶模式的场分布[2]

与矩形波导一样，圆波导的各种模式也有同样形式的 z 向特性波阻抗。例如，对于 TE 模式，其 z 向特性波阻抗与式(4.2.13)是相同的，即

$$(Z_0)^{\mathrm{TE}} = \frac{\dot{E}_\rho}{\dot{H}_\phi} = -\frac{\dot{H}_\phi}{\dot{E}_\rho} = \frac{\hat{z}}{\gamma} \tag{4.5.10}$$

如图 4.5.3 所示，这几种横截面的波导管，也能使用基本柱面波函数，应用上述方法来加以分析[2]。

例 4.5.1 试求劈形圆波导(图 4.5.3(e))的最低阶 TM 波和 TE 波的截止波长。

解 在劈形圆波导中，TM 波和 TE 波的波函数 $\dot{\psi}$ 都满足亥姆霍兹方程

$$\left(\frac{\partial^2}{\partial\rho^2} + \frac{1}{\rho}\frac{\partial}{\partial\rho} + \frac{1}{\rho^2}\frac{\partial^2}{\partial\phi^2} + \frac{\partial^2}{\partial z^2} + k^2\right)\dot{\psi} = 0$$

对于 z 向的 TM 波，当 $\phi = 0, \alpha$ 和 $\rho = a$ 时，$\dot{\psi} = 0$。因此，其解为

$$\dot{\psi} = A_s \mathrm{J}_s(k_c\rho)\sin(s\phi)\mathrm{e}^{-\gamma z}$$

式中，k_c 是横向波数，$k_c^2 = k^2 + \gamma^2$；$s = \pi/\alpha, s = 2\pi/\alpha, s = 3\pi/\alpha, \cdots$；$k_c = x_{sp}/a, p = 1,2,3,\cdots$。而 x_{sp} 是贝塞尔函数 $\mathrm{J}_s(x)$ 的第 p 个正零点。因此，最小的 x_{sp} 值所对应的

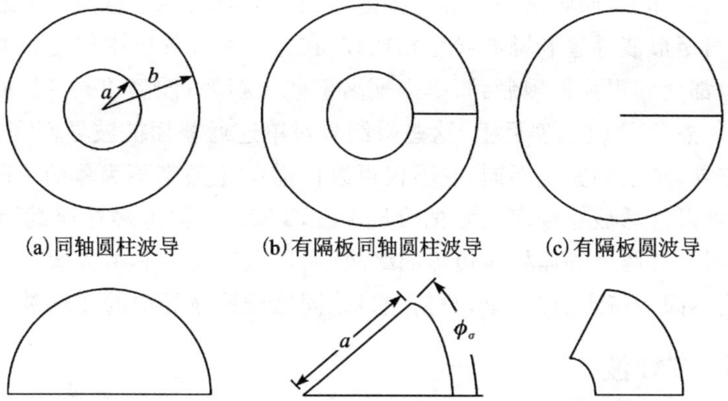

(a) 同轴圆柱波导　(b) 有隔板同轴圆柱波导　(c) 有隔板圆波导

(d) 半圆波导　(e) 劈形圆波导　(f) 扇形圆波导

图 4.5.3　一些模式函数是基本柱面波函数的波导的横截面图[2]

$\lambda_c = 2\pi/k_c = 2\pi a/x_{sp}$ 就是最低阶 TM 波的截止波长。

对于 z 向的 TE 波，当 $\phi = 0, \alpha$ 和 $\rho = a$ 时，$\dfrac{\partial \dot{\psi}}{\partial n} = 0$。同理，得到其波函数 $\dot{\psi}$ 和横向波数 k'_c 为

$$\dot{\psi} = B_s J_s(k'_c \rho)\cos(s\phi)e^{-\gamma z}, s = 0, s = \pi/\alpha, s = 2\pi/\alpha, \cdots$$

$$k'_c = \frac{x'_{sp}}{a}, n = 1,2,3,\cdots。$$

式中，x'_{sp} 是 $J'_s(x)$ 的第 p 个正零点。因此，最小的 x'_{sp} 值所对应的 $\lambda_c = 2\pi/k'_c = 2\pi a/x'_{sp}$ 就是最低阶 TE 波的截止波长。下面分析劈角 α 为 $\pi/3$、π 和 2π 三种情况。

(1) $\alpha = \pi/3$

最低阶 TM 波：$p_{31} = 6.380, \lambda_c = 0.985a$，相当于圆波导中 TM_{31} 波的截止波长。

最低阶 TE 波：$p'_{01} = 3.832, \lambda_c = 1.64a$，相当于圆波导中 TE_{01} 波的截止波长。

(2) $\alpha = \pi$

最低阶 TM 波：$p_{11} = 3.832, \lambda_c = 1.64a$，相当于圆波导中 TM_{11} 波的截止波长。

最低阶 TE 波：$p'_{11} = 1.841, \lambda_c = 3.41a$，相当于圆波导中 TE_{11} 波的截止波长。

(3) $\alpha = 2\pi$

最低阶 TM 波：$p_{1/2,1} = 3.14, \lambda_c = 2a$。

最低阶 TE 波：$p'_{1/2,1} = 1.16, \lambda_c = 5.42a$。

4.6　同轴圆柱波导中的 TM 波和 TE 波

同轴圆柱波导是由同轴的两个导体圆柱面构成，两导体圆柱面间填充作为支

撑用的介质。实际上，同轴圆柱波导是多连通截面波导的一个最典型也最有实用价值的例子。与矩形波导管和圆波导管相比较，在这两种波导管中传播的电磁波在频率和波型上都受到很强的限制：频率必须高于截止频率；波型或是 TE 波或是 TM 波，不可能传播 TEM 波。实际上，这些限制只对单连通截面的波导而言。对于多连通截面的波导，结论则完全不同，它不仅可以传播截止频率不为零的 TE 波或 TM 波，而且还可以传播截止频率为零的 TEM 波，TEM 波称为多连通截面波导的主波。这都是因为有两个导体柱面边界的缘故，所以电磁波在其中传播时与波导管相比较有一些不同的特点。在这里，我们先讨论同轴圆柱波导中的 TM 波和 TE 波。

4.6.1 TM 波[4]

如图 4.6.1 所示，设同轴圆柱波导的内外圆柱面半径分别为 a 和 b，两圆柱间填充均匀电介质，介电常数为 ε，磁导率为 μ。对于同轴圆柱波导，分析 TE 波和 TM 波的方法与圆波导相同，只是此时不仅要考虑外圆柱面上的边界条件，还要考虑内圆柱面上的边界条件。其边界条件为

$$\rho = a \text{ 和 } b \text{ 时}, \dot{\psi} = 0 \quad (\text{TM 波}) \tag{4.6.1}$$

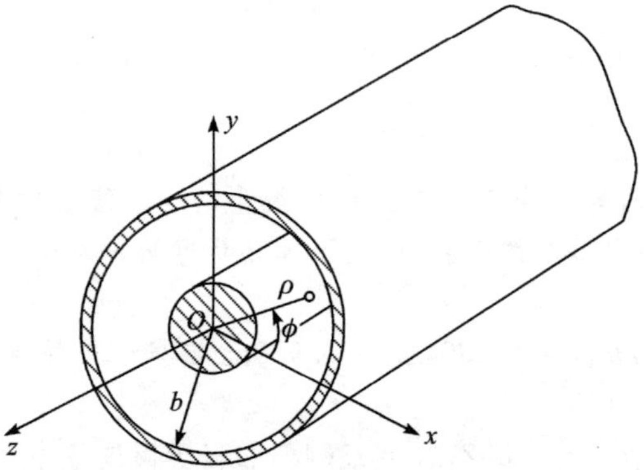

图 4.6.1　同轴圆柱波导

在边界条件式(4.6.1)下，求如下亥姆霍兹方程

$$\left(\frac{\partial^2}{\partial\rho^2}+\frac{1}{\rho}\frac{\partial}{\partial\rho}+\frac{1}{\rho^2}\frac{\partial^2}{\partial\phi^2}+\frac{\partial^2}{\partial z^2}+k^2\right)\dot{\psi}=0 \tag{4.6.2}$$

的本征值问题的解，就能得到 TM 波的场分布。

对于 TM 波，波函数 $\dot{\psi}$ 具有如下形式：

$$\dot{\psi}^{\mathrm{TM}}=\left[C_1\mathrm{J}_m(k_c\rho)+C_2\mathrm{Y}_m(k_c\rho)\right]\begin{Bmatrix}\sin m\phi\\ \cos m\phi\end{Bmatrix}\mathrm{e}^{-\gamma z} \tag{4.6.3}$$

式中，k_c 是横向波数，$k_c^2=k^2+\gamma^2$；$m=0,1,2,\cdots$。下面利用边界条件确定本征方程及其本征值。显然，当同轴圆柱波导的内导体半径为零时，同轴圆柱波导即退化为

圆波导。因此，为了与圆波导相比较起见，特别定义 $k_c b$ 为同轴圆柱波导的本征值。

在同轴圆柱波导中，不必考虑 $\rho = 0$ 的点，不会遇到 $Y_m(k_c\rho)$ 发生无限大的情况。应用边界条件式(4.6.1)，得到

$$C_1 J_m(k_c a) + C_2 Y_m(k_c a) = 0 \quad 和 \quad C_1 J_m(k_c b) + C_2 Y_m(k_c b) = 0$$

由上面这两个方程，可以得到

$$J_m(k_c a) Y_m(k_c b) - J_m(k_c b) Y_m(k_c a) = 0 \tag{4.6.4}$$

这是决定 k_c 值的本征方程。它是一个超越方程，对于不同的 m 取值，具有无穷多个根($n = 1,2,3,\cdots$)。每一个非零根对应不同的 k_c 值。如果将 m 定义为角向模式指数，将 n 定义为径向模式指数，那么一组(m,n) 值对应一种模式，记作 TM_{mn}。

由于方程式(4.6.4) 是一个超越方程，其根的求解需要用数值方法。已经求得截止波长的近似表达式为

$$\lambda_c \approx \frac{2}{i}(b - a) \qquad (i = 1,2,3,\cdots) \tag{4.6.5}$$

可以看到，同轴圆柱波导中TM波高次模式的截止波长近似值与m无关。如果出现 TM_{01} 模，则同时可能出现 TM_{11}，TM_{21}，$\cdots$ 模。对 TM 波的最低波型 TM_{01} 模，其截止波长约为

$$\lambda_c \approx 2(b - a) \tag{4.6.6}$$

4.6.2 TE 波[4]

对于 TE 波，其波函数 $\dot{\psi}$ 仍然具有式(4.6.3) 那样的形式。但是，边界条件应该为

$$\rho = a \text{ 和 } b \text{ 时，} \frac{\partial \dot{\psi}}{\partial n} = 0 \quad (\text{TE 波}) \tag{4.6.7}$$

与分析 TM 波的方法相同，不难得到本征方程为

$$J'_m(k_c a) Y'_m(k_c b) - J'_m(k_c b) Y'_m(k_c a) = 0 \tag{4.6.8}$$

它也是一个超越方程，对于不同的 m 取值，具有无穷多个根($n = 1,2,3,\cdots$)。每一个非零根对应不同的k_c值。如果仍然将m定义为角向模式指数，将n定义为径向模式指数，那么一组(m,n) 值对应一种模式，记作 TE_{mn}。

采用数值方法求方程式(4.6.8) 根的近似值，由此已经求得截止波长的近似表达式为

$$\lambda_{cTE_{m1}} \approx \frac{\pi(b + a)}{m} \qquad (m = 1,2,3,\cdots) \tag{4.6.9}$$

对 TE 波的最低波型 TE_{11} 模，其截止波长约为

$$\lambda_c \approx \pi(b + a) \tag{4.6.10}$$

显然，当工作波长$\lambda > \pi(b+a)$时，或者说同轴圆柱波导内、外导体半径尺寸满足$(b+a) < \lambda/\pi$时，TM波和TE波的任何波型的电磁波都不可能在同轴圆柱波导中传

播,因为它们将很快地在激励点的附近衰减掉。这时在同轴圆柱波导中只有TEM波传播,所以说圆柱波导中的主模是TEM波,其余的TM模和TE模都是高次模。TM波和TE波的截止频率总是大于零。

上述分析结果说明,同轴圆柱波导可以传输频率从零开始的横电磁波。当频率高于某一值时,同轴圆柱波导中就会出现TM波和TE波。同轴圆柱波导通常工作在主模。

4.6.3 圆柱波导与圆波导的比较[5]

在前面已经说过,与波导管相比较,因为有两个导体柱面边界的缘故,所以电磁波在同轴圆柱波导中传播时具有一些独特的电磁性质。从数学上来看,就是在波函数$\dot{\psi}$通解的表达式中增加了第二类贝塞尔函数$Y_m(k_c\rho)$,这样使得同轴圆柱波导的本征方程与圆波导的本征方程之间的区别很大。当然,两者本征方程的解的差异也就很大,但其差异随着外导体半径与内导体半径之比b/a的增大,却会逐步减小。特别是,当$b/a\to+\infty$时,同轴圆柱波导的本征值趋近于圆波导的本征值。这是由于圆波导相当于$a=0$的同轴圆柱波导。

例如,图4.6.2给出了同轴圆柱波导中$TE_{28,16}$模的本征值k_cb随外导体半径与内导体半径之比b/a的变化曲线。可以看出,当b/a足够大时,其本征值曲线已趋于固定值,约为87.3598,与由圆波导的本征方程算出的结果相一致。在$2.86<b/a<4.53$范围内,同轴圆柱波导中$TE_{28,16}$模的本征值对应于圆波导的本征值87.3598;而在$2.63<b/a<2.86$范围内,同轴圆柱波导中$TE_{28,16}$模的本征值大于圆波导的本征值87.3598。这一特性具有重要的实用价值。因为由本征值定义知,

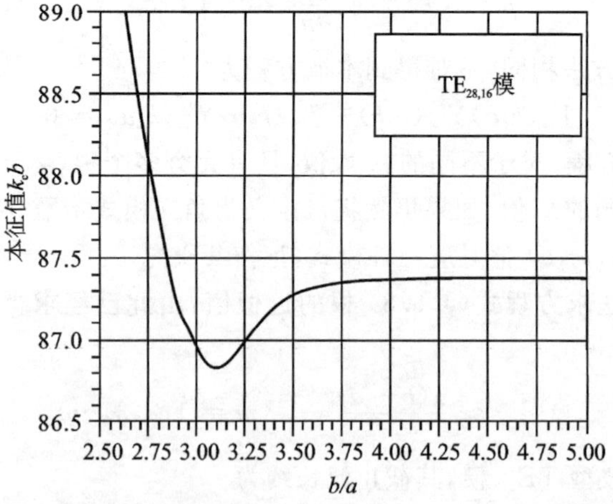

图4.6.2　同轴圆柱波导中$TE_{28,16}$模的本征值k_cb随外导体半径与内导体半径之比b/a的变化特性[5]

圆波导的半径 a 和同轴圆柱波导外导体半径 b,都与本征值成正比。因此,在 $2.63 < b/a < 2.86$ 范围内取值,可以使同轴圆柱波导的几何尺寸比对应的圆波导的几何尺寸更大,这将有利于波导的散热和加工制造,特别当波导工作于毫米波段时,这个特性就显得极为重要。

与圆波导相比较,同轴圆柱波导的第二个优越性是,其相邻模式的本征值的差值要比圆波导的差值大,即相邻模式的本征值相互之间的间隔较大。表 4.6.1 给出了同轴圆柱波导与圆波导部分模式的本征值的比较结果。在电磁场工程中,相邻模式的本征值间隔越大,越有利于分别对它们进行处理。例如,假设选取 $TE_{28,16}$ 模为工作模式,为了消除或减小相邻的非工作模式 $TE_{27,16}$ 及 $TE_{29,16}$ 对工作模式的影响,就需要设法处理这两个非工作模式,但又不能影响工作模式 $TE_{28,16}$。显然,如果这几个本征值的间隔越大,就越容易处理。近来,德国脉冲功率与微波技术研究所利用这一特性,已在 2 毫米波段成功地实现了同轴圆柱波导微波激励器 $TE_{28,16}$ 模单模运行,产生的脉冲功率高达 1.2 MW。

表 4.6.1　同轴圆柱波导与圆波导的 TE_{mn} 波本征值及其间隔比较[5]

本征值及其间隔	同轴波导 $b/a = 3.6677$	圆柱波导	本征值及其间隔	同轴波导 $b/a = 3.6677$	圆柱波导
$\alpha_{23,16}$	80.3398	80.7335	$\alpha_{24,16} \sim \alpha_{23,16}$	1.4590	1.3348
$\alpha_{24,16}$	81.7988	82.0683	$\alpha_{25,16} \sim \alpha_{24,16}$	1.4370	1.3299
$\alpha_{25,16}$	83.2358	83.3982	$\alpha_{26,16} \sim \alpha_{25,16}$	1.3985	1.3251
$\alpha_{26,16}$	84.6343	84.7233	$\alpha_{27,16} \sim \alpha_{26,16}$	1.3640	1.3205
$\alpha_{27,16}$	85.9983	86.0438	$\alpha_{28,16} \sim \alpha_{27,16}$	1.3395	1.3160
$\alpha_{28,16}$	87.3377	87.3598			

4.7　同轴圆柱波导中的 TEM 波

在 4.6 节中,我们没有考虑同轴圆柱波导中本征方程取零根的情况(相当于径向模式指数 $n = 0$),零根对应于截止波数 $k_c = 0$。对于同轴圆柱波导中的 TE 波和 TM 波,由于场各个分量表达式含有 k_c^{-2} 因子,所以当 $k_c = 0$ 时,将导致其失去物理意义。但是,同轴圆柱波导中可以传输 $k_c = 0$ 的电磁波,这种波就是 TEM 波。当同轴圆柱波导用作传输 TEM 波时,一般常把它简称为同轴线或电缆。

由于在 TEM 波中不存在纵向电磁场分量,所以其横向电磁场分量不能由纵向分量导出。因此,分析同轴线或电缆中的 TEM 波,就需要基于 4.1 节所述的电磁波传播的一般理论。现在,研究 $k_c = 0$ 的电磁波传播特性。当 $k_c = 0$ 时,在圆柱坐标系中,方程式(4.1.5) 及式(4.1.7) 变成

$$\nabla_t^2 \boldsymbol{E}(\rho,\phi) = \boldsymbol{0} \tag{4.7.1}$$

$$\nabla_t^2 \boldsymbol{H}(\rho,\phi) = \boldsymbol{0} \tag{4.7.2}$$

这里，$\boldsymbol{E}(\rho,\phi) = E_\rho(\rho,\phi)\boldsymbol{e}_\rho + E_\phi(\rho,\phi)\boldsymbol{e}_\phi$；$\boldsymbol{H}(\rho,\phi) = H_\rho(\rho,\phi)\boldsymbol{e}_\rho + H_\phi(\rho,\phi)\boldsymbol{e}_\phi$。且式(4.1.6) 变成

$$\gamma^2 = -k^2 \quad 或 \quad \gamma = \mathrm{j}k \tag{4.7.3}$$

式(4.7.3) 说明同轴线或电缆中 TEM 波的传播常数 β 与波数 k 相同。

考虑到问题的轴对称性，以及理想导体表面的电场强度切向分量为零，而磁场强度的法向分量为零，那么，在横截面内同轴线或电缆中 TEM 波场量的表达式为

$$\boldsymbol{E}(\rho) = E_\rho(\rho)\boldsymbol{e}_\rho \quad 和 \quad \boldsymbol{H}(\rho) = H_\phi(\rho)\boldsymbol{e}_\phi \tag{4.7.4}$$

将 $\boldsymbol{E} = E_\rho(\rho)\boldsymbol{e}_\rho$ 和 $\boldsymbol{H} = H_\phi(\rho)\boldsymbol{e}_\phi$ 分别代入方程式(4.7.1) 和式(4.7.2) 中，得到

$$\left(\frac{\mathrm{d}^2}{\mathrm{d}\rho^2} + \frac{1}{\rho}\frac{\mathrm{d}}{\mathrm{d}\rho} - \frac{1}{\rho^2}\right)E_\rho(\rho) = 0 \tag{4.7.5}$$

$$\left(\frac{\mathrm{d}^2}{\mathrm{d}\rho^2} + \frac{1}{\rho}\frac{\mathrm{d}}{\mathrm{d}\rho} - \frac{1}{\rho^2}\right)H_\phi(\rho) = 0 \tag{4.7.6}$$

不难得到，式(4.7.5) 和式(4.7.6) 有物理意义的解分别为

$$E_\rho(\rho) = \frac{C_1}{\rho} \quad 和 \quad H_\phi(\rho) = \frac{C_2}{\rho} \tag{4.7.7}$$

式中，C_1 和 C_2 是积分常数，它们之间存在约束关系。这一结果说明，同轴线或电缆中 TEM 波的电场在横截面内的分布与静电场相同，而磁场在横截面内的分布与恒定磁场相同。若考虑到沿轴线 z 向的波动性，则电场和磁场的 TEM 波的行波解可以写成

$$\dot{\boldsymbol{E}}(\rho,z) = \frac{C_1}{\rho}\mathrm{e}^{-\mathrm{j}kz}\boldsymbol{e}_\rho \quad 和 \quad \dot{\boldsymbol{H}}(\rho,z) = \frac{C_2}{\rho}\mathrm{e}^{-\mathrm{j}kz}\boldsymbol{e}_\phi \tag{4.7.8}$$

将 $\dot{\boldsymbol{E}}(\rho,z) = \frac{C_1}{\rho}\mathrm{e}^{-\mathrm{j}kz}\boldsymbol{e}_\rho$ 和 $\dot{\boldsymbol{H}}(\rho,z) = \frac{C_2}{\rho}\mathrm{e}^{-\mathrm{j}kz}\boldsymbol{e}_\rho$ 代入麦克斯韦方程组中的第二个方程

$$\nabla \times \dot{\boldsymbol{E}} = -\mathrm{j}\omega\mu\dot{\boldsymbol{H}}$$

中，注意到 $k = \omega\sqrt{\mu\varepsilon}$，可以求出

$$C_2 = \sqrt{\frac{\varepsilon}{\mu}}C_1 \tag{4.7.9}$$

于是，同轴线或电缆中 TEM 波的行波解为

$$\dot{\boldsymbol{E}}(\rho,z) = \frac{1}{2\pi}\sqrt{\frac{\mu}{\varepsilon}}\frac{C}{\rho}\mathrm{e}^{-\mathrm{j}kz}\boldsymbol{e}_\rho \quad 和 \quad \dot{\boldsymbol{H}}(\rho,z) = \frac{1}{2\pi}\frac{C}{\rho}\mathrm{e}^{-\mathrm{j}kz}\boldsymbol{e}_\phi \tag{4.7.10}$$

式中，已将积分常数 C_1 改写为 $C_1 = \frac{C}{2\pi}\sqrt{\frac{\mu}{\varepsilon}}$。此处，$C$ 为积分常数，可以应用安培环路定律来决定。假设在同轴线或电缆 $z = 0$ 截面上，沿轴向流过的电流为 $\dot{I}$，那么利用安培环路定律，有

$$\dot{I}=\int_0^{2\pi}\dot{H}_{\phi}\rho\mathrm{d}\phi=\int_0^{2\pi}\frac{1}{2\pi}\frac{C}{\rho}\rho\mathrm{d}\phi=C \tag{4.7.11}$$

由此得到，$C=\dot{I}$。另一方面，由于电场在横截面内的分布与静电场相同，所有可以在 $z=0$ 截面上沿任意路径从内导体表面上一点到外导体内表面上一点，对电场强度进行线积分，其积分值就是在 $z=0$ 截面上内、外导体之间的电压 $\dot{U}$，即

$$\dot{U}=\int_a^b\dot{E}_{\rho}\mathrm{d}\rho=\int_a^b\frac{1}{2\pi}\sqrt{\frac{\mu}{\varepsilon}}\frac{C}{\rho}\mathrm{d}\rho=\frac{C}{2\pi}\sqrt{\frac{\mu}{\varepsilon}}\ln\frac{b}{a} \tag{4.7.12}$$

比较式(4.7.11)和式(4.7.12)可以看出，在 $z=0$ 截面上电压 $\dot{U}$ 和电流 $\dot{I}$ 之间满足以下关系：

$$Z_0=\frac{\dot{U}}{\dot{I}}=\frac{1}{2\pi}\sqrt{\frac{\mu}{\varepsilon}}\ln\frac{b}{a} \tag{4.7.13}$$

实际上，这一关系在任一截面上都成立，所以把 $Z_0\left(=\frac{1}{2\pi}\sqrt{\frac{\mu}{\varepsilon}}\ln\frac{b}{a}\right)$ 称为同轴线或电缆的特性阻抗。同轴线或电缆的其他参数为

$$\left.\begin{aligned}&\beta=k=\omega\sqrt{\mu\varepsilon}\\&\lambda=\frac{2\pi}{k}\\&v_{\mathrm{p}}=\frac{\omega}{\beta}=\frac{1}{\sqrt{\mu\varepsilon}}\\&\lambda_{\mathrm{c}}\rightarrow+\infty\\&\eta_{\mathrm{TEM}}=\sqrt{\frac{\mu}{\varepsilon}}\end{aligned}\right\} \tag{4.7.14}$$

这些参数与均匀平面波在无界空间中传播时的相位常数、波长、相速度、波阻抗完全相同。因此，同轴线或电缆中的 TEM 波与无界空间中的均匀平面波的特性基本相同，除了同轴线或电缆中的 TEM 波是一个非均匀平面波外，其波的等幅面与等相面在空间不重合，而是相互垂直。

同轴线中的传输功率 P_{f} 为

$$\begin{aligned}P_{\mathrm{f}}&=\int_S\mathrm{Re}(\dot{\boldsymbol{E}}\times\dot{\boldsymbol{H}}^*)\cdot\mathrm{d}\boldsymbol{S}=\int_a^b\frac{1}{(2\pi)^2}\sqrt{\frac{\mu}{\varepsilon}}\frac{C^2}{\rho^2}2\pi\rho\mathrm{d}\rho\\&=\frac{2\pi}{\eta_{\mathrm{TEM}}}C_1^2\ln\frac{b}{a}\end{aligned} \tag{4.7.15}$$

式中，利用了关系式 $C_1=\frac{C}{2\pi}\sqrt{\frac{\mu}{\varepsilon}}$。

由式(4.7.7)中的第一式，可以看出 $E_{\rho}(\rho)=\frac{C_1}{\rho}$，$\rho$ 从 a 变化到 b。因此，当 $\rho=a$

时，电场强度的值最大。若此处的电场强度为击穿电场强度 E_b，则 $E_b = \dfrac{C_1}{a}$。于是，$C_1 = aE_b$。将 $C_1 = aE_b$ 代入式(4.7.15)中，即可得到同轴线的击穿功率 P_b 为

$$P_b = \frac{2\pi(aE_b)^2}{\eta_{\mathrm{TEM}}}\ln\frac{b}{a} \tag{4.7.16}$$

应该指出，各种截面的两导体传输线的基本性质是相同的，只要理解了同轴线或电缆的特性也就为理解其他类型传输线的特性提供了基础。

4.8 单根圆柱直导线

单根圆柱直导线可以看成是外导体半径趋于无限大的同轴线。当导体是理想导体时，导线外部的场为 TEM 波，与同轴线中的场相同，而导体内部的场为零。当导体具有有限电导率 σ 时，可以看作填充等效介电常数为 $\varepsilon' = \varepsilon - \mathrm{j}(\sigma/\omega)$ 的圆波导，所以可以导引轴对称 TM 波和 TE 波及 TM 和 TE 的混合波。如果导线中流过的电流为轴向，则它导引的电磁波主要是轴对称 TM 波[6]。

当导线的 σ 为无限大时，为满足 $\rho = a$ 处切向电场为零的边界条件，导线传输的波型只能是 TEM 波，其电磁场只有 $\dot{E}_\rho$ 和 $\dot{H}_\phi$ 分量，即

$$\dot{E}_\rho = \sqrt{\frac{\varepsilon_0}{\mu_0}}\dot{H}_\phi = \frac{A}{\rho}\mathrm{e}^{-\mathrm{j}k_0 z} \qquad (\rho > a) \tag{4.8.1}$$

这里，传播常数 $k_0 = \omega\sqrt{\mu_0\varepsilon_0}$，它完全由导线外部的媒质特性决定。当外部媒质为自由空间时，波沿导线传播时无衰减，相速为光速。可以看出，由于切向电场为零，所以就没有使波被束缚于导体表面的趋势。

当 $\sigma \neq +\infty$ 时，轴对称 TM 波的特征方程为

$$\frac{k^2}{u}\frac{\mathrm{J}_1(u)}{\mathrm{J}_0(u)} = -\frac{k_0^2}{v}\frac{\mathrm{K}_1(v)}{\mathrm{K}_0(v)} \tag{4.8.2}$$

式中，$k^2 = \omega^2\mu_0\left(\varepsilon - \mathrm{j}\dfrac{\sigma}{\omega}\right)$，$k_0^2 = \omega^2\mu_0\varepsilon_0$，$\left(\dfrac{u}{a}\right)^2 = k^2 + \gamma^2$ 和 $-\left(\dfrac{v}{a}\right)^2 = k_0^2 + \gamma^2$。而 γ 为传播常数。当 σ 很大时，方程式(4.8.2)的无穷多个根中至少有一个根能使 $\gamma \approx \mathrm{j}k_0$，即导线传输的各波型中至少有一个波型与导线 $\sigma = +\infty$ 时传输的波型相差不大。这个波型通常称为主波型。这时 $v \leqslant 1$，由修正贝塞尔函数的小自变量渐近公式，可得

$$\frac{\mathrm{K}_1(v)}{\mathrm{K}_0(v)} \approx -\frac{1}{v\ln(v/2)} \tag{4.8.3}$$

此外，$u \approx \sqrt{\dfrac{\omega\mu_0\sigma}{2}}(1-\mathrm{j})a \gg 1$，那么，由修正贝塞尔函数的大自变量渐近公式，可得

$$\frac{J_1(u)}{J_0(u)} \approx \tan\left[\sqrt{\frac{\omega\mu_0\sigma}{2}}(1-j)a - \frac{\pi}{4}\right] = -j \tag{4.8.4}$$

所以，利用式(4.8.3)和式(4.8.4)，式(4.8.2)将近似变为

$$v^2 \ln\frac{v}{2} = j\frac{k_0^2}{k}a \tag{4.8.5}$$

令 $\xi = \left(\frac{v}{2}\right)^2$，当给定值 $j\frac{k_0^2}{k}a$ 时，由式(4.8.5)可解出 ξ，即得传播常数为

$$\gamma = jk_0\sqrt{1+\frac{4\xi}{k_0^2a^2}} \approx jk_0\left(1+\frac{2\xi}{k_0^2a^2}\right) \tag{4.8.6}$$

因此，波沿导线传播时，主波型的衰减常数 $\alpha = 2\xi/(k_0a)^2$，相速 $v_p \approx \omega/k_0$，即 v_p 接近于光速。计算结果说明，主波型的 α 很小。对于其他可以在单导线系统中存在的波型，可以证明衰减常数都很大，所以传播的距离很短。

当求出 γ 后，可根据轴对称 TM 波的场表达式写出导线内外主波型的各个场分量，并得出 $|\dot{E}_\rho^i| \ll |\dot{E}_z^i|$ 和 $|\dot{E}_\rho^e| \gg |\dot{E}_z^e|$（上标 i 和 e 分别代表导线内部和外部的场）。显然，在导线内部，电场 $\boldsymbol{E}$ 几乎与轴线相平行；而在导线外部，电场 $\boldsymbol{E}$ 主要是径向的。电磁场的这种分布表明，沿着空气和导体的界面行进的波，电场具有一个纵向 $\dot{E}_z$ 分量，致使总电场向前倾斜。所以坡印亭矢量不完全与边界平行，而具有一个其指向是从空气进入相邻媒质的分量。这就促使能量集中在靠近表面处而不扩散，结果形成一个束缚波或表面波。这种束缚波的相速度永远小于它在自由空间中的速度。虽然这种导行波的场也伸展到无限远，但大部分能量被限制在距离边界面几个波长的区域内，也就是被束缚在表面附近，所以可把表面看作是一种开放式波导[6]。

单导线的导行作用，可由圆导线外镀一层电介质来加强；它把强场的辐射范围缩到足够小，使得镀涂有电介质的单导线形成比较有效的开放式波导。如果在导线表面上加上皱褶，也能加强导波作用。具有介质包层的单圆柱直导线，它也可以导引轴对称 TM 波和 TE 波，其分析方法与上相同。分析结果表明，轴对称 TM 波中最低模的截止频率为零。

必须注意到，在有限电导率的导电表面上，即使有倾斜角存在，如果没有由大尺寸（几个波长）的馈入设备来激励，束缚波仍然是不显著的。所以要以高效率地沿线激发导行波，就需要一个比较大的馈入设备。它的作用是在直径约为几个波长范围内，激发一种在形状上与导行波相近的波型。因此，这一类型的波导，只在频率很高的情况下，才有实用意义。一根具有典型尺寸的单线涂电介质波导，如图 4.8.1 所示，磁漆涂层厚度只有 0.0005 个波长，其相对介电常数 $\varepsilon_r = 3$。线的直径是 0.02 个波长。图中给出了在馈入器内以及沿波导线上，电场分布的组态。线上波型是 TM 波，但在离开导线较远的区域中，却很像 TEM 波。如图 4.8.2 所示，是单根介质涂覆圆导线在天线馈电中的应用[7]。

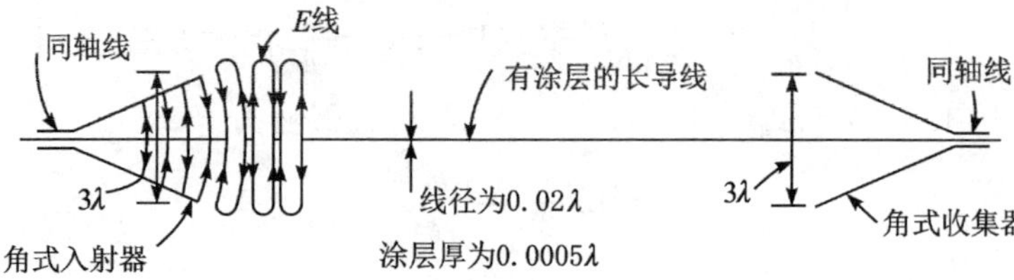

图 4.8.1 有介质涂层单导线开放式波导

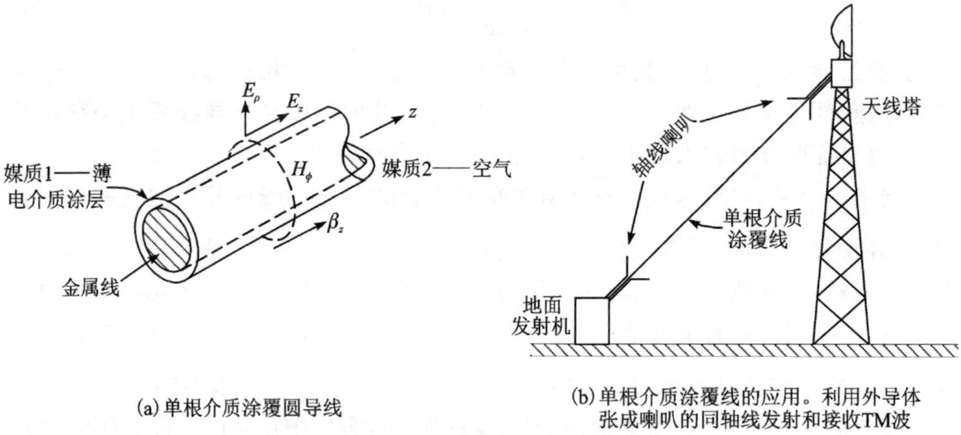

图 4.8.2 介质涂覆金属表面上的最低阶 TM 波在"单导线"传输中的应用[7]

导行波能够沿着一根具有有限电导率的圆导线前进。同样地，沿地球表面行进的波也有被表面导行的趋势。

4.9 径向波导[2]

如图 4.9.1 所示，在由位于 $z=0$ 和 $z=a$ 平面的两块导体平板形成的平行板波导中，可以存在具有圆柱形等相位面(ρ 为常数)，并沿 ρ 方向传播的波，称之为径向波。当然，平行板波导也可以传播平面波。在实际应用中，在平行板波导中究竟是传播平面波还是径向波，取决于激励方式。当波是径向波时，称导引平板为平行平板径向波导[2]。

这里，先分析对 z 的 TM 波。在 $z=0$ 和 $z=a$ 处，为了满足边界条件 $E_\rho=E_\phi=0$，应选取矢量磁位为

$$\dot{\boldsymbol{A}}=\dot{\psi}_{mn}^{\mathrm{TM}}\boldsymbol{e}_z=\cos\frac{m\pi z}{a}\cos n\phi\,\mathrm{H}_n^{(2)}(k_\rho\rho)\boldsymbol{e}_z \tag{4.9.1}$$

式中，$m=0,1,2,\cdots$；$n=0,1,2,\cdots$；$\dot{\psi}_{mn}^{\mathrm{TM}}$ 是 TM 波的波型函数；且分离常数 k_ρ 满足

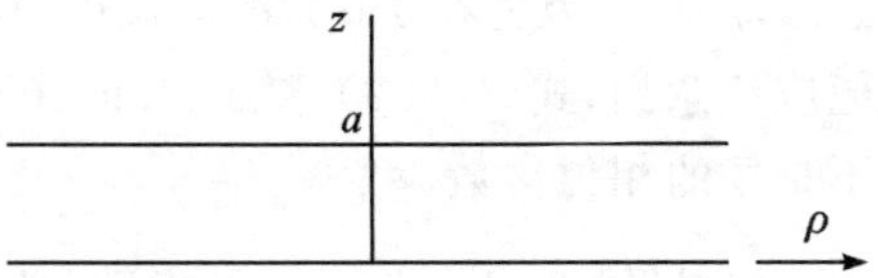

图 4.9.1　平行平板径向波导

下列关系：

$$k_\rho = \sqrt{k^2 - \left(\frac{m\pi}{a}\right)^2} \tag{4.9.2}$$

那么，由 $\dot{\boldsymbol{E}} = -\hat{z}\left(\dot{\boldsymbol{A}} + \frac{1}{k^2}\nabla\nabla\cdot\dot{\boldsymbol{A}}\right)$ 和 $\dot{\boldsymbol{H}} = \nabla\times\dot{\boldsymbol{A}}$，可以得到对 z 的 TM 波中 $\dot{E}_z$ 分量和 $\dot{H}_\phi$ 分量的表达式：

$$\dot{E}_z = \frac{k_\rho^2}{\hat{y}}\cos\frac{m\pi z}{a}\cos n\phi \mathrm{H}_n^{(2)\prime}(k_\rho\rho) \tag{4.9.3}$$

$$\dot{H}_\phi = -k_\rho\cos\frac{m\pi z}{a}\cos n\phi \mathrm{H}_n^{(2)\prime}(k_\rho\rho) \tag{4.9.4}$$

根据第二类汉克尔函数 $\mathrm{H}_n^{(2)}(k_\rho\rho)$ 的定义，式(4.9.3) 和式(4.9.4) 可化为

$$\dot{E}_z = \frac{k_\rho^2}{\omega\varepsilon}\cos\frac{m\pi z}{a}\cos n\phi[\mathrm{J}_n^2(k_\rho\rho) + \mathrm{Y}_n^2(k_\rho\rho)]^{\frac{1}{2}}\mathrm{e}^{-\mathrm{j}\Phi_1} \tag{4.9.5}$$

$$\dot{H}_\phi = k_\rho\cos\frac{m\pi z}{a}\cos n\phi[\mathrm{J}_n'^2(k_\rho\rho) + \mathrm{Y}_n'^2(k_\rho\rho)]^{\frac{1}{2}}\mathrm{e}^{-\mathrm{j}\Phi_2} \tag{4.9.6}$$

式中，Φ_1 和 Φ_2 分别是 $\dot{E}_z$ 和 $\dot{H}_\phi$ 的相位函数，且

$$\Phi_1 = \arctan\frac{\mathrm{Y}_n(k_\rho\rho)}{\mathrm{J}_n(k_\rho\rho)} - \frac{\pi}{2} \tag{4.9.7}$$

$$\Phi_2 = \arctan\frac{\mathrm{Y}_n'(k_\rho\rho)}{\mathrm{J}_n'(k_\rho\rho)} - \pi \tag{4.9.8}$$

所以，$\dot{E}_z$ 的径向相位常数为

$$\beta_{\rho_1} = \frac{\partial\Phi_1}{\partial\rho} = \frac{2}{\pi\rho}\frac{1}{\mathrm{J}_n^2(k_\rho\rho) + \mathrm{Y}_n^2(k_\rho\rho)} \tag{4.9.9}$$

$\dot{H}_\phi$ 的径向相位常数为

$$\beta_{\rho_2} = \frac{\partial\Phi_2}{\partial\rho} = \frac{2}{\pi\rho}\left[1 - \left(\frac{n}{k_\rho\rho}\right)^2\right]\frac{1}{\mathrm{J}_n'^2(k_\rho\rho) + \mathrm{Y}_n'^2(k_\rho\rho)} \tag{4.9.10}$$

由此可以看出，径向波的特点是相位常数为径向距离 ρ 的函数。对 ρ 成横向的 $\dot{\boldsymbol{E}}$ 及 $\dot{\boldsymbol{H}}$ 分量一般是不同相的；当在 ρ 很大的区域内，则变为同相。

对于实数 k_ρ，当 $k_\rho\rho \to +\infty$ 时，$\mathrm{H}_n^{(2)}(k_\rho\rho) \to \left(\frac{2}{\pi k_\rho\rho}\right)^{1/2}\mathrm{e}^{-\mathrm{j}[k_\rho\rho-(\pi/2)(n+1/2)]}$，所以这

时 $\beta_{\rho_1}=\beta_{\rho_2}\to k_\rho$。这一点容易理解，因为在$\rho$很大的区域内，径向波应该与平行平板波导内的平面波相似。但应注意到，式(4.9.9)和式(4.9.10)给出的相位常数是模式函数的相位常数，而不是场的相位常数。

从式(4.9.2)可看出，如果$\frac{m\pi}{a}>k$，那么k_ρ是虚数。此时，令$k_\rho=-\mathrm{j}\alpha$，那么$\mathrm{H}_n^2(-\mathrm{j}\alpha)=\frac{2}{\pi}\mathrm{j}^{n+1}\mathrm{K}_n(\alpha)$。式中，$\mathrm{K}_n$是修正贝塞尔函数。现在，模式函数到处同相，所以就没有波传播。径向波阻抗也为电抗性，说明无功率流动。因此，当$a<\lambda/2$时，$m>0$的模式就是非传播的(凋落)。当a较小时，只有TM_{0n}模式能够传播。

根据贝塞尔函数的渐近性质可知，在自变数$k\rho<n$时，Y_n及其导数的值会变得很大。因此，当$2\pi\rho<n\lambda$时，波阻抗以电抗性为主。一般将$k\rho=n$称之为逐渐截止点。当$k\rho>n$时，波阻抗以电阻性为主；当$k\rho<n$时，波阻抗则以电抗性为主。应该注意到，当径向波导的圆周长度是波长的整数倍时，就会出现这些逐渐截止点。

由上面分析知道，径向波导的主模式是TM_{00}模式。这说明在半径较小时，它会比其他模式能更有效地传播能量。TM_{00}模式是对ρ的TEM波，与平面传输线模式相似，称之为平行平板径向波导的传输线模式。

最后，对于z的TE波，其分析方法与上述方法相同。限于篇幅，这里就不再赘述。只是在$z=0$和$z=a$处，为了满足$E_\rho=E_\phi=0$边界条件，应选取矢量电位为

$$\dot{\boldsymbol{F}}=\dot{\psi}_{mn}^{\mathrm{TE}}\boldsymbol{e}_z=\sin\left(\frac{m\pi}{a}z\right)\cos n\phi\,\mathrm{H}_n^{(2)}(k_\rho\rho)\boldsymbol{e}_z \tag{4.9.11}$$

式中，$m=1,2,3,\cdots;n=0,1,2,\cdots$。而式(4.9.2)在这里仍然适用。

此外，在平行平板径向波导和圆波导内也可以有平面波，即等相面是平面的波。其波函数的形式为

$$\dot{\psi}=\mathrm{B}_n(k_\rho\rho)\mathrm{h}(k_z z)\mathrm{e}^{\pm\mathrm{j}n\phi} \tag{4.9.12}$$

式中，$\mathrm{B}_n(k_\rho\rho)$及$\mathrm{h}(k_z z)$为实数，其等相面是一些在轴线相交的平面($\phi=$常数的面)。这样的波在圆周方向传播，称之为环行波。限于篇幅，这里就不再讨论了。

4.10 介质板波导

当电磁波的频率在毫米波段(大于20 kMHz)时，所需的波导横截面尺寸很小，金属波导管已无法在工艺上实现，且损耗很大，取而代之的是介质波导。所谓介质波导，就是一种利用不同介质的分界面导引电磁波传播的波导。例如，电介质棒(或板)就是一种典型的介质波导。介质波导在集成光学系统中已经得到了广泛的应用。

介质板波导不需要导体就能实现对波进行导引或约束。更一般地说，非均匀介质也能导引波或使波产生局部化现象。如图4.10.1所示，平板介质的介电常数为

ε,平板周围为自由空间,它们的磁导率都为 μ_0,介质板的厚度为 $2d$,沿 y、z 方向伸向无限远。设电磁波沿 $+z$ 方向传播,并且在 y 方向上是无变化的。

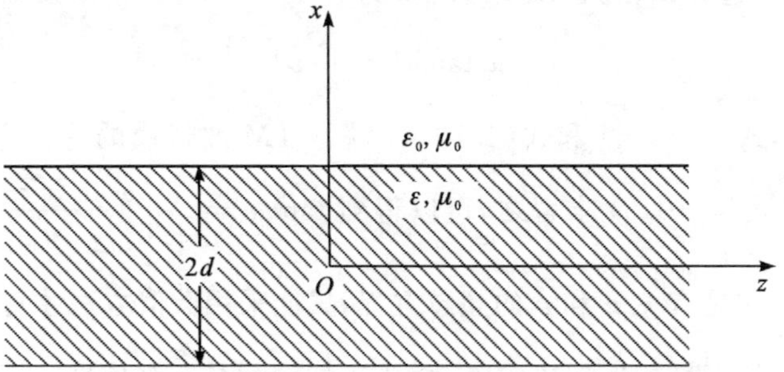

图 4.10.1　介质平板波导

由于在 y 方向上是无变化的,所以这是一个二维问题。实际上,可以存在对 x 或 z 的 TM 或 TE 波。要决定 z 向行波,即波传播因子为 $\mathrm{e}^{-\mathrm{j}k_z z}$,亦即对 z 的 TM 或 TE 波。

4.10.1　TM 波

这里,我们先分析对 z 的 TM 波,各个场分量的表达式为[2]

$$\dot{E}_x = \frac{-k_z}{\omega\varepsilon}\frac{\partial\dot{\psi}}{\partial x};\quad \dot{E}_z = \frac{1}{\mathrm{j}\omega\varepsilon}(k^2 - k_z^2)\dot{\psi};\quad \dot{H}_y = -\frac{\partial\dot{\psi}}{\partial x} \tag{4.10.1}$$

下面按两种情况分别讨论[1-2]:(1)$\dot{\psi}$ 是 x 的奇函数,记为 $\dot{\psi}^{\mathrm{o}}$;(2)$\dot{\psi}$ 是 x 的偶函数,记为 $\dot{\psi}^{\mathrm{e}}$。把这两种情况分别简称为 TM 波奇模和偶模。对于奇模,在介质区域中,取

$$\dot{\psi}_{\mathrm{d}}^{\mathrm{o}} = A\mathrm{e}^{-\mathrm{j}k_z z}\sin ux \qquad (|x| < d) \tag{4.10.2}$$

而在空气区域中,取

$$\left.\begin{aligned}\dot{\psi}_{\mathrm{a}}^{\mathrm{o}} &= B\mathrm{e}^{-vx}\,\mathrm{e}^{-\mathrm{j}k_z z} \qquad (x > d)\\ \dot{\psi}_{\mathrm{a}}^{\mathrm{o}} &= -B\mathrm{e}^{vx}\,\mathrm{e}^{-\mathrm{j}k_z z} \qquad (x < -d)\end{aligned}\right\} \tag{4.10.3}$$

为了书写简单起见,这里记 $k_x = u$ 和 $k_{0x} = \mathrm{j}v$(应该注意到,对被介质板波导导引的电磁波来说,u 和 v 都必须是实数)。可以看到,在空气区域中的电磁波随 x 的增加而呈指数形式衰减,v 称为衰减常数。这样,在空气区域中的场主要集中在空气与介质分界面附近,所以空气区域中的导引波为表面波。在介质和空气中,分离常数所满足的方程分别是

$$\left.\begin{aligned}u^2 + k_z^2 &= k_{\mathrm{d}}^2 = \omega^2\mu_0\varepsilon\\ -v^2 + k_z^2 &= k_0^2 = \omega^2\mu_0\varepsilon_0\end{aligned}\right\} \tag{4.10.4}$$

将式(4.10.2)和式(4.10.3)代入式(4.10.1)中,计算出各个区域内场分量 $\dot{E}_z$ 和 $\dot{H}_y$,再根据 $\dot{E}_z$ 和 $\dot{H}_y$ 在空气与介质分界面($x = \pm d$)处的连续性条件,得到

$$\frac{A}{\varepsilon}u^2\sin ud = \frac{-B}{\varepsilon_0}v^2\mathrm{e}^{-vd} \quad 和 \quad Au\cos ud = -Bv\mathrm{e}^{-vd}$$

上面两式左右两边分别相除，并整理之得到

$$ud\tan ud = \frac{\varepsilon}{\varepsilon_0}vd \tag{4.10.5}$$

不难看出，式(4.10.5)和式(4.10.4)就是TM波奇模的特征方程。联立方程式(4.10.4)和式(4.10.5)求解之，可以得到 $\tan ud = \frac{\varepsilon}{\varepsilon_0}\left[\frac{\omega^2\mu_0(\varepsilon-\varepsilon_0)}{u^2}-1\right]^{1/2}$ 和 $v = \frac{\varepsilon_0}{\varepsilon}u\tan ud$。这是有关 u 和 v 的超越方程，只能采用数值方法才可以求出 u 和 v 的根的近似值，从而最后近似决定 k_z。由于正切函数具有多值性，u 也为多值：$u^{(1)}$，$u^{(2)}$，…。于是，不同的 u 对应不同模式的 TM_1 波、TM_2 波……。显然，因 u 取值不同，对应的衰减指数 v 也不同。但是，由方程 $\tan ud = \frac{\varepsilon}{\varepsilon_0}\left[\frac{\omega^2\mu_0(\varepsilon-\varepsilon_0)}{u^2}-1\right]^{1/2}$ 可以确定出，$u \leqslant \omega\sqrt{\mu_0(\varepsilon-\varepsilon_0)}$。这一结果说明，当 ω、ε 和 d 给定后，虽然 u 的根具有多个，但其数目却是有限的，所以存在可能模式的数目也有限。这种特性与金属波导中的模式特性截然不同。

有关 u 和 v 的超越方程的求解，一般采用图解法。由式(4.10.4)可得 u 和 v 的另一关系式，即 $u^2+v^2=\omega^2\mu_0(\varepsilon-\varepsilon_0)$，或改写为 $(ud)^2+(vd)^2=(\omega d)^2\mu_0(\varepsilon-\varepsilon_0)$。这是一个以 $\omega d\sqrt{\mu_0(\varepsilon-\varepsilon_0)}$ 为半径的圆方程，其圆心在坐标原点($ud=0$，$vd=0$)。取 ud 为横坐标，vd 为纵坐标。当 ω、ε 和 d 给定后，先由式(4.10.5)画出 vd 随 ud 变化的一系列曲线，再画出圆方程 $(ud)^2+(vd)^2=(\omega d)^2\mu_0(\varepsilon-\varepsilon_0)$ 的曲线，它们的交点就是 u 和 v 的根，或者是TM波奇模的本征值 u 和 v，如图4.10.2所示。从图4.10.2中可以看出，当工作频率变化时，圆的半径以及与圆的交点也随之变化。工作频率愈高，圆的半径愈大，与圆相交的曲线 $ud\tan ud=\frac{\varepsilon}{\varepsilon_0}vd$ 的数目也就增加，这就说明有更多的模式可以在介质波导中传播。但是，与圆相交的曲线 $ud\tan ud = \frac{\varepsilon}{\varepsilon_0}vd$ 的数目却是有限的，所以存在可能模式的数目也有限。

对TM波偶模，取[2]

$$\begin{rcases}\dot{\psi}_{\mathrm{d}}^{\mathrm{e}} = A\mathrm{e}^{-\mathrm{j}k_z z}\cos ux & (|x|<d) \\ \dot{\psi}_{\mathrm{a}}^{\mathrm{e}} = B\mathrm{e}^{-v|x|}\mathrm{e}^{-\mathrm{j}k_z z} & (|x|>d)\end{rcases} \tag{4.10.6}$$

在介质和空气中，分离常数所满足的方程仍然是式(4.10.4)。同样，根据 $\dot{E}_z$ 和 $\dot{H}_y$ 在 $x=\pm d$ 处的连续性条件，可得

$$-ud\cot u = \frac{\varepsilon}{\varepsilon_0}vd \tag{4.10.7}$$

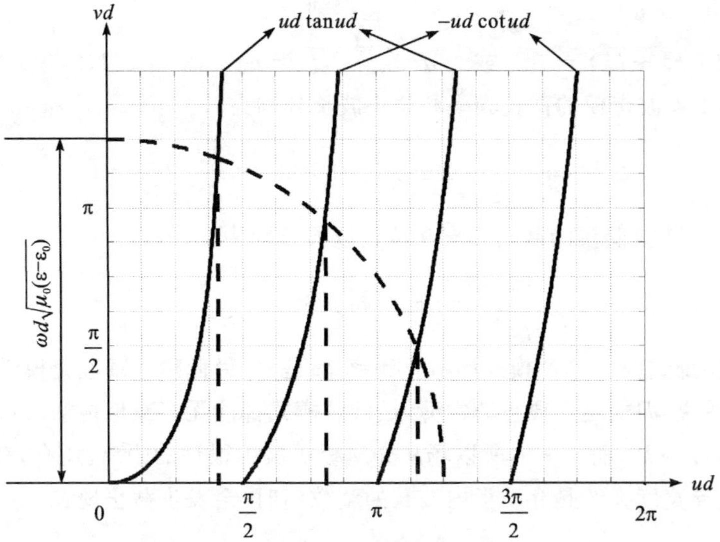

图 4.10.2　平板介质波导的特征方程的图解

这也是有关 u 和 v 的超越方程。联立求解方程式(4.10.4) 和式(4.10.7)，可以得到 u 和 v，从而最后决定 k_z。因此，式(4.10.4) 和式(4.10.7) 就是 TM 波偶模的特征方程。这里仍然采用图解法，如图 4.10.2 所示。

但需要注意，与金属波导管相比较，对介质波导的截止频率的物理解释有着不同的意义。对于金属波导，在截止频率 f_c 以下，其截止波型为衰减场。然而，对于介质波导来说，所谓截止就是它不再起引导电磁波传输的作用，在截止频率 f_c 以下，波场就开始弥漫于介质板周围空间中。这时 v 为虚数，波场沿 x 方向向外有传输，表现为波在行进中的能量辐射，即介质波导的截止波型为辐射场。把工作于辐射模式的介质波导(在 f_c 以下) 可用作天线。

无衰减模式的相位常数是介于介质和空气的固有相位常数之间，即 $k_o < k_z < k_d$。具体分析如下。

从式(4.10.4) 中可以求得

$$k_z = \sqrt{k_d^2 - u^2} \quad \text{和} \quad k_z = \sqrt{k_0^2 + v^2} \tag{4.10.8}$$

由于 u 和 v 都是实数，所以有 $u^2 > 0$ 和 $v^2 > 0$，从式(4.10.8) 中不难看出，有

$$k_o < k_z < k_d \tag{4.10.9}$$

上式也表明，介质波导传播的电磁波速度介于电介质和介质外自由空间中的平面波传播速度之间。即在介质外自由空间中的导波为慢波，其传播速度小于自由空间中的光速；而在电介质中的导波为快波，其传播速度大于电介质中的光速。

截止频率是指传播波型所能够存在的最低频率。显然，在 $k_z \to k_0$ 时发生截止。此时，因 $v \to 0$，所以沿 x 方向场量就没有衰减。这样，$v = 0$ 对应着临界状态。在式

(4.10.5) 中,令 $u=\sqrt{k_d^2-k_0^2}$ 和 $v=0$,得到

$$\tan(d\sqrt{k_d^2-k_0^2})=0 \quad 或 \quad d\sqrt{k_d^2-k_0^2}=n\pi \quad (n=0,1,2,\cdots) \tag{4.10.10}$$

由此解得,TM 波奇模的截止频率和截止波长分别为

$$f_c=\frac{n}{2d\sqrt{\mu_0(\varepsilon-\varepsilon_0)}} \quad 和 \quad \lambda_c=\frac{2d}{n}\sqrt{\frac{\varepsilon}{\varepsilon_0}-1} \tag{4.10.11}$$

同理,可得 TM 波偶模的截止频率和截止波长分别为

$$f_c=\frac{2n+1}{4d\sqrt{\mu_0(\varepsilon-\varepsilon_0)}} \quad 和 \quad \lambda_c=\frac{4d}{2n+1}\sqrt{\frac{\varepsilon}{\varepsilon_0}-1} \tag{4.10.12}$$

应该注意到,$n=0$ 的模式的截止频率 f_c 是零(最低阶 TM 波奇模没有截止频率)。换句话说,即便是介质板非常薄,最低阶模式都能无衰减地传播。但是,当介质板很薄时,$k_z\rightarrow k_0$,而 $v\rightarrow 0$,所以场从介质板扩展出很远的距离。还有,在 $\varepsilon\gg\varepsilon_0$ 情况下,当波导宽度大约是介质板内波长的整数倍时,会发生截止现象。

4.10.2 TE 波

TE 波的分析方法及特点与 TM 波相类似,对于奇模,本征值方程为

$$ud\tan ud=vd \tag{4.10.13}$$

而对于偶模,本征值方程为

$$-ud\cot ud=vd \tag{4.10.14}$$

式(4.10.13) 和式(4.10.14) 中的 u 和 v 仍满足式(4.10.4)。

TE 波与 TM 波具有相同的截止频率,因此不再讨论。

4.10.3 介质波导与金属波导的比较[8]

在理想金属波导内电磁场沿横向呈驻波,而在外部不存在电磁场。在介质波导内电磁场沿横向仍呈驻波,但在外部仍然存在电磁场,它沿横向呈渐减状态,称为渐消场。这是因为透入介质波导外部介质中的电磁场沿平行于分界面的方向 z 为行波,而沿垂直于分界面的方向 x 为减幅场。场在分界面处最强,沿离开分界面的法向方向逐渐减弱,在无穷远处消失。这种振幅沿横向渐消,沿纵向传播的行波,它的场集中在表面附近,所以又称为表面波。由于介质波导外部的介质是无损耗介质,所以场沿法向的逐渐减弱不是介质的吸收所导致的,只是场的指数衰减分布。

在截止状态下,金属波导的 $\beta=0$,在横向谐振、纵向衰减而无传播;介质波导的 $\beta\neq 0$,在横向出现辐射或泄漏、纵向衰减而有传播。其物理意义是,在金属波导中,当波长大到一定程度使电磁波只有沿垂直于波导壁方向传播才能满足边界条件,这就相当于平面波仅沿横向传播和反射而无纵向传播。在介质波导中,当波长大到使电磁波必须以小于临界角的入射角传播时,才能满足边界条件,即是截止状

态，但不发生全反射，因此在纵、横方向都呈现传播状态，或者说发生横向辐射，但是沿纵向仍有波的传播。介质波导的截止条件是波导外部电磁场的横向衰减常数为零。因此，介质波导的截止概念与金属波导的不同。

在均匀填充的金属波导中，TE 模和 TM 模都能单独地满足波导壁的边界条件，因此它们都可以独自地存在于金属波导中。但介质波导中，大多数情况下 TE 模和 TM 模不能单独地满足波导壁的边界条件，因此它们不可能独自地存在于介质波导中，只能以一种混合模式存在。只有在特殊情况下，例如场沿介质界面的横向方向均匀时，TE 模或 TM 模才能够单独地满足介质界面的边界条件，它们可以单独地存在。

在介质波导内相速大于波导内介质中的光速，即波导波是快波；在介质波导外部相速小于周围介质中的光速，即表面波是慢波。在金属波导中，当工作频率高于截止频率时，纵方向相速大于波导内介质中的光速，即波导波是快波。

由 TE 模与 TM 模的场表达式可以看出，介质波导中的 TE 模与 TM 模是一对对偶模，可以应用对偶定理从一种模式的场表达式导出另一种模式的场表达式。但是，金属波导中的 TE 模与 TM 模不对偶。这是因为介质波导的边界条件是对偶的，而金属波导的边界条件对 TE 模与 TM 模并不对偶。

4.10.4　表面波导

除了上面介绍的介质板波导能传播电磁波外，其他能传播电磁波的开放式介质波导还有平面导体上的介质片、涂层导体棒、介质棒等。开放式波导之所以能传播电磁波，在于它们能将分布在空间中的电磁波能量的主要部分约束在波导表面附近。因此，介质波导传输的电磁波也称为表面波。考虑到表面波导的分析方法与上面介质波导的分析方法相似，这里我们只以平面导体上的介质片为例，来介绍电磁波在表面波导中的传播特性[2]。

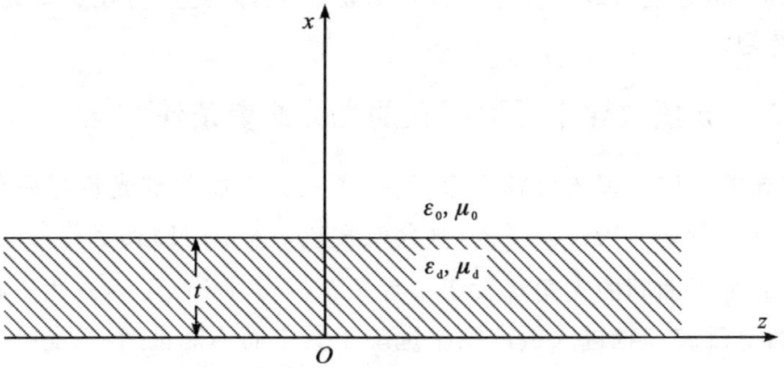

图 4.10.3　介质覆盖的导体

如图 4.10.3 所示，在平板导体表面覆盖一层介质，称之为表面波导。显然，在 x

$=0$平面上$\dot{\boldsymbol{E}}$切向分量为零。容易看出，介质板中的TM_n波（奇函数$\dot{\psi}$，且$n=0,2,4,\cdots$）和TE_n波（偶函数$\dot{\psi}$，且$n=1,3,5,\cdots$）满足这种边界条件，所以这些模式就是表面波导的传播模式。只要将d换成t（介质厚度），表面波导的TM波的特征方程就是式(4.10.5)，TE波的特征方程就是式(4.10.14)。由式(4.10.11)，求得表面波导中TM波($n=0,2,4,\cdots$)和TE波($n=1,3,5,\cdots$)的截止频率为

$$f_c=\frac{n}{2t\sqrt{\mu_0(\varepsilon-\varepsilon_0)}} \tag{4.10.15}$$

由于主模式TM_0的截止频率为零，所以它能在所有频率沿z向无衰减地传播。但是，在空气中，它的场却呈指数e^{-vx}衰减，即随着离开介质与空气分界面距离的增加而减弱。当介质层较厚时，$k_z\to k_d$。那么，由式(4.10.4)得到，衰减常数v的近似值为

$$v\big|_{t大}\approx k_0\sqrt{\frac{\varepsilon}{\varepsilon_0}-1} \tag{4.10.16}$$

一般来说，这个衰减常数v很大。例如，如果介质层是聚苯乙烯($\varepsilon=2.56\varepsilon_0$，$\mu=\mu_0$)，在距离分界面为$0.12\lambda$处，已衰减到在分界面处的36.8%。然而，当介质层较薄时，衰减却比较缓慢。此时，$k_z\to k_0$，衰减常数v的近似值为

$$v\big|_{t小}\approx 2\pi k_0\left(1-\frac{\varepsilon_0}{\varepsilon}\right)\frac{t}{\lambda} \tag{4.10.17}$$

如果聚苯乙烯层的厚度$t=0.0001\lambda$，那么在距离分界面为40λ处，才能衰减到分界面值的36.8%。这就是所谓的厚介质层能对波“紧约束”，而薄介质只能对波“松约束”现象[2]。

值得注意的是，在表面波导中没有对偶的TE模和TM模，因为导体面的存在破坏了边界条件的对偶性。

实际上，对导电（例如平板、圆柱体）表面进行“皱褶”化处理，也能实现对波“紧约束”。其分析方法与表面波导的分析方法相同，因此不再在这里讨论。留作习题，供读者练习。

4.10.5 介质波导中导模存在的充分必要条件[8,9]

介质波导的工作原理还可解释为，利用了从光密媒质到光疏媒质分界面上波的全反射。例如，若有一块介质平板，其介电常数ε大于周围真空的介电常数ε_0，且入射波射线和分界面间的夹角θ_i大于临界角$\theta_c(=\arcsin\sqrt{\varepsilon_0/\varepsilon})$，由于在分界面出现全内反射，电磁波一旦进入板内则永远陷于其中而不能逃逸，只能沿z字形路径曲折前进而成为导行波（见图4.10.4）。这种场型（模式）称为导模。这就是介质波导工作原理的一种简明解释，称之为射线法。

射线法把原来的“波场＋边界条件”问题变成了“射线＋全反射条件”的问题。

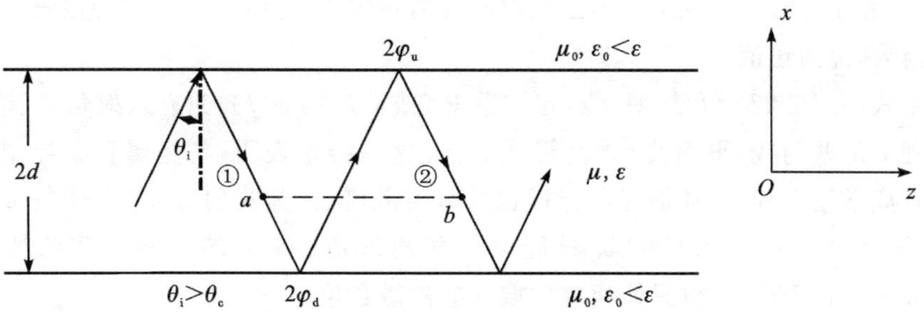

图 4.10.4　介质波导工作原理的射线法解释

根据上述解释，要形成导模，在上、下界面都得产生全内反射，即

$$\theta_i \geqslant \theta_c \tag{4.10.18}$$

或

$$\sin\theta_i \geqslant \sqrt{\frac{\varepsilon_0}{\varepsilon}} \tag{4.10.19}$$

这两个公式就是以入射角 θ_i 表示的导模存在的条件。由于导波的相位常数 k_z（根据前面的波动理论分析，导模场沿纵轴 z 应按 $e^{-jk_z z}$ 作周期性分布）等于板区内波矢 $\boldsymbol{k}_d$ 沿轴向 z 的分量，则有

$$k_z = k_d \sin\theta_i \tag{4.10.20}$$

式中，$k_d = \omega\sqrt{\mu_0\varepsilon}$ 为板区内的波数。将式(4.10.19)代入上式(4.10.20)中，并考虑到 $\sin\theta_i < 1$，则有

$$k_0 \leqslant k_z < k_d \tag{4.10.21}$$

式中，$k_0 = \omega\sqrt{\mu_0\varepsilon_0}$ 为板周围真空区的波数。这是以相位常数 k_z 表示的导模存在的条件。

上述条件说明，凡是入射角 θ_i 大于临界角 θ_c 的任何射线似乎都应该被约束在介质板内，且曲折行进而形成导行波（或携带功率）。但是实验结果和波动理论分析却都表明，仅满足了式(4.10.18)或式(4.10.21)的射线经过来回反射不一定能形成导模，它们只是形成导模的必要条件，只有某些定值入射角的射线才能形成导模。为了解释导模波谱的这一离散性，射线法引进了“自相容条件”来筛选这些能够形成导模的离散的射线。它可以表述为：导模场沿纵轴 z 应按 $e^{-jk_z z}$ 作周期性分布，即在某一个 $x=$ 常数的水平面上场应该具有周期性，那么平面波波矢 $\boldsymbol{k}_d$（与射线同方向）的横向分量 $k_x(=u=k_d\cos\theta_i)$ 经历一周程上、下界面全反射后横向相移应为 $2n\pi$。如图 4.10.4 所示，从上界面经一次反射回来的波 ① 和经过二次反射回来的波 ② 在同一水平面上的 a、b 两点应“自相容”，即后者对前者的相移应为 $2n\pi$。于是，有

$$4dk_d\cos\theta_i - 2\varphi_u - 2\varphi_d = 2n\pi \quad (n=0,1,2,\cdots) \tag{4.10.22}$$

式中 φ_u 和 φ_d 分别为上、下界面全反射时反射系数的半相位，它们本身也是入射角 θ_i 的函数，都为正值①。

由式(4.10.22)可见，对于给定波数 k_d（或给定频率 f），只有入射角 θ_i 满足这个方程的那些射线（平面波）才能形成导模。这一结果表明，与金属管波导中的导模具有离散谱一样，介质波导的导模也具有离散谱。因为式(4.10.22)中的 n 为正整数，满足这一相位条件的 θ_i 只能取一些离散值。将 θ_i 的一些离散值代入式(4.10.20)中可见，k_z 也只能相应地取一些离散数值。

实际上，式(4.10.18)或式(4.10.21)和式(4.10.22)共同构成了导模存在的必要充分条件。特别要指出的是，方程式(4.10.22)，对于 TM 波来说，它是与本征方程式(4.10.5)和式(4.10.7)等价；对于 TE 波来说，它与本征方程式(4.10.13)和式(4.10.14)等价。

例 4.10.1 证明：对于 TE 波来说，方程式(4.10.22)与本征方程式(4.10.13)和式(4.10.14)等价。

解 首先，根据式(4.10.4)中的第二式，有 $k_z^2-k_0^2=v^2$，那么可以把式(4.10.13)和式(4.10.14)分别写成如下形式：

$$ud\tan ud=(\sqrt{k_z^2-k_0^2})d \tag{4.10.13}$$

和

$$-ud\cot ud=(\sqrt{k_z^2-k_0^2})d \tag{4.10.14}$$

对于图 4.10.4 中的介质板波导，有 $\varphi_u=\varphi_d=\varphi$，且 $(n_2/n_1)^2=(\sqrt{\varepsilon_0/\varepsilon})^2=\varepsilon_0/\varepsilon$。对于 TE 波来说，根据全反射时反射系数半相位公式 $\varphi_{TE}=\arctan[\sqrt{\sin^2\theta_i-(n_2/n_1)^2}/\cos\theta_i]$，有

$$\begin{aligned}\varphi&=\arctan\frac{\sqrt{\sin^2\theta_i-\varepsilon_0/\varepsilon}}{\cos\theta_i}\\&=\arctan\frac{\sqrt{(k_d\sin\theta_i)^2-k_0^2}}{k_d\cos\theta_i}\end{aligned}$$

利用 $k_z=k_d\sin\theta_i$ 和 $k_x=u=k_d\cos\theta_i$，得

$$\varphi=\arctan\frac{\sqrt{k_z^2-k_0^2}}{u}$$

将上式代入式(4.10.22)中，且利用 $u=k_d\cos\theta_i$，得到

① 全反射时反射系数的半相位。

当平面波从光密媒质（折射率为 n_1）射向光疏媒质（折射率为 n_2）时，一旦 $\theta_i\geqslant\theta_c$，将发生全反射。此时，反射系数 R 为复数，且模值为 1，可以表示为 $R=e^{-j2\varphi}$。对于 TE 波和 TM 波，其反射系数半相位分别为 $\varphi_{TE}=\arctan[\sqrt{\sin^2\theta_i-(n_2/n_1)^2}/\cos\theta_i]$ 和 $\varphi_{TM}=\arctan[(n_1/n_2)^2\sqrt{\sin^2\theta_i-(n_2/n_1)^2}/\cos\theta_i]$。

$$4ud - 4\arctan\frac{\sqrt{k_z^2 - k_0^2}}{u} = 2n\pi$$

上式经过整理之后，可以得到

$$\tan\left(ud - \frac{n\pi}{2}\right) = \frac{\sqrt{k_z^2 - k_0^2}}{u}$$

或

$$ud\tan\left(ud - \frac{n\pi}{2}\right) = (\sqrt{k_z^2 - k_0^2})d$$

对上式进行分析，当 n 为零或偶数（$n = 0,2,4,\cdots$）时，有

$$ud\tan ud = (\sqrt{k_z^2 - k_0^2})d$$

这就是本征方程式(4.10.13)。当 n 为奇数（$n = 1,3,5,\cdots$）时，有

$$-ud\cot ud = (\sqrt{k_z^2 - k_0^2})d$$

这就是本征方程式(4.10.14)。

对于 TM 波来说，方程式(4.10.22) 与本征方程式(4.10.5) 和式(4.10.7) 的等价性，其证明过程与 TE 波的分析方法相同，因此不再在这里讨论。留做习题，供读者练习。

对于介质波导来说，由于发生全反射时反射系数的模为 1，所以在介质板中入射波与反射波的合成场沿 x 方向为驻波，沿 z 方向为行波。但由于反射系数的角不是 0 或 π，因此上、下界面都既不是驻波的波腹面也不是波节面。考虑到发生全反射时，$R_{\mathrm{TE}} = \mathrm{e}^{-\mathrm{j}2\varphi} = -\mathrm{e}^{-\mathrm{j}2\left(\varphi - \frac{\pi}{2}\right)}$，不难写出发生全反射时介质板中入射波与反射波的合成电场：

$$\begin{aligned} E_y &= E_y^{(\mathrm{i})} + E_y^{(\mathrm{r})} = E_{ym}^{(\mathrm{i})}\left\{\mathrm{e}^{\mathrm{j}k_x x} - \mathrm{e}^{-\mathrm{j}\left[k_x x + 2\left(\varphi - \frac{\pi}{2}\right)\right]}\right\}\mathrm{e}^{-\mathrm{j}k_z z} \\ &= E_m\sin\left[k_x x + \left(\varphi - \frac{\pi}{2}\right)\right]\mathrm{e}^{-\mathrm{j}\left[k_z z + \left(\varphi - \frac{\pi}{2}\right)\right]} \end{aligned}$$

式中 $E_m = 2\mathrm{j}E_{ym}^{(\mathrm{i})}$。可以看出，当在介质面上发生全反射时，介质板中的合成场与在理想导体表面发生全反射时空间中的合成场相类似，都是沿横向 x 的驻波和沿纵向 z 的行波。只是有一个相位差($\varphi - \pi/2$)。即相当于距介质界面 $\Delta x = \dfrac{-(\varphi - \pi/2)}{k_x}$ 处的理想导体表面的反射，或者说在 z 方向反射线位移了 $\Delta z = -2\dfrac{\varphi - \pi/2}{k_z}\tan^2\theta_{\mathrm{i}}$。对于平面波来说，要观测平面波的反射线相对于入射线的偏移是困难的（因为它们的射线具有不定性，可在等相面上任意平移）。但是，古斯(Goos) 和汉欣(Hänchen) 于 1947 年在光束的反射实验中，早已观察到光束在介质分界面发生全反射时被纵向偏移了，证实了这种后来被称为古斯-汉欣(Goos-Hänchen) 位移的存在，如图 4.10.5 所示。

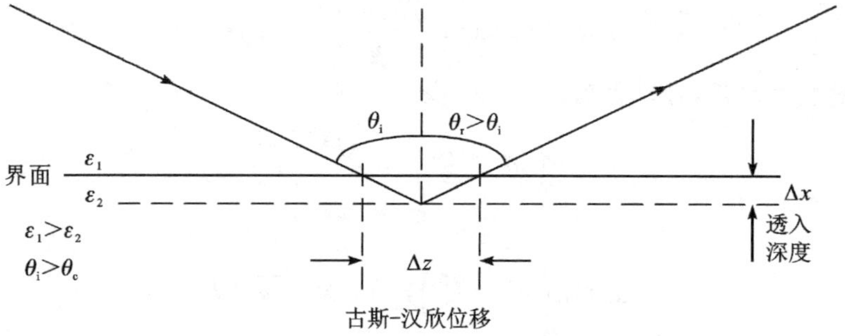

图 4.10.5　介质界面发生全反射时反射线相对于入射线的偏移，即古斯-汉欣位移

古斯-汉欣位移可以解释为，假想在介质板下边界以下 Δx 处放一理想导体表面而获得全反射。若其反射波在介质板下边界处的相位与原下边界全反射的反射波相位相同，则就下边界以上区域内沿横向(x 方向)的波动过程来说，这两种全反射没有区别。等效边界下移值 Δx 应满足

$$-2k_x\Delta x+\pi=2\varphi \tag{4.10.23}$$

式中 φ 为原下边界全反射时反射系数半相位；等号左边第一项为等效金属板波导附加波程 $2\Delta x$ 所引起的相移，第二项为理想导体表面反射系数的相位，取其为 π(而不取 $-\pi$)以便使得 Δx 为正值(因为 φ 在 $0\sim\pi/2$ 之间)。同理，介质板上边界面也有一个等效上移值 Δx，它也满足式(4.10.23)。这种介质波导边界外推的效应也正是电磁场渗入介质板周围空间中的体现。因此，与金属管波导相比较，介质波导有一个等效宽度。

4.10.6　介质波导中的辐射模[9]

在前面曾经指出过，介质波导截止就是指它不再起引导电磁波传输的作用，波场开始弥漫于介质板周围空间中。这时 v 为虚数，波场沿 x 方向向外有传输，即出现了辐射模。换句话说，辐射模的出现是介质波导的导模截止的原因。

实际上，若入射角 θ_i 小于临界角 θ_c，则波从上、下界面会同时逸出，此时介质板就不能够再起到引导电磁波传输的作用，下面以 TE 波为例讨论。考虑到 $v=\pm jk_{0x}$ 为虚数，场分量 $\dot{E}_y(x)$ 可写成

$$\dot{E}_y(x)=\begin{cases}E_1\cos(k_{0x}x+\varphi_1) & (x>d)\\ E_0\cos(k_x x+\varphi_0) & (-d<x<d)\\ E_1\cos(k_{0x}x-\varphi_2) & (x<-d)\end{cases} \tag{4.10.24}$$

其中，k_{0x}、k_x 满足如下方程：

$$\left.\begin{aligned}k_{0x}^2+k_z^2&=k_0^2\\ k_x^2+k_z^2&=k_d^2\end{aligned}\right\} \tag{4.10.25}$$

应该注意到，$\dot{E}_y(x)$ 有偶模和奇模之分。对于偶模，令 $\varphi_0=0,\varphi_1=\varphi_2=0$，由上、下界面处 $\dot{E}_y$ 和 $\dot{H}_Z$（从而$\dfrac{\partial \dot{E}_y}{\partial x}$）的连续性要求，可得

$$\tan k_x d=\frac{k_{0x}}{k_x}\tan k_{0x}d \tag{4.10.26}$$

联立求解式(4.10.25) 和式(4.10.26)，可得 k_{0x}、k_x 和 k_z。容易写出 k_x 的本征方程为

$$\tan k_x d=\frac{\sqrt{k_0^2+k_x^2-k_\mathrm{d}^2}}{k_x}\tan(\sqrt{k_0^2+k_x^2-k_\mathrm{d}^2}d) \tag{4.10.27}$$

这个方程无三角函数的周期性可利用。设想连续变化 k_{0x}，用式(4.10.25) 就可得到连续的本征值 k_x 和 k_z。因此，本征方程式(4.10.27) 将连续地得到满足，辐射模具有连续谱。

对于奇模，可令 $\varphi_0=-\dfrac{\pi}{2}$，同样取 $\varphi_2=\dfrac{\pi}{2}$ 和 $\varphi_1=-\dfrac{\pi}{2}$。由边界上 $\dot{E}_y$ 和 $\dot{H}_z\left(从而\dfrac{\partial \dot{E}_y}{\partial x}\right)$的连续性要求，可得

$$\tan k_x d=\frac{k_x}{k_{0x}}\tan k_{0x}d \tag{4.10.28}$$

联立求解式(4.10.25) 和式(4.10.28)，可得 k_{0x}、k_x 和 k_z。同理，它们都是具有连续变化的特点。

上述分析说明，辐射模存在的必要充分条件是

$$\theta_\mathrm{i}\leqslant\theta_\mathrm{c}\quad 或\quad k_z\leqslant k_0 \tag{4.10.29}$$

除此之外，辐射模对入射角 θ_i 没有别的要求。辐射模有如下几个主要特点。

(1) 辐射模会向介质板外部区域中辐射功率（横向传输）。由式(4.10.25) 中的第一式和式(4.10.29)，有

$$k_{0x}^2=(k_0^2-k_z^2)>0$$

或者

$$k_{0x}=\sqrt{k_0^2-k_z^2}\quad（实数） \tag{4.10.30}$$

这说明电磁场在介质板外部沿横向（x 方向）可以传输，携走功率，即辐射功率。

(2) 辐射模具有连续谱，这是因为入射角 θ_i 只要满足式(4.10.29) 的平面波都能形成辐射模，θ_i 可以连续取值，而根据 $k_z=k_\mathrm{d}\sin\theta_\mathrm{i}$，$k_z$ 也可以连续取值。

(3) 辐射模除了满足麦克斯韦方程和介质波导的边界条件（包括无穷远）之外，还能在波导中单独存在，具有自身的 k_z 值。因此，辐射模是介质波导的本征模之一，它和导模一起构成一个正交完备模系，足以展开介质波导中客观存在（但不一定有自身唯一的 k_z 值）的任何场。任何一个本征模，在传输过程中（如果频率允

许它传输的话）或非传输状态中都不会与其他本征模交换能量。

(4) 介质波导即使出现了辐射模而截止，其相位常数 k_z 也不会成为负虚数而产生消失模。这是因为在介质波导外部空间中仍然有场(注意，这正是金属管波导所没有的)，其 k_z 还要受到外部空间中波矢量分量直角三角形关系，即式(4.10.25) 中的第一式 $k_{0x}^2+k_z^2=k_0^2$ 的制约。当出现辐射模时，虽然 k_{0x} 为实数，但作为 k_0 的 x 分量恒有 $|k_{0x}|<k_0$，于是恒有 $0<k_{0x}^2<k_0^2$。因此，k_z 将恒为实数，而不产生消失模。这一点也不难由式(4.10.29) 中看出。然而，对于金属管波导，由于在它的外部中(当作理想导体) 没有场，所以 k_z 只受到波导内部波矢量分量直角三角形关系的制约。设填充介质的波数为 k_d，由于在截止时的截止波数 $k_c>k_d$，$k_z^2=k_d^2-k_c^2<0$，所以有 $k_z=-\mathrm{j}\sqrt{k_c^2-k_d^2}=-\mathrm{j}\alpha$，从而产生消失模。由此可见，消失模(迅衰模) 的出现是金属管波导导模截止的原因。

最后，有关介质波导的 TM 波辐射模，有兴趣的读者可自行分析。

4.10.7 介质波导中的漏波和消失波[9]

1. 介质波导中的漏波

前面的介绍已经表明，当均匀平面波在介质板上、下界面发生全反射时，才可能会形成导模；但是只有发生非全反射，就会形成辐射模。除了这两种本征模之外，均匀平面波对介质板的照射不再会形成其他模。但是，用指数式非均匀平面波照射介质板却可以形成两种非正常波型，它们就是漏波和消失波。漏波场的物理图像是：场在介质板内沿 z 方向一边传输一边衰减(k_z 为复数)，沿 x 方向仍有部分驻定性(k_x 为复数)。在介质板外部也兼有传输和衰减(k_{0z} 为复数)。在认定这些传输参量为复数之后，不妨沿用 TE 波的导模的公式，写出 $\dot{E}_y(x)$ 的表达式如下：

$$\dot{E}_y(x)=\begin{cases}E_1\mathrm{e}^{-v(x-d)} & (x>d)\\ E_0\cos(k_x x+\varphi) & (-d<x<d)\\ E_2\mathrm{e}^{v(x+d)} & (x<-d)\end{cases}\tag{4.10.31}$$

根据边界相位匹配条件要求，在三个区域中沿纵向 z 方向应有相同的相位常数 k_z，即如下关系：

$$\left.\begin{aligned}v^2&=k_z^2-k_0^2\\ k_x^2&=k_d^2-k_z^2\end{aligned}\right\}\tag{4.10.32}$$

成立。

对于 TE 偶漏波，取 $\varphi=0$，$E_1=E_2=E$，则从边界处 $\dot{E}_y$ 和 $\dot{H}_z$(从而 $\dfrac{\partial\dot{E}_y}{\partial x}$) 的连续性要求，得到

$$\tan k_x d=\frac{v}{k_x}\tag{4.10.33}$$

联立式(4.10.32)和式(4.10.33)，就可求得本征值 k_x 和 v(均为复数)。由于复变量的正切函数也是以 π 为周期的，因此漏波的本征值是离散的，即漏波具有离散谱。

对于 TE 奇漏波，取 $\varphi=-\pi/2$，$E_1=-E_2$，按照类似于 TE 偶漏波的分析过程，可得

$$\tan k_x d=-\frac{k_x}{v} \tag{4.10.34}$$

它与式(4.10.32)相联立，就可求得本征值 k_x 和 v(均为复数)。

由上面的讨论可以看出，在 $x\to-\infty$(或 $+\infty$)时，漏波场的振幅趋于无穷，不满足无穷远条件，因此它不是介质波导的本征模。当用非均匀平面波照射介质板时，即使 θ_i 大于临界角 θ_c，仍然得不到全反射，存在能量的泄漏，这就是漏波，如图 4.10.6 所示。弱非均匀平面波在界面处是可以产生近似全反射的，此时泄漏很小，波能沿轴向传输较长的距离。

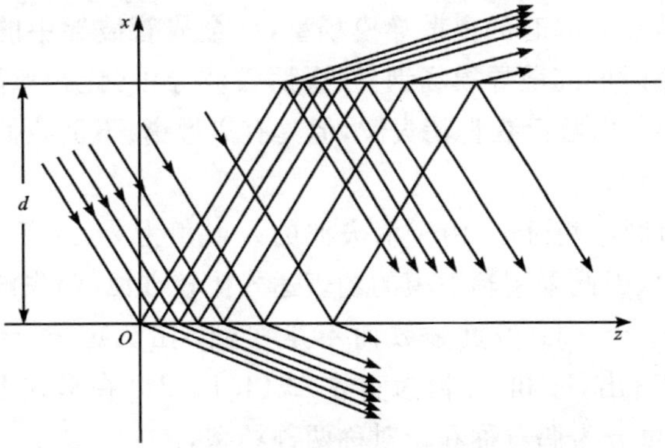

图 4.10.6　非均匀平面波的透射 —— 漏波[9]

漏波与导模在谱方面的相似，使我们自然地认为弱漏波是对导模微扰的结果(即稍微进行截止的情况)。图 4.10.7 表示获得弱漏波的方法。有一对称介质板波导，$z<0$ 部分是纯正的导模区。使 $z>0$ 部分的 ε_s 稍微增大到 ε_{s1}，让波导进入截止，向两侧轻微泄漏。利用这类能够使得导模变成弱漏波的结构，就可以设计漏波天线。值得指出，漏波很容易从导模的微扰中产生，它虽然不能用来展开实际场，但是在漏波波束耦合器、漏波天线等一类介质波导器件中得到了应用。

2. 介质波导中的消失波

消失波的相位常数 k_z 为负虚数，即 $k_z=-\mathrm{j}\alpha$。介质波导即使截止了，其 k_z 也不会变为负虚数而获得消失波，因此让频率降低(或板变薄等其他办法)使波导截止，原来的导模也不会成为消失波。实际上，它是一种由沿纵向 z 方向按指数衰减的非均匀平面波从介质板内垂直照射上、下界面而形成的具有连续谱的场分布，但不是介质板波导本征模系的组成部分。

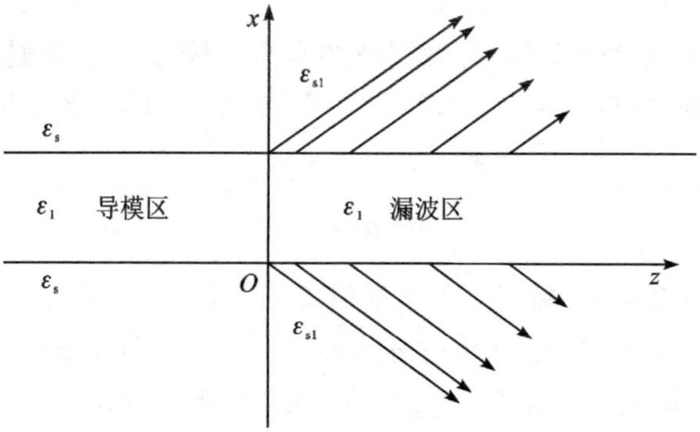

图 4.10.7 用微扰介质板的导模来获得弱漏波场[9]

从本质上来说，介质波导中的消失波与金属管波导中的消失波完全不同，它不是工作频率低于截止频率时的离散导模场型，而金属管波导中的消失波却是工作频率低于截止频率时的离散导模场型。在金属管波导中，让频率降低，一旦导模截止，其 k_z 就会变为负虚数而获得消失波，但具有离散谱。下面我们用波动理论来讨论消失波的谱的特性。

仍以 TE 波为例作些讨论。由于消失波的入射角为零，永不满足全反射条件，其性状近于辐射模，因此采用辐射模的场表达式比较方便。消失波和辐射模的主要不同点，就是其 $k_z = -\mathrm{j}\alpha$ 为负虚数而不是实数。在认定 $k_z = -\mathrm{j}\alpha$ 之后，从式(4.10.25)中不能看出，k_x 和 k_{0x} 恒为实数。式(4.10.24)在形式上对消失波仍是有效的。消失波同样可分为偶对称和奇对称两种场型。

对于偶对称的消失波，在式(4.10.24)中取 $\varphi_0 = 0, \varphi_1 = \varphi_2 = 0$，由上、下界面处 $\dot{E}_y$ 和 $\dot{H}_z$（从而$\dfrac{\partial \dot{E}_y}{\partial x}$）的连续性要求，可得

$$\tan k_x d = \frac{k_{0x}}{k_x}\tan k_{0x} d \tag{4.10.35}$$

但是，将 $k_z = -\mathrm{j}\alpha$ 代入式(4.10.25)中，得到

$$\left.\begin{aligned} k_{0x}^2 - \alpha^2 &= k_0^2 \\ k_x^2 - \alpha^2 &= k_\mathrm{d}^2 \end{aligned}\right\} \tag{4.10.36}$$

联立求解式(4.10.35)和式(4.10.36)，可得 k_{0x}、k_x 和 α。不难看出，与辐射模一样，这一联立方程组中也无三角函数的周期性可利用。设想连续变化 k_{0x}，用式(4.10.36)即可得到连续的本征值 k_x 和 α。因此，消失波也具有连续谱。

需要指出，一方面由于消失波不是本征模系的组成部分，所以它不能用来展开实际场。另一方面，由于利用消失波也未能做成实用器件，所以一般不关心消失波。

在这一节的最后，我们用 $k_z \sim \omega$ 图来总结一下介质板波导本征模的工作区域，

如图 4.10.8 所示。当 $k_0 \leqslant k_z < k_d$ 时，工作在导模区，具有离散谱，图中画出了三个最低次导模的 $k_z \sim \omega$ 曲线。当 $k_z < k_0$ 时，工作在辐射模区，具有连续谱。当 $k_z > k_d$ 时，不可能找到实数入射角 θ_i，能使得式(4.10.20) 成立，这就表明不存在这种电磁场，因此称这个区域为禁区。

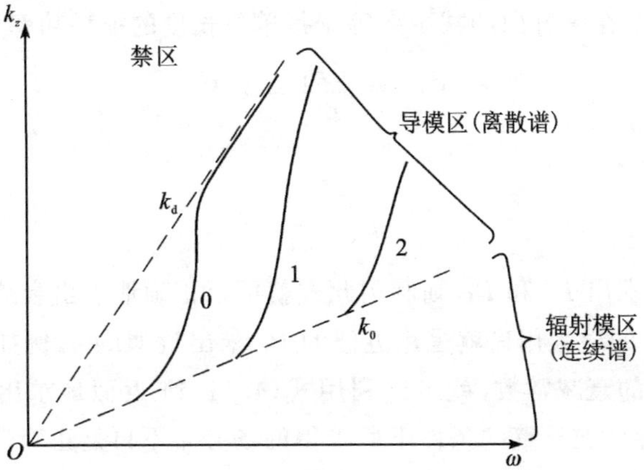

图 4.10.8　介质板波导本征模的工作区[9]

4.11　波导的损耗

4.11.1　良导体中的损耗

在良导体中波衰减得很快，场是集中分布于良导体表面内的一薄层。进入良导体中的功率流密度(导体中损耗功率密度) 由下式确定：

$$\boldsymbol{S} = \dot{\boldsymbol{E}} \times \dot{\boldsymbol{H}}^* \Big|_S = H_0^2 \eta_m \boldsymbol{n} \tag{4.11.1}$$

式中，H_0 是磁场强度 $\dot{\boldsymbol{H}}$ 在导体表面 S 上的有效值，$\eta_m (= \sqrt{j\omega\mu/\sigma})$ 是良导体的表面阻抗。$\boldsymbol{n}$ 是导体表面内法向方向单位矢量。每单位表面面积的损耗功率等于上述功率流密度的实部，或

$$P_d = H_0^2 R_s \tag{4.11.2}$$

式中，$R_s = \mathrm{Re}(\eta_m) = \sqrt{\dfrac{\omega\mu}{2\sigma}}$，是良导体的表面电阻。严格地说，只有当波垂直地向良导体内部传播时，式(4.11.2) 才是正确的。它可用于计算导体边界之中的功率损耗。

4.11.2　衰减常数 α

当波在传播方向上有衰减时，波传播常数不再是一个纯虚数 $\gamma = jk$，而变成复

数 $\gamma=\alpha+\mathrm{j}\beta$。其中，$\alpha$ 称为衰减常数，β 称为相位常数。因此，$+z$ 方向行波的功率流的有功功率为

$$P_{\mathrm{f}}=P_{0}\mathrm{e}^{-2\alpha z} \tag{4.11.3}$$

式中，P_0 是在 $z=0$ 处流入的有功功率。

容易理解，P_{f} 在 z 方向的减少率等于每单位长度的损耗功率 P_{d}，或

$$P_{\mathrm{d}}=-\frac{\mathrm{d}P_{\mathrm{f}}}{\mathrm{d}z}=2\alpha P_{\mathrm{f}}$$

于是，衰减常数 α 为

$$\alpha=\frac{P_{\mathrm{d}}}{2P_{\mathrm{f}}} \tag{4.11.4}$$

如果能够正确地求出 P_{d} 和 P_{f}，则利用此式就可以正确地求出衰减常数 α。

式(4.11.4)的最大用途就是用近似的 P_{d} 求出近似的 α。例如，良导电性的波导壁损耗所引起的衰减常数，就可以利用式(4.11.4)近似地求出。在良导电情况下，已有在理想导体波导壁的条件下所求得的场分布不再是正确的，因为在良导体表面上电场强度 $\dot{\boldsymbol{E}}$ 的切向分量并非等于零。然而，对于良导体，$\dot{\boldsymbol{E}}$ 的切向分量很小，而场是从已有理想导电波导壁的解稍微有改变，或受到“微扰”。现在，可先用理想导体波导壁的解来计算良导体表面上磁场强度 $\dot{\boldsymbol{H}}$ 的近似值，再用式(4.11.2)求良导体内损耗功率的近似值。这种程序叫作微扰法。微扰法的实质是，认为波导壁的电导率不影响波导内部的场分布，同时也不影响波导内壁表面上的磁场，它的影响仅是在波导内壁面上产生了微小的切向电场。由于波导壁的电导率较大，这样的假设不会引起显著的误差。

设波导壁的磁导率为 μ，电导率为 σ，则沿波导单位长度上的损耗功率为

$$P_{\mathrm{d}}=R_{\mathrm{s}}\oint_{l}(|\boldsymbol{n}\times\dot{\boldsymbol{H}}_{\mathrm{t}}|^{2}+|\dot{H}_{z}|^{2})\mathrm{d}l$$

式中，l 为波导横截面 S 的周界，$\boldsymbol{n}$ 为波导壁上的法向单位矢量。又沿波导传输的平均功率为

$$P_{\mathrm{f}}=\int_{S}(\dot{\boldsymbol{E}}_{\mathrm{t}}\times\dot{\boldsymbol{H}}_{\mathrm{t}}^{*})\cdot\mathrm{d}\boldsymbol{S}=X_{0}\int_{S}|\dot{\boldsymbol{H}}_{\mathrm{t}}|^{2}\mathrm{d}S$$

式中，$X_0=E_{\mathrm{t}}/H_{\mathrm{t}}$ 为波导传播波型的特性波阻抗。因此，由波导壁导体损耗所引起的衰减常数 α 为

$$\alpha=\frac{R_{\mathrm{s}}\oint_{l}(|\boldsymbol{n}\times\dot{\boldsymbol{H}}_{\mathrm{t}}|^{2}+|\dot{H}_{z}|^{2})\mathrm{d}l}{2X_{0}\int_{S}|\dot{\boldsymbol{H}}_{\mathrm{t}}|^{2}\mathrm{d}S} \tag{4.11.5}$$

根据上述方法，我们就可以近似计算当波导传输一定功率时，波导壁上单位长度的损耗。这里，设波导壁的电导率为 σ，以矩形波导的 TE_{10} 波为例，来说明计算过

程和步骤。已经知道，$\dot{\boldsymbol{H}}$ 各分量的绝对值为

$$|\dot{H}_x| = A\sin\frac{\pi x}{a} \quad 和 \quad |\dot{H}_z| = B\cos\frac{\pi x}{a}$$

式中，$A = -E_0\{1-[\lambda/(2a)]^2\}^{1/2}/\eta, B = E_0\lambda/(2a\eta)$。在 $x = 0$ 壁内表面每单位长度的损耗功率是

$$P_{\mathrm{d}}\Big|_{x=0} = R_{\mathrm{s}}\int_0^b |\dot{H}_z|^2 \mathrm{d}y = R_{\mathrm{s}}E_0^2 b\left(\frac{\lambda}{2a}\right)^2\frac{1}{\eta^2}$$

而在 $x = a$ 壁内表面损耗相同的功率。在 $y = 0$ 壁内表面每单位长度的损耗功率是

$$\begin{aligned} P_{\mathrm{d}}\Big|_{y=0} &= R_{\mathrm{s}}\int_0^a (|\dot{H}_x|^2 + |\dot{H}_z|^2)\mathrm{d}x \\ &= R_{\mathrm{s}}A^2\int_0^a\left(\sin\frac{\pi x}{a}\right)^2\mathrm{d}x + R_{\mathrm{s}}B^2\int_0^a\left(\cos\frac{\pi x}{a}\right)^2\mathrm{d}x \\ &= \frac{1}{2}R_{\mathrm{s}}a(A^2+B^2) \end{aligned}$$

而在 $y = b$ 壁内表面损耗相同的功率。波导每单位长度的总损耗功率是四壁损耗功率之和，或

$$P_{\mathrm{d}} = \frac{E_0^2R_{\mathrm{s}}a}{\eta^2}\left[1+\frac{2b}{a}\left(\frac{\lambda}{2a}\right)^2\right]$$

容易求得，波导传输的平均功率为

$$P_{\mathrm{f}} = \frac{E_0^2ab}{2\eta}\left[1-\left(\frac{\lambda}{2a}\right)^2\right]^{1/2}$$

由式(4.11.5)，求得波导的衰减常数为

$$\alpha = \frac{P_{\mathrm{d}}}{2P_{\mathrm{f}}} = \frac{R_{\mathrm{s}}}{b\eta\left[1-\left(\dfrac{\lambda}{2a}\right)^2\right]^{1/2}}\left[1+\frac{2b}{a}\left(\frac{\lambda}{2a}\right)^2\right] \tag{4.11.6}$$

此式对于 TE_{10} 波适用。这是导体损耗所引起的衰减常数。

对于矩形波导，可以求得由金属管壁损耗引起的衰减常数为：

(1)TE_{mn} 模

$$\alpha = \frac{2R_{\mathrm{s}}}{\eta}\left[\sqrt{1-(f_{\mathrm{c}}/f)^2}\,\frac{m^2b+n^2a}{m^2b^2+n^2a^2}+\frac{(a+b)(f_{\mathrm{c}}/f)^2}{ab\sqrt{1-(f_{\mathrm{c}}/f)^2}}\right] \tag{4.11.7}$$

(2)TM_{mn} 模

$$\alpha = \frac{2R_{\mathrm{s}}}{ab\eta\sqrt{1-(f_{\mathrm{c}}/f)^2}}\,\frac{m^2b^3+n^2a^3}{m^2b^2+n^2a^2} \tag{4.11.8}$$

例 4.11.1　对于矩形波导中的 TE_{10} 模，(1) 求波导铜损耗的衰减常数最小时的频率；(2) 说明当波导尺寸满足 $a = 2b$ 时，波导单模传输的工作频带最宽，而衰减常数最小[6]。

解　(1) 利用公式(4.11.7)，矩形波导中的 TE_{10} 模的衰减常数为

$$\alpha = \frac{R_s}{b\eta}\left[1+\frac{2b}{a}\left(\frac{\lambda}{2a}\right)^2\right]\Big/\sqrt{1-\left(\frac{\lambda}{2a}\right)^2}$$

式中波导壁的表面电阻 R_s 可写为

$$R_s = \sqrt{\pi\mu f/\sigma} = \sqrt{\pi\mu f_c/\sigma}\cdot\sqrt{2a/\lambda}$$

令 $x=\lambda/(2a)$，并利用上式，则 α 的计算公式可改写为

$$\alpha = \frac{2}{\eta\mu}\sqrt{\pi\mu f_c/\sigma}\left(\frac{a}{2b}+x^2\right)\Big/\sqrt{x-x^3}$$

将上式代入方程 $\mathrm{d}\alpha/\mathrm{d}x=0$，得到

$$x^4-3\left(1+\frac{a}{2b}\right)x^2+\frac{a}{2b}=0$$

此方程在 $x<1$ 时的根为

$$x_{\min}=\sqrt{\frac{3\left(1+\frac{a}{2b}\right)-\sqrt{9\left(1+\frac{a}{2b}\right)^2-\frac{2a}{b}}}{2}}$$

所以当 $\lambda=2ax_{\min}$ 时，α 最小。对于 $a=2b$，可得

$$x_{\min}=\sqrt{2}-1,\quad f_{\min}=(\sqrt{2}+1)f_c$$

(2) 矩形波导的最低波型为 TE_{10} 模，其截止波长为 $2a$。次低波型为 TE_{20} 模或 TE_{01} 模，其截止波长分别为 a 和 $2b$。若选取波导尺寸 $a\geqslant 2b$，则 TE_{20} 模为次低波型，这时波导单模传输的工作波长范围最大，为 $a<\lambda<2a$。又由衰减常数 α 计算公式可知，α 随着 b 的增加而减小，所以当 $a=2b$ 时，α 最小。因此，在设计波导尺寸时取 $a=2b$，可以使工作频带最宽，而衰减常数 α 最小。

另一方面，当介质损耗和导体损耗都存在时，总衰减常数是

$$\alpha=\alpha_d+\alpha_c \tag{4.11.9}$$

式中，α_d 是介质损耗所引起的衰减常数，α_c 是导体损耗所引起的衰减常数。下面讨论 α_d 的计算[3]。

在计算介质损耗时，可以把有损耗介质等效成理想介质，其等效介电常数为 $\varepsilon'=\varepsilon\left(1+\frac{\sigma_d}{j\omega\varepsilon}\right)$。其中，$\sigma_d$ 是介质的电导率。那么，式 $k_c^2=k^2+\gamma^2$ 成为

$$k_c^2=\omega^2\mu\varepsilon\left(1+\frac{\sigma_d}{j\omega\varepsilon}\right)+\gamma^2$$

即

$$\gamma=\sqrt{\mu\varepsilon\left[\omega_c^2-\omega^2\left(1+\frac{\sigma_d}{j\omega\varepsilon}\right)\right]}$$

在微波频段，一般 $\frac{\sigma_d}{\omega\varepsilon}\ll 1$，因此上式近似为

$$\gamma \approx \sqrt{\mu\varepsilon(\omega_c^2-\omega^2)}\left(1+\frac{1}{2}\frac{\sigma_d}{j\omega\varepsilon}\right)$$

应用理想介质时相位常数满足的关系式 $j\beta=\sqrt{\mu\varepsilon(\omega_c^2-\omega^2)}$，则 γ 可以表示为

$$\gamma \approx j\beta\left(1+\frac{1}{2}\frac{\sigma_d}{j\omega\varepsilon}\right)=\frac{\beta\sigma_d}{2\omega\varepsilon}+j\beta$$

其中，实部代表介质有损耗时的衰减常数 α_d，即

$$\alpha_d=\frac{\beta\sigma_d}{2\omega\varepsilon}=\frac{\pi}{\lambda_g}\frac{\sigma_d}{\omega\varepsilon}=\frac{\pi}{\lambda_g}\tan\delta \tag{4.11.10}$$

式中，λ_g 是波导波长，$\tan\delta$ 是介质的损耗角正切值。

例 4.11.2　试计算同轴线的衰减常数 α。

解　在同轴线中，导体对电磁波的损耗包括在内导体上产生的损耗和在外导体上产生的损耗两部分。单位长度上的损耗功率可表示为

$$P_d=P_{da}+P_{db}$$

式中：

$$\begin{aligned}P_{da}&=\int_0^{2\pi}|\dot{J}|^2R_s\rho d\phi\Big|_{\rho=a}\\&=R_s\int_0^{2\pi}\left(\frac{C_1}{a\eta_{TEM}}\right)^2 a d\phi=R_s\left(\frac{C_1}{\eta_{TEM}}\right)^2\frac{2\pi}{a}\\P_{db}&=\int_0^{2\pi}|\dot{J}|^2R_s\rho d\phi\Big|_{\rho=b}\\&=R_s\int_0^{2\pi}\left(\frac{C_1}{b\eta_{TEM}}\right)^2 b d\phi=R_s\left(\frac{C_1}{\eta_{TEM}}\right)^2\frac{2\pi}{b}\end{aligned}$$

所以有

$$P_d=2\pi R_s\left(\frac{C_1}{\eta_{TEM}}\right)^2\left(\frac{1}{a}+\frac{1}{b}\right)$$

而由式(4.7.15)，同轴线传输的功率 P_f 为

$$P_f=\frac{2\pi}{\eta_{TEM}}C_1^2\ln\frac{b}{a}$$

因此，由式(4.11.4)得

$$\alpha=\frac{P_d}{2P_f}=\frac{2\pi R_s\left(\frac{C_1}{\eta_{TEM}}\right)^2\left(\frac{1}{a}+\frac{1}{b}\right)}{2\times\frac{2\pi}{\eta_{TEM}}C_1^2\ln\frac{b}{a}}=\frac{R_s}{2\eta_{TEM}\ln\frac{b}{a}}\left(\frac{1}{a}+\frac{1}{b}\right)$$

至于同轴线中的介质损耗则与波导中的式(4.11.10)的推导完全相同，结果也完全一样。只是由于同轴线中的 TEM 波的波导波长 $\lambda_g=\lambda$，于是由式(4.11.10)得到

$$\alpha_d=\frac{\pi}{\lambda}\tan\delta=\frac{\pi\sqrt{\varepsilon_r}}{\lambda_0}\tan\delta$$

式中，λ_0 是自由空间波长。

例 4.11.3 同轴线的尺寸选择。选择同轴线尺寸的原则是:(1) 保证在工作频段内只传输 TEM 波;(2) 保证同轴线的功率容量满足设计要求;(3) 损耗尽可能小[10]。

解 要保证在工作频段内只传输 TEM 波,按照式(4.6.10),应有

$$\lambda_{\min} > \pi(a+b)$$

在设计制造同轴线时,为了保证不出现高次模,且计算又比较规范,一般取最短安全波长为

$$\lambda_{\min} = 1.1\pi(a+b)$$

因此,有

$$(a+b) = \frac{\lambda_{\min}}{1.1\pi}$$

然而,从上式并不能够计算得出 a 和 b 的具体尺寸,因此尚需考虑另外的因素。这个因素就是功率容量或损耗大小。

(1) 功率容量最大的设计

由式(4.7.16),同轴线的击穿功率为

$$P_{\mathrm{b}} = \frac{2\pi(aE_b)^2}{\eta_{\mathrm{TEM}}}\ln\frac{b}{a}$$

可以得到功率容量最大的条件为

$$\left.\frac{\mathrm{d}P_{\mathrm{b}}}{\mathrm{d}a}\right|_{b=\mathrm{constant}} = 0$$

容易得到

$$\frac{b}{a} = 1.65$$

这就是说,当同轴线内外导体半径之比为 1.65 时,功率容量最大。如果同轴线中的介质为空气,则其特性阻抗值为 30 Ω。

(2) 损耗最小设计

由例题 4.11.2 中求得的衰减常数为

$$\alpha = \frac{R_{\mathrm{s}}}{2\eta_{\mathrm{TEM}}\ln\frac{b}{a}}\left(\frac{1}{a}+\frac{1}{b}\right)$$

当

$$\left.\frac{\mathrm{d}\alpha}{\mathrm{d}a}\right|_{b=\mathrm{constant}} = 0$$

时,可以得到损耗最小的同轴线内外导体的半径之比为

$$\frac{b}{a} = 3.592$$

如果同轴线中的介质为空气,则其特性阻抗值为 77 Ω。采用这种同轴线传输能量

时损耗最小，而作为谐振器时，则品质因数最高。

(3) 同轴线尺寸的折中选择

从上面的讨论看出，传输功率容量最大和衰减最小一般是不可能同时满足的。为了兼顾两者，即既要传输功率容量较大，又要衰减较小，通常折衷选择同轴线的内外导体半径之比为

$$\frac{b}{a} = 2.303$$

此时，如果同轴线中的介质为空气，则其特性阻抗值为 50 Ω。在这种情况下，功率容量比最佳情况约小了 15%，而衰减则比最佳情况约小了 10%。在实际应用中，同轴线设计和制造已经标准化。

4.12　波导激励与耦合

波导激励是指使用某种称之为激励装置或激励元件将电磁能量馈入波导中，如图 4.12.1 所示[11]，以便激励出所需要的波型。反之，耦合则是利用耦合装置或耦合元件从波导中取出电磁能量。根据互易原理，激励和耦合是互逆的。如果某种元件可以用作激励元件，当然也就可以用作耦合元件。

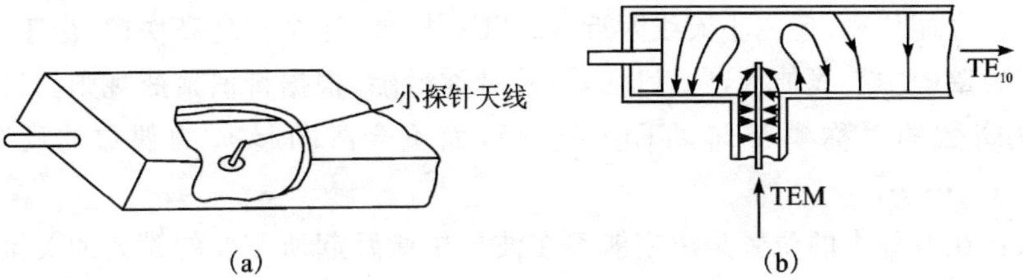

图 4.12.1　矩形波导的激励

从电磁场理论来看，激励就是微波源在波导内产生电磁辐射，并要求建立起所需要的波型。由于在激励源附近结构比较复杂，所以在其附近会产生包括所需要的波型和许多其他别的波型。另外，激励元件的引入会使波导内部产生不均匀性，它将引起波型之间发生能量的耦合。因此，波导激励问题涉及到场的计算以及不同波型之间的耦合分析。

4.12.1　波导激励的方法及其计算

波导激励的方法大致可以分为以下三类[3,5,11]。

(1) 传导电流激励。其方式是将一个探针(或小环) 天线放置在波导中，以产生所需要的电磁场。

(2) 电子流激励。在微波电子器件中，常常让电子流通过波导，以便在其中激

励出所需要的电磁场。

(3) 小孔激励。在微波系统中，如果在波导的公共壁上开出相同形状的小孔或槽缝，就可以在波导中激励所需要的电磁场。

假定激励源是给定的，则计算激励源所产生的电磁场，就是求解在波导系统中的有源麦克斯韦方程问题，它可以应用正规模展开方法去求解。由于在激励源附近边界条件比较复杂，要用严格的数学方法求解是很困难的，只能作近似分析。一般说来，只能根据具体问题的特征来选择相应的近似分析方法，这里不作具体介绍。

4.12.2 波导激励的规则

实际应用时，在波导系统中总存在各种不同的不均匀性(或不连续性)。由于不均匀性会引起电磁散射，所以导致模式的相互转换(或耦合)。它意味着不同模式之间会发生能量的交换或转移。但是，模式耦合遵守所谓"奇偶禁戒规则"[3,5,11]：(1) 偶激励(或对称激励) 不可能激励起奇(反对称) 模；(2) 奇激励(或反对称激励) 不可能激励起偶(对称) 模。

对于分析在波导和谐振腔中会激励出哪些模式，这个规则十分有用。例如，对图 4.12.1 所示矩形波导探针激励来说，为了使波单方向传输，在伸入波导内小天线的左端装有可调短路活塞。设计波导尺寸使 $\lambda < (\lambda_c)_{TE_{10}}$，则可激励起 TE_{10} 模并沿波导向右端传输。但在小天线附近，除 TE_{10} 模外，还会出现高次模。由于小天线是由宽边壁的中心线伸入，所以这是一种对称激励。根据奇偶禁戒规则，只能激励起 m 为奇数的对称模 TE_{10}、TE_{30}…… 等，而不会激励起 m 为偶数的反对称模 TE_{20}、TE_{40}……。

探针在波导中的位置是决定能否在波导中激励起所需要的模式的关键因素。原则上说，只要激励的电磁场中有一个分量与所需要激励的模式的某一个分量相吻合，这个模式就可以被激励。下面给出一些波导激励的实际经验：

(1) 在所需要的激励模式的电场为零的地方，不能放置激励源，否则将使该模式的振幅为零。或者说，应用某一种激励装置在波导的某一截面上建立起的电场，必须与所要激励的模式的电场分布一致。

(2) 在放置激励源的地方，不能让激励源电流密度方向与所需要的激励模式的电场方向相垂直，否则将使该模式的振幅为零。或者说，应用某一种激励装置在波导的某一截面上建立起的磁场，必须与所要激励的模式的磁场分布一致。

(3) 激励源放置更应该符合"奇偶禁戒规则"。

由于激励和耦合的原理是相同的，因此上述经验也适用于波导或谐振腔的耦合问题。

习　题

4.1　证明 TEx 和 TMx 的模式是对 z 的 TE 模式和 TM 模式的线性组合，即

$$\dot{\boldsymbol{E}}_{mn}^{\mathrm{TE}x} = A(\dot{\boldsymbol{E}}_{mn}^{\mathrm{TE}} + B\dot{\boldsymbol{E}}_{mn}^{\mathrm{TM}})$$

$$\dot{\boldsymbol{H}}_{mn}^{\mathrm{TM}x} = C(\dot{\boldsymbol{H}}_{mn}^{\mathrm{TE}} + D\dot{\boldsymbol{H}}_{mn}^{\mathrm{TM}})$$

试确定 A、B、C 和 D。

4.2　证明由位于 $x = 0, x = a, y = 0$ 和 $y = b$ 平面的导体板所构成的二维（无 z 向变化）谐振器的谐振频率是矩形波导的截止频率。

4.3　由位于 $y = 0$ 和 $y = b$ 两平面的导体板所构成的平行平板波导，证明：

(1) 二维 TE$_n$ 模式的模式函数为

$$\dot{\psi}_n^{\mathrm{TE}} = \mathrm{e}^{-\mathrm{j}k_z z}\cos\frac{n\pi y}{b} \qquad (n = 1,2,\cdots)$$

而二维 TM$_n$ 模式的模式函数为

$$\dot{\psi}_n^{\mathrm{TM}} = \mathrm{e}^{-\mathrm{j}k_z z}\sin\frac{n\pi y}{b} \qquad (n = 1,2,\cdots)$$

(2) TEM 模式的模式函数为 $\dot{\psi}_0^{\mathrm{TM}} = y\mathrm{e}^{-\mathrm{j}kz}$。

4.4　证明习题 4.3 中平行平板波导的一组备用模式函数是 $\dot{\psi}_n^{\mathrm{TE}x} = \mathrm{e}^{-\mathrm{j}k_z z}\cos\frac{n\pi y}{b}$ $(n = 0,1,2,\cdots)$。它是 TEx 模式的模式函数。而 TMx 模式的模式函数为 $\dot{\psi}_n^{\mathrm{TM}x} = \mathrm{e}^{-\mathrm{j}k_z z}\sin\frac{n\pi y}{b}(n = 0,1,2,\cdots)$。注意到，在 TE$x$ 模式函数中，$n = 0$ 产生 TEM 模式。

4.5　假设在位于 $y = 0$ 和 $y = b$ 平面上的导体所构成的平行平板波导的 $z = 0$ 平面上有 y 向电流层 $\dot{K}_y$，并且波导在 $+z$ 和 $-z$ 方向都是匹配的。证明由这电流所形成的场是

$$\sum_{n=0}^{+\infty} A_n \mathrm{e}^{-\gamma_n|z|}\cos\frac{n\pi y}{b} = \begin{cases} \dot{H}_x & (z > 0) \\ -\dot{H}_x & (z < 0) \end{cases}$$

式中，$A_n = \frac{\varepsilon_n}{2b}\int_0^b \dot{K}_y(y)\cos\frac{n\pi y}{b}\mathrm{d}y$。$\varepsilon_n$ 是诺依曼数。

4.6　设习题 4.5 的电流层是 x 向的，非 y 向的。证明由此 x 向电流层所形成的场是

$$\dot{E}_x = \sum_{n=1}^{+\infty} \mathrm{B}_n \mathrm{e}^{-\gamma_n|z|}\sin\frac{n\pi y}{b}$$

式中，$A_n = \frac{\mathrm{j}\omega\mu}{\gamma_n b}\int_0^b \dot{K}_x(y)\sin\frac{n\pi y}{b}\mathrm{d}y$。

4.7 当$b>a$时，考虑图 4.4.1 的部分填充波导的主模式，当d很小时，对主模式能用式(4.4.8) 近似地代表式(4.4.5)。以

$$\beta_0=\sqrt{k_2^2-\left(\frac{\pi}{b}\right)^2}$$

表示空波导的传播常数($d=0$)，并从式(4.4.8) 在$d=0$和$k_z=\beta_0$的泰勒展开式，证明当d很小时，有

$$k_z=\beta_0+\frac{\varepsilon_2}{\varepsilon_1}\left(\frac{k_1^2-k_2^2}{2\beta_0}\right)\frac{d}{a}$$

4.8 当$a>b$时，考虑部分填充波导(图 4.4.1) 的主模式。以空波导的传播常数($d=0$) 表示为

$$\beta_0=\sqrt{k_2^2-\left(\frac{\pi}{a}\right)^2}$$

并根据式(4.4.7) 的倒数在$j=0$和$k_z=\beta_0$的泰勒展开式，证明当d很小时，有

$$k_z=\beta_0+\frac{\mu_1-\mu_2}{\mu_2\beta_0}\left(\frac{\pi}{a}\right)^2\frac{d}{a}+\frac{\pi^2\mu_1}{3\mu_2\beta_0}(k_1^2-k_2^2)\left(\frac{d}{a}\right)^3$$

4.9 证明部分填充矩形谐振腔(图 4.4.1 有额外导体覆盖$z=0$和$z=c$平面) 的谐振频率是式(4.4.5) 和式(4.4.7) 的解；式中

$$k_{x1}^2+\left(\frac{n\pi}{b}\right)^2+\left(\frac{p\pi}{c}\right)^2=k_1^2 \quad 和 \quad k_{x2}^2+\left(\frac{n\pi}{b}\right)^2+\left(\frac{p\pi}{c}\right)^2=k_2^2$$

$n=0,1,2,\cdots$；$p=0,1,2,\cdots$；但$n=p=0$除外。

4.10 推导式(4.10.7)。

4.11 一块聚苯乙烯平板($\varepsilon_r=2.56$)的厚度是 3/4 cm。在 30 000 MHz 的频率，什么平板波导模式可以无衰减传播？计算这些模式的截止频率。并求在 30 000 MHz 的传播 TE 模式的传播常数。怎样才能使相应的 TE 和 TM 模式的截止频率相同，但传播常数不同？

4.12 根据式(4.10.5) 在$2d=0$，$v=0$的泰勒展开式，证明当$2d$很小时，介质板波导(图 4.10.1) 的 TM 主模式是由

$$v=\frac{\varepsilon_0}{\varepsilon_d}(k_d^2-k_0^2)d$$

表征。同样，证明当$2d$很小时，TE 主模式是由

$$v=\frac{\mu_0}{\mu_d}(k_d^2-k_0^2)d$$

表征。在每一种情况的传播常数是

$$k_z=k_0+\frac{v^2}{2k_0}$$

4.13　涂有厚度 0.127 mm 虫胶($\varepsilon_r = 3.0$)的平面导体将在 30 000 MHz 的场中应用。有没有存在任何紧束缚的表面波的可能？试计算在垂直于涂介质导体方向的衰减常数。

4.14　如习题 4.14 图所示，导体表面有“皱褶”。假设这些突出的“牙”是无限薄，并且每一波长内有许多个牙。这些牙实际上会短路掉任何 $\dot{E}_y$，只允许 $\dot{E}_z$ 和 $\dot{E}_x$ 在表面上存在。介质板波导的 TM 场就属于这种类型，所以假设在空气

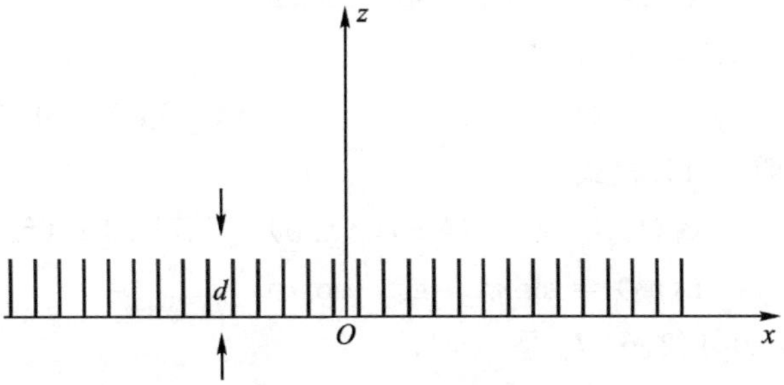

习题 4.14 图　皱褶导体

区域中($x > d$)存在这种场，有如下表示式：

$$\dot{E}_x = \frac{k_z}{\omega\varepsilon_0}\dot{H}_y;\quad \dot{E}_z = \frac{-B}{j\omega\varepsilon_o}v^2 e^{-vx} e^{-jk_z z};\quad \dot{H}_y = Bv e^{-vx} e^{-jk_z z}$$

显然，从“皱褶”表面看进去的波阻抗是 $Z_{-x} = \frac{\dot{E}_z}{\dot{H}_y} = \frac{jv}{\omega\varepsilon_0}$。在“皱褶”表面的槽内，假定存在平行平板传输线模式，这些槽将是特性波阻为 η_0 的短路传输线。因而，其输入波阻抗是 $Z_{-x} = j\eta_0 \tan k_0 d$。试证明：(1) 当 $k_0 d < \pi/2$ 时，$k_z = k_0\sqrt{1 + \tan^2 k_0 d}$。应该指出，此解是近似的。因为只近似地求了在 $x = d$ 的波阻抗。在真实解中的场必然不同于在 $x = d$ 附近的假设场(应该可以估计到 $\dot{E}_x$ 将终止于“牙”的边缘)。(2) 当 $k_0 d$ 较小时，波是松约束的；当 $k_0 d$ 较大(但仍小于 $\pi/2$)，波是较紧约束的。

4.15　对习题 4.14 图所示的皱褶导体，在离开其表面一个波长的距离，希望电磁场衰减至其表面值的 36.8%。求所需要的最小槽深度。

4.16　假设在习题 4.14 图所示的皱褶导体的槽内填充以介电常数和磁导率分别为 ε_d、μ_d 的介质。证明在这种情况下，有

$$v = \frac{\varepsilon_0}{\varepsilon_d}k_d \tan k_d d \quad 和 \quad k_z = k_0\sqrt{1 + \frac{\varepsilon_0\mu_d}{\varepsilon_d\mu_0}\tan^2 k_d d}$$

式中，$k_d = \omega\sqrt{\varepsilon_d\mu_d}$。

4.17　图 4.5.3 所示横截面的各种波导的特征波函数可取下列形式：

$$\dot{\psi}=\mathrm{B}_n(k_\rho\rho)\mathrm{h}(n\phi)\mathrm{e}^{\pm \mathrm{j}k_z z}$$

而其相位常数是

$$k_z=\sqrt{k^2-k_\rho^2}$$

对于图 4.5.3(a) 所示的同轴波导,令 a 表示其内半径和 b 表示外半径。证明对 TM 模式,有

$$\mathrm{B}_n(k_\rho\rho)=\mathrm{Y}_n(k_\rho a)\mathrm{J}_n(k_\rho\rho)-\mathrm{J}_n(k_\rho a)\mathrm{Y}_n(k_\rho\rho)$$

$$\mathrm{h}(n\phi)=\sin n\phi \quad 或 \quad \cos n\phi$$

式中,$n=0,1,2,\cdots$;k_ρ 是

$$\mathrm{J}_n(k_\rho a)\mathrm{Y}_n(k_\rho b)-\mathrm{J}_n(k_\rho b)\mathrm{Y}_n(k_\rho a)=0$$

的根。证明对 TE 模式,有

$$\mathrm{B}_n(k_\rho\rho)=\mathrm{Y}'_n(k_\rho a)\mathrm{J}_n(k_\rho\rho)-\mathrm{J}'_n(k_\rho a)\mathrm{Y}_n(k_\rho\rho)$$

$$\mathrm{h}(n\phi)=\sin n\phi \quad 或 \quad \cos n\phi$$

式中,$n=0,1,2,\cdots$;k_ρ 是

$$\mathrm{J}'_n(k_\rho a)\mathrm{Y}'_n(k_\rho b)-\mathrm{J}'_n(k_\rho b)\mathrm{Y}'(k_\rho a)=0$$

的根。

4.18 证明有隔板的同轴波导(图 4.5.3(b))和同轴波导(图 4.5.3(a)),其模式都以相同的 $\mathrm{B}_n(k_\rho\rho)$ 函数为特征,但对 TM 模式,有

$$\mathrm{h}(n\phi)=\sin n\phi \qquad \left(n=\frac{1}{2},1,\frac{3}{2},2,\cdots\right)$$

而对 TE 模式,有

$$\mathrm{h}(n\phi)=\cos n\phi \qquad \left(n=0,\frac{1}{2},1,\frac{3}{2},\cdots\right)$$

式中,隔板是在 $\phi=0$ 的位置。主模式是 $n=1/2$ 的最低阶 TE 模式。

4.19 证明图 4.5.3(e) 的劈形波导能支持

$$\dot{\psi}^{\mathrm{TM}}=\mathrm{J}_n(k_\rho\rho)\mathrm{e}^{\pm \mathrm{j}k_z z}\sin n\phi$$

所规定的各种 TM 模式;式中

$$n=\frac{\pi}{\phi_0},\frac{2\pi}{\phi_0},\frac{3\pi}{\phi_0},\cdots$$

而 $k_\rho a$ 是 $\mathrm{J}_n(k_\rho\rho)$ 的零点。证明它能支持

$$\dot{\psi}^{\mathrm{TE}}=\mathrm{J}_n(k_\rho\rho)\mathrm{e}^{\pm \mathrm{j}k_z z}\cos n\phi$$

所规定的各种 TE 模式;式中

$$n=0,\frac{\pi}{\phi_0},\frac{2\pi}{\phi_0},\cdots$$

而 $k_\rho a$ 是 $\mathrm{J}'_n(k_\rho\rho)$ 的零点。图 4.5.3(c) 和(d) 的波导分别是 $\phi_0=2\pi$ 和 π 的特殊情况。

4.20　证明有隔板的圆波导(图 4.5.3(c))的主模式的截止波长是 $\lambda_c = \dfrac{2\pi a}{1.16}$。

4.21　考虑由同心导电圆筒 $\rho = a$ 和 $\rho = b$ 所形成的二维"环形波导"。如果 n 是方程

$$-\frac{B}{A} = \frac{\mathrm{J}_n(ka)}{\mathrm{Y}_n(ka)} = \frac{\mathrm{J}_n(kb)}{\mathrm{Y}_n(kb)}$$

的一个根,证明波函数

$$\dot{\psi} = [A\mathrm{J}_n(k\rho) + B\mathrm{Y}_n(k\rho)]\mathrm{e}^{-\mathrm{j}n\phi}$$

按照式(2.7.15)可规定对 z 的 TM 环行模式。如果 n 是方程

$$-\frac{B}{A} = \frac{\mathrm{J}'_n(ka)}{\mathrm{Y}'_n(ka)} = \frac{\mathrm{J}'(kb)}{\mathrm{Y}'_n(kb)}$$

的一个根,证明上面的波函数按照式(2.7.17)可规定对 z 的 TE 环行模式。

4.22　就式(4.9.1)所规定的 TM 径向波,证明由式(4.9.9)可得 $\dot{E}_z$ 的径向相位常数,而 $\dot{H}_\phi$ 的径向相位常数是

$$\beta_{\rho 2} = \frac{2}{\pi\rho}\left[1 - \left(\frac{n}{k_\rho \rho}\right)^2\right]\frac{1}{[\mathrm{J}'_n(k_\rho \rho)]^2 + [\mathrm{Y}'_n(k_\rho \rho)]^2}$$

证明当 $k_\rho \rho \to +\infty$ 时,$\beta_{\rho 1}$ 的极限结果对此相位常数也适用。

4.23　考虑径向波导的径向波阻抗。对 TM 模式的向外行波,求得

$$Z_{+\rho}^{\mathrm{TM}} = -\frac{\dot{E}_z}{\dot{H}_\phi} = \frac{k_\rho}{\mathrm{j}\omega\varepsilon}\frac{\mathrm{H}_n^{(2)}(k_\rho \rho)}{\mathrm{H}'^{(2)}_n(k_\rho \rho)}$$

而对 TM 模式的向内行波,求得

$$Z_{-\rho}^{\mathrm{TM}} = \frac{\dot{E}_z}{\dot{H}_\phi} = -\frac{k_\rho}{\mathrm{j}\omega\varepsilon}\frac{\mathrm{H}_n^{(1)}(k_\rho \rho)}{\mathrm{H}'^{(1)}_n(k_\rho \rho)}$$

证明当半径较大时,有

$$Z_{+\rho}^{\mathrm{TM}} = Z_{-\rho}^{\mathrm{TM}} \xrightarrow{k_\rho \rho \to +\infty} \eta$$

而当半径较小时,有

$$Z_{+\rho}^{\mathrm{TM}} = Z_{-\rho}^{\mathrm{TM}} \xrightarrow{k_\rho \rho \to 0} \begin{cases} \dfrac{\eta}{2}k_\rho \rho\left(\pi + \mathrm{j}\ln\dfrac{2}{\gamma k_\rho \rho}\right) & (n = 0) \\ \eta k_\rho \rho\left[\left(\dfrac{2\pi}{n!}\right)^2\left(\dfrac{k_\rho \rho}{2}\right)^{2n} + \dfrac{\mathrm{j}}{n}\right] & (n > 0) \end{cases}$$

式中,$\gamma = 1.781$。

4.24　考虑图 4.9.1 所示的径向平行平板波导。对传输线模式,即向外行波 $\dot{E}_z^+ = \dfrac{k^2}{\mathrm{j}\omega\varepsilon}\mathrm{H}_0^{(2)}(k\rho)$,$\dot{H}_\phi^+ = k\mathrm{H}_1^{(2)}(k\rho)$,其电压和电流的定义为

$$\dot{V}(\rho) = a\dot{E}_z^+,\quad \dot{I}(\rho) = 2\pi\dot{H}_\phi^+$$

证明 $\dot{V}$ 和 $\dot{I}$ 满足传输线方程：

$$\frac{\mathrm{d}\dot{V}}{\mathrm{d}\rho}=-\mathrm{j}\omega L\dot{I},\quad \frac{\mathrm{d}\dot{I}}{\mathrm{d}\rho}=-\mathrm{j}\omega C\dot{V}$$

式中，L 和 C 是“静磁和静电”参数：

$$L=\frac{\mu a}{2\pi\rho},\quad C=\frac{2\pi\varepsilon\rho}{a}$$

为什么能够预计到电路概念可应用于此模式？

4.25 证明二维圆柱形谐振腔（无 z 向变化，导体是在 $\rho=a$ 的圆柱面）的谐振频率等于圆波导的截止频率。

参考文献

[1] 冯慈璋，马西奎. 工程电磁场导论 [M]. 北京：高等教育出版社，2000.
[2] HARRINGTON R F. Time-Harmonic Electromagnetic Fields [M]. New York：McGraw-Hill Book Co.，Inc.，1961.
[3] 傅君眉，冯恩信. 高等电磁理论 [M]. 西安：西安交通大学出版社，2000.
[4] 马西奎. 电磁场理论及应用 [M]. 2 版. 西安：西安交通大学出版社，2018.
[5] 杨儒贵. 高等电磁理论 [M]. 北京：高等教育出版社，2008.
[6] 楼仁海，傅君眉，刘鹏程. 电磁理论解题指导 [M]. 北京：北京理工大学出版社，1988.
[7] GOUBAU G. Single Conductor Surface Wave Transmission Lines [J]. Proc. IRE，1951，39(6)：619 - 624.
[8] 张克潜，李德杰. 微波与光电子学中的电磁理论 [M]. 北京：电子工业出版社，1994.
[9] 黎滨洪 表面电磁波和介质波导 [M]. 上海：上海交通大学出版社，1990.
[10] 赵家陞，黄尚锐. 电磁场与微波技术 [M]. 武汉：华中理工大学出版社，1990.
[11] 廖承恩. 微波技术基础 [M]. 北京：国防工业出版社，1984.

第5章　电磁波的散射

散射是被入射波照射的物体表面曲率较大甚至不光滑时，物体又将成为新的波源向四周发射波动，其二次辐射波在角域上按一定的规律作分散传播的现象。如果物体的线度远小于波长，散射并不显著。物体的线度越大，散射越显著，使沿原来方向传播的波的强度有所减弱。但是，如果物体的线度远大于波长，可以把物体当作一个大的障碍物来处理，就会产生有规则的反射和折射。频率极低的波，由于波长很长，只有碰到非常大的障碍物或媒质分界面时，才会发生明显的反射和折射。如果频率很高，看似很小的物体(物体的线度是波的数个波长)，就能产生有规则的反射和折射。这说明，高频电磁波的最明显特征之一就是方向性良好，能够定向传播。

本章首先介绍波的变换方法。然后，以理想导电圆柱体对平面波的散射、理想导电圆柱体对柱面波的散射、理想导电劈对柱面波的散射、理想导电球对平面波的散射、介质球对平面波的散射和理想导电球对球面波的散射为例，分析障碍物对电磁波的散射特性和规律。最后，介绍互易定理在电磁散射分析中的几个应用。

5.1　波的变换

把某一种坐标系中的基本波函数用另一种坐标系中的基本波函数来表示，称为波的变换。电磁散射问题会涉及波的变换，例如求解圆柱体对平面波的散射问题，就必须进行波的变换，这样会给计算带来很大的方便[1]。

5.1.1　平面波用柱面波表示[1]

首先，讨论平面波 $\mathrm{e}^{-\mathrm{j}x}$ 用柱面波来展开。此波在原点是有限的，并对 ϕ 成 2π 的周期性。因此，它可表示为

$$\mathrm{e}^{-\mathrm{j}x}=\mathrm{e}^{-\mathrm{j}\rho\cos\phi}=\sum_{-\infty}^{+\infty}a_n\mathrm{J}_n(\rho)\mathrm{e}^{\mathrm{j}n\phi}$$

式中，a_n 是常数。根据三角函数的正交性，有

$$\int_0^{2\pi}\mathrm{e}^{-\mathrm{j}\rho\cos\phi}\mathrm{e}^{-\mathrm{j}m\phi}\mathrm{d}\phi=2\pi a_m\mathrm{J}_m(\rho)$$

在 $\rho=0$ 处，上式左边对 ρ 的 m 次导数的计算结果是

$$\mathrm{j}^{-m}\int_0^{2\pi}\cos^m\phi\,\mathrm{e}^{-\mathrm{j}m\phi}\,\mathrm{d}\phi=\frac{2\pi\mathrm{j}^{-m}}{2^m}$$

而右边在 $\rho=0$ 处的 m 次导数的计算结果是 $2\pi a_m/2^m$。因此，求得 $a_m=\mathrm{j}^{-m}$。

这样，向 $(+x)$ 方向传播的平面波用柱面波展开，有如下变换式：

$$\mathrm{e}^{-\mathrm{j}x}=\mathrm{e}^{-\mathrm{j}\rho\cos\phi}=\sum_{-\infty}^{+\infty}\mathrm{j}^{-n}\mathrm{J}_n(\rho)\mathrm{e}^{\mathrm{j}n\phi} \tag{5.1.1}$$

而向 $(-x)$ 方向传播的平面波用柱面波展开，有如下变换式：

$$\mathrm{e}^{\mathrm{j}x}=\mathrm{e}^{\mathrm{j}\rho\cos\phi}=\sum_{-\infty}^{+\infty}\mathrm{j}^{n}\mathrm{J}_n(\rho)\mathrm{e}^{\mathrm{j}n\phi} \tag{5.1.2}$$

也证明了有如下关系式：

$$\mathrm{J}_n(\rho)=\frac{\mathrm{j}^n}{2\pi}\int_0^{2\pi}\mathrm{e}^{-\mathrm{j}\rho\cos\phi}\mathrm{e}^{-\mathrm{j}n\phi}\,\mathrm{d}\phi \tag{5.1.3}$$

更一般地说来，设平面波的传播方位角为 (θ',ϕ')，即其传播矢量为

$$\boldsymbol{k}=\boldsymbol{e}_x k\sin\theta'\cos\phi'+\boldsymbol{e}_y k\sin\theta'\sin\phi'+\boldsymbol{e}_z k\cos\theta'$$

那么该平面波的波函数为

$$\mathrm{e}^{-\mathrm{j}\boldsymbol{k}\cdot\boldsymbol{r}}=\mathrm{e}^{-\mathrm{j}k\sin\theta'(x\cos\phi'+y\sin\phi')-\mathrm{j}kz\cos\theta'}$$

同理，可以求得传播矢量为 $\boldsymbol{k}$ 的平面波用柱面波展开的变换式如下：

$$\mathrm{e}^{-\mathrm{j}\boldsymbol{k}\cdot\boldsymbol{r}}=\mathrm{e}^{-\mathrm{j}kz\cos\theta'}\sum_{n=-\infty}^{+\infty}\mathrm{j}^{-n}\mathrm{J}_n(k\rho\sin\theta')\mathrm{e}^{\mathrm{j}n(\phi'+\phi)} \tag{5.1.4}$$

5.1.2 柱面波用柱面波表示[1]

柱面波用柱面波表示相当于圆柱坐标原点平移的变换，也是一种重要的波变换。现在，考虑如下零阶第二类汉克尔函数：

$$\mathrm{H}_0^{(2)}(|\boldsymbol{\rho}-\boldsymbol{\rho}'|)=\mathrm{H}_0^{(2)}\left(\sqrt{\rho^2+\rho'^2-2\rho\rho'\cos(\phi-\phi')}\right) \tag{5.1.5}$$

这是在 ρ' 点的线源的场，即中心轴为 ρ' 的柱面波。现在的问题是如何根据 $\rho<\rho'$ 或 $\rho>\rho'$ 来表示式(5.1.5)。

在 $\rho<\rho'$ 的区域内，由于包含点 $\rho=0$，所以允许的波函数是 $\mathrm{J}_n(\rho)\mathrm{e}^{\mathrm{j}n\phi}$。而在 $\rho>\rho'$ 的区域内，由于必须是向外的行波，所以允许的波函数是 $\mathrm{H}_n^{(2)}(\rho)\mathrm{e}^{\mathrm{j}n\phi}$。考虑到对 ϕ 成 $2n\pi$ 的周期性，其中 n 是一整数。此外，由式(5.1.5)看出，$\mathrm{H}_0^{(2)}(|\boldsymbol{\rho}-\boldsymbol{\rho}'|)$ 对 ρ' 和 ρ 是对称的，所以其展开式对 ρ' 和 ρ 也必须是对称的(互易性)。因此，有下列展开形式：

$$\mathrm{H}_0^{(2)}(|\boldsymbol{\rho}-\boldsymbol{\rho}'|)=\begin{cases}\displaystyle\sum_{n=-\infty}^{+\infty}b_n\mathrm{H}_n^{(2)}(\rho')\mathrm{J}_n(\rho)\mathrm{e}^{\mathrm{j}n(\phi-\phi')} & (\rho<\rho')\\ \displaystyle\sum_{n=-\infty}^{+\infty}b_n\mathrm{J}_n(\rho')\mathrm{H}_n^{(2)}(\rho)\mathrm{e}^{\mathrm{j}n(\phi-\phi')} & (\rho>\rho')\end{cases} \tag{5.1.6}$$

式中，b_n 是常数。为了计算出 b_n，令 $\rho' \to +\infty$ 和 $\phi' = 0$，应用零阶第二类汉克尔函数的渐近公式，得到式(5.1.6) 左边的渐近公式

$$\begin{aligned} \mathrm{H}_0^{(2)}(|\rho-\rho'|)\Big|_{(\rho'\to+\infty,\phi'=0)} &= \sqrt{\frac{2\mathrm{j}}{\pi\rho'}}\mathrm{e}^{-\mathrm{j}\rho'}\mathrm{e}^{\mathrm{j}\rho\cos\phi} \\ &= \sqrt{\frac{2\mathrm{j}}{\pi\rho'}}\mathrm{e}^{-\mathrm{j}\rho'}\sum_{n=-\infty}^{+\infty}\mathrm{j}^n\mathrm{J}_n(\rho)\mathrm{e}^{\mathrm{j}n\phi} \end{aligned} \tag{5.1.7}$$

再利用 n 阶第二类汉克尔函数的渐近公式 $\mathrm{H}_n^{(2)}(\rho')\Big|_{\rho'=+\infty} = \sqrt{\frac{2\mathrm{j}}{\pi\rho'}}\mathrm{j}^n\mathrm{e}^{-\mathrm{j}\rho'}$，得到式(5.1.6) 右边第一个表达式的渐近公式

$$\sum_{n=-\infty}^{+\infty}b_n\mathrm{H}_n^{(2)}(\rho')\mathrm{J}_n(\rho)\mathrm{e}^{\mathrm{j}n(\phi-\phi')}\Big|_{(\rho'\to+\infty,\phi'=0)} = \sqrt{\frac{2\mathrm{j}}{\pi\rho'}}\mathrm{e}^{-\mathrm{j}\rho'}\sum_{n=-\infty}^{+\infty}b_n\mathrm{j}^n\mathrm{J}_n(\rho)\mathrm{e}^{\mathrm{j}n\phi} \tag{5.1.8}$$

比较式(5.1.7) 和式(5.1.8)，得到 $b_n = 1$。于是，最后得到下列展开形式：

$$\mathrm{H}_0^{(2)}(|\rho-\rho'|) = \begin{cases} \sum\limits_{n=-\infty}^{+\infty}\mathrm{H}_n^{(2)}(\rho')\mathrm{J}_n(\rho)\mathrm{e}^{\mathrm{j}n(\phi-\phi')} & (\rho<\rho') \\ \sum\limits_{n=-\infty}^{+\infty}\mathrm{J}_n(\rho')\mathrm{H}_n^{(2)}(\rho)\mathrm{e}^{\mathrm{j}n(\phi-\phi')} & (\rho>\rho') \end{cases} \tag{5.1.9}$$

它的物理意义是以 ρ' 为中心轴的柱面波可以转变为以 z 轴为中心轴的柱面波的叠加。式(5.1.9) 就是汉克尔函数的加法定理，考虑到 $\mathrm{H}_n^{(1)} = \mathrm{H}_n^{(2)*}$，把上角"(2)"换成"(1)"也是成立的。将 $\mathrm{H}_n^{(2)}$ 和 $\mathrm{H}_n^{(1)}$ 的加法定理公式相加，得

$$\mathrm{J}_0(|\rho-\rho'|) = \sum_{n=-\infty}^{+\infty}\mathrm{J}_n(\rho')\mathrm{J}_n(\rho)\mathrm{e}^{\mathrm{j}n(\phi-\phi')} \tag{5.1.10}$$

这是第一类贝塞尔函数的加法定理。从 $\mathrm{H}_0^{(1)}$ 的加法定理公式减去 $\mathrm{H}_0^{(2)}$ 的加法定理公式，就能得到第二类贝塞尔函数的加法定理。

5.1.3　平面波用球面波表示[1]

在分析球形散射体对平面波的散射时，如果将平面波表示为球面波，那么会使得给定边界条件的利用变得十分方便。现在，来讨论平面波 $\mathrm{e}^{\mathrm{j}z}$ 用球面波表示。在球面坐标系中，平面波可写为 $\mathrm{e}^{\mathrm{j}z} = \mathrm{e}^{\mathrm{j}r\cos\theta}$。不难看出，它在原点是有限的，并与 ϕ 无关，因而可以取下面的展开形式：

$$\mathrm{e}^{\mathrm{j}z} = \mathrm{e}^{\mathrm{j}r\cos\theta} = \sum_{n=0}^{+\infty}a_n\mathrm{j}_n(r)\mathrm{P}_n(\cos\theta)$$

上式两边同乘以 $\mathrm{P}_n(\cos\theta)\sin\theta$，并从 0 到 π 对 θ 积分，利用勒让德函数的正交性，得到

$$\int_0^{\pi}\mathrm{e}^{\mathrm{j}r\cos\theta}\mathrm{P}_n(\cos\theta)\sin\theta\mathrm{d}\theta=\frac{2a_n}{2n+1}\mathrm{j}_n(r) \tag{5.1.11}$$

在 $r=0$ 处,上式(5.1.11)两边分别对 r 求 n 次导数,得到

$$\frac{\mathrm{j}^n2^{n+1}(n!)^2}{(2n+1)!}=\frac{2^{n+1}(n!)^2}{(2n+1)(2n+1)!}a_n$$

因而,得到

$$a_n=\mathrm{j}^n(2n+1)$$

最后,有

$$\mathrm{e}^{\mathrm{j}z}=\mathrm{e}^{\mathrm{j}r\cos\theta}=\sum_{n=0}^{+\infty}\mathrm{j}^n(2n+1)\mathrm{j}_n(r)\mathrm{P}_n(\cos\theta) \tag{5.1.12}$$

式(5.1.12)就是平面波以球面波表示的变换。同时,也得到了下列恒等式:

$$\mathrm{j}_n(r)=\frac{\mathrm{j}^{-n}}{2}\int_0^{\pi}\mathrm{e}^{\mathrm{j}r\cos\theta}\mathrm{P}_n(\cos\theta)\sin\theta\mathrm{d}\theta \tag{5.1.13}$$

如果平面波沿任意方向传播,设波传播矢量 $\boldsymbol{k}$ 的方位角为(θ',ϕ'),位置矢量 $\boldsymbol{r}$ 方位角为(θ,ϕ),它们之间的夹角为 α,则该平面波可表示为 $\mathrm{e}^{-\mathrm{j}\boldsymbol{k}\cdot\boldsymbol{r}}=\mathrm{e}^{-\mathrm{j}kr\cos\alpha}$。那么,由式(5.1.12)可以看到,该平面波可以由球面波表示成

$$\mathrm{e}^{-\mathrm{j}kr\cos\alpha}=\sum_{n=0}^{+\infty}\mathrm{j}^{-n}(2n+1)\mathrm{j}_n(kr)\mathrm{P}_n(\cos\alpha) \tag{5.1.14}$$

再利用球谐函数加法定理,对 $\mathrm{P}_n(\cos\alpha)$ 展开,那么沿任意方向传播的平面波可用球面波表示为

$$\begin{aligned}\mathrm{e}^{-\mathrm{j}kr\cos\alpha}=&\sum_{n=0}^{+\infty}\mathrm{j}^{-n}(2n+1)\mathrm{j}_n(kr)\Big[\mathrm{P}_n(\cos\theta')\mathrm{P}_n(\cos\theta)\\&+2\sum_{m=1}^{n}\frac{(n-m)!}{(n+m)!}\mathrm{P}_n^m(\cos\theta')\mathrm{P}_n^m(\cos\theta)\cos m(\phi-\phi')\Big]\end{aligned} \tag{5.1.15}$$

5.1.4 球面波用球面波表示[1]

球面波用球面波表示相当于从一种球面坐标系变化到另一种球面坐标系的波的变换,也是一种重要的波变换。为了说明起见,在无限大的均匀空间中,考虑在 $\boldsymbol{r}'$ 的点源的场

$$\mathrm{h}_0^{(2)}(|\boldsymbol{r}-\boldsymbol{r}'|)=-\frac{\mathrm{e}^{-\mathrm{j}|\boldsymbol{r}-\boldsymbol{r}'|}}{\mathrm{j}|\boldsymbol{r}-\boldsymbol{r}'|} \tag{5.1.16}$$

式中,$\boldsymbol{r}'$ 和 $\boldsymbol{r}$ 如图 5.1.1 所示。这是一个中心在 $\boldsymbol{r}'$ 点的球面波。由于这个场对 $\boldsymbol{r}'$ 轴呈轴对称关系,所以可用角 ξ 来表示波函数,其中 $\cos\xi=\cos\theta\cos\theta'+\sin\theta\sin\theta'\cos(\phi-\phi')$。现在的问题是如何根据 $r<r'$ 或 $r>r'$ 来表示式(5.1.16)。

在 $r<r'$ 区域,允许的波函数是 $\mathrm{j}_n(r)\mathrm{P}_n(\cos\xi)$;在 $r>r'$ 区域,允许的波函数是 $\mathrm{h}_n^{(2)}(r)\mathrm{P}_n(\cos\xi)$。并且,考虑到场对 $\boldsymbol{r}$ 和 $\boldsymbol{r}'$ 是对称的,因而有下列展开式:

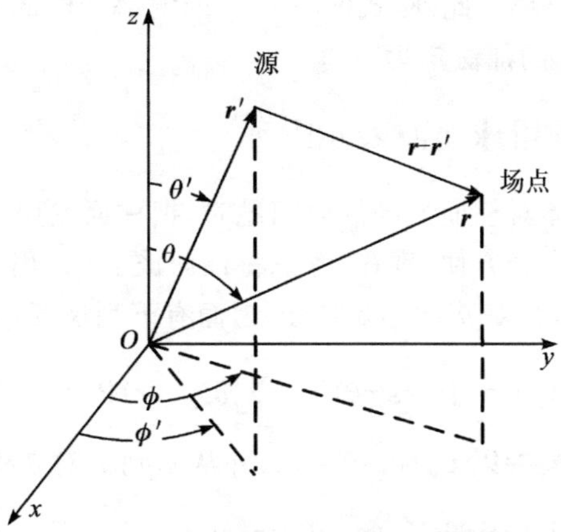

图 5.1.1　$\boldsymbol{r}'$ 和 $\boldsymbol{r}$ 的球面坐标

$$\mathrm{h}_0^{(2)}(|\boldsymbol{r}-\boldsymbol{r}'|)=\begin{cases}\displaystyle\sum_{n=0}^{+\infty}c_n\mathrm{h}_n^{(2)}(r')\mathrm{j}_n(r)\mathrm{P}_n(\cos\xi) & (r<r')\\ \displaystyle\sum_{n=0}^{+\infty}c_n\mathrm{j}_n(r')\mathrm{h}_n^{(2)}(r)\mathrm{P}_n(\cos\xi) & (r>r')\end{cases}\tag{5.1.17}$$

式中，c_n 是常数。如果让点源远离原点而至无穷远，那么它在原点附近产生的场将是一个平面波。利用渐近式 $\mathrm{h}_n^{(2)}(z)\Big|_{z\to+\infty}=\dfrac{\mathrm{j}^{n+1}}{z}\mathrm{e}^{-\mathrm{j}z}$，得到式(5.1.17)左边的渐近公式为

$$\mathrm{h}_0^{(2)}(|\boldsymbol{r}-\boldsymbol{r}'|)\Big|_{(r'\to+\infty,\theta'=0)}=\frac{\mathrm{j}\mathrm{e}^{-\mathrm{j}r'}}{r'}\mathrm{e}^{\mathrm{j}r\cos\theta}=\frac{\mathrm{j}\mathrm{e}^{-\mathrm{j}r'}}{r'}\sum_{n=0}^{+\infty}\mathrm{j}^n(2n+1)\mathrm{j}_n(r)\mathrm{P}_n(\cos\theta)\tag{5.1.18}$$

同理，得到式(5.1.17)右边第一个表达式的渐近公式为

$$\sum_{n=0}^{+\infty}c_n\mathrm{h}_n^{(2)}(r')\mathrm{j}_n(r)\mathrm{P}_n(\cos\xi)\Big|_{(r'\to+\infty,\theta'=0)}=\frac{\mathrm{j}\mathrm{e}^{-\mathrm{j}r'}}{r'}\sum_{n=0}^{+\infty}c_n\mathrm{j}^n\mathrm{j}_n(r)\mathrm{P}_n(\cos\theta)\tag{5.1.19}$$

将式(5.1.18)与式(5.1.9)相比较，得到 $c_n=2n+1$。因此，最后得到下列展开形式：

$$\mathrm{h}_0^{(2)}(|\boldsymbol{r}-\boldsymbol{r}'|)=\begin{cases}\displaystyle\sum_{n=0}^{+\infty}(2n+1)\mathrm{h}_n^{(2)}(r')\mathrm{j}_n(r)\mathrm{P}_n(\cos\xi) & (r<r')\\ \displaystyle\sum_{n=0}^{+\infty}(2n+1)\mathrm{j}_n(r')\mathrm{h}_n^{(2)}(r)\mathrm{P}_n(\cos\xi) & (r>r')\end{cases}\tag{5.1.20}$$

它的物理意义是以 $\boldsymbol{r}'$ 为中心的球面波可以转变为以坐标原点为中心的球面波的叠加。这是球面汉克尔函数的加法定理。由于 $\mathrm{h}_n^{(1)}=\mathrm{h}_n^{(2)*}$，所以式(5.1.20)中上角

注“(2)”换成“(1)”也成立。此外，式(5.1.20)的实部和虚部分别是对函数 $j_0(|\boldsymbol{r}-\boldsymbol{r}'|)$ 和 $h_0(|\boldsymbol{r}-\boldsymbol{r}'|)$ 的加法定理。

5.1.5 柱面波用球面波表示[1]

当分析球形散射体对柱面波的散射问题时，把柱面波用球面波表示，也能使得给定边界条件的利用十分方便。现在，考虑将柱面波 $J_0(\rho)$ 用球面波表示。它在 $r=0$ 是有限的，与 ϕ 无关，且对 $\theta=\pi/2$ 对称，因而有下列展开形式：

$$J_0(\rho)=J_0(r\sin\theta)=\sum_{n=0}^{+\infty}b_n j_{2n}(r)P_{2n}(\cos\theta) \tag{5.1.21}$$

式中，b_n 是系数。两边同乘以 $P_m(\cos\theta)\sin\theta$，并从 0 到 π 对 θ 积分，得到结果为

$$\int_0^{\pi}J_0(r\sin\theta)P_{2n}(\cos\theta)\sin\theta d\theta=\frac{2b_n}{4n+1}j_{2n}(r) \tag{5.1.22}$$

式(5.1.22)两边对 r 求微分 $2n$ 次，并令 $r=0$，由此得到

$$b_n=\frac{(-1)^n(4n+1)(2n-1)!}{2^{2n-1}n!(n-1)!} \tag{5.1.23}$$

最后，求得柱面波用球面波展开的表达式为

$$J_0(\rho)=\sum_{n=0}^{+\infty}\frac{(-1)^n(4n+1)(2n-1)!}{2^{2n-1}n!(n-1)!}j_{2n}(r)P_{2n}(\cos\theta) \tag{5.1.24}$$

同时，也得到了恒等式

$$j_{2n}(r)=\frac{2^{2n-2}n!(n-1)!}{(-1)^n(2n-1)!}\int_0^{\pi}J_0(r\sin\theta)P_{2n}(\cos\theta)\sin\theta d\theta \tag{5.1.25}$$

这也是 $j_{2n}(r)$ 的积分形式。

5.2 理想导电圆柱体对平面波的散射

5.2.1 理想导电圆柱体对 TM 模平面波的散射

如图 5.2.1 所示，一根轴线沿 z 轴的无限长理想导电圆柱体，其横截面半径为 a。设入射平面波是 z 向极化，且沿 x 方向传播，那么其电场强度为

$$\dot{E}_z^{\mathrm{i}}=\dot{E}_0e^{-\mathrm{j}kx}=\dot{E}_0e^{-\mathrm{j}k\rho\cos\phi} \tag{5.2.1}$$

下面，我们来分析无限长理想导电圆柱体对该平面波所产生的散射场[1]。

因为散射体表面为圆柱面，为方便利用边界条件，需要将入射波和散射波都用柱面波展开。应用式(5.1.1)，将入射波表示为

$$\dot{E}_z^{\mathrm{i}}=\dot{E}_0\sum_{n=-\infty}^{+\infty}\mathrm{j}^{-n}J_n(k\rho)e^{\mathrm{j}n\phi} \tag{5.2.2}$$

当有导电圆柱存在时，总场是入射场 $\dot{E}_z^{\mathrm{i}}$ 与散射场 $\dot{E}_z^{\mathrm{s}}$ 之和，即

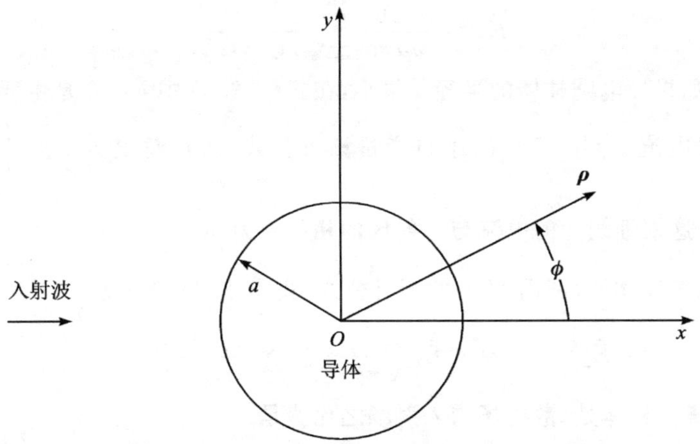

图 5.2.1　入射于无限长的理想导电圆柱体的平面波

$$\dot{E}_z = \dot{E}_z^{\mathrm{i}} + \dot{E}_z^{\mathrm{s}}$$

由于散射场是自圆柱面向外传播的柱面波，所以其展开式必须取如下形式：

$$\dot{E}_z^{\mathrm{s}} = \dot{E}_0 \sum_{n=-\infty}^{+\infty} \mathrm{j}^{-n} a_n \mathrm{H}_n^{(2)}(k\rho) \mathrm{e}^{\mathrm{j}n\phi} \tag{5.2.3}$$

式中，系数 a_n 决定于边界条件。

因此，总场是

$$\begin{aligned}\dot{E}_z &= \dot{E}_z^{\mathrm{i}} + \dot{E}_z^{\mathrm{s}} \\ &= \dot{E}_0 \sum_{n=-\infty}^{+\infty} \mathrm{j}^{-n} [\mathrm{J}_n(k\rho) + a_n \mathrm{H}_n^{(2)}(k\rho)] \mathrm{e}^{\mathrm{j}n\phi}\end{aligned} \tag{5.2.4}$$

由于在理想导电圆柱表面 $\rho = a$ 上，总场的切向分量 $E_z = 0$，所以应该取系数 a_n 为

$$a_n = -\frac{\mathrm{J}_n(ka)}{\mathrm{H}_n^{(2)}(ka)} \tag{5.2.5}$$

将式(5.2.5)代入式(5.2.3)和式(5.2.4)中，得到散射场和总场分别为

$$\dot{E}_z^{\mathrm{s}} = -\dot{E}_0 \sum_{n=-\infty}^{+\infty} \mathrm{j}^{-n} \frac{\mathrm{J}_n(ka)}{\mathrm{H}_n^{(2)}(ka)} \mathrm{H}_n^{(2)}(k\rho) \mathrm{e}^{\mathrm{j}n\phi} \tag{5.2.6}$$

和

$$\dot{E}_z = \dot{E}_0 \sum_{n=-\infty}^{+\infty} \mathrm{j}^{-n} \frac{\mathrm{J}_n(k\rho)\mathrm{H}_n^{(2)}(ka) - \mathrm{J}_n(ka)\mathrm{H}_n^{(2)}(k\rho)}{\mathrm{H}_n^{(2)}(ka)} \mathrm{e}^{\mathrm{j}n\phi} \tag{5.2.7}$$

圆柱体表面上的电流分布为

$$\dot{K}_z = \dot{H}_\phi \Big|_{\rho=a} = \frac{1}{\mathrm{j}\omega\mu} \frac{\partial \dot{E}_z}{\partial \rho} \Big|_{\rho=a}$$

应用式(5.2.7)以及汉克尔函数的导数公式，得

$$\dot{K}_z = \frac{-2\dot{E}_0}{\omega\mu\pi a}\sum_{n=-\infty}^{+\infty}\frac{\mathrm{j}^{-n}\mathrm{e}^{\mathrm{j}n\phi}}{\mathrm{H}_n^{(2)}(ka)} \tag{5.2.8}$$

不难看出，如果导电圆柱体的半径 a 很小，在式(5.2.8)中 $n=0$ 是主要项，可以近似为一根线电流。应用 $\mathrm{H}_0^{(2)}$ 的小自变量渐近公式，求得总电流 $\dot{I}=\int_0^{2\pi}\dot{K}_z a\,\mathrm{d}\phi=\frac{2\pi\dot{E}_0}{\mathrm{j}\omega\mu\ln(ka)}$。这根细线上的电流与入射场的相位差为 90°。

在远离圆柱体处，利用 $\mathrm{H}_n^{(2)}$ 的渐近公式，式(5.2.6)简化为

$$\dot{E}_z^{\mathrm{s}}\Big|_{k\rho\to+\infty}=-\dot{E}_0\sqrt{\frac{2\mathrm{j}}{\pi k\rho}}\mathrm{e}^{-\mathrm{j}k\rho}\sum_{n=-\infty}^{+\infty}\frac{\mathrm{J}_n(ka)}{\mathrm{H}_n^{(2)}(ka)}\mathrm{e}^{\mathrm{j}n\phi}$$

所以，在远离圆柱体处，散射场与入射场之比值是

$$\frac{|\dot{E}_z^{\mathrm{s}}|}{|\dot{E}_z^{\mathrm{i}}|}=\sqrt{\frac{2}{\pi k\rho}}\left|\sum_{n=-\infty}^{+\infty}\frac{\mathrm{J}_n(ka)}{\mathrm{H}_n^{(2)}(ka)}\mathrm{e}^{\mathrm{j}n\phi}\right| \tag{5.2.9}$$

这就是散射场图的计算公式。其中，级数收敛的快慢与理想导电圆柱体半径 a 的相对大小有关。半径 a 相对于波长 λ 越小，级数收敛越快；反之，级数收敛越慢。当级数收敛很慢时，可以采用沃森(Watson)变换，将级数变为围线积分来计算。当 $ka\ll 1$ 时，在式(5.2.9)中 $n=0$ 是主要项，有下列渐近公式：

$$\frac{|\dot{E}_z^{\mathrm{s}}|}{|\dot{E}_z^{\mathrm{i}}|}\Bigg|_{ka\to 0}=\frac{\pi}{2\ln(ka)}\sqrt{\frac{2}{\pi k\rho}} \tag{5.2.10}$$

显然，散射场图是一个圆。这是因为当导电圆柱体的半径 a 很小时，可以近似为一根线电流的缘故。这也说明，当 $ka\ll 1$ 时，散射场 $\dot{E}_z^{\mathrm{s}}$ 与 ϕ 无关。

如果将理想导电圆柱体换成半径为 a 的介质圆柱体，其介质参数为 μ_{d} 和 ε_{d}，那么利用与上述同样的方法，可以求得在介质圆柱体外的总场为

$$\begin{aligned}\dot{E}_z&=\dot{E}_z^{\mathrm{i}}+\dot{E}_z^{\mathrm{s}}\\&=\dot{E}_0\sum_{n=-\infty}^{+\infty}\mathrm{j}^{-n}[\mathrm{J}_n(k\rho)+a_n\mathrm{H}_n^{(2)}(k\rho)]\mathrm{e}^{\mathrm{j}n\phi}\end{aligned} \tag{5.2.11}$$

在圆柱体内的场为

$$\dot{E}_z=\dot{E}_0\sum_{n=-\infty}^{+\infty}c_n\mathrm{j}^{-n}\mathrm{J}_n(k_{\mathrm{d}}\rho)\mathrm{e}^{\mathrm{j}n\phi} \tag{5.2.12}$$

其中，$k=\omega\sqrt{\mu_0\varepsilon_0}$ 和 $k_{\mathrm{d}}=\omega\sqrt{\mu_{\mathrm{d}}\varepsilon_{\mathrm{d}}}$。系数 a_n 和 c_n 由 $\rho=a$ 处的边界条件确定，可以求得

$$a_n=-\frac{\mathrm{J}_n(ka)}{\mathrm{H}_n^{(2)}(ka)}\frac{\left(\dfrac{\varepsilon_{\mathrm{d}}}{\varepsilon_0 k_{\mathrm{d}}a}-\dfrac{1}{ka}\right)\dfrac{\mathrm{J}'_n(k_{\mathrm{d}}a)}{\mathrm{J}_n(k_{\mathrm{d}}a)}}{\dfrac{\varepsilon_{\mathrm{d}}}{\varepsilon_0 k_{\mathrm{d}}a}\dfrac{\mathrm{J}'_n(k_{\mathrm{d}}a)}{\mathrm{J}_n(k_{\mathrm{d}}a)}-\dfrac{1}{ka}\dfrac{H'^{(2)}_n(k_{\mathrm{d}}a)}{\mathrm{H}_n^{(2)}(k_{\mathrm{d}}a)}}$$

和

$$c_n = \frac{1}{\mathrm{J}_n(k_\mathrm{d}a)}[\mathrm{J}_n(ka) + a_n \mathrm{H}_n^{(2)}(ka)]$$

特别地，当 $ka \ll 1$ 时，散射场为

$$\dot{E}_z^\mathrm{s} = \mathrm{j}\,\frac{\pi}{4}\left(1 - \frac{\varepsilon_\mathrm{d}}{\varepsilon_0}\right)(ka)^2 \dot{E}_0 \mathrm{H}_0^{(2)}(k\rho) \tag{5.2.13}$$

这说明，当 $ka \ll 1$ 时，散射场 $\dot{E}_z^\mathrm{s}$ 与 ϕ 无关。

5.2.2　理想导电圆柱体对 TE 模平面波的散射

当入射场是对 z 的横向极化时，入射波的磁场强度 $\dot{\boldsymbol{H}}$ 矢量与导电圆柱体轴线平行。它可以表示为[1]

$$\dot{H}_z^\mathrm{i} = \dot{H}_0 \mathrm{e}^{-\mathrm{j}kx} = \dot{H}_0 \sum_{n=-\infty}^{+\infty} \mathrm{j}^{-n} \mathrm{J}_n(k\rho) \mathrm{e}^{\mathrm{j}n\phi} \tag{5.2.14}$$

散射场可写为

$$\dot{H}_z^\mathrm{s} = \dot{H}_0 \sum_{n=-\infty}^{+\infty} \mathrm{j}^{-n} b_n \mathrm{H}_n^{(2)}(k\rho) \mathrm{e}^{\mathrm{j}n\phi} \tag{5.2.15}$$

那么，在导电圆柱体外的总场就是入射场与散射场之和，即

$$\dot{H}_z = \dot{H}_0 \sum_{n=-\infty}^{+\infty} \mathrm{j}^{-n}[\mathrm{J}_n(k\rho) + b_n \mathrm{H}_n^{(2)}(k\rho)]\mathrm{e}^{\mathrm{j}n\phi} \tag{5.2.16}$$

在导电圆柱体表面上（$\rho = a$），边界条件是 $E_\phi = 0$。根据电磁场基本方程组，有

$$\begin{aligned}
\dot{E}_\phi &= \frac{1}{\mathrm{j}\omega\varepsilon}(\nabla \times \dot{\boldsymbol{H}})_\phi \\
&= -\frac{1}{\mathrm{j}\omega\varepsilon}\frac{\partial \dot{H}_z}{\partial \rho} \\
&= \frac{\mathrm{j}k}{\omega\varepsilon}\dot{H}_0 \sum_{n=-\infty}^{+\infty} \mathrm{j}^{-n}[\mathrm{J}'_n(k\rho) + b_n \mathrm{H}_n^{(2)\prime}(k\rho)]\mathrm{e}^{\mathrm{j}n\phi}
\end{aligned}$$

利用在导电圆柱体表面上（$\rho = a$）的边界条件，$\dot{E}_\phi|_{\rho=a} = 0$，可得

$$b_n = -\frac{\mathrm{J}'_n(ka)}{\mathrm{H}_n^{(2)\prime}(ka)} \tag{5.2.17}$$

因此，在导电圆柱体外的总场和散射场分别为

$$\dot{H}_z = \dot{H}_0 \sum_{n=-\infty}^{+\infty} \mathrm{j}^{-n}\,\frac{\mathrm{J}_n(k\rho)\mathrm{H}_n^{(2)\prime}(ka) - \mathrm{J}'_n(ka)\mathrm{H}_n^{(2)}(k\rho)}{\mathrm{H}_n^{(2)\prime}(ka)}\mathrm{e}^{\mathrm{j}n\phi} \tag{5.2.18}$$

和

$$\dot{H}_z^\mathrm{s} = -\dot{H}_0 \sum_{n=-\infty}^{+\infty} \mathrm{j}^{-n}\,\frac{\mathrm{J}'_n(ka)}{\mathrm{H}_n^{(2)\prime}(ka)}\mathrm{H}_n^{(2)}(k\rho)\mathrm{e}^{\mathrm{j}n\phi} \tag{5.2.19}$$

而在圆柱体表面上的电流分布是

$$\dot{K}_{\phi}=\dot{H}_{z}\Big|_{\rho=a}=\frac{\mathrm{j}2H_0}{\pi ka}\sum_{n=-\infty}^{+\infty}\frac{\mathrm{j}^{-n}\mathrm{e}^{\mathrm{j}n\phi}}{\mathrm{H}_n^{(2)'}(ka)}\tag{5.2.20}$$

在式(5.2.20)中，$n=0$ 项是一条 z 向线磁流，而 $n=\pm1$ 两项则是 y 向电偶极子。当 $ka\ll1$ 时，这一条 z 向线磁流是主要项，但 y 向电偶极子却能更有效地产生辐射，也不能忽略。

当圆柱体的半径 a 很小时，即 $ka\ll1$ 时，得到

$$-\frac{\mathrm{J}'_n(ka)}{\mathrm{H}_n^{(2)'}(ka)}=\begin{cases}\dfrac{\mathrm{j}\pi(ka)^2}{4} & (n=0)\\ -\dfrac{\mathrm{j}\pi(ka)^2}{4} & (|n|=1)\\ -\dfrac{\mathrm{j}\pi\left(\dfrac{ka}{2}\right)^2|n|}{|n|!(|n|-1)!} & (|n|>1)\end{cases}\tag{5.2.21}$$

在远离圆柱处，散射场可简化为

$$\dot{H}_z^{\mathrm{s}}\Big|_{k\rho\to+\infty}=-\dot{H}_0\sqrt{\frac{2\mathrm{j}}{\pi k\rho}}\mathrm{e}^{-\mathrm{j}k\rho}\sum_{n=-\infty}^{+\infty}\frac{\mathrm{J}'_n(ka)}{\mathrm{H}_n^{(2)'}(ka)}\mathrm{e}^{\mathrm{j}n\phi}$$

这样，散射场与入射场之比值是

$$\frac{|\dot{H}_z^{\mathrm{s}}|}{|\dot{H}_z^{\mathrm{i}}|}=\sqrt{\frac{2}{\pi k\rho}}\left|\sum_{n=-\infty}^{+\infty}\frac{\mathrm{J}'_n(ka)}{\mathrm{H}_n^{(2)'}(ka)}\mathrm{e}^{\mathrm{j}n\phi}\right|\tag{5.2.22}$$

当 $ka\ll1$ 时，利用式(5.2.21)，由式(5.2.22)得到细线导电圆柱体散射场图的计算公式为

$$\frac{|\dot{H}_z^{\mathrm{s}}|}{|\dot{H}_z^{\mathrm{i}}|}\Big|_{ka\to0}=\frac{\pi(ka)^2}{4}\sqrt{\frac{2}{\pi k\rho}}\,|1-2\cos\phi|\tag{5.2.23}$$

可以看出，此时散射场 $\dot{H}_z^{\mathrm{s}}$ 仍然与 ϕ 有关。

如果将理想导电圆柱体换成半径为 a 的介质圆柱体，其介质参数为 μ_{d} 和 ε_{d}，那么利用与上述同样的方法，可以求得在介质圆柱体外的总场为

$$\dot{H}_z=\dot{H}_0\sum_{n=-\infty}^{+\infty}\mathrm{j}^{-n}[\mathrm{J}_n(k\rho)+b_n\mathrm{H}_n^{(2)}(k\rho)]\mathrm{e}^{\mathrm{j}n\phi}\tag{5.2.24}$$

在圆柱体内的场为

$$\dot{H}_z=\dot{H}_0\sum_{n=-\infty}^{+\infty}d_n\mathrm{j}^{-n}\mathrm{J}_n(k_{\mathrm{d}}\rho)\mathrm{e}^{\mathrm{j}n\phi}\tag{5.2.25}$$

其中，$k=\omega\sqrt{\mu_0\varepsilon_0}$ 和 $k_{\mathrm{d}}=\omega\sqrt{\mu_{\mathrm{d}}\varepsilon_{\mathrm{d}}}$。系数 a_n 和 d_n 由 $\rho=a$ 处的边界条件确定，可以求得

$$b_n=-\frac{\mathrm{J}_n(ka)}{\mathrm{H}_n^{(2)}(ka)}\frac{\left(\dfrac{\mu_{\mathrm{d}}}{\mu_0k_{\mathrm{d}}a}-\dfrac{1}{ka}\right)\dfrac{\mathrm{J}'_n(k_{\mathrm{d}}a)}{\mathrm{J}_n(k_{\mathrm{d}}a)}}{\dfrac{\mu_{\mathrm{d}}}{\mu_0k_{\mathrm{d}}a}\dfrac{\mathrm{J}'_n(k_{\mathrm{d}}a)}{\mathrm{J}_n(k_{\mathrm{d}}a)}-\dfrac{1}{ka}\dfrac{\mathrm{H}_n^{(2)'}(k_{\mathrm{d}}a)}{\mathrm{H}_n^{(2)}(k_{\mathrm{d}}a)}}$$

和

$$d_n = \frac{1}{\mathrm{J}_n(k_\mathrm{d}a)}[\mathrm{J}_n(ka) + b_n \mathrm{H}_n^{(2)}(ka)]$$

5.3　理想导电圆柱体对柱面波的散射

如图5.3.1所示，位于$\boldsymbol{\rho}'$处的一根线电流$\dot{I}$与半径为a的无限长理想导电圆柱体相平行，计算导电圆柱体对线源的散射场。实际上，在前面两节中的平面波入射情况是这里的$\rho' \to +\infty$的特殊情况。不难求得，位于$\boldsymbol{\rho}'$处的线电流$\dot{I}$产生的入射场为

$$\dot{E}_z^\mathrm{i} = \frac{-k^2 \dot{I}}{4\omega\varepsilon} \mathrm{H}_0^{(2)}(k|\boldsymbol{\rho} - \boldsymbol{\rho}'|) \tag{5.3.1}$$

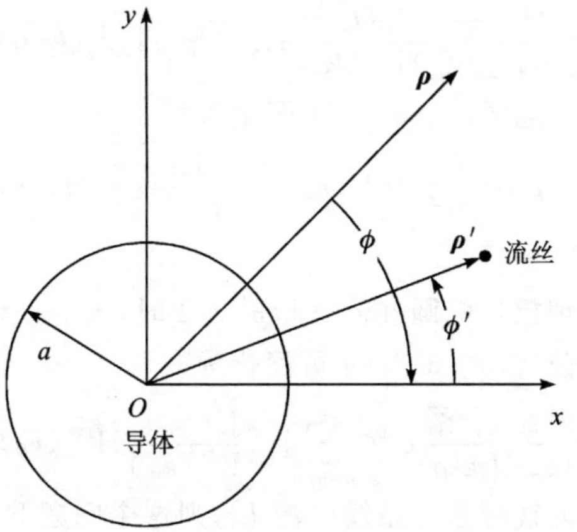

图 5.3.1　平行于导电圆柱的线电流

由于散射体表面为一个以z轴为轴线的圆柱面，将入射波及散射波用以z轴为轴线的柱面波展开，就会使得利用导电圆柱体表面上的边界条件方便得多。对于式(5.3.1)，应用汉克尔函数加法定理，得到[1-3]

$$\dot{E}_z^\mathrm{i} = \frac{-k^2 \dot{I}}{4\omega\varepsilon} \begin{cases} \sum\limits_{n=-\infty}^{+\infty} \mathrm{H}_n^{(2)}(k\rho')\mathrm{J}_n(k\rho)\mathrm{e}^{\mathrm{j}n(\phi-\phi')} & (\rho < \rho') \\ \sum\limits_{n=-\infty}^{+\infty} \mathrm{H}_n^{(2)}(k\rho)\mathrm{J}_n(k\rho')\mathrm{e}^{\mathrm{j}n(\phi-\phi')} & (\rho > \rho') \end{cases} \tag{5.3.2}$$

而散射场的形式为

$$\dot{E}_z^\mathrm{s} = \frac{-k^2 \dot{I}}{4\omega\varepsilon} \sum_{n=-\infty}^{+\infty} c_n \mathrm{H}_n^{(2)}(k\rho')\mathrm{H}_n^{(2)}(k\rho)\mathrm{e}^{\mathrm{j}n(\phi-\phi')} \tag{5.3.3}$$

由在 $\rho = a$ 处的边界条件，$\dot{E}_z = \dot{E}_z^{\mathrm{i}} + \dot{E}_z^{\mathrm{s}} = 0$，可得

$$c_n = -\frac{\mathrm{J}_n(ka)}{\mathrm{H}_n^{(2)}(ka)} \tag{5.3.4}$$

因此，在理想导电圆柱体外的总场为

$$\dot{E}_z = \begin{cases} \dfrac{-k^2\dot{I}}{4\omega\varepsilon}\displaystyle\sum_{n=-\infty}^{+\infty}\frac{\mathrm{H}_n^{(2)}(k\rho')}{\mathrm{H}_n^{(2)}(ka)}[\mathrm{J}_n(k\rho)\mathrm{H}_n^{(2)}(ka) - \mathrm{J}_n(ka)\mathrm{H}_n^{(2)}(k\rho)]\mathrm{e}^{\mathrm{j}n(\phi-\phi')} & (\rho < \rho') \\ -\dfrac{k^2\dot{I}}{4\omega\varepsilon}\displaystyle\sum_{n=-\infty}^{+\infty}\frac{\mathrm{H}_n^{(2)}(k\rho)}{\mathrm{H}_n^{(2)}(ka)}[\mathrm{J}_n(k\rho')\mathrm{H}_n^{(2)}(ka) - \mathrm{J}_n(ka)\mathrm{H}_n^{(2)}(k\rho')]\mathrm{e}^{\mathrm{j}n(\phi-\phi')} & (\rho > \rho') \end{cases} \tag{5.3.5}$$

应该注意到，式(5.3.4)中的反射系数"c_n"和式(5.2.5)中的反射系数"a_n"是相同的。这说明它们是不依赖于入射场的。而散射场为

$$\dot{E}_z^{\mathrm{s}} = \frac{k^2\dot{I}}{4\omega\varepsilon}\sum_{n=-\infty}^{+\infty}\frac{\mathrm{J}_n(ka)}{\mathrm{H}_n^{(2)}(ka)}\mathrm{H}_n^{(2)}(k\rho')\mathrm{H}_n^{(2)}(k\rho)\mathrm{e}^{\mathrm{j}n(\phi-\phi')} \tag{5.3.6}$$

当 $k\rho \gg 1$ 时，即在远区，式(5.3.5)简化为

$$\dot{E}_z\big|_{k\rho\to+\infty} = f(\rho)\sum_{n=-\infty}^{+\infty}\mathrm{j}^n\left[\mathrm{J}_n(k\rho') - \frac{\mathrm{J}_n(ka)}{\mathrm{H}_n^{(2)}(ka)}\mathrm{H}_n^{(2)}(k\rho')\right]\mathrm{e}^{\mathrm{j}n(\phi-\phi')} \tag{5.3.7}$$

这就是在远区域的辐射场公式。

如果线电流远离理想导电圆柱体，即 $k\rho' \gg 1$ 时，入射场将近似变为平面波。利用汉克尔函数的渐近公式，式(5.3.6)可简化为

$$\dot{E}_z^{\mathrm{s}} = \frac{k^2\dot{I}}{4\omega\varepsilon}\sqrt{\frac{2\mathrm{j}}{\pi k\rho'}}\mathrm{e}^{-\mathrm{j}k\rho'}\sum_{n=-\infty}^{+\infty}\mathrm{j}^n\frac{\mathrm{J}_n(ka)}{\mathrm{H}_n^{(2)}(ka)}\mathrm{H}_n^{(2)}(k\rho)\mathrm{e}^{\mathrm{j}n(\phi-\phi')} \tag{5.3.8}$$

如果图 5.3.1 中的线源是一条线磁流 I_{m}，则这个问题和上述电流情况是二重性的。利用二重性原理，直接由上述结果就能得到相应的结果。这里，得到位于 $\boldsymbol{\rho}'$ 处的线磁流 $\dot{I}_{\mathrm{m}}$ 产生的入射场为

$$\dot{H}_z^{\mathrm{i}} = \frac{-k^2\dot{I}_{\mathrm{m}}}{4\omega\mu}\mathrm{H}_0^{(2)}(k\,|\,\boldsymbol{\rho} - \boldsymbol{\rho}'\,|) \tag{5.3.9}$$

只是在导电圆柱体表面上的反射系数是 $b_n = -\dfrac{\mathrm{J}'_n(ka)}{\mathrm{H}_n^{(2)'}(ka)}$。在导电圆柱体外的总场为

$$\dot{H}_z = \begin{cases} \dfrac{-k^2\dot{I}_{\mathrm{m}}}{4\omega\mu}\displaystyle\sum_{n=-\infty}^{+\infty}\mathrm{H}_n^{(2)}(k\rho')[\mathrm{J}_n(k\rho) + b_n\mathrm{H}_n^{(2)}(k\rho)]\mathrm{e}^{\mathrm{j}n(\phi-\phi')} & (\rho < \rho') \\ -\dfrac{k^2\dot{I}_{\mathrm{m}}}{4\omega\mu}\displaystyle\sum_{n=-\infty}^{+\infty}\mathrm{H}_n^{(2)}(k\rho)[\mathrm{J}_n(k\rho') + b_n\mathrm{H}_n^{(2)}(k\rho')]\mathrm{e}^{\mathrm{j}n(\phi-\phi')} & (\rho > \rho') \end{cases} \tag{5.3.10}$$

按照等效原理，在导电圆柱体表面上狭缝所辐射的场与导电圆柱体表面上的磁流所辐射的场是相同的。把式(5.3.10)右边的第二式特殊化到 $\rho'=a$、$\phi'=0$ 和 $\rho\to+\infty$ 的情况，得

$$H_z=f(\rho)\sum_{n=-\infty}^{+\infty}\frac{\mathrm{j}^n\mathrm{e}^{\mathrm{j}n\phi}}{\mathrm{H}_n^{(2)\prime}(ka)}\tag{5.3.11}$$

按照这个公式，就可以画出“开缝圆柱”的辐射图。

5.4　理想导电劈对柱面波的散射

如图 5.4.1 所示，在由 $\phi=-\alpha$ 和 $\phi=\alpha$ 处两块半无限大理想导体板构成的理想导电劈附近，有一根位于 (ρ',ϕ') 点的无限长平行线电流 $\dot{I}$。现在，计算理想导电劈对线源的散射场。不难求得，位于 $\boldsymbol{\rho}'$ 处的线电流 $\dot{I}$ 产生的入射场为[1,3]

$$\dot{E}_z^{\mathrm{i}}=\frac{-k^2\dot{I}}{4\omega\varepsilon}\mathrm{H}_0^{(2)}(k\mid\boldsymbol{\rho}-\boldsymbol{\rho}'\mid)\tag{5.4.1}$$

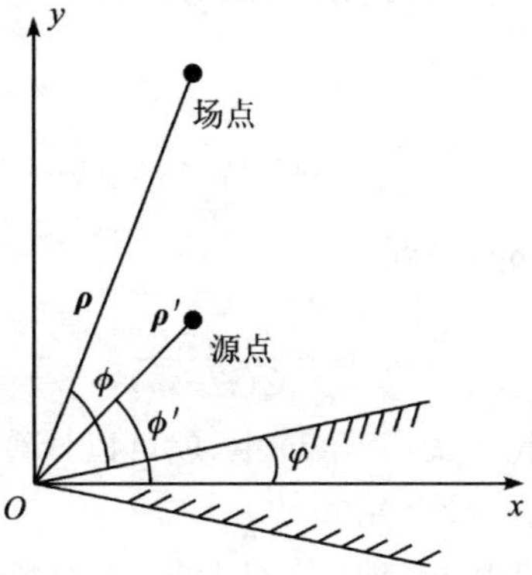

图 5.4.1　理想导电劈对柱面波的散射

由于入射场仅有 z 分量，所以总场也仅有 z 分量。为了满足在导电劈表面的边界条件，以及考虑到电场在 $\rho<\rho'$ 空间内有限，在 $\rho>\rho'$ 空间内为向外传播波，设总电场为

$$\dot{E}_z=\begin{cases}\sum_{\nu}a_\nu\mathrm{H}_\nu^{(2)}(k\rho')\mathrm{J}_\nu(k\rho)\sin\nu(\phi'-\alpha)\sin\nu(\phi-\alpha) & (\rho<\rho')\\ \sum_{\nu}a_\nu\mathrm{H}_\nu^{(2)}(k\rho)\mathrm{J}_\nu(k\rho')\sin\nu(\phi'-\alpha)\sin\nu(\phi-\alpha) & (\rho>\rho')\end{cases}\tag{5.4.2}$$

式中，$\nu=\dfrac{n\pi}{2(\pi-\alpha)}$，$n=1,2,3,\cdots$。这里，已经保证了 $\dot{E}_z$ 在 $\rho=\rho'$ 处的连续性。如果把无限长平行线电流 $\dot{I}$ 看作是在 $\rho=\rho'$ 圆柱面上的电流脉冲，那么在 $\rho=\rho'$ 圆柱面

上的面电流密度为

$$\dot{K}=\frac{\dot{I}}{(\pi-\alpha)\rho'}\sum_{\nu}\sin\nu(\phi'-\alpha)\sin\nu(\phi-\alpha) \tag{5.4.3}$$

上式(5.4.3)是在 $\rho=\rho'$ 圆柱面上，位于 $\phi=\phi'$ 处强度为 $\dot{I}$ 的电流脉冲 $\dot{K}=\dot{I}\delta(\phi-\phi')/\rho'$ 的傅里叶级数。

为了确定系数 a_ν，需要利用在 $\rho=\rho'$ 圆柱面上的边界条件：

$$\dot{K}=\dot{H}_\phi(\rho'_+)-\dot{H}_\phi(\rho'_-) \tag{5.4.4}$$

由电磁场方程 $\nabla\times\dot{\boldsymbol{E}}=-\mathrm{j}\omega\mu\dot{\boldsymbol{H}}$ 和式(5.4.2)，可得

$$\dot{H}_\phi=\begin{cases}\dfrac{k}{\mathrm{j}\omega\mu}\sum\limits_{\nu}a_\nu\mathrm{H}_\nu^{(2)}(k\rho')\mathrm{J}'_\nu(k\rho)\sin\nu(\phi'-\alpha)\sin\nu(\phi-\alpha) & (\rho<\rho')\\ \dfrac{k}{\mathrm{j}\omega\mu}\sum\limits_{\nu}a_\nu H'^{(2)}_\nu(k\rho)\mathrm{J}_\nu(k\rho')\sin\nu(\phi'-\alpha)\sin\nu(\phi-\alpha) & (\rho>\rho')\end{cases} \tag{5.4.5}$$

将式(5.4.5)代入式(5.4.4)中，且利用公式 $\mathrm{J}_\nu(x)H'^{(2)}_\nu-\mathrm{J}'_\nu(x)\mathrm{H}_\nu^{(2)}=\dfrac{2}{\mathrm{j}\pi x}$，可以得到

$$\dot{K}=\frac{-2}{\omega\mu\pi\rho'}\sum_{\nu}a_\nu\sin\nu(\phi'-\alpha)\sin\nu(\phi-\alpha) \tag{5.4.6}$$

比较式(5.4.3)和式(5.4.6)，得到

$$a_\nu=-\frac{\omega\mu\pi\dot{I}}{2(\pi-\alpha)} \tag{5.4.7}$$

将式(5.4.7)给出的 a_ν 值代入式(5.4.2)中，就可以计算在理想导电劈存在时无限长线电流所产生的辐射场。

当无限长线电流位于无限远，即 $k\rho'$ 很大时，入射场变为如下平面波

$$\dot{E}_z^{\mathrm{i}}=\frac{-k^2\dot{I}}{4\omega\varepsilon}\mathrm{H}_0^{(2)}(k\mid\boldsymbol{\rho}-\boldsymbol{\rho}'\mid)\Big|_{k\rho'\to+\infty}=\dot{E}_0\mathrm{e}^{\mathrm{j}k\rho\cos(\phi-\phi')} \tag{5.4.8}$$

式中，$\dot{E}_0=-\dfrac{\omega\mu\dot{I}}{4}\sqrt{\dfrac{2\mathrm{j}}{\pi k\rho'}}\mathrm{e}^{-\mathrm{j}k\rho'}$。将式(5.4.7)给出的 a_ν 值代入式(5.4.2)中，使无限长线电流位于无限远处，利用汉克尔函数的渐近公式，得到

$$\dot{E}_z=\frac{2\pi\dot{E}_0}{\pi-\alpha}\sum_{\nu}\mathrm{j}^\nu\mathrm{J}_\nu(k\rho)\sin\nu(\phi'-\alpha)\sin\nu(\phi-\alpha) \tag{5.4.9}$$

这就是沿 z 方向极化的平面波以 ϕ' 入射于劈角为 2α 的理想导电劈上时所产生的总电场。

特别地，当令 $\alpha=0$，此时 $\nu=n/2$，由式(5.4.9)就可以得到沿 z 方向极化的平面波以 ϕ' 入射于半无限大理想导体板上时所产生的总电场为

$$\dot{E}_z = 2\dot{E}_0 \sum_{n=1}^{+\infty} \mathrm{j}^{n/2} \mathrm{J}_{n/2}(k\rho) \sin\frac{n\phi'}{2} \sin\frac{n\phi}{2} \tag{5.4.10}$$

5.5　理想导电球对平面波的散射

如图 5.5.1 所示，一个半径为 a 的理想导电球受到入射平面波的照射。设入射波为 x 方向极化和沿 z 方向传播，入射波的电场强度分量和磁场强度分量分别表示为[1]

$$\left.\begin{aligned} \dot{E}_x^{\mathrm{i}} &= \dot{E}_0 \mathrm{e}^{-\mathrm{j}kz} = \dot{E}_0 \mathrm{e}^{-\mathrm{j}kr\cos\theta} \\ \dot{H}_y^{\mathrm{i}} &= \frac{\dot{E}_0}{\eta} \mathrm{e}^{-\mathrm{j}kz} = \frac{\dot{E}_0}{\eta} \mathrm{e}^{-\mathrm{j}kr\cos\theta} \end{aligned}\right\} \tag{5.5.1}$$

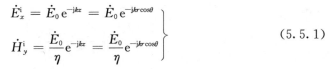

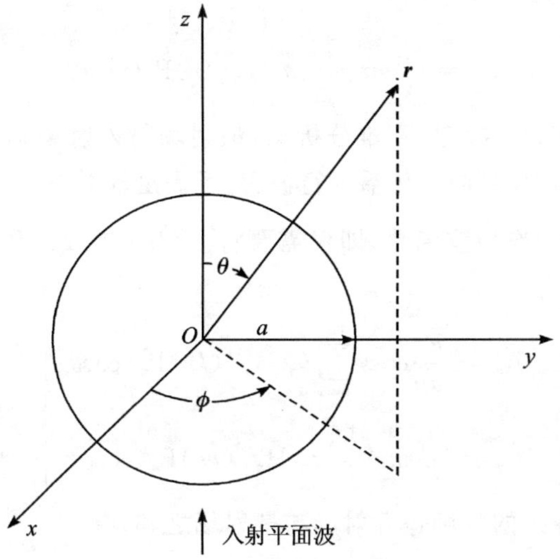

图 5.5.1　一个理想导电球受到入射平面波的照射

为了便于利用导电球面上的边界条件，在球坐标系中，将入射场分成对 r 的 TM 和 TE 两个分量，并分别用磁矢位的 r 分量 $\dot{A}_r$ 和电矢位的 r 分量 $\dot{F}_r$ 来表示。从式(2.7.18) 看到，$\dot{A}_r$ 能从 $\dot{E}_r$ 求得，$\dot{F}_r$ 能从 $\dot{H}_r$ 求得。

入射波电场强度 $\dot{\boldsymbol{E}}^{\mathrm{i}}$ 的 r 分量是

$$\dot{E}_r^{\mathrm{i}} = \dot{E}_x^{\mathrm{i}} \cos\phi \sin\theta = \dot{E}_0 \frac{\cos\phi}{\mathrm{j}kr} \frac{\partial}{\partial\theta}(\mathrm{e}^{-\mathrm{j}kr\cos\theta}) \tag{5.5.2}$$

应用式(5.1.12)，上式可以写为

$$\dot{E}_r^{\mathrm{i}} = \dot{E}_0 \frac{\cos\phi}{\mathrm{j}kr} \sum_{n=0}^{+\infty} \mathrm{j}^{-n}(2n+1)\mathrm{j}_n(kr) \frac{\partial}{\partial\theta}\mathrm{P}_n(\cos\theta) \tag{5.5.3}$$

令 $kr\mathrm{j}_n(kr)=\hat{\mathrm{J}}_n(kr)$，且考虑到$\dfrac{\partial \mathrm{P}_n(\cos\theta)}{\partial\theta}=\mathrm{P}_n^1(\cos\theta)$ 关系，那么，式(5.5.3) 又可写为

$$\dot{E}_r^{\mathrm{i}}=\frac{-\mathrm{j}\dot{E}_0\cos\phi}{(kr)^2}\sum_{n=1}^{+\infty}\mathrm{j}^{-n}(2n+1)\,\hat{\mathrm{J}}_n(kr)\mathrm{P}_n^1(\cos\theta) \tag{5.5.4}$$

观察 $\dot{E}_r^{\mathrm{i}}$ 的形式，可以写出磁矢位公式：

$$\dot{A}_r^{\mathrm{i}}=\frac{E_0}{\omega\mu}\cos\phi\sum_{n=1}^{+\infty}a_n\,\hat{\mathrm{J}}_n(kr)\mathrm{P}_n^1(\cos\theta) \tag{5.5.5}$$

其中

$$a_n=\frac{\mathrm{j}^{-n}(2n+1)}{n(n+1)} \tag{5.5.6}$$

类似地，也能从 $\dot{H}_r^{\mathrm{i}}$ 求得 $\dot{F}_r^{\mathrm{i}}$，有

$$\dot{F}_r^{\mathrm{i}}=\frac{\dot{E}_0}{k}\sin\phi\sum_{n=1}^{+\infty}a_n\,\hat{\mathrm{J}}_n(kr)\mathrm{P}_n^1(\cos\theta) \tag{5.5.7}$$

式中，a_n 仍由式(5.5.6) 决定。不难分析出，散射场与入射场应该具有同样的数学形式。但是，由于散射场是向外传播的行波，为了满足辐射条件，散射场应取第二类汉克尔函数$\hat{\mathrm{H}}_n^{(2)}(kr)$ 作为波函数，即仅需要将$\hat{\mathrm{J}}_n(kr)$ 换成$\hat{\mathrm{H}}_n^{(2)}(kr)$。因此，散射场的矢位的形式分别为

$$\left.\begin{aligned}\dot{A}_r^{\mathrm{s}}&=\frac{\dot{E}_0}{\omega\mu}\cos\phi\sum_{n=1}^{+\infty}b_n\,\hat{\mathrm{H}}_n^{(2)}(kr)\mathrm{P}_n^1(\cos\theta)\\ \dot{F}_r^{\mathrm{s}}&=\frac{\dot{E}_0}{k}\sin\phi\sum_{n=1}^{+\infty}c_n\,\hat{\mathrm{H}}_n^{(2)}(kr)\mathrm{P}_n^1(\cos\theta)\end{aligned}\right\} \tag{5.5.8}$$

那么，在理想导电球外的总场是入射场与散射场之和，有

$$\left.\begin{aligned}\dot{A}_r&=\frac{\dot{E}_0}{\omega\mu}\cos\phi\sum_{n=1}^{+\infty}[a_n\,\hat{\mathrm{J}}_n(kr)+b_n\,\hat{\mathrm{H}}_n^{(2)}(kr)]\mathrm{P}_n^1(\cos\theta)\\ \dot{F}_r&=\frac{\dot{E}_0}{k}\sin\phi\sum_{n=1}^{+\infty}[a_n\,\hat{\mathrm{J}}_n(kr)+c_n\,\hat{\mathrm{H}}_n^{(2)}(kr)]\mathrm{P}_n^1(\cos\theta)\end{aligned}\right\} \tag{5.5.9}$$

利用在 $r=a$ 处的边界条件，$\dot{E}_\theta=\dot{E}_\phi=0$，可以求得系数 b_n 和 c_n 为

$$\left.\begin{aligned}b_n&=-a_n\frac{\hat{\mathrm{J}}'_n(ka)}{\hat{\mathrm{H}}^{(2)'}(ka)}\\ c_n&=-a_n\frac{\hat{\mathrm{J}}_n(ka)}{\hat{\mathrm{H}}^{(2)'}(ka)}\end{aligned}\right\} \tag{5.5.10}$$

根据 $\dot{\boldsymbol{K}}=(\boldsymbol{e}_r\times\dot{\boldsymbol{H}})|_{r=a}$，求得导电球表面上的面电流分布为

$$\left.\begin{aligned}\dot{K}_\theta &= \frac{\mathrm{j}}{\eta}\dot{E}_0\,\frac{\cos\phi}{ka}\sum_{n=1}^{+\infty}a_n\left[\frac{\sin\theta \mathrm{P}_n^{1'}(\cos\theta)}{\hat{\mathrm{H}}_n^{(2)'}(ka)}+\frac{\mathrm{j}\mathrm{P}_n^1(\cos\theta)}{\sin\theta\,\hat{\mathrm{H}}_n^{(2)}(ka)}\right]\\ \dot{K}_\phi &= \frac{\mathrm{j}}{\eta}\dot{E}_0\,\frac{\sin\phi}{ka}\sum_{n=1}^{+\infty}a_n\left[\frac{\mathrm{P}_n^1(\cos\theta)}{\sin\theta\,\hat{\mathrm{H}}_n^{(2)'}(ka)}-\frac{\sin\theta \mathrm{P}_n^{1'}(\cos\theta)}{\mathrm{j}\,\hat{\mathrm{H}}_n^{(2)}(ka)}\right]\end{aligned}\right\}\tag{5.5.11}$$

当 $kr \gg 1$ 时，利用球贝塞尔函数的渐近公式 $\hat{\mathrm{H}}_n^{(2)}(kr)\Big|_{kr\to+\infty}=\mathrm{j}^{n+1}\mathrm{e}^{-\mathrm{j}kr}$，并仅保留按 $\frac{1}{r}$ 变化的各项，就能得到在远区的散射场是

$$\left.\begin{aligned}\dot{E}_\theta^{\mathrm{s}} &= \frac{\mathrm{j}\dot{E}_0}{kr}\mathrm{e}^{-\mathrm{j}kr}\cos\phi\sum_{n=1}^{+\infty}\mathrm{j}^n\left[b_n\sin\theta \mathrm{P}_n^{1'}(\cos\theta)-c_n\frac{\mathrm{P}_n^1(\cos\theta)}{\sin\theta}\right]\\ \dot{E}_\phi^{\mathrm{s}} &= \frac{\mathrm{j}\dot{E}_0}{kr}\mathrm{e}^{-\mathrm{j}kr}\sin\phi\sum_{n=1}^{+\infty}\mathrm{j}^n\left[b_n\frac{\mathrm{P}_n^1(\cos\theta)}{\sin\theta}-c_n\sin\theta \mathrm{P}_n^{1'}(\cos\theta)\right]\end{aligned}\right\}\tag{5.5.12}$$

特别地，如果考虑后向散射场，即令 $\theta=\pi$，有

$$\dot{E}_x^{\mathrm{s}}=\dot{E}_\theta^{\mathrm{s}}\Big|_{(\theta=\pi,\phi=\pi)}=\dot{E}_\phi^{\mathrm{s}}\Big|_{(\theta=\pi,\phi=-\frac{\pi}{2})}\tag{5.5.13}$$

利用这些关系，可以计算出理想导电球的散射截面积（反射面积），得到

$$A_e=\lim_{r\to+\infty}\left(4\pi r^2\frac{|\dot{E}_x^{\mathrm{s}}|^2}{|\dot{E}_0|^2}\right)=\frac{\lambda^2}{4\pi}\left|\sum_{n=1}^{+\infty}\frac{(-1)^n(2n+1)}{\hat{\mathrm{H}}_n^{(2)}(ka)\,\hat{\mathrm{H}}_n^{(2)'}(ka)}\right|^2\tag{5.5.14}$$

这里，我们利用了关系 $\frac{\mathrm{P}_n^1(\cos\theta)}{\sin\theta}\Big|_{\theta\to\pi}=\frac{(-1)^n n(n+1)}{2}$、$\sin\theta \mathrm{P}_n^{1'}(\cos\theta)\Big|_{\theta\to\pi}=\frac{(-1)^n n(n+1)}{2}$ 和球面贝塞尔函数的朗斯基（Wronskian）公式。

图 5.5.2 示出了 $\frac{A_e}{\lambda^2}$ 的曲线。当 $ka\ll 1$ 时，在式(5.5.14)中 $n=1$ 项是主要项，有如下近似结果

$$A_e\big|_{ka\to 0}=\frac{9\lambda^2}{4\pi}(ka)^6\propto\frac{1}{\lambda^4}\tag{5.5.15}$$

当 $\frac{a}{\lambda}<0.1$ 时，式(5.5.15)的近似效果很好，称为瑞利散射定律。它说明小球的反射面积是按 λ^{-4} 变化的，即波长越短，散射场就越强。

瑞利散射规律是由英国物理学家瑞利(Rayleigh)于 1900 年发现的，因此得名。发生瑞利散射的要求是，微粒的直径必须远小于入射波的波长，通常上界大约是波长的 1/10(1 ～ 300 nm)，此时散射波的强度与入射波波长的 4 次方成反比，也就是说，波长愈短，散射愈强。另外，散射波在入射波前进方向和反方向上的强度是相同的，而在与入射波垂直的方向上程度最低。

利用瑞利散射规律可以解释一些光学现象。例如，最早用于解释天空的蓝度。由于瑞利散射的强度与入射波波长的 4 次方成反比，所以太阳光谱中波长较短的

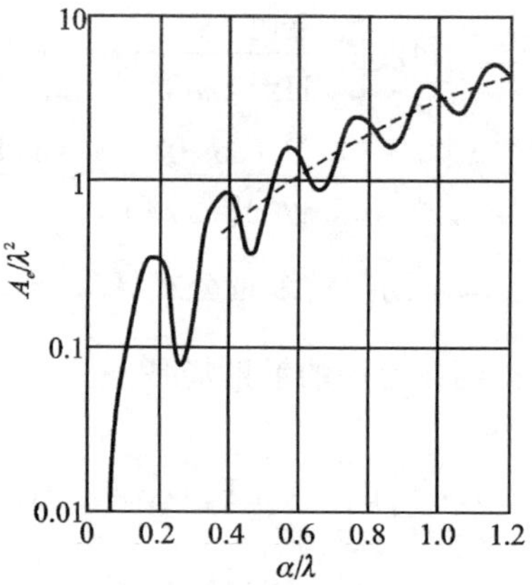

图 5.5.2 半径为 a 的理想导电球的散射截面积(反射面积)(虚线表示光学近似)[1]

蓝紫光比波长较长的红光散射更明显,而短波中又以蓝光能量最大。在雨过天晴或秋高气爽时(空中较粗微粒比较少,以分子散射为主),由于大气中水滴的尺寸相对于日光波长很小,所有波长较短的蓝光的散射场较强,在大气分子的强烈散射作用下,蓝色光被散射至弥漫天空,这就是天空呈现蔚蓝色的缘故[1,3]。另外,由于大气密度随高度急剧降低,大气分子的散射效应相应减弱,天空的颜色也随高度由蔚蓝色变为青色(约 8 km)、暗青色(约 11 km)、暗紫色(约 13 km)、黑紫色(约 21 km),再往上,空气非常稀薄,大气分子的散射效应极其微弱,天空便为黑暗所湮没。可以说,瑞利散射的结果,减弱了太阳投射到地表的能量。正是由于波长较短的光易于被散射掉,而波长较长的红光不易于被散射,它的穿透能力也比波长短的蓝、绿光强,因此用红光作指示灯,可以让司机在大雾迷漫的天气里容易看清指示灯,防止交通事故的发生。

晚霞的颜色解释。当日落或日出时,太阳几乎在我们视线的正前方,此时太阳光在大气中要走相对很长的路程,我们所看到的直射光中的波长较短蓝光大部分都被散射了,只剩下红橙色的光,这就是为什么日落时太阳附近呈现红色,而云也因为反射太阳光而呈现红色,但天空仍然是蓝色的。

海水的颜色解释。海水颜色即海面向上辐射的可见光所呈现的表观颜色,其与海水包含的物质成分密切相关:在清洁的大洋水中,悬浮颗粒少,粒径小,分子散射起着主要的作用,其散射服从瑞利散射定律,呈深蓝色(峰值的波长约为 470 nm)。

一个完美控制的激光束能够准确地散射于一个微粒,产生出命定性的结果,如图 5.5.3 所示。这样的状况也会发生于雷达散射,目标大多数是宏观物体,像飞机或火箭。散射和散射理论在科技领域有许多显著的应用,例如,超声波检查、半导体芯片检验、聚合过程监视、电脑成像等等。

对于大的导电球,即 $ka \gg 1$ 时,有

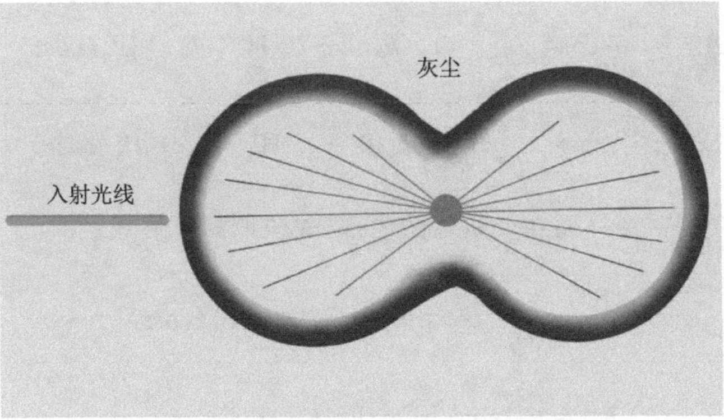

图 5.5.3　一粒灰尘对一平行光束的散射

$$A_e\Big|_{a/\lambda\to+\infty}=\pi a^2 \tag{5.5.16}$$

这是物理(几何)光学的近似解。

最后,我们来分析小导电球的散射场。利用球面贝塞尔函数的小自变量渐近公式,得到

$$c_n\Big|_{ka\to 0}=-\frac{(n+1)}{n}b_n\Big|_{ka\to 0}=\left[\frac{2^n(n-1)!}{(2n-1)!}\right]^2\frac{(ka)^{2n+1}}{\mathrm{j}^{n+1}} \tag{5.5.17}$$

那么,当 $ka\ll 1$ 时,在式(5.5.12)中 $n=1$ 项是主要项。因此,在离开小导电球很远的地方,有

$$\left.\begin{aligned}\dot{E}_\theta^{\mathrm{s}}\Big|_{ka\to 0}&=\dot{E}_0\,\frac{\mathrm{e}^{-\mathrm{j}kr}}{kr}(ka)^3\cos\phi\left(\cos\theta-\frac{1}{2}\right)\\ \dot{E}_\phi^{\mathrm{s}}\Big|_{ka\to 0}&=\dot{E}_0\,\frac{\mathrm{e}^{-\mathrm{j}kr}}{kr}(ka)^3\sin\phi\left(\frac{1}{2}\cos\theta-1\right)\end{aligned}\right\} \tag{5.5.18}$$

将这一结果与电偶极子的辐射场相比较,可以看出这个散射场就是由一个 x 向电偶极子 $\dot{I}l=\dfrac{\mathrm{j}4\pi(ka)^3}{\eta k^2}\dot{E}_0$ 和一个 y 向磁偶极子 $\dot{I}_{\mathrm{m}}l=\dfrac{2\pi(ka)^3}{\mathrm{j}k^2}\dot{E}_0$ 共同产生的辐射场。一般来说。任何小物体的散射场都能用一个电偶极子和一个磁偶极子来等效。对于导电物体,磁矩可能消失,但电矩必定是存在的。

5.6　介质球对平面波的散射

在上一节中,我们讨论了理想导电球对平面波的散射问题,对于非理想导电球,其散射场的求解方法是一样的,只是利用的边界条件不同。现在考虑介质球的情况[1-3],即在图 5.5.1 中 $r<a$ 区域内的介质参数为 ε_{d} 和 μ_{d},而在 $r>a$ 的区域中的介质参数为 ε_0 和 μ_0。这时,在介质球外部矢位形式仍然是式(5.5.9)给出的形式,只是其中的 k 应换为 $k_0=\omega\sqrt{\mu_0\varepsilon_0}$,即

$$\left.\begin{aligned}\dot{A}_r^+ &= \frac{\dot{E}_0}{\omega\mu}\cos\phi\sum_{n=1}^{+\infty}[a_n\ \hat{\mathrm{J}}_n(k_0 r) + b_n\ \hat{\mathrm{H}}_n^{(2)}(k_0 r)]\mathrm{P}_n^1(\cos\theta)\\ \dot{F}_r^+ &= \frac{\dot{E}_0}{k}\sin\phi\sum_{n=1}^{+\infty}[a_n\ \hat{\mathrm{J}}_n(k_0 r) + c_n\ \hat{\mathrm{H}}_n^{(2)}(k_0 r)]\mathrm{P}_n^1(\cos\theta)\end{aligned}\right\}\tag{5.6.1}$$

式中，$a_n = \dfrac{\mathrm{j}^{-n}(2n+1)}{n(n+1)}$。而在介质球的内部，矢位取如下形式：

$$\left.\begin{aligned}\dot{A}_r^- &= \frac{\dot{E}_0}{\omega\mu_0}\cos\phi\sum_{n=1}^{+\infty}d_n\ \hat{\mathrm{J}}_n(k_\mathrm{d} r)\mathrm{P}_n^1(\cos\theta)\\ \dot{F}_r^- &= \frac{\dot{E}_0}{k_0}\sin\phi\sum_{n=1}^{+\infty}e_n\ \hat{\mathrm{J}}_n(k_\mathrm{d} r)\mathrm{P}_n^1(\cos\theta)\end{aligned}\right\}\tag{5.6.2}$$

式中 $k_\mathrm{d} = \omega\sqrt{\mu_\mathrm{d}\varepsilon_\mathrm{d}}$。在球面 $r = a$ 处，有下列边界条件：

$$\dot{E}_\theta^+ = \dot{E}_\theta^-,\quad \dot{E}_\phi^+ = \dot{E}_\phi^-,\quad \dot{H}_\theta^+ = \dot{H}_\theta^-,\quad \dot{H}_\phi^+ = \dot{H}_\phi^-\tag{5.6.3}$$

式中，上角"－"指 $r < a$ 一侧，上角"＋"指 $r > a$ 一侧。利用这些边界条件，可以确定出式(5.6.1) 和式(5.6.2) 中的系数 b_n、c_n、d_n 和 e_n 分别为

$$b_n = a_n\frac{\sqrt{\mu_\mathrm{d}\varepsilon_0}\ \hat{\mathrm{J}}'_n(k_\mathrm{d}a)\ \hat{\mathrm{J}}_n(k_0 a) - \sqrt{\mu_0\varepsilon_\mathrm{d}}\ \hat{\mathrm{J}}'_n(k_0 a)\ \hat{\mathrm{J}}_n(k_\mathrm{d}a)}{\sqrt{\mu_0\varepsilon_\mathrm{d}}\ \hat{\mathrm{H}}_n^{(2)'}(k_0 a)\ \hat{\mathrm{J}}_n(k_\mathrm{d}a) - \sqrt{\mu_\mathrm{d}\varepsilon_0}\ \hat{\mathrm{H}}_n^{(2)}(k_0 a)\ \hat{\mathrm{J}}'_n(k_\mathrm{d}a)}\tag{5.6.4}$$

$$c_n = a_n\frac{\sqrt{\mu_\mathrm{d}\varepsilon_0}\ \hat{\mathrm{J}}'_n(k_0 a)\ \hat{\mathrm{J}}_n(k_\mathrm{d}a) - \sqrt{\mu_0\varepsilon_\mathrm{d}}\ \hat{\mathrm{J}}'_n(k_\mathrm{d}a)\ \hat{\mathrm{J}}_n(k_0 a)}{\sqrt{\mu_0\varepsilon_\mathrm{d}}\ \hat{\mathrm{H}}_n^{(2)}(k_0 a)\ \hat{\mathrm{J}}'_n(k_\mathrm{d}a) - \sqrt{\mu_\mathrm{d}\varepsilon_0}\ \hat{\mathrm{H}}_n^{(2)'}(k_0 a)\ \hat{\mathrm{J}}_n(k_\mathrm{d}a)}\tag{5.6.5}$$

$$d_n = a_n\frac{-\mathrm{j}\sqrt{\mu_0\varepsilon_\mathrm{d}}}{\sqrt{\mu_0\varepsilon_\mathrm{d}}\ \hat{\mathrm{H}}_n^{(2)'}(k_0 a)\ \hat{\mathrm{J}}_n(k_\mathrm{d}a) - \sqrt{\mu_\mathrm{d}\varepsilon_0}\ \hat{\mathrm{H}}_n^{(2)}(k_0 a)\ \hat{\mathrm{J}}'_n(k_\mathrm{d}a)}\tag{5.6.6}$$

$$e_n = a_n\frac{\mathrm{j}\sqrt{\mu_\mathrm{d}\varepsilon_0}}{\sqrt{\mu_0\varepsilon_\mathrm{d}}\ \hat{\mathrm{H}}_n^{(2)}(k_0 a)\ \hat{\mathrm{J}}'_n(k_\mathrm{d}a) - \sqrt{\mu_\mathrm{d}\varepsilon_0}\ \hat{\mathrm{H}}_n^{(2)'}(k_0 a)\ \hat{\mathrm{J}}_n(k_\mathrm{d}a)}\tag{5.6.7}$$

实际上，当 $\mu_\mathrm{d}\to 0$ 和 $\varepsilon_\mathrm{d}\to +\infty$ 时，就是导电球这一种特殊情况。应该注意到，与静电场问题不同，仅有 $\varepsilon_\mathrm{d}\to +\infty$ 这一条件，并不能够使上述解退化成导电球的解。

在介质球半径很小的特殊情况下，即 $k_0 a \ll 1$ 和 $k_\mathrm{d} a \ll 1$ 时，由小变量的贝塞尔函数的渐近公式可知，上述级数项随着 n 增大，衰减得很快，仅需要考虑 $n = 1$ 这一项即可。因此，各个系数简化为

$$\left.\begin{aligned}b_1\Big|_{k_0 a\to 0} &= -(k_0 a)^3\ \frac{\varepsilon_\mathrm{d} - \varepsilon_0}{\varepsilon_\mathrm{d} + 2\varepsilon_0}\\ c_1\Big|_{k_0 a\to 0} &= -(k_0 a)^3\ \frac{\mu_\mathrm{d} - \mu_0}{\mu_\mathrm{d} + 2\mu_0}\\ d_1\Big|_{k_0 a\to 0} &= \frac{9\mu_0\varepsilon_0}{2\mathrm{j}\mu_\mathrm{d}(\varepsilon_\mathrm{d} + 2\varepsilon_0)}\\ e_1\Big|_{k_0 a\to 0} &= \frac{9\mu_0\varepsilon_0}{4\mathrm{j}\varepsilon_\mathrm{d}(\mu_0 + \mu_\mathrm{d})}\end{aligned}\right\}\tag{5.6.8}$$

最后的计算结果表明，散射场是由下面电偶极子和磁偶极子共同产生的场之和：

$$\left.\begin{aligned} \dot{I}\boldsymbol{l} &= \boldsymbol{e}_x \dot{E}_0 \frac{4\pi\mathrm{j}}{\eta k^2}(ka)^3 \frac{\varepsilon_\mathrm{d}-\varepsilon_0}{\varepsilon_\mathrm{d}+2\varepsilon_0} \\ \dot{I}_\mathrm{m}\boldsymbol{l} &= \boldsymbol{e}_y \dot{E}_0 \frac{2\pi\mathrm{j}}{k^2}(ka)^3 \frac{\mu_\mathrm{d}-\mu_0}{\mu_\mathrm{d}+2\mu_0} \end{aligned}\right\} \tag{5.6.9}$$

从式(5.6.9)看到，如果介质球是非磁性的($\mu_\mathrm{d}=\mu_0$)，就不会出现磁偶极子。同样，如果介质球的 $\varepsilon_\mathrm{d}=\varepsilon_0$，将不会出现电偶极子。此外，最重要的结果是在小介质球内部的电场强度 $\dot{\boldsymbol{E}}$ 和磁场强度 $\dot{\boldsymbol{H}}$ 都是均匀分布的。

5.7　理想导电球对球面波的散射——电偶极子和导电球

如图 5.7.1 所示，在靠近导电球 $\boldsymbol{r}'=b\boldsymbol{e}_z$ 处有一个径向电偶极子 $\dot{I}\boldsymbol{l}$。不难分析出，该径向电偶极子 $\dot{I}\boldsymbol{l}$ 产生的电磁场是发自 $\boldsymbol{r}'$ 处的球面波。现在，我们要确定在导电球存在的情况下，径向电偶极子 $\dot{I}\boldsymbol{l}$ 所产生的辐射场。对于这个问题，可以采用直接求边值问题解的方法，也可以采用互易定理的方法[1,3]。

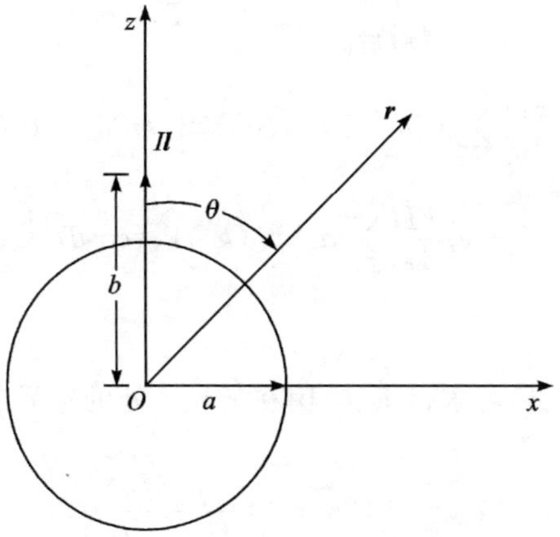

图 5.7.1　导电球和径向电偶极子

5.7.1　直接求边值问题的方法[1]

首先，应用直接解法。在导电球不存在时，容易求得由电偶极子单独所产生的入射场的矢量磁位为

$$\boldsymbol{A}^\mathrm{i}=\boldsymbol{e}_z\frac{\dot{I}l}{4\pi|\boldsymbol{r}-b\boldsymbol{e}_z|}\mathrm{e}^{-\mathrm{j}k|\boldsymbol{r}-b\boldsymbol{e}_z|}=\boldsymbol{e}_z\frac{k\dot{I}l}{4\pi\mathrm{j}}\mathrm{h}_0^{(2)}(k|\boldsymbol{r}-b\boldsymbol{e}_z|) \tag{5.7.1}$$

为了方便计算散射场起见，必须将电偶极子单独所产生的入射场变换为发自坐标原点 $\boldsymbol{r}=0$ 处的电磁波。因此，应用球面汉克尔函数的加法定理，将式(5.7.1) 展开，得到

$$\dot{\boldsymbol{A}}^{\mathrm{i}}=\begin{cases}\boldsymbol{e}_z\dfrac{k\dot{I}l}{4\pi\mathrm{j}}\displaystyle\sum_{n=0}^{+\infty}(2n+1)\mathrm{h}_n^{(2)}(kb)\mathrm{j}_n(kr)\mathrm{P}_n(\cos\theta) & (r<b)\\ \boldsymbol{e}_z\dfrac{k\dot{I}l}{4\pi\mathrm{j}}\displaystyle\sum_{n=0}^{+\infty}(2n+1)\mathrm{j}_n(kb)\mathrm{h}_n^{(2)}(kr)\mathrm{P}_n(\cos\theta) & (r>b)\end{cases}\tag{5.7.2}$$

若考虑到轴对称性，不可能存在 $\dot{H}_z$ 和 $\dot{H}_r$ 两个场分量。另一方面，为了满足 $r=a$ 处的边界条件，散射场必须与 $r<b$ 区域中的入射场具有相同的形式。但是，散射场是向外传播的波，所以函数 $\mathrm{j}_n(kr)$ 必须换为 $\mathrm{h}_n^{(2)}(kr)$。这样的话，散射场应该表示为

$$\dot{\boldsymbol{A}}^{\mathrm{s}}=\boldsymbol{e}_z\frac{k\dot{I}l}{4\pi\mathrm{j}}\sum_{n=0}^{+\infty}a_n\mathrm{h}_n^{(2)}(kr)\mathrm{P}_n(\cos\theta)\tag{5.7.3}$$

式中，a_n 为待定系数。那么，在导电球外的总场为

$$\dot{\boldsymbol{A}}=\dot{\boldsymbol{A}}^{\mathrm{i}}+\dot{\boldsymbol{A}}^{\mathrm{s}}=\begin{cases}\boldsymbol{e}_z\dfrac{k\dot{I}l}{4\pi\mathrm{j}}\displaystyle\sum_{n=0}^{+\infty}(2n+1)\mathrm{h}_n^{(2)}(kb)\mathrm{j}_n(kr)\mathrm{P}_n(\cos\theta)\\ \qquad+\boldsymbol{e}_z\dfrac{k\dot{I}l}{4\pi\mathrm{j}}\displaystyle\sum_{n=0}^{+\infty}a_n\mathrm{h}_n^{(2)}(kr)\mathrm{P}_n(\cos\theta) & (a<r<b)\\ \boldsymbol{e}_z\dfrac{k\dot{I}l}{4\pi\mathrm{j}}\displaystyle\sum_{n=0}^{+\infty}(2n+1)\mathrm{j}_n(kb)\mathrm{h}_n^{(2)}(kr)\mathrm{P}_n(\cos\theta)\\ \qquad+\boldsymbol{e}_z\dfrac{k\dot{I}l}{4\pi\mathrm{j}}\displaystyle\sum_{n=0}^{+\infty}a_n\mathrm{h}_n^{(2)}(kr)\mathrm{P}_n(\cos\theta) & (r>b)\end{cases}\tag{5.7.4}$$

根据 $\dot{\boldsymbol{E}}=\dfrac{1}{\mathrm{j}\omega\varepsilon}\nabla\times\nabla\times\dot{\boldsymbol{A}}$，可求得 $\dot{\boldsymbol{E}}$。应用在 $r=a$ 处的边界条件 $\dot{E}_\theta=0$，可以求得

$$a_n=-(2n+1)\frac{\hat{\mathrm{J}}'_n(ka)}{\hat{H}_n^{(2)'}(ka)}\tag{5.7.5}$$

这样，将式(5.7.5) 代入到式(5.7.4) 中，就得到了问题的解。

5.7.2 应用互易定理求解[1]

对于 z 向电偶极子的特殊情况，利用互易定理求解远区场比较方便。现在，我们利用互易定理来求这个问题的解。因为远区场是平面电磁波，在球坐标系中，只可能存在 $\dot{E}_\theta$ 和 $\dot{E}_\phi$ 两个电场分量。不难分析出，$\dot{E}_\theta$ 和 $\dot{E}_\phi$ 两个电场分量仅与电流的 θ 和 ϕ 分量有关。但是，径向电偶极子 $\dot{I}l$ 仅可能在导体球表面上产生 θ 分量的感应电

流。散射电场是由导体球表面上的感应电流产生的，所以散射电场只有 θ 分量，即 $\dot{\boldsymbol{E}}^{\mathrm{a}}=\dot{E}_{\theta}^{\mathrm{a}}\boldsymbol{e}_{\theta}$。

为了求解远区散射场，在远区散射场 $\dot{\boldsymbol{E}}^{\mathrm{a}}=\dot{E}_{\theta}^{\mathrm{a}}\boldsymbol{e}_{\theta}$ 处放置一个电偶极子 $\dot{I}\boldsymbol{l}^{\mathrm{b}}$，且令其方向与远区散射场 $\dot{\boldsymbol{E}}=\dot{E}_{\theta}^{\mathrm{a}}\boldsymbol{e}_{\theta}$ 的方向相反。互易问题见图 5.7.2(b) 所示。设电偶极子 $\dot{I}\boldsymbol{l}^{\mathrm{b}}$ 在电偶极子 $\dot{I}\boldsymbol{l}^{\mathrm{a}}$ 处产生的远区场为 $\dot{\boldsymbol{E}}^{\mathrm{b}}$。那么，由互易定理可知，这两个电偶极子及其产生的电场强度应该满足下列关系：

$$\dot{\boldsymbol{E}}^{\mathrm{a}}\cdot\dot{I}\boldsymbol{l}^{\mathrm{b}}=\dot{\boldsymbol{E}}^{\mathrm{b}}\cdot\dot{I}\boldsymbol{l}^{\mathrm{a}}$$

考虑到电偶极子 $\dot{I}\boldsymbol{l}^{\mathrm{b}}$ 的方向与远区散射场 $\dot{\boldsymbol{E}}^{\mathrm{a}}=\dot{E}_{\theta}^{\mathrm{a}}\boldsymbol{e}_{\theta}$ 相反，电偶极子 $\dot{I}\boldsymbol{l}^{\mathrm{a}}$ 的方向为 $\boldsymbol{r}$ 方向，并且取 $l^b=l^a=l$，由上式得到

$$\dot{E}_{r}^{\mathrm{b}}(b,\theta',0)=-\dot{E}_{\theta}^{\mathrm{a}}(r,\theta,\phi) \tag{5.7.6}$$

式中，θ' 为新坐标系(x',y',z')中的角度，该坐标系的 x' 轴与电偶极子 $\dot{I}\boldsymbol{l}^{\mathrm{b}}$ 的方向一致，且 $\theta'=\pi-\theta$。式(5.7.6) 表明，在 $\dot{I}\boldsymbol{l}^{\mathrm{b}}$ 方向的 $\dot{\boldsymbol{E}}^{\mathrm{a}}$ 分量等于 $\dot{I}\boldsymbol{l}^{\mathrm{a}}$ 方向的 $\dot{\boldsymbol{E}}^{\mathrm{b}}$ 分量(上角标“a”和“b”分别指图 5.7.2(a) 和(b))。如果图 5.7.2(b) 的 $\dot{I}\boldsymbol{l}$ 退到无限远，这就是以前曾经讨论过的导体球对平面波的散射问题。因此，图 5.7.2(a) 的辐射场能直接从导体球的散射结果获得。

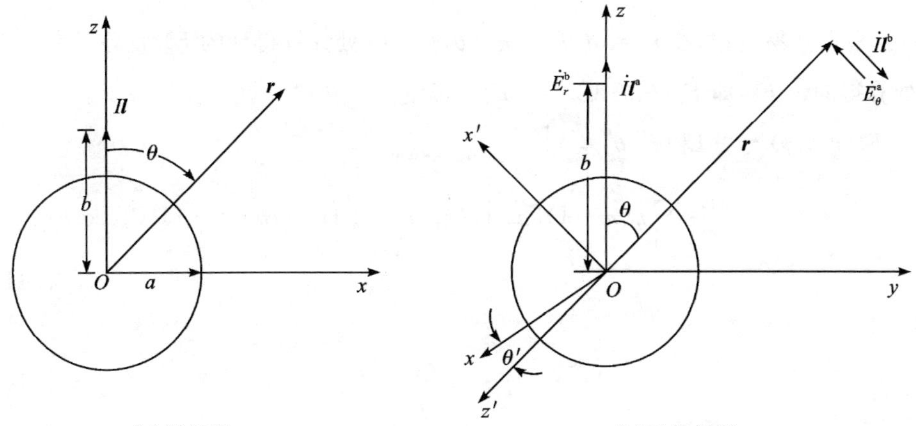

图 5.7.2　导电球和径向电偶极子[1]

在新坐标系(x',y',z')中，因电偶极子 $\dot{I}\boldsymbol{l}^{\mathrm{b}}$ 沿 x' 方向放置，它产生的矢量磁位仅具有 x' 轴方向分量。容易求得，位于 $\boldsymbol{r}$ 点的电偶极子 $\dot{I}\boldsymbol{l}^{\mathrm{b}}$ 在导电球附近产生的入射平面波为

$$(\dot{E}_{x'}^{\mathrm{i}})^{\mathrm{b}}\Big|_{r\to+\infty}=\frac{-\mathrm{j}\omega\mu\dot{I}l}{4\pi r}\mathrm{e}^{-\mathrm{j}kr}\mathrm{e}^{-\mathrm{j}kr'\cos\theta'}=\dot{E}_0\mathrm{e}^{-\mathrm{j}kr'\cos\theta'} \tag{5.7.7}$$

其中，$\dot{E}_o=\dfrac{-\mathrm{j}\omega\mu\dot{I}l}{4\pi r}\mathrm{e}^{-\mathrm{j}kr}$。式(5.7.7)表明，电偶极子 $\dot{I}\boldsymbol{l}^{\mathrm{b}}$ 在导电球附近产生的远区场是一个向正 z' 方向传播的平面波。由此平面波构成的矢量磁位为

$$\dot{\boldsymbol{A}}^{\mathrm{b}}=\boldsymbol{e}_{r'}\dot{A}_{r'}^{\mathrm{b}}=\boldsymbol{e}_{r'}\frac{\dot{E}_0}{\omega\mu}\cos\phi'\sum_{n=1}^{+\infty}a_n\,\hat{\mathrm{J}}_n(kr')\mathrm{P}_n^1(\cos\theta') \tag{5.7.8}$$

式中，$a_n=\dfrac{\mathrm{j}^{-n}(2n+1)}{n(n+1)}$。当考虑到导电球所产生的散射场之后，位于 $\boldsymbol{r}$ 点的电偶极子 $\dot{I}\boldsymbol{l}^{\mathrm{b}}$ 产生的总场则为

$$\dot{A}_{r'}^{\mathrm{b}}=\frac{\dot{E}_0}{\omega\mu}\cos\phi'\sum_{n=1}^{+\infty}[a_n\,\hat{\mathrm{J}}_n(kr')+b_n\,\hat{\mathrm{H}}_n^{(2)}(kr')]\mathrm{P}_n^1(\cos\theta') \tag{5.7.9}$$

应用在 $r'=a$ 处，$\dot{E}_{\theta'}^{\mathrm{b}}=\dot{E}_{\phi'}^{\mathrm{b}}=0$ 的边界条件，得到 $b_n=-a_n\dfrac{\hat{\mathrm{J}}'_n(ka)}{\hat{\mathrm{H}}_n^{(2)'}(ka)}$。因此

$$\begin{aligned}\dot{E}_{r'}^{\mathrm{b}}&=\frac{1}{\mathrm{j}\omega\varepsilon}\left(\frac{\partial^2}{\partial r'^2}+k^2\right)\dot{A}_{r'}^{\mathrm{b}}\\&=\frac{\dot{E}_o}{\mathrm{j}k^2}\cos\phi'\sum_{n=1}^{+\infty}n(n+1)[a_n\,\hat{\mathrm{J}}_n(kb)+b_n\,\hat{\mathrm{H}}_n^{(2)}(kb)]\mathrm{P}_n^1(\cos\theta')\end{aligned} \tag{5.7.10}$$

最后，根据互易定理，在 $r'=b,\theta'=\pi-\theta,\phi'=0$ 处计算得到的 $\dot{E}_{r'}^{\mathrm{b}}$ 就等于在 r、θ、ϕ 处算得的 $-\dot{E}_\theta^{\mathrm{a}}$，即 $\dot{E}_r^{\mathrm{b}}(b,\theta',0)=-\dot{E}_\theta^{\mathrm{a}}(r,\theta,\phi)$

$$\begin{aligned}\dot{E}_\theta^{\mathrm{a}}(r,\theta,\phi)&=-\dot{E}_{r'}^{\mathrm{b}}(r',\theta',\phi')\Big|_{(r'=b,\theta'=\pi-\theta,\phi'=0)}\\&=\frac{\mathrm{j}\dot{E}_0}{k^2}\sum_{n=1}^{+\infty}n(n+1)[a_n\,\hat{\mathrm{J}}_n(k_nb)+b_n\,\hat{\mathrm{H}}_n^{(2)}(kb)](-1)^n\mathrm{P}_n^1(\cos\theta)\end{aligned} \tag{5.7.11}$$

而

$$\dot{H}_\phi^{\mathrm{a}}=\frac{\dot{E}_\theta^{\mathrm{a}}}{\eta} \tag{5.7.12}$$

在 $b=a$ 这一特殊情况时，即当电偶极子在导电球的表面上时，式(5.7.11)简化为

$$\dot{E}_\theta^{\mathrm{a}}=\frac{\eta\dot{I}l}{4\pi\mathrm{j}kr}\mathrm{e}^{-\mathrm{j}kr}\sum_{n=1}^{+\infty}\frac{\mathrm{j}^n(2n+1)}{\hat{\mathrm{H}}_n^{(2)'}(ka)}\mathrm{P}_n^1(\cos\theta) \tag{5.7.13}$$

这就是在导电球表面上的径向电偶极子的辐射场。图 5.7.3 示出了球(半径 $a=\lambda/4$ 和 $a=2\lambda$) 的辐射图。显然，当导电球很小时，其辐射图就是电偶极子的辐射图。当导电球很大时，辐射图则接近于接地平面上的一个电偶极子的辐射图，但绕

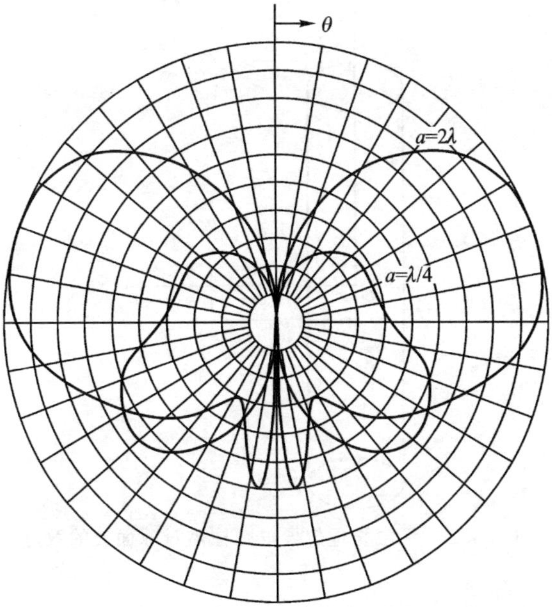

图 5.7.3　半径为 a 的导电球上的径向电偶极子的辐射图[1]

球总有一些折射。

5.7.3　磁偶极子和导电球

在图 5.7.1 中，如果在靠近导电球 $\boldsymbol{r}'=b\boldsymbol{e}_z$ 处有一个径向磁偶极子 $\dot{I}l$，这将是电偶极子和导电球的对偶问题。此时，利用二重性原理，可以直接由上述结果推出散射场。限于篇幅，这里省略，留给读者自己演算。

5.8　互易定理在电磁散射分析中的几个应用

5.8.1　无限长理想导电圆柱体对球面波的散射

如图 5.8.1 所示，有一根半径为 a 的无限长理想导电圆柱体的轴线沿 z 轴，与其轴线相距距离 b 处放置一个电偶极子 $\dot{I}l$，且电偶极子 $\dot{I}l$ 的方向与 z 轴方向平行[4]。

在应用互易定理求解时，首先取互易电偶极子的位置趋向于无限远处。然后，将互易电偶极子在无限大均匀空间中产生的场作为入射场，并用贝塞尔函数表示为平面波的形式，将入射场与圆柱体的散射场相叠加。最后，利用边界条件确定散射场中的常数。

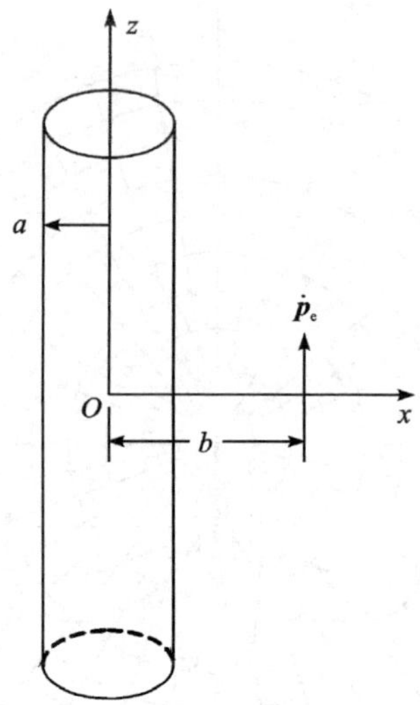

图 5.8.1　无限长理想导电圆柱体对球面波的散射

位于 $\boldsymbol{r}$ 处的电偶极子 $\dot{I}\boldsymbol{l}$ 在无限大均匀空间中 $\boldsymbol{r}_0 = \boldsymbol{e}_x b$ 点产生的矢量磁位为

$$\dot{\boldsymbol{A}}^{\mathrm{i}} = \boldsymbol{e}_z \frac{\dot{I}l}{4\pi \mid \boldsymbol{r} - \boldsymbol{r}_0 \mid} \mathrm{e}^{-\mathrm{j}k|\boldsymbol{r}-\boldsymbol{r}_0|} \tag{5.8.1}$$

这是一个在 $\boldsymbol{r}$ 点的点源所产生的球面波。当 $\boldsymbol{r} \gg \boldsymbol{r}_0$ 时，可以近似成

$$\begin{aligned} \dot{A}_z^{\mathrm{i}} &= \frac{\dot{I}l}{4\pi r}\mathrm{e}^{-\mathrm{j}k[r-z_0\cos\theta-\rho_0\sin\theta\cos(\phi-\phi_0)]} \\ &= \frac{\dot{I}l\mathrm{e}^{-\mathrm{j}kr}}{4\pi r}\mathrm{e}^{\mathrm{j}kz_0\cos\theta}\sum_{n=0}^{+\infty}\varepsilon_n \mathrm{j}^n \mathrm{J}_n(k\rho_0\sin\theta)\cos n(\phi-\phi_0) \end{aligned} \tag{5.8.2}$$

考虑到圆柱体的散射场是向外传播的行波，因而散射场可写为

$$\dot{A}_z^{\mathrm{s}} = \frac{\dot{I}l\mathrm{e}^{-\mathrm{j}kr}}{4\pi r}\mathrm{e}^{\mathrm{j}kz_0\cos\theta}\sum_{n=0}^{+\infty}b_n\varepsilon_n \mathrm{j}^n \mathrm{H}_n^{(2)}(k\rho_0\sin\theta)\cos n(\phi-\phi_0) \tag{5.8.3}$$

这样，在圆柱体外的总场为

$$\begin{aligned} \dot{A}_z &= \dot{A}_z^{\mathrm{i}} + \dot{A}_z^{\mathrm{s}} \\ &= \frac{\dot{I}l\mathrm{e}^{-\mathrm{j}kr}}{4\pi r}\mathrm{e}^{\mathrm{j}kz_0\cos\theta}\sum_{n=0}^{+\infty}\varepsilon_n \mathrm{j}^n[\mathrm{J}_n(k\rho_0\sin\theta) + b_n\mathrm{H}_n^{(2)}(k\rho_0\sin\theta)]\cos n(\phi-\phi_0) \end{aligned} \tag{5.8.4}$$

式中，b_n 是系数。由导电圆柱体表面（$\rho_0 = a$）上的边界条件，可得

$$b_n = -\frac{\mathrm{J}_n(ka\sin\theta)}{\mathrm{H}_n^{(2)}(ka\sin\theta)} \tag{5.8.5}$$

因此，位于 $\boldsymbol{r}$ 处的电偶极子 $\dot{I}\boldsymbol{l}$ 在 $\boldsymbol{r}_0 = \boldsymbol{e}_x b$ 点产生的的场为

$$\dot{E}_z = \frac{1}{\mathrm{j}\omega\varepsilon}\left(\frac{\partial^2}{\partial z^2}+k^2\right)\dot{A}_z = -\mathrm{j}\omega\mu\dot{A}_z\sin^2\theta \tag{5.8.6}$$

由互易定理，可得位于 $\boldsymbol{r}_0 = \boldsymbol{e}_x b$ 点的电偶极子 $\dot{I}\boldsymbol{l}$ 在 $\boldsymbol{r}$ 点产生的场为

$$\begin{aligned}\dot{E}_z(\boldsymbol{r}) &= \dot{E}_z(\boldsymbol{r}_0) = -\mathrm{j}\omega\mu\dot{A}_z\sin^2\theta\big|_{(\rho_0=b,\phi_0=0,z_0=0)}\\ &= -\frac{\mathrm{j}\omega\mu\dot{I}l\mathrm{e}^{-\mathrm{j}kr}}{4\pi r}\sin^2\theta\sum_{n=-\infty}^{+\infty}\mathrm{j}^n\mathrm{e}^{\mathrm{j}n\phi}\frac{\mathrm{J}_n(kb\sin\theta)\mathrm{H}_n^{(2)}(ka\sin\theta)-\mathrm{J}_n(ka\sin\theta)\mathrm{H}_n^{(2)}(kb\sin\theta)}{\mathrm{H}_n^{(2)}(ka\sin\theta)}\end{aligned} \tag{5.8.7}$$

或者

$$\begin{aligned}\dot{E}_\theta(\boldsymbol{r}) &= \frac{\dot{E}_z(\boldsymbol{r})}{\sin\theta}\\ &= f(r)\sin\theta\sum_{n=-\infty}^{+\infty}\mathrm{j}^n\mathrm{e}^{\mathrm{j}n\phi}\frac{\mathrm{J}_n(ka\sin\theta)\mathrm{Y}_n(kb\sin\theta)-\mathrm{J}_n(kb\sin\theta)\mathrm{Y}_n(ka\sin\theta)}{\mathrm{H}_n^{(2)}(ka\sin\theta)}\end{aligned} \tag{5.8.8}$$

其中，$f(r) = \omega\mu\dot{I}l\mathrm{e}^{-\mathrm{j}kr}/(4\pi r)$。而

$$\dot{H}_\phi = \frac{\dot{E}_\theta}{\eta} \tag{5.8.9}$$

如果电偶极子 $\dot{I}\boldsymbol{l}$ 位于导电圆柱体表面上，即 $b = a$ 时，则在 $z = 0$ 平面上的辐射场为

$$\dot{E}_\phi = f(\rho)\sum_{n=1}^{+\infty}\frac{\mathrm{j}^n n\sin n\phi}{\mathrm{H}_n^{(2)\prime}(ka)} \tag{5.8.10}$$

其中，$f(\rho) = \dfrac{\mathrm{j}\eta\dot{I}l\mathrm{e}^{-\mathrm{j}k\rho}}{2\pi^2 ka^2\rho}$。

5.8.2　介质球对球面波的散射

如图 5.8.2 所示，在一半径为 a 的介质球附近有一个径向电偶极子 $\dot{I}\boldsymbol{l}$[4]。图 5.8.3 是这个问题的互易问题。在 $r > a$ 的区域中，矢量位分别为 $\dot{\boldsymbol{A}} = \boldsymbol{e}_r\dot{A}_{r_0}^{\mathrm{b}}$ 和 $\dot{\boldsymbol{F}} = \boldsymbol{e}_r\dot{F}_{r_0}^{\mathrm{b}}$，其中

$$\dot{A}_{r_0}^{\mathrm{b}} = \frac{\dot{E}_0}{\omega\mu_0}\cos\phi_0\sum_{n=1}^{+\infty}[a_n\hat{\mathrm{J}}_n(k_0r_0)+b_n\hat{\mathrm{H}}_n^{(2)}(k_0r_0)]\mathrm{P}_n^1(\cos\theta_0) \tag{5.8.11}$$

$$\dot{F}_{r_0}^{\mathrm{b}} = \frac{\dot{E}_0}{k_0}\sin\phi_0\sum_{n=1}^{+\infty}[a_n\hat{\mathrm{J}}_n(k_0r_0)+c_n\hat{\mathrm{H}}_n^{(2)}(k_0r_0)]\mathrm{P}_n^1(\cos\theta_0) \tag{5.8.12}$$

式中，$\dot{E}_0 = \dfrac{-\mathrm{j}\omega\mu_0\dot{I}l}{4\pi r}\mathrm{e}^{-\mathrm{j}kr}$。上标“b”代表图 5.8.3 中的量。在 $r < a$ 的区域中，有

$$\dot{A}^{\mathrm{b}}_{r_0} = \frac{\dot{E}_0}{\omega\mu_0}\cos\phi_0 \sum_{n=1}^{+\infty} d_n\ \hat{\mathrm{J}}_n(k_\mathrm{d} r_0)\mathrm{P}^1_n(\cos\theta_0) \tag{5.8.13}$$

$$\dot{F}^{\mathrm{b}}_{r_0} = \frac{\dot{E}_0}{k_0}\sin\phi_0 \sum_{n=1}^{+\infty} e_n\ \hat{\mathrm{J}}_n(k_\mathrm{d} r_0)\mathrm{P}^1_n(\cos\theta_0) \tag{5.8.14}$$

由边界条件，即在 $r=a$ 的球面上 $\dot{E}_{\theta0}$、$\dot{E}_{\phi0}$、$\dot{H}_{\theta0}$ 和 $\dot{H}_{\phi0}$ 连续，可得系数 b_n、c_n、d_n 和 e_n，其中 b_n 为

$$b_n = -a_n \frac{\hat{\mathrm{J}}_n(k_\mathrm{d}a)\ \hat{\mathrm{J}}'_n(k_0 a) - \hat{\mathrm{J}}_n(k_0 a)\ \hat{\mathrm{J}}'_n(k_\mathrm{d}a)}{\hat{\mathrm{H}}^{(2)'}_n(k_0 a)\ \hat{\mathrm{J}}_n(k_\mathrm{d}a) - \hat{\mathrm{H}}^{(2)}_n(k_0 a)\ \hat{\mathrm{J}}'_n(k_\mathrm{d}a)} \tag{5.8.15}$$

式中，$a_n = \mathrm{j}^{-n}(2n+1)/[n(n+1)]$。因此，在 $r>a$ 的区域中，辐射场为

$$\begin{aligned}\dot{E}^{\mathrm{b}}_{r_0} &= \frac{1}{\mathrm{j}\omega\varepsilon}\left(\frac{\partial^2}{\partial r_0^2}+k_0^2\right)\dot{A}^{\mathrm{b}}_{r_0} \\ &= \frac{\dot{E}_0\cos\phi_0}{\mathrm{j}k_0^2 r_0^2}\sum_{n=1}^{+\infty} n(n+1)[a_n\ \hat{\mathrm{J}}_n(k_0 r_0) + b_n\ \hat{\mathrm{H}}^{(2)}_n(k_0 r_0)]\mathrm{P}^1_n(\cos\theta_0)\end{aligned} \tag{5.8.16}$$

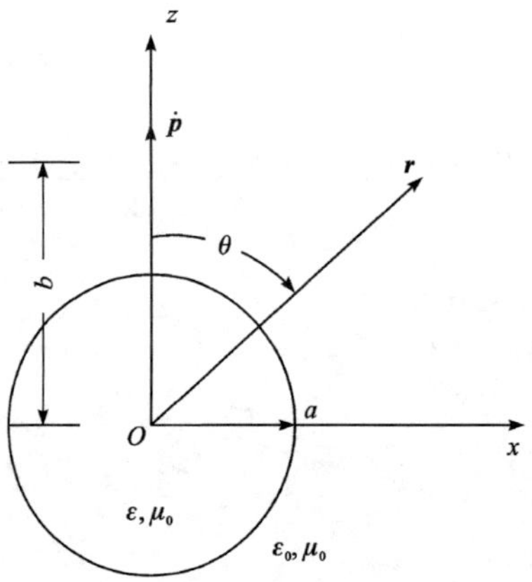

图 5.8.2　介质球附近的径向电偶极子 $\dot{I}l$

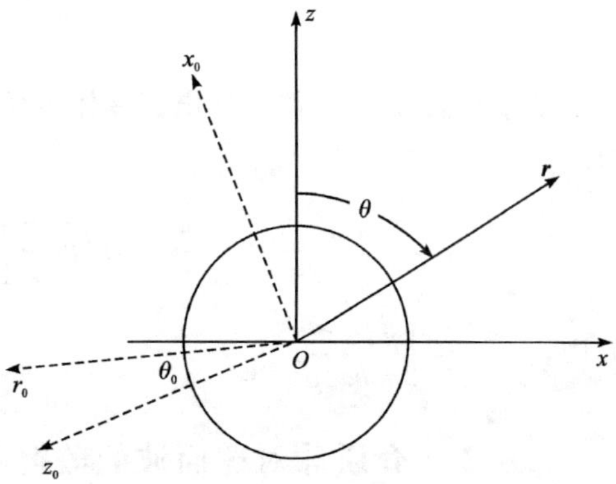

图 5.8.3　对应的互易问题

由互易定理可知，对于图 5.8.2 中的辐射场，则有

$$\begin{aligned}\dot{E}_\theta &= -\dot{E}^{\mathrm{b}}_{r_0}\Big|_{(r_0=b,\theta_0=\pi-\theta,\phi_0=0)} \\ &= \frac{\mathrm{j}\dot{E}_0}{k_0^2 b^2}\sum_{n=1}^{+\infty}(-1)^n n(n+1)[a_n\ \hat{\mathrm{J}}_n(k_0 b) + b_n\ \hat{\mathrm{H}}^{(2)}_n(k_0 b)]\mathrm{P}^1_n(\cos\theta)\end{aligned} \tag{5.8.17}$$

和

$$\dot{H}_\phi = \frac{\dot{E}_\theta}{\eta} \tag{5.8.18}$$

习　题

5.1　导出下列波的变换公式

$$\cos(\rho\sin\phi) = \sum_{n=0}^{+\infty}\varepsilon_n \mathrm{J}_{2n}(\rho)\cos 2n\phi$$

$$\sin(\rho\sin\phi) = 2\sum_{n=0}^{+\infty}\mathrm{J}_{2n+1}(\rho)\sin(2n+1)\phi$$

式中，当 $n=0$ 时，$\varepsilon_n=1$；当 $n>0$ 时，$\varepsilon_n=2$。

5.2　导出下列波的变换公式

$$\frac{\mathrm{e}^{-\mathrm{j}|\boldsymbol{r}-\boldsymbol{r}'|}}{|\boldsymbol{r}-\boldsymbol{r}'|} = \frac{1}{\mathrm{j}rr'}\sum_{n=0}(2n+1)\,\hat{\mathrm{J}}_n(r')\,\hat{\mathrm{H}}_n^{(2)}(r)\mathrm{P}_n(\cos\xi) \qquad (r>r')$$

式中，ξ 是 $\boldsymbol{r}$ 和 $\boldsymbol{r}'$ 之间的夹角。

5.3　导出下列波的变换公式

$$\mathrm{J}_n(\rho) = \sum_{m=0}^{+\infty}A_m \mathrm{j}_{2m+n}(r)\mathrm{P}_{2m+n}^{n}(\cos\theta)$$

式中，

$$A_m = \frac{(-1)^n(4m+2n+1)(2m)!}{2^{2m+n}(m+n)m!(m+n-1)!}$$

5.4　推导下列公式

$$\int_{-1}^{1}\mathrm{h}_0^{(2)}(|\boldsymbol{r}-\boldsymbol{r}'|)\mathrm{d}(\cos\xi) = \begin{cases}2\mathrm{j}_0(r')\mathrm{h}_0^{(2)}(r) & (r>r')\\ 2\mathrm{j}_0(r)\mathrm{h}_0^{(2)}(r') & (r<r')\end{cases}$$

式中，ξ 是 $\boldsymbol{r}$ 和 $\boldsymbol{r}'$ 之间的夹角。

5.5　一个 TM 平面波 $\dot{E}_z^{\mathrm{i}} = \dot{E}_0\mathrm{e}^{-\mathrm{j}kx} = \dot{E}_0\mathrm{e}^{-\mathrm{j}k\rho\cos\phi}$ 入射于介质圆柱体，介质圆柱体的轴线与 z 轴重合。若介质圆柱体的参数为 μ_{d}、ε_{d}，证明其散射场为

$$\dot{E}_z^{\mathrm{s}} = \dot{E}_0\sum_{n=-\infty}^{+\infty}a_n \mathrm{j}^{-n}\mathrm{H}_n^{(2)}(k\rho)\mathrm{e}^{\mathrm{j}n\phi}$$

式中，

$$a_n = -\frac{\mathrm{J}_n(ka)}{\mathrm{H}_n^{(2)}(ka)}\left[\frac{\dfrac{\varepsilon_{\mathrm{d}}}{\varepsilon k_{\mathrm{d}}a}\dfrac{\mathrm{J}_n'(k_{\mathrm{d}}a)}{\mathrm{J}_n(k_{\mathrm{d}}a)} - \dfrac{1}{ka}\dfrac{\mathrm{J}_n'(ka)}{\mathrm{J}_n(ka)}}{\dfrac{\varepsilon_{\mathrm{d}}}{\varepsilon k_{\mathrm{d}}a}\dfrac{\mathrm{J}_n'(k_{\mathrm{d}}a)}{\mathrm{J}_n(k_{\mathrm{d}}a)} - \dfrac{1}{ka}\dfrac{\mathrm{H}_n^{(2)\prime}(ka)}{\mathrm{H}_n^{(2)}(ka)}}\right]$$

而圆柱体内的场是

$$\dot{E}_z = \dot{E}_0\sum_{n=-\infty}^{+\infty}c_n \mathrm{j}^{n}\mathrm{J}_n(k_{\mathrm{d}}\rho)\mathrm{e}^{\mathrm{j}n\phi}$$

式中，

$$c_n = \frac{1}{\mathrm{J}_n(k_\mathrm{d}a)}[\mathrm{J}_n(ka) + a_n \mathrm{H}_n^{(2)}(ka)]$$

注意到，当 $\varepsilon_\mathrm{d} \to +\infty$ 时，此解化为导电圆柱体的解。

5.6 对于相反的极化，即当入射波的场是 $\dot{H}_z^\mathrm{i} = \dot{H}_0 \mathrm{e}^{-\mathrm{j}kx} = \dot{H}_0 \sum_{n=-\infty}^{+\infty} \mathrm{j}^{-n} \mathrm{J}_n(k\rho) \mathrm{e}^{\mathrm{j}n\phi}$ 时，重新解习题 5.5。（注意：此习题和习题 5.5 是成完全二重关系的。当 $\mu_\mathrm{d} \to 0$ 时，这个解化为导电圆柱体的解。）

5.7 在非磁性介质情况，证明习题 5.5 的解化为

$$\dot{E}_z^\mathrm{s}\Big|_{ka\to 0} = \frac{-\mathrm{j}\pi \dot{E}_0}{4}(ka)^2(\varepsilon_\mathrm{r} - 1)\mathrm{H}_0^{(2)}(k\rho)$$

式中，$\varepsilon_\mathrm{r} = \varepsilon_\mathrm{d}/\varepsilon_0$。重新解习题 5.6。

5.8 考虑小导电球（习题 5.8 图）对平面偏振波的散射。证明远区中的散射场在 $\theta = 60°$ 方向是平面偏振的。

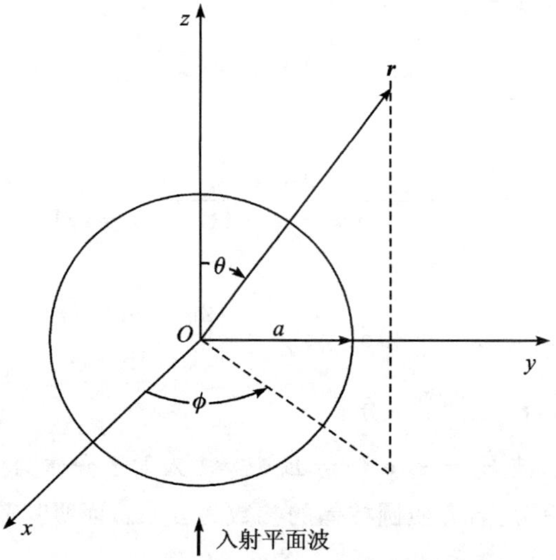

习题 5.8 图　投射于一个导电球的平面波

5.9 考虑靠近导电球的径向磁偶极子 $\dot{I}_\mathrm{m}\boldsymbol{l}$。证明其辐射场是

$$\dot{E}_\phi = -\eta \dot{H}_\theta$$

和

$$\dot{H}_\theta = \frac{\dot{I}_\mathrm{m} l}{4\pi\eta k r}\mathrm{e}^{-\mathrm{j}kr}\sum_{n=1}^{+\infty} n(n+1)[a_n \hat{\mathrm{J}}_n(kb) + c_n \hat{\mathrm{H}}_n^{(2)}(kb)](-1)^n \mathrm{P}_n^1(\cos\theta)$$

式中，$a_n = \dfrac{\mathrm{j}^{-n}(2n+1)}{n(n+1)}$，$c_n = -a_n \dfrac{\hat{\mathrm{J}}_n(ka)}{\hat{\mathrm{H}}^{(2)}(ka)}$。

5.10　考虑靠近一个介质球的径向电偶极子。证明其辐射场是

$$\dot{E}_{r'}^{b}=\frac{\dot{E}_o}{jk^2}\cos\phi'\sum_{n=1}^{+\infty}n(n+1)\left[a_n\,\hat{J}_n(kb)+b_n\,\hat{H}_n^{(2)}(kb)\right]P_n^1(\cos\theta')$$

式中，

$$b_n=\frac{\sqrt{\mu_d\varepsilon_0}\;\hat{J}_n(k_0a)\;\hat{J}'_n(k_da)-\sqrt{\varepsilon_d\mu_0}\;\hat{J}'_n(k_0a)\;\hat{J}_n(k_da)}{\sqrt{\mu_0\varepsilon_d}\;\hat{H}_n^{(2)\prime}(k_0a)\;\hat{J}_n(k_da)-\sqrt{\mu_0\varepsilon_d}\;\hat{H}_n^{(2)}(k_0a)\;\hat{J}'_n(k_da)}a_n$$

式中，$a_n=\dfrac{j^{-n}(2n+1)}{n(n+1)}$。

5.11　考虑半径为 a 的均匀电流 I 的环。证明辐射场是

$$\dot{E}_\phi=\frac{\eta\dot{I}}{ar}e^{-jkr}\sum_{n=1}^{+\infty}\frac{2n+1}{2n(n+1)}j^nA_nP_n^1(0)P_n^1(\cos\theta);$$

式中，

$$A_n^{-1}=\hat{H}'^{(2)}_n(ka)-\frac{\hat{J}'_n(ka)}{\hat{J}_n(ka)}\hat{H}_n^{(2)}(ka)$$

和 $\eta\dot{H}_\theta=-\dot{E}_\phi$。

5.12　如习题 5.12 图所示，一个导电球(半径为 R)和一个均匀电流 $\dot{I}$ 的圆环(半径为 a)是同心的。证明其辐射场公式的形式与习题 5.11 是相同的，只是 A_n 不同：

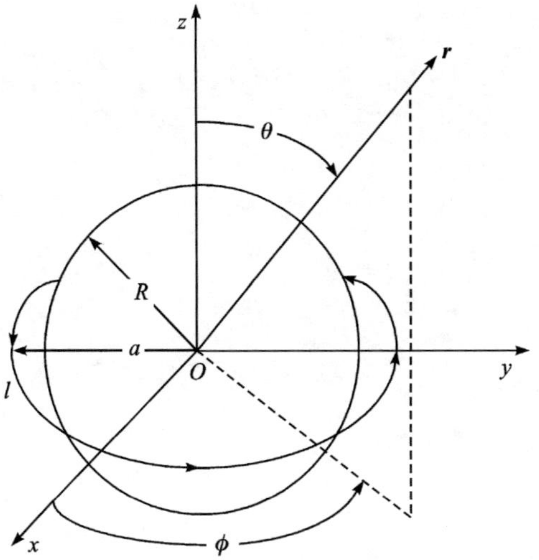

习题 5.12 图　有同心电流环的导电球

$$A_n = \hat{\mathrm{H}}'^{(2)}_n(ka) - \frac{\hat{\mathrm{J}}_n(kR)\,\hat{\mathrm{Y}}'_n(ka) - \hat{\mathrm{Y}}_n(kR)\,\hat{\mathrm{J}}'_n(ka)}{\hat{\mathrm{J}}_n(kR)\,\hat{\mathrm{Y}}_n(ka) - \hat{\mathrm{Y}}_n(kR)\,\hat{\mathrm{J}}_n(ka)}\,\hat{\mathrm{H}}'^{(2)}_n(ka)$$

证明当 $R \to 0$ 时，此式转化为习题 5.11 的解答。

5.13 有一半径为 a 的无限长理想导电圆柱体，在其表面上 $\phi = 0, z = 0$ 位置有一轴向磁偶极子 $\dot{I}_m \boldsymbol{l}$。证明其辐射场为

$$\dot{E}_\phi = \frac{\dot{I}_m l \mathrm{e}^{-\mathrm{j}kr}}{2\pi^2 ar}\sum_{n=0}^{+\infty}\frac{\mathrm{j}^n \varepsilon_n \cos n\phi}{\mathrm{H}'^{(2)}_n(ka\sin\theta)}$$

参考文献

[1] HARRINGTON R F. Time-Harmonic Electromagnetic Fields [M]. New York: McGraw-Hill Book Co., Inc., 1961.

[2] 傅君眉，冯恩信. 高等电磁理论 [M]. 西安：西安交通大学出版社，2000.

[3] 杨儒贵. 高等电磁理论 [M]. 北京：高等教育出版社，2008.

[4] 楼仁海，傅君眉，刘鹏程. 电磁理论解题指导 [M]. 北京：北京理工大学出版社，1988.

第 6 章　电磁振荡与谐振腔

低频无线电技术中采用集中参数 LC 回路产生电磁振荡。当频率很高时(例如微波范围)，这种振荡回路有强烈的辐射损耗和焦耳损耗，不能有效地产生高频振荡。因此，必须用另一种振荡器 —— 谐振腔来激发高频电磁振荡。谐振腔是一种适用于高频的谐振元件，它是用理想导体围成的空腔。凡是用理想导体围成的任意形状的空腔都有共振现象，具有 LC 回路的性质，称为谐振腔。谐振腔可以将电磁振荡全部约束在空腔内，电磁场没有辐射，也没有介质损耗，金属导体的焦耳损耗很小，因此具有较高的品质因数。它在微波频段中广泛用于波长计、滤波器等器件。

本章首先介绍谐振回路与谐振腔的基本性质。然后，以矩形谐振腔、圆柱形谐振腔、同轴圆柱谐振腔、双重入式谐振腔、单重入式谐振腔和球形谐振腔为例，分析谐振腔中的电磁振荡特性。最后，介绍谐振腔的微扰分析和谐振腔的激励与耦合方法。

6.1　谐振回路与谐振腔的基本性质

事实上，我们可以来研究如图 6.1.1(a) 所示的振荡回路。如果为了提高振荡频率，我们用几个线圈相并联并减少每一线圈的匝数来降低其总的电感，则得到如图 6.1.1(b) 所示的回路。更进一步地，把线圈分开并减少其匝数，在极限情形下就成为一个完全包围电容器的导电壁，即振荡回路就变成了一个封闭的金属空腔，如图 6.1.1(c) 所示。这种封闭的金属小空腔可以有各种不同的形状，常用来在其中激发电磁波，称为谐振腔。

虽然谐振空腔与集中参数 LC 谐振回路在结构上大不相同，但它们的振荡过程及谐振特性却极其相似。因此，这里先对集中参数 LC 谐振回路作一点简单的回顾。

6.1.1　谐振角频率

由电阻 R、电感 L 和电容 C 构成的并联电路，接入正弦电压源 $u(t) = U_m\cos\omega t$ 时，在电感 L 和电容 C 内(即回路内) 储存的总电磁能量为

$$W(t) = W_e(t) + W_m(t) = \frac{CU_m^2}{2}\cos^2\omega t + \frac{U_m^2}{2\omega^2 L}\sin^2\omega t \tag{6.1.1}$$

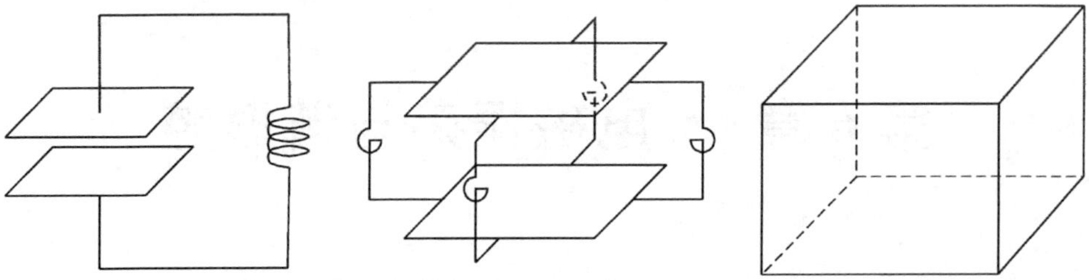

(a) 一个电感和电容相并联　(b) 数个电感和电容相并联　(c) 完全包围电容器的导电壁

图 6.1.1　谐振空腔的构成过程

式中，U_m 和 ω 分别为正弦电压源的振幅和角频率。可以看出，回路内的总储能为时间的函数。当发生谐振时，谐振回路总的输入阻抗为纯电阻，那么，对应的谐振条件由电抗等于零求得，即

$$\omega L = \frac{1}{\omega C} \tag{6.1.2}$$

由此求得 LC 谐振回路的谐振角频率为

$$\omega_0 = \frac{1}{\sqrt{LC}} \tag{6.1.3}$$

从能量守恒定律知，电源供给的功率 P 应等于回路电阻 R 损耗功率 P_1 与回路内所储存电磁能量对时间的变化率之和，即

$$P = P_1 + \frac{\mathrm{d}}{\mathrm{d}t}[W_e(t) + W_m(t)] = P_1 + \frac{\omega U_m^2}{2}\left(\frac{1}{\omega^2 L} - C\right)\sin 2\omega t \tag{6.1.4}$$

当回路处于谐振状态时，由于 $C = \frac{1}{\omega^2 L}$，所以 $\frac{\mathrm{d}}{\mathrm{d}t}[W_e(t) + W_m(t)] = \frac{\omega U_m^2}{2}\left(\frac{1}{\omega^2 L} - C\right)\sin 2\omega t = 0$，即回路的总电磁储能保持不变，电源只需补充回路电阻 R 损耗的能量。此时，回路的电磁储能为

$$W_r = \frac{CU_m^2}{2} = \frac{U_m^2}{2\omega^2 L} \tag{6.1.5}$$

式(6.1.5)表明，在 LC 谐振回路内电能与磁能不断地相互转化，即在 L 和 C 之间发生着电能与磁能不断相互转化的周期性振荡过程。

值得指出的是，LC 谐振回路的谐振角频率 ω_0 完全由电路本身的电感 L 和电容 C 来决定，它是电路本身的固有性质，而且每一个 R、L、C 并联电路，只有一个对应的谐振角频率 ω_0。

对于谐振腔来说，电容和电感已融为一体，难以分离，其各个电参数不再像 LC 谐振回路那样能集中地表现出来，而是分布在谐振腔内的整个空间中。因此，不难想象，谐振腔是一种分布参数式的谐振回路，其谐振角频率会具有多值性，不再像

集中参数式的 LC 谐振回路那样只能在一个单一谐振角频率 ω_0 处振荡。这些谐振角频率 ω_0 的值与腔体的结构和尺寸大小有关[1-5]。

6.1.2　品质因数

在实际应用中，还普遍采用一个能反映谐振回路中电磁振荡程度的量，叫作回路的品质因数，记为 Q。其定义为

$$Q = \frac{\omega_0 W_r}{P_l} \tag{6.1.6}$$

式中，W_r 为谐振时谐振回路内总的电磁储能，P_l 为谐振时谐振回路的损耗功率，ω_0 为谐振角频率。同样，品质因数 Q 也是由电路的 R、L、C 的大小来决定的。品质因数 Q 值越大，振荡的程度就越剧烈，回路振荡的特点就越显著。反之，品质因数 Q 值越小，总能量 W_r 就越小，其回路振荡的特点就越不明显。所以，一般来讲，在要求发生谐振的回路里，总希望尽量提高回路的品质因数 Q 值。

上面定义的品质因数 Q 没有考虑负载的影响，所以称之为无载品质因数，或固有品质因数。在实际使用中，谐振回路总是要与外电路相耦合的，负载或外电路的引入一定会影响电磁振荡的程度，使得整个系统的品质因数降低[3-5]。若谐振时负载或外电路的损耗为 P'，则

$$Q' = \frac{\omega_0 W_r}{P'} \tag{6.1.7}$$

称为回路的外观品质因数。P_l/P' 反映了外电路与谐振回路耦合的强弱。在有外电路耦合的情况下，谐振回路的总品质因数 Q_t 为

$$Q_t = \frac{\omega_0 W_r}{P_l + P'} \tag{6.1.8}$$

由式(6.1.6)、式(6.1.7) 和式(6.1.8) 可见

$$\frac{1}{Q_t} = \frac{1}{Q} + \frac{1}{Q'} \tag{6.1.9}$$

这一结果表明，谐振回路本身损耗越小，则固有品质因数 Q 和总品质因数 Q_t 越大，谐振回路的质量就越好。

对于谐振腔来说，式(6.1.9)仍然适用计算其总品质因数。其中，Q 为谐振腔的固有品质因数，Q' 为谐振腔的外观品质因数。由于实际腔壁的电导率是有限值，这样将导致能量的损耗，使得其固有品质因数 Q 不可能为无限大。与其他谐振回路一样，谐振腔的固有品质因数 Q 定义仍然为式(6.1.6)，其中的 W_r 为谐振时腔中的总电磁储能，P_l 为腔壁导体的损耗和腔内填充介质的损耗之和。

在确定谐振腔在谐振角频率处的固有品质因数 Q 值时，通常是假设损耗足够少，以致可以应用无损耗时腔内的场分布来计算。谐振时储存的电磁能 W_r 为

$$W_r = W_e|_{\max} = W_m|_{\max} = \frac{\varepsilon}{2}\int_V \dot{\boldsymbol{E}} \cdot \dot{\boldsymbol{E}}^* \, dV = \frac{\mu}{2}\int_V \dot{\boldsymbol{H}} \cdot \dot{\boldsymbol{H}}^* \, dV \tag{6.1.10}$$

谐振腔导体内壁的损耗功率 P_l 为

$$P_l = \frac{R_S}{2}\int_S \dot{H}_t \dot{H}_t^* \, dS \tag{6.1.11}$$

式中，S 是谐振腔导体内壁的表面面积，$\dot{\boldsymbol{H}}_t$ 是不考虑损耗时内壁表面磁场强度的切向分量。R_S 为谐振腔导体内壁的表面电阻，可以借用良导体的计算公式来计算，即它与腔壁导体的电导率 σ、磁导率 μ 及工作频率 f 的关系为

$$R_S = \sqrt{\frac{\pi\mu f}{\sigma}} \tag{6.1.12}$$

由式(6.1.10)和式(6.1.11)看出，如果谐振腔内电磁场分布确定的话，则其储存的电磁能 W_r 和损耗功率 P_l 是可以计算的，因此可以由此求得固有品质因数 Q 值。但是，在不同的谐振角频率时，由于谐振腔内的电磁场分布(称为不同的振荡模式)不同，所以谐振腔的固有品质因数 Q 值是对某一模式而言的。

与 R、L、C 并联谐振回路中的振荡现象相似，当谐振腔中存在损耗以及与外部相耦合时，为了维持其等幅振荡，就必须通过耦合装置将激励源的能量合拍地传输给谐振腔以便补偿其损耗。如果工作频率偏离谐振频率，谐振腔内的电磁场就将减弱，减弱的程度由谐振腔的品质因数所决定。由此再一次看到，谐振腔的品质因数反映了谐振腔的质量，是一个重要的参数。

6.1.3 谐振腔的谐振波长

在谐振腔的应用中，还经常使用谐振波长 λ_0 这个物理量。它与谐振频率 f_0 之间满足

$$\lambda_0 = \frac{v}{f_0} \tag{6.1.13}$$

上式表明，谐振波长 λ_0 实际上是频率为 f_0 的均匀平面波在无限大理想介质中的波长。在后面的讨论中，我们会看到，谐振波长 λ_0 是与谐振腔的几何尺寸直接联系着。需要注意的是，对于不同的振荡模式，其谐振波长 λ_0 的值不同。要严格计算谐振波长 λ_0，应该在满足谐振腔边界条件下，通过波动方程求解其特征值 k，从而求出 λ_0。在谐振时，有

$$\lambda_0 = \frac{2\pi}{k} \tag{6.1.14}$$

6.2 矩形谐振腔

一段长为 c 的矩形波导，两端用金属板将它封闭起来就构成了矩形谐振腔，如

图 6.2.1 所示。由于这两个导体端面对电磁导波的反射作用，波将在其间来回反射，从而形成驻波。驻波不能传输电磁能量，它只能产生电能和磁能之间的相互转换，在能量转换过程中表现出振荡现象。因此，封闭的导体空腔可用来作电磁振荡的谐振器。类似地，利用圆波导和同轴圆柱波导，还可以构成圆柱谐振腔和同轴谐振腔。对于这种谐振腔结构，其中的电磁场随横向坐标的变化以及所满足的横向边界条件，都与对应波导的情况相同。两者不同之处是，波导两端是开放的，沿轴线方向电磁波是行波；而谐振腔内部的电磁波由于两个金属端面的全反射，在纵向坐标方向形成驻波。因此，谐振腔内的电磁场随纵向坐标 z 的变化情况与波导不同[1,2]。

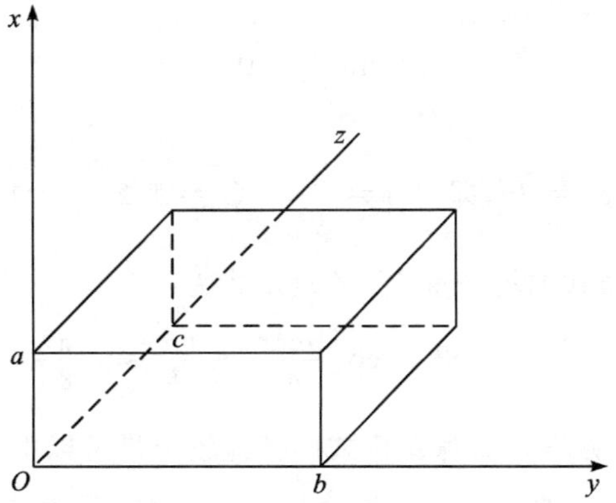

图 6.2.1　矩形谐振腔

根据电磁波的波动方程及其边界条件求解谐振腔内的电磁场分布是一种普遍的方法，称之为场解法。然而，对于像上述两端用金属板封闭的长直波导所构成的谐振腔，可不按普遍方法来解，而是从相应波导管的解出发，利用波的反射定律来讨论，这样做要简单得多。

6.2.1　矩形谐振腔的场结构

对于矩形谐振腔，现在选择 z 轴为参考的“传播方向”，按相对于 z 轴的 TE 模、TM 模来加以分别讨论。

TE 振荡模式

在 TE 模式下，$\dot{E}_z = 0$，$\dot{H}_z \neq 0$。根据前面一章的讨论知道，无限长矩形波导中的电磁波沿 x、y 方向都是驻波，沿 $(+z)$ 方向为行波。但在谐振腔内，由于位于 $z = c$ 处的导体端面的作用，沿 $(+z)$ 方向传播的正向行波被反射，出现沿 $(-z)$ 方向的反向波，这个反向波在 $z = 0$ 处被反射，于是又出现向 $(+z)$ 方向传播的行波。由此周而复始，腔内总场可以看成是正向行波与反向行波的合成。因此，由矩形波导的解，不难得到矩形谐振腔内 TE 振荡模式的 $\dot{H}_z$ 的表示式为

$$\dot{H}_z = (A^+ \mathrm{e}^{-\mathrm{j}\beta z} + A^- \mathrm{e}^{+\mathrm{j}\beta z})\cos\frac{m\pi x}{a}\cos\frac{n\pi y}{b} \tag{6.2.1}$$

式中，常数 A^+ 和 A^- 分别为向正 z 和负 z 方向传播的 TE 波的振幅。

在 $z=0$ 处，由于磁场强度的法向分量为零，即 $\dot{H}_z=0$，那么有

$$A^+ = -A^-$$

所以式(6.2.1) 写为

$$\dot{H}_z = -\mathrm{j}2A^+ \cos\frac{m\pi x}{a}\cos\frac{n\pi y}{b}\sin\beta z \tag{6.2.2}$$

在 $z=c$ 处，也有 $\dot{H}_z=0$，则有

$$\sin\beta c = 0$$

由此必须取

$$\beta c = l\pi, 即 \quad \beta = \frac{l\pi}{c}, \quad (l=1,2,3,\cdots) \tag{6.2.3}$$

于是，可得 TE 振荡模式的场分量 $\dot{H}_z$ 的表示式为

$$\dot{H}_z = -\mathrm{j}2A^+ \cos\frac{m\pi x}{a}\cos\frac{n\pi y}{b}\sin\frac{l\pi z}{c} \tag{6.2.4}$$

根据电磁场基本方程，TE 振荡模式的其他场分量可以由 $\dot{H}_z$ 求得如下：

$$\left.\begin{aligned}
\dot{E}_x &= \frac{2\omega\mu}{k_c^2}\left(\frac{n\pi}{b}\right)A^+\cos\left(\frac{m\pi x}{a}\right)\sin\left(\frac{n\pi y}{b}\right)\sin\left(\frac{l\pi z}{c}\right)\\
\dot{E}_y &= -\frac{2\omega\mu}{k_c^2}\left(\frac{m\pi}{a}\right)A^+\sin\left(\frac{m\pi x}{a}\right)\cos\left(\frac{n\pi y}{b}\right)\sin\left(\frac{l\pi z}{c}\right)\\
\dot{H}_x &= \frac{2\mathrm{j}}{k_c^2}\left(\frac{m\pi}{a}\right)\left(\frac{l\pi}{c}\right)A^+\sin\left(\frac{m\pi x}{a}\right)\cos\left(\frac{n\pi y}{b}\right)\cos\left(\frac{l\pi z}{c}\right)\\
\dot{H}_y &= \frac{2\mathrm{j}}{k_c^2}\left(\frac{n\pi}{b}\right)\left(\frac{l\pi}{c}\right)A^+\cos\left(\frac{m\pi x}{a}\right)\sin\left(\frac{n\pi y}{b}\right)\cos\left(\frac{l\pi z}{c}\right)\\
\dot{H}_z &= -2\mathrm{j}A^+\cos\left(\frac{m\pi x}{a}\right)\cos\left(\frac{n\pi y}{b}\right)\sin\left(\frac{l\pi z}{c}\right)
\end{aligned}\right\} \tag{6.2.5}$$

式中，$k_c^2 = \left(\frac{m\pi}{a}\right)^2 + \left(\frac{n\pi}{b}\right)^2$。因为 $\gamma^2 = (\mathrm{j}\beta)^2$，且 $k_c^2 = k^2 + \gamma^2$，于是，得到

$$k^2 = k_c^2 - \gamma^2 = \left(\frac{m\pi}{a}\right)^2 + \left(\frac{n\pi}{b}\right)^2 + \left(\frac{l\pi}{c}\right)^2 \tag{6.2.6}$$

式(6.2.4) 和式(6.2.5) 说明，在矩形谐振腔中存在着无穷多个 TE 振荡模式。对于不同的(m,n,l) 值，有不同的场分布。因此，为了表示谐振腔内的 TE 振荡模式，需要用三个下标(m,n,l)，并以 TE_{mnl} 表示。这两个表示式还说明，矩形谐振腔中的电磁波沿 x、y 和 z 方向都是驻波，表现出振荡现象。可以看出，当 $l=0$ 时，谐振腔中的场为零，所以在矩形谐振腔中不存在 TE_{mn0} 振荡模式。

TM 振荡模式

在 TM 模式下，$\dot{E}_z \neq 0, \dot{H}_z = 0$。类似地，可以得到 TM 振荡模式的各个场分量为

$$\left.\begin{aligned}
\dot{E}_x &= -\frac{2}{k_c^2}\left(\frac{m\pi}{a}\right)\left(\frac{l\pi}{c}\right)E_0\cos\left(\frac{m\pi x}{a}\right)\sin\left(\frac{n\pi y}{b}\right)\sin\left(\frac{l\pi z}{c}\right)\\
\dot{E}_y &= -\frac{2}{k_c^2}\left(\frac{n\pi}{b}\right)\left(\frac{l\pi}{c}\right)E_0\sin\left(\frac{m\pi x}{a}\right)\cos\left(\frac{n\pi y}{b}\right)\sin\left(\frac{l\pi z}{c}\right)\\
\dot{E}_z &= 2E_0\sin\left(\frac{m\pi x}{a}\right)\sin\left(\frac{n\pi y}{b}\right)\cos\left(\frac{l\pi z}{c}\right)\\
\dot{H}_x &= \mathrm{j}\,\frac{2\omega\varepsilon}{k_c^2}\left(\frac{n\pi}{b}\right)E_0\sin\left(\frac{m\pi x}{a}\right)\cos\left(\frac{n\pi y}{b}\right)\cos\left(\frac{l\pi z}{c}\right)\\
\dot{H}_y &= -\mathrm{j}\,\frac{2\omega\varepsilon}{k_c^2}\left(\frac{m\pi}{a}\right)E_0\cos\left(\frac{m\pi x}{a}\right)\sin\left(\frac{n\pi y}{b}\right)\cos\left(\frac{l\pi z}{c}\right)
\end{aligned}\right\} \tag{6.2.7}$$

同样地，式中，$k_c^2 = \left(\frac{m\pi}{a}\right)^2 + \left(\frac{n\pi}{b}\right)^2$，且式(6.2.6)对 TM 振荡模式也成立。

在矩形谐振腔中也存在着无穷多个 TM 振荡模式，并以 TM_{mnl} 表示。它们沿 x、y 和 z 方向都是驻波，表现出振荡现象。

6.2.2　矩形谐振腔的谐振角频率

利用 $k^2 = \omega^2\mu\varepsilon$，由式(6.2.6)解出矩形谐振腔中 TE_{mnl} 模式和 TM_{mnl} 模式的谐振角频率为

$$(\omega_0)_{mnl} = \frac{1}{\sqrt{\mu\varepsilon}}\sqrt{\left(\frac{m\pi}{a}\right)^2 + \left(\frac{n\pi}{b}\right)^2 + \left(\frac{l\pi}{c}\right)^2} \tag{6.2.8}$$

对应的谐振波长为

$$(\lambda_0)_{mnl} = \frac{2}{\sqrt{\left(\frac{m}{a}\right)^2 + \left(\frac{n}{b}\right)^2 + \left(\frac{l}{c}\right)^2}} \tag{6.2.9}$$

这表明，当腔的尺寸 a、b 和 c 给定时，随着 m、n 和 l 取一系列不同的整数，即可得出腔内一系列不连续的谐振角频率 ω_0。频率的不连续性是封闭的金属空腔中电磁场的一个重要特性。这是由于边界条件的要求，腔内电磁场的频率只能取一系列特定的、不连续的数值，这是约束在空间有限范围内的波的普遍性质。这一点又与无限空间中的电磁波不同。无限空间中波的频率由激发它的源的频率决定，因而可以连续变化。

这里还要强调的是，在空腔尺寸一定的情况下，由于 m、n 和 l 的不同组合，也可构成具有相同的谐振角频率的不同模式。把具有相同的谐振角频率的不同模式叫作简并模式。对于给定的谐振腔尺寸，谐振角频率最低的模式称为主模。当腔的尺寸 $a > b > c$ 时，最低角频率的谐振模式为(1,1,0)，其谐振角频率为

$$\omega_0 = \frac{\pi}{\sqrt{\mu\varepsilon}}\sqrt{\frac{1}{a^2}+\frac{1}{b^2}} \tag{6.2.10}$$

谐振波长为

$$\lambda_0 = \frac{2}{\sqrt{\dfrac{1}{a^2}+\dfrac{1}{b^2}}} \tag{6.2.11}$$

此波长与谐振腔的几何尺寸同数量级。在微波技术中通常用谐振腔的最低模式来产生特定频率的电磁振荡。

方截面($b=a$)和长度等于或小于截面边长度的半数($b/c \geqslant 2$)的谐振腔,在主模式和次一最低阶模式之间有最大的频率分离。在这种情况下,第二个谐振频率是第一个谐振频率的$\sqrt{5/2}=1.58$倍。

6.3 圆柱形谐振腔

如图 6.3.1 所示,一段长度为 d 的圆波导,若用金属导体板将其两端封闭起来,就是一个圆柱形谐振腔。分析圆柱形谐振腔的方法与矩形谐振腔完全相同,可以直接利用圆波导的一些分析结果。与圆波导相比,圆柱形谐振腔还有在 $z=0$ 和 $z=d$ 两个平面上切向 $\dot{\boldsymbol{E}}$ 为零或法向 $\dot{\boldsymbol{H}}$ 为零的额外边界条件。与矩形谐振腔一样,圆柱形谐振腔内的电磁波也分为对 z 的 TM 模式和对 z 的 TE 模式。

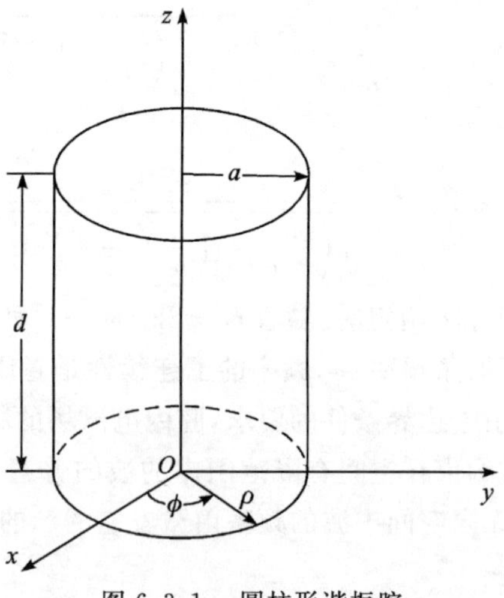

图 6.3.1 圆柱形谐振腔

6.3.1 圆柱形谐振腔的场结构[1]

不难求得,对 z 的 TE 振荡模式的各个场分量为

$$\left.\begin{aligned}
\dot{E}_\rho &= \pm\frac{n}{\rho}\mathrm{J}_n(k_c\rho)\begin{Bmatrix}\cos n\phi\\ \sin n\phi\end{Bmatrix}\sin\frac{q\pi z}{d}\\
\dot{E}_\phi &= k_c\mathrm{J}'_n(k_c\rho)\begin{Bmatrix}\sin n\phi\\ \cos n\phi\end{Bmatrix}\sin\frac{q\pi z}{d}\\
\dot{E}_z &= 0\\
\dot{H}_\rho &= -\frac{k_c}{\mathrm{j}\omega\mu}\frac{q\pi}{d}\mathrm{J}'_n(k_c\rho)\begin{Bmatrix}\sin n\phi\\ \cos n\phi\end{Bmatrix}\cos\frac{q\pi z}{d}\\
\dot{H}_\phi &= \frac{n}{\mathrm{j}\omega\mu\rho}\frac{q\pi}{d}\mathrm{J}_n(k_c\rho)\begin{Bmatrix}\cos n\phi\\ \sin n\phi\end{Bmatrix}\cos\frac{q\pi z}{d}\\
\dot{H}_z &= \frac{k_c^2}{\mathrm{j}\omega\mu}\mathrm{J}_n(k_c\rho)\begin{Bmatrix}\sin n\phi\\ \cos n\phi\end{Bmatrix}\sin\frac{q\pi z}{d}
\end{aligned}\right\}\tag{6.3.1}$$

式中，$k_c = \dfrac{x'_{np}}{a}$，x'_{np} 是第一类 n 阶贝塞尔函数的导数的第 p 个根。且有

$$\left(\frac{x'_{np}}{a}\right)^2 + \left(\frac{q\pi}{d}\right)^2 = k^2 \tag{6.3.2}$$

从式(6.3.1)知，圆柱形谐振腔中存在着无穷多个 TE 振荡模式，用 TE_{npq} 表示。TE_{npq} 的下标 $n = 0,1,2,\cdots$；$p = 1,2,\cdots$；$q = 1,2,\cdots$。n 表示场分量沿 ϕ 方向在半圆周上最大值的个数；p 表示场分量沿 ρ 方向在 $(0 \sim a)$ 之间最大值的个数；q 表示场分量沿 z 方向在 $(0 \sim d)$ 之间最大值的个数。

同理，不难求得，对 z 的 TM 振荡模式的各个场分量为

$$\left.\begin{aligned}
\dot{E}_\rho &= -\frac{1}{\mathrm{j}\omega\varepsilon}\frac{q\pi}{d}\mathrm{J}'_n(k_c\rho)\begin{Bmatrix}\sin n\phi\\ \cos n\phi\end{Bmatrix}\sin\frac{q\pi z}{d}\\
\dot{E}_\phi &= \frac{n}{\mathrm{j}\omega\varepsilon\rho}\frac{q\pi}{d}\mathrm{J}_n(k_c\rho)\begin{Bmatrix}\cos n\phi\\ \sin n\phi\end{Bmatrix}\sin\frac{q\pi z}{d}\\
\dot{E}_z &= \frac{k_c^2}{\mathrm{j}\omega\varepsilon}\mathrm{J}_n(k_c\rho)\begin{Bmatrix}\sin n\phi\\ \cos n\phi\end{Bmatrix}\cos\frac{q\pi z}{d}\\
\dot{H}_\rho &= \frac{n}{\rho}\mathrm{J}_n(k_c\rho)\begin{Bmatrix}\cos n\phi\\ \sin n\phi\end{Bmatrix}\cos\frac{q\pi z}{d}\\
\dot{H}_\phi &= k_c\mathrm{J}'_n(k_c\rho)\begin{Bmatrix}\sin n\phi\\ \cos n\phi\end{Bmatrix}\cos\frac{q\pi z}{d}\\
\dot{H}_z &= 0
\end{aligned}\right\}\tag{6.3.3}$$

式中，$k_c = \dfrac{x_{np}}{a}$，x_{np} 是第一类 n 阶贝塞尔函数的第 p 个根。且有

$$\left(\frac{x_{np}}{a}\right)^2 + \left(\frac{q\pi}{d}\right)^2 = k^2 \tag{6.3.4}$$

从式(6.3.3)知到，圆柱形谐振腔中存在着无穷多个TM振荡模式，用TM_{npq}表示。TM_{npq}的下标$n=0,1,2,\cdots$；$p=1,2,\cdots$；$q=1,2,\cdots$。n表示场分量沿ϕ方向在半圆周上最大值的个数；p表示场分量沿ρ方向在$(0\sim a)$之间最大值的个数；q表示场分量沿z方向在$(0\sim d)$之间最大值的个数。

6.3.2 圆柱形谐振腔的谐振频率[1]

利用$k=2\pi f\sqrt{\mu\varepsilon}$，由式(6.3.2)和式(6.3.4)，分别得到下列谐振频率

$$\left.\begin{aligned}(\omega_0)_{npq}^{\mathrm{TE}}&=\frac{1}{\sqrt{\mu\varepsilon}}\sqrt{\left(\frac{x'_{np}}{a}\right)^2+\left(\frac{q\pi}{d}\right)^2}\\(\omega_0)_{npq}^{\mathrm{TM}}&=\frac{1}{\sqrt{\mu\varepsilon}}\sqrt{\left(\frac{x_{np}}{a}\right)^2+\left(\frac{q\pi}{d}\right)^2}\end{aligned}\right\}\tag{6.3.5}$$

对应的谐振波长为

$$\left.\begin{aligned}(\lambda_0)_{npq}^{\mathrm{TE}}&=2\pi\Big/\sqrt{\left(\frac{x'_{np}}{a}\right)^2+\left(\frac{q\pi}{d}\right)^2}\\(\lambda_0)_{npq}^{\mathrm{TM}}&=2\pi\Big/\sqrt{\left(\frac{x_{np}}{a}\right)^2+\left(\frac{q\pi}{d}\right)^2}\end{aligned}\right\}\tag{6.3.6}$$

除$n=0$以外，每个n值都有一对简并模式($\sin n\phi$和$\cos n\phi$变化)。注意到，在$d/a<2$时，TM_{010}是主模式；而在$d/a\geqslant 2$时，TE_{111}是主模式。如果$d/a<1$，第二谐振频率是第一谐振频率的1.59倍。

6.3.3 圆柱形谐振腔的几种常用振荡模式

(1)TM_{010}模式

当$\dfrac{d}{a}<2.04$时，TM_{010}是圆柱形谐振腔的主模式。它相当于短路径向传输线的第一次谐振。将$n=0$、$p=1$和$q=0$代入式(6.3.3)中，便得TM_{010}模式的场分量为

$$\left.\begin{aligned}\dot{E}_z&=\frac{k^2}{\mathrm{j}\omega\varepsilon}\mathrm{J}_0\left(\frac{x_{01}\rho}{a}\right)\\\dot{H}_\phi&=k\mathrm{J}_1\left(\frac{x_{01}\rho}{a}\right)\end{aligned}\right\}\tag{6.3.7}$$

式中，$x_{01}=2.405$。

根据式(6.3.7)就可以画出TM_{010}模式的场结构图，如图6.3.2所示。可以看到，TM_{010}模式的场分布沿z方向不变化。纵向电场在中心轴线上最大，所以可以有效地与在中心轴线上纵向穿过谐振腔的电子注相互作用。这种腔的变形可以用于微波电子管(例如反射速调管)中作为与电子交换能量的部件[3]。

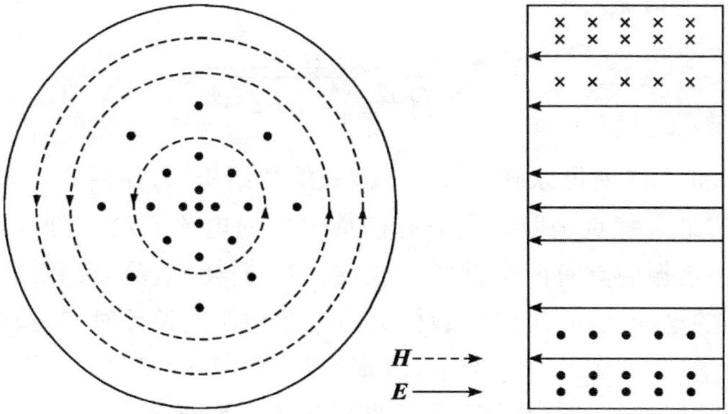

图 6.3.2　TM_{010} 模式的场分布[1]

按照相关公式，可以计算出 TM_{010} 模式的相应参数。例如，TM_{010} 模式的谐振波长为

$$\lambda_0 = \frac{2\pi a}{x_{01}} = 2.62a \tag{6.3.8}$$

谐振波长与圆波导 TM_{01} 模的截止波长相同，而且与腔的长度 d 无关。因此，工作于 TM_{010} 模式的圆柱形谐振腔可以看成是在 $\lambda = \lambda_c = 2.62a$ 状态下的截止圆波导。

在 TM_{010} 模式下，圆柱形谐振腔的品质因数 Q 为

$$Q = \frac{1.202\eta}{R_s(1 + a/d)} \tag{6.3.9}$$

式中，η 是介质的固有波阻抗。如果与方底矩形谐振腔相比较，在同样的高度与直径之比条件下，圆柱形谐振腔的 Q 值要高出矩形谐振腔 Q 值的 8.3%。这是由于圆柱形谐振腔的体积与面积之比高于方柱体。TM_{010} 模的 Q 值较高，但比 TM_{01q} 模的 Q 值低。不过 TM_{010} 模也有优点，这就是圆波导 TM_{01} 模的截止波长较长，在一定条件下仅次于圆波导 TE_{11} 模的截止波长。因此，用这种模式产生杂波的可能性大大减小，工作稳定性较好，所以 TM_{010} 模是一种常用的模式。

(2)TE_{011} 模式

将 $n=0$、$p=1$ 和 $q=1$ 代入式(6.3.1)，便可得到 TE_{011} 模式的场分量为

$$\left.\begin{aligned}
\dot{E}_\phi &= \frac{x'_{01}}{a}\mathrm{J}'_0\left(\frac{x'_{01}}{a}\rho\right)\sin\frac{\pi z}{d} \\
\dot{H}_\rho &= -\frac{1}{\mathrm{j}\omega\mu}\frac{\pi x'_{01}}{ad}\mathrm{J}'_0\left(\frac{x'_{01}}{a}\rho\right)\cos\frac{\pi z}{d} \\
\dot{H}_z &= \frac{1}{\mathrm{j}\omega\mu}\left(\frac{x'_{01}}{a}\right)^2\mathrm{J}_0\left(\frac{x'_{01}}{a}\rho\right)\sin\frac{\pi z}{d} \\
\dot{E}_\rho &= \dot{E}_z = \dot{H}_\phi = 0
\end{aligned}\right\} \tag{6.3.10}$$

式中，$x'_{01} = 3.832$。

TE_{011} 模式的谐振波长为

$$\lambda_0 = \frac{2\pi}{\sqrt{\left(\frac{x'_{01}}{a}\right)^2 + \left(\frac{\pi}{d}\right)^2}} \tag{6.3.11}$$

根据式(6.3.10)就可以画出 TE_{011} 模式的场结构图，如图 6.3.3 所示。可以看出，这种模式的最大特点是腔壁上只有圆周方向的电流流动。因此，在 TE_{011} 模式运行下，圆柱形谐振腔具有两个重要的性质：(1) 损耗小，品质因数很高。(2) 由于只有圆周方向的电流流动，所以当圆柱形谐振腔用作波长计时，其调谐结构可以做成非接触式的活塞。如图 6.3.4 所示，活塞与腔壁之间的间隙并不影响谐振腔的性能[3]。因此，高精度波长计常用 TE_{011} 模圆柱形谐振腔做成。

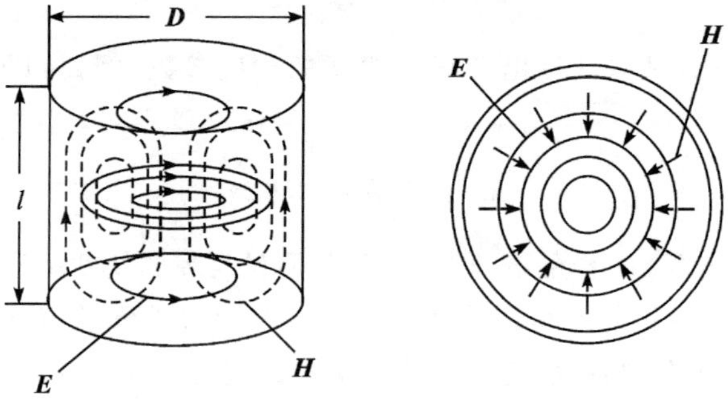

图 6.3.3　TE_{011} 模式的场分布[3]

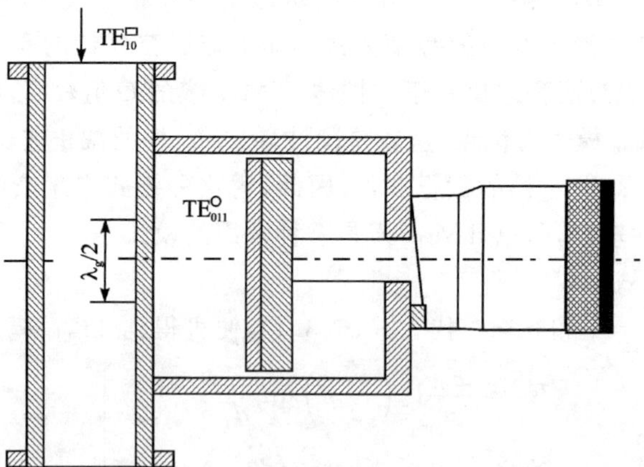

图 6.3.4　TE_{011} 模圆柱形谐振腔高精度波长计结构[3]

(3) TE_{111} 模式

将 $n = 1$、$p = 1$ 和 $q = 1$ 代入式(6.3.1)中，便可得到 TE_{111} 模式的场分量为

$$
\left.\begin{aligned}
\dot{E}_{\rho} &= \pm\frac{1}{\rho}\mathrm{J}_1(k_c\rho)\begin{Bmatrix}\cos\phi\\ \sin\phi\end{Bmatrix}\sin\frac{\pi z}{d}\\
\dot{E}_{\phi} &= k_c\mathrm{J}'_1(k_c\rho)\begin{Bmatrix}\sin\phi\\ \cos\phi\end{Bmatrix}\sin\frac{\pi z}{d}\\
\dot{E}_{z} &= 0\\
\dot{H}_{\rho} &= -\frac{k_c}{\mathrm{j}\omega\mu}\frac{\pi}{d}\mathrm{J}'_1(k_c\rho)\begin{Bmatrix}\sin\phi\\ \cos\phi\end{Bmatrix}\cos\frac{\pi z}{d}\\
\dot{H}_{\phi} &= \frac{1}{\mathrm{j}\omega\mu\rho}\frac{\pi}{d}\mathrm{J}_1(k_c\rho)\begin{Bmatrix}\cos\phi\\ \sin\phi\end{Bmatrix}\cos\frac{\pi z}{d}\\
\dot{H}_{z} &= \frac{k_c^2}{\mathrm{j}\omega\mu}\mathrm{J}_1(k_c\rho)\begin{Bmatrix}\sin\phi\\ \cos\phi\end{Bmatrix}\sin\frac{\pi z}{d}
\end{aligned}\right\}\quad(6.3.12)
$$

式中，$k_c=\frac{x'_{11}}{a}$，x'_{11} 是第一类 $n=1$ 阶贝塞尔函数的导数的第 1 个根。

根据式(6.3.12)就可以画出 TE_{111} 模式的场结构图，如图 6.3.5 所示。当 $d>2.1a$ 时，圆柱形谐振腔的最低模式就是 TE_{111}。它的单一模式的频带较宽，但其 Q 值比 TE_{011} 模式的 Q 值低。在实际应用中，TE_{111} 模圆柱形谐振腔主要用于中等精度宽频带的波长计，如图 6.3.6 所示[3]。

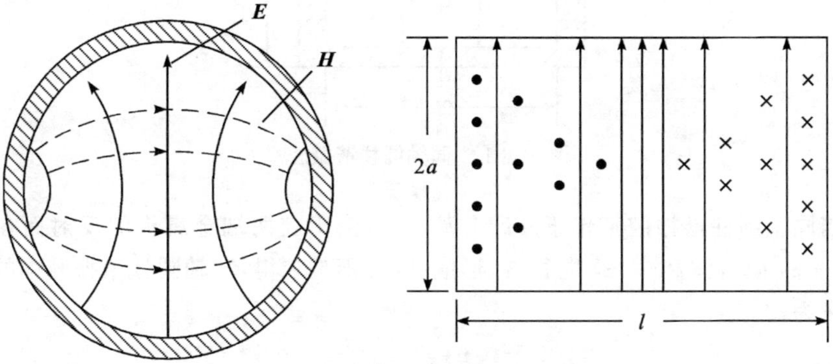

图 6.3.5　TE_{111} 模式的场分布[3]

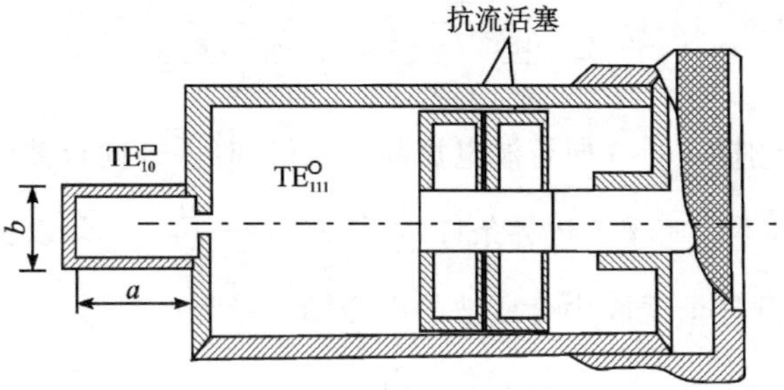

图 6.3.6　TE_{111} 模圆柱形谐振腔中等精度宽频带波长计结构[3]

6.4 同轴圆柱谐振腔

若用金属板将一段长为 l 的同轴圆柱导体传输线两端封闭，就能构成同轴圆柱谐振腔，如图 6.4.1 所示。常用的同轴圆柱谐振腔的长度有两种：$l=\lambda/2$ 和 $l=\lambda/4$。在实际应用中，同轴圆柱导体传输线一般都工作于 TEM 模式。此时，同轴圆柱导体传输线内、外导体的半径 a 和 b 应满足 $\pi(a+b)<\lambda_{\min}$，$\lambda_{\min}$ 为工作频带内的最短波长。

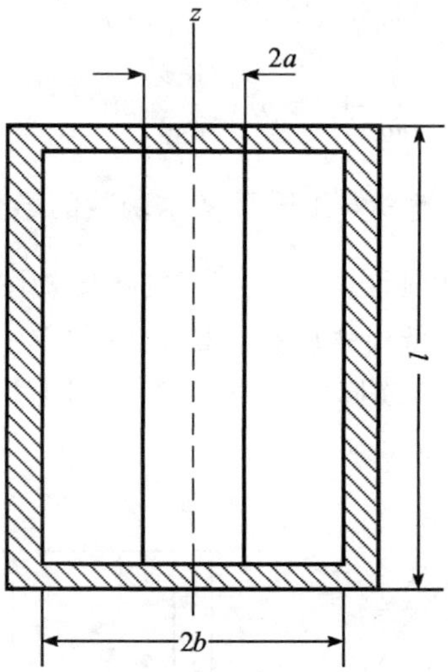

图 6.4.1 同轴圆柱谐振腔[3]

当同轴圆柱谐振腔工作于 TEM 模式时，由于腔两端金属板的反射而在腔中出现($+z$) 向行波和($-z$) 向行波，形成驻波。不难求得，同轴圆柱谐振腔中的电磁场分量为

$$\dot{E}_\rho=\frac{\dot{E}_0^+}{\rho}\mathrm{e}^{-\mathrm{j}\beta z}+\frac{\dot{E}_0^-}{\rho}\mathrm{e}^{\mathrm{j}\beta z} \tag{6.4.1}$$

$$\dot{H}_\phi=\frac{\dot{E}_0^+}{\rho}\sqrt{\frac{\varepsilon}{\mu}}\mathrm{e}^{-\mathrm{j}\beta z}-\frac{\dot{E}_0^-}{\rho}\sqrt{\frac{\varepsilon}{\mu}}\mathrm{e}^{\mathrm{j}\beta z} \tag{6.4.2}$$

式中，$\dot{E}_0^+$ 和 $\dot{E}_0^-$ 分别是($+z$) 向行波电场强度幅值和($-z$) 向行波电场强度幅值。根据腔体两端 $z=0$ 和 $z=l$ 的边界条件，可得 $\dot{E}_0^+=-\dot{E}_0^-=\dot{E}_0$ 以及 $\beta=\frac{n\pi}{l}$，$n=1,2,\cdots$。因此，同轴圆柱谐振腔中合成波的电磁场分量为

$$\dot{E}_\rho=-\mathrm{j}\,\frac{2\dot{E}_0}{\rho}\sin\frac{n\pi z}{l} \tag{6.4.3}$$

$$\dot{H}_{\phi}=\frac{2\dot{E}_{0}}{\rho}\sqrt{\frac{\varepsilon}{\mu}}\cos\frac{n\pi z}{l} \tag{6.4.4}$$

可以看到，电场强度 $\dot{E}_{\rho}$ 和磁场强度 $\dot{H}_{\phi}$ 在相位上相差 90°，即电场能量和磁场能量相互转换。其谐振波长由 l 决定，即

$$\lambda_{0}=\frac{2l}{n} \tag{6.4.5}$$

式中，$n=1,2,\cdots$。当 n 给定时，改变长度 l，就可以使得同轴圆柱谐振腔对不同的波长发生谐振。利用这一特点，可以构成同轴波长计，如图 6.4.2 所示[3]。

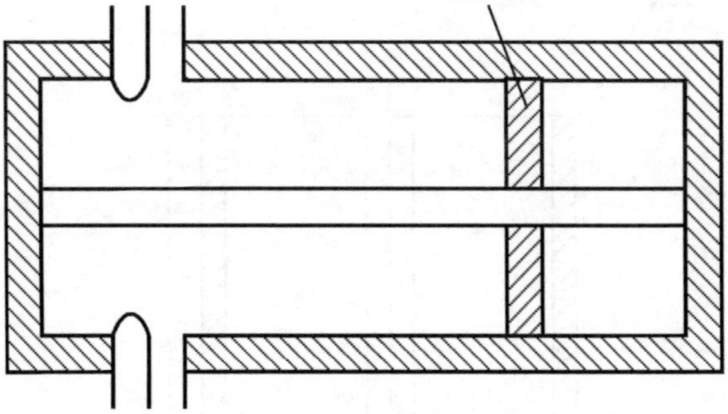

图 6.4.2　同轴圆柱谐振腔波长计[3]

$l=\frac{\lambda_0}{2}$ 同轴圆柱谐振腔的场分布如图 6.4.3 所示。其品质因数 Q 为

$$Q=\frac{1}{\delta}\frac{\ln\frac{b}{a}}{\frac{1}{a}+\frac{1}{b}+\frac{2}{d}\ln\frac{b}{a}} \tag{6.4.6}$$

式中，$\delta(=\sqrt{2/(\omega_0\mu\sigma)})$ 是内、外导体的透入深度。

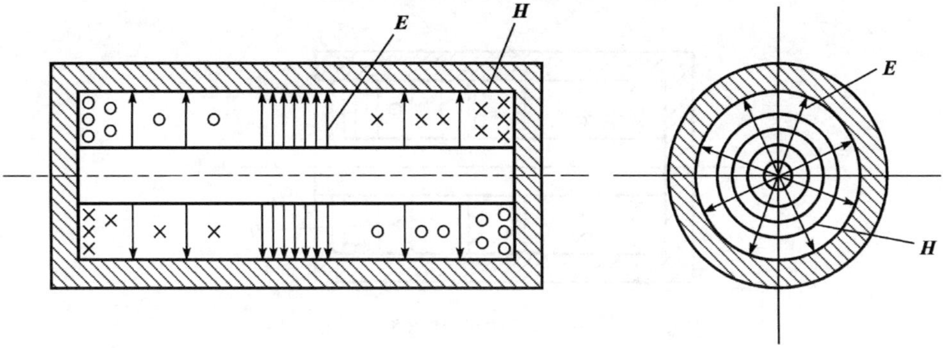

图 6.4.3　$l=\frac{\lambda_0}{2}$ 同轴圆柱谐振腔的场分布[4]

如图 6.4.4 所示，$l=\frac{\lambda_0}{4}$ 同轴圆柱谐振腔仅有一个端面被金属板封闭。谐振器可以看成一根一端开路和一端短路的传输线，在谐振时，谐振波长为

$$\lambda_0=\frac{4l}{2n-1} \tag{6.4.7}$$

式中，$n=1,2,\cdots$。当 $n=1$ 时，$l=\frac{\lambda_0}{4}$，所以称之为四分之一波长同轴圆柱谐振腔。其场分布如图 6.4.5 所示，可以看出在开口端有能量辐射。这是这类谐振器的缺点，在实际应用时，只要把外导体做得比内导体长一些，就可以把辐射消除掉。这时，外导体起着截止波导的作用。

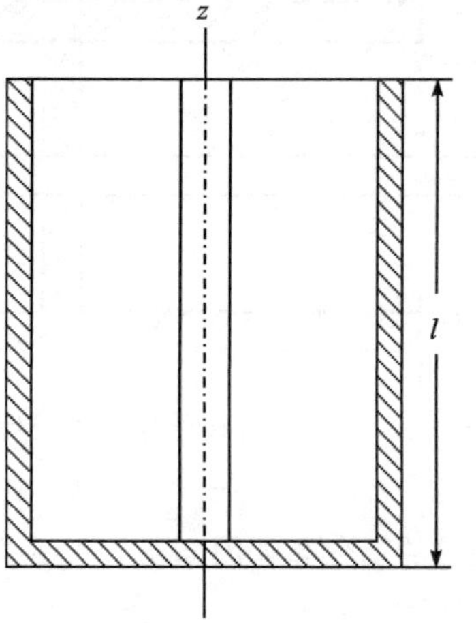

图 6.4.4　$l=\frac{\lambda_0}{4}$ 同轴圆柱谐振腔[3]

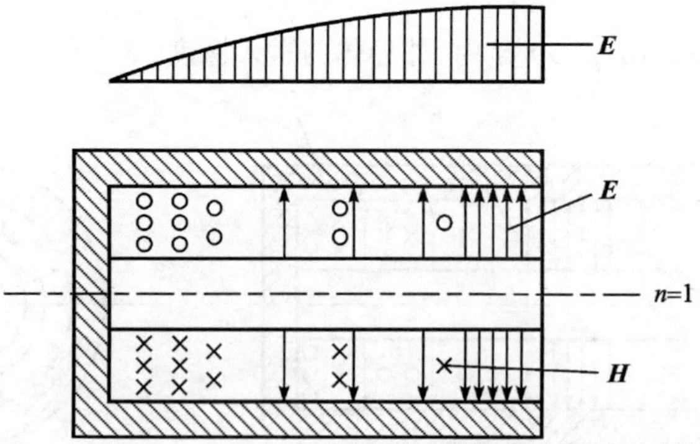

图 6.4.5　$l=\frac{\lambda_0}{4}$ 同轴圆柱谐振腔的场分布[4]

对于同轴圆柱谐振腔中的 TE 和 TM 振荡模式，其分析方法与圆柱形谐振腔完全类似。特别是，与讨论同轴圆柱波导一样，只要用柱函数代替圆波导的贝塞尔函数，即可直接获得同轴圆柱谐振腔的结果。但是，应该注意确定截止波数 k_c 的本征方程的差异。限于篇幅，这里就不详细讨论。

6.5　双重入式谐振腔的电磁波严格解

在微波电子器件或加速器的应用中，常常会将一个圆柱形谐振腔的中间部分压缩或“重入”进去，这样在其中间就会形成一个有利于带电粒子相互作用的间隙。把这种谐振腔称之为重入式谐振腔，其几何结构如图 6.5.1 所示。这是一种双重入式谐振腔。

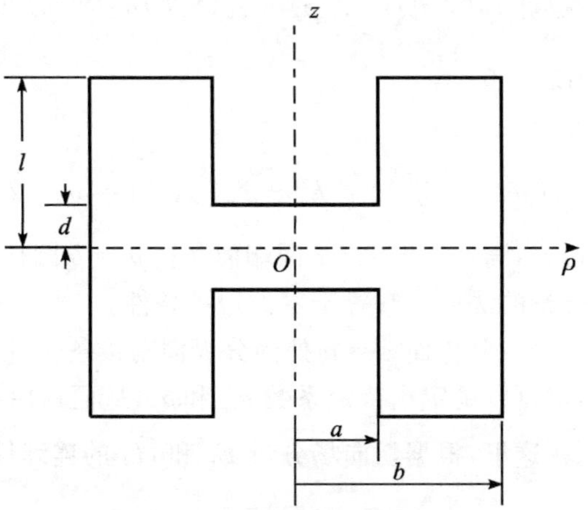

图 6.5.1　双重入式谐振腔的几何结构

一般说来，在重入式谐振腔中，最常用的电磁波模式是角向均匀的 TM 模式。由于结构关于 $z=0$ 的对称性，所以在重入式谐振腔中的场分布是关于坐标轴 z 呈偶对称性的。考虑到其边界形状的复杂性，现在将整个谐振腔分成两个分域：(1)($\rho<a$，$-d\leqslant z\leqslant d$) 的区域作为分域 ①，即重入区或间隙区；(2)($a<\rho\leqslant b$，$-l\leqslant z\leqslant l$) 的区域作为分域 ②，即环形腔区。

在分域 ① 中，应用变量分离方法，容易写出场分量的表达式为[6]

$$\dot{E}_{z1}=\sum_{m=0}^{+\infty}\gamma_{1m}^2 a_m \mathrm{J}_0(\gamma_{1m}\rho)\cos\beta_{1m}z \tag{6.5.1}$$

$$\dot{E}_{\rho 1}=\sum_{m=0}^{+\infty}\gamma_{1m}\beta_{1m}a_m \mathrm{J}_1(\gamma_{1m}\rho)\sin\beta_{1m}z \tag{6.5.2}$$

$$\dot{H}_{\phi 1}=\sum_{m=0}^{+\infty}\mathrm{j}\omega\varepsilon\gamma_{1m}a_m \mathrm{J}_1(\gamma_{1m}\rho)\cos\beta_{1m}z \tag{6.5.3}$$

$$\dot{E}_{\phi 1} = \dot{H}_{z1} = \dot{H}_{\rho 1} = 0 \tag{6.5.4}$$

式中，

$$\gamma_{1m}^2 = \omega^2 \mu\varepsilon - \left(\frac{m\pi}{d}\right)^2 = k^2 - \beta_{1m}^2 \qquad (m = 0,1,2,\cdots) \tag{6.5.5}$$

上面的场分量的表达式，满足在 $z = \pm d$ 两端面处电场切向分量等于零和磁场切向分量的法向导数等于零的边界条件。

在分域 ② 中，可以写出场分量的表达式为[6]

$$\dot{E}_{z2} = \sum_{n=0}^{+\infty} \gamma_{2n}^2 b_n [\mathrm{Y}_0(\gamma_{2n} b)\mathrm{J}_0(\gamma_{2n}\rho) - \mathrm{J}_0(\gamma_{2n} b)\mathrm{Y}_0(\gamma_{2n}\rho)]\cos\beta_{2n} z \tag{6.5.6}$$

$$\dot{E}_{\rho 2} = \sum_{n=0}^{+\infty} \gamma_{2n}\beta_{2n} b_n [\mathrm{Y}_0(\gamma_{2n} b)\mathrm{J}_1(\gamma_{2n}\rho) - \mathrm{J}_0(\gamma_{2n} b)\mathrm{Y}_1(\gamma_{2n}\rho)]\sin\beta_{2n} z \tag{6.5.7}$$

$$\dot{H}_{\phi 2} = \sum_{n=0}^{+\infty} \mathrm{j}\omega\varepsilon\gamma_{2n} b_n [\mathrm{Y}_0(\gamma_{2n} b)\mathrm{J}_1(\gamma_{2n}\rho) - \mathrm{J}_0(\gamma_{2n} b)\mathrm{Y}_1(\gamma_{2n}\rho)]\cos\beta_{2n} z \tag{6.5.8}$$

$$\dot{E}_{\phi 2} = \dot{H}_{z2} = \dot{H}_{\rho 2} = 0 \tag{6.5.9}$$

式中，

$$\gamma_{2n}^2 = \omega^2 \mu\varepsilon - \left(\frac{n\pi}{l}\right)^2 = k^2 - \beta_{2n}^2 \qquad (n = 0,1,2,\cdots) \tag{6.5.10}$$

上面的场分量的表达式，满足在 $z = \pm l$ 两端面和在 $\rho = b$ 圆柱面上电场切向分量等于零和磁场切向分量的法向导数等于零的边界条件。

如果利用在两个分域分界面 $\rho = a$ 处的分界面衔接条件，使分域 ① 和分域 ② 中的场分量相匹配，就可以确定出待定系数 a_m 和 b_n，从而最后得到重入式谐振腔中电磁波的解析解。在这里，根据切向场分量 $\dot{E}_z$ 和 $\dot{H}_\phi$ 的连续性要求，可以分别列出：

$$\sum_{n=0}^{+\infty} B_n \cos\frac{n\pi z}{l} = \begin{cases} \sum\limits_{m=0}^{+\infty} A_m \cos\dfrac{m\pi z}{d} & (|z| < d) \\ 0 & (d < |z| < l) \end{cases} \tag{6.5.11}$$

$$\sum_{n=0}^{+\infty} B_n \mathrm{Y}_{2n} \cos\frac{n\pi z}{l} = \begin{cases} \sum\limits_{m=0}^{+\infty} A_m \mathrm{Y}_{1m} \cos\dfrac{m\pi z}{d} & (|z| < d) \\ 0 & (d < |z| < l) \end{cases} \tag{6.5.12}$$

在式(6.5.11) 和式(6.5.12) 中，有

$$A_m = \gamma_{1m}^2 a_m \mathrm{J}_0(\gamma_{1m} a) \tag{6.5.13a}$$

$$B_n = \gamma_{2n}^2 b_n [\mathrm{Y}_0(\gamma_{2n} b)\mathrm{J}_0(\gamma_{2n} a) - \mathrm{J}_0(\gamma_{2n} b)\mathrm{Y}_0(\gamma_{2n} a)] \tag{6.5.13b}$$

$$\mathrm{Y}_{1m} = \frac{\mathrm{j}\omega\varepsilon}{\gamma_{1m}} \cdot \frac{\mathrm{J}_1(\gamma_{1m} a)}{\mathrm{J}_0(\gamma_{1m} a)} \tag{6.5.13c}$$

$$\mathrm{Y}_{2n} = \frac{\mathrm{j}\omega\varepsilon}{\gamma_{2n}} \cdot \frac{\mathrm{Y}_0(\gamma_{2n} b)\mathrm{J}_1(\gamma_{2n} a) - \mathrm{J}_0(\gamma_{2n} b)\mathrm{Y}_1(\gamma_{2n} a)}{\mathrm{Y}_0(\gamma_{2n} b)\mathrm{J}_0(\gamma_{2n} a) - \mathrm{J}_0(\gamma_{2n} b)\mathrm{Y}_0(\gamma_{2n} a)} \tag{6.5.13d}$$

如果将式(6.5.11)的右方作为已知函数,可以求出其左方的傅里叶级数的系数 B_n 为

$$B_n = \frac{d}{l}\sum_{m=0}^{+\infty} A_m \mathrm{P}_{mn} \tag{6.5.14}$$

其中,

$$\mathrm{P}_{mn} = \begin{cases} 1 & (n=0, m=0) \\ 0 & (n=0, m\neq 0) \\ \dfrac{2}{d}\displaystyle\int_0^d \cos\frac{m\pi z}{d}\cos\frac{n\pi z}{l}\mathrm{d}z & (n\neq 0) \end{cases} \tag{6.5.15}$$

再将式(6.5.12)的左方作为已知函数,可以求出其右方的傅里叶级数的系数 $A_m \mathrm{Y}_{1m}$ 为

$$A_m \mathrm{Y}_{1m} = \sum_{n=0}^{+\infty} B_n \mathrm{Y}_{2n} \mathrm{P}_{mn} \tag{6.5.16}$$

式中,P_{mn} 的表达式为式(6.5.15)。

如果把式(6.5.14)给出的 B_n 代入式(6.5.16)中,为区别起见,并把式(6.5.14)中的 m 换成 p,就可以得到一个关于系数 A_m 的代数方程组如下:

$$\mathrm{Y}_{1m}A_m - \sum_{p=0}^{+\infty} q_{mp}A_p = 0 \qquad (m=0,1,2,\cdots) \tag{6.5.17}$$

其中,有

$$q_{mp} = \frac{d}{l}\sum_{n=0}^{+\infty} \mathrm{Y}_{2n}\mathrm{P}_{mn}\mathrm{P}_{pn} \tag{6.5.18}$$

不难看出,方程组式(6.4.17)是一个无穷阶的齐次线性代数方程组,它有非零解的条件是其系数矩阵的行列式为零。

由系数矩阵的行列式为零这一条件,可以得到一个高次代数方程(限于篇幅,这里略去具体形式),即这一边值问题的特征方程。这个特征方程的根就是边值问题的本征值 k,由本征值就可以决定出重入式谐振腔的谐振频率 ω。它是以式(6.5.13)的形式包含在特征方程中。

当特征方程的根得到确定之后,就可以求得齐次线性代数方程组式(6.5.17)中 A_m 的一个非零解,并由式(6.5.14)求出 B_n。将 A_m 和 B_n 分别代入场分量的表达式,就能得到整个谐振腔中的场分布,也就是得到了本征函数。但是应该注意到,在 A_m 或 B_n 中有一个是不能确定的。从物理意义上来说,因为谐振腔中的场的绝对幅值决定于激励强度,不是无源边值问题所能决定的,因此只能求出各场分量及各阶谐函数的相对值。

6.6　单重入式谐振腔谐振频率的静态近似解

从单重入式谐振腔的结构看,在同轴线内导体的开路端与腔体端面之间会形

成集中电容，该电容作为同轴线的末端负载，所以也称之为电容负载同轴谐振腔。也就是说，重入式谐振腔有明显的电场和磁场集中区域，因此可以用准静态方法来计算其等效电容和电感，从而确定谐振腔的谐振频率。

对于如图 6.6.1 所示的单重入式谐振腔，如果 $d \leqslant l, a \leqslant \lambda、b \leqslant \lambda、l \leqslant \lambda$ 时（λ 是波长），则可以认为腔中电场基本上是集中于中间的缩短部分（或称为窄缝部分），而磁场基本上集中于环形部分。因此，可以按照静电场方法来计算缩短部分的电容，按照恒定磁场的方法计算环形部分的电感，从而确定谐振频率[7]。

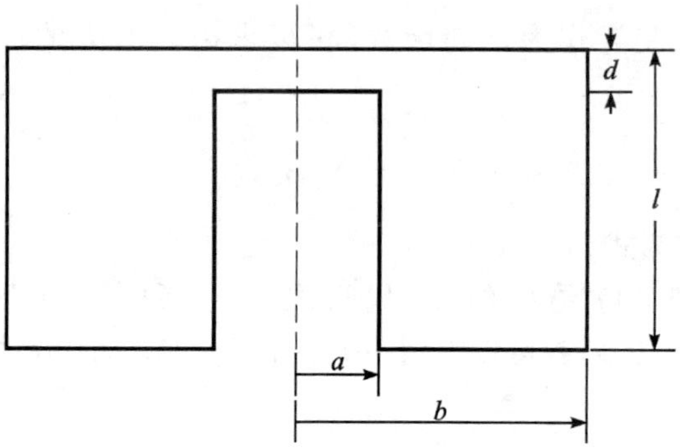

图 6.6.1 矩形截面单重入式谐振腔

在一级近似下，缩短部分可看成平板电容器，其电容为

$$C = \frac{\varepsilon_0 \pi a^2}{d} \tag{6.6.1}$$

设流经内导体壁的总电流为 I，则由安培环路定律，可得其环形部分磁场为

$$H_\phi = \frac{I}{2\pi\rho}$$

因而环形部分的磁通为

$$\Phi_m = \int_S \boldsymbol{B} \cdot d\boldsymbol{S} = \mu_0 \int_a^b \frac{Il}{2\pi\rho} d\rho = \frac{\mu_0 Il}{2\pi} \ln \frac{b}{a}$$

因此，环形部分的电感为

$$L = \frac{\mu_0 l}{2\pi} \ln \frac{b}{a} \tag{6.6.2}$$

最后，得到单重入式谐振腔的谐振角频率为

$$\omega_0 = \frac{1}{\sqrt{LC}} = \frac{v}{\sqrt{\frac{a^2 l}{2d} \ln \frac{b}{a}}} \tag{6.6.3}$$

其中，$v\left(= \frac{1}{\sqrt{\mu_0 \varepsilon_0}}\right)$ 是电磁波在真空中的速度。

谐振腔的谐振角频率也可以由电容器的电纳和等效传输线的输入电纳决定。在谐振时，有 $\omega C-\frac{1}{Z_0}\cot\frac{\omega l}{v}=0$。这里，$Z_0$ 是传输线的特性阻抗。利用数值方法，可以由方程 $\omega C-\frac{1}{Z_0}\cot\frac{\omega l}{v}=0$ 解得谐振角频率 ω_0。限于篇幅，这里就不讨论其具体的求解。值得指出的是，当电容 C 很小时，谐振腔谐振时的长度接近于 $\frac{\lambda}{4}$，$\frac{3\lambda}{4}$，…，即与 $\frac{\lambda}{4}$ 同轴线谐振腔的长度一致。C 越大，为了谐振于每个振荡模式，要求的长度 l 就越小。因此，电容 C 的作用归结为缩短了谐振腔的长度，电容 C 又称之为缩短电容。

上述计算忽略了缩短部分的边缘电场的影响，即假定腔内电场全部均匀分布在 $\rho\leqslant a$ 的窄缝区域内。显然，这是与实际电场分布情况不完全符合的。实际上，在环形腔内 $\rho>a$ 的环形区域也有一部分电场。我们把这一部分电场看成窄缝的边缘电场，由于它对缩短部分的电容是有影响的，所有需要对式(6.6.1) 所计算出的电容值进行修正。在后面部分，我们应用分域分离变量方法来计算电容[8]。

如图 6.6.2 所示，把单重入式谐振腔的整个腔体分成两个分域：分域 ①(缩短部分) 和分域 ②(环形部分)。并假设窄缝上下壁之间的电压为 U。

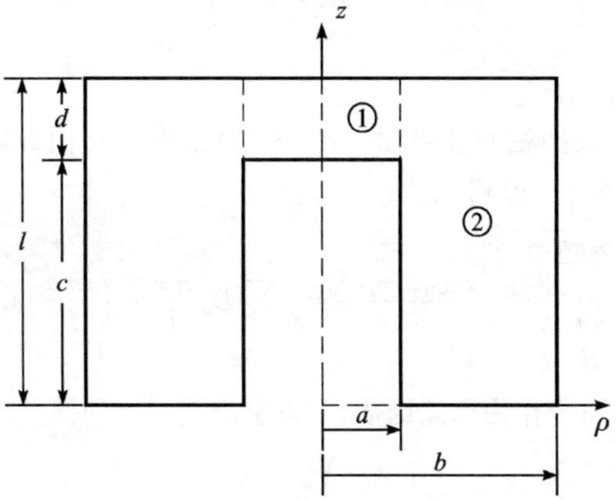

图 6.6.2　单重入式谐振腔体的子域划分

在分域 ① 中，应用变量分离方法，可以写出电位 φ 的表达式为

$$\varphi_1(\rho,z)=\frac{l-z}{d}U+\sum_{m=1}^{+\infty}A_m\frac{\mathrm{I}_0\left(\frac{m\pi\rho}{d}\right)}{\mathrm{I}_0\left(\frac{m\pi a}{d}\right)}\sin\frac{m\pi(z-c)}{d}\tag{6.6.4}$$

在分域 ② 中，电位 φ 的表达式为

$$\varphi_2(\rho,z)=\frac{l-z}{l}U+\sum_{n=1}^{+\infty}B_n\sin\frac{n\pi z}{l}\mathrm{S}_0\left(\frac{n\pi\rho}{l}\right)\tag{6.6.5}$$

式中，$S_0\left(\frac{n\pi\rho}{l}\right)$是零阶第一类和第二类修正贝塞尔函数$I_0\left(\frac{n\pi\rho}{l}\right)$和$K_0\left(\frac{n\pi\rho}{l}\right)$的某种线性组合形式，且在$\rho=b$处等于零，及在$\rho=a$处等于1。

利用在$\rho=a$处圆柱面分界面上电位连续性条件，由式(6.6.4)和式(6.6.5)，得到

$$\frac{l-z}{l}U+\sum_{n=1}^{+\infty}B_n\sin\frac{n\pi z}{l}=\begin{cases}U & (0<z<c)\\ \frac{l-z}{d}U+\sum\limits_{m=1}^{+\infty}A_m\sin\frac{m\pi(z-c)}{d} & (c<z<l)\end{cases} \tag{6.6.6}$$

如果将式(6.6.6)的右方作为已知函数，可以求出其左方的傅里叶级数的系数B_n为

$$B_n=\frac{2l}{d(n\pi)^2}U\sin\frac{n\pi c}{l}+\sum_{m=1}^{+\infty}P_{nm}A_m \tag{6.6.7}$$

其中，在级数中的系数P_{nm}为

$$\begin{aligned}P_{nm}&=\frac{2}{l}\int_c^l\sin\frac{m\pi(z-c)}{d}\sin\frac{n\pi z}{l}\mathrm{d}z\\&=\begin{cases}\frac{2ld}{\pi}\cdot\frac{m}{(ml)^2-(nd)^2}\sin\frac{n\pi c}{l} & (ml\neq nd)\\ \frac{d}{l}\cos\frac{n\pi c}{l} & (ml=nd)\end{cases}\end{aligned} \tag{6.6.8}$$

再利用在$\rho=a$处圆柱面分界面$(c<z<l)$上电位法向导数的连续性条件，由式(6.6.4)和式(6.6.5)，得到

$$\sum_{m=1}^{+\infty}A_m\frac{m\pi}{d}\frac{I_0'\left(\frac{m\pi a}{d}\right)}{I_0\left(\frac{m\pi a}{d}\right)}\sin\frac{m\pi(z-c)}{d}=\sum_{n=1}^{+\infty}B_n\frac{n\pi}{l}S_0'\left(\frac{n\pi a}{l}\right)\sin\frac{n\pi z}{l} \tag{6.6.9}$$

如果将式(6.6.9)的右方作为已知函数，可以求出其左方的傅里叶级数的系数A_m为

$$A_m=\frac{2}{m}\cdot\frac{I_0\left(\frac{m\pi a}{d}\right)}{I_0'\left(\frac{m\pi a}{d}\right)}\sum_{n=1}^{+\infty}\left[nS_0'\left(\frac{n\pi a}{l}P_{nm}B_n\right]\right. \tag{6.6.10}$$

联立式(6.6.7)和式(6.6.10)解之，就可得到各系数A_m和B_n。显然，这是一个无穷阶线性代数方程组。

在缩短部分端面$(z=c,\rho<a)$上的电荷面密度为

$$\sigma_1=-\varepsilon_0\left.\frac{\partial\varphi_1}{\partial z}\right|_{z=c}=\varepsilon_0\frac{U}{d}-\varepsilon_0\sum_{m=1}^{+\infty}A_m\frac{m\pi}{d}\frac{I_0\left(\frac{m\pi\rho}{d}\right)}{I_0\left(\frac{m\pi a}{d}\right)} \tag{6.6.11}$$

在环形部分的下端面$(z=0,a<\rho<b)$上的电荷面密度为

$$\sigma_2 = -\varepsilon_0 \frac{\partial \varphi_2}{\partial z}\bigg|_{z=0} = \varepsilon_0 \frac{U}{l} - \varepsilon_0 \sum_{n=1}^{+\infty} B_n \frac{n\pi}{l} \mathrm{S}_0\left(\frac{n\pi\rho}{d}\right) \tag{6.6.12}$$

在环形腔内导体表面($\rho = a, 0 < z < c$) 上的电荷面密度为

$$\sigma_3 = -\varepsilon_0 \frac{\partial \varphi_2}{\partial \rho}\bigg|_{\rho=a} = -\varepsilon_0 \sum_{n=1}^{+\infty} B_n \frac{n\pi}{l} \sin\frac{n\pi z}{l} \mathrm{S}_0'\left(\frac{n\pi a}{d}\right) \tag{6.6.13}$$

那么,在上述这三个表面上的总电荷为

$$\begin{aligned} Q &= \int_0^a \sigma_1 2\pi\rho \mathrm{d}\rho + \int_a^b \sigma_2 2\pi\rho \mathrm{d}\rho + \int_0^c \sigma_3 2\pi a \mathrm{d}z \\ &= \int_0^a \left[\varepsilon_0 \frac{U}{d} - \varepsilon_0 \sum_{m=1}^{+\infty} A_m \frac{m\pi}{d} \frac{\mathrm{I}_0\left(\frac{m\pi\rho}{d}\right)}{\mathrm{I}_0\left(\frac{m\pi a}{d}\right)}\right] 2\pi\rho \mathrm{d}\rho \\ &\quad + \int_a^b \left[\varepsilon_0 \frac{U}{l} - \varepsilon_0 \sum_{n=1}^{+\infty} B_n \frac{n\pi}{l} \mathrm{S}_0\left(\frac{n\pi\rho}{d}\right)\right] 2\pi\rho \mathrm{d}\rho \\ &\quad + \int_0^c \left[-\varepsilon_0 \sum_{n=1}^{+\infty} B_n \frac{n\pi}{l} \sin\frac{n\pi z}{l} \mathrm{S}_0'\left(\frac{n\pi a}{d}\right)\right] 2\pi a \mathrm{d}z \end{aligned} \tag{6.6.14}$$

上式(6.6.14) 可以进一步简化成

$$\begin{aligned} Q = &\frac{\varepsilon_0 \pi a^2}{d} U + \frac{\varepsilon_0 \pi (b^2 - a^2)}{l} U - 2\pi a \varepsilon_0 \sum_{n=1}^{+\infty} \left(1 - \cos\frac{n\pi c}{l}\right) B_n \mathrm{S}_0'\left(\frac{n\pi a}{d}\right) \\ &- 2\pi a \varepsilon_0 \sum_{m=1}^{+\infty} A_m \frac{\mathrm{I}_1\left(\frac{m\pi a}{d}\right)}{\mathrm{I}_0\left(\frac{m\pi a}{d}\right)} - \frac{2\pi d \varepsilon_0}{l} \sum_{n=1}^{+\infty} B_n \left[b \mathrm{S}_1\left(\frac{n\pi b}{d}\right) - a \mathrm{S}_1\left(\frac{n\pi a}{d}\right)\right] \end{aligned} \tag{6.6.15}$$

最后,得到单重入式谐振腔的电容为

$$C = \frac{Q}{U} = \frac{\varepsilon_0 \pi a^2}{d} + C' \tag{6.6.16}$$

显然,式(6.6.15) 中的 C' 是边缘电场所决定的电容,即边缘电容,其值为

$$\begin{aligned} C' = &\frac{\varepsilon_0 \pi (b^2 - a^2)}{l} - \frac{2\pi a \varepsilon_0}{U} \sum_{n=1}^{+\infty} \left(1 - \cos\frac{n\pi c}{l}\right) B_n \mathrm{S}_0'\left(\frac{n\pi a}{d}\right) \\ &- \frac{2\pi a \varepsilon_0}{U} \sum_{m=1}^{+\infty} A_m \frac{\mathrm{I}_1\left(\frac{m\pi a}{d}\right)}{\mathrm{I}_0\left(\frac{m\pi a}{d}\right)} - \frac{1}{U} \cdot \frac{2\pi d \varepsilon_0}{l} \sum_{n=1}^{+\infty} B_n \left[b \mathrm{S}_1\left(\frac{n\pi b}{d}\right) - a \mathrm{S}_1\left(\frac{n\pi a}{d}\right)\right] \end{aligned} \tag{6.6.17}$$

6.7　球形谐振腔

如图 6.7.1 所示,半径为 a 的金属球壳就可以构成球形谐振腔,其中填充介质

的介电常数为 ε 和磁导率为 μ。在球坐标系 (r,θ,ϕ) 中，径向 r 是系统的纵向方向，θ 和 ϕ 是系统的横向方向。因此，在球坐标系中，当 $\dot{E}_r=0$ 时，称之为对 r 的 TE 模；而当 $\dot{H}_r=0$ 时，称之为对 r 的 TM 模[1]。

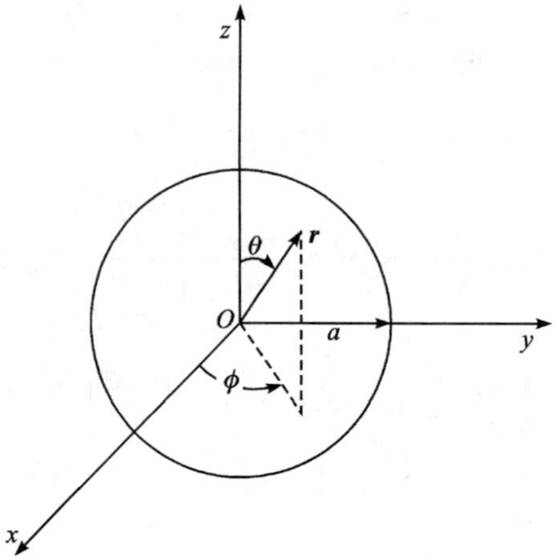

图 6.7.1 球形谐振腔

对 r 的 TE 模，应该选取 $\dot{\boldsymbol{F}}=\dot{F}_r\boldsymbol{e}_r$ 和 $\dot{\boldsymbol{A}}=\boldsymbol{0}$。那么，TE 模的场分量由下列公式给出[1]：

$$\left.\begin{aligned}
\dot{E}_r &= 0 \\
\dot{E}_\theta &= -\frac{1}{r\sin\theta}\frac{\partial \dot{F}_r}{\partial \phi} \\
\dot{E}_\phi &= \frac{1}{r}\frac{\partial \dot{F}_r}{\partial \theta} \\
\dot{H}_r &= \frac{1}{\hat{z}}\left(\frac{\partial^2}{\partial r^2}+k^2\right)\dot{F}_r \\
\dot{H}_\theta &= \frac{1}{\hat{z}r}\frac{\partial^2 \dot{F}_r}{\partial r\partial \theta} \\
\dot{H}_\phi &= \frac{1}{\hat{z}r\sin\theta}\frac{\partial^2 \dot{F}_r}{\partial r\partial \phi}
\end{aligned}\right\} \tag{6.7.1}$$

考虑到球形谐振腔中包括 $r=0$ 点，所以选择

$$\dot{F}_r=\hat{\mathrm{J}}_n(kr)\mathrm{P}_n^m(\cos\theta)\begin{Bmatrix}\cos m\phi\\ \sin m\phi\end{Bmatrix} \tag{6.7.2}$$

式中，m 和 n 是整数，$\hat{\mathrm{J}}_n(kr)$ 是球面贝塞尔函数。将式(6.7.2) 代入式(6.7.1) 中，就可以得到 TE 模的场分量。为了满足在 $r=a$ 处，$\dot{E}_\theta=\dot{E}_\phi=0$ 这个边界条件，必须有

$$\hat{\mathrm{J}}_n(ka) = 0 \tag{6.7.3}$$

因此，ka 就是球面贝塞尔函数的一个零点或根 u_{np}，$p=1,2,\cdots$。那么，$k=\dfrac{u_{np}}{a}$，这就是球形谐振腔的谐振条件。应该注意，$\hat{\mathrm{J}}_n(u)$ 根的个数是有限的，表6.7.1中给出了部分低阶的根的值。

表 6.7.1　$\hat{\mathrm{J}}_n(u)$ 的部分低阶的根的值[1]

p \ n	1	2	3	4	5	6	7	8
1	4.493	5.763	6.988	8.183	9.356	10.513	11.657	12.791
2	7.725	9.095	10.417	11.705	12.967	14.207	15.431	16.641
3	10.904	12.323	13.698	15.040	16.355	17.648	18.923	20.182
4	14.066	15.515	16.924	18.301	19.653	20.983	22.295	
5	17.221	18.689	20.122	21.525	22.905			
6	20.371	21.854						

同理，对 r 的 TM 模，应该选取 $\dot{\boldsymbol{A}} = \dot{A}_r\boldsymbol{e}_r$ 和 $\dot{\boldsymbol{F}} = \boldsymbol{0}$。那么，TM 模的场分量由下列公式给出[1]：

$$\left.\begin{aligned}
\dot{E}_r &= \frac{1}{\hat{y}}\left(\frac{\partial^2}{\partial r^2}+k^2\right)\dot{A}_r \\
\dot{E}_\theta &= \frac{1}{\hat{y}r}\frac{\partial^2\dot{A}_r}{\partial r\partial\theta} \\
\dot{E}_\phi &= \frac{1}{\hat{y}r\sin\theta}\frac{\partial^2\dot{A}_r}{\partial r\partial\phi} \\
\dot{H}_r &= 0 \\
\dot{H}_\theta &= \frac{1}{r\sin\theta}\frac{\partial\dot{A}_r}{\partial\phi} \\
\dot{H}_\phi &= -\frac{1}{r}\frac{\partial\dot{A}_r}{\partial\theta}
\end{aligned}\right\} \tag{6.7.4}$$

此时，选择

$$\dot{A}_r = \hat{\mathrm{J}}_n(kr)\mathrm{P}_n^m(\cos\theta)\begin{Bmatrix}\cos m\phi \\ \sin m\phi\end{Bmatrix} \tag{6.7.5}$$

式中，m 和 n 是整数，$\hat{\mathrm{J}}_n(kr)$ 是球面贝塞尔函数。将式(6.7.5)代入式(6.7.4)中，就可以得到 TM 模的场分量。为了满足在 $r=a$ 处，$\dot{E}_\theta = \dot{E}_\phi = 0$ 这个边界条件，必须有

$$\hat{J}'_n(ka) = 0 \tag{6.7.6}$$

由此解得，$k = \frac{u'_{np}}{a}$，$p = 1,2,\cdots$。u'_{np} 是 $\hat{J}'_n(u')$ 的第 p 个零点或者根，这些根的个数也是有限的。表 6.7.2 中给出了部分低阶的根的值。

表 6.7.2　$\hat{J}'_n(u')$ 的部分低阶的根的值[1]

p \ n	1	2	3	4	5	6	7	8
1	2.744	3.870	4.973	6.062	7.140	8.211	9.275	10.335
2	6.117	7.443	8.722	9.968	11.189	12.391	13.579	14.753
3	9.317	10.713	12.064	13.380	14.670	15.939	17.190	18.425
4	12.486	13.921	15.314	16.674	18.009	19.321	20.615	21.894
5	15.644	17.103	18.524	19.915	21.281	22.626		
6	18.796	20.272	21.714	23.128				
7	21.946							

由 $k = \omega\sqrt{\mu\varepsilon}$、$k = \frac{u_{np}}{a}$ 和 $k = \frac{u'_{np}}{a}$，可以分别求得 TE 模和 TM 模的谐振角频率为

$$\left.\begin{aligned}(\omega_0)^{\mathrm{TE}}_{mnp} &= \frac{u_{np}}{a\sqrt{\mu\varepsilon}}\\(\omega_0)^{\mathrm{TM}}_{mnp} &= \frac{u'_{np}}{a\sqrt{\mu\varepsilon}}\end{aligned}\right\} \tag{6.7.7}$$

对于球形谐振腔来说，由于谐振角频率与 m 无关，也就是与场沿角向的变化无关，所以简并模式很多。又因为当 $m > n$ 时，$\mathrm{P}^m_n(\cos\theta) = 0$，所以模式简并为 n 重简并。例如，三个最低阶 TE 模为

$$(\dot{A}_r)_{011} = \hat{J}_1\left(\frac{4.493r}{a}\right)\cos\theta;$$

$$(\dot{A}_r)^{偶}_{111} = \hat{J}_1\left(\frac{4.493r}{a}\right)\sin\theta\cos\phi;$$

$$(\dot{A}_r)^{奇}_{111} = \hat{J}_1\left(\frac{4.493r}{a}\right)\sin\theta\sin\phi$$

除了在空间有 90° 角差之外，这三种模式的场分布是相同的。不难求出，最低阶模式是三种 TM_{m11} 模式。除了在空间有一定的角差之外，这三种模式的场分布是相同的，如图 6.7.2 所示[1]。

对于 TM_{011} 模式，其磁场是

$$\dot{H}_\phi = \frac{1}{r}\hat{J}_1\left(\frac{2.744r}{a}\right)\sin\theta$$

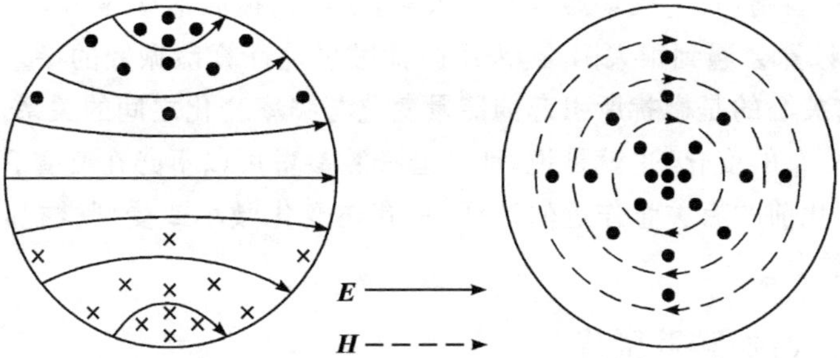

图 6.7.2　球谐振腔主模式的场分布[1]

那么，在谐振腔中储存的能量为

$$\begin{aligned}W &= 2W_{\mathrm{m}} = \int_V \mu \mid \dot{H}_\phi \mid^2 \mathrm{d}V \\ &= \frac{8\pi\mu}{3}\int_0^a \hat{\mathrm{J}}_1^2\left(\frac{2.744r}{a}\right)\mathrm{d}r \\ &= \frac{8\pi\mu}{3}\frac{a}{2}\left[\hat{\mathrm{J}}_1^2\left(\frac{2.744r}{a}\right) - \hat{\mathrm{J}}_0\left(\frac{2.744r}{a}\right)\hat{\mathrm{J}}_2\left(\frac{2.744r}{a}\right)\right]\Bigg|_0^a \\ &= \frac{3.04\pi\mu}{k}\end{aligned}$$

在谐振腔的导电壁上的损耗功率为

$$P_1 = R_s\oint_S \mid \dot{H}_\phi \mid^2 \mathrm{d}S = R_S \frac{8\pi}{3}\hat{\mathrm{J}}_1^2(2.744)$$

因此，在 TM_{011} 振荡模式下，谐振腔的 Q 值是

$$Q = \frac{\omega_0 W}{P_1} = \frac{1.14\omega_0\mu}{kR_S\,\hat{\mathrm{J}}_1^2(2.744)} = \frac{1.01\eta}{R_s} \tag{6.7.8}$$

可以看出，球形谐振腔的 Q 值比高度和直径相等的圆柱形谐振腔的 Q 值高 25%，比立方形谐振腔的 Q 值高 35%。

此外，如果让球形谐振腔的半径 a 趋于无限大，那么可以把由上面给出的波函数所决定的场想象为“自由空间模式”。也就是说，即便没有使用实际材料来导引波，也能使波在空间中沿径向方向传播，因此通常把空间称之为球面波导。关于球面波导的分析，读者可参考有关著作[1]。

6.8　谐振腔的微扰

在实际应用中，为了微调谐振腔的谐振角频率，经常会采用使谐振腔的几何形状发生微小变化（例如，在腔中插入螺钉），或者使谐振腔内微小体积中的电介质发生变化（例如，在腔中放置介质片）的方法。这些微小变化将使得原本形状规则的谐振腔变得不规则，其电磁场难以准确求解，因而谐振腔的谐振角频率 ω_0、品质因数 Q 等严格计算会遇到很大困难。采用微扰思想是计算谐振腔的参量的一种有效近似方法。它关心的是微扰所引起的能量变化与频率变化之间的关系，不涉及微扰所引起的场分布的变化。也就是说，计算谐振腔参量可以不必在改变后的情况下进行，而利用变化前的有关量作近似计算。只有在变化微小或受到微扰时，这样的计算才是合理的[1,3-5,7]。

6.8.1 谐振腔壁微扰

如图 6.8.1(a) 所示，在微扰前，假设理想导体构成的谐振腔的体积为 V_0 和外表面面积为 S_0，其谐振角频率为 ω_0，电磁场分布为 $\dot{\boldsymbol{E}}_0$ 和 $\dot{\boldsymbol{H}}_0$。在谐振腔壁受到微扰后，如图 6.8.1(b) 所示，谐振腔的体积为 V 和外表面面积为 S，其谐振角频率为 ω，电磁场分布为 $\dot{\boldsymbol{E}}$ 和 $\dot{\boldsymbol{H}}$。这里，定义微扰的体积为 $\Delta V = V_0 - V$ 和包围 ΔV 的面积为 ΔS。

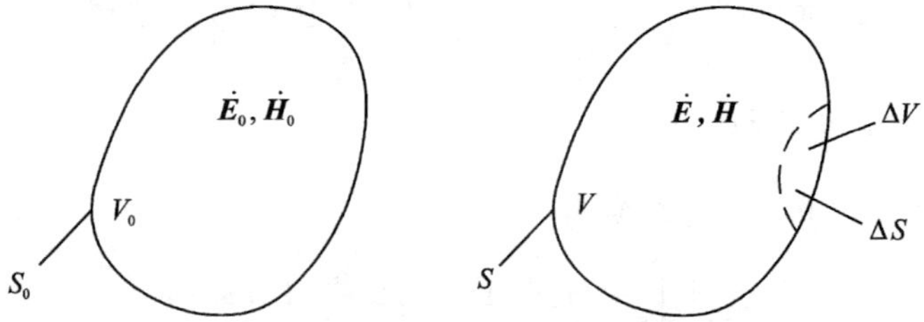

图 6.8.1 谐振腔壁的微扰[4]

在微扰前后两种情况下，场都满足电磁场基本方程，有

$$\nabla \times \dot{\boldsymbol{E}}_0 = -\mathrm{j}\omega_0 \mu \dot{\boldsymbol{H}}_0 \tag{6.8.1}$$

$$\nabla \times \dot{\boldsymbol{H}}_0 = \mathrm{j}\omega_0 \varepsilon \dot{\boldsymbol{E}}_0 \tag{6.8.2}$$

$$\nabla \times \dot{\boldsymbol{E}} = -\mathrm{j}\omega \mu \dot{\boldsymbol{H}} \tag{6.8.3}$$

$$\nabla \times \dot{\boldsymbol{H}} = \mathrm{j}\omega \varepsilon \dot{\boldsymbol{E}} \tag{6.8.4}$$

将式(6.8.4) 左右两边用 $\dot{\boldsymbol{E}}_0^*$ 作点积，而取式(6.8.1) 的共轭后左右两边用 $\dot{\boldsymbol{H}}$ 作点积，然后相减，得到

$$\nabla \cdot (\dot{\boldsymbol{H}} \times \dot{\boldsymbol{E}}_0^*) = \mathrm{j}\omega\varepsilon \dot{\boldsymbol{E}} \cdot \dot{\boldsymbol{E}}_0^* - \mathrm{j}\omega_0 \mu \dot{\boldsymbol{H}} \cdot \dot{\boldsymbol{H}}_0^* \tag{6.8.5}$$

同理，由式(6.8.2) 和式(6.8.3)，得到

$$\nabla \cdot (\dot{\boldsymbol{H}}_0^* \times \dot{\boldsymbol{E}}) = \mathrm{j}\omega\mu \dot{\boldsymbol{H}} \cdot \dot{\boldsymbol{H}}_0^* - \mathrm{j}\omega_0 \varepsilon \dot{\boldsymbol{E}}_0^* \cdot \dot{\boldsymbol{E}} \tag{6.8.6}$$

将式(6.8.5) 和式(6.8.6) 左右两边分别相加，并在体积 V 内积分，有

$$\int_V [\nabla \cdot (\dot{\boldsymbol{H}} \times \dot{\boldsymbol{E}}_0^*) + \nabla \cdot (\dot{\boldsymbol{H}}_0^* \times \dot{\boldsymbol{E}})] \mathrm{d}V$$

$$= \mathrm{j}(\omega - \omega_0)\int_V (\varepsilon \dot{\boldsymbol{E}} \cdot \dot{\boldsymbol{E}}_0^* + \mu \dot{\boldsymbol{H}} \cdot \dot{\boldsymbol{H}}_0^*)\mathrm{d}V \tag{6.8.7}$$

式(6.8.7)左边可以改写成$\oint_S [(\dot{\boldsymbol{H}} \times \dot{\boldsymbol{E}}_0^*) + (\dot{\boldsymbol{H}}_0^* \times \dot{\boldsymbol{E}})] \cdot \mathrm{d}\boldsymbol{S}$。在 S 面上，由于 $\boldsymbol{n} \times \dot{\boldsymbol{E}} = 0$，所以$\oint_S [(\dot{\boldsymbol{H}} \times \dot{\boldsymbol{E}}_0^*) + (\dot{\boldsymbol{H}}_0^* \times \dot{\boldsymbol{E}})] \cdot \mathrm{d}S = \oint_S (\dot{\boldsymbol{H}} \times \dot{\boldsymbol{E}}_0^*) \cdot \mathrm{d}\boldsymbol{S}$。这样，式(6.8.7)将简化成为

$$\oint_S (\dot{\boldsymbol{H}} \times \dot{\boldsymbol{E}}_0^*) \cdot \mathrm{d}\boldsymbol{S} = \mathrm{j}(\omega - \omega_0)\int_V (\varepsilon \dot{\boldsymbol{E}} \cdot \dot{\boldsymbol{E}}_0^* + \mu \dot{\boldsymbol{H}} \cdot \dot{\boldsymbol{H}}_0^*)\mathrm{d}V \tag{6.8.8}$$

微扰时，认为 $S = S_0 - \Delta S$，并考虑到在 S_0 面上 $\boldsymbol{n} \times \dot{\boldsymbol{E}}_0 = 0$，所以

$$\begin{aligned}\oint_S (\dot{\boldsymbol{H}} \times \dot{\boldsymbol{E}}_0^*) \cdot \mathrm{d}\boldsymbol{S} &= \oint_{S_0} (\dot{\boldsymbol{H}} \times \dot{\boldsymbol{E}}_0^*) \cdot \mathrm{d}\boldsymbol{S} - \oint_{\Delta S} (\dot{\boldsymbol{H}} \times \dot{\boldsymbol{E}}_0^*) \cdot \mathrm{d}\boldsymbol{S} \\ &= -\oint_{\Delta S} (\dot{\boldsymbol{H}} \times \dot{\boldsymbol{E}}_0^*) \cdot \mathrm{d}\boldsymbol{S}\end{aligned} \tag{6.8.9}$$

将式(6.8.9)代入式(6.8.8)的左边，得到

$$-\oint_{\Delta S} (\dot{\boldsymbol{H}} \times \dot{\boldsymbol{E}}_0^*) \cdot \mathrm{d}\boldsymbol{S} = \mathrm{j}(\omega - \omega_0)\int_V (\varepsilon \dot{\boldsymbol{E}} \cdot \dot{\boldsymbol{E}}_0^* + \mu \dot{\boldsymbol{H}} \cdot \dot{\boldsymbol{H}}_0^*)\mathrm{d}V$$

即

$$\Delta\omega = (\omega - \omega_0) = \frac{\mathrm{j}\oint_{\Delta S} (\dot{\boldsymbol{H}} \times \dot{\boldsymbol{E}}_0^*) \cdot \mathrm{d}S}{\int_V (\varepsilon \dot{\boldsymbol{E}} \cdot \dot{\boldsymbol{E}}_0^* + \mu \dot{\boldsymbol{H}} \cdot \dot{\boldsymbol{H}}_0^*)\mathrm{d}V} \tag{6.8.10}$$

在微扰情况下，其电磁场分布 $\dot{\boldsymbol{E}}$ 和 $\dot{\boldsymbol{H}}$ 可以近似认为等于微扰前的电磁场分布 $\dot{\boldsymbol{E}}_0$ 和 $\dot{\boldsymbol{H}}_0$，并应用坡印亭定理，式(6.8.10)中的分子可以写成

$$\begin{aligned}\mathrm{j}\oint_{\Delta S} (\dot{\boldsymbol{H}} \times \dot{\boldsymbol{E}}_0^*) \cdot \mathrm{d}\boldsymbol{S} &= \mathrm{j}\oint_{\Delta S} (\dot{\boldsymbol{H}}_0 \times \dot{\boldsymbol{E}}_0^*) \cdot \mathrm{d}\boldsymbol{S} \\ &= \mathrm{j}\left[-\mathrm{j}\omega_0 \int_{\Delta V} (\mu \dot{\boldsymbol{H}}_0 \cdot \dot{\boldsymbol{H}}_0^* - \varepsilon \dot{\boldsymbol{E}}_0 \cdot \dot{\boldsymbol{E}}_0^*)\mathrm{d}V\right] \\ &= \omega_0 \int_{\Delta V} (\mu \dot{\boldsymbol{H}}_0 \cdot \dot{\boldsymbol{H}}_0^* - \varepsilon \dot{\boldsymbol{E}}_0 \cdot \dot{\boldsymbol{E}}_0^*)\mathrm{d}V\end{aligned}$$

而式(6.8.10)中的分母可以写成

$$\int_V (\varepsilon \dot{\boldsymbol{E}} \cdot \dot{\boldsymbol{E}}_0^* + \mu \dot{\boldsymbol{H}} \cdot \dot{\boldsymbol{H}}_0^*)\mathrm{d}V = \int_V (\varepsilon \dot{\boldsymbol{E}}_0 \cdot \dot{\boldsymbol{E}}_0^* + \mu \dot{\boldsymbol{H}}_0 \cdot \dot{\boldsymbol{H}}_0^*)\mathrm{d}V$$

因此，谐振腔壁微扰引起的谐振角频率变化为

$$\frac{\Delta\omega}{\omega_0} = \frac{\int_{\Delta V} (\mu \dot{\boldsymbol{H}}_0 \cdot \dot{\boldsymbol{H}}_0^* - \varepsilon \dot{\boldsymbol{E}}_0 \cdot \dot{\boldsymbol{E}}_0^*)\mathrm{d}V}{\int_V (\varepsilon \dot{\boldsymbol{E}}_0 \cdot \dot{\boldsymbol{E}}_0^* + \mu \dot{\boldsymbol{H}}_0 \cdot \dot{\boldsymbol{H}}_0^*)\mathrm{d}V} \tag{6.8.11}$$

显然，式(6.8.11)中分母是谐振腔中储存的总电磁能量，分子与微扰所引起的 ΔV 中电磁能量的改变有关。微扰所引起的 ΔV 中电磁能量的改变可大于零或小于零，

这取决于微扰的位置以及 ΔV 是大于零或小于零。

如果 V 为减小(向内微扰),且微扰处的磁场较强而电场较弱,则谐振角频率将升高;如果微扰处的电场较强而磁场较弱,则谐振角频率将降低。如果 V 为增大(向外微扰),则发生与前面情况相反的变化。这是一个重要的微扰定理。

作为一个例子,考虑一个长度为 $\frac{\lambda}{2}$ 的同轴传输线,两端用短路片封闭起来(图6.8.2)。如果将金属边界在 A 点推入,这里的磁场较强,结果是减少了线的平均长度。很明显,在这种情况下,谐振角频率增加。另一方面,如果在 B 点将边界推入,这里的电场较强,其影响是使传输线的中心增加了额外电容,因而就降低了谐振角频率。

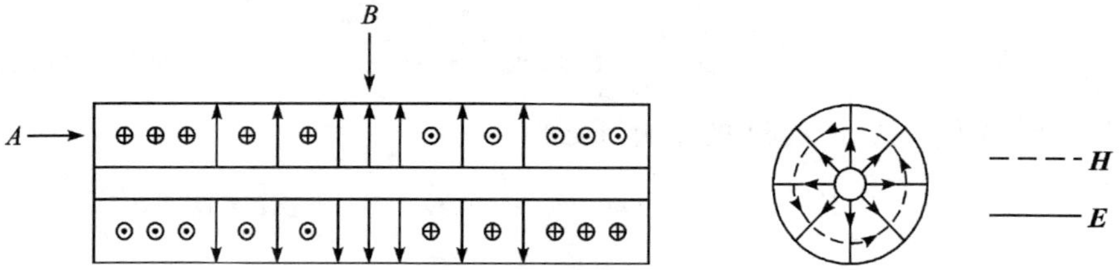

图 6.8.2 边界微扰的解释[9]

如果这样来考虑图 6.8.2 所示的问题,它不仅能得到同样的结果,而且十分容易理解。假设它具有理想导电壁并且介质没有损耗,以及谐振腔最初在它的最低波型振荡(见图 6.8.2 中所示)。那么,壁上的一个小形变不会显著地改变腔中储存的电磁能量,因为这些能量是被封闭在理想导电壁的内部,并且其中没有损耗。很显然,电磁能量只能以振荡的形式存在着,并且由于形变可以任意小,则根据物理概念,在新的边界下,大部分振荡波型在形变后,仍保持着可能的最低波型。因此,如果在 A 点处将边界推入,同轴线实际上被缩短,那么,振荡频率就会增加。

如果考虑整块板 A 以均匀速度缓慢地移动进去,则这种长度改变引起频率改变的机理就会显得更容易理解。把线上的驻波分解为向相反方向前进的两个相同行波,就会看到从右面来的到达 A 处的波,在被反射后,跟着 A 向内运动,它将得到一个连续的超前相位。角频率为 ω 和相位为 ϕ 的正弦振荡的时间因子为 $e^{j(\omega t+\phi)}$,如果使 ϕ 随时间是均匀地增加,即 $\phi = at$(a 是一个常数),那么正弦振荡的时间因子变为 $e^{j(\omega+a)t}$。显然,均匀地相位超前相当于在角频率 ω 上增加一个常数 a。另一方面,也可以把从运动着的板 A 上反射回来的波的频率变化看成是由多普勒(Doppler)效应所引起的。如果板是向内运动,即向着入射波移动,则频率会增高,反之则降低。

上述微扰定理的一个有用的推论是,能够确定波导横截面的微扰所引起的波导相速的变化。即如果在强磁场一点处将腔壁横向推入,则在其临近处的相速就会增加；反之，在强电场一点处将腔壁横向推入，则在其临近处的相速就会降低。这里以矩形谐振腔为例来说明这个推论。最低波型的谐振频率是与波导波长 $\lambda_g = 2l$ 相对应的，其中，l 是波导的长度。而 $f\lambda_g = v_p$，v_p 是相速，所以 $2lf = v_p$。由于形变发生在横截面上，所以 l 是常数，则 f 的增加也就是 v_p 的增加。在两端封闭，工作在 TE_{01} 波型的矩形波导情况下，靠近波导的窄边磁场是强的而电场是相当地小的。因此，由上述定理，全部窄边向内作一无穷小移动就会增加谐振角频率，因而相速也会增加。如果利用波导相速的公式 $v_p = \dfrac{v}{\sqrt{1-[\lambda/(2b)]^2}}$，也能得到这个结果。

例如，尺寸为 $a\times b\times l$ 的矩形谐振腔，在中央壁上改变一小圆柱体，如图 6.8.3 所示。由于在 ΔS 处电场最大，磁场为零，所以微扰引起的能量改变为 $\left(-\dfrac{1}{2}\varepsilon\mid\dot{\boldsymbol{E}}_0\mid^2\pi r^2 d\right)$。其中，小圆柱体的半径为 r，高度为 d。在谐振腔中，对主模振荡，储存的总电磁能量为 $\dfrac{\varepsilon abl}{4}\mid\dot{\boldsymbol{E}}_0\mid^2$。因此，由微扰引起的谐振角频率改变为

$$\frac{\Delta\omega}{\omega_0}=\frac{-\dfrac{1}{2}\varepsilon\mid\dot{\boldsymbol{E}}_0\mid^2\pi r^2 d}{\dfrac{\varepsilon abl}{4}\mid\dot{\boldsymbol{E}}_0\mid^2}=-\frac{2\pi r^2 d}{abl}$$

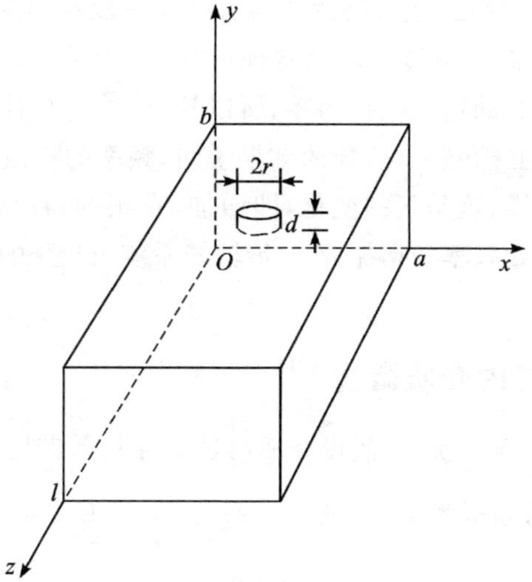

图 6.8.3　TE_{101} 模矩形谐振腔壁的微扰[4]

下面介绍电路理论中的电抗定理对包括谐振腔在内的系统的推广。这个定理可叙述如下：对于用任何方法与一个谐振腔耦合起来的传输线，只要所有元件都是无损耗的，那么，其输入电抗随频率变化具有正的斜率。这个定理已有严格的证明，但这已超出本书的范围，因为要涉及到一般热力学的关系。然而，这个定理是有着

重要经典意义的。从微扰原理来说明这个定理,会使理解变得容易一些。考虑一个与同轴线耦合的谐振腔 C,如图 6.8.4 所示,它在工作频率下只能存在 TEM 波。假设在整个系统中没有损耗,并且在最低波型下振荡,在 A 处有一个短路活塞。如果考虑同轴线上任一横截面 P,则为了使自由振荡能够继续不断,在 P 处向右看和向左看的输入电抗必须大小相等却符号相反。

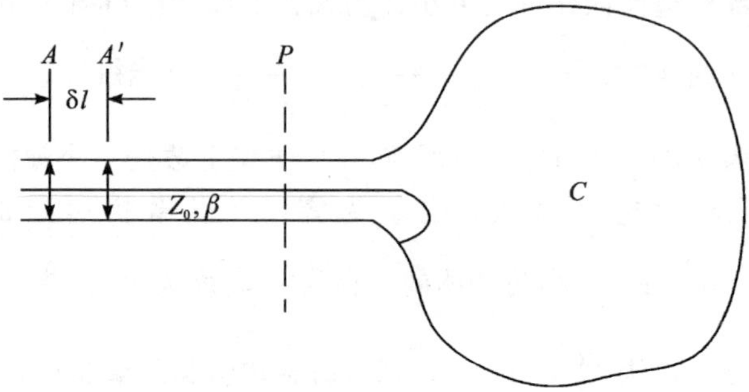

图 6.8.4 耦合到谐振腔的同轴线[9]

在与 A 处的活塞平面距离为 δl 的平面 A' 处,向左看的输入电抗是 $jZ_0\tan\beta\delta l$,如果 δl 是足够小,则这个电抗的值是正的。于是,从 A' 处向右看的传输线的输入电抗必须是 $-jZ_0\tan\beta\delta l$。现在,让短路活塞向右移动一段距离 δl,使得它的表面与平面 A' 相重合。应用前面介绍过的微扰定理可知,这个系统的振荡频率会增高。现在,从平面 A' 处向左看的输入电抗为零,所以从 A' 处向右看的传输线的输入电抗在这个较高频率时也必须是零。这样的结果说明,频率的稍微增加使传输线的输入电抗从一个负值变为零,这是正的变化,即增加,有正的斜率。因此,对于任何没有损耗的工作在任意初始频率的谐振腔－传输线系统,已经说明了这个定理所叙述的事实的真实性。

6.8.2 谐振腔内介质微扰[3,4]

如图 6.8.5 所示,在微扰前,假设介质参数为 μ 和 ε,谐振腔的体积为 V 和外表面面积为 S,其谐振角频率为 ω_0。电磁场分布为 $\dot{\boldsymbol{E}}_0$ 和 $\dot{\boldsymbol{H}}_0$,且满足电磁场基本方程,即

$$\left.\begin{aligned}\nabla\times\dot{\boldsymbol{E}}_0&=-j\omega_0\mu\dot{\boldsymbol{H}}_0\\\nabla\times\dot{\boldsymbol{H}}_0&=j\omega_0\varepsilon\dot{\boldsymbol{E}}_0\end{aligned}\right\}\tag{6.8.12}$$

在谐振腔内介质受到微扰后,腔内有一小体积 ΔV(其内壁面积为 ΔS),介质参数为 μ_1 和 ε_1。微扰后,腔的谐振角频率为 ω,而腔内的电磁场分布 $\dot{\boldsymbol{E}}$ 和 $\dot{\boldsymbol{H}}$,且满足电磁场基本方程,即

$$\left.\begin{aligned}\nabla\times\dot{\boldsymbol{E}}&=-\mathrm{j}\omega\mu\dot{\boldsymbol{H}}\\ \nabla\times\dot{\boldsymbol{H}}&=\mathrm{j}\omega\varepsilon\dot{\boldsymbol{E}}\end{aligned}\right\}\ (\text{在 }\Delta V\text{ 外})\tag{6.8.13}$$

$$\left.\begin{aligned}\nabla\times\dot{\boldsymbol{E}}&=-\mathrm{j}\omega\mu_1\dot{\boldsymbol{H}}\\ \nabla\times\dot{\boldsymbol{H}}&=\mathrm{j}\omega\varepsilon_1\dot{\boldsymbol{E}}\end{aligned}\right\}\ (\text{在 }\Delta V\text{ 内})\tag{6.8.14}$$

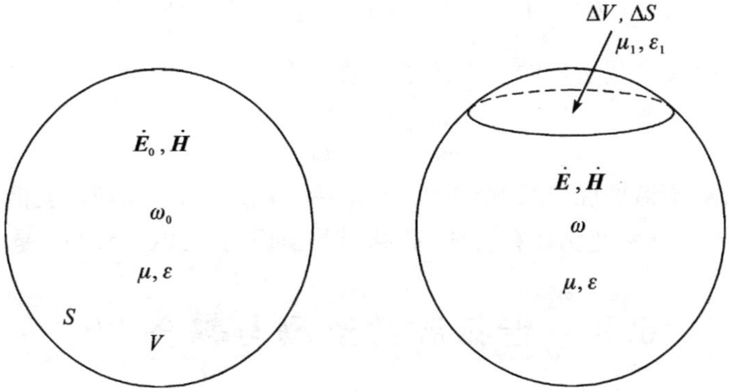

(a) 未微扰腔　　(b) 微扰腔

图 6.8.5　谐振腔内介质微扰[3]

根据以上式(6.8.12)、式(6.8.13) 和式(6.8.14)，对下式进行矢量运算和积分：

$$\int_V[(\dot{\boldsymbol{E}}_0^*\cdot\nabla\times\dot{\boldsymbol{H}}+\dot{\boldsymbol{E}}\cdot\nabla\times\dot{\boldsymbol{H}}_0^*)-(\dot{\boldsymbol{H}}_0^*\cdot\nabla\times\dot{\boldsymbol{E}}+\dot{\boldsymbol{H}}\cdot\nabla\times\dot{\boldsymbol{E}}_0^*)]\mathrm{d}V$$

利用矢量公式$\nabla\cdot(\boldsymbol{A}\times\boldsymbol{B})=\boldsymbol{B}\cdot\nabla\times\boldsymbol{A}-\boldsymbol{A}\cdot\nabla\times\boldsymbol{B}$和散度定理，并注意到在面 S 上的边界条件为

$$\boldsymbol{n}\times\dot{\boldsymbol{E}}=0\tag{6.8.15}$$

同时，作这样 3 点近似：(1) 在 $V-\Delta V$ 上的积分近似以 V 上的积分来代替；(2)$\omega\varepsilon_1-\omega_0\varepsilon\approx\omega_0(\varepsilon_1-\varepsilon)$；(3)$\omega\mu_1-\omega_0\mu\approx\omega_0(\mu_1-\mu)$。最后，可以得到

$$\frac{\omega-\omega_0}{\omega_0}=-\frac{\int_{\Delta V}[(\varepsilon_1-\varepsilon)\dot{\boldsymbol{E}}_0^*\cdot\dot{\boldsymbol{E}}+(\mu_1-\mu)\dot{\boldsymbol{H}}_0^*\cdot\dot{\boldsymbol{H}}]\mathrm{d}V}{\int_V(\varepsilon\dot{\boldsymbol{E}}_0^*\cdot\dot{\boldsymbol{E}}+\mu\dot{\boldsymbol{H}}_0^*\cdot\dot{\boldsymbol{H}})\mathrm{d}V}\tag{6.8.16}$$

因为 ΔV 很小，可以近似认为在 V 内 $\dot{\boldsymbol{E}}\approx\dot{\boldsymbol{E}}_0$ 和 $\dot{\boldsymbol{H}}\approx\dot{\boldsymbol{H}}_0$；同样，在 ΔV 内也取 $\dot{\boldsymbol{E}}\approx\dot{\boldsymbol{E}}_0$ 和 $\dot{\boldsymbol{H}}\approx\dot{\boldsymbol{H}}_0$，则上式(6.8.16) 可以简化为

$$\frac{\omega-\omega_0}{\omega_0}=-\frac{\int_{\Delta V}[\Delta\varepsilon\dot{\boldsymbol{E}}_0^*\cdot\dot{\boldsymbol{E}}_0+\Delta\mu\dot{\boldsymbol{H}}_0^*\cdot\dot{\boldsymbol{H}}_0]\mathrm{d}V}{\int_V(\varepsilon\dot{\boldsymbol{E}}_0^*\cdot\dot{\boldsymbol{E}}_0+\mu\dot{\boldsymbol{H}}_0^*\cdot\dot{\boldsymbol{H}}_0)\mathrm{d}V}\tag{6.8.17}$$

显然，式(6.8.17) 中分母是谐振腔中储存的总电磁能量，分子与微扰所引起的 ΔV

中电磁能量的改变有关。当 $\Delta\varepsilon > 0$ 和 $\Delta\mu > 0$ 时，引起谐振角频率下降。例如，在图 6.8.3 所示矩形谐振腔的中央，放置 $\mu = \mu_0$ 和 $\varepsilon = \varepsilon_0 + \Delta\varepsilon$ 的介质细杆，杆的半径为 r，长为 b。因为在腔的中央电场最大，磁场为零，所以有

$$\int_{\Delta V} \Delta\varepsilon \dot{\boldsymbol{E}}_0^* \cdot \dot{\boldsymbol{E}}_0 \mathrm{d}V = \frac{1}{2}\Delta\varepsilon \mid \dot{\boldsymbol{E}}_0 \mid^2 \pi r^2 b$$

$$\int_V (\varepsilon \dot{\boldsymbol{E}}_0^* \cdot \dot{\boldsymbol{E}}_0 + \mu \dot{\boldsymbol{H}}_0^* \cdot \dot{\boldsymbol{H}}_0) \mathrm{d}V = \frac{1}{4}\varepsilon \mid \dot{\boldsymbol{E}}_0 \mid^2 abl$$

最后，得到由介质微扰引起的谐振角频率改变为

$$\frac{\Delta\omega}{\omega_0} = -\frac{2\Delta\varepsilon\pi r^2}{\varepsilon a l}$$

实际上，对于谐振腔壁微扰，可以令 $\mu_1 = 0$ 代入式(6.8.16)，就能得到谐振腔壁微扰的谐振角频率变化计算公式。其结果与前面的公式(6.8.11) 是一样的。

6.9 谐振腔的激励与耦合[4,7]

当将谐振腔应用于微波系统中时，它必须有输入和(或) 输出端口，这样才能便于它与外部联系或耦合。当将外部能源耦合到谐振腔中时，在其中会激励起所需要的振荡模式，使微波系统中能够利用此谐振特性；当谐振腔与负载连接时，谐振腔中的电磁能量将被耦合到外部负载。谐振腔的激励以及和外部耦合的方式与腔的类型有关。常用的激励和耦合方式有直接耦合、环耦合、探针耦合和小孔耦合。图 6.9.1 所示是几种波导形谐振腔和同轴腔的耦合装置的例子。

直接耦合常见于微波滤波器中，如图 6.9.1(a) 和(b) 所示，它们分别是通过微带间隙电容和波导中的膜片进行耦合。在直接耦合结构中，电磁波经传输线耦合到谐振腔的过程中，不会因耦合结构而改变模式，耦合结构只起变换器作用。

探针耦合和环耦合常用于谐振腔与同轴线之间的耦合，如图 6.9.1(c) 和(d) 所示。由于耦合结构很小，可以认为探针或环处的电场或磁场是均匀的。探针在电场作用下成为一个电偶极子，通过电偶极子电矩作用，使谐振腔与同轴线相耦合，所以探针耦合又称为电耦合。环在磁场作用下称为一个磁偶极子，通过磁矩作用，使谐振腔与同轴线相耦合，所以环耦合又称为磁耦合。孔耦合常用于谐振腔与波导之间的耦合，如图 6.9.1(e)、(f) 和(g) 所示。其中，图 6.9.1(e) 的耦合为磁耦合；如果耦合孔很小，图 6.9.1(f) 的耦合也为磁耦合；图 6.9.1(g) 的耦合也为磁耦合。可以看到，谐振腔与波导之间的孔耦合主要是磁耦合，因为在小孔处波导壁附近磁场比较强，而小孔中的模式主要是 TM_{01} 模。

值得指出的是，耦合与激励的本质是一样的。适当地选择激励或耦合装置，可以抑制某些非工作模式，而激励起所需要的振荡模式。当谐振腔与外部耦合后，它的特性将会发生一些改变。外部元件或电路的存在将在谐振腔中引入电抗，使谐振

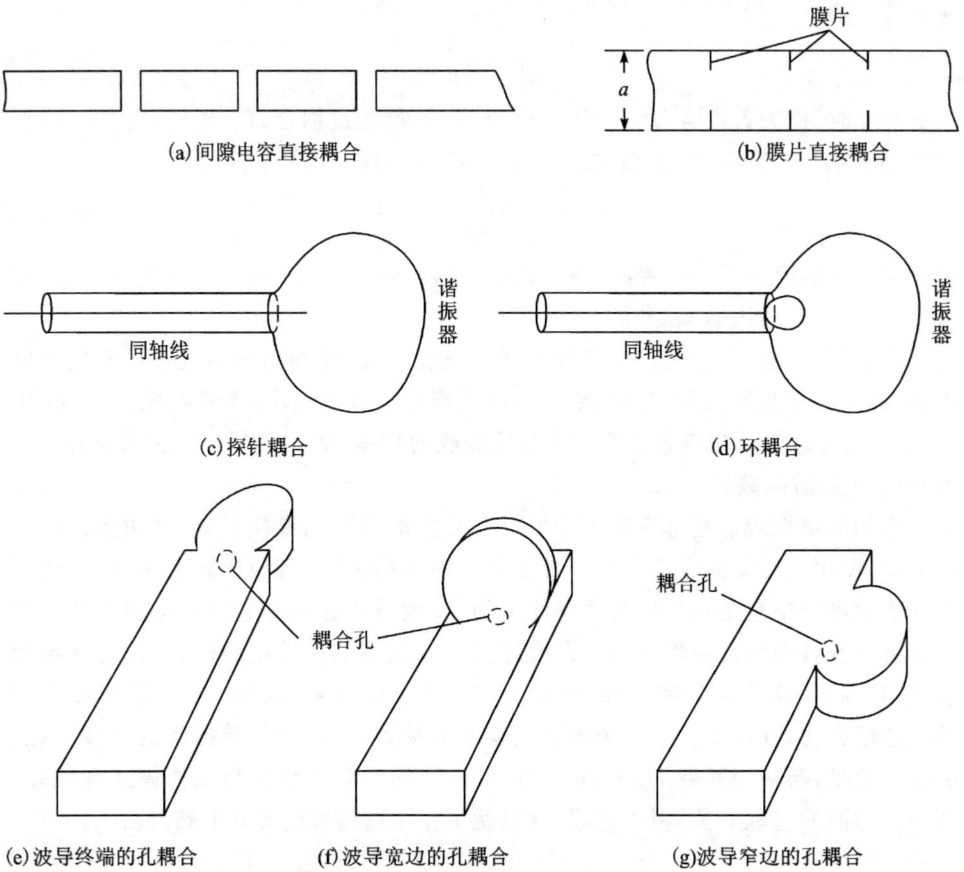

图 6.9.1　谐振腔耦合装置例子[7]

腔原来的谐振角频率改变,原来的谐振腔产生失谐。同时,外电路耦合了一部分能量,对谐振腔相当于引入了电阻,使谐振腔的品质因数下降。如果负载损耗功率为 P_r,谐振腔本身损耗功率为 P_l,则有外电路耦合时的谐振腔品质因数称为总品质因数 Q_t,其表达式为

$$Q_t = \frac{\omega_0 W_r}{P_l + P_r}$$

或

$$\frac{1}{Q_t} = \frac{1}{Q} + \frac{1}{Q'} \tag{6.9.1}$$

式中,Q 没有考虑负载的影响,所以称之为谐振腔的无载品质因数或固有品质因数,Q' 称为外观(界)品质因数。

可以看出,总有 $Q_t < Q$。当谐振腔与负载耦合很弱时,Q_t 接近于 Q。一般地,为

了描述谐振腔与负载的耦合程度，引入谐振腔的耦合系数 β，其定义为

$$\beta = \frac{Q}{Q'} \tag{6.9.2}$$

当 $\beta < 1$ 时，称为欠耦合，$P_r < P_l$；当 $\beta > 1$ 时，称为过耦合，$P_r > P_l$；当 $\beta = 1$ 时，称为临界耦合，$P_r = P_l$。总品质因数 Q_t 与耦合系数 β 的关系为

$$Q_t = \frac{QQ'}{Q + Q'} = \frac{Q}{1 + \beta} \tag{6.9.3}$$

耦合系数 β 的值与耦合装置的形状、大小和耦合位置有关。在 Q 一定的情况下，耦合愈强，则总品质因数 Q_t 愈低。

负载损耗功率不仅与耦合装置的耦合程度有关，还与负载系统中的匹配程度有关。在计算总品质因数 Q_t 时，要同时说明耦合负载的情况。通常在式(6.9.1) 中的 P_r 是指与谐振腔相耦合的匹配负载所吸收的功率，Q' 也是指匹配负载条件下的外观(界) 品质因数。

实用的谐振腔总是具有输入输出耦合装置的复杂的谐振系统，其边界条件比较复杂，要用电磁场的方法严格分析是相当困难的。从工程应用角度来考虑，谐振腔在微波电路中总是作为振荡回路使用的，一般感兴趣的是它对外电路所呈现的谐振特性及其他外部特性。因此，在设计包含谐振腔的微波电路时，我们自然希望能将谐振腔等效成集中参数 LC 回路。这样，对于任何复杂的谐振腔，就可以应用等效电路方法，并可用测量方法来确定其基本参数，从而分析谐振腔的特性。但需要指出的是，与集中参数 LC 回路不同，谐振腔的等效电路除与工作模式有关外，还与参考面的选取有关。限于篇幅，这里就不介绍谐振腔的等效电路方法了。

习 题

6.1 证明由 $x = 0, x = a, y = 0$ 和 $y = b$ 平面的导体板所形成的二维(无 z 向变化) 谐振器的谐振频率与矩形波导的截止频率相等。

6.2 证明二维圆柱形谐振腔(无 z 向变动，导体是在 $\rho = a$ 的柱面) 的谐振频率等于圆波导的截止频率。

6.3 计算半径为 a 的球形谐振腔 TE_{101} 模式振荡时的品质因数。

6.4 一具有正方形底和高为 l 的矩形波导谐振腔中，厚度为 d 的薄介质片置于腔底。试用微扰法计算其谐振角频率的改变为 $\dfrac{\Delta\omega}{\omega_0} = -\dfrac{1}{2}(\varepsilon_r - 1)\dfrac{d}{l}$。

6.5 圆柱形谐振腔的圆半径 $a = 2$ cm，长度 $d = 6$ cm。谐振腔壁的材料为铜(电导率为 5.8×10^7 S/m)。腔内介质的介电常数 $\varepsilon = (2.5 - j0.0001)\varepsilon_0$，磁导率为 μ_0。试求工作于 TE_{111} 模式振荡时的谐振角频率和品质因数。

6.6 矩形谐振腔的尺寸为 $a \times b \times c = 3\ \text{cm} \times 5\ \text{cm} \times 5\ \text{cm}$，谐振腔壁的材料为铜

(电导率为 5.8×10^7 S/m)。如果在该谐振腔中激励 TE_{101} 模式振荡,其中充以空气,试求谐振角频率和固有品质因数。

6.7　一个圆柱形谐振腔的圆半径 $a=2$ cm,长度 $d=4$ cm。(1) 若工作模式为 TM_{010},求其谐振角频率。(2) 如果腔内为空气,腔壁的材料为铜(电导率为 5.8×10^7 S/m),求其固有品质因数。

6.8　$\lambda/2$ 同轴圆柱形谐振腔的长度为 $l=5$ cm,外导体内半径 $b=1.2$ cm,内导体半径 $a=0.4$ cm,腔壁的材料为铜(电导率为 5.8×10^7 S/m)。求其固有品质因数。

6.9　在直径为 $2a=3.81$ cm,长度 $l=2.54$ cm 的 TE_{010} 模圆柱形谐振腔顶盖中央旋入一个小金属螺钉,小金属螺钉的体积 ΔV 为谐振腔体积的 3%。试求螺钉旋入后的谐振角频率。

6.10　在半径为 a、长度为 l 的 TM_{010} 模式同轴圆柱形谐振腔中心轴线上,放置一半径为 r_0 和长度为 l_0 的介质棒,其介电常数为 ε。试求谐振角频率微扰计算公式。

6.11　在矩形谐振腔中,对于给定的振荡模式,例如 TE_{mnl} 或 TM_{mnl},是否存在长边与短边的最佳比值,以获得较高的谐振角频率?

6.12　考虑有一导电劈的圆柱形谐振腔,如习题 6.12 图所示。在小 d 情况下,证明主模式的谐振角频率是

$$\omega_0=\frac{w}{a\sqrt{\mu\varepsilon}}$$

式中,w 是 $J_v(w)=0$ 的第一个根,而 $v=\dfrac{\pi}{(2\pi-\phi_0)}$。$w$ 的若干代表值是

v	0.5	0.6	0.7	0.8	0.9	1.0
w	3.14	3.28	3.42	3.56	3.70	3.83

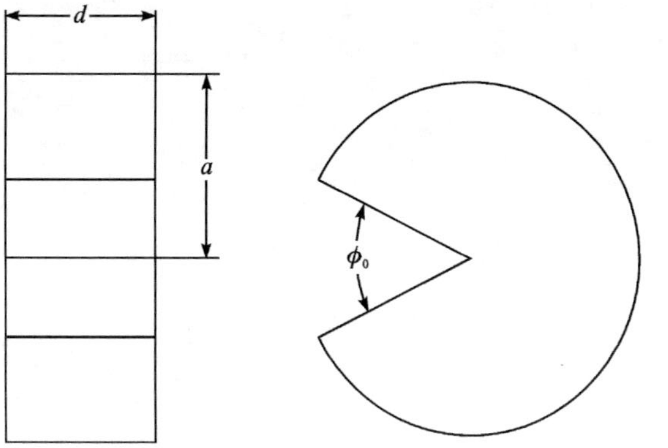

习题 6.12 图　在圆谐振腔内的劈

参考文献

[1] HARRINGTON R F. Time-Harmonic Electromagnetic Fields [M]. New York:McGraw-Hill Book Co. ,Inc. ,1961.

[2] 冯慈璋,马西奎.工程电磁场导论 [M].北京:高等教育出版社,2000.

[3] 李绪益.电磁场与微波技术 [M]. 2版.广州:华南理工大学出版社,2000.

[4] 傅君眉,冯恩信.高等电磁理论 [M].西安:西安交通大学出版社,2000.

[5] 杨儒贵.高等电磁理论 [M].北京:高等教育出版社,2008.

[6] 张克潜,李德杰.微波与光电子学中的电磁理论 [M].北京:电子工业出版社,1994.

[7] 廖承恩.微波技术基础 [M].北京:国防工业出版社,1984.

[8] 马西奎.复杂电磁场边值问题分域变量分离方法 [M].北京:科学出版社,2016.

[9] 巴娄,柯伦.微波测量 [M].伍仁,译.北京:科学出版社,1961.

第 7 章　格林函数方法

在某些场合中，应用格林函数处理电磁场问题能使解的表达式更加简洁，处理方法更为巧妙；更有意义的是，引入格林函数的主要目的是建立积分方程。从物理含义和数学形式来说，格林函数是一种普遍的概念，相应的方法也是一种具有普遍意义的方法。这一章将比较系统地论述格林函数的原理和解法，重点阐述建立格林函数的各种数理方法以及它们之间的联系。

7.1　格林函数和狄拉克 δ 函数简述

从数学上讲，一个单位源的方程的解被称为格林函数。而从电磁场理论上来看，一个单位源所产生的场被称为格林函数。对于线性媒质中的电磁场问题，我们首先考察一点（即仅在一点上的值非零）的干扰——“点源”所对应的解，并把连续分布的干扰——“连续分布场源”看成离散的分布点源的极限，而把它们的影响叠加起来，从而找到问题的解。把这种方法称为点源影响函数法，通常称作格林函数法。可以看出，格林函数法是先找出与给定问题的边界相同，但边界条件更简单的单位点源的解——格林函数，通过叠加原理来求边界相同，而边界条件和场源分布都更为复杂问题的解。这常常是研究复杂现象的基本手段。在进一步讨论之前，我们先介绍点源的概念及其数学表示。

7.1.1　点源的概念及其数学表示

在物理上来说，如果将一个点质量或一个点电荷看作是一个单位点源，是指当体积收缩为一点时密度和体积的乘积是有限值。从数学上看，这是指当体积变为“0”时其密度变为无限大。因为它们的积是一个常数，所以可任意选择该常数为 1。因此，我们就得到一个单位点源，其密度函数称为狄拉克 δ 函数。在数学上已经证明，δ 函数可以看作某些古典函数的广义极限。常常用其“筛”或“取样”的特性来定义 δ 函数，即

$$\int_V f(\boldsymbol{r})\delta(\boldsymbol{r}-\boldsymbol{r}_0)\mathrm{d}V=\begin{cases}f(\boldsymbol{r}_0) & (\boldsymbol{r}_0\ 在\ V\ 中)\\ 0 & (\boldsymbol{r}_0\ 不在\ V\ 中)\end{cases}\tag{7.1.1}$$

式中，$f(\boldsymbol{r})$ 可以是标量函数或是矢量函数。但是，$f(\boldsymbol{r})$ 必须在 $\boldsymbol{r}_0$ 点上有定义。表 7.1.1 中给出了三种不同坐标系下 δ 函数的表达式。

表 7.1.1　在三种不同坐标系下 δ 函数的表达式[1]

坐标系	δ 函数表达式		
直角坐标	$\delta(x,y,z)$	$\delta(x,y)$	$\delta(x)$
	$\delta(x-x_0)\delta(y-y_0)\delta(z-z_0)$	$\delta(x-x_0)\delta(y-y_0)$	$\delta(x-x_0)$
圆柱坐标	$\delta(\rho,\phi,z)$	$\delta(\rho,z)$	$\delta(\rho)$
	$\frac{1}{\rho}\delta(\rho-\rho_0)\delta(\phi-\phi_0)\delta(z-z_0)$	$\frac{1}{2\pi\rho}\delta(\rho-\rho_0)\delta(z-z_0)$	$\frac{1}{2\pi\rho}\delta(\rho-\rho_0)$
球坐标	$\delta(r,\theta,\phi)$	$\delta(r,\theta)$	$\delta(r)$
	$\frac{1}{r^2\sin\theta}\delta(r-r_0)\delta(\theta-\theta_0)\delta(\phi-\phi_0)$	$\frac{1}{2\pi r^2\sin\theta}\delta(r-r_0)\delta(\theta-\theta_0)$	$\frac{1}{4\pi r^2}\delta(r-r_0)$

例如，若在 $\boldsymbol{r}'$ 处有一点电荷 q，则其电荷密度可写为

$$\rho(\boldsymbol{r}) = q\delta(\boldsymbol{r}-\boldsymbol{r}') = \begin{cases} 0 & (\boldsymbol{r}\neq\boldsymbol{r}') \\ +\infty & (\boldsymbol{r}=\boldsymbol{r}') \end{cases} \tag{7.1.2}$$

显然，

$$\int_V \rho(\boldsymbol{r}-\boldsymbol{r}')\mathrm{d}V = \int_V q\delta(\boldsymbol{r}-\boldsymbol{r}')\mathrm{d}V = q$$

所以式(7.1.2)正确地描写了一个点电荷的电荷分布。同理，处于 $\boldsymbol{r}'$ 处的单位电荷的电荷密度为

$$\rho(\boldsymbol{r}) = \delta(\boldsymbol{r}-\boldsymbol{r}') \tag{7.1.3}$$

$\delta(x)$ 函数定义为除了原点外 $\delta(x)$ 的值为零，且它具有如下几点性质[2]：

(1) $x\delta(x) = 0$

(2) $\delta(-x) = \delta(x)$

(3) $\int_{-\infty}^{+\infty} f(x)\delta(ax-b)\mathrm{d}x = \frac{1}{a}f\left(\frac{b}{a}\right)$

(4) $\int_{-\infty}^{+\infty} \delta'(x)f(x)\mathrm{d}x = -\int_{-\infty}^{+\infty}\delta(x)f'(x)\mathrm{d}x = -f'(0)$

(5) $\int_{-\infty}^{+\infty} \delta^{(n)}(x)f(x)\mathrm{d}x = (-1)^n \left.\frac{\mathrm{d}^n f}{\mathrm{d}x^n}\right|_{x=0}$

(6) $u'(x) = \delta(x)$（$u(x)$ 是单位阶跃函数）

例 7.1.1　在圆柱坐标系下和球坐标系下分别用 δ 函数表示带电量为 q 的点电荷的空间分布密度 ρ。

解　在圆柱坐标系下，点电荷 q 的空间分布密度可表示成

$$\rho(r,\phi,z) = \frac{q\delta(r-r_0)\delta(\phi-\phi_0)\delta(z-z_0)}{r} \tag{7.1.4}$$

请注意到，在这里为避免与电荷体密度 ρ 混淆起见，将圆柱坐标系中的坐标 ρ 改为

r，如果在后面各节中遇到电荷体密度ρ与圆柱坐标系中的坐标ρ同时出现的情况，亦采用这种表示方法。在球坐标系下，点电荷 q 的空间分布密度可表示成

$$\rho(r,\theta,\phi) = \frac{q\delta(r-r_0)\delta(\theta-\theta_0)\delta(\phi-\phi_0)}{r^2\sin\theta} \tag{7.1.5}$$

如果把以上两个表达式乘以相应坐标系的元体积 $\mathrm{d}V$，然后积分，都将得到点电荷 q。

此外，(1) 如果有一随坐标 z 而变的线密度$\tau(z)$，平行于 z 轴，且通过点(r_0,ϕ_0,z_0)，则体密度可表示成

$$\rho(r,\phi,z) = \frac{\tau(z)\delta(r-r_0)\delta(\phi-\phi_0)}{r} \tag{7.1.6}$$

(2) 如果在 $r=a$ 球面上，存在面电荷 $\sigma(\theta,\phi)$，则体密度可表示成

$$\rho(r,\theta,\phi) = \sigma(\theta,\phi)\delta(r-a) \tag{7.1.7}$$

7.1.2　格林函数

前面已说过，格林函数是指一个单位点源在一定边界条件下所产生的效果。格林函数一般用 $G(\boldsymbol{r},\boldsymbol{r}')$ 表示，它代表在 $\boldsymbol{r}'$ 处的一个单位正点源在 $\boldsymbol{r}$ 处所产生的效果。例如，对于正弦电磁场来说，设给定区域 V 中的场源分布 $\dot{f}(\boldsymbol{r})$，那么该区域中的边值问题可表示为

$$\nabla^2\dot{\psi}(\boldsymbol{r}) + k^2\dot{\psi}(\boldsymbol{r}) = -\dot{f}(\boldsymbol{r}) \quad (\text{在 } V \text{ 中}) \tag{7.1.8}$$

$$\left[\alpha\dot{\psi}(\boldsymbol{r}) + \beta\frac{\partial\dot{\psi}(\boldsymbol{r})}{\partial n}\right]\Bigg|_S = \dot{g}(\boldsymbol{r}) \tag{7.1.9}$$

式(7.1.8) 为标量 $\dot{\psi}(\boldsymbol{r})$ 在区域 V 中所满足的非齐次标量亥姆霍兹方程，其中 k 为常数。式(7.1.9) 为标量$\dot{\psi}(\boldsymbol{r})$ 在区域V的闭合边界上所应满足的边界条件，$\dot{g}(\boldsymbol{r})$ 为已知函数，其中 α 和 β 不同时为零。

若函数 $G(\boldsymbol{r},\boldsymbol{r}')$ 满足下列边值问题：

$$\nabla^2 G(\boldsymbol{r},\boldsymbol{r}') + k^2 G(\boldsymbol{r},\boldsymbol{r}') = -\delta(\boldsymbol{r}-\boldsymbol{r}') \tag{7.1.10}$$

$$\left[\alpha G(\boldsymbol{r},\boldsymbol{r}') + \beta\frac{\partial G(\boldsymbol{r},\boldsymbol{r}')}{\partial n}\right]\Bigg|_S = 0 \tag{7.1.11}$$

那么，$G(\boldsymbol{r},\boldsymbol{r}')$ 就代表位于 r' 的单位点源在给定边界条件式(7.1.11) 下在 r 处产生的场，称 $G(\boldsymbol{r},\boldsymbol{r}')$ 为格林函数。不同微分方程定义的格林函数具有不同的结构，式(7.1.10) 定义的格林函数 $G(\boldsymbol{r},\boldsymbol{r}')$ 称为非齐次标量亥姆霍兹方程的格林函数。此外，对于不同的边界条件，$G(\boldsymbol{r},\boldsymbol{r}')$ 也会取不同的形式。

根据齐次边界条件式(7.1.11) 的不同形式，可将格林函数分为以下 3 类[2-4]。

(1) 当式(7.1.11) 中 $\alpha\neq 0,\beta=0$ 时，在这种边界 S 上格林函数$G(\boldsymbol{r},\boldsymbol{r}')$ 的数值为零，称 $G(\boldsymbol{r},\boldsymbol{r}')$ 为第一类边值问题的格林函数。

(2) 当式(7.1.11) 中 $\alpha=0,\beta\neq 0$ 时，则在边界 S 上格林函数$G(\boldsymbol{r},\boldsymbol{r}')$ 的法向

导数为零，这种格林函数 $G(\boldsymbol{r},\boldsymbol{r}')$ 称为第二类边值问题的格林函数。

(3) 若式(7.1.11)中 α 和 β 都不为零，这种格林函数 $G(\boldsymbol{r},\boldsymbol{r}')$ 称为第三类边值问题的格林函数。

此外，若式(7.1.11)中的 $\alpha \neq 0, \beta = 0$ 发生在一部分边界上，而在剩余边界上 $\alpha = 0, \beta \neq 0$，这种格林函数 $G(\boldsymbol{r},\boldsymbol{r}')$ 称为混合边值问题的格林函数。

值得指出的是，有限体积区域 V 内的各类格林函数，其形式决定于边界 S 的形状和大小。对于自由空间，其格林函数满足有限性条件和辐射条件

$$\lim_{R\to+\infty} RG(\boldsymbol{r},\boldsymbol{r}') = \text{有限值} \tag{7.1.12}$$

和

$$\lim_{R\to+\infty} R\left(\frac{\partial G(\boldsymbol{r},\boldsymbol{r}')}{\partial R} + \mathrm{j}kG(\boldsymbol{r},\boldsymbol{r}')\right) = 0 \tag{7.1.13}$$

式中，$R = |\boldsymbol{r} - \boldsymbol{r}'|$。

7.1.3　格林函数的基本性质

了解格林函数的性质，有助于计算和应用格林函数。其主要的性质有如下两点[2-4]。

(1) 格林函数在源点 $\boldsymbol{r}'$ 处具有奇异性，在源点以外空间点则处处具有连续性。这一点不难从方程式(7.1.10)中看出。具体地说，格林函数的一阶导数在源点 $\boldsymbol{r}'$ 处具有突变性，其突变量恰好是点源 δ 函数的单位强度。

(2) 格林函数对源点 $\boldsymbol{r}'$ 和场点 $\boldsymbol{r}$ 具有偶对称性，即

$$G(\boldsymbol{r},\boldsymbol{r}') = G(\boldsymbol{r}',\boldsymbol{r}) \tag{7.1.14}$$

格林函数的对称性有着重要的物理意义，即位于 $\boldsymbol{r}'$ 的单位点源，在一定的边界条件下在 $\boldsymbol{r}$ 处产生的效果，等于位于 $\boldsymbol{r}$ 处的同样强度的点源在相同的边界条件下在 $\boldsymbol{r}'$ 处产生的效果。这就是电磁场理论中的互易性原理。

为了证明式(7.1.14)，设两个点源分别位于 $\boldsymbol{r}_1$ 和 $\boldsymbol{r}_2$ 处，则相应的格林函数 $G(\boldsymbol{r},\boldsymbol{r}_1)$ 和 $G(\boldsymbol{r},\boldsymbol{r}_2)$ 分别满足下列问题：

$$\nabla^2 G(\boldsymbol{r},\boldsymbol{r}_1) + k^2 G(\boldsymbol{r},\boldsymbol{r}_1) = -\delta(\boldsymbol{r} - \boldsymbol{r}_1) \tag{7.1.15}$$

$$\nabla^2 G(\boldsymbol{r},\boldsymbol{r}_2) + k^2 G(\boldsymbol{r},\boldsymbol{r}_2) = -\delta(\boldsymbol{r} - \boldsymbol{r}_2) \tag{7.1.16}$$

用 $G(\boldsymbol{r},\boldsymbol{r}_2)$ 乘以方程式(7.1.15)两边，$G(\boldsymbol{r},\boldsymbol{r}_1)$ 乘以方程式(7.1.16)两边，再将所得的两式左右分别相减，且在区域 V 中积分，得到

$$\begin{aligned}\int_V [G(\boldsymbol{r},\boldsymbol{r}_2)\nabla^2 G(\boldsymbol{r},\boldsymbol{r}_1) - G(\boldsymbol{r},\boldsymbol{r}_1)\nabla^2 G(\boldsymbol{r},\boldsymbol{r}_2)]\mathrm{d}V = \\ -\int_V [G(\boldsymbol{r},\boldsymbol{r}_2)\delta(\boldsymbol{r} - \boldsymbol{r}_1) - G(\boldsymbol{r},\boldsymbol{r}_1)\delta(\boldsymbol{r} - \boldsymbol{r}_2)]\mathrm{d}V\end{aligned} \tag{7.1.17}$$

利用 δ 函数的性质和如下的格林第二公式：

$$\int_V (\Phi \nabla^2 \Psi - \Psi \nabla^2 \Phi) \mathrm{d}V = \oint_S \left(\Phi \frac{\partial \Psi}{\partial n} - \Psi \frac{\partial \Phi}{\partial n} \right) \mathrm{d}S \tag{7.1.18}$$

式(7.1.17) 将变成

$$G(\boldsymbol{r}_2, \boldsymbol{r}_1) - G(\boldsymbol{r}_1, \boldsymbol{r}_2) = \oint_S \left(G(\boldsymbol{r}, \boldsymbol{r}_2) \frac{\partial G(\boldsymbol{r}, \boldsymbol{r}_1)}{\partial n} - G(\boldsymbol{r}, \boldsymbol{r}_1) \frac{\partial G(\boldsymbol{r}, \boldsymbol{r}_2)}{\partial n} \right) \mathrm{d}S \tag{7.1.19}$$

考虑到格林函数 $G(\boldsymbol{r}, \boldsymbol{r}')$ 满足上述齐次边界条件,得

$$\left(\alpha G(\boldsymbol{r}, \boldsymbol{r}_1) + \beta \frac{\partial G(\boldsymbol{r}, \boldsymbol{r}_1)}{\partial n} \right) \bigg|_S = 0 \tag{7.1.20}$$

$$\left(\alpha G(\boldsymbol{r}, \boldsymbol{r}_2) + \beta \frac{\partial G(\boldsymbol{r}, \boldsymbol{r}_2)}{\partial n} \right) \bigg|_S = 0 \tag{7.1.21}$$

式中,α 和 β 不同时为零。因此,方程组式(7.1.20) 和式(7.1.21) 系数的行列式的值必须为零,即

$$\left[G(\boldsymbol{r}, \boldsymbol{r}_2) \frac{\partial G(\boldsymbol{r}, \boldsymbol{r}_1)}{\partial n} - G(\boldsymbol{r}, \boldsymbol{r}_1) \frac{\partial G(\boldsymbol{r}, \boldsymbol{r}_2)}{\partial n} \right] \bigg|_S = 0 \tag{7.1.22}$$

这样,式(7.1.19) 右边的面积分为零。因此,有

$$G(\boldsymbol{r}_2, \boldsymbol{r}_1) = G(\boldsymbol{r}_1, \boldsymbol{r}_2).$$

这就证明了格林函数具有偶对称性。实际上,因为 δ 函数具有偶对称性,所以格林函数 $G(\boldsymbol{r}, \boldsymbol{r}')$ 必然具有偶对称性。

7.2 用格林函数表示的一般边值问题的解

引入格林函数的意义在于:只要求出格林函数,给定问题的解就能用有限的积分形式表示,便于理论研究;格林函数的边值问题比一般边值问题简单,边界条件总是齐次的,方程的右边是 δ 函数;通过格林函数可以将微分方程和边界条件转化成积分方程,从而借助近似的数值方法求解。建立积分方程正是格林函数的主要用途之一。

现在,我们利用格林第二公式式(7.1.18),来建立方程式(7.1.8) 的解与方程式(7.1.10) 的解 $G(\boldsymbol{r}, \boldsymbol{r}')$ 之间的关系[2-4]。为此,令式(7.1.18) 中的 Ψ 就是方程式(7.1.8) 的解,即 $\Psi(\boldsymbol{r}) = \dot{\psi}(\boldsymbol{r})$,且令 $\Phi = G(\boldsymbol{r}, \boldsymbol{r}')$,代入格林第二公式,并利用方程式(7.1.8) 和方程式(7.1.10),以及 δ 函数的"筛" 性,得

$$\dot{\psi}(\boldsymbol{r}') = \int_V G(\boldsymbol{r}, \boldsymbol{r}') \dot{f}(\boldsymbol{r}) \mathrm{d}V + \oint_S \left[G(\boldsymbol{r}, \boldsymbol{r}') \frac{\partial \dot{\psi}(\boldsymbol{r})}{\partial n} - \dot{\psi}(\boldsymbol{r}) \frac{\partial G(\boldsymbol{r}, \boldsymbol{r}')}{\partial n} \right] \mathrm{d}S \tag{7.2.1}$$

然后,交换上式中的变量 $\boldsymbol{r}$ 和 $\boldsymbol{r}'$,并利用格林函数 $G(\boldsymbol{r}, \boldsymbol{r}')$ 的偶对称性,得到

$$\dot{\psi}(\boldsymbol{r})=\int_V G(\boldsymbol{r},\boldsymbol{r}')\dot{f}(\boldsymbol{r}')\mathrm{d}V'+\oint_S\left[G(\boldsymbol{r},\boldsymbol{r}')\frac{\partial\dot{\psi}(\boldsymbol{r}')}{\partial n'}-\dot{\psi}(\boldsymbol{r}')\frac{\partial G(\boldsymbol{r},\boldsymbol{r}')}{\partial n'}\right]\mathrm{d}S' \tag{7.2.2}$$

这样，在区域 V 中任一点，$\dot{\psi}(\boldsymbol{r})$ 可用格林函数 $G(\boldsymbol{r},\boldsymbol{r}')$ 及边界面 S 上的 $\dot{\psi}(\boldsymbol{r}')$ 和 $\frac{\partial\dot{\psi}(\boldsymbol{r}')}{\partial n'}$ 表示。因为给出的边界条件式(7.1.9)只是边界面 S 上 $\dot{\psi}(\boldsymbol{r}')$ 和 $\frac{\partial\dot{\psi}(\boldsymbol{r}')}{\partial n'}$ 的数值组合，并不是各自独立的数值，所以直接应用式(7.2.2)求 $\dot{\psi}(\boldsymbol{r})$ 还是有困难的，它还不是 $\dot{\psi}(\boldsymbol{r})$ 的解，实际上是 $\dot{\psi}(\boldsymbol{r})$ 的一个积分方程。但是，可以通过适当选择格林函数 $G(\boldsymbol{r},\boldsymbol{r}')$，消去两个面积分中的一个，得到仅包含 $\dot{\psi}(\boldsymbol{r}')|_S$ 或 $\left.\frac{\partial\dot{\psi}(\boldsymbol{r}')}{\partial n'}\right|_S$ 的结果，就解决了出现的问题。

(1) 对于第一类边值问题，即给定了边界面上 $\dot{\psi}(\boldsymbol{r})$ 的值，如果选取满足边界条件 $G(\boldsymbol{r},\boldsymbol{r}')|_S=0$ 的格林函数，则式(7.2.2)变成

$$\dot{\psi}(\boldsymbol{r})=\int_V G(\boldsymbol{r},\boldsymbol{r}')\dot{f}(\boldsymbol{r}')\mathrm{d}V'-\oint_S\dot{\psi}(\boldsymbol{r}')\frac{\partial G(\boldsymbol{r},\boldsymbol{r}')}{\partial n'}\mathrm{d}S' \tag{7.2.3}$$

这就是用格林函数表示的第一类边值问题的解。可以看出，只要在边界条件 $G(\boldsymbol{r},\boldsymbol{r}')|_S=0$ 下求得了格林函数 $G(\boldsymbol{r},\boldsymbol{r}')$，在边界上 $\dot{\psi}(\boldsymbol{r})|_S$ 值和区域 V 中源分布 $\dot{f}(\boldsymbol{r})$ 给定的情况下，就可以计算出区域 V 中任一点 $\boldsymbol{r}$ 的 $\dot{\psi}(\boldsymbol{r})$，因而第一类边值问题的解也就得到了。

(2) 对于第二类边值问题，即给定了边界面上 $\frac{\partial\dot{\psi}(\boldsymbol{r})}{\partial n}$ 的值，如果选取满足边界条件 $\left.\frac{\partial G(\boldsymbol{r},\boldsymbol{r}')}{\partial n}\right|_S=0$ 的格林函数，则式(7.2.2)变成

$$\dot{\psi}(\boldsymbol{r})=\int_V G(\boldsymbol{r},\boldsymbol{r}')\dot{f}(\boldsymbol{r}')\mathrm{d}V'+\oint_S G(\boldsymbol{r},\boldsymbol{r}')\frac{\partial\dot{\psi}(\boldsymbol{r}')}{\partial n'}\mathrm{d}S' \tag{7.2.4}$$

这就是用格林函数表示的第二类边值问题的解。同样，只要在边界条件 $\left.\frac{\partial G(\boldsymbol{r},\boldsymbol{r}')}{\partial n}\right|_S=0$ 下求得了格林函数 $G(\boldsymbol{r},\boldsymbol{r}')$，在边界上 $\left.\frac{\partial\dot{\psi}(\boldsymbol{r})}{\partial n}\right|_S$ 值和区域 V 中源分布 $\dot{f}(\boldsymbol{r})$ 给定的情况下，就可以计算出区域 V 中任一点 $\boldsymbol{r}$ 的 $\dot{\Psi}(\boldsymbol{r})$，因而第二类边值问题也就得到解决。

当边界 S 趋向无限远处时，区域 V 变为无限空间，格林函数 $G(\boldsymbol{r},\boldsymbol{r}')$ 转变为三维自由空间的格林函数，记为 $G_0(\boldsymbol{r},\boldsymbol{r}')$。已知 $G_0(\boldsymbol{r},\boldsymbol{r}')$ 满足辐射条件式(7.1.13)，因此若 $\dot{\psi}(\boldsymbol{r})$ 也满足辐射条件，即

$$\lim_{R\to+\infty}R\left(\frac{\partial\dot{\psi}}{\partial R}+\mathrm{j}k\dot{\psi}\right)=0$$

那么，对于无限空间，式(7.2.2)中的面积分消失，即

$$\psi(\boldsymbol{r}) = \int_V G_0(\boldsymbol{r},\boldsymbol{r}') f(\boldsymbol{r}') \mathrm{d}V' \tag{7.2.5}$$

这就是用格林函数表示的无限大空间解。

总之，从上面的讨论可看出，格林函数法的实质是通过格林第二公式把给定边值问题转化到求解相应的格林函数问题。引进格林函数后，原给定边值问题就能用有限的积分形式表示。它十分类似于电路分析中的杜哈梅尔（Duhamel）积分（卷积），即将分布源的效应看作是点源效应的叠加。从表面上看，格林函数所满足的方程和边界条件都较原给定边值问题的简单些，但是求格林函数也不是一件十分容易的事情。因此，以上解的形式只有形式解的意义。当然它把唯一性定理更具体地表达出来了。在后面几节中，我们来介绍格林函数求解的几种常用方法。

7.3　几种简单情形的格林函数

求格林函数的方法及各种典型的格林函数，有专门的书籍可供查阅。镜像法就是求格林函数的一种方法，这一节我们应用它给出几种简单边界的格林函数[2-4]。

7.3.1　无界空间的格林函数

取圆柱坐标系(ρ,ϕ,z)，且线源位于 z 轴上。线源的场仅与 ρ 有关，格林函数方程式(7.1.10) 简化为一个常微分方程

$$\frac{1}{\rho}\frac{\mathrm{d}}{\mathrm{d}\rho}\left(\rho\frac{\mathrm{d}G_0}{\mathrm{d}\rho}\right) + k^2 G_0 = -\frac{1}{2\pi\rho}\delta(\rho) \tag{7.3.1}$$

设 $\rho \neq 0$，解齐次方程

$$\frac{1}{\rho}\frac{\mathrm{d}}{\mathrm{d}\rho}\left(\rho\frac{\mathrm{d}G_0}{\mathrm{d}\rho}\right) + k^2 G_0 = 0$$

这是零阶贝塞尔方程，可以直接写出

$$G_0(\rho) = A\mathrm{H}_0^{(2)}(k\rho)$$

根据方程式(7.3.1) 在 $\rho = 0$ 点的奇异性就可确定上式中的常数 A，易得 $A = \dfrac{1}{4}\mathrm{j}$。于是，便求得

$$G_0(\rho) = \frac{1}{4}\mathrm{j}\mathrm{H}_0^{(2)}(k\rho) \tag{7.3.2}$$

若线源放在 $\boldsymbol{\rho}'$ 处，则相应地得到类似于式(7.3.2) 的解为

$$G_0(\boldsymbol{\rho},\boldsymbol{\rho}') = \frac{1}{4}\mathrm{j}\mathrm{H}_0^{(2)}(k\,|\,\boldsymbol{\rho}-\boldsymbol{\rho}'\,|) \tag{7.3.3}$$

通常称式(7.3.3) 为二维亥姆霍兹方程在二维无界空间的基本解。由此可见，二维无界空间格林函数代表位于 $\boldsymbol{\rho}'$ 处的线源产生的柱面波。可以验证，它满足下列辐

射条件：

$$\lim_{R\to+\infty}\sqrt{R}\left(\frac{\partial G_0(\boldsymbol{\rho},\boldsymbol{\rho}')}{\partial R}+\mathrm{j}kG_0(\boldsymbol{\rho},\boldsymbol{\rho}')\right)=0 \tag{7.3.4}$$

类似地，在一维和三维无界的情形下，可以导得由方程式(7.1.10)确定的格林函数分别是

$$G_0(x,x')=\frac{\mathrm{j}}{2k}\mathrm{e}^{-\mathrm{j}k|x-x'|}\quad(\text{一维无界空间}) \tag{7.3.5}$$

$$G_0(\boldsymbol{r},\boldsymbol{r}')=\frac{1}{4\pi|\boldsymbol{r}-\boldsymbol{r}'|}\mathrm{e}^{-\mathrm{j}k|\boldsymbol{r}-\boldsymbol{r}'|}\quad(\text{三维无界空间}) \tag{7.3.6}$$

由此可见，一维无界空间格林函数代表位于 x' 处的平面源产生的平面波，而三维无界空间格林函数代表位于 $\boldsymbol{r}'$ 处的点源产生的球面波。可以验证，它们分别满足下列的一维、三维辐射条件：

$$\lim_{x\to+\infty}\left[\frac{\partial G_0(x,x')}{\partial x}+\mathrm{j}kG_0(x,x')\right]=0\quad(\text{一维情况}) \tag{7.3.7}$$

和

$$\lim_{R\to+\infty}R\left[\frac{\partial G_0(\boldsymbol{r},\boldsymbol{r}')}{\partial R}+\mathrm{j}kG_0(\boldsymbol{r},\boldsymbol{r}')\right]=0\quad(\text{三维情况}) \tag{7.3.8}$$

式中，$R=|\boldsymbol{r}-\boldsymbol{r}'|$。

由于 $\mathrm{h}_0^{(2)}(x)=-\frac{\mathrm{e}^{-\mathrm{j}x}}{\mathrm{j}x}$，所以式(7.3.6)又可表示为

$$G_0(\boldsymbol{r},\boldsymbol{r}')=-\frac{\mathrm{j}k}{4\pi}\mathrm{h}_0^{(2)}(k|\boldsymbol{r}-\boldsymbol{r}'|)\quad(\text{三维无界空间}) \tag{7.3.9}$$

7.3.2 半无界空间的格林函数

半无界空间格林函数的形式与边界的电磁特性有关。这里分别给出无限大理想导电平面形成的半无界空间格林函数，和无限大理想导磁平面形成的半无界空间格林函数。

对于无限大平面上半无界空间中点源产生的场，格林函数 $G(\boldsymbol{r},\boldsymbol{r}')$ 可写作

$$G(\boldsymbol{r},\boldsymbol{r}')=G_0(\boldsymbol{r},\boldsymbol{r}')+G'(\boldsymbol{r},\boldsymbol{r}') \tag{7.3.10}$$

式中，$G_0(\boldsymbol{r},\boldsymbol{r}')$ 为自由空间格林函数式(7.3.6)，它满足方程

$$\nabla^2G_0(\boldsymbol{r},\boldsymbol{r}')+k^2G_0(\boldsymbol{r},\boldsymbol{r}')=-\delta(\boldsymbol{r}-\boldsymbol{r}') \tag{7.3.11}$$

以及辐射条件式(7.3.8)，$G'(\boldsymbol{r},\boldsymbol{r}')$ 满足齐次亥姆霍兹方程及相应的边界条件：

$$\nabla^2G'(\boldsymbol{r},\boldsymbol{r}')+k^2G'(\boldsymbol{r},\boldsymbol{r}')=0 \tag{7.3.12}$$

$$\left.\left(\alpha G'(\boldsymbol{r},\boldsymbol{r}')+\beta\frac{\partial G'(\boldsymbol{r},\boldsymbol{r}')}{\partial n}\right)\right|_S=-\left.\left(\alpha G_0(\boldsymbol{r},\boldsymbol{r}')+\beta\frac{\partial G_0(\boldsymbol{r},\boldsymbol{r}')}{\partial n}\right)\right|_S \tag{7.3.13}$$

显然，由式(7.3.10)构成的半无界空间格林函数满足方程式(7.1.10)及齐次边界条件式(7.1.11)。

如果格林函数在无限大平面上的边界条件为齐次第一类边界条件，即 $G(\boldsymbol{r},\boldsymbol{r}')|_S = 0$,显然,应取

$$G'(\boldsymbol{r},\boldsymbol{r}')|_S = -G_0(\boldsymbol{r},\boldsymbol{r}'')|_S \tag{7.3.14}$$

式中,$\boldsymbol{r}''$ 为源点 $\boldsymbol{r}'$ 关于无限大平面的镜像位置的位置矢量。那么,有

$$G(\boldsymbol{r},\boldsymbol{r}') = \frac{1}{4\pi|\boldsymbol{r}-\boldsymbol{r}'|}\mathrm{e}^{-\mathrm{j}k|\boldsymbol{r}-\boldsymbol{r}'|} - \frac{1}{4\pi|\boldsymbol{r}-\boldsymbol{r}''|}\mathrm{e}^{-\mathrm{j}k|\boldsymbol{r}-\boldsymbol{r}''|} \tag{7.3.15}$$

如果格林函数在无限大平面上的边界条件为齐次第二类边界条件，即 $\left.\frac{\partial G(\boldsymbol{r},\boldsymbol{r}')}{\partial n}\right|_S = 0$,显然,应取

$$G'(\boldsymbol{r},\boldsymbol{r}')|_S = G_0(\boldsymbol{r},\boldsymbol{r}'')|_S \tag{7.3.16}$$

同理,$\boldsymbol{r}''$ 为源点 $\boldsymbol{r}'$ 关于无限大平面的镜像位置的位置矢量,且有

$$G(\boldsymbol{r},\boldsymbol{r}') = \frac{1}{4\pi|\boldsymbol{r}-\boldsymbol{r}'|}\mathrm{e}^{-\mathrm{j}k|\boldsymbol{r}-\boldsymbol{r}'|} + \frac{1}{4\pi|\boldsymbol{r}-\boldsymbol{r}''|}\mathrm{e}^{-\mathrm{j}k|\boldsymbol{r}-\boldsymbol{r}''|} \tag{7.3.17}$$

例 7.3.1　求无限大理想导电平面上方 $\boldsymbol{r}'$ 点上的垂直电偶极子 $\dot{I}\boldsymbol{l}$ 的磁矢位 $\dot{\boldsymbol{A}}$[3,4]。

解　无限大导电平面上方垂直电偶极子的镜像仍为垂直取向,如图 7.3.1 所示。取磁矢位垂直分量 $\dot{A}_z$ 为格林函数,由在理想导体表面上的边界条件 $E_t = 0$,以及

$$\dot{E}_x = \frac{\omega}{\mathrm{j}k^2}\frac{\partial^2 \dot{A}_z}{\partial x\partial z},\quad \dot{E}_y = \frac{\omega}{\mathrm{j}k^2}\frac{\partial^2 \dot{A}_z}{\partial y\partial z}$$

可得

$$\frac{\partial \dot{A}_z}{\partial n} = 0\quad（在无限大理想导体平面上）$$

由此可见,磁矢位 $\dot{\boldsymbol{A}}$ 的垂直方向分量 $\dot{A}_z$ 作为格林函数的边界条件为 $\left.\frac{\partial G(\boldsymbol{r},\boldsymbol{r}')}{\partial n}\right|_S = 0$,由式(7.3.17) 可以得到,其构成为

$$\dot{\boldsymbol{A}} = \frac{\dot{I}l}{4\pi}\left(\frac{\mathrm{e}^{-\mathrm{j}k|\boldsymbol{r}-\boldsymbol{r}'|}}{|\boldsymbol{r}-\boldsymbol{r}'|} + \frac{\mathrm{e}^{-\mathrm{j}k|\boldsymbol{r}-\boldsymbol{r}''|}}{|\boldsymbol{r}-\boldsymbol{r}''|}\right)\boldsymbol{e}_z \tag{7.3.18}$$

式中,$\boldsymbol{r}''$ 为源点 $\boldsymbol{r}'$ 关于无限理想导电平面的镜像位置的位置矢量。

同理,也能求得无限大理想导电平面上方 $\boldsymbol{r}'$ 点上的垂直磁偶极子 $\dot{I}_\mathrm{m}\boldsymbol{l}$ 的电矢位 $\dot{\boldsymbol{F}}$。因为电矢位的垂直方向分量 $\dot{F}_z$ 作为格林函数的边界条件为 $G(\boldsymbol{r},\boldsymbol{r}')|_S = 0$,所以,由式(7.3.15) 可以得到,其构成为

$$\dot{\boldsymbol{F}} = \frac{\dot{I}_\mathrm{m}l}{4\pi}\left(\frac{\mathrm{e}^{-\mathrm{j}k|\boldsymbol{r}-\boldsymbol{r}'|}}{|\boldsymbol{r}-\boldsymbol{r}'|} - \frac{\mathrm{e}^{-\mathrm{j}k|\boldsymbol{r}-\boldsymbol{r}''|}}{|\boldsymbol{r}-\boldsymbol{r}''|}\right)\boldsymbol{e}_z \tag{7.3.19}$$

式中,$\boldsymbol{r}''$ 的意义与式(7.3.18) 中的 $\boldsymbol{r}''$ 一样。

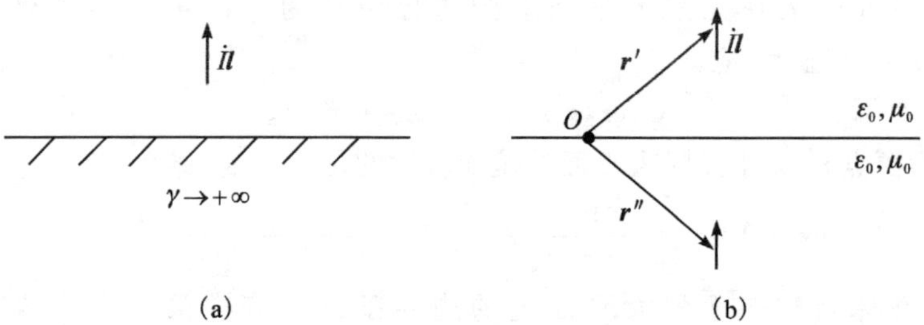

图 7.3.1 电偶极子的镜像

7.4 格林函数的本征函数集展开法解

用相应问题的本征函数集展开求格林函数是一种极有用的方法。在这里，我们先用例题的形式说明这种方法的大体步骤，然后加以归纳总结。

7.4.1 无限长矩形金属管问题

例 7.4.1 如图 7.4.1 所示，一无限长的矩形金属管，在 $x=x'$，$y=y'$ 处有一无限长的均匀线电流，且均匀线电流在时间上作正弦变化。求金属管内的场[1,2]。

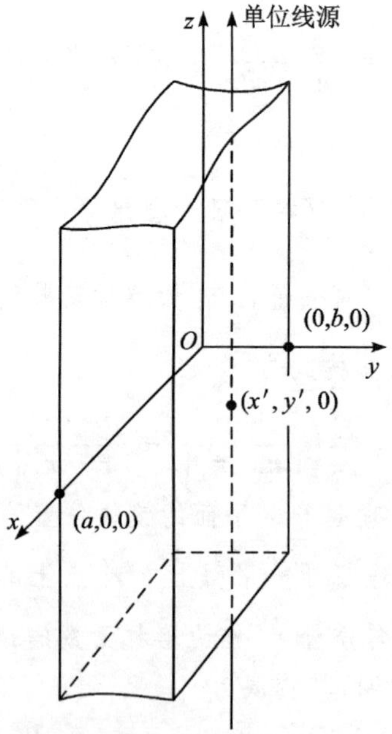

图 7.4.1 矩形金属管内的均匀线电流

解　实际上，就是求亥姆霍兹方程$\nabla^2\dot{\mathbf{A}}+k^2\dot{\mathbf{A}}=-\dot{\mathbf{J}}$，当电源分布变成一个$z$向无限长的电流时的解。图 7.4.1 中的结构构成了一个矩形波导。由于该磁矢位唯一的分量是$\dot{A}_z$，因而所激励的模将是 TM 模，其边界条件就是波导壁上$\dot{A}_z$等于零。这是一个二维问题，数学上表示为求解下列格林函数G（因为考虑的是一个单位源，所以用G取代了$\dot{A}_z$）的二维偏微分方程：

$$\frac{\partial^2 G}{\partial x^2}+\frac{\partial^2 G}{\partial y^2}+k^2G=-\delta(x-x')\delta(y-y') \tag{7.4.1}$$

边界条件为

$$G|_S=0 \tag{7.4.2}$$

其中，S为矩形金属管截面的边界。

对于这一问题，其本征函数集为

$$\sin\frac{m\pi x}{a}\quad(m=1,2,\cdots),\quad \sin\frac{n\pi y}{b}\quad(n=1,2,\cdots)$$

用它们把格林函数展开成如下形式

$$G=\sum_{m=1}^{+\infty}\sum_{n=1}^{+\infty}A_{mn}\sin\frac{m\pi x}{a}\sin\frac{n\pi y}{b} \tag{7.4.3}$$

式中，A_{mn}是待定系数。显然，式(7.4.3)满足边界条件：$x=0,a$处$G=0$和$y=0,b$处$G=0$。将式(7.4.3)代入方程式(7.4.1)，得

$$\sum_{m=1}^{+\infty}\sum_{n=1}^{+\infty}\left[k^2-\left(\frac{m\pi}{a}\right)^2-\left(\frac{n\pi}{b}\right)^2\right]A_{mn}\sin\frac{m\pi x}{a}\sin\frac{n\pi y}{b}=-\delta(x-x')\delta(y-y') \tag{7.4.4}$$

对式(7.4.4)两边同乘以$\sin\frac{s\pi x}{a}\sin\frac{r\pi y}{b}\mathrm{d}y\mathrm{d}x$，并对$x$和$y$积分，得

$$\frac{ab}{4}\left[k^2-\left(\frac{m\pi}{a}\right)^2-\left(\frac{n\pi}{b}\right)^2\right]A_{mn}=-\sin\frac{m\pi x'}{a}\sin\frac{n\pi y'}{b} \tag{7.4.5}$$

这里应用了正弦函数的正交性和δ函数的“筛”性。这样就有

$$G(x,y;x',y')=\frac{4}{ab}\sum_{m=1}^{+\infty}\sum_{n=1}^{+\infty}\frac{\sin\frac{m\pi x'}{a}\sin\frac{n\pi y'}{b}\sin\frac{m\pi x}{a}\sin\frac{n\pi y}{b}}{\left[\left(\frac{m\pi}{a}\right)^2+\left(\frac{n\pi}{b}\right)^2-k^2\right]} \tag{7.4.6}$$

注意到$G(x,y;x',y')$对于变量(x,y)和(x',y')是对称的，即$G(x,y;x',y')=G(x',y';x,y)$表明格林函数的互易性。从物理上说，在点$(x',y')$上的单位源在点$(x,y)$产生的场与把单位源移到点$(x,y)$而在点$(x',y')$产生的场相同。

应该注意到的一点是，当$k=\sqrt{\left(\frac{m\pi}{a}\right)^2+\left(\frac{n\pi}{b}\right)^2}$时，这个解式(7.4.6)就变得不确定了。实际上，这种情况恰好相当于方程式(7.4.1)所描述的系统处于谐振状

态，除在谐振点外，它是有限的。从数学的观点来看，当 k 不等于某一本征值时，方程式(7.4.1) 存在解且是唯一的解；当 k 等于某一本征值时，也许仍然存在解但不是唯一解。

7.4.2 格林函数的本征函数展开[4]

已知格林函数 $G(\boldsymbol{r},\boldsymbol{r}')$ 满足方程：

$$\nabla^2 G(\boldsymbol{r},\boldsymbol{r}') + k^2 G(\boldsymbol{r},\boldsymbol{r}') = -\delta(\boldsymbol{r}-\boldsymbol{r}') \tag{7.4.7}$$

且满足齐次边界条件，即

$$\left(\alpha G(\boldsymbol{r},\boldsymbol{r}') + \beta \frac{\partial G(\boldsymbol{r},\boldsymbol{r}')}{\partial n}\right)\Big|_S = 0 \tag{7.4.8}$$

现在，让我们考虑如下齐次边值问题：

$$\nabla^2 \psi_n + \lambda_n^2 \psi_n = 0 \tag{7.4.9}$$

且满足齐次边界条件，即

$$\left(\alpha \psi_n + \beta \frac{\partial \psi_n}{\partial n}\right)\Big|_S = 0 \tag{7.4.10}$$

通常，把方程式(7.4.9) 和边界条件式(7.4.10) 所构成的问题称为与非齐次亥姆霍兹方程式(7.4.7) 相对应的边值问题。其中，$\psi_n(\boldsymbol{r})(n=1,2,\cdots)$ 为本征函数，$\lambda_n(n=1,2,\cdots)$ 为对应的本征值。为了满足边界条件式(7.4.10)，应该选择正交函数 $\psi_n(x)$，即

$$\int_V \psi_n(\boldsymbol{r})\psi_m^*(\boldsymbol{r})\mathrm{d}V = \delta_{mn} \tag{7.4.11}$$

求出本征函数 $\psi_n(\boldsymbol{r})$ 和本征值 λ_n 后，可将格林函数 $G(\boldsymbol{r},\boldsymbol{r}')$ 用本征函数 $\psi_n(\boldsymbol{r})$ 展开，即

$$G(\boldsymbol{r},\boldsymbol{r}') = \sum_{n=1}^{+\infty} A_n(\boldsymbol{r}')\psi_n(\boldsymbol{r}) \tag{7.4.12}$$

式中，$A_n(\boldsymbol{r}')$ 是待定系数。如果把式(7.4.12) 代入方程式(7.4.7) 中，并利用方程式(7.4.9)，得

$$\sum_{n=1}^{+\infty} A_n(\boldsymbol{r}')(k^2-\lambda_n^2)\psi_n(\boldsymbol{r}) = -\delta(\boldsymbol{r}-\boldsymbol{r}') \tag{7.4.13}$$

考虑到 $\psi_n(\boldsymbol{r})$ 的正交性，上式两边同乘以 $\psi_m^*(\boldsymbol{r})$，并在区域体积 V 内积分，然后由 n 取代积分结果中的 m 便得系数

$$A_n(\boldsymbol{r}') = \frac{\psi_n^*(\boldsymbol{r}')}{\lambda_n^2 - k^2} \tag{7.4.14}$$

将上式(7.4.14) 代入式(7.4.12) 中，便得格林函数 $G(\boldsymbol{r},\boldsymbol{r}')$ 为

$$G(\boldsymbol{r},\boldsymbol{r}') = \sum_{n=1}^{+\infty} \frac{1}{\lambda_n^2 - k^2}\psi_n^*(\boldsymbol{r}')\psi_n(\boldsymbol{r}) \tag{7.4.15}$$

特别地，当本征值 λ_n 为连续值，即为连续谱时，式(7.4.15) 将化为积分，即

$$G(\boldsymbol{r},\boldsymbol{r}')=\int_{-\infty}^{+\infty}\frac{1}{\lambda^2-k^2}\psi(\lambda,\boldsymbol{r})\psi^*(\lambda,\boldsymbol{r}')\mathrm{d}\lambda \tag{7.4.16}$$

积分限也不限于区间$(-\infty,+\infty)$，如果是汉开尔变换，其积分区间为$[0,+\infty)$。

7.4.3　举例

例 7.4.2　如图 7.4.2 所示，一个均匀磁流环位于一个无限长的理想导电直圆管的内部并且与它同轴。试求这个均匀磁流环所激励的场[1]。

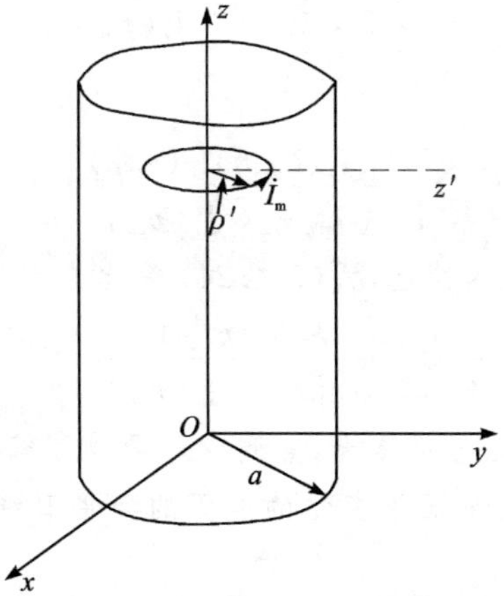

图 7.4.2　在一个无限长理想导电圆管内的一个随时间作正弦变化的环形磁流源

解　因为假定该磁流源为均匀的，即不依赖于 ϕ，所以激励的场将与 ϕ 无关，且电矢位 $\dot{\boldsymbol{F}}$ 仅有分量 $\dot{F}_\phi(\rho,z)$。不难导出，$\dot{F}_\phi$ 满足的方程是

$$\left[\frac{1}{\rho}\frac{\partial}{\partial\rho}\left(\rho\frac{\partial}{\partial\rho}\right)+k^2-\frac{1}{\rho^2}+\frac{\partial^2}{\partial z^2}\right]\dot{F}_\phi(\rho,z)=-\delta(\rho-\rho')\delta(z-z') \tag{7.4.17}$$

由其场分量表达式

$$\dot{E}_\rho=\frac{\partial\dot{F}_\phi}{\partial z},\quad \dot{E}_z=-\frac{1}{\rho}\frac{\partial}{\partial\rho}(\rho\dot{F}_\phi),\quad \dot{H}_\phi=-\mathrm{j}\omega\varepsilon\dot{F}_\phi \tag{7.4.18}$$

易知，其边界条件是

$$\dot{E}_z=0,\quad \rho=a \tag{7.4.19}$$

分析方程式(7.4.17) 看出，它随 ρ 变化的解是第一类一阶贝塞尔函数。因此，可以把 $\dot{F}_\phi(\rho,z)$ 的表达式写成

$$\dot{F}_\phi=\sum_{n=1}^{+\infty}G_n(z)\mathrm{J}_1(k_{1n}\rho) \tag{7.4.20}$$

式中，$k_{1n}=\dfrac{p_{0n}}{a}(n=1,2,\cdots)$，$p_{0n}$ 是 $\mathrm{J}_0(x)$ 的各个根。把式(7.4.20) 代入方程

(7.4.17) 中，然后利用一阶贝塞尔函数的正交性，得到 $G_n(z)$ 所满足的方程

$$\left[\frac{\mathrm{d}^2}{\mathrm{d}z^2}-(k_{1n}^2-k^2)\right]G_n(z)=-\frac{2\rho'\mathrm{J}_1(k_{1n}\rho')}{a^2\mathrm{J}_1^2(p_{0n})}\delta(z-z') \tag{7.4.21}$$

这个方程的解为

$$G_n(z)=\frac{1}{\sqrt{k_{1n}^2-k^2}}\frac{\rho'\mathrm{J}_1(k_{1n}\rho')}{a^2\mathrm{J}_1^2(p_{0n})}\mathrm{e}^{-\sqrt{k_{1n}^2-k^2}|z-z'|} \tag{7.4.22}$$

最后，$\dot{F}_\phi$ 的表达式变成

$$\dot{F}_\phi(\rho,z)=\frac{\rho'}{a^2}\sum_{n=1}^{+\infty}\frac{\mathrm{J}_1(k_{1n}\rho')\mathrm{J}_1(k_{1n}\rho)}{\sqrt{k_{1n}^2-k^2}\mathrm{J}_1^2(p_{0n})}\mathrm{e}^{-\sqrt{k_{1n}^2-k^2}|z-z'|} \tag{7.4.23}$$

并且 $\dot{E}_z$ 的表达式为

$$\dot{E}_z=-\frac{\rho'}{a^2}\sum_{n=1}^{+\infty}\frac{k_{1n}\mathrm{J}_1(k_{1n}\rho')\mathrm{J}_0(k_{1n}\rho)}{\sqrt{k_{1n}^2-k^2}\mathrm{J}_1^2(p_{0n})}\mathrm{e}^{-\sqrt{k_{1n}^2-k^2}|z-z'|} \tag{7.4.24}$$

对于环形源与波导壁重合的情况，式(7.4.24) 简化为

$$\dot{E}_z=-\frac{1}{a}\sum_{n=1}^{+\infty}\frac{k_{1n}\mathrm{J}_0(k_{1n}\rho)}{\sqrt{k_{1n}^2-k^2}\mathrm{J}_1(p_{0n})}\mathrm{e}^{-\sqrt{k_{1n}^2-k^2}|z-z'|} \tag{7.4.25}$$

实际上，让环形磁流源直径增大，直到它与导电圆管重合，所得到的问题就是由外加一个均匀的随时间作正弦变化的电压的环形窄缝所激励的圆柱形波导问题[5]。

另一方面，我们也可以用电偶极子与磁流环等价原理，来求这个均匀磁流环所激励的场。此时，$\dot{A}_z$ 满足的方程是

$$\frac{1}{\rho}\frac{\partial}{\partial\rho}\left(\rho\frac{\partial\dot{A}_z}{\partial\rho}\right)+\frac{\partial^2\dot{A}_z}{\partial\rho^2}+k^2\dot{A}_z=-\delta(\rho-\rho')\delta(z-z') \tag{7.4.26}$$

其边界条件是

$$\dot{A}_z=0,\quad \rho=a \tag{7.4.27}$$

这里略去解答过程[1]，只给出其解：

$$\dot{A}_z(\rho,z)=-\frac{\mathrm{j}\omega\varepsilon\rho'}{a^2}\sum_{n=1}^{+\infty}\frac{\mathrm{J}_1(k_{1n}\rho')\mathrm{J}_0(k_{1n}\rho)}{k_{1n}\sqrt{k_{1n}^2-k^2}\mathrm{J}_1^2(p_{0n})}\mathrm{e}^{-\sqrt{k_{1n}^2-k^2}|z-z'|} \tag{7.4.28}$$

其中，k_{1n} 与式(7.4.24) 中的 k_{1n} 的含义相同。

值得注意的一点是，当这种电偶极子靠在柱面上时场将等于零，反之磁流源能够靠在柱面上而场不会等于零。显然，这种现象从物理上看是十分容易理解的，但是当人们企图用数学上等效而物理上不等效的另一个问题代替一个给定的物理问题时，这就很难理解。

例 7.4.3 设有两个同心的理想导电球面，它们的球面为 $r=a,r=b(a<r'<b)$。试求两个球面之间区域中 $\nabla^2G(r,\theta,\phi)+k^2G(r,\theta,\phi)=-\delta(\boldsymbol{r}-\boldsymbol{r}')$，在两个球

面上 $G=0$ 的边界条件下的格林函数[1]。

解　要解的方程是

$$\nabla^2 G(r,\theta,\phi)+k^2 G(r,\theta,\phi)=-\delta(\boldsymbol{r}-\boldsymbol{r}') \qquad (a<r'<b) \tag{7.4.29}$$

其边界条件是

$$G=0 \quad 在\ r=a,b\ 处 \tag{7.4.30}$$

通过分析，容易把 $G(r,\theta,\phi)$ 写成如下形式：

$$G(r,\theta,\phi)=\sum_{n=0}^{+\infty}\sum_{m=0}^{n} G_n(r)\mathrm{T}_{mn}^{i}(\theta,\phi) \tag{7.4.31}$$

式中，$\mathrm{T}_{mn}^{i}(\theta,\phi)$ 是田谐函数。将式(7.4.31)代入方程式(7.4.29)中，得 $G_n(r)$ 满足非齐次常微分方程

$$\left[\frac{\mathrm{d}}{\mathrm{d}r}\left(r^2\frac{\mathrm{d}}{\mathrm{d}r}\right)+(kr)^2-n(n+1)\right]G_n(r)=-D(r)\delta(\boldsymbol{r}-\boldsymbol{r}') \tag{7.4.32}$$

式中，

$$D(r)=\frac{\varepsilon_m(2n+1)(n-m)!\,\mathrm{T}_{mn}^{i}(\theta',\phi')}{4\pi(n+m)!} \tag{7.4.33}$$

不难得到

$$\begin{aligned}G(r,\theta,\phi)=&\frac{k}{4\pi}\sum_{n=0}^{+\infty}\frac{(2n+1)\mathrm{P}_n(\cos\xi)}{[\mathrm{j}_n(ka)\mathrm{y}_n(kb)-\mathrm{j}_n(kb)\mathrm{y}_n(ka)]}\{[\mathrm{j}_n(kb)\mathrm{y}_n(kr')\\&-\mathrm{j}_n(kr')\mathrm{y}_n(kb)][\mathrm{j}_n(kr)\mathrm{y}_n(ka)z-\mathrm{j}_n(ka)\mathrm{y}_n(kr)]u(r'-r)\\&+[\mathrm{j}_n(kb)\mathrm{y}_n(kr)-\mathrm{j}_n(kr)\mathrm{y}_n(kb)][\mathrm{j}_n(kr')\mathrm{y}_n(ka)\\&-\mathrm{j}_n(ka)\mathrm{y}_n(kr')]u(\boldsymbol{r}-\boldsymbol{r}')\}\end{aligned} \tag{7.4.34}$$

式中，ξ 是 $\boldsymbol{r}$ 和 $\boldsymbol{r}'$ 之间的夹角。

例 7.4.4　求如下一维问题的格林函数：

$$\frac{\mathrm{d}^2 G(x,x')}{\mathrm{d}x^2}+k^2 G(x,x')=-\delta(x-x') \qquad (-\infty<x<+\infty) \tag{7.4.35}$$

在远处满足辐射条件：$\lim\limits_{|x|\to+\infty}\left(\frac{\mathrm{d}}{\mathrm{d}x}+\mathrm{j}k\right)G(x,x')=0$。

解　对应的本征值问题为

$$\frac{\mathrm{d}^2\psi(x)}{\mathrm{d}x^2}+\lambda^2\psi(x)=0$$

在远处满足辐射条件的对应的本征值具有连续谱，归一化的本征函数为

$$\psi(\lambda,x)=\frac{1}{\sqrt{2\pi}}\mathrm{e}^{-\mathrm{j}\lambda x}$$

代入式(7.4.16)，可得格林函数为

$$G(x,x')=\frac{1}{2\pi}\int_{-\infty}^{+\infty}\frac{\mathrm{e}^{-\mathrm{j}\lambda(x-x')}}{\lambda^2-k^2}\mathrm{d}\lambda$$

对上式在复平面上积分，利用围线积分法，可得

$$G(x,x')=\frac{\mathrm{j}}{2k}\mathrm{e}^{-\mathrm{j}k|x-x'|}$$

7.5 格林函数的分离变量法解

经常会有这样的情况，一个特定问题的格林函数可以表示成几种不同的形式。现在，我们就以例 7.4.1 为例来说明。为了求金属管内的场，除点 (x',y') 外，设满足直角坐标系中二维亥姆霍兹方程的解可表示成分离变量形式：

$$G(x,y)=\sum_{n=1}^{+\infty}f_n(x)g_n(y) \tag{7.5.1}$$

为了满足在 $y=0,b$ 处的边界条件 $G=0$，应选择函数 $g_n(y)=\sin\frac{n\pi y}{b}$，把式(7.5.1) 代入格林函数满足的微分方程式(7.4.1)，得

$$\sum_{n=1}^{+\infty}\left[\frac{\mathrm{d}^2f_n(x)}{\mathrm{d}x^2}-\left(\frac{n\pi}{b}\right)^2f_n(x)+k^2f_n(x)\right]\sin\frac{n\pi y}{b}=-\delta(x-x')\delta(y-y') \tag{7.5.2}$$

如果上式两边同乘以 $\sin\frac{m\pi y}{b}\mathrm{d}y$，并在区间 $(0,b)$ 上积分，然后由 n 取代 m，得

$$\frac{\mathrm{d}^2f_n(x)}{\mathrm{d}x^2}+\left[k^2-\left(\frac{n\pi}{b}\right)^2\right]f_n(x)=-\frac{2}{b}\sin\frac{n\pi y'}{b}\delta(x-x') \tag{7.5.3}$$

对于 $x\neq x'$，方程式(7.5.3) 是齐次的，它的解是 e^{-k_1x} 和 e^{k_1x} 或这些函数的组合，为了满足在 $x=0,a$ 处的边界条件 $G=0$，选择

$$f_n(x)=\begin{cases}A_n\mathrm{sh}k_1x=f_{n1} & (x\leqslant x')\\ B_n\mathrm{sh}k_1(a-x)=f_{n2} & (x\geqslant x')\end{cases} \tag{7.5.4}$$

式中

$$k_1^2=\left(\frac{n\pi}{b}\right)^2-k^2 \tag{7.5.5}$$

于是，可写出格林函数 $G(x,y)$ 的解为

$$G(x,y)=\begin{cases}\sum\limits_{n=1}^{+\infty}A_n\mathrm{sh}k_1x\sin\frac{n\pi y}{b}=G_1(x,y) & (x\leqslant x')\\ \sum\limits_{n=1}^{+\infty}B_n\mathrm{sh}k_1(a-x)\sin\frac{n\pi y}{b}=G_2(x,y) & (x\geqslant x')\end{cases} \tag{7.5.6}$$

现在，让我们应用在源处 $(x=x')$ 的分界面衔接条件来确定常数 A_n 和 B_n。在 $x=x'$ 处 G 是连续的，得

$$A_n\mathrm{sh}k_1x'+B_n\mathrm{sh}k_1(x'-a)=0 \tag{7.5.7}$$

另一个条件可从方程式(7.5.3) 得到，有

$$\left[\frac{\mathrm{d}f_{n1}}{\mathrm{d}x}-\frac{\mathrm{d}f_{n2}}{\mathrm{d}x}\right]_{x=x'}=\frac{2}{b}\sin\frac{n\pi y'}{b} \tag{7.5.8}$$

将式(7.5.4)代入式(7.5.8)中,得

$$A_n\operatorname{ch}k_1x'+B_n\operatorname{ch}k_1(a-x')=\frac{2}{k_1b}\sin\frac{n\pi y'}{b} \tag{7.5.9}$$

这样,我们得到了含有两个未知数 A_n 和 B_n 的两个方程式(7.5.7)和式(7.5.9),它们的解是

$$A_n=\frac{2}{k_1b}\frac{\sin\frac{n\pi y'}{b}\operatorname{sh}k_1(a-x')}{\operatorname{sh}k_1a}\quad 和\quad B_n=\frac{2}{k_1b}\frac{\sin\frac{n\pi y'}{b}\operatorname{sh}k_1x'}{\operatorname{sh}k_1a}$$

最后,得到

$$G(x,y;x',y')=\begin{cases}\displaystyle\sum_{n=1}^{+\infty}\frac{2}{k_1b}\frac{\operatorname{sh}k_1x\operatorname{sh}k_1(a-x')\sin\frac{n\pi y}{b}\sin\frac{n\pi y'}{b}}{\operatorname{sh}k_1a} & (x\leqslant x')\\ \displaystyle\sum_{n=1}^{+\infty}\frac{2}{k_1b}\frac{\operatorname{sh}k_1x'\operatorname{sh}k_1(a-x)\sin\frac{n\pi y}{b}\sin\frac{n\pi y'}{b}}{\operatorname{sh}k_1a} & (x\geqslant x')\end{cases} \tag{7.5.10}$$

与上面相似,我们也能得到矩形金属管的格林函数的另一种形式如下:

$$G(x,y;x',y')=\begin{cases}\displaystyle\sum_{n=1}^{+\infty}\frac{2}{k_2a}\frac{\operatorname{sh}k_2y\operatorname{sh}k_2(b-y')\sin\frac{n\pi x}{a}\sin\frac{n\pi x'}{a}}{\operatorname{sh}k_2b} & (y\leqslant y')\\ \displaystyle\sum_{n=1}^{+\infty}\frac{2}{k_2a}\frac{\operatorname{sh}k_2y'\operatorname{sh}k_2(b-y)\sin\frac{n\pi x}{a}\sin\frac{n\pi x'}{a}}{\operatorname{sh}k_2b} & (y\geqslant y')\end{cases} \tag{7.5.11}$$

式中,$k_2^2=\left(\frac{n\pi}{a}\right)^2-k^2$。

实际上,在 7.4 节还求出了这个问题的格林函数的另一种形式,见式(7.4.6)。从这个例题中看出,当应用分离变量法求解时,包含一个 δ 源的任一空间必须被划分为唯一的两个区域,即源必须考虑一次。如果空间是二维的,则有两种划分方法:源的左边和右边,或源的上边和下边。如果空间是三维的,则有三种划分方法。这些划分的结果是,一个问题也许有相当数目的不同形式的解,它们看起来好像不同,但其实必定是相等的。在许多情况下,要用一种直接方法来证明两个不同形式的解相等是比较困难的。但是,电磁场唯一性定理指出,只要一个解满足所给出的方程及其边界条件,那么这个解就是这个问题的解。如果从这个角度去看,两个不同形式的解必定相等却反而变得比较容易理解。我们常发现,利用一个问题的不同形式

解都相等的这个结论是有益处的，由此可以间接地导出许多有用的恒等式[2]。

例 7.5.1 方程

$$\frac{\mathrm{d}^2G(x)}{\mathrm{d}x^2}+k^2G(x)=-\delta(x-x')$$

在边界条件 $G(0)=G(a)=0$ 下，有两个不同形式的解如下：

$$G(x)=\frac{1}{k}\frac{\sin k(a-x')\sin kx}{\sin ka}u(x'-x)+\frac{1}{k}\frac{\sin k(a-x)\sin kx'}{\sin ka}u(x-x') \tag{7.5.12}$$

和

$$G(x)=\frac{2}{a}\sum_{n=1}^{+\infty}\left[\left(\frac{n\pi}{a}\right)^2-k^2\right]^{-1}\sin\frac{n\pi x}{a}\sin\frac{n\pi x'}{a} \tag{7.5.13}$$

试证明这两个解一定是相等的[1]。

解 为了证明这两个解一定是相等，现在对式(7.5.13)右边求和。首先，作 $\alpha=\frac{ka}{\pi}$ 代换，并应用三角函数的积化和差公式，得

$$G(x)=\frac{a}{\pi^2}\sum_{n=1}^{+\infty}\frac{1}{n^2-\alpha^2}\left[\cos\frac{n\pi(x-x')}{a}-\cos\frac{n\pi(x+x')}{a}\right] \tag{7.5.14}$$

再利用恒等式[1]

$$\sum_{n=1}^{+\infty}\frac{\cos nx}{n^2-\alpha^2}=\frac{1}{2\alpha^2}-\frac{\pi}{2\alpha}\frac{\cos(x-\pi)\alpha}{\sin\pi\alpha}\qquad(0\leqslant x\leqslant 2\pi)$$

式(7.5.14)变成

$$\begin{aligned}G(x)&=\frac{a}{\pi^2}\sum_{n=1}^{+\infty}\frac{1}{n^2-\alpha^2}\left[\cos\frac{n\pi(x'-x)}{a}-\cos\frac{n\pi(x+x')}{a}\right]\\&=\frac{1}{k}\frac{\sin k(a-x')\sin kx}{\sin ka}\qquad(0\leqslant x\leqslant x')\end{aligned} \tag{7.5.15}$$

和

$$\begin{aligned}G(x)&=\frac{a}{\pi^2}\sum_{n=1}^{+\infty}\frac{1}{n^2-\alpha^2}\left[\cos\frac{n\pi(x-x')}{a}-\cos\frac{n\pi(x+x')}{a}\right]\\&=\frac{1}{k}\frac{\sin k(a-x)\sin kx'}{\sin ka}\qquad(x'\leqslant x\leqslant a)\end{aligned} \tag{7.5.16}$$

不难看出，式(7.5.15)和式(7.5.16)相结合就是式(7.5.12)。即得证。

另一方面，如果把式(7.5.12)展开成一个傅里叶正弦级数，便能得到所希望的表达式(7.5.13)。有关详细的证明过程，留给读者。

例 7.5.2 对于例 7.4.1 的矩形金属管问题，试证明式(7.5.10)和式(7.5.11)两种不同解形式是相等的。

解 为了验证它们相等，让它们先相等，得

$$\sum_{n=1}^{+\infty}\frac{2}{k_1 b}\frac{\sin\frac{n\pi y}{b}\sin\frac{n\pi y'}{b}}{\text{sh}k_1 a}[\text{sh}k_1 x\text{sh}k_1(a-x')u(x'-x)+\text{sh}k_1 x'\text{sh}k_1(a-x)u(x-x')]$$
$$=\sum_{m=1}^{+\infty}\frac{2}{k_2 a}\frac{\sin\frac{m\pi x}{a}\sin\frac{m\pi x'}{a}}{\text{sh}k_2 b}[\text{sh}k_2 y\text{sh}k_2(b-y')u(y'-y)+$$
$$\text{sh}k_2 y'\text{sh}k_2(b-y)u(y-y')] \tag{7.5.17}$$

式中，$k_1^2=\left(\frac{n\pi}{b}\right)^2-k^2$ 和 $k_2^2=\left(\frac{m\pi}{a}\right)^2-k^2$。

然后，用 $\sin\frac{p\pi y}{b}\sin\frac{q\pi x}{a}\text{d}y\text{d}x$ 同乘以上式(7.5.17)的两边，并且分别在区间$(0,b)$上对 y 积分，在区间$(0,a)$上对 x 积分，利用三角函数的正交性，得

$$\frac{\sin\frac{p\pi y'}{b}}{k_{1p}\text{sh}k_{1p}a}\int_0^a[\text{sh}k_{1p}x\text{sh}k_{1p}(a-x')u(x'-x)+\text{sh}k_{1p}x'\text{sh}k_{1p}(a-x)u(x-x')]\sin\frac{q\pi x}{a}\text{d}x=\frac{\sin\frac{q\pi x'}{a}}{k_{2q}\text{sh}k_{2q}b}\int_0^b[\text{sh}k_{2q}y\text{sh}k_{2q}(b-y')u(y'-y)+\text{sh}k_{2q}y'\text{sh}k_{2q}(b-y)u(y-y')]\sin\frac{p\pi y}{b}\text{d}y \tag{7.5.18}$$

式中，$k_{1p}^2=\left(\frac{p\pi}{b}\right)^2-k^2$ 和 $k_{2q}^2=\left(\frac{q\pi}{a}\right)^2-k^2$。

如果把例 7.5.1 的两种不同形式解相等的结果作为恒等式，即

$$\frac{2}{L}\sum_{m=1}^{+\infty}\left[\left(\frac{m\pi}{L}\right)^2+\alpha^2\right]^{-1}\sin\frac{m\pi x}{L}\sin\frac{m\pi x'}{L}$$
$$=\frac{1}{\alpha\text{sh}\alpha L}[\text{sh}\alpha(L-x')\text{sh}\alpha x u(x'-x)+\text{sh}\alpha(L-x)\text{sh}\alpha x' u(x-x')] \tag{7.5.19}$$

[应注意到，在式(7.5.12)和式(7.5.13)中用 $\text{j}\alpha$ 替换 k，L 替换 a，才得到了式(7.5.19)这一结果。]就可以简化上述式(7.5.18)中的被积函数。例如，只要把式(7.5.19)中 L 改为 a，α 改为 k_{1p}，恒等式(7.5.19)中右边方括号项就与式(7.5.18)左边被积函数中方括号项相同，即式(7.5.18)左边可以写成

$$\text{左边}=\sin\frac{p\pi y'}{b}\int_0^a\left\{\frac{2}{a}\sum_{m=1}^{+\infty}\left[\left(\frac{m\pi}{a}\right)^2+k_{1p}^2\right]^{-1}\sin\frac{m\pi x}{a}\sin\frac{m\pi x'}{a}\right\}\sin\frac{q\pi x}{a}\text{d}x \tag{7.5.20}$$

然后，利用正弦函数的正交性，式(7.5.20)的积分结果为

$$\text{左边}=\sin\frac{p\pi y'}{b}\left[\left(\frac{q\pi}{a}\right)^2+k_{1p}^2\right]^{-1}\sin\frac{q\pi x'}{a} \tag{7.5.21}$$

同理，把 α 改为 k_{2q}，x 改为 y 且 L 改为 b 后，恒等式(7.5.19)中右边方括号项

就与式(7.5.18)右边被积函数中方括号项相同，即式(7.5.18)右边可写成

$$右边 = \sin\frac{q\pi x'}{a}\int_0^b\left\{\frac{2}{b}\sum_{m=1}^{+\infty}\left[\left(\frac{m\pi}{b}\right)^2+k_{2q}^2\right]^{-1}\sin\frac{m\pi y}{b}\sin\frac{m\pi y'}{b}\right\}\sin\frac{p\pi y}{b}\mathrm{d}y \tag{7.5.22}$$

容易得到，式(7.5.22)的积分结果为

$$右边 = \sin\frac{q\pi x'}{a}\left[\left(\frac{p\pi}{b}\right)^2+k_{2q}^2\right]^{-1}\sin\frac{p\pi y'}{b} \tag{7.5.23}$$

一旦把 $k_{1p}^2=\left(\frac{p\pi}{b}\right)^2-k^2$ 和 $k_{2q}^2=\left(\frac{q\pi}{a}\right)^2-k^2$ 分别代入式(7.5.21)和式(7.5.23)中，不难看出：

$$左边 = \left[\left(\frac{p\pi}{b}\right)^2+\left(\frac{q\pi}{a}\right)^2-k^2\right]^{-1}\sin\frac{q\pi x'}{a}\sin\frac{p\pi y'}{b}$$

$$右边 = \left[\left(\frac{p\pi}{b}\right)^2+\left(\frac{q\pi}{a}\right)^2-k^2\right]^{-1}\sin\frac{q\pi x'}{a}\sin\frac{p\pi y'}{b}$$

显然，左边与右边相等。这就证明了上述两个不同形式的解式(7.5.10)和式(7.5.11)是相同的。

比较本征函数展开法与分离变量法，不难看出，本征函数展开法在求非齐次亥姆霍兹方程解时，是基于分离变量法将方程中作为非齐次项的 δ 函数和相应的格林函数都按正交归一化函数展开，并代入原方程，再按 δ 函数的积分性质对分离出的常微分方程求解。分离变量法则是避开源点所在坐标面，求出在此面两侧的分离变量通解，再根据源点所在坐标面上的连续性条件来确定系数，即利用源点定系数。这两种方法求得的格林函数解都是级数形式。显然，用本征函数集展开法与分离变量法的不同点，在于多了一个对激发源 δ 函数的处理问题，也就是还要按 δ 函数的性质来确定系数；而分离变量法在定解时在点源所在坐标面上多了一个连续性条件。这两种方法都归属于级数展开法，是常用的求解法。它们在求格林函数解时，都会导致本征值问题，即选取本征函数和本征值。

7.6 格林函数的积分变换法解

傅里叶变换和拉普拉斯变换都可以用来解常微分方程。受这一事实的启发，我们自然会想到积分变换也能用来解偏微分方程。这里，先借助例题来说明用积分变换法解定解问题的一般步骤。

7.6.1 一般步骤

例 7.6.1 有如下定解问题[6]：

$$\frac{\partial u}{\partial t}=a^2\frac{\partial^2 u}{\partial x^2}+f(x,t)\qquad(-\infty<x<+\infty,\ t>0)\tag{7.6.1}$$

$$u|_{t=0}=\varphi(x)\tag{7.6.2}$$

解　现在，我们用傅里叶变换求解，用 $e^{-j\omega x}dx$ 乘以方程式(7.6.1) 的两边，得到

$$\frac{dU(\omega,t)}{dt}+a^2\omega^2U(\omega,t)=G(\omega,t)\tag{7.6.3}$$

这是一个含参量 ω 的常微分方程。式中，$U(\omega,t)$ 和 $G(\omega,t)$ 分别是 $u(x,t)$ 和 $f(x,t)$ 关于变量 x 的傅里叶变换，有

$$U(\omega,t)=\int_{-\infty}^{+\infty}u(x,t)e^{-j\omega x}dx\tag{7.6.4}$$

$$G(\omega,t)=\int_{-\infty}^{+\infty}f(x,t)e^{-j\omega x}dx\tag{7.6.5}$$

为了导出方程式(7.6.3) 的定解条件，对条件式(7.6.2) 的两边也取傅里叶变换，得

$$U(\omega,t)|_{t=0}=\Phi(\omega)\tag{7.6.6}$$

其中，

$$\Phi(\omega)=\int_{-\infty}^{+\infty}\varphi(x)e^{-j\omega x}dx\tag{7.6.7}$$

容易得到，方程式(7.6.3) 满足初始条件式(7.6.6) 的解为

$$U(\omega,t)=\Phi(\omega)e^{-a^2\omega^2t}+\int_0^t G(\omega,\tau)e^{-a^2\omega^2(t-\tau)}d\tau\tag{7.6.8}$$

最后，对 $U(\omega,t)$ 取傅里叶逆变换，由傅里叶变换表可查得

$$F^{-1}[e^{-a^2\omega^2t}]=\frac{1}{2a\sqrt{\pi t}}e^{-\frac{x^2}{4a^2t}}$$

那么，根据傅里叶变换的卷积性质可得

$$\begin{aligned}u(x,t)&=F^{-1}[U(\omega,t)]\\&=\frac{1}{2a\sqrt{\pi t}}\int_{-\infty}^{+\infty}\varphi(\xi)e^{-\frac{(x-\xi)^2}{4a^2t}}d\xi+\frac{1}{2a\sqrt{\pi}}\int_0^t d\tau\int_{-\infty}^{+\infty}\frac{f(\xi,\tau)}{\sqrt{t-\tau}}e^{-\frac{(x-\xi)^2}{4a^2(t-\tau)}}d\xi\end{aligned}\tag{7.6.9}$$

这就是原定解问题的解。

从例 7.6.1 的求解过程可以归纳出用积分变换法解定解问题的步骤主要为：

(1) 根据自变量的变化范围以及定解条件的具体情况，选取适当的积分变换。然后，对方程取变换。

(2) 对定解条件取相应的变换，导出新方程的定解条件。

(3) 解所得的新方程，求得原定解问题解的变换式。

(4) 对解的变换式取逆变换，得到原定解问题的解。

一般说来，对于如何选取恰当的积分变换，应从两个方面来考虑。首先要注意自变量的变化范围，傅里叶变换要求作变换的自变量在$(-\infty, +\infty)$内变化，拉普拉斯变换要求作变换的自变量在$(0, +\infty)$内变化。其次，要注意定解条件的形式，根据拉普拉斯变换的微分性质，必须在定解条件中给出作变换的自变量等于零时的函数值及有关导数值。

如果采用正弦或余弦傅里叶变换，自变量的变化范围就是$(0, +\infty)$。

7.6.2 用积分变换法求格林函数

下面我们通过一个例题来说明如何用积分变换法求格林函数。

例 7.6.2 矩形波导中正弦电流激励的场[7]。

解 如图7.6.1所示，假设在矩形波导内通过(x',z')处有一平行于窄边的正弦线电流$\boldsymbol{J}(x',z')$。由于线电流分布沿y轴是均匀的，所以激励场沿y方向无变化，是一个二维问题。此时，有$\dot{\boldsymbol{J}}=\dot{J}_y\boldsymbol{e}_y$和$\dot{\boldsymbol{A}}=\dot{A}_y\boldsymbol{e}_y$，且有

$$\dot{J}_y(x',z')=\delta(x-x')\delta(z-z')$$

因此，磁矢位$\dot{\boldsymbol{A}}$满足如下方程

$$\left(\frac{\partial^2}{\partial x^2}+\frac{\partial^2}{\partial z^2}+k^2\right)\dot{A}_y=-\delta(x-x')\delta(z-z') \tag{7.6.10}$$

由于$\nabla\cdot\dot{\boldsymbol{J}}=\dfrac{\partial\dot{J}}{\partial y}=0$，所以选$\nabla\cdot\dot{\boldsymbol{A}}=-\mathrm{j}\omega\varepsilon_0\mu_0\dot{\phi}=0$，于是，电磁场可表示为

$$\dot{\boldsymbol{E}}=-\mathrm{j}\omega\dot{\boldsymbol{A}} \text{ 和 } \dot{\boldsymbol{H}}=\nabla\times\dot{\boldsymbol{A}} \tag{7.6.11}$$

电场只有y分量，且沿y轴方向无变化，只有H_{n0}型波才具有这种特性，所以可能激励起H_{n0}型波。由式(7.6.10)和式(7.6.11)可导出电磁场所满足的波动方程为

$$\left(\frac{\partial^2}{\partial x^2}+\frac{\partial^2}{\partial z^2}+k^2\right)\dot{E}_y=\mathrm{j}\omega\,\delta(x-x')\delta(z-z')$$

令$G(x,z;x',z')=\dfrac{\dot{E}_y}{\mathrm{j}\omega}$，此问题归结为求单位线电流所产生的格林函数，它应当满足方程：

$$\left(\frac{\partial^2}{\partial x^2}+\frac{\partial^2}{\partial z^2}+k^2\right)G(x,z;x',z')=\delta(x-x')\delta(z-z') \tag{7.6.12}$$

下面应用傅里叶变换法来求解。波沿x方向仅在$(0,a)$变化，而且在$x=0,a$处波应满足齐次边界条件，所以应采用有限傅里叶变换。在方程式(7.6.12)两边同乘以$\sin\dfrac{n\pi x}{a}\mathrm{d}x$，并在区间$(0,a)$对$x$积分，得

$$\left(\frac{\mathrm{d}^2}{\mathrm{d}z^2}-\Gamma_n^2\right)g_n(z,z')=\sin\frac{n\pi x'}{a}\delta(z-z') \tag{7.6.13}$$

式中，$\Gamma_n^2 = \left(\frac{n\pi}{a}\right)^2 - k^2$，$g(z,z') = \int_0^a G(x,z;x',z')\sin\frac{n\pi x}{a}\mathrm{d}x$ 称为 $G(x,z;x',z')$ 的有限傅里叶正弦变换。

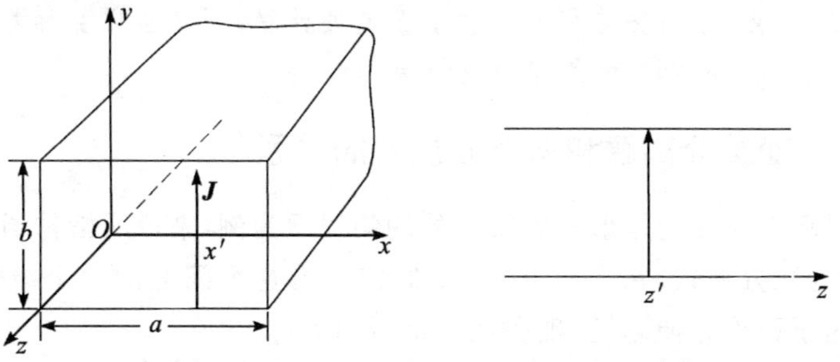

(a)　(b)

图 7.6.1　激励 H_{n0} 型波的单位电流源

容易求得，方程式(7.6.13) 的解为

$$g_n(z,z') = \begin{cases} a_n \mathrm{e}^{\Gamma_n z} & (z \leqslant z') \\ b_n \mathrm{e}^{-\Gamma_n z} & (z \geqslant z') \end{cases} \tag{7.6.14}$$

式中，a_n 和 b_n 与 z' 有关。在 $z = z'$ 处，$g_n(z,z')$ 应满足连续性条件

$$a_n \mathrm{e}^{\Gamma_n z'} = b_n \mathrm{e}^{-\Gamma_n z'} \tag{7.6.15}$$

在区间$(z'-\varepsilon, z'+\varepsilon)$，方程式(7.6.13) 两边对 z 积分，并令 $\varepsilon \to 0$，得

$$\lim_{\varepsilon\to 0}\frac{\partial g_n(z,z')}{\partial z}\bigg|_{z'-\varepsilon}^{z'+\varepsilon} = \sin\frac{n\pi x'}{a} \tag{7.6.16}$$

上式表明，g_n 对 z 的导数在 z' 处是不连续的。将式(7.6.14) 代入式(7.6.16) 中，得

$$-b_n\Gamma_n \mathrm{e}^{-\Gamma_n z'} - a_n\Gamma_n \mathrm{e}^{\Gamma_n z'} = \sin\frac{n\pi x'}{a} \tag{7.6.17}$$

联立方程式(7.6.15) 和式(7.6.17) 解之，求得系数

$$a_n = -\frac{\mathrm{e}^{-\Gamma_n z'}}{2\Gamma_n}\sin\frac{n\pi x'}{a},\quad b_n = -\frac{\mathrm{e}^{\Gamma_n z'}}{2\Gamma_n}\sin\frac{n\pi x'}{a} \tag{7.6.18}$$

那么，$g_n(z,z')$ 的解为

$$g_n(z,z') = -\frac{1}{2\Gamma_n}\sin\frac{n\pi x'}{a}\begin{cases} \mathrm{e}^{-\Gamma_n(z'-z)} & (z \leqslant z') \\ \mathrm{e}^{\Gamma_n(z'-z)} & (z \geqslant z') \end{cases} \tag{7.6.19}$$

利用有限傅里叶正弦变换的逆变换式，得

$$G(x,z;x',z') = -\frac{1}{a}\sum_{n=1}^{+\infty}\frac{1}{\Gamma_n}\sin\frac{n\pi x}{a}\sin\frac{n\pi x'}{a}\mathrm{e}^{-\Gamma_n|z-z'|} \tag{7.6.20}$$

另一方面，这个问题也可以采用拉普拉斯变换求解。但是，由于单位线电流在 (x',z') 处激发的波沿 z 方向的传播区间是在 $-\infty$ 至 $+\infty$ 范围内，显然应当选取双向拉普拉斯变换求解[8]。这里略去详细求解过程，只给出结果如下：

$$G(x,z;x',z')=\frac{1}{2\pi\mathrm{j}}\int_{\alpha-\mathrm{j}\infty}^{\alpha+\mathrm{j}\infty}\frac{\mathrm{e}^{\gamma(z-z')}\mathrm{d}\gamma}{k_t\sin k_t a}\begin{cases}\sin k_t(a-x')\sin k_t x & (x\leqslant x')\\ \sin k_t x'\sin k_t(a-x) & (x\geqslant x')\end{cases}\tag{7.6.21}$$

式中，$k_t^2=k^2+\gamma^2$。应用回路积分法和留数定理计算，可以证明由两类积分变换法所得到的结果式(7.6.20)和式(7.6.21)是相同的。

7.6.3 变量分离解和积分变换解的关系

现在，以例7.4.1的矩形金属管中的均匀线源为例，来说明格林函数的级数形式如何转化为积分形式。在7.5节中，我们曾求得这个问题的一个级数形式解式(7.5.11)。为了讨论方便起见，现在把它重写如下：

$$G(x,y;x',y')=\begin{cases}\displaystyle\sum_{n=1}^{+\infty}\frac{2}{k_2 a}\frac{\mathrm{sh}k_2 y\,\mathrm{sh}k_2(b-y')\sin\frac{n\pi x}{a}\sin\frac{n\pi x'}{a}}{\mathrm{sh}k_2 b} & (y\leqslant y')\\ \displaystyle\sum_{n=1}^{+\infty}\frac{2}{k_2 a}\frac{\mathrm{sh}k_2 y'\,\mathrm{sh}k_2(b-y)\sin\frac{n\pi x}{a}\sin\frac{n\pi x'}{a}}{\mathrm{sh}k_2 b} & (y\geqslant y')\end{cases}\tag{7.5.11}$$

式中，$k_2^2=\left(\frac{n\pi}{a}\right)^2-k^2$。

分析式(7.5.11)可以看出，设沿 y 方向 $b\to+\infty$，用级数解是有效的，不会遇到计算困难。但沿 x 方向 $a\to+\infty$，则级数解变得不确定了。这一困难是由本征值 $\frac{n\pi}{a}$ 随 a 趋于无限大而变为零所引起的。对于这一困难，我们可以用积分取代级数和来解决，也就是将傅里叶级数转化为傅里叶积分。因此，可令[1]

$$\alpha=\frac{n\pi}{a},\quad \alpha+\Delta\alpha=\frac{(n+1)\pi}{a}\tag{7.6.22}$$

则含有本征值$\frac{n\pi}{a}$的无穷级数变为如下积分，例如

$$\lim_{a\to+\infty}\sum_{n=1}^{+\infty}\frac{1}{a}F\left(\frac{n\pi}{a}\right)=\lim_{\Delta\alpha\to 0}\sum_{n=1}^{+\infty}\frac{\Delta\alpha}{\pi}F(\alpha)=\frac{1}{\pi}\int_0^{+\infty}F(\alpha)\mathrm{d}\alpha\tag{7.6.23}$$

这样，当 $a\to+\infty$ 时，利用式(7.6.23)，则式(7.5.11)变为

$$G(x,y;x',y')=\begin{cases}\displaystyle\frac{2}{\pi}\int_0^{+\infty}\frac{\mathrm{sh}\sqrt{\alpha^2-k^2}y\,\mathrm{sh}\sqrt{\alpha^2-k^2}(b-y')\sin\alpha x\sin\alpha x'}{\sqrt{\alpha^2-k^2}\,\mathrm{sh}\sqrt{\alpha^2-k^2}b}\mathrm{d}\alpha & (y\leqslant y')\\ \displaystyle\frac{2}{\pi}\int_0^{+\infty}\frac{\mathrm{sh}\sqrt{\alpha^2-k^2}y'\,\mathrm{sh}\sqrt{\alpha^2-k^2}(b-y)\sin\alpha x\sin\alpha x'}{\sqrt{\alpha^2-k^2}\,\mathrm{sh}\sqrt{\alpha^2-k^2}b}\mathrm{d}\alpha & (y\geqslant y')\end{cases}\tag{7.6.24}$$

同理，当沿 y 方向 $b\to+\infty$ 时，式(7.5.10) 变为

$$G(x,y;x',y')=\begin{cases}\dfrac{2}{\pi}\displaystyle\int_0^{+\infty}\dfrac{\operatorname{sh}\sqrt{\alpha^2-k^2}x\operatorname{sh}\sqrt{\alpha^2-k^2}(a-x')\sin\alpha y\sin\alpha y'}{\sqrt{\alpha^2-k^2}\operatorname{sh}\sqrt{\alpha^2-k^2}a}\mathrm{d}\alpha & (x\leqslant x')\\[2ex]\dfrac{2}{\pi}\displaystyle\int_0^{+\infty}\dfrac{\operatorname{sh}\sqrt{\alpha^2-k^2}x'\operatorname{sh}\sqrt{\alpha^2-k^2}(a-x)\sin\alpha y\sin\alpha y'}{\sqrt{\alpha^2-k^2}\operatorname{sh}\sqrt{\alpha^2-k^2}a}\mathrm{d}\alpha & (x\geqslant x')\end{cases}\tag{7.6.25}$$

从上面的例子和例题 7.6.2，已能初步看出格林函数的级数形式和积分形式，或者分离变量法和积分变换法之间各种关系的端倪。在有限区域，变量分离解应取离散谱或级数和形式；而在无限区域，则其解应取连续谱或积分形式。应用分离变量法或级数展开法所求得的解一旦取积分形式，我们也可以将此积分形式看作一种积分变换。例如，在直角坐标系、圆柱坐标系和球坐标系中的级数解，在无限区域中分别应取傅里叶积分、傅里叶-贝塞尔或汉开尔积分和球面汉开尔积分，则可分别看作相应坐标系中的傅里叶变换、傅里叶-贝塞尔或汉开尔积分变换或球面汉开尔积分变换[8]。但是，虽然在无限区间应用分离变量法或级数展开法与积分变换法所求得的解在这一特定条件下是相同，然而这两种方法的求解过程并不完全相同，而且它们所隐含的概念也十分不同[9]。例如，在级数展开法中，用作展开函数的基函数，如果是指数函数或三角函数，则我们强调它是所考虑微分方程中的本征函数；而在积分变换中同样形式的指数函数或三角函数，则我们强调它是积分变换式中的核或谱函数。

上面分析表明，积分变换可以把某种级数的和写成积分形式，从而建立解的级数形式与积分形式之间的关系。在许多情况下，复杂的级数可以通过积分变换改写为简单的级数，以便于求和；它还可以将收敛极慢的级数变换为收敛极快的级数。而应用回路积分法和留数定理，则能为若干级数求和提供一个极简便的方法[8]。

习　题

7.1　试应用本征函数展开法，求解如下一维格林函数的边值问题：

$$\begin{cases}\dfrac{\mathrm{d}^2G(x,x')}{\mathrm{d}x^2}+k^2G(x,x')=-\delta(x-x')\\ G(0,x')=G(a,x')=0\end{cases}$$

假定取本征函数为 $\psi(x)=\sin\dfrac{n\pi x}{a}$。

7.2　已知格林函数满足一维方程

$$\frac{\mathrm{d}^2G(x,x')}{\mathrm{d}x^2}+k^2G(x,x')=-\delta(x-x')$$

其中，x 的变化区间为$(-\infty,+\infty)$。相应于上面方程同样边界条件的齐次方程为

$$\frac{\mathrm{d}^2\psi_n(x)}{\mathrm{d}x^2}+k_n^2\psi_n(x)=0$$

并取 $\psi_n=\mathrm{e}^{\mathrm{j}k_nx}$ 为满足上面方程的解。试分别应用本征函数展开法和傅里叶变换法，求格林函数 $G(x,x')$。并回答：(1) 两种方法所得结果是否等效？在什么条件下才完全相同？(2) 两种方法求解过程是否完全相同？$\psi_n(x)$ 所隐含的概念是否相同？

7.3 已知在自由空间中的电流环为

$$\dot{\boldsymbol{J}}(\boldsymbol{r})=I_0\delta(\rho-a)\delta(z)\boldsymbol{e}_\phi$$

试用格林函数求解自由空间中的电磁场。

7.4 理想无限长导体圆柱(半径为 a)附近有一轴向电偶极子，试求导体圆柱附近的场积分表达式。

7.5 已知格林函数在矩形区域的边值问题为

$$\frac{\partial^2G}{\partial x^2}+\frac{\partial^2G}{\partial y^2}+k^2G=-\delta(x-x')\delta(y-y')\quad(0<x<a,0<y<b)$$

$$\left.\frac{\partial G}{\partial n}\right|_{\substack{x=0,a\\y=0,b}}=0$$

求此格林函数。

参考文献

[1] STINSON D C. Intermediate Mathematics of Electromagnetics [M]. Englewood Cliffs,New Jersey:Prentice-Hall,Inc. ,1976.

[2] 马西奎. 电磁场理论及应用 [M]. 2 版. 西安:西安交通大学出版社,2018.

[3] 杨儒贵. 高等电磁理论 [M]. 北京:高等教育出版社,2008.

[4] 傅君眉,冯恩信. 高等电磁理论 [M]. 西安:西安交通大学出版社,2000.

[5] VAN BLADEL J. Electromagnetic Fields [M]. New York: McGraw-Hill Book Co. ,Inc. ,1964.

[6] 南京工学院数学教研组. 数学物理方程与特殊函数 [M]. 2 版. 北京:高等教育出版社,1982.

[7] COLLIN R. Field Theory of Guided Waves [M]. New York: McGraw-Hill Book Co. ,Inc. ,1960.

[8] 符果行. 电磁场中的格林函数法 [M]. 北京:高等教育出版社,1993.

[9] TAI C T. Dyadic Green's Functions in Electromagnetics Theory [M]. New York:International Textbook Company,1971.

第 8 章　积分变换方法

积分变换方法在电磁波边值问题的求解中有着重要的应用。它把需要求解的问题从函数空间 A 中变换到另一个函数空间 B 中去，找出在函数空间 B 中的解；然后，再经过逆变换把这个解变回到函数空间 A 中，就得到原来要在函数空间 A 中所求的解。一般说来，上述变换与逆变换是依赖于积分来完成的，所以称为积分变换方法。当然，这种变换的选择应当使需要解决的问题经过变换后，在变换后的空间中变得容易求解。积分变换法既适用于用微分方程表述的问题，也适用于用积分方程表述的问题。一般地说，在这种变换之下，原来的偏微分方程可以减少自变量的个数直至变成常微分方程，甚至于代数方程。

8.1　积分变换简述

含有参变量 α 的积分

$$\tilde{f}(\alpha) = \int_a^b f(t)K(t,\alpha)\mathrm{d}t \tag{8.1.1}$$

通过积分运算，能够把一个函数 $f(t)$ 变成另一个函数 $\tilde{f}(\alpha)$。这里，$K(t,\alpha)$ 是一个确定的二元函数，称为积分变换的核函数。当选取不同的积分域和核函数时，就会得到不同名称的积分变换。$f(t)$ 称为原函数，$\tilde{f}(\alpha)$ 称为 $f(t)$ 的象函数，在一定条件下，它们是一一对应的，而且变换是可逆的。把由 $\tilde{f}(\alpha)$ 到 $f(t)$ 的变换称为逆变换。

在自然科学和技术领域中广泛应用的积分变换主要是傅里叶变换和拉普拉斯变换。

例如，傅里叶变换对表示如下：

$$f(x) = \frac{1}{\sqrt{2\pi}}\int_{-\infty}^{+\infty}\tilde{f}(\alpha)\mathrm{e}^{\mathrm{j}\alpha x}\mathrm{d}\alpha \tag{8.1.2}$$

$$\tilde{f}(\alpha) = \frac{1}{\sqrt{2\pi}}\int_{-\infty}^{+\infty}f(x)\mathrm{e}^{-\mathrm{j}\alpha x}\mathrm{d}x \tag{8.1.3}$$

式中，$f(x)$ 在 $(-\infty,+\infty)$ 上只有有限个极值点，只有有限个第一类间断点，且 $\int_{-\infty}^{+\infty}|f(x)|\mathrm{d}x < +\infty$。

例 8.1.1　如图 8.1.1 所示无限长理想导电槽内，在 $x=x'$，$y=y'$ 处有一无限长的均匀线电流，且均匀线电流在时间上作正弦变化。求槽内的场[1]。

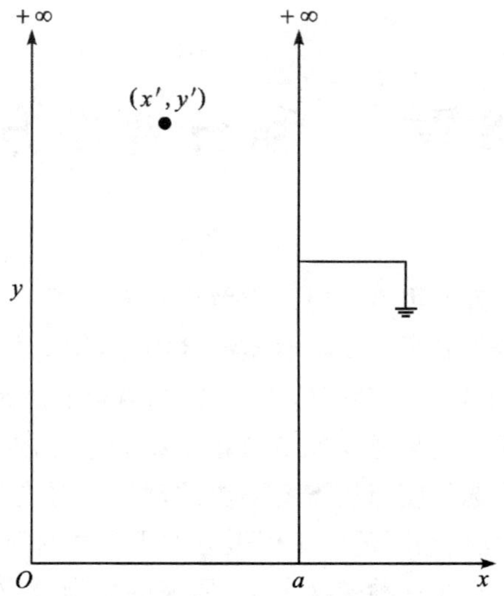

图 8.1.1　理想导电槽中的一条均匀正弦线电流

解　实际上，这个问题可以看作是在例 7.4.1 中，设沿 y 方向 $b\to+\infty$ 的极限情况。就此问题，我们在 7.6 节中利用极限的思想，通过积分代替求和，给出了解答式(7.6.25)。现在，我们直接应用积分变换法重新解决这一问题。

由于这个问题在 y 方向上无界，所以直接利用这个方向上的傅里叶变换来求解。为了解如下方程式：

$$\frac{\partial^2 G}{\partial x^2}+\frac{\partial^2 G}{\partial y^2}+k^2 G=-\delta(x-x')\delta(y-y') \tag{7.4.1}$$

考虑到 y 在区间 $(0,+\infty)$ 内变化，以及 G 在 $y=0$ 处 $G=0$ 的边界条件，我们选择正弦傅里叶变换对

$$\begin{cases} f(u)=\dfrac{2}{\sqrt{2\pi}}\displaystyle\int_0^{+\infty}\tilde{f}(\alpha)\sin\alpha u\,\mathrm{d}\alpha \\ \tilde{f}(\alpha)=\dfrac{2}{\sqrt{2\pi}}\displaystyle\int_0^{+\infty}f(u)\sin\alpha u\,\mathrm{d}u \end{cases} \tag{8.1.4}$$

因此，假定 G 可表示为

$$G=\frac{2}{\sqrt{2\pi}}\int_0^{+\infty}\tilde{G}\sin\alpha y\,\mathrm{d}\alpha \tag{8.1.5}$$

把式(8.1.5) 代入方程式(7.4.1) 中，得

$$\frac{2}{\sqrt{2\pi}}\int_0^{+\infty}\left(\frac{\mathrm{d}^2}{\mathrm{d}x^2}+k^2-\alpha^2\right)\tilde{G}\sin\alpha y\,\mathrm{d}\alpha=-\delta(x-x')\delta(y-y') \tag{8.1.6}$$

然后，求狄拉克函数 $\delta(y-y')$ 的正弦傅里叶变换。由式(8.1.4) 可立即写出

$$\tilde{\delta}(\alpha-y')=\frac{2}{\sqrt{2\pi}}\int_0^{+\infty}\delta(y-y')\sin\alpha y\,\mathrm{d}y=\frac{2}{\sqrt{2\pi}}\sin\alpha y'$$

由此可得恒等式

$$\delta(y-y')=\frac{2}{\pi}\int_0^{+\infty}\sin\alpha y'\sin\alpha y\,\mathrm{d}\alpha \tag{8.1.7}$$

如果把式(8.1.7)代入方程式(8.1.6)中，就得到

$$\frac{\mathrm{d}^2\widetilde{G}}{\mathrm{d}x^2}-(\alpha^2-k^2)\widetilde{G}=-\frac{2}{\sqrt{2\pi}}\sin\alpha y'\delta(x-x') \tag{8.1.8}$$

显然，已经用一个常微分方程式(8.1.8)替代了偏微分方程式(7.4.1)。

不难求出方程式(8.1.8)的解为

$$\widetilde{G}(x,\alpha;x',y')=\begin{cases}\dfrac{2}{\sqrt{2\pi}}\dfrac{\mathrm{sh}\sqrt{\alpha^2-k^2}x\,\mathrm{sh}\sqrt{\alpha^2-k^2}(a-x')\sin\alpha y'}{\sqrt{\alpha^2-k^2}\,\mathrm{sh}\sqrt{\alpha^2-k^2}a} & (x\leqslant x')\\[2ex]\dfrac{2}{\sqrt{2\pi}}\dfrac{\mathrm{sh}\sqrt{\alpha^2-k^2}x'\,\mathrm{sh}\sqrt{\alpha^2-k^2}(a-x)\sin\alpha y'}{\sqrt{\alpha^2-k^2}\,\mathrm{sh}\sqrt{\alpha^2-k^2}a} & (x\geqslant x')\end{cases} \tag{8.1.9}$$

利用式(8.1.4)，对式(8.1.9)取逆变换，得

$$G(x,y;x',y')=\begin{cases}\dfrac{2}{\pi}\displaystyle\int_0^{+\infty}\frac{\mathrm{sh}\sqrt{\alpha^2-k^2}x\,\mathrm{sh}\sqrt{\alpha^2-k^2}(a-x')\sin\alpha y\sin\alpha y'}{\sqrt{\alpha^2-k^2}\,\mathrm{sh}\sqrt{\alpha^2-k^2}a}\mathrm{d}\alpha & (x\leqslant x')\\[2ex]\dfrac{2}{\pi}\displaystyle\int_0^{+\infty}\frac{\mathrm{sh}\sqrt{\alpha^2-k^2}x'\,\mathrm{sh}\sqrt{\alpha^2-k^2}(a-x)\sin\alpha y\sin\alpha y'}{\sqrt{\alpha^2-k^2}\,\mathrm{sh}\sqrt{\alpha^2-k^2}a}\mathrm{d}\alpha & (x\geqslant x')\end{cases} \tag{8.1.10}$$

显然，这个解式(8.1.10)与式(7.6.25)是相同的。

在上面我们给出了利用傅里叶变换解无界边值问题的一个例子。下面让我们讨论关于利用傅里叶变换减少偏微分方程自变量个数的一般理论[1]。考虑如下偏微分方程：

$$\nabla^2 f(x,y,z)+k^2 f(x,y,z)=g(x,y,z) \tag{8.1.11}$$

假设函数 $f(x,y,z)$ 和 $g(x,y,z)$ 都是可以进行傅里叶变换的，所以可以按照式(8.1.2)和式(8.1.3)定义两个傅里叶变换对。于是，有

$$\begin{cases}f(x,y,z)=\dfrac{1}{\sqrt{2\pi}}\displaystyle\int_{-\infty}^{+\infty}\widetilde{f}(x,y,\alpha_3)\mathrm{e}^{\mathrm{j}\alpha_3 z}\mathrm{d}\alpha_3\\[2ex]\widetilde{f}(x,y,\alpha_3)=\dfrac{1}{\sqrt{2\pi}}\displaystyle\int_{-\infty}^{+\infty}f(x,y,z)\mathrm{e}^{-\mathrm{j}\alpha_3 z}\mathrm{d}z\end{cases}$$

$$\begin{cases}g(x,y,z)=\dfrac{1}{\sqrt{2\pi}}\displaystyle\int_{-\infty}^{+\infty}\widetilde{g}(x,y,\alpha_3)\mathrm{e}^{\mathrm{j}\alpha_3 z}\mathrm{d}\alpha_3\\[2ex]\widetilde{g}(x,y,\alpha_3)=\dfrac{1}{\sqrt{2\pi}}\displaystyle\int_{-\infty}^{+\infty}f(x,y,z)\mathrm{e}^{-\mathrm{j}\alpha_3 z}\mathrm{d}z\end{cases}$$

如果把 $f(x,y,z)$ 和 $g(x,y,z)$ 的逆变换表达式都代入方程式(8.1.11)中，得

$$\frac{\partial^2 \tilde{f}(x,y,\alpha_3)}{\partial x^2}+\frac{\partial^2 \tilde{f}(x,y,\alpha_3)}{\partial y^2}+(k^2-\alpha_3^2)\tilde{f}(x,y,\alpha_3)=\tilde{g}(x,y,\alpha_3) \quad (8.1.12)$$

显然，与方程式(8.1.11)相比较，方程式(8.1.12)的自变量少了一个。如果将方程式(8.1.12)再对 x 和 y 进行变换，则得

$$(k^2-\alpha^2)\tilde{f}(\alpha_1,\alpha_2,\alpha_3)=\tilde{g}(\alpha_1,\alpha_2,\alpha_3) \quad (8.1.13)$$

式中，$\alpha^2=\alpha_1^2+\alpha_2^2+\alpha_3^2$。方程式(8.1.13)是一个代数方程。其中

$$\tilde{f}(\alpha_1,\alpha_2,\alpha_3)=\frac{1}{(2\pi)^{\frac{3}{2}}}\int_{-\infty}^{+\infty}\int_{-\infty}^{+\infty}\int_{-\infty}^{+\infty}f(x,y,z)\mathrm{e}^{-\mathrm{j}(\alpha_1 x+\alpha_2 y+\alpha_3 z)}\,\mathrm{d}x\mathrm{d}y\mathrm{d}z \quad (8.1.14)$$

$$\tilde{g}(\alpha_1,\alpha_2,\alpha_3)=\frac{1}{(2\pi)^{\frac{3}{2}}}\int_{-\infty}^{+\infty}\int_{-\infty}^{+\infty}\int_{-\infty}^{+\infty}g(x,y,z)\mathrm{e}^{-\mathrm{j}(\alpha_1 x+\alpha_2 y+\alpha_3 z)}\,\mathrm{d}x\mathrm{d}y\mathrm{d}z \quad (8.1.15)$$

把 $\tilde{f}(\alpha_1,\alpha_2,\alpha_3)$ 和 $\tilde{g}(\alpha_1,\alpha_2,\alpha_3)$ 分别称为函数 $f(x,y,z)$ 和 $g(x,y,z)$ 的三重傅里叶变换。显然，三重变换是三个单重变换的简单乘积。其相应的逆变换，例如，对于函数 $f(x,y,z)$，有

$$f(x,y,z)=\frac{1}{(2\pi)^{\frac{3}{2}}}\int_{-\infty}^{+\infty}\int_{-\infty}^{+\infty}\int_{-\infty}^{+\infty}\tilde{f}(\alpha_1,\alpha_2,\alpha_3)\mathrm{e}^{\mathrm{j}(\alpha_1 x+\alpha_2 y+\alpha_3 z)}\,\mathrm{d}\alpha_1\mathrm{d}\alpha_2\mathrm{d}\alpha_3 \quad (8.1.16)$$

相应地，也有二重傅里叶变换对。例如，

$$\begin{cases}\tilde{f}(\alpha_1,\alpha_2)=\dfrac{1}{2\pi}\displaystyle\int_{-\infty}^{+\infty}\int_{-\infty}^{+\infty}f(x,y)\mathrm{e}^{-\mathrm{j}(\alpha_1 x+\alpha_2 y)}\,\mathrm{d}x\mathrm{d}y \\ f(x,y)=\dfrac{1}{2\pi}\displaystyle\int_{-\infty}^{+\infty}\int_{-\infty}^{+\infty}\tilde{f}(\alpha_1,\alpha_2)\mathrm{e}^{\mathrm{j}(\alpha_1 x+\alpha_2 y)}\,\mathrm{d}\alpha_1\mathrm{d}\alpha_2\end{cases} \quad (8.1.17)$$

如果让方程式(8.1.11)中的 $g(x,y,z)=-\delta(x-x')\delta(y-y')\delta(z-z')$，那么，它将表示位于$(x',y',z')$点上的单位源在 $P(x,y,z)$ 点所产生的效应 $G(x,y,z)$。因此，可以由方程式(8.1.11)写出其傅里叶变换为

$$(k^2-\alpha^2)\tilde{G}(\alpha_1,\alpha_2,\alpha_3)=-(2\pi)^{-\frac{3}{2}}\mathrm{e}^{-\mathrm{j}(\alpha_1 x'+\alpha_2 y'+\alpha_3 z')} \quad (8.1.18)$$

那么，$G(x,y,z)$ 的逆变换，即其解为

$$G(x,y,z)=\frac{-1}{(2\pi)^3}\int_{-\infty}^{+\infty}\int_{-\infty}^{+\infty}\int_{-\infty}^{+\infty}\frac{\mathrm{e}^{\mathrm{j}[\alpha_1(x-x')+\alpha_2(y-y')+\alpha_3(z-z')]}}{k^2-\alpha_1^2-\alpha_2^2-\alpha_3^2}\mathrm{d}\alpha_1\mathrm{d}\alpha_2\mathrm{d}\alpha_3 \quad (8.1.19)$$

要真正地解出这个三重积分，是比较困难的。采用不同的积分手段，会得到不同形式的解[1]。从这些不同形式的解中，可以得到有关平面波、柱面波和球面波之间关系的大量有用恒等式。例如，可以把一个均匀的柱面波用对球面波的积分形式来表示(即对不同实际位置上无穷多个相同的均匀球面波的求积)；也可以把一个均匀平面波用对均匀柱面波的积分形式表示(即对无穷多个均匀柱面波求和)；相反地，也可以把一个球面波表示为对无穷多个柱面波的求积。

最后，需要指出的是，还存在与正弦傅里叶变换对相对应的余弦傅里叶变换对，即

$$\begin{cases} f(u) = \dfrac{2}{\sqrt{2\pi}}\displaystyle\int_0^{+\infty} \widetilde{f}(\alpha)\cos\alpha u\,\mathrm{d}\alpha \\ \widetilde{f}(\alpha) = \dfrac{2}{\sqrt{2\pi}}\displaystyle\int_0^{+\infty} f(u)\cos\alpha u\,\mathrm{d}u \end{cases} \tag{8.1.20}$$

那么，对于一个实际问题，究竟是利用正弦傅里叶变换或余弦傅里叶变换求解，则需要根据给定的边界条件来选择。为了说明这个问题，我们对一维亥姆霍兹方程

$$\frac{\mathrm{d}^2 f(y)}{\mathrm{d}y^2} + k^2 f(y) = g(y) \tag{8.1.21}$$

两边进行傅里叶变换。对于正弦傅里叶变换或余弦傅里叶变换，都能得到下列结果：

$$(k^2 - \alpha^2)\widetilde{f}(\alpha) = \widetilde{g}(\alpha) \tag{8.1.22}$$

但是，对于正弦傅里叶变换，要求

$$\left[\frac{\mathrm{d}f(y)}{\mathrm{d}y}\sin\alpha y - \alpha f(y)\cos\alpha y\right]_0^{+\infty} = 0 \tag{8.1.23}$$

而对余弦傅里叶变换，则要求

$$\left[\frac{\mathrm{d}f(y)}{\mathrm{d}y}\cos\alpha y + \alpha f(y)\sin\alpha y\right]_0^{+\infty} = 0 \tag{8.1.24}$$

由式(8.1.23)和式(8.1.24)这两个结果，我们得出结论，如果 $f(y)$ 在 $y=0$ 处等于零，则可以采用正弦傅里叶变换；如果$\dfrac{\mathrm{d}f(y)}{\mathrm{d}y}$在 $y=0$ 处等于零，则可以采用余弦傅里叶变换。但是，无论是采用正弦傅里叶变换还是余弦傅里叶变换，都要求 $f(y)$ 必须满足 $y\to+\infty$ 的辐射条件。这就是在例 8.1.1 中，我们选择正弦傅里叶变换进行求解的原因。显然，采用余弦傅里叶变换是不合适的。

需要指出的是，上述根据给定的边界条件来选择利用正弦傅里叶变换或余弦傅里叶变换求解的原则，只是对亥姆霍兹方程而言的。对一个具体问题来说，应用积分变换(傅里叶变换、余弦变换、正弦变换)求解的基本思想是，利用积分变换将一个描述复杂物理问题的微分方程(常微分方程或偏微分方程)变换成可以容易解出的较简单的方程(代数方程或常微分方程)。然后通过求得变换空间中该简单方程的解的逆变换，从而得出所要求的原微分方程的解。要想用积分变换方法来求解一阶和二阶微分方程，就需要求一阶和二阶导数的积分变换。

现在我们来推导一阶和二阶导数的傅里叶变换。若记 $\widetilde{f}^{(1)}(\alpha)$ 和 $\widetilde{f}^{(2)}(\alpha)$ 分别为一阶和二阶导数的傅里叶变换，则有

$$\widetilde{f}^{(1)}(\alpha) = \frac{1}{\sqrt{2\pi}}\int_{-\infty}^{+\infty} \frac{\mathrm{d}f(x)}{\mathrm{d}x}\mathrm{e}^{-\mathrm{j}\alpha x}\,\mathrm{d}x \tag{8.1.25}$$

将式(8.1.25)右边进行分部积分，我们得到

$$\widetilde{f}^{(1)}(\alpha) = \frac{1}{\sqrt{2\pi}}\left\{ f(x)\mathrm{e}^{-\mathrm{j}\alpha x}\Big|_{-\infty}^{+\infty} + \mathrm{j}\alpha\int_{-\infty}^{+\infty} f(x)\mathrm{e}^{-\mathrm{j}\alpha x}\,\mathrm{d}x \right\}$$

$$= \mathrm{j}\alpha \frac{1}{\sqrt{2\pi}}\int_{-\infty}^{+\infty} f(x)\mathrm{e}^{-\mathrm{j}\alpha x}\mathrm{d}x = \mathrm{j}\alpha\tilde{f}(\alpha) \tag{8.1.26}$$

其中，当 $x \to \pm\infty$ 时，$f(x) \to 0$。同样地，我们求得

$$\tilde{f}^{(2)}(\alpha) = \frac{1}{\sqrt{2\pi}}\int_{-\infty}^{+\infty} \frac{\mathrm{d}^2 f(x)}{\mathrm{d}x^2}\mathrm{e}^{-\mathrm{j}\alpha x}\mathrm{d}x$$

$$= -\alpha^2\tilde{f}(\alpha) \tag{8.1.27}$$

其中，当 $x \to \pm\infty$ 时，$f(x) \to 0$，且 $f'(x) \to 0$。

由式(8.1.26)和式(8.1.27)这两个结果，我们得出结论：当 $x \to \pm\infty$ 时，$f(x) \to 0$，且 $f'(x) \to 0$，它是利用傅里叶变换将一个描述复杂物理问题的二阶微分方程(常微分方程或偏微分方程)变换成可以容易解出的较简单的方程(代数方程或常微分方程)的先决条件。

一阶导数的傅里叶余弦变换是

$$\tilde{f}_{\mathrm{c}}^{(1)}(\alpha) = \sqrt{\frac{2}{\pi}}\int_{0}^{+\infty} \frac{\mathrm{d}f(u)}{\mathrm{d}u}\cos\alpha u\,\mathrm{d}u$$

$$= \alpha\tilde{f}_{\mathrm{s}}(\alpha) - \sqrt{\frac{2}{\pi}}f(0) \tag{8.1.28}$$

因为当 $u \to +\infty$ 时，$f(u) \to 0$。式(8.1.28)中的 $\tilde{f}_{\mathrm{s}}(\alpha)$ 是 $f(u)$ 的傅里叶正弦变换。二阶导数的傅里叶余弦变换是

$$\tilde{f}_{\mathrm{c}}^{(2)}(\alpha) = \sqrt{\frac{2}{\pi}}\int_{0}^{+\infty} \frac{\mathrm{d}^2 f(u)}{\mathrm{d}u^2}\cos\alpha u\,\mathrm{d}u$$

$$= -\alpha^2\tilde{f}_{\mathrm{c}}(\alpha) - \sqrt{\frac{2}{\pi}}f'(0) \tag{8.1.29}$$

因为当 $u \to +\infty$ 时，$f(u) \to 0$，且 $f'(u) \to 0$。式(8.1.29)中的 $\tilde{f}_{\mathrm{c}}(\alpha)$ 是 $f(u)$ 的傅里叶余弦变换。

一阶导数的傅里叶正弦变换是

$$\tilde{f}_{\mathrm{s}}^{(1)}(\alpha) = \sqrt{\frac{2}{\pi}}\int_{0}^{+\infty} \frac{\mathrm{d}f(u)}{\mathrm{d}u}\sin\alpha u\,\mathrm{d}u$$

$$= -\alpha\tilde{f}_{\mathrm{c}}(\alpha) \tag{8.1.30}$$

因为当 $u \to +\infty$ 时，$f(u) \to 0$。二阶导数的傅里叶正弦变换是

$$\tilde{f}_{\mathrm{s}}^{(2)}(\alpha) = \sqrt{\frac{2}{\pi}}\int_{0}^{+\infty} \frac{\mathrm{d}^2 f(u)}{\mathrm{d}u^2}\sin\alpha u\,\mathrm{d}u$$

$$= \sqrt{\frac{2}{\pi}}\alpha f(0) - \alpha^2\tilde{f}_{\mathrm{s}}(\alpha) \tag{8.1.31}$$

因为当 $u \to +\infty$ 时，$f(u) \to 0$，且 $f'(u) \to 0$。

由式(8.1.28)、式(8.1.29)、式(8.1.30)和式(8.1.31)这4个结果，我们得出结论：如果用傅里叶余弦变换来消去(变换掉)微分方程中的一阶导数项，则需要

知道 $f(0)$；但是如果用傅里叶正弦变换来消去微分方程中的一阶导数项，则不需要知道 $f(0)$。如果用傅里叶余弦变换来消去微分方程中的二阶导数项，则要知道 $f'(0)$；然而只要知道 $f(0)$ 就足以用傅里叶正弦变换来消去微分方程中的二阶导数项。

8.2　傅里叶变换在柱面坐标中的应用

对 z(圆柱轴) 应用傅里叶变换，有柱面边界的三维问题可化为二维问题。下面先看一个例子。

例 8.2.1　在无界自由空间中，求如下亥姆霍兹方程[1]

$$\nabla^2 G + k^2 G = -\frac{\delta(\rho-\rho')}{\rho}\delta(\phi-\phi')\delta(z-z') \tag{8.2.1}$$

的解。

解　这是位于点(ρ',ϕ',z')上一个点源的效应。让我们沿 ρ 向划分区域，并对 z 进行傅里叶变换，所以假定一个解

$$G = \frac{1}{\sqrt{2\pi}}\sum_{m=0}^{+\infty}\int_{-\infty}^{+\infty}\widetilde{G}_\rho \cos m(\phi-\phi')\mathrm{e}^{\mathrm{j}\alpha z}\,\mathrm{d}\alpha \tag{8.2.2}$$

式中，$\widetilde{G}(\rho,\alpha)$ 是 $G_\rho(\rho,z)$ 按式(8.1.3) 所定义的傅里叶变换。把式(8.2.2) 代入方程式(8.2.1) 中，利用正弦函数的正交性，以及 $\delta(z-z')$ 的傅里叶变换式，得到如下贝塞尔方程：

$$\left[\frac{1}{\rho}\frac{\mathrm{d}}{\mathrm{d}\rho}\left(\rho\frac{\mathrm{d}}{\mathrm{d}\rho}\right)+k_1^2-\frac{m^2}{\rho^2}\right]\widetilde{G}_\rho = -\frac{D}{\rho}\delta(\rho-\rho') \tag{8.2.3}$$

式中，$k_1^2 = k^2-\alpha^2$，且 $D = \varepsilon_{\mathrm{m}}\mathrm{e}^{-\mathrm{j}\alpha z'}(2\pi)^{-\frac{3}{2}}$。$\varepsilon_{\mathrm{m}}$ 是诺依曼数。

容易得到方程式(8.2.3) 的解为

$$\widetilde{G}_\rho = \frac{\pi D}{2\mathrm{j}}\left[\mathrm{H}_m^{(2)}(k_1\rho')\mathrm{J}_m(k_1\rho)u(\rho'-\rho)+\mathrm{H}_m^{(2)}(k_1\rho)\mathrm{J}_m(k_1\rho')u(\rho-\rho')\right] \tag{8.2.4}$$

因此，将式(8.2.4) 代入式(8.2.2) 中，可得 G 的解为

$$G = \frac{1}{8\pi\mathrm{j}}\int_{-\infty}^{+\infty}\mathrm{e}^{\mathrm{j}\alpha(z-z')}\,\mathrm{d}\alpha\sum_{m=0}^{+\infty}\varepsilon_m\Big[\mathrm{H}_m^{(2)}(k_1\rho')\mathrm{J}_m(k_1\rho)u(\rho'-\rho) + \mathrm{H}_m^{(2)}(k_1\rho)\mathrm{J}_m(k_1\rho')u(\rho-\rho')\Big]\cos m(\phi-\phi') \tag{8.2.5}$$

应用汉克尔函数加法定理，上式(8.2.5) 可简化成

$$G = \frac{1}{8\pi\mathrm{j}}\int_{-\infty}^{+\infty}\mathrm{H}_0^{(2)}(k_1\mid\boldsymbol{\rho}-\boldsymbol{\rho}'\mid)\mathrm{e}^{\mathrm{j}\alpha(z-z')}\,\mathrm{d}\alpha \tag{8.2.6}$$

这就是方程式(8.2.1) 的最终解。

下面考虑对 z 应用傅里叶变换的一般理论。对于三维波动方程

$$\left(\frac{\partial^2}{\partial x^2}+\frac{\partial^2}{\partial y^2}+\frac{\partial^2}{\partial z^2}+k^2\right)\dot{\psi}=0 \tag{8.2.7}$$

如果取傅里叶变换对

$$\begin{cases}\dot{\psi}(x,y,z)=\dfrac{1}{\sqrt{2\pi}}\displaystyle\int_{-\infty}^{+\infty}\tilde{\dot{\psi}}(x,y,\alpha)\mathrm{e}^{\mathrm{j}\alpha z}\,\mathrm{d}\alpha \\ \tilde{\dot{\psi}}(x,y,\alpha)=\dfrac{1}{\sqrt{2\pi}}\displaystyle\int_{-\infty}^{+\infty}\dot{\psi}(x,y,z)\mathrm{e}^{-\mathrm{j}\alpha z}\,\mathrm{d}z\end{cases} \tag{8.2.8}$$

那么，方程式(8.2.7) 将会化为如下二维波动方程：

$$\left(\frac{\partial^2}{\partial x^2}+\frac{\partial^2}{\partial y^2}+k_1^2\right)\tilde{\dot{\psi}}=0 \tag{8.2.9}$$

式中，$k_1^2=k^2-\alpha^2$。一旦由方程式(8.2.9) 解得 $\tilde{\dot{\psi}}$，由逆变换就可得到三维问题的解。通常，在辐射区完成逆变换很简单。

例 8.2.2 如图 8.2.1 所示，求沿 z 轴的 z 向线电流的场[2]。

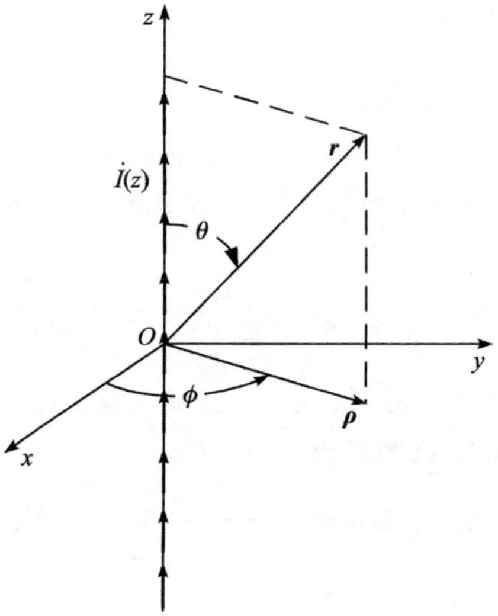

图 8.2.1 沿 z 轴的线电流

解 其磁场强度 $\dot{\boldsymbol{H}}=\nabla\times\dot{\boldsymbol{A}}$，且 $\dot{\boldsymbol{A}}=\dot{\psi}\boldsymbol{e}_z$。分析可见，$\dot{\psi}$ 不依赖于坐标 ϕ，而根据例 8.2.1 的结果，$\dot{\psi}$ 的傅里叶变换应该有如下形式：

$$\tilde{\dot{\psi}}=\frac{1}{\sqrt{2\pi}}f(\alpha)\mathrm{H}_0^{(2)}(\rho\sqrt{k^2-\alpha^2})$$

因此，有

$$\dot{\psi}=\frac{1}{2\pi}\int_{-\infty}^{+\infty}f(\alpha)\mathrm{H}_0^{(2)}(\rho\sqrt{k^2-\alpha^2})\mathrm{e}^{\mathrm{j}\alpha z}\mathrm{d}\alpha \tag{8.2.10}$$

因为当 $\rho\to 0$ 时，有

$$\int_0^{2\pi}\tilde{\dot{H}}_{\phi}\rho\mathrm{d}\phi=\tilde{\dot{I}}(\alpha) \tag{8.2.11}$$

式中，$\tilde{\dot{H}}_{\phi}$ 和 $\tilde{\dot{I}}(\alpha)$ 分别是 $\dot{H}_{\phi}$ 和 $\dot{I}$ 的变换，有

$$\tilde{\dot{I}}(\alpha)=\frac{1}{\sqrt{2\pi}}\int_{-\infty}^{+\infty}\dot{I}(z)\mathrm{e}^{-\mathrm{j}\alpha z}\mathrm{d}z \tag{8.2.12}$$

此外，应用 $\mathrm{H}_0^{(2)}$ 的小自变量渐近公式，当 $\rho\to 0$ 时，有

$$\tilde{\dot{H}}_{\phi}=-\frac{\partial\tilde{\dot{\psi}}}{\partial\rho}=\frac{2\mathrm{j}}{\pi\rho}f(\alpha)\frac{1}{\sqrt{2\pi}} \tag{8.2.13}$$

将式(8.2.13) 代入式(8.2.11) 中，得

$$f(\alpha)=\frac{\tilde{\dot{I}}(\alpha)}{4\mathrm{j}}\sqrt{2\pi} \tag{8.2.14}$$

因此，把式(8.2.14) 代入式(8.2.10) 中，就能得到这个问题的解是

$$\dot{\psi}=\frac{1}{\sqrt{2\pi}}\frac{1}{4\mathrm{j}}\int_{-\infty}^{+\infty}\tilde{\dot{I}}(\alpha)\mathrm{H}_0^{(2)}(\rho\sqrt{k^2-\alpha^2})\mathrm{e}^{\mathrm{j}\alpha z}\mathrm{d}\alpha \tag{8.2.15}$$

应该注意到，对电流 $\dot{I}(z)$ 的唯一限制就是它的傅里叶变换积分式(8.2.12) 存在。

实际上，这一问题的另一种积分解是[2]

$$\dot{\psi}=\int_{-\infty}^{+\infty}\dot{I}(z')\frac{\mathrm{e}^{-\mathrm{j}k\sqrt{\rho^2+(z-z')^2}}}{4\pi\sqrt{\rho^2+(z-z')^2}}\mathrm{d}z' \tag{8.2.16}$$

对于同样一个问题，两个解式(8.2.15) 和式(8.2.16) 应该给出相同的值，让它们相等，就构成了一个数学恒等式。例如，如果 $\dot{I}(z)$ 是电偶极矩为 $\dot{I}l$ 的短电流元，那么就有 $\tilde{\dot{I}}(\alpha)=\dfrac{\dot{I}l}{\sqrt{2\pi}}$，那么式(8.2.15) 就变为

$$\dot{\psi}=\frac{\dot{I}l}{8\pi\mathrm{j}}\int_{-\infty}^{+\infty}\mathrm{H}_0^{(2)}(\rho\sqrt{k^2-\alpha^2})\mathrm{e}^{\mathrm{j}\alpha z}\mathrm{d}\alpha$$

而式(8.2.16) 变为

$$\dot{\psi}=\frac{\dot{I}l\mathrm{e}^{-\mathrm{j}kr}}{4\pi r}$$

令它们相等，就有恒等式

$$\frac{\mathrm{e}^{-\mathrm{j}kr}}{r}=\frac{1}{2\mathrm{j}}\int_{-\infty}^{+\infty}\mathrm{H}_0^{(2)}(\rho\sqrt{k^2-\alpha^2})\mathrm{e}^{\mathrm{j}\alpha z}\mathrm{d}\alpha \tag{8.2.17}$$

实际上，在电磁波理论中，有许多其他的恒等式都能以这样的方法来得到。

8.3 半空间辐射问题[1]

8.3.1 位于理想导电半空间上方的线电流

如图8.3.1所示,在理想导电半空间上方有一根平行的无限长均匀线电流 $\dot{I}=1$。这是一个二维问题,磁矢位 $\dot{\boldsymbol{A}}=\dot{A}_z\boldsymbol{e}_z$ 满足如下亥姆霍兹方程:

$$\left(\frac{\partial^2}{\partial x^2}+\frac{\partial^2}{\partial y^2}+k_0^2\right)\dot{A}_z(x,y)=-\delta(x-x')\delta(y-y') \qquad (y>0) \tag{8.3.1}$$

式中,$k_0^2=\omega^2\mu_0\varepsilon_0$,其边界条件为

$$\dot{A}_z(x,0)=0 \tag{8.3.2}$$

现在,我们利用对 x 的一维傅里叶变换对式(8.1.2)和式(8.1.3)来解这个问题。此外,也能利用对 y 的一维正弦傅里叶变换来求解,但是这样做会复杂一些。如果对方程式(8.3.1)两边取对 x 的一维傅里叶变换,则得常微分方程

$$\left(\frac{\mathrm{d}^2}{\mathrm{d}y^2}+k_{10}^2\right)\widetilde{\dot{A}}_z(\alpha,y)=-B_1\delta(y-y_0) \tag{8.3.3}$$

式中,$k_{10}^2=k_0^2-\alpha^2$,$B_1=\dfrac{\mathrm{e}^{-\mathrm{j}\alpha x'}}{\sqrt{2\pi}}$。

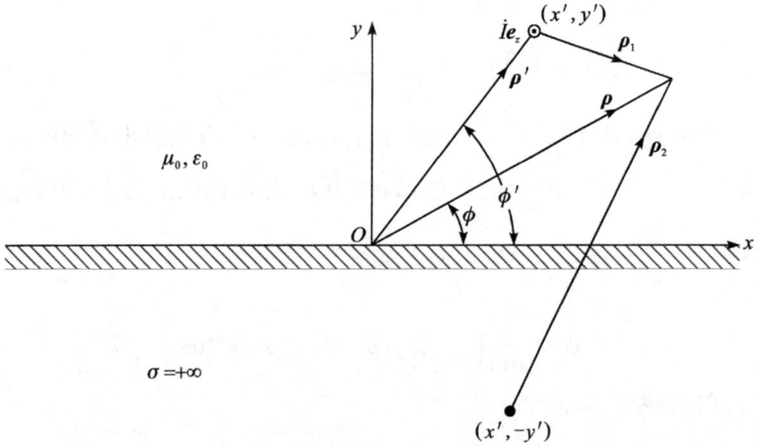

图8.3.1 在理想导电平面上方自由空间中的一根平行电流

考虑到 $y=0$ 处的边界条件,$y\to+\infty$ 应满足辐射条件,以及在 $y=y'$ 处 $\widetilde{\dot{A}}_z(\alpha,y)$ 的连续性条件,可以假定方程式(8.3.3)的解形式为

$$\widetilde{\dot{A}}_z(\alpha,y)=A[\mathrm{e}^{-\mathrm{j}k_{10}y'}u(y'-y)\sin k_{10}y+\mathrm{e}^{-\mathrm{j}k_{10}y}u(y-y')\sin k_{10}y'] \tag{8.3.4}$$

式中的常数 A 由源强度确定，即

$$\lim_{y\to y'}\left(\frac{\mathrm{d}\tilde{\dot{A}}_z}{\mathrm{d}z}\bigg|_{y>y'}-\frac{\mathrm{d}\tilde{\dot{A}}_z}{\mathrm{d}z}\bigg|_{y<y'}\right)=-B_1 \tag{8.3.5}$$

由此可得到 A 为

$$A=\frac{B_1}{k_{10}} \tag{8.3.6}$$

最后，得到这个问题的解为

$$\begin{aligned}\dot{A}_z(x,y)=&\frac{1}{2\pi}\int_{-\infty}^{+\infty}\frac{1}{k_{10}}[\sin k_{10}y\mathrm{e}^{-\mathrm{j}k_{10}y'}u(y'-y)\\&+\sin k_{10}y'\mathrm{e}^{-\mathrm{j}k_{10}y}u(y-y')]\mathrm{e}^{\mathrm{j}\alpha(x-x')}\mathrm{d}\alpha\end{aligned} \tag{8.3.7}$$

式(8.3.7)也可写为

$$\begin{aligned}\dot{A}_z(x,y)=&\frac{1}{2\pi\mathrm{j}}\int_{-\infty}^{+\infty}\frac{\mathrm{e}^{\mathrm{j}\alpha(x-x')}}{k_{10}}[\mathrm{e}^{\mathrm{j}k_{10}(y-y')}u(y'-y)\\&+\mathrm{e}^{-\mathrm{j}k_{10}(y-y')}u(y-y')]\mathrm{d}\alpha-\frac{1}{2\pi\mathrm{j}}\int_{-\infty}^{+\infty}\frac{\mathrm{e}^{\mathrm{j}\alpha(x-x')}}{k_{10}}\mathrm{e}^{-\mathrm{j}k_{10}(y+y')}\mathrm{d}\alpha_1\end{aligned} \tag{8.3.8}$$

式(8.3.8)右边第一项代表源的下行波，第二项代表源的上行波，第三项代表源的像的上行波。

实际上，应用镜像法也能求得这个问题的解，只不过解的形式不同而已。应用镜像法时，像源位于 $(x',-y')$ 处，而源强度为 -1。其解为

$$\dot{A}_z(x,y)=\frac{1}{4\mathrm{j}}\mathrm{H}_0^{(2)}(k_0\rho_1)-\frac{1}{4\mathrm{j}}\mathrm{H}_0^{(2)}(k_0\rho_2) \tag{8.3.9}$$

式中，$\rho_1=\sqrt{(x-x')^2+(y-y')^2}$，$\rho_2=\sqrt{(x-x')^2+(y+y')^2}$。

如果是一条线磁流，它就是上面问题的对偶情况。

8.3.2　介质分界上方空间的线电流

如图 8.3.2 所示，现在用电介质半空间代替导电半空间，电介质的相对介电常数为 ε_r。这个问题要比导电半空间问题复杂一些，因为在空气区中和电介质区中都存在电磁场。在空气区中，磁矢位 $\dot{A}$ 仍然满足方程式(8.3.1)，而在电介质区中待解的方程则是二维齐次亥姆霍兹方程

$$\left(\frac{\partial^2}{\partial x^2}+\frac{\partial^2}{\partial y^2}+k^2\right)\dot{A}_z(x,y)=0 \tag{8.3.10}$$

式中，$k^2=\varepsilon_r k_0^2$。这里，已经假设在两个区域中磁导率均为 μ_0。

如果对方程式(8.3.10)两边取对 x 的一维傅里叶变换，则可得到常微分方程

$$\left(\frac{\mathrm{d}^2}{\mathrm{d}y^2}+k_{20}^2\right)\tilde{\dot{A}}_z(\alpha,y)=0 \tag{8.3.11}$$

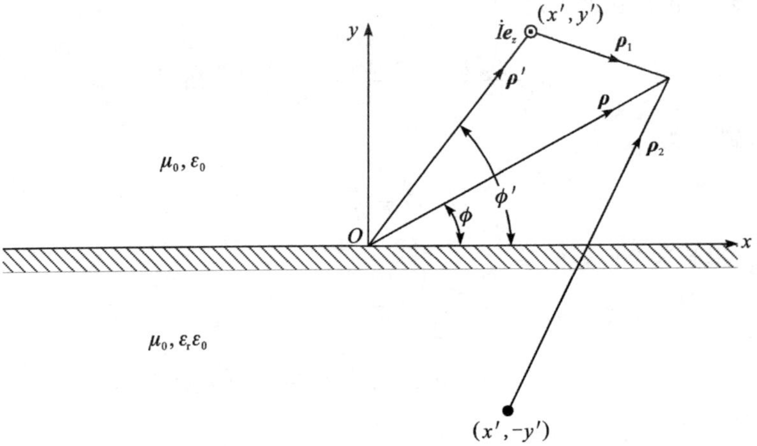

图 8.3.2　在电介质半空间上方自由空间中的一条线电流

式中，$k_{20}^2 = k^2 - \alpha^2$。

因为在两个区域中

$$\dot{E}_z = -\mathrm{j}\omega\mu_0 \dot{A}_z, \quad \dot{H}_x = \frac{\partial \dot{A}_z}{\partial y}$$

所以，在 $y = 0$ 分界面上，电场和磁场切向分量连续性条件可写成

$$\begin{cases} \tilde{\dot{A}}_{z0}(\alpha, y) = \tilde{\dot{A}}_z(\alpha, y) & (y = 0) \\ \dfrac{\mathrm{d}\tilde{\dot{A}}_{z0}(\alpha, y)}{\mathrm{d}y} = \dfrac{\mathrm{d}\tilde{\dot{A}}_z(\alpha, y)}{\mathrm{d}y} & (y = 0) \end{cases} \tag{8.3.12}$$

式中，$\tilde{\dot{A}}_{z0}$ 是方程式(8.3.3)的解，$\tilde{\dot{A}}_z$ 是方程式(8.3.11)的解。

显然，方程式(8.3.3)和方程式(8.3.11)的解可分别写成如下形式：

$$\begin{cases} \tilde{\dot{A}}_{z0}(\alpha, y) = C\mathrm{e}^{-\mathrm{j}k_{10}(y-y')} & (y \geqslant y') \\ \tilde{\dot{A}}_{z0}(\alpha, y) = A\mathrm{e}^{\mathrm{j}k_{10}(y-y')} + B\mathrm{e}^{-\mathrm{j}k_{10}(y+y')} & (0 \leqslant y \leqslant y') \\ \tilde{\dot{A}}_z(\alpha, y) = D\mathrm{e}^{\mathrm{j}(k_{20}y - k_{10}y')} & (y \leqslant 0) \end{cases} \tag{8.3.13}$$

式中，A、B、C 和 D 都是待定常数。不难看出，式(8.3.13)中的第一个表达式代表一个上行波，第二个表达式由一个下行波和一个上行波组成，第三个表达式代表一个下行波。利用切向分量连续性条件式(8.3.12)和源条件式(8.3.5)，得到常数 A、B、C 和 D 为

$$\begin{cases} A = \dfrac{e^{-j\alpha x'}}{j2k_{10}\sqrt{2\pi}} \\ B = RA \\ C = A(1 + Re^{-j2k_{10}y'}) \\ D = \dfrac{2k_{10}}{k_{10} + k_{20}}A \end{cases} \tag{8.3.14}$$

式中，R 称为反射系数，其表达式为

$$R = \frac{k_{10} - k_{20}}{k_{10} + k_{20}} = -1 + \frac{2k_{10}}{k_{10} + k_{20}} \tag{8.3.15}$$

可以把 $\dot{A}_{z0}$ 和 $\dot{A}_z$ 的解写成

$$\begin{cases} \dot{A}_{z0}(x,y) = \dfrac{1}{4\pi j}\displaystyle\int_{-\infty}^{+\infty}\frac{e^{j\alpha(x-x')}}{k_{10}}[e^{-jk_{10}|y-y'|} + Re^{-jk_{10}(y+y')}]d\alpha \\ \dot{A}_z(x,y) = \dfrac{1}{2\pi j}\displaystyle\int_{-\infty}^{+\infty}\frac{e^{j\alpha(x-x')}e^{j(k_{20}y-k_{10}y')}}{k_{10} + k_{20}}d\alpha \end{cases} \tag{8.3.16}$$

利用恒等式

$$H_0^{(2)}(k_1|\rho - \rho'|) = -\frac{1}{\pi}\int_{-\infty}^{+\infty}\frac{e^{-jk_2(x-x')}e^{j\alpha_2(y-y')}}{k_2}d\alpha_2$$

式中，$k_2^2 = k_1^2 - \alpha_2^2$，以及式(8.3.16)中 R 的第二个表达式，可以把式(8.3.16)中的第一个表达式写成

$$\dot{A}_{z0}(x,y) = \frac{1}{4j}[H_0^{(2)}(k_0\rho_1) - H_0^{(2)}(k_0\rho_2)] + \frac{1}{2\pi j}\int_{-\infty}^{+\infty}\frac{e^{j\alpha(x-x')}e^{-jk_{10}(y+y')}}{k_{10} + k_{20}}d\alpha \tag{8.3.17}$$

这一表达式能够明确地反映出源和像所产生的直接作用。

从数学上来看，当 $k_{10} + k_{20} = 0$ 时，R 有一个极点，这在物理上意味着存在表面波。但是，因为两个区域磁导率相同，这个条件并不成立，所以不会出现表面波。众所周知，当两个区域的磁导率相同时，对于垂直极化波来说没有布儒斯特角存在。

此外，对于线磁流这种与上述线电流对偶的问题，根据对偶原理，不难得到电矢位 $\dot{F}_z$ 的解为

$$\begin{cases} \dot{F}_{z0}(x,y) = \dfrac{1}{4\pi j}\displaystyle\int_{-\infty}^{+\infty}\frac{e^{j\alpha(x-x')}}{k_{10}}[e^{-jk_{10}|y-y'|} + Re^{-jk_{10}(y+y')}]d\alpha \\ \dot{F}_z(x,y) = \dfrac{1}{2\pi j}\displaystyle\int_{-\infty}^{+\infty}\frac{e^{j\alpha(x-x')}}{k_{20} + \varepsilon_r k_{10}}e^{j(k_{20}y-k_{10}y')}d\alpha \end{cases} \tag{8.3.18}$$

式中，反射系数 R 的表达式为

$$R = \frac{-k_{20} + \varepsilon_r k_{10}}{k_{20} + \varepsilon_r k_{10}} = 1 - \frac{2k_{20}}{k_{20} + \varepsilon_r k_{10}} \tag{8.3.19}$$

显然，反射系数 R 在

$$\alpha = |\ \alpha_p\ | = k_0 \left(\frac{\varepsilon_r}{1+\varepsilon_r}\right)^{\frac{1}{2}}$$

处有一个极点。这个 α 正好是相当于布儒斯特[3] 角 θ_B 的 α 值，即

$$\alpha = k_0 \sin\theta_B, \quad \sin\theta_B = \left(\frac{\varepsilon_r}{1+\varepsilon_r}\right)^{\frac{1}{2}} \tag{8.3.20}$$

从物理意义上来说，现在是平行极化波，即使两个区域的磁导率相同，也存在一个布儒斯特角。

8.3.3 半空间上方的电偶极子和磁偶极子

在半空间上方可以有电偶极子(垂直或水平) 和磁偶极子(垂直或水平)。这些问题都归结为三维问题，它们的分析都比较复杂。例如，对于如图 8.3.3 所示的垂直电偶极子问题，就需要用到对 x 和 y 的二重傅里叶变换，其解十分复杂。特别是，当电偶极子平行于分界面时，问题会变得更加复杂。

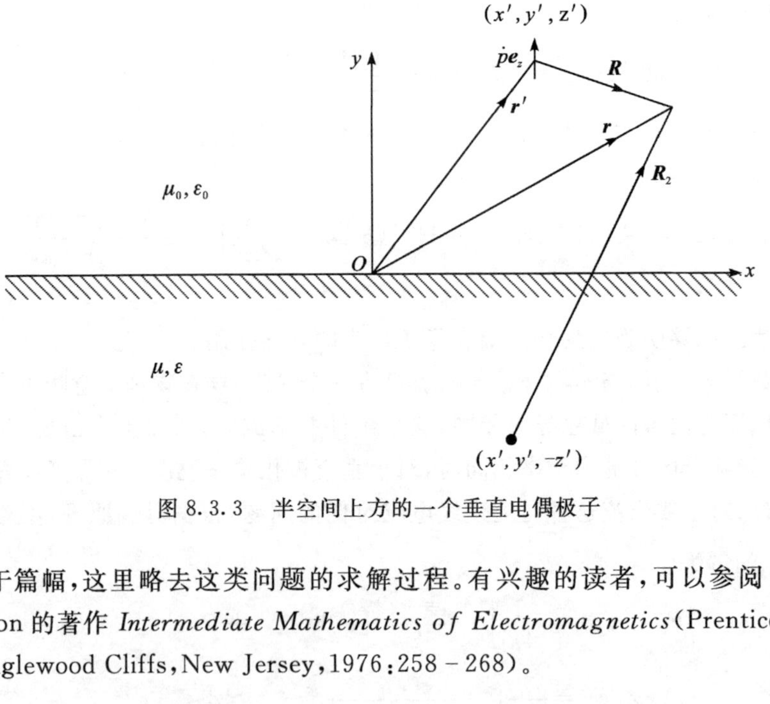

图 8.3.3 半空间上方的一个垂直电偶极子

限于篇幅，这里略去这类问题的求解过程。有兴趣的读者，可以参阅 Donald C. Stinson 的著作 *Intermediate Mathematics of Electromagnetics*(Prentice-Hall, Inc. ,Englewood Cliffs, New Jersey, 1976:258 - 268)。

8.4 接地平面上的孔隙[2]

如图 8.4.1 所示，无限大理想导电平面($y = 0$) 上有一孔隙，孔隙的宽度为 a。假设在孔隙中只有电场分量 $\dot{E}_x(\neq 0)$，而电场分量 $\dot{E}_z = 0$。可以使用傅里叶变换方

法求解这一平面上孔隙在 $y \geqslant 0$ 区域中所产生的电磁场。

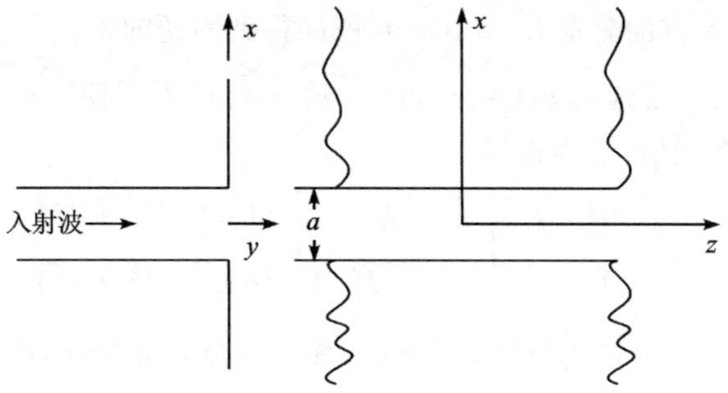

图 8.4.1　平行平板波导向半空间辐射

对于这一问题，可取 $\dot{\boldsymbol{A}} = 0$ 和

$$\dot{\boldsymbol{F}} = \dot{\psi}\boldsymbol{e}_z \tag{8.4.1}$$

来表示对 z 的 TE 场。显然，$\dot{\psi}$ 满足如下齐次三维亥姆霍兹方程

$$\left(\frac{\partial^2}{\partial x^2} + \frac{\partial^2}{\partial y^2} + \frac{\partial^2}{\partial z^2}\right)\dot{\psi} + k^2\dot{\psi} = 0, \quad y > 0 \tag{8.4.2}$$

相应地，电磁场的各个分量由式(2.7.9)给出。

不难看出，波函数

$$\dot{\psi} = \frac{1}{4\pi^2}\int_{-\infty}^{+\infty}\int_{-\infty}^{+\infty} f(k_x, k_z)\mathrm{e}^{\mathrm{j}k_x x}\mathrm{e}^{\mathrm{j}k_y y}\mathrm{e}^{\mathrm{j}k_z z}\mathrm{d}k_x\mathrm{d}k_z \tag{8.4.3}$$

满足方程式(8.4.2)，这是对 x 和 z 的二重傅里叶逆变换。式中，$k_x^2 + k_y^2 + k_z^2 = k^2$。显然，$\dot{\psi}$ 的二重傅里叶变换是

$$\tilde{\dot{\psi}} = f(k_x, k_z)\mathrm{e}^{\mathrm{j}k_y y} \tag{8.4.4}$$

现在的问题是如何确定函数 $f(k_x, k_z)$。根据式(2.7.9)，电场分量 $\dot{E}_x$ 与 $\dot{\psi}$ 的傅里叶变换之间的关系为

$$\tilde{\dot{E}}_x(k_x, y, k_z) = -\mathrm{j}k_y\tilde{\dot{\psi}} = -\mathrm{j}k_y f(k_x, k_z)\mathrm{e}^{\mathrm{j}k_y y} \tag{8.4.5}$$

在上式(8.4.5)中，取 $y = 0$，得

$$f(k_x, k_z) = -\frac{1}{\mathrm{j}k_y}\tilde{\dot{E}}_x(k_x, 0, k_z) \tag{8.4.6}$$

另一方面，在 $y = 0$ 平面上，电场分量 $\dot{E}_x(x, 0, z)$ 的傅里叶变换对为

$$\begin{cases} \tilde{\dot{E}}_x(k_x, 0, k_z) = \displaystyle\int_{-\infty}^{+\infty}\int_{-\infty}^{+\infty} \dot{E}_x(x, 0, z)\mathrm{e}^{-\mathrm{j}k_x x}\mathrm{e}^{-\mathrm{j}k_z z}\mathrm{d}x\mathrm{d}z \\ \dot{E}_x(x, 0, z) = \dfrac{1}{4\pi^2}\displaystyle\int_{-\infty}^{+\infty}\int_{-\infty}^{+\infty} \tilde{\dot{E}}_x(k_x, 0, k_z)\mathrm{e}^{\mathrm{j}k_x x}\mathrm{e}^{\mathrm{j}k_z z}\mathrm{d}k_x\mathrm{d}k_z \end{cases} \tag{8.4.7}$$

式(8.4.7)中的第一式给出了式(8.4.6)中所需要的$\tilde{\dot{E}}_x(k_x,0,k_z)$。这样，只要给定在孔隙处的电场$x$方向分量$\dot{E}_x(x,0,z)$，就能得到问题的解。

但是，应该正确地选择$k_y(=\pm\sqrt{k^2-k_x^2-k_z^2})$。为了使$y\to+\infty$时，使得式(8.4.4)仍然是有限值，应当选择

$$k_y=\begin{cases}\mathrm{j}\sqrt{k_x^2+k_z^2-k^2} & (k<\sqrt{k_x^2+k_z^2})\\ -\sqrt{k^2-k_x^2-k_z^2} & (k>\sqrt{k_x^2+k_z^2})\end{cases}\tag{8.4.8}$$

如果在孔隙中只有电场分量$\dot{E}_z(\neq 0)$，而电场分量$\dot{E}_x=0$，即对x的TE场，采用与上述类似的求解过程也能得到问题的解。这样，对于在孔隙中同时存在电场分量$\dot{E}_x$和$\dot{E}_z$的情况，就只是单独有$\dot{E}_x$或$\dot{E}_z$两种情形所对应之解的叠加。另一方面，对于在孔隙中存在$\dot{H}_x$和$\dot{H}_z$的问题，可以看作是上述问题的二重性之结果。

例 8.4.1 在图8.4.1中，有一平行平板波导通向无限大理想导电平面。如果入射波是传输线模式(对y的TEM模式)，试求其向$y\geqslant 0$半空间的辐射场。

解 根据对称性分析，$\dot{E}_x$将是唯一的电场$\dot{\boldsymbol{E}}$分量。为了求得图8.4.1在$y>0$的近似解，假设在孔隙内$\dot{E}_x$具有入射模式，即

$$\dot{E}_x(x,0)\approx\begin{cases}1 & (|x|<\dfrac{a}{2})\\ 0 & (|x|>\dfrac{a}{2})\end{cases}$$

注意在$y=0$平面上，$\dot{E}_x$不随z变化。因此，由式(8.4.7)的第一个表达式，得到在$y=0$平面上$\dot{E}_x(x,0)$的傅里叶变换为

$$\tilde{\dot{E}}_x(k_x,0)=\int_{-\infty}^{+\infty}\dot{E}_x(x,0)\mathrm{e}^{-\mathrm{j}k_xx}\mathrm{d}x=\frac{2}{k_x}\sin\frac{k_xa}{2}$$

由式(8.4.6)，得

$$f(k_x)=-\frac{1}{\mathrm{j}k_y}\tilde{\dot{E}}_x(k_x,0)=-\frac{2}{\mathrm{j}k_xk_y}\sin\frac{k_xa}{2}$$

最终，得到波函数为

$$\dot{\psi}(x,y)=\frac{1}{4\pi^2}\int_{-\infty}^{+\infty}f(k_x)\mathrm{e}^{\mathrm{j}k_xx}\mathrm{e}^{\mathrm{j}k_yy}\mathrm{d}k_x$$

为了真正求得问题的解，根k_y的选择应由式(8.4.8)确定，只是应取$k_z=0$。

例 8.4.2 在图8.4.1中，有一平行平板波导通向无限大理想导电平面。但是，入射波是TE模式(对y的TE模式)。试求其向$y\geqslant 0$半空间的辐射场。

解 在这种情况下，$\dot{E}_z$将是电场的唯一分量，而取$\dot{E}_z$作为标量波函数。与上

面的问题相类似，可构成如下傅里叶变换对：

$$\begin{cases} \dot{E}_z(x,y) = \dfrac{1}{2\pi}\displaystyle\int_{-\infty}^{+\infty} f(k_x)\mathrm{e}^{\mathrm{j}k_y y}\mathrm{e}^{\mathrm{j}k_x x}\,\mathrm{d}k_x \\ \tilde{\dot{E}}_z(k_x,y) = f(k_x)\mathrm{e}^{\mathrm{j}k_y y} = \displaystyle\int_{-\infty}^{+\infty} \dot{E}_z(x,y)\mathrm{e}^{-\mathrm{j}k_x x}\mathrm{e}^{-\mathrm{j}k_y y}\,\mathrm{d}x \end{cases} \tag{8.4.9}$$

在 $y=0$ 处，由式(8.4.9)中的第二式求得

$$\tilde{\dot{E}}_z(k_x,0) = f(k_x) = \int_{-\infty}^{+\infty} \dot{E}_z(x,0)\mathrm{e}^{-\mathrm{j}k_x x}\,\mathrm{d}x \tag{8.4.10}$$

为了求得近似解，假设在图 8.4.1 中的孔隙内的 $\dot{E}_z(x,0)$ 就是入射波 TE 模式的 $\dot{E}_z$，即

$$\dot{E}_z(x,0) \approx \begin{cases} \cos\dfrac{\pi x}{a} & \left(|x| < \dfrac{a}{2}\right) \\ 0 & \left(|x| > \dfrac{a}{2}\right) \end{cases} \tag{8.4.11}$$

将式(8.4.11)代入式(8.4.10)中，求得

$$f(k_x) = \frac{2\pi a\cos\dfrac{k_x a}{2}}{\pi - (k_x a)^2} \tag{8.4.12}$$

最后，把式(8.4.12)代入式(8.4.9)中的第一式，就得到其向 $y \geqslant 0$ 半空间的辐射场

$$\dot{E}_z(x,y) = \frac{1}{2\pi}\int_{-\infty}^{+\infty} \frac{2\pi a\cos\dfrac{k_x a}{2}}{\pi - (k_x a)^2}\mathrm{e}^{\mathrm{j}k_y y}\mathrm{e}^{\mathrm{j}k_x x}\,\mathrm{d}k_x \tag{8.4.13}$$

应该注意到，根 k_y 的选择仍是由式(8.4.8)确定，只是应取 $k_z = 0$。

8.5　理想导电圆筒上的孔隙[2]

如图 8.5.1 所示，在一无限长理想导电圆筒上有一个或多个孔隙。已知孔隙上电场 $\boldsymbol{E}$ 的切向分量时，如何确定圆筒外部空间的场？

在这里，我们采用傅里叶变换的方法，首先定义圆筒上 $\dot{\boldsymbol{E}}$ 的切向分量的“柱面变换”为

$$\left.\begin{aligned} \tilde{\dot{E}}_z(n,w) &= \frac{1}{2\pi}\int_0^{2\pi}\mathrm{d}\phi\int_{-\infty}^{+\infty}\dot{E}_z(a,\phi,z)\mathrm{e}^{-\mathrm{j}n\phi}\mathrm{e}^{-\mathrm{j}wz}\,\mathrm{d}z \\ \tilde{\dot{E}}_\phi(n,w) &= \frac{1}{2\pi}\int_0^{2\pi}\mathrm{d}\phi\int_{-\infty}^{+\infty}\dot{E}_\phi(a,\phi,z)\mathrm{e}^{-\mathrm{j}n\phi}\mathrm{e}^{-\mathrm{j}wz}\,\mathrm{d}z \end{aligned}\right\} \tag{8.5.1}$$

而反变换是

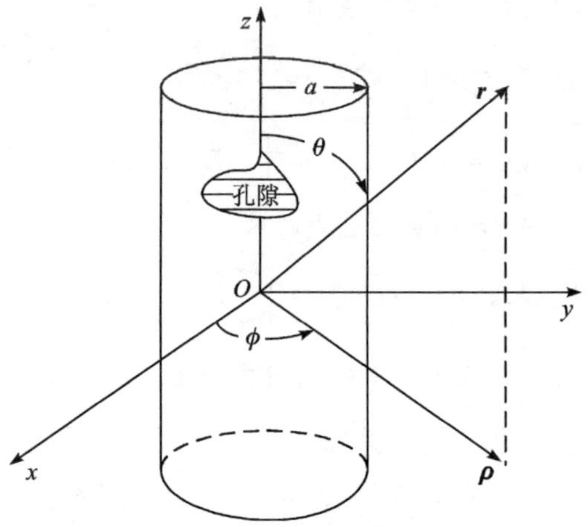

图 8.5.1　导电圆筒上的孔隙

$$\left.\begin{aligned}\dot{E}_z(a,\phi,z) &= \frac{1}{2\pi}\sum_{n=-\infty}^{+\infty}\mathrm{e}^{\mathrm{j}n\phi}\int_{-\infty}^{+\infty}\tilde{\dot{E}}_z(n,w)\mathrm{e}^{\mathrm{j}wz}\,\mathrm{d}w\\ \dot{E}_\phi(a,\phi,z) &= \frac{1}{2\pi}\sum_{n=-\infty}^{+\infty}\mathrm{e}^{\mathrm{j}n\phi}\int_{-\infty}^{+\infty}\tilde{\dot{E}}_\phi(n,w)\mathrm{e}^{\mathrm{j}wz}\,\mathrm{d}w\end{aligned}\right\}\tag{8.5.2}$$

应该注意到，这些式子是坐标变量 ϕ 的傅里叶级数和坐标变量 z 的傅里叶积分。

在圆柱之外的电磁场可表示成 TE 分量和 TM 分量之和，有以下公式：

$$\left.\begin{aligned}\dot{\boldsymbol{E}} &= -\nabla\times\dot{\boldsymbol{F}}-\mathrm{j}\omega\mu\dot{\boldsymbol{A}}+\frac{1}{\mathrm{j}\omega\mu}\nabla(\nabla\cdot\dot{\boldsymbol{A}})\\ \dot{\boldsymbol{H}} &= \nabla\times\dot{\boldsymbol{A}}-\mathrm{j}\omega\mu\dot{\boldsymbol{F}}+\frac{1}{\mathrm{j}\omega\mu}\nabla(\nabla\cdot\dot{\boldsymbol{F}})\end{aligned}\right\}\tag{8.5.3}$$

式中，

$$\dot{\boldsymbol{A}} = \dot{A}_z\boldsymbol{e}_z \quad 和 \quad \dot{\boldsymbol{F}} = \dot{F}_z\boldsymbol{e}_z\tag{8.5.4}$$

现在，假定波函数 $\dot{A}_z$ 和 $\dot{F}_z$ 分别具有如下解形式：

$$\left.\begin{aligned}\dot{A}_z &= \frac{1}{2\pi}\sum_{n=-\infty}^{+\infty}\mathrm{e}^{\mathrm{j}n\phi}\int_{-\infty}^{+\infty}f_n(w)\mathrm{H}_n^{(2)}(\rho\sqrt{k^2-w^2})\mathrm{e}^{\mathrm{j}wz}\,\mathrm{d}w\\ \dot{F}_z &= \frac{1}{2\pi}\sum_{n=-\infty}^{+\infty}\mathrm{e}^{\mathrm{j}n\phi}\int_{-\infty}^{+\infty}g_n(w)\mathrm{H}_n^{(2)}(\rho\sqrt{k^2-w^2})\mathrm{e}^{\mathrm{j}wz}\,\mathrm{d}w\end{aligned}\right\}\tag{8.5.5}$$

考虑到在圆柱之外是向外的行波，这里选 $\mathrm{H}_n^{(2)}$ 作为贝塞尔函数。另外，在选择 ϕ 和 z 的函数形式时，使场取与式(8.5.2)具有同样的形式。

为了确定式(8.5.5)中的 $f_n(w)$ 和 $g_n(w)$，可由式(8.5.3)计算出 $\dot{E}_z$ 和 $\dot{E}_\phi$，其结果是

$$\dot{E}_z(\rho,\phi,z)=\frac{1}{2\pi j\omega\varepsilon}\sum_{n=-\infty}^{+\infty}e^{jn\phi}\int_{-\infty}^{+\infty}(k^2-w^2)f_n(w)H_n^{(2)}(\rho\sqrt{k^2-w^2})e^{jwz}dw$$

$$\dot{E}_\phi(\rho,\phi,z)=\frac{1}{2\pi}\sum_{n=-\infty}^{+\infty}e^{jn\phi}\int_{-\infty}^{+\infty}\Big[-\frac{nw}{j\omega\varepsilon}f_n(w)H_n^{(2)}(\rho\sqrt{k^2-w^2})$$
$$+g_n(w)\sqrt{k^2-w^2}H_n^{(2)\prime}(\rho\sqrt{k^2-w^2})\Big]e^{jwz}dw$$

在 $\rho=a$ 时，由上式求得的场一定等于由式(8.5.2) 给出的场，其结果是

$$\left.\begin{aligned}f_n(w)&=\frac{j\omega\varepsilon\tilde{\dot{E}}_z(n,w)}{(k^2-w^2)H_n^{(2)}(a\sqrt{k^2-w^2})}\\ g_n(w)&=\frac{1}{\sqrt{k^2-w^2}H_n^{(2)\prime}(a\sqrt{k^2-w^2})}\Big[\tilde{\dot{E}}_\phi(n,w)+\frac{nw}{a(k^2-w^2)}\tilde{\dot{E}}_z(n,w)\Big]\end{aligned}\right\}\tag{8.5.6}$$

这样就得到了问题的解。

一般来说，求式(8.5.5) 的反变换是十分困难。但是，在辐射区域中，应用渐近公式 $\int_{-\infty}^{+\infty}\tilde{I}(w)H_n^{(2)}(\rho\sqrt{k^2-w^2})e^{jwz}dw\Big|_{r\to+\infty}=\frac{2e^{-jkr}}{r}j^{n+1}\tilde{I}(-k\cos\theta)$，可以得到 $\dot{A}_z$ 和 $\dot{F}_z$ 的渐近公式

$$\left.\begin{aligned}\dot{A}_z\Big|_{r\to+\infty}&=\frac{e^{jkr}}{\pi r}\sum_{n=-\infty}^{+\infty}e^{jn\phi}j^{n+1}f_n(-k\cos\theta)\\ \dot{F}_z\Big|_{r\to+\infty}&=\frac{e^{jkr}}{\pi r}\sum_{n=-\infty}^{+\infty}e^{jn\phi}j^{n+1}g_n(-k\cos\theta)\end{aligned}\right\}\tag{8.5.7}$$

最后，应用式(2.5.38) 和式(2.5.39)，可得

$$\left.\begin{aligned}\dot{E}_\theta\Big|_{r\to+\infty}&=j\omega\mu\frac{e^{-jkr}}{\pi r}\sin\theta\sum_{n=-\infty}^{+\infty}e^{jn\phi}j^{n+1}f_n(-k\cos\theta)\\ \dot{E}_\phi\Big|_{r\to+\infty}&=-jk\frac{e^{-jkr}}{\pi r}\sin\theta\sum_{n=-\infty}^{+\infty}e^{jn\phi}j^{n+1}g_n(-k\cos\theta)\end{aligned}\right\}\tag{8.5.8}$$

因此，就可以根据式(8.5.8) 计算并画出圆筒上孔隙的辐射图。但是，当圆筒的半径 a 较大时，式(8.5.8) 中的级数在求和时收敛很慢，需要取比较多的项数。

例 8.5.1　如图 8.5.2(a) 所示，在圆筒上有一沿 z 轴取向的矩形缝隙。假设在缝隙中，有

$$\dot{E}_\phi=\frac{\dot{V}}{\alpha a}\cos\frac{\pi z}{L},\ \left(-\frac{L}{2}<z<\frac{L}{2};\ -\frac{\alpha}{2}<\phi<\frac{\alpha}{2}\right)\quad 和\quad \dot{E}_z=0\tag{8.5.9}$$

这接近于用矩形波导激励的情况。试计算圆筒外部的场。

解　当缝隙很狭($\alpha\to0$) 时，式(8.5.1) 的变换为

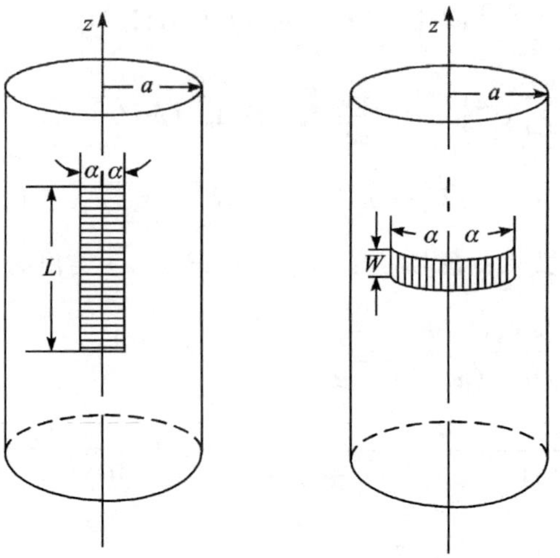

(a) 轴向缝隙　　(b) 周向缝隙

图 8.5.2　导电圆筒上的缝隙

$$\tilde{\dot{E}}_\phi(n,w)=\frac{\dot{V}L}{a}\frac{\cos(wL/2)}{\pi^2-(Lw)^2}$$

和 $\dot{E}_z(n,w)=0$。于是，从式(8.5.6) 得 $f_n(w)=0$ 和

$$g_n(w)=\frac{\dot{V}L\cos(wL/2)}{[\pi^2-(Lw)^2]a\sqrt{k^2-w^2}\mathrm{H}_n^{(2)\prime}(a\sqrt{k^2-w^2})}$$

最后，由式(8.5.8) 可得辐射场 $E_\theta=0$ 和

$$\dot{E}_\phi=\frac{\dot{V}L\mathrm{e}^{-\mathrm{j}kr}}{\pi^3ar}\left[\frac{\cos\left(\frac{kL}{2}\cos\theta\right)}{1-\left(\frac{kL}{\pi}\cos\theta\right)^2}\right]\sum_{n=-\infty}^{+\infty}\frac{\mathrm{j}^n\mathrm{e}^{\mathrm{j}n\phi}}{\mathrm{H}_n^{(2)\prime}(ka\sin\theta)}\tag{8.5.10}$$

不难看出，在 $\theta=90°$ 平面的辐射图和缝隙为无限长开缝圆筒的辐射图相同。图 8.5.3 示出了 $a=2\lambda$ 时的辐射图，在图中同时还画出了在无限大接地平面上的一条缝隙的辐射图。可以看出，两者的辐射图几乎没有区别。实际上，图 8.5.3 对无限长度的缝隙和有限长度的缝隙都是适用的，只要导体圆筒是无限长。

按照等效原理，在导电圆筒上狭缝所产生的场和导电圆筒表面上的磁流所产生的场是相同的。有关这一点，请读者自己分析和比较。

例 8.5.2　如图 8.5.2(b) 所示，在圆筒上有一周向缝隙。假设在孔隙中有

$$\dot{E}_z=\frac{\dot{V}}{W}\cos\frac{\pi\phi}{\alpha},\ \left(-\frac{W}{2}<z<\frac{W}{2};\ -\frac{\alpha}{2}<\phi<\frac{\alpha}{2}\right)\quad 和\quad \dot{E}_\phi=0\tag{8.5.11}$$

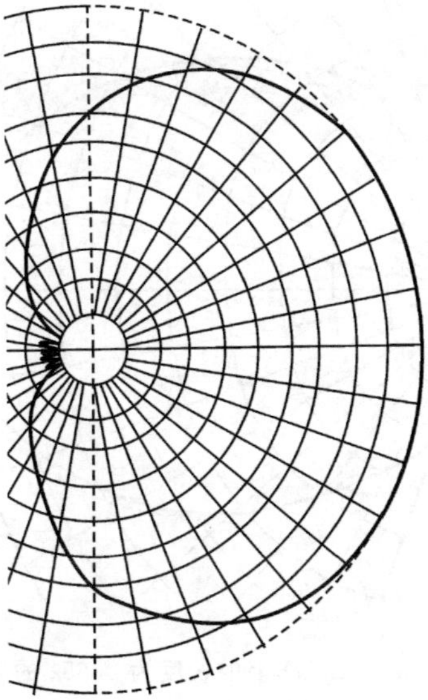

图 8.5.3　半径为 $a=2\lambda$ 的开缝圆筒的辐射图
(虚线是接地平面上的同样缝隙的辐射图)[2]

这仍接近于用矩形波导激励的情况。试计算圆筒外部的场。

解　对于狭缝($W\to 0$),式(8.5.1) 的变换为

$$\tilde{\dot{E}}_z(n,w)=\frac{\dot{V}\alpha\cos(n\alpha/2)}{\pi^2-(n\alpha)^2}$$

和 $\tilde{\dot{E}}_\phi(n,w)=0$。于是,从式(8.5.6) 和式(8.5.8) 能计算出辐射场为

$$\left.\begin{aligned}\dot{E}_\theta&=\frac{k\dot{V}\alpha\mathrm{e}^{-\mathrm{j}kr}}{\mathrm{j}\pi r\sin\theta}\sum_{n=-\infty}^{+\infty}\frac{\mathrm{j}^n\cos(n\alpha/2)\mathrm{e}^{\mathrm{j}n\phi}}{[\pi^2-(n\alpha)^2]\mathrm{H}_n^{(2)}(ka\sin\theta)}\\ \dot{E}_\phi&=-\frac{\dot{V}\alpha\mathrm{e}^{-\mathrm{j}kr}\cot\theta}{\pi rka\sin\theta}\sum_{n=-\infty}^{+\infty}\frac{n\mathrm{j}^n\cos(n\alpha/2)\mathrm{e}^{\mathrm{j}n\phi}}{[\pi^2-(n\alpha)^2]\mathrm{H}_n^{(2)\prime}(ka\sin\theta)}\end{aligned}\right\}\tag{8.5.12}$$

不难从式(8.5.12) 看出,在 $\theta=\frac{\pi}{2}$ 和 $\phi=0$ 的平面内,电磁波是沿 θ 方向极化的。然而,在其他方向,横向分量 $\dot{E}_\phi$ 也是很显著的。当圆筒的半径 a 很大时,周向缝隙的辐射图很接近于在无限大接地平面上同样缝隙的辐射图。例如,图 8.5.4 示出了在圆筒半径 $a=1.5\lambda$ 时,长度为 0.65λ 的周向缝隙在 $\theta=\frac{\pi}{2}$ 平面内的辐射图,虚线是无限大接地平面上的同样缝隙的辐射图。

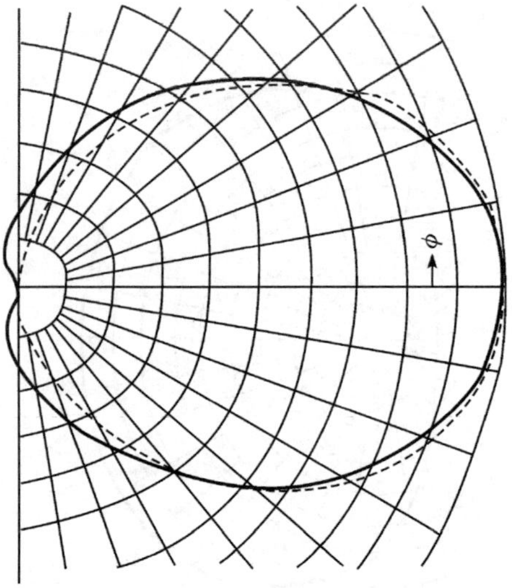

图 8.5.4　导电圆筒($a = 1.5\lambda$) 上的长度为 0.65λ 的周向缝隙的辐射图
(虚线是接地平面上的同样缝隙的辐射图)[2]

8.6　平面电流层的辐射[2]

如图 8.6.1 所示，在 $y = 0$ 平面的一部分上有 z 向的随时间作正弦变化的电流层 $\dot{\boldsymbol{K}} = \dot{K}(x,z)\boldsymbol{e}_z$，周围无限大空间中媒质的介电常数为 ε 和磁导率为 μ。其电磁场可以用仅有 z 向分量的磁矢位 $\dot{\boldsymbol{A}} = \dot{\psi}\boldsymbol{e}_z$ 来表示。其中，波函数 $\dot{\psi}$ 满足亥姆霍兹方程

$$\nabla^2\dot{\psi} + k^2\dot{\psi} = 0 \tag{8.6.1}$$

式中，$k = \omega\sqrt{\mu\varepsilon}$。

考虑到这是一个在无限大空间中的辐射问题，要求有连续分布的本征值，因此方程式(8.6.1) 的解 $\dot{\psi}$ 可以用傅里叶积分形式来表示，有

$$\dot{\psi} = \frac{1}{2\pi}\int_{-\infty}^{+\infty}\int_{-\infty}^{+\infty} f(k_x,k_z)\mathrm{e}^{\mathrm{j}k_x x}\mathrm{e}^{\mathrm{j}k_y y}\mathrm{e}^{\mathrm{j}k_z z}\mathrm{d}k_x\mathrm{d}k_z \tag{8.6.2}$$

式中，

$$k_x^2 + k_y^2 + k_z^2 = k^2 \tag{8.6.3}$$

显然，波函数 $\dot{\psi}$ 的傅里叶积分变换为

$$\tilde{\dot{\psi}} = \begin{cases} f^-(k_x,k_z)\mathrm{e}^{\mathrm{j}k_y^- y} & (y < 0) \\ f^+(k_x,k_z)\mathrm{e}^{\mathrm{j}k_y^+ y} & (y > 0) \end{cases} \tag{8.6.4}$$

由于在 $|y| \to +\infty$ 时，电磁场必须是有限的，必须取 k_y 的根如下：

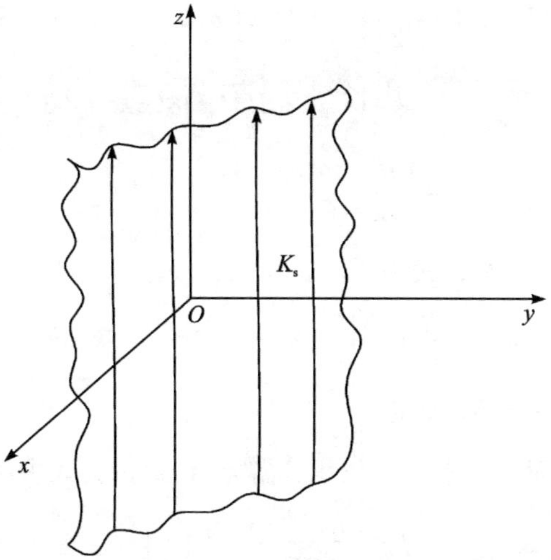

图 8.6.1　在 $y=0$ 平面内的 z 向平面电流层

$$k_y^+ = -k_y^- = \begin{cases} \mathrm{j}\sqrt{k_x^2+k_z^2-k^2} & (k<\sqrt{k_x^2+k_z^2}) \\ -\sqrt{k^2-k_x^2-k_z^2} & (k>\sqrt{k_x^2+k_z^2}) \end{cases} \tag{8.6.5}$$

利用傅里叶积分变换的性质，由式(2.7.6)得到电磁场各分量的傅里叶积分变换式如下：

$$\left.\begin{aligned} \tilde{\dot{E}}_x &= \frac{-k_x k_z}{\mathrm{j}\omega\varepsilon}\tilde{\dot{\psi}}, \quad \tilde{\dot{H}}_x = \mathrm{j}k_y\tilde{\dot{\psi}} \\ \tilde{\dot{E}}_y &= \frac{-k_y k_z}{\mathrm{j}\omega\varepsilon}\tilde{\dot{\psi}}, \quad \tilde{\dot{H}}_y = -\mathrm{j}k_x\tilde{\dot{\psi}} \\ \tilde{\dot{E}}_z &= \frac{k^2-k_z^2}{\mathrm{j}\omega\varepsilon}\tilde{\dot{\psi}}, \quad \tilde{\dot{H}}_z = 0 \end{aligned}\right\} \tag{8.6.6}$$

根据在 $y=0$ 分界面上的电磁场场量衔接条件，$\dot{E}_x$ 和 $\dot{E}_z$ 是连续的，$\dot{H}_x$ 是不连续的。$\dot{E}_x$ 和 $\dot{E}_z$ 的连续性要求有 $f^+(k_x,k_z)=f^-(k_x,k_z)$，而 $\dot{H}_x$ 的不连续性则要求

$$f^+(k_x,k_z) = f^-(k_x,k_z) = \frac{\mathrm{j}}{2k_y^+}\tilde{\dot{K}}(k_x,k_z) \tag{8.6.7}$$

式中，$\tilde{\dot{K}}(k_x,k_z)$ 是 $\dot{K}(x,z)$ 的傅里叶积分变换式，即

$$\tilde{\dot{K}}(k_x,k_z) = \frac{1}{2\pi}\int_{-\infty}^{+\infty}\int_{-\infty}^{+\infty}\dot{K}(x,z)\mathrm{e}^{-\mathrm{j}k_x x}\mathrm{e}^{-\mathrm{j}k_z z}\mathrm{d}x\mathrm{d}z \tag{8.6.8}$$

至此，已经完全求出了问题的解。将式(8.6.7)代入式(8.6.2)中，由反变换求出波函数 $\dot{\psi}$，然后利用式(2.7.6)就可以确定出电磁场的各分量。

例如，如图 2.5.1 所示，对于在坐标原点的 z 向电流元 $\dot{\boldsymbol{K}} = Il\delta(x)\delta(z)\boldsymbol{e}_z$，其变换为

$$\begin{aligned}\widetilde{\dot{K}}(k_x,k_z) &= \frac{1}{2\pi}\int_{-\infty}^{+\infty}\int_{-\infty}^{+\infty}\dot{K}(x,z)\mathrm{e}^{-\mathrm{j}k_x x}\mathrm{e}^{-\mathrm{j}k_z z}\,\mathrm{d}x\mathrm{d}z \\ &= \frac{1}{2\pi}\int_{-\infty}^{+\infty}\int_{-\infty}^{+\infty}Il\delta(x)\delta(z)\mathrm{e}^{-\mathrm{j}k_x x}\mathrm{e}^{-\mathrm{j}k_z z}\,\mathrm{d}x\mathrm{d}z \\ &= \frac{Il}{2\pi}\end{aligned}$$

因而，在 $y>0$ 中，$\dot{\boldsymbol{A}}=\dot{\psi}\boldsymbol{e}_z$。式中，

$$\dot{\psi}=\frac{\mathrm{j}Il}{8\pi^2}\int_{-\infty}^{+\infty}\int_{-\infty}^{+\infty}\frac{1}{k_y}\mathrm{e}^{\mathrm{j}k_x x}\mathrm{e}^{\mathrm{j}k_y y}\mathrm{e}^{\mathrm{j}k_z z}\,\mathrm{d}k_x\mathrm{d}k_z \tag{8.6.9}$$

式中，$k_y=k_y^+$ 由式(8.6.5)确定。

另一方面，在前面已经求得矢位积分解是 $\dot{\boldsymbol{A}}=\dot{\psi}\boldsymbol{e}_z$。式中，

$$\left.\begin{aligned}\dot{\psi}&=\frac{Il\,\mathrm{e}^{-\mathrm{j}kr}}{4\pi r}\\ r&=\sqrt{x^2+y^2+z^2}\end{aligned}\right\} \tag{8.6.10}$$

在此例中，$\dot{\psi}$ 和场都是唯一的。因此，由式(8.6.9)和式(8.6.10)得到的结果应该相等，由此可以得到如下恒等式：

$$\frac{\mathrm{e}^{-\mathrm{j}kr}}{r}=\frac{1}{2\pi\mathrm{j}}\int_{-\infty}^{+\infty}\int_{-\infty}^{+\infty}\frac{\mathrm{e}^{-\mathrm{j}y\sqrt{k^2-k_x^2-k_z^2}}}{\sqrt{k^2-k_x^2-k_z^2}}\mathrm{e}^{\mathrm{j}k_x x}\mathrm{e}^{\mathrm{j}k_z z}\,\mathrm{d}k_x\mathrm{d}k_z \tag{8.6.11}$$

如果当 y 改变符号时，k_y 也改变符号。那么，此恒等式(8.6.11)对所有的 y 都成立。

最后应该指出，对于 x 向平面电流层辐射，可应用旋转坐标系(即应用坐标代换 $z\to x, x\to -z$)的方法，由 z 向平面电流层辐射的解求得。当平面电流层中同时有 x 向和 z 向两个电流分量时，其解就是 x 向和 z 向两种情况的解的叠加。根据二重性原理，平面磁流层的解可以由电流层的解得到。如果电流层中有 y 向电流分量时，可以将其转变为等效 x 向和 z 向磁流层来求解；对于 y 向磁流层则反之。

8.7 平行导电板的无限长阵对 TEM 波的反射和透射[4]

考虑如图 8.7.1 所示的由平行理想导体平板所构成的无限长阵，每块板都是无限薄，板间距离 $s<\lambda_0/2$(λ_0 为入射波波长)，设有一 TEM 平面波以 θ_i 角入射到该无限长平板阵和自由空间的交界面上，电场 $\dot{\boldsymbol{E}}_i$ 在入射面内(见图 8.7.1)，试求该交界面对电磁波的反射系数和透射系数。

根据上述假设，电磁场可用一标量函数 $\dot{\psi}$ 来表示，在图 8.7.1 所取的坐标系中，设 $\dot{\psi}$ 与 $\dot{H}_y$ 成正比，则主波型的场为

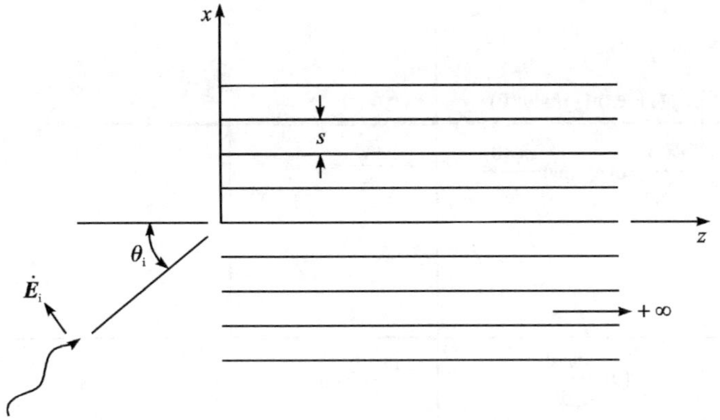

图 8.7.1　等间隔平行导电板的无限长阵

$$\left.\begin{aligned}\dot{H}_y &= \dot{\psi}\\ \dot{E}_x &= \mathrm{j}\,\frac{\eta_0}{k_0}\frac{\partial\dot{\psi}}{\partial z}\\ \dot{E}_z &= -\mathrm{j}\,\frac{\eta_0}{k_0}\frac{\partial\dot{\psi}}{\partial x}\end{aligned}\right\} \tag{8.7.1}$$

式中，$\eta_0 = \sqrt{\dfrac{\mu_0}{\varepsilon_0}}$，$k_0 = \omega\sqrt{\mu_0\varepsilon_0}$。由于几何结构沿 y 方向没有变化，即$\dfrac{\partial}{\partial y} = 0$，则 $\dot{\psi}(x,y)$ 满足的方程为

$$\frac{\partial^2\dot{\psi}}{\partial x^2} + \frac{\partial^2\dot{\psi}}{\partial z^2} + k_0^2\dot{\psi} = 0 \tag{8.7.2}$$

$\dot{\psi}$ 所满足的边界条件如下：

(1) 由于结构的周期性，电磁场应满足周期性条件，所以有

$$\mathrm{e}^{-\mathrm{j}hms}\dot{\psi}(x,z) = \dot{\psi}(x+ms,z) \qquad (z<0) \tag{8.7.3}$$

$$\mathrm{e}^{-\mathrm{j}hms}\,\frac{\partial\dot{\psi}(x,z)}{\partial x} = \frac{\partial}{\partial x}\dot{\psi}(x+ms,z) \qquad (z<0) \tag{8.7.4}$$

式中，m 为任意整数。

(2) 由于在理想导体表面上 $\dot{E}_z = 0$，所以有

$$\left.\frac{\partial\dot{\psi}}{\partial x}\right|_{x=0,\,x=ms} = 0 \qquad (z>0) \tag{8.7.5}$$

因而$\dfrac{\partial\dot{\psi}}{\partial x}$ 在所有 z 值上具有周期性条件。

根据上述边界条件，该边值问题可简化为图 8.7.2 所示的情况。

(3) 在 $z=0$，$x=ms(m=0,1,2,\cdots)$ 处是导体板的边缘，电磁场在边缘处的分布规律称为边缘条件。根据在边缘处的任意邻域内电磁能必须是有限的，即当包

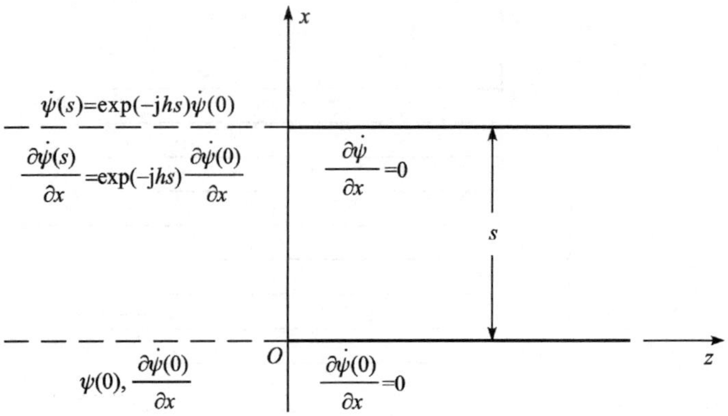

图 8.7.2 简化边值问题

括边缘邻域的体积 $V\to 0$ 时，有

$$\int_V(\varepsilon\mid\dot{\boldsymbol{E}}\mid^2+\mu\mid\dot{\boldsymbol{H}}\mid^2)\mathrm{d}V\to 0$$

因此，场量在边缘处的变化有一定的限制。利用场的展开式可导出在平面导体板边缘处，例如图 8.7.2 中 $x=s,z\to 0$，即 $\rho=[(x-s)^2+z^2]^{1/2}\to 0$ 时，有 $\dot H_y\sim z^{1/2}$，$\dot E_x\sim z^{-1/2}$，即

$$\left.\begin{aligned}&\dot\psi\sim z^{1/2}\\&\frac{\partial\dot\psi}{\partial z}\sim z^{-1/2}\end{aligned}\right\}\tag{8.7.6}$$

由上述边界条件，令 $z<0$ 区内入射磁场为

$$\dot\psi_{\mathrm{i}}=A_0\exp(-\mathrm{j}hx-\Gamma_0 z)\tag{8.7.7}$$

式中，A_0 为波的幅值，$h=k_0\sin\theta_{\mathrm{i}}$；$\Gamma_0=\mathrm{j}k_0\cos\theta_{\mathrm{i}}$。在 $z<0$ 区内，主模和高次模的反射波为

$$\dot\psi_r=-R_1A_0\exp(-\mathrm{j}hx+\Gamma_0 z)+\sum_{n=-\infty}^{+\infty}{}'B_n\exp\left[-\mathrm{j}\left(h+\frac{2n\pi}{s}\right)x+\Gamma_n z\right]\tag{8.7.8}$$

式中，$\Gamma_n^2=(h+2n\pi/s)^2-k_0^2$；$R_1$ 为横向电场 $\dot E_x$ 的反射系数；$\sum$ 上的撇号表示略去 $n=0$ 项。

在 $z>0$ 区内，$\dot\psi$ 的解中含有常见的波导波型(E 波型)，亦即

$$\dot\psi_{\mathrm{t}}=\sum_{n=0}^{+\infty}C_n\cos\frac{n\pi x}{s}\exp(-\gamma_n z)\qquad(0\leqslant x\leqslant s)\tag{8.7.9}$$

式中，$\gamma_n^2=(n\pi/s)^2-k_0^2$。对于其他的 x 区，场的解则是

$$\dot\psi_{\mathrm{t}}(x+ms,z)=\exp(-\mathrm{j}hmx)\dot\psi_{\mathrm{t}}(x,z)$$

式中，m 为任意整数。

下面用积分变换来求解该电磁场问题。令总场 $\dot{\psi}$ 的拉普拉斯变换为

$$\tilde{\dot{\psi}}(x,w) = \int_{-\infty}^{+\infty} \exp(-wz)\dot{\psi}(x,z)\mathrm{d}z \tag{8.7.10}$$

为了方便起见，引入变换函数 $g(w)$，而 $g(w)$ 的定义是

$$g(w) = \exp(\mathrm{j}hs)\int_{-\infty}^{+\infty} \dot{\psi}(s_-,z)\exp(-wz)\mathrm{d}z \tag{8.7.11}$$

在 $z<0$ 区内，$\dot{\psi}$ 逼近于 $A_0\exp(-\Gamma_0 z) - R_1 A_0\exp(\Gamma_0 z)$。因此变换

$$\tilde{\dot{\psi}}_-(x,w) = \int_{-\infty}^{0} \exp(-wz)\dot{\psi}(x,z)\mathrm{d}z \tag{8.7.12}$$

在 $\mathrm{Re}[w]<0$ 半个面内，该变换是解析的。在 $z>0$ 区内，假定有小损耗，于是 $\gamma_0 = \mathrm{j}\,|\,\gamma'_0\,| + \gamma''_0$；式中 γ''_0 是一个比较小的正数，它代表衰减常数。对于高次模，可以忽略小损耗的影响。因为 γ_n 是实数，所以波按 $\exp(-\gamma_n z)$ 作指数衰减。于是，当 z 趋于正无限远时，$\dot{\psi}$ 逼近于 $C_0\exp(-\gamma''_0 z)$，因此

$$\tilde{\dot{\psi}}_+(x,w) = \int_{0}^{+\infty} \exp(-wz)\dot{\psi}(x,z)\mathrm{d}z \tag{8.7.13}$$

它在 $\mathrm{Re}[w]>-\gamma''_0$ 半个面内，它是解析的。

在 $z>0$ 区内，如果假定损耗较小，那么在 w 面上的有限宽带 $-\gamma''_0<\mathrm{Re}[w]<0$ 内，$\tilde{\dot{\psi}}_-$ 和 $\tilde{\dot{\psi}}_+$ 在 w 面内将是解析的。求式(8.7.10)的逆变换可以得到

$$\dot{\psi}(x,z) = \frac{1}{2\pi\mathrm{j}}\int_C \exp(wz)\tilde{\dot{\psi}}(x,w)\mathrm{d}w \tag{8.7.14}$$

式中，C 为平行于虚 w 轴的界线，而且是在共有解析区内，亦即在 $-\gamma''_0<\mathrm{Re}[w]<0$ 区域内。由式(8.7.2)可以得到，变换 $\tilde{\dot{\psi}}$ 所满足的方程为

$$\frac{\mathrm{d}^2\tilde{\dot{\psi}}}{\mathrm{d}x^2} + u^2\tilde{\dot{\psi}} = 0 \tag{8.7.15}$$

式中，$u^2 = w^2 + k_0^2$。而且，变换 $\tilde{\dot{\psi}}$ 必须满足下列边界条件：

$$\left.\frac{\mathrm{d}\tilde{\dot{\psi}}}{\mathrm{d}x}\right|_{x=s_-} = \exp(-\mathrm{j}hs)\left.\frac{\mathrm{d}\tilde{\dot{\psi}}}{\mathrm{d}x}\right|_{x=0_-} \tag{8.7.16a}$$

$$\frac{\mathrm{d}\tilde{\dot{\psi}}}{\mathrm{d}x} = 0 \qquad (x=0,s,z>0) \tag{8.7.16b}$$

$$\tilde{\dot{\psi}}(s_-) = \exp(-\mathrm{j}hs)\tilde{\dot{\psi}}(0) \qquad (z<0) \tag{8.7.16c}$$

式(8.7.15)的通解是 $\tilde{\dot{\psi}}(x,w) = A(w)\sin ux + B(w)\cos ux$。根据边界条件式(8.7.16a)，得

$$A(w)\cos us - B(w)\sin us = A(w)\exp(-\mathrm{j}hs)$$

所以

$$B(w) = -\frac{A(w)[\exp(-\mathrm{j}hs) - \cos us]}{\sin us}$$

由式(8.7.11)得

$$\begin{aligned} g(w) &= \exp(\mathrm{j}hs)[A(w)\sin us + B(w)\cos us] \\ &= \frac{\exp(\mathrm{j}hs)[1 - \exp(-\mathrm{j}hs)\cos us]}{\sin us} A(w) \end{aligned}$$

由此解出 $A(w)$，得

$$A(w) = \frac{g(w)\sin us}{\exp(\mathrm{j}hs) - \cos us}$$

把 $A(w)$ 和 $B(w)$ 代入到 $\tilde{\dot{\psi}}(x,w)$ 的表达式中，则变换函数 $\tilde{\dot{\psi}}(x,w)$ 可由函数 $g(w)$ 表示成如下形式：

$$\tilde{\dot{\psi}}(x,w) = \frac{g(w)}{\exp(\mathrm{j}hs) - \cos us}[\cos u(s-x) - \exp(-\mathrm{j}hs)\cos ux]$$

显然，$\tilde{\dot{\psi}}(x,w)$ 的逆变换为

$$\dot{\psi}(x,w) = \frac{1}{2\pi\mathrm{j}}\int_C \frac{\exp(wz)g(w)}{\exp(\mathrm{j}hs) - \cos us}[\cos u(s-x) - \exp(-\mathrm{j}hs)\cos ux]\mathrm{d}w \tag{8.7.17}$$

由式(8.7.16)可得 $g(w)$ 满足下面条件：

$$\int_C \frac{\exp(wz)g(w)}{\exp(\mathrm{j}hs) - \cos us}[\cosh s - \cos us]\mathrm{d}w = 0 \qquad (z < 0) \tag{8.7.18}$$

和

$$\int_C \frac{\exp(wz)g(w)}{\exp(\mathrm{j}hs) - \cos us}(u\sin us)\mathrm{d}w = 0 \qquad (z > 0) \tag{8.7.19}$$

同时，$g(w)$ 还须使 $\dot{\psi}$ 的围线积分解式(8.7.17)具有式(8.7.7)至式(8.7.9)的形式。综合上述条件，经分析可知被积函数极点的位置及函数形式，最后得到变换函数 $g(w)$ 的形式为

$$g(w) = \frac{p(w)[\exp(\mathrm{j}hs) - \cos us]}{(w^2 - \Gamma_0^2)(w + \gamma_0)\prod_{n=1}^{+\infty}\frac{\gamma_n ws}{n\pi}\exp\left(-\frac{ws}{n\pi}\right)\prod_{n=1}^{+\infty}\frac{(\Gamma_n - w)(\Gamma_{-n} - w)}{\left(\frac{2n\pi}{s}\right)^2}\exp\left(\frac{ws}{n\pi}\right)} \tag{8.7.20}$$

式中，$p(w)$ 是一个待定的权函数。选择权函数 $p(w)$ 时，应考虑边缘条件式(8.7.5)及(8.7.6)须使 $g(w)$ 在无限远处作代数的增大，且逼近于 $w^{-3/2}$，为此选取

$$p(w) = k\mathrm{e}^{[(ws/\pi)\ln 2]} \tag{8.7.21}$$

将式(8.7.20)和(8.7.21)代入式(8.7.17)中，对于 $z<0$ 的区域，令围线 C 在右半平面内闭合，并取积分路径为顺时针方向，入射波主模为 $w=-\Gamma_0$ 上的留数，因此有

$$\dot{\psi}_{\mathrm{i}}=A_0\exp(-\mathrm{j}hx-\Gamma_0 z)$$

$$=\frac{\mathrm{j}k\sin hs\exp\left(-\dfrac{\Gamma_0 s}{\pi}\ln 2\right)\exp(-\mathrm{j}hx-\Gamma_0 z)}{2\Gamma_0(\gamma_0-\Gamma_0)\displaystyle\prod_{n=1}^{+\infty}\frac{(\gamma_n-\Gamma_0)(\Gamma_n+\Gamma_0)(\Gamma_{-n}+\Gamma_0)}{4(n\pi/s)^3}} \tag{8.7.22}$$

反射波主模等于 $w=\Gamma_0$ 上的留数，经过计算，得

$$\dot{\psi}_{\mathrm{ro}}=-R_1A_0\exp(-\mathrm{j}hx+\Gamma_0 z)$$

$$=\frac{\mathrm{j}k\sin hs\exp\left(\dfrac{\Gamma_0 s}{\pi}\ln 2\right)\exp(-\mathrm{j}hx+\Gamma_0 z)}{2\Gamma_0(\gamma_0+\Gamma_0)\displaystyle\prod_{n=1}^{+\infty}\frac{(\gamma_n+\Gamma_0)(\Gamma_n-\Gamma_0)(\Gamma_{-n}-\Gamma_0)}{4(n\pi/s)^3}} \tag{8.7.23}$$

比较式(8.7.22)和(8.7.23)，得反射系数 R_1 为

$$R_1=\exp\left(-\frac{2\Gamma_0 s}{\pi}\ln 2\right)\left(\frac{\gamma_n-\Gamma_0}{\gamma_n+\Gamma_0}\right)\prod_{n=1}^{+\infty}\frac{(\gamma_n-\Gamma_0)(\Gamma_n+\Gamma_0)(\Gamma_{-n}+\Gamma_0)}{(\gamma_n+\Gamma_0)(\Gamma_n-\Gamma_0)(\Gamma_{-n}-\Gamma_0)} \tag{8.7.24}$$

对于 $z>0$ 的区域，围线 C 在左半平面内闭合。由 $w=-\Gamma_0$ 上的留数，可以确定出透射波主模。C_0 为透射波中横向磁场的振幅。设 T 为横向电场的透射系数，则有

$$\gamma_0 C_0=TA_0\Gamma_0\exp(-\mathrm{j}hs/z)$$

于是，得

$$T=\frac{2\gamma_0}{\gamma_0+\Gamma_0}\exp\left[\frac{(\gamma_0-\Gamma_0)s}{\pi}\ln 2\right]\sec\frac{hs}{2}\prod_{n=1}^{+\infty}\frac{(\gamma_n-\Gamma_0)(\Gamma_n+\Gamma_0)(\Gamma_{-n}+\Gamma_0)}{(\gamma_n-\gamma_0)(\Gamma_n+\gamma_0)(\Gamma_{-n}+\gamma_0)} \tag{8.7.25}$$

习　题

8.1　对于图 8.1.1 中的问题，当 $a\to+\infty$ 时，试证明其解是

$$G(x,y;x',y')=\frac{2}{\pi}\int_0^{+\infty}\frac{\mathrm{e}^{-\sqrt{\alpha^2-k^2}x'}\operatorname{sh}\sqrt{\alpha^2-k^2}x\sin\alpha y\sin\alpha y'}{\sqrt{\alpha^2-k^2}}\mathrm{d}\alpha\qquad(x<x')$$

8.2　当在 $x=0$ 处不存在导电平面时，再次试做习题 8.1。这是在一个理想导电平面上方的一个线源问题，试证明其解是

$$G(x,y;x',y')=\frac{1}{\pi}\int_0^{+\infty}\frac{\mathrm{e}^{-\sqrt{\alpha^2-k^2}|x-x'|}\sin\alpha y\sin\alpha y'}{\sqrt{\alpha^2-k^2}}\mathrm{d}\alpha$$

8.3 验证推导式(8.3.8)的步骤。

8.4 利用对 y 的一维正弦傅里叶变换，重新求解图 8.3.1 中的问题，试证明结果是

$$A_z(x,y)=\frac{1}{\pi^2}\int_0^{+\infty}\sin\alpha y'\sin\alpha y\,\mathrm{d}\alpha\int_{-\infty}^{+\infty}\frac{\mathrm{e}^{\mathrm{j}\beta(x-x')}}{\beta^2-k_{10}^2}\mathrm{d}\beta$$

式中，$k_{10}^2=k_0^2-\alpha^2$。

8.5 验证式(8.3.14)中的常数。

8.6 利用恒等式

$$\frac{\mathrm{e}^{-\mathrm{j}k\rho}}{\rho}=\int_0^{+\infty}\frac{\mathrm{J}_0(\lambda\rho)\lambda}{\sqrt{\lambda^2-k^2}}\mathrm{d}\lambda$$

试证明如下积分结果：

$$\int_0^{+\infty}\sqrt{\lambda^2-k^2}\mathrm{J}_0(\lambda\rho)\lambda\mathrm{d}\lambda=\frac{1}{\rho^3}-\frac{\mathrm{e}^{-\mathrm{j}k\rho}}{\rho^2}\left(\mathrm{j}k+\frac{1}{\rho}\right)$$

[提示]：考虑 $\frac{\mathrm{d}}{\mathrm{d}k}\int_0^{+\infty}\sqrt{\lambda^2-k^2}\mathrm{J}_0(\lambda\rho)\lambda\mathrm{d}\lambda$。

8.7 习题 8.7 图中所示的二维问题是一均匀分布 z 向电流带。证明其辐射场是

$$\dot{E}_z=\frac{-\mathrm{j}\omega\mu a\,\mathrm{e}^{-\mathrm{j}k\rho}K}{\sqrt{8\pi\mathrm{j}k\rho}}\frac{\sin\left(\frac{ka}{2}\cos\phi\right)}{(ka/2)\cos\phi}\quad 和\quad \dot{H}_\phi=-\frac{\dot{E}_z}{\eta}$$

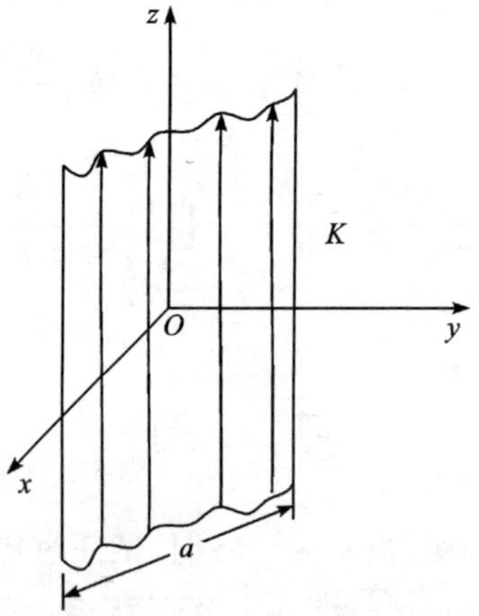

习题 8.7 图 均匀分布电流带

8.8 一对通向理想导电平面的平行平板传输线被反相位和等振幅激励，如习题 8.8 图所示。假设每一线上在孔隙内的 $\dot{E}_x$ 是定值，试计算其辐射场。

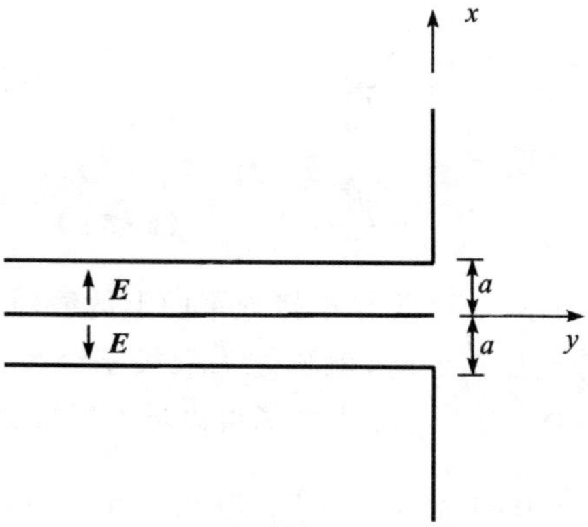

习题 8.8 图　向半空间辐射的两平行平板传输线

8.9　考虑习题 8.9 图所示的缝隙天线。假设在缝隙中的切向电场 $\dot{\boldsymbol{E}}$ 是固定的 $\dot{E}_0\boldsymbol{e}_x$。证明其辐射场是

$$\dot{H}_z = \frac{-\mathrm{j}\omega\varepsilon a\,\mathrm{e}^{-\mathrm{j}k\rho}E_0}{\sqrt{2\pi\mathrm{j}k\rho}}\frac{\sin\left(\frac{ka}{2}\cos\phi\right)}{\left(\frac{ka}{2}\right)\cos\phi}\quad 和\quad \dot{E}_\phi = \eta\dot{H}_z$$

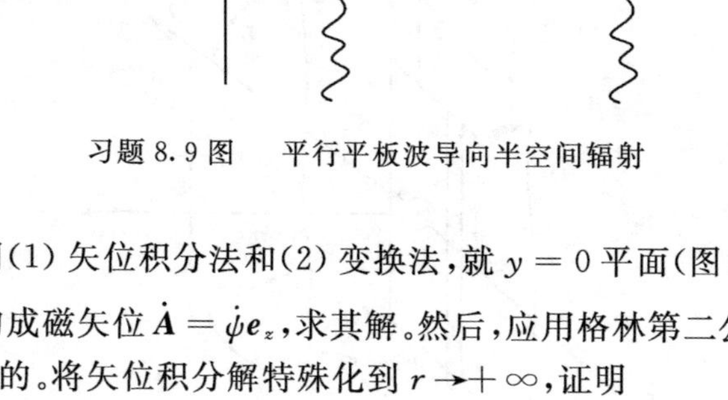

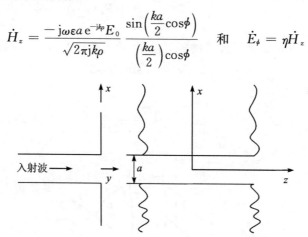

习题 8.9 图　平行平板波导向半空间辐射

8.10　分别应用(1) 矢位积分法和(2) 变换法，就 $y=0$ 平面(图 8.6.1) 上的 z 向电流层构成磁矢位 $\dot{\boldsymbol{A}}=\dot{\psi}\boldsymbol{e}_z$，求其解。然后，应用格林第二公式，证明这两种 $\dot{\psi}$ 是相等的。将矢位积分解特殊化到 $r\to+\infty$，证明

$$\dot{\psi}\Big|_{r\to+\infty} = \frac{\mathrm{e}^{-\mathrm{j}kr}}{4\pi r}\tilde{\dot{K}}(-k\cos\phi\sin\theta,\ -k\sin\theta)$$

式中，$\tilde{\dot{K}}(k_x,k_z)$ 是 $\dot{K}$ 的变换，见式(8.6.8)。

8.11　证明在 $z=0$ 上的平面电流层 $\dot{\boldsymbol{K}}=\dot{K}_0\boldsymbol{e}_x$，将在无限的均匀媒质中产生向外

的平面电磁波

$$\dot{E}_x=\begin{cases}-\dfrac{\eta\dot{K}_0}{2}\mathrm{e}^{-\mathrm{j}kz} & (z>0)\\ -\dfrac{\eta\dot{K}_0}{2}\mathrm{e}^{\mathrm{j}kz} & (z<0)\end{cases}$$

8.12 如习题 8.12 图所示，在理想导电接地平面上的缝隙就是一种缝隙天线。当在缝隙的中心作电压馈电时，就称之为偶极子缝隙天线。缝隙和接地平面可当作一根传输线，而在缝隙内的场可以近似看成是 kz 的谐函数。假定在缝隙内 $\dot{E}_x=\dfrac{V}{w}\sin\left[k\left(\dfrac{L}{2}-|z|\right)\right]$，当 w 很小时，试证明其辐射场是

$$\frac{\mathrm{j}V\mathrm{e}^{-\mathrm{j}kr}}{\eta\pi r}\frac{\cos\left(\dfrac{kL}{2}\cos\theta\right)-\cos\left(\dfrac{kL}{2}\right)}{\sin\theta}=\begin{cases}\dot{H}_\theta & (y>0)\\ -\dot{H}_\theta & (y<0)\end{cases}$$

若此天线的辐射电导定义为 $G_e=P/|V|^2$，试证明

$$(G_e)_{\text{缝隙偶极子}}=\frac{4(R_e)_{\text{导线偶极子}}}{\eta^2}$$

式中，R_e 是电偶极子天线的辐射电阻。输入电压 V_i 和 V 的关系是

$$V_i=V\sin(kL/2)$$

所以，输入电导是

$$G_i=\frac{G_e}{\sin^2(kL/2)}$$

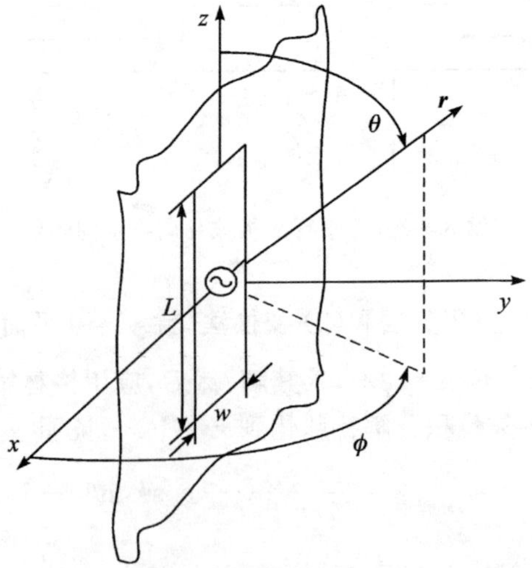

习题 8.12 图 缝隙天线

8.13　对习题 8.12 图中的天线，假定在缝隙内的 $\dot{E}_x$ 与习题 8.12 的相同，对任意的 w 值，证明

$$\frac{\mathrm{j}V\mathrm{e}^{-\mathrm{j}kr}}{\eta\pi r}f(\theta,\phi)=\begin{cases}\dot{H}_\theta & (y>0)\\ -\dot{H}_\theta & (y<0)\end{cases}$$

式中，

$$f(\theta,\phi)=\frac{\sin\left(\frac{kw}{2}\cos\phi\sin\theta\right)}{\frac{kw}{2}\cos\phi\sin\theta}\left[\frac{\cos\left(\frac{kL}{2}\cos\theta\right)-\cos\left(\frac{kL}{2}\right)}{\sin\theta}\right]$$

8.14　习题 8.14 图为由矩形波导通向接地理想导电平面所组成的孔隙天线。假定在孔口的 $\dot{E}_x$ 就是 TE_{01} 波导模式的 $\dot{E}_x$，证明其辐射场是

$$\dot{H}_\theta=\frac{\mathrm{j}bE_0\mathrm{e}^{-\mathrm{j}kr}}{2\eta r}\frac{\sin\left(\frac{ka}{2}\cos\phi\sin\theta\right)\cos\left(\frac{kb}{2}\cos\theta\right)}{\cos\phi[\pi^2-(kb\cos\theta)^2]}$$

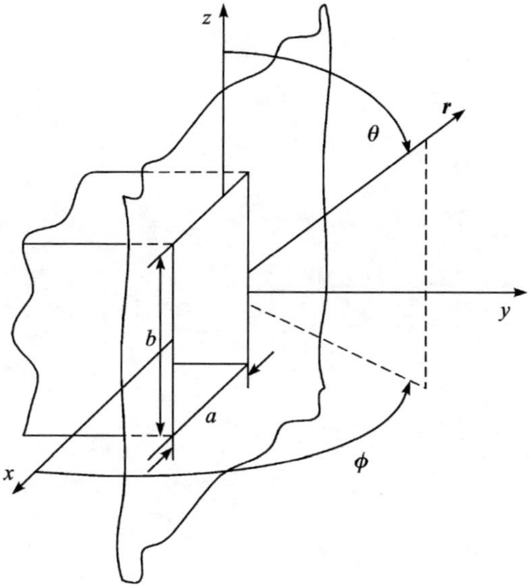

习题 8.14 图　矩形波导在接地平面上开孔

8.15　假设习题 8.7 图中的电流带是 x 向的，而不是 z 向的，其分布为

$$\dot{K}_x=\cos\frac{\pi x}{a}\qquad\left(|x|<\frac{a}{2}\right)$$

求其辐射场。

参考文献

[1] STINSON D C. Intermediate Mathematics of Electromagnetics [M]. Englewood Cliffs,New Jersey:Prentice-Hall,Inc. ,1976.

[2] HARRINGTON R F. Time-Harmonic Electromagnetic Fields [M]. New York:McGraw-Hill Book Co. ,Inc. ,1961.

[3] COLLIN R. Field Theory of Guided Waves [M]. New York:McGraw-Hill Book Co. ,Inc. ,1960.

[4] 刘鹏程. 电磁场解析方法 [M]. 北京:电子工业出版社,1995.

第 9 章　惠更斯-菲涅耳原理和波动方程的直接积分

本章首先简要介绍惠更斯-菲涅耳原理(Huygens-Fresnel principle)的物理意义。然后,分别导出标量波的基耳霍夫公式(即标量波的惠更斯-菲涅耳原理的表达式),和矢量波动方程的直接积分——斯特雷顿-朱兰成解(即矢量波的惠更斯-菲涅耳原理的表达式)。根据导出的严格积分形式解,阐述利用等效源原理(谢昆诺夫等效定理,也就是惠更斯-菲涅耳原理)计算电磁波的概念和方法。最后,以惠更斯-菲涅耳原理为基础,讨论计算口径天线辐射场的一种方法,称为口径场量法。

9.1　惠更斯-菲涅耳原理

惠更斯-菲涅耳原理是以波动理论解释光的传播规律的基本原理。它是在惠更斯原理(Huygens principle)的基础上发展而得到的,是研究波的绕射(或衍射)现象的理论基础。在分析波长极短的波的绕射问题时,惠更斯-菲涅耳原理可作为求解波(特别是光波)传播问题的一种近似方法,它由荷兰物理学家克里斯蒂安·惠更斯(Christiaan Huygens)在创立光的波动说时首先提出的。在相当一段时期里,几乎所有光学中的绕射问题,都是根据这个原理计算的。

9.1.1　惠更斯原理

惠更斯原理的基本思想是:在波动中任何一点都可以看作新的波源,它的振动将直接引起邻近各点的振动。例如,如图 9.1.1 所示,水面上有一任意波动传播在前进中遇到一个障碍物 AB,AB 上有一小孔 a,小孔 a 与波长相比较很小。我们会看到,穿过小孔的波是圆形的波,与原来波的形状无关。这说明小孔 a 可以看作是一个新的波源。

惠更斯总结了上述现象,于 1690 年提出,媒质中波动传播到的各点,都可以看作是发射子波的波源,在其后的任一时刻,这些子波的包络就是新的波阵面。或者说,行进中的波阵面上任一点都可看作是新的子波的波源,而从波阵面上各点发出的许多子波所形成的包络面,就是原波面在一定时间内所传播到的新波面,这就是惠更斯原理。例如,球波面上的每一点(面源)都是一个次级球面波的子波源,子波的波速和频率等于初级波的波速和频率,此后每一时刻的子波波面的包络就是该

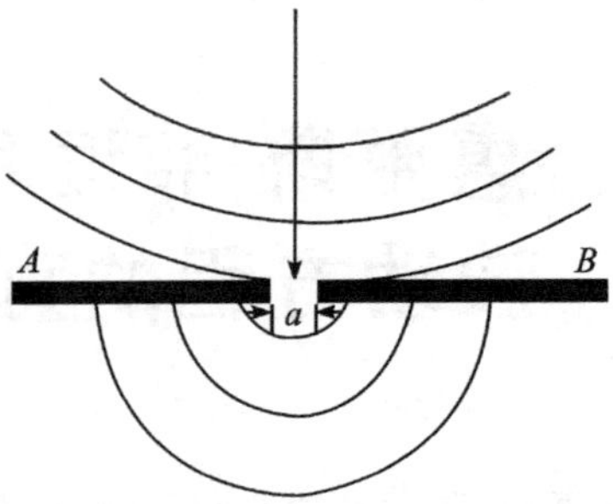

图 9.1.1　障碍物上的小孔成为新的波源

时刻总的波动的波面。

只要知道了某一时刻的波阵面，应用惠更斯原理，就可以用几何作图的方法来确定下一时刻的波阵面，从而确定波的传播方向。如图 9.1.2 所示，设有波动从波源 O 以速度 c 在均匀媒质中传播，在时刻 t 的波阵面是半径为 R_1 的球面 S_1。现在，要求出在下一时刻 $(t+\Delta t)$ 的波阵面。根据惠更斯原理，球面 S_1 上的各点都可以作为产生子波的新的波源。如果先以球面 S_1 上的各点为中心，以 $r=c\Delta t$ 为半径，画出许多半球面形的子波，再作正切于各子波的包络面，那么，这些子波的包络面 S_2 就是时刻 $t+\Delta t$ 的新的波阵面。显然，S_2 是以 O 为中心，以 $R_2=R_1+c\Delta t$ 为半径的球面。如果已知平面波在某一时刻 t 的波阵面 S_1，应用同样的方法，也可以求出在下一时刻 t_2 的波阵面 S_2，如图 9.1.3 所示。

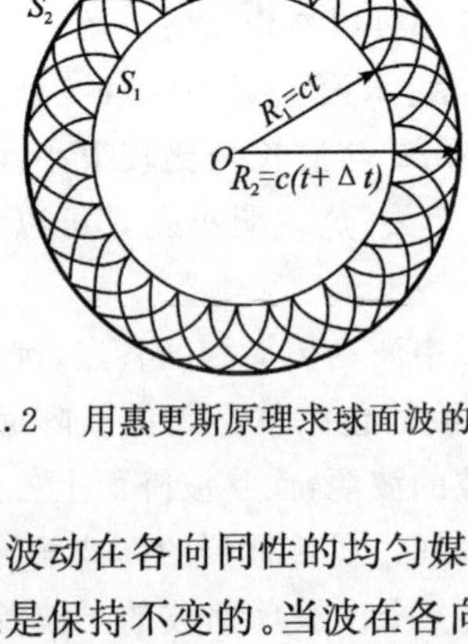

图 9.1.2　用惠更斯原理求球面波的波阵面

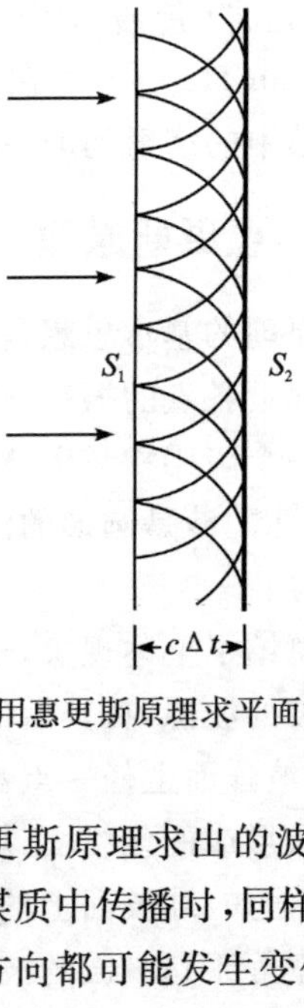

图 9.1.3　用惠更斯原理求平面波的波阵面

当波动在各向同性的均匀媒质中传播时，用惠更斯原理求出的波阵面的几何形状总是保持不变的。当波在各向异性或非均匀的媒质中传播时，同样可以应用惠更斯原理求出波阵面，但波阵面的几何形状和传播方向都可能发生变化。

光的直线传播、反射、折射等都能以惠更斯原理来得到较好的解释。此外，它还可解释晶体的双折射现象。但是，原始的惠更斯原理是比较粗糙的，用它不能精确地解释绕射或衍射现象，而且由惠更斯原理还会导致有反向（倒退）波的存在，而这显然是不存在的。应该指出，惠更斯原理并没有说明各个发射子波的波源对某一点的波动究竟有多少贡献，以及为什么没有反向波阵面等问题。因此，在进一步要求作定量研究时，惠更斯原理就显得无能为力。

9.1.2　波的绕射

波动在传播路径中遇到障碍物时，其传播方向要发生改变，能够绕过障碍物的边缘继续前进，这种现象称为波的绕射或衍射。这是波动的重要特征之一。

用惠更斯原理可以解释波的绕射现象。如图 9.1.4(a) 所示，平面波前进时，遇到平行于波阵面的障碍物，在障碍物上有一个缝，缝的宽度 d 稍大于波长 λ。根据惠更斯原理，缝上各点都可看作是发射子波的波源，做出这些子波的包络面，就得到了新的波阵面。很明显，波动经过缝后，除了与缝的宽度相等的那部分的波阵面仍为平面外，两端有弯曲形状的波阵面，波的传播方向发生了改变。这说明惠更斯原理可以解释波在障碍物后面拐弯的现象，即波绕过缝的边缘而向前传播。

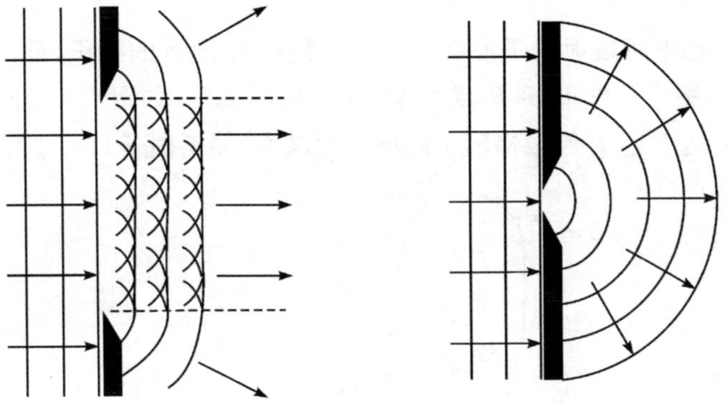

(a)　　(b)

图 9.1.4　波的绕射

由于惠更斯原理的子波假设不涉及波的时空周期特性（即波长、振幅和位相），虽然能说明波在障碍物后面拐弯偏离直线传播的现象，但实际上光的绕射现象要细微得多。例如，在光学实验中观察到，如果缝的宽度比波长小得多，绕射现象就更加显著，如图 9.1.4(b) 所示，经过缝的波阵面是圆形的，还有明暗相间的条纹出现，表明各点的振幅大小不等。如果缝的宽度远大于波长，那么波动经过缝之后，波阵面的宽度与缝的宽度是几乎相等的，波阵面的两端几乎没有边缘弯曲部分，仍为平面，即绕射现象很弱。对于绕射现象的这些细微事实的解释，惠更斯原理就无能为力了。这就是说明，惠更斯原理只能解释波的传播方向，不能解释波的强度，所以也无法说明绕射现象与夹缝大小之间的关系。因此必须能够定量计算波所到达的空间范围内任何一点的振幅，才能更精确地解释绕射现象。解决这些问题就需要用到惠更斯-菲涅耳原理。

在光学中，通常把入射光或绕射光不是平行光束时的绕射，称为菲涅耳绕射(Fresnel diffraction)。如果入射光束和绕射光束都是平行光束，那么，这种绕射称为夫琅禾费绕射(Fraunhofer diffraction)。夫琅禾费绕射在理论分析上较为简单。

9.1.3 惠更斯-菲涅耳原理

菲涅耳(Auguestin-Jean Fresnel) 在惠更斯原理的基础上，补充了描述子波的基本特征 —— 相位和振幅的定量表示式，并增加了“子波相干叠加”的原理，从而发展成为惠更斯-菲涅耳原理，为绕射理论奠定了基础。这个原理的内容表述如下：

在波阵面 S 上，面积元 $\mathrm{d}S$ 所发出的各子波的振幅和相位满足下面 4 点假设：

(1) 在波动理论中，波阵面是一个等位相面。因而可以认为 $\mathrm{d}\boldsymbol{S}$ 面上各点所发出的所有子波都有相同的初相位(可令其为零)。

(2) 子波在 P 点处所引起的振动的振幅与 $\boldsymbol{r}$ 的模成反比。这相当于表明子波是球面波。

(3) 从面元 $\mathrm{d}\boldsymbol{S}$ 所发射的子波在 P 处的振幅正比于 $\mathrm{d}\boldsymbol{S}$ 的面积，且与倾角 α 有关，其中 α 为 $\mathrm{d}\boldsymbol{S}$ 的法线 $\boldsymbol{n}$ 与 $\mathrm{d}\boldsymbol{S}$ 到 P 点的连线 $\boldsymbol{r}$ 之间的夹角(如图 9.1.5 所示)，即从 $\mathrm{d}\boldsymbol{S}$ 发出的子波到达 P 点时的振幅随 α 的增大而减小(倾斜因子)。

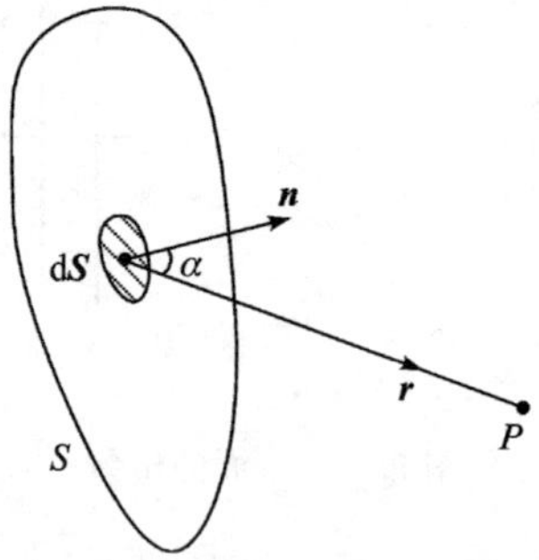

图 9.1.5 惠更斯-菲涅耳原理说明图

(4) 子波在 P 点处的相位，由光程决定。

如果已知波动在某个时刻的波阵面为 S，根据这个原理，就可以计算波动传播到 S 前给定点 P 时振动的振幅和相位，它是各个 $\mathrm{d}S$ 在 P 点所产生的作用的总和。很显然，应用惠更斯-菲涅耳原理去解决具体实际问题时，实际上是一个积分问题。在一般情况下，这个积分的计算是十分复杂的。

应该指出，d$\boldsymbol{S}$ 的法线 $\boldsymbol{n}$ 与 d$\boldsymbol{S}$ 到 P 点的连线 $\boldsymbol{r}$ 之间的夹角 α 愈大，在 $\boldsymbol{r}$ 方向上所引起的振幅愈小。菲涅耳认为，在 $\alpha \geqslant \frac{\pi}{2}$ 时，振幅为零，因而强度也是零。这就解释了子波为什么不能向后传播的现象。

由于惠更斯-菲涅耳原理不是严格的理论产物，在较大程度上是凭朴素的直觉而得到的，所以仍然有局限性。例如，对倾斜因子无法给出具体的函数形式，菲涅耳只对它作了某种猜测：$\alpha = 0$ 时倾斜因子为 1，$\alpha = \frac{\pi}{2}$ 时下降到零(即假定无后向传播的子波)。后来，根据一般的波动理论，古斯塔夫・罗伯特・基尔霍夫(Gustav Robert Kirchhoff) 和阿诺德・索末菲(Arnold Johannes Wilhelm Sommerfeld) 从理论上导出了与菲涅耳公式十分接近的绕射公式，同时还给出倾斜因子的具体函数形式。这就是在下一节中将要介绍的标量波的基尔霍夫积分公式。

9.2　标量波的基尔霍夫公式

9.2.1　基尔霍夫公式

在 2.5 节中，曾经得到亥姆霍兹方程式(2.5.16) 的特解

$$\dot{\boldsymbol{A}}(\boldsymbol{r}) = \frac{1}{4\pi}\int_V \frac{\dot{\boldsymbol{J}}(\boldsymbol{r}')\mathrm{e}^{-\mathrm{j}k|\boldsymbol{r}-\boldsymbol{r}'|}}{|\boldsymbol{r}-\boldsymbol{r}'|}\mathrm{d}V' \tag{2.5.32}$$

其时域形式为

$$\boldsymbol{A}(\boldsymbol{r},t) = \frac{1}{4\pi}\int_V \frac{\boldsymbol{J}\left(\boldsymbol{r}',t-\dfrac{|\boldsymbol{r}-\boldsymbol{r}'|}{v}\right)}{|\boldsymbol{r}-\boldsymbol{r}'|}\mathrm{d}V' \tag{9.2.1}$$

这个公式告诉我们：在 t 时刻，空间某一点 $\boldsymbol{r}$ 处的矢位 $\boldsymbol{A}$ 的值，不由时刻 t 的电流分布所决定，而是由较早时刻 $t-\dfrac{|\boldsymbol{r}-\boldsymbol{r}'|}{v}$ 时的电流分布所确定。因而我们把它叫作滞后项，而把 $\dfrac{|\boldsymbol{r}-\boldsymbol{r}'|}{v}$ 叫作滞后时间。上述结果告诉我们，在被激发起来之后，空间中的电磁场是以有限速度 v 向外传播的。

值得注意的是，在公式(2.5.32) 中没有考虑边界效应。这意味着，积分是遍及整个空间的，因而它是亥姆霍兹方程在无界空间中的解。现在，我们将讨论在给定区域内电荷、电流分布和边界条件已知的情形下，亥姆霍兹方程在该区域内的解。这个解可用于处理电磁波的绕射(或衍射) 问题。

设 ψ 代表一标量位或一矢量位或一场矢量在直角坐标系中的某一分量，且 $g(\boldsymbol{r},t)$ 为源函数的密度。在整个区域 V 内，假定媒质是线性、均匀和各向同性的，且

其电导率为零。在上述条件下，标量函数 ψ 满足以下方程：

$$\nabla^2\psi-\frac{1}{v^2}\frac{\partial^2\psi}{\partial t^2}=-g(\boldsymbol{r},t) \tag{9.2.2}$$

式中，$v=\dfrac{1}{\sqrt{\mu\varepsilon}}$ 为波速。

为了数学上推导简单起见，考虑方程式(9.2.2)的复数形式，即

$$\nabla^2\dot{\psi}+k^2\dot{\psi}=-\dot{g}(\boldsymbol{r}) \tag{9.2.3}$$

式中，$k=\dfrac{\omega}{v}$。

设 V 是被正则曲面 S 包围的封闭区域，且 Φ 和 Ψ 为两个任意标量函数，它们在 V 内和 S 上有连续的一阶和二阶导数，那么，如下的所谓格林第二定理成立，即

$$\begin{aligned}\int_V(\Phi\nabla^2\Psi-\Psi\nabla^2\Phi)\mathrm{d}V&=\oint_S(\Phi\nabla\Psi-\Psi\nabla\Phi)\cdot\mathrm{d}\boldsymbol{S}\\&=\oint_S\left(\Phi\frac{\partial\Psi}{\partial n}-\Psi\frac{\partial\Phi}{\partial n}\right)\mathrm{d}S\end{aligned} \tag{9.2.4}$$

式中，$\boldsymbol{n}$ 是边界面 S 上面元的外法向单位矢量。

现在，令 $\Psi=\dot{\psi}$，$\Phi=\dot{\phi}$，并取

$$\dot{\phi}=\frac{\mathrm{e}^{-\mathrm{j}k|\boldsymbol{r}-\boldsymbol{r}'|}}{4\pi|\boldsymbol{r}-\boldsymbol{r}'|} \tag{9.2.5}$$

它满足方程

$$\nabla^2\dot{\phi}+k^2\dot{\phi}=-\delta(\boldsymbol{r}-\boldsymbol{r}') \tag{9.2.6}$$

式中，$\boldsymbol{r}$ 是 V 内的一个固定观察点，$\boldsymbol{r}'$ 是 V 内或 S 面上的动点。那么，由式(9.2.4)并利用方程式(9.2.3)和式(9.2.6)，得到

$$\int_V\{\dot{\phi}[-k^2\dot{\psi}-\dot{g}(\boldsymbol{r})]+\dot{\psi}[k^2\dot{\phi}+\delta(\boldsymbol{r}'-\boldsymbol{r})]\}\mathrm{d}V=\oint_S\left[\dot{\phi}\frac{\partial\dot{\psi}}{\partial n}-\dot{\psi}\frac{\partial\dot{\phi}}{\partial n}\right]\mathrm{d}S \tag{9.2.7}$$

由此可得

$$\begin{aligned}\dot{\psi}(\boldsymbol{r})=&\frac{1}{4\pi}\int_V\frac{\dot{g}(\boldsymbol{r}')\mathrm{e}^{-\mathrm{j}k|\boldsymbol{r}-\boldsymbol{r}'|}}{|\boldsymbol{r}-\boldsymbol{r}'|}\mathrm{d}V'+\frac{1}{4\pi}\oint_S\frac{1}{|\boldsymbol{r}-\boldsymbol{r}'|}\left\{\frac{\partial\dot{\psi}(\boldsymbol{r}')}{\partial n'}\right.\\&\left.+\left[\frac{1}{|\boldsymbol{r}-\boldsymbol{r}'|}\dot{\psi}(\boldsymbol{r}')+\mathrm{j}k\dot{\psi}(\boldsymbol{r}')\frac{\partial}{\partial n'}|\boldsymbol{r}-\boldsymbol{r}'|\right]\right\}\mathrm{e}^{-\mathrm{j}k|\boldsymbol{r}-\boldsymbol{r}'|}\mathrm{d}S'\end{aligned} \tag{9.2.8}$$

应该注意到，在由式(9.2.7)到式(9.2.8)中，我们对坐标 $\boldsymbol{r}$ 和 $\boldsymbol{r}'$ 进行了互换。这是基于 $\dot{\phi}(\boldsymbol{r},\boldsymbol{r}')=\dot{\phi}(\boldsymbol{r}',\boldsymbol{r})$ 是成立的，这一点不难由式(9.2.5)得到验证。

公式(9.2.8)称为正弦电磁场的基尔霍夫积分解。如果 $\dot{\psi}(\boldsymbol{r})$ 和 $\dot{g}(\boldsymbol{r})$ 是场 $\psi(\boldsymbol{r},t)$ 和源 $g(\boldsymbol{r},t)$ 的频谱，可将上式等号右边部分乘以 $\mathrm{e}^{\mathrm{j}\omega t}$，再对 ω 积分，即得

$$\psi(\boldsymbol{r},t)=\frac{1}{4\pi}\int_V\frac{g\left(\boldsymbol{r}',t-\dfrac{|\boldsymbol{r}-\boldsymbol{r}'|}{v}\right)}{|\boldsymbol{r}-\boldsymbol{r}'|}\mathrm{d}V'+\frac{1}{4\pi}\oint_S\frac{1}{|\boldsymbol{r}-\boldsymbol{r}'|}\left\{\frac{\partial\psi\left(\boldsymbol{r}',t-\dfrac{|\boldsymbol{r}-\boldsymbol{r}'|}{v}\right)}{\partial n'}\right.$$

$$+\left[\frac{\psi\left(\boldsymbol{r}',t-\frac{|\boldsymbol{r}-\boldsymbol{r}'|}{v}\right)}{|\boldsymbol{r}-\boldsymbol{r}'|}+\frac{1}{v}\frac{\partial}{\partial t}\psi\left(\boldsymbol{r}',t-\frac{|\boldsymbol{r}-\boldsymbol{r}'|}{v}\right)\right]\frac{\partial}{\partial n'}|\boldsymbol{r}-\boldsymbol{r}'|\Bigg\}\mathrm{d}S' \tag{9.2.9}$$

式(9.2.9)就是非齐次标量波动方程式(9.2.2)的基尔霍夫公式[1]。

实际上，直接从方程式(9.2.2)出发，利用格林第二定理，也能得到基尔霍夫公式(9.2.9)[2,3]。但是，这种推导过程是相当复杂的，在这里我们就不作介绍了。

式(9.2.9)中体积分的源分布 $g(\boldsymbol{r},t)$ 是指包含电型源和磁型源的各种形式的一般源分布。如果取 $g(\boldsymbol{r},t)$ 分别表示 ρ、ρ_{m}、$\boldsymbol{J}$ 和 $\boldsymbol{J}_{\mathrm{m}}$，则可写出与 φ、φ_{m}、$\boldsymbol{A}$ 和 $\boldsymbol{F}$ 相应的非齐次波动方程及其解的形式。

式(9.2.9)中的体积分是非齐次标量波动方程式(9.2.2)的特解，从物理意义来说，它代表 V 内所有源对 $\psi(r,t)$ 的贡献。S 面上的面积分代表在 S 面以外的所有源的作用。当 S 上的 ψ 值及其导数值给定时，在 S 内所有点上的场便完全确定。

如果区域 V 延伸到无限远处，现在分析公式(9.2.8)中的面积分项。如图 9.2.1 所示，此时，包围体积 V 的 S 面为无限大球面 $S_{+\infty}$。当 $r'\to+\infty$ 时，有 $|\boldsymbol{r}-\boldsymbol{r}'|\to r'$ 和 $\frac{\partial}{\partial n'}\to\frac{\partial}{\partial r'}$，因而公式(9.2.8)中的面积分项可以写成

$$\frac{1}{4\pi}\oint_{S_{+\infty}}\left[\frac{\mathrm{e}^{-\mathrm{j}kr'}}{r'}\frac{\partial\dot{\psi}(\boldsymbol{r}')}{\partial r'}+\dot{\psi}(\boldsymbol{r}')\left(\mathrm{j}k+\frac{1}{r'}\right)\frac{\mathrm{e}^{-\mathrm{j}kr'}}{r'}\right]\mathrm{d}S'$$

$$=\frac{1}{4\pi}\oint_{S_{+\infty}}\left\{\left[\frac{\partial\dot{\psi}(\boldsymbol{r}')}{\partial r'}+\mathrm{j}k\dot{\psi}(\boldsymbol{r}')\right]\frac{\mathrm{e}^{-\mathrm{j}kr'}}{r'}+\dot{\psi}(\boldsymbol{r}')\frac{\mathrm{e}^{-\mathrm{j}kr'}}{r'^2}\right\}\mathrm{d}S'$$

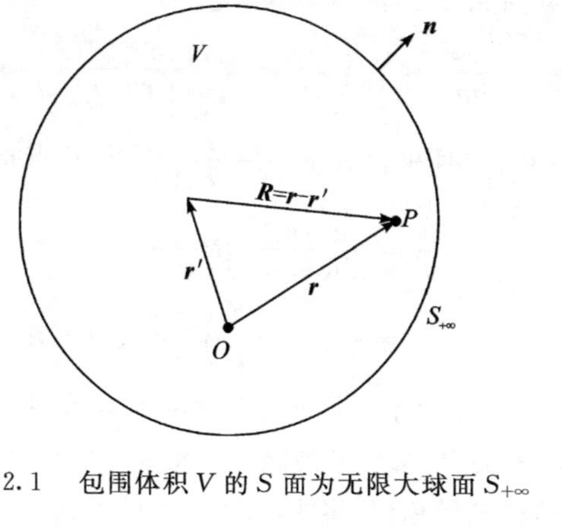

图 9.2.1　包围体积 V 的 S 面为无限大球面 $S_{+\infty}$

根据物理概念，当 $r'\to+\infty$ 时，$S_{+\infty}$ 面上的积分应趋于零。这要求

$$\oint_{S_{+\infty}}\dot{\psi}(\boldsymbol{r}')\frac{\mathrm{e}^{-\mathrm{j}kr'}}{r'^2}\mathrm{d}S'\to 0$$

和

$$\oint_{S_{+\infty}}\left[\frac{\partial\dot{\psi}(\boldsymbol{r}')}{\partial r'}+\mathrm{j}k\dot{\psi}(\boldsymbol{r}')\right]\frac{\mathrm{e}^{-\mathrm{j}kr'}}{r'}\mathrm{d}S'\rightarrow 0$$

因为 $S_{+\infty}$ 的面积与 r'^2 成正比，所以如果 $\dot{\psi}(\boldsymbol{r})$ 满足条件

$$\lim_{r\to+\infty} r\dot{\psi}(\boldsymbol{r}) = \text{有限值} \tag{9.2.10}$$

$$\lim_{r\to+\infty} r\left(\frac{\partial\dot{\psi}(\boldsymbol{r})}{\partial r}+\mathrm{j}k\dot{\psi}(\boldsymbol{r})\right)= \text{有限值}\rightarrow 0 \tag{9.2.11}$$

则式(9.2.8)中的面积分为零。式(9.2.10)称为有限性条件，而式(9.2.11)称为辐射条件。它们是在求得无界空间中解的各种表达式时用以检验的条件。

实际上，对于源分布局限在有限区域内的实际问题，式(9.2.10)和式(9.2.11)所表示的条件都可以满足。因此，当区域 V 延伸至无限远时，在 S 面上的积分可以不考虑。

9.2.2 惠更斯原理的数学表示

如果区域 V 中无源(即 $\dot{g}(\boldsymbol{r})=0$)，则公式(9.2.8)简化为

$$\dot{\psi}(\boldsymbol{r})=\frac{1}{4\pi}\oint_S\left[\frac{\mathrm{e}^{-\mathrm{j}k|\boldsymbol{r}-\boldsymbol{r}'|}}{|\boldsymbol{r}-\boldsymbol{r}'|}\frac{\partial\dot{\psi}}{\partial n'}-\dot{\psi}\frac{\partial}{\partial n'}\left(\frac{\mathrm{e}^{-\mathrm{j}k|\boldsymbol{r}-\boldsymbol{r}'|}}{|\boldsymbol{r}-\boldsymbol{r}'|}\right)\right]\mathrm{d}S' \tag{9.2.12}$$

此式就是标量波的惠更斯原理的数学表达式。它表明，$\boldsymbol{r}$ 点上的波幅可以表示为各面元 $\mathrm{d}S'$ 上的等效源所产生的子波的总和。惠更斯原理的提出要比麦克斯韦发现光的电磁理论早一个世纪。因此，在当时它不能通过电磁场理论来表述。事实上，惠更斯原理通过电磁场理论的数学表达式已经隐含在基尔霍夫解中。

我们注意到(见图 9.2.2)：

$$\frac{\partial\dot{\phi}}{\partial n'}=\nabla'\dot{\phi}\cdot\boldsymbol{n}=\nabla'\left(\frac{\mathrm{e}^{-\mathrm{j}k|\boldsymbol{r}-\boldsymbol{r}'|}}{|\boldsymbol{r}-\boldsymbol{r}'|}\right)\cdot\boldsymbol{n}$$

由于算子作用于 Q 点，而且单位矢量 $\dfrac{\boldsymbol{r}-\boldsymbol{r}'}{|\boldsymbol{r}-\boldsymbol{r}'|}$ 是由 P 点指向 Q 点的，所以

$$\begin{aligned}\frac{\partial\dot{\phi}}{\partial n'}&=\frac{\mathrm{d}}{\mathrm{d}R}\left(\frac{\mathrm{e}^{-\mathrm{j}kR}}{R}\right)\boldsymbol{R}\cdot\boldsymbol{n}\\&=-\left(\mathrm{j}k+\frac{1}{R}\right)\frac{\mathrm{e}^{-\mathrm{j}kR}}{R}\cos(\boldsymbol{n},\boldsymbol{R})\end{aligned} \tag{9.2.13}$$

式中 $R=|\boldsymbol{r}-\boldsymbol{r}'|$，$(\boldsymbol{n},\boldsymbol{R})$ 表示矢量 $\boldsymbol{n}$ 与 $\boldsymbol{R}$ 之间的夹角。此式表明，等效面源的方向性由因子 $\cos(\boldsymbol{n},\boldsymbol{R})$ 来决定，每个子波除了有按 R^{-1} 减小的部分外，还有按 R^{-2} 减小的部分，与偶极子的电磁场相似。将式(9.2.13)代入式(9.2.12)中，得到

$$\dot{\psi}(\boldsymbol{r})=\frac{1}{4\pi}\oint_S\frac{\mathrm{e}^{-\mathrm{j}kR}}{R}\left[\dot{\psi}\left(\mathrm{j}k+\frac{1}{R}\right)\cos(\boldsymbol{n},\boldsymbol{R})+\frac{\partial\dot{\psi}}{\partial n'}\right]\mathrm{d}S' \tag{9.2.14}$$

电场或磁场的每一直角坐标分量都是一个标量波函数，它们显然都有式(9.2.12)的解。如果以电场 $\dot{\boldsymbol{E}}$ 的三个分量 $\dot{E}_x$、$\dot{E}_y$ 和 $\dot{E}_z$ 分别代入式(9.2.12)中，并

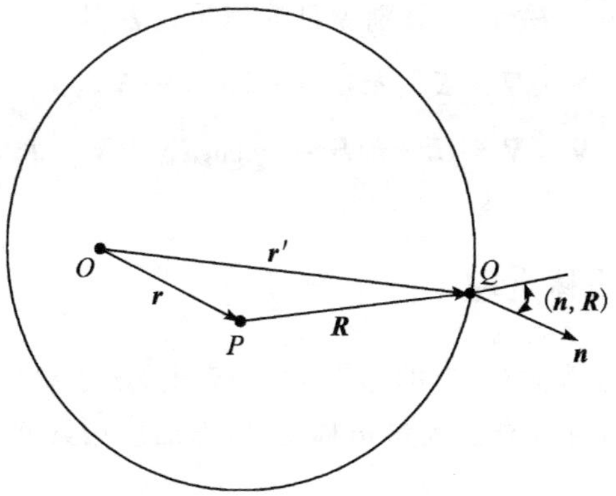

图 9.2.2　观察点 P 与动点 Q

将所得的三个标量式合并成一个矢量式，得

$$\dot{\boldsymbol{E}}(\boldsymbol{r})=\frac{1}{4\pi}\oint_S\left[\frac{\mathrm{e}^{-\mathrm{j}k|\boldsymbol{r}-\boldsymbol{r}'|}}{|\boldsymbol{r}-\boldsymbol{r}'|}\frac{\partial\dot{\boldsymbol{E}}}{\partial n'}-\dot{\boldsymbol{E}}\frac{\partial}{\partial n'}\left(\frac{\mathrm{e}^{-\mathrm{j}k|\boldsymbol{r}-\boldsymbol{r}'|}}{|\boldsymbol{r}-\boldsymbol{r}'|}\right)\right]\mathrm{d}S' \tag{9.2.15}$$

同样地，对于磁场 $\dot{\boldsymbol{H}}$，有

$$\dot{\boldsymbol{H}}(\boldsymbol{r})=\frac{1}{4\pi}\oint_S\left[\frac{\mathrm{e}^{-\mathrm{j}k|\boldsymbol{r}-\boldsymbol{r}'|}}{|\boldsymbol{r}-\boldsymbol{r}'|}\frac{\partial\dot{\boldsymbol{H}}}{\partial n'}-\dot{\boldsymbol{H}}\frac{\partial}{\partial n'}\left(\frac{\mathrm{e}^{-\mathrm{j}k|\boldsymbol{r}-\boldsymbol{r}'|}}{|\boldsymbol{r}-\boldsymbol{r}'|}\right)\right]\mathrm{d}S' \tag{9.2.16}$$

9.3　矢量波动方程的直接积分——斯特雷顿-朱兰成解

场方程的直接积分就是企图直接从麦克斯韦方程求出用封闭曲面 S 上的 $\dot{\boldsymbol{E}}$ 和 $\dot{\boldsymbol{H}}$ 值来表示 S 内点的矢量 $\dot{\boldsymbol{E}}$ 和 $\dot{\boldsymbol{H}}$。

为了方便起见，将麦克斯韦方程重新写出如下：

$$\nabla\times\dot{\boldsymbol{E}}=-\dot{\boldsymbol{J}}_{\mathrm{m}}-\mathrm{j}\omega\mu\dot{\boldsymbol{H}} \tag{9.3.1}$$

$$\nabla\times\dot{\boldsymbol{H}}=\dot{\boldsymbol{J}}+\mathrm{j}\omega\varepsilon\dot{\boldsymbol{E}} \tag{9.3.2}$$

$$\nabla\cdot\dot{\boldsymbol{H}}=\frac{\dot{\rho}_{\mathrm{m}}}{\mu} \tag{9.3.3}$$

$$\nabla\cdot\dot{\boldsymbol{E}}=\frac{\dot{\rho}}{\varepsilon} \tag{9.3.4}$$

以及连续性方程如下：

$$\nabla\cdot\dot{\boldsymbol{J}}=-\mathrm{j}\omega\dot{\rho} \tag{9.3.5}$$

$$\nabla\cdot\dot{\boldsymbol{J}}_{\mathrm{m}}=-\mathrm{j}\omega\dot{\rho}_{\mathrm{m}} \tag{9.3.6}$$

在这里，我们假设媒质是线性、均匀和各向同性的，且电导率为零。

不难得到，电场 $\dot{\boldsymbol{E}}$ 和磁场 $\dot{\boldsymbol{H}}$ 分别满足亥姆霍兹方程：

$$\nabla\times\nabla\times\dot{\boldsymbol{E}}-k^2\dot{\boldsymbol{E}}=-\mathrm{j}\omega\mu\dot{\boldsymbol{J}}-\nabla\times\dot{\boldsymbol{J}}_{\mathrm{m}} \tag{9.3.7}$$

$$\nabla\times\nabla\times\dot{\boldsymbol{H}}-k^2\dot{\boldsymbol{H}}=-\mathrm{j}\omega\varepsilon\dot{\boldsymbol{J}}_{\mathrm{m}}+\nabla\times\dot{\boldsymbol{J}} \tag{9.3.8}$$

式中，$k^2=\omega^2\mu\varepsilon$。

9.3.1 矢量格林定理

从方程式(9.3.7)和式(9.3.8)要通过直接积分法求解出 $\dot{\boldsymbol{E}}$ 和 $\dot{\boldsymbol{H}}$，就需要用到矢量格林第二定理。现在先导出矢量格林定理，然后应用其通过直接积分法求亥姆霍兹方程的解。

设在 S 面包围的体积 V 中，$\boldsymbol{P}$ 和 $\boldsymbol{Q}$ 均是矢量函数，它们在整个 V 中及 S 面上有连续的一阶及二阶导数。若对矢量 $\boldsymbol{P}\times\nabla\times\boldsymbol{Q}$ 应用散度定理，有

$$\int_V\nabla\cdot(\boldsymbol{P}\times\nabla\times\boldsymbol{Q})\mathrm{d}V=\oint_S(\boldsymbol{P}\times\nabla\times\boldsymbol{Q})\cdot\mathrm{d}\boldsymbol{S}$$

将体积分中的被积函数展开，则有

$$\int_V(\nabla\times\boldsymbol{P}\cdot\nabla\times\boldsymbol{Q}-\boldsymbol{P}\cdot\nabla\times\nabla\times\boldsymbol{Q})\mathrm{d}V=\oint_S(\boldsymbol{P}\times\nabla\times\boldsymbol{Q})\cdot\mathrm{d}\boldsymbol{S} \tag{9.3.9}$$

这就是矢量格林第一定理。

如果把式(9.3.9)中 $\boldsymbol{P}$ 和 $\boldsymbol{Q}$ 相互交换位置，再从原来的式(9.3.9)中减去调换位置后的方程式，则有

$$\int_V(\boldsymbol{Q}\cdot\nabla\times\nabla\times\boldsymbol{P}-\boldsymbol{P}\cdot\nabla\times\nabla\times\boldsymbol{Q})\mathrm{d}V=\oint_S(\boldsymbol{P}\times\nabla\times\boldsymbol{Q}-\boldsymbol{Q}\times\nabla\times\boldsymbol{P})\cdot\mathrm{d}\boldsymbol{S} \tag{9.3.10}$$

这就是矢量格林第二定理。

9.3.2 矢量波动方程的直接积分[4,5]

假设亥姆霍兹方程式(9.3.7)和式(9.3.8)中的场矢量 $\dot{\boldsymbol{E}}$ 和 $\dot{\boldsymbol{H}}$ 在 V 内满足矢量格林定理对函数 $\boldsymbol{P}$ 要求的连续性条件。现在，在矢量格林第二定理中，令 $\boldsymbol{P}=\dot{\boldsymbol{E}}$，$\boldsymbol{Q}=\dot{\phi}\boldsymbol{a}$，其数学形式为

$$\boldsymbol{Q}=\dot{\phi}\boldsymbol{a}=\frac{\mathrm{e}^{-\mathrm{j}kR}}{R}\boldsymbol{a} \tag{9.3.11}$$

式中 $\boldsymbol{a}$ 为一任意恒定单位矢量。$\boldsymbol{R}$ 是自 V 内或 S 上的任一点 $Q(x',y',z')$ 到 V 内的一个定点 $P(x,y,z)$ 的矢径，即 $\boldsymbol{R}=\boldsymbol{r}-\boldsymbol{r}'$。我们称所有的 Q 点为源点，P 点为场点。实际上，$\boldsymbol{Q}$ 是矢量格林函数，它表示 $\boldsymbol{r}'$ 点处作为点源的电流(或磁流)密度在 $\boldsymbol{r}$ 点产生的电场 $\dot{\boldsymbol{E}}$。其中 $\boldsymbol{a}$ 是点源电流(或磁流)密度方向上的单位矢量，所以它是一个恒定矢量，而且方向可以是任意的，决定于点源电流(或磁流)流动的方向。

显然，当 $\boldsymbol{r}$ 与 $\boldsymbol{r}'$ 不重合时，函数 $\dot{\phi}$ 满足方程

$$\nabla^2\dot{\phi}+k^2\dot{\phi}=0 \tag{9.3.12}$$

先给出在以下证明过程中将要用到的几个关系式或公式：

$$\nabla\cdot\boldsymbol{Q}=\boldsymbol{a}\cdot\nabla\dot{\phi}\quad（考虑到\nabla\cdot\boldsymbol{a}=0）$$

$$\nabla\times\boldsymbol{Q}=\nabla\dot{\phi}\times\boldsymbol{a}\quad（考虑到\nabla\times\boldsymbol{a}=\boldsymbol{0}）$$

因此，利用亥姆霍兹方程式(9.3.7)和式(9.3.12)，有

$$\nabla\times\nabla\times\boldsymbol{Q}=k^2\dot{\phi}\boldsymbol{a}+\nabla(\boldsymbol{a}\cdot\nabla\dot{\phi})$$

$$\nabla\times\nabla\times\boldsymbol{P}=k^2\dot{\boldsymbol{E}}-\mathrm{j}\omega\mu\dot{\boldsymbol{J}}-\nabla\times\dot{\boldsymbol{J}}_{\mathrm{m}}$$

$$-\boldsymbol{P}\cdot\nabla\times\nabla\times\boldsymbol{Q}=-\dot{\boldsymbol{E}}\cdot\nabla(\boldsymbol{a}\cdot\nabla\dot{\phi})-k^2\dot{\phi}\dot{\boldsymbol{E}}\cdot\boldsymbol{a}$$

$$\boldsymbol{Q}\cdot\nabla\times\nabla\times\boldsymbol{P}=k^2\dot{\phi}\dot{\boldsymbol{E}}\cdot\boldsymbol{a}+\boldsymbol{a}\cdot(-\mathrm{j}\omega\mu\dot{\boldsymbol{J}}\dot{\phi}-\dot{\phi}\nabla\times\dot{\boldsymbol{J}}_{\mathrm{m}})$$

利用上述关系式，矢量格林第二定理式(9.3.10)的左边可以写成

$$左边=\int_V\boldsymbol{a}\cdot(-\mathrm{j}\omega\mu\dot{\boldsymbol{J}}-\nabla'\times\dot{\boldsymbol{J}}_{\mathrm{m}})\dot{\phi}\mathrm{d}V'-\int_V\dot{\boldsymbol{E}}\cdot\nabla'(\boldsymbol{a}\cdot\nabla'\dot{\phi})\mathrm{d}V'$$

由于

$$\begin{aligned}\dot{\boldsymbol{E}}\cdot\nabla(\boldsymbol{a}\cdot\nabla\dot{\phi})&=\nabla\cdot[\dot{\boldsymbol{E}}(\boldsymbol{a}\cdot\nabla\dot{\phi})]-(\boldsymbol{a}\cdot\nabla\dot{\phi})\nabla\cdot\dot{\boldsymbol{E}}\\&=\nabla\cdot[\dot{\boldsymbol{E}}(\boldsymbol{a}\cdot\nabla\dot{\phi})]-\frac{\dot{\rho}}{\varepsilon}\boldsymbol{a}\cdot\nabla\dot{\phi}\end{aligned}$$

所以

$$\begin{aligned}左边=&\int_V\boldsymbol{a}\cdot(-\mathrm{j}\omega\mu\dot{\boldsymbol{J}}-\nabla'\times\dot{\boldsymbol{J}}_{\mathrm{m}})\dot{\phi}\mathrm{d}V'+\int_V\frac{\dot{\rho}}{\varepsilon}\nabla'\dot{\phi}\cdot\boldsymbol{a}\mathrm{d}V'\\&-\int_V\nabla'\cdot[\dot{\boldsymbol{E}}(\boldsymbol{a}\cdot\nabla'\dot{\phi})]\mathrm{d}V'\\=&\boldsymbol{a}\cdot\left\{\int_V(-\mathrm{j}\omega\mu\dot{\boldsymbol{J}}-\nabla'\times\dot{\boldsymbol{J}}_{\mathrm{m}})\dot{\phi}\mathrm{d}V'+\int_V\frac{\dot{\rho}}{\varepsilon}\nabla'\dot{\phi}\mathrm{d}V'-\oint_S(\dot{\boldsymbol{E}}\cdot\boldsymbol{n})\nabla'\dot{\phi}\mathrm{d}S'\right\}\end{aligned}$$

矢量格林第二定理式(9.3.10)的右边的积分中的被积函数的两项分别可变成(利用 $\nabla\times\boldsymbol{Q}=\nabla\dot{\phi}\times\boldsymbol{a}$)为

$$\begin{aligned}(\boldsymbol{P}\times\nabla\times\boldsymbol{Q})\cdot\boldsymbol{n}&=\boldsymbol{n}\cdot[\dot{\boldsymbol{E}}\times(\nabla\dot{\phi}\times\boldsymbol{a})]=(\nabla\dot{\phi}\times\boldsymbol{a})\cdot(\boldsymbol{n}\times\dot{\boldsymbol{E}})\\&=\boldsymbol{a}\cdot[(\boldsymbol{n}\times\dot{\boldsymbol{E}})\times\nabla\dot{\phi}]=\boldsymbol{a}\cdot[\nabla\dot{\phi}\times(\dot{\boldsymbol{E}}\times\boldsymbol{n})]\end{aligned}$$

$$-(\boldsymbol{Q}\times\nabla\times\boldsymbol{P})\cdot\boldsymbol{n}=-(\dot{\phi}\boldsymbol{a}\times\nabla\times\dot{\boldsymbol{E}})\cdot\boldsymbol{n}=\boldsymbol{a}\cdot(\boldsymbol{n}\times\nabla\times\dot{\boldsymbol{E}})\dot{\phi}$$

利用上面两个关系式，于是右边可写成

$$右边=\boldsymbol{a}\cdot\oint_S[\nabla'\dot{\phi}\times(\dot{\boldsymbol{E}}\times\boldsymbol{n})+\dot{\phi}\boldsymbol{n}\times\nabla'\times\dot{\boldsymbol{E}}]\mathrm{d}S'$$

让左边与右边相等，得到

$$\int_V(-\mathrm{j}\omega\mu\dot{\boldsymbol{J}}-\nabla'\times\dot{\boldsymbol{J}}_{\mathrm{m}})\dot{\phi}\mathrm{d}V'+\int_V\frac{\dot{\rho}}{\varepsilon}\nabla'\dot{\phi}\mathrm{d}V'-\oint_S(\dot{\boldsymbol{E}}\cdot\boldsymbol{n})\nabla'\dot{\phi}\mathrm{d}S'$$

$$=\oint_S[\nabla'\dot{\phi}\times(\dot{\boldsymbol{E}}\times\boldsymbol{n})+\dot{\phi}\boldsymbol{n}\times\nabla'\times\dot{\boldsymbol{E}}]\mathrm{d}S' \tag{9.3.13}$$

利用方程式(9.3.1)，式(9.3.13) 又可写为

$$\int_V(-\mathrm{j}\omega\mu\dot{\boldsymbol{J}}-\nabla'\times\dot{\boldsymbol{J}}_\mathrm{m})\dot{\phi}\mathrm{d}V'+\int_V\frac{\dot{\rho}}{\varepsilon}\nabla'\dot{\phi}\mathrm{d}V'$$
$$=\oint_S[-\mathrm{j}\omega\mu(\boldsymbol{n}\times\dot{\boldsymbol{H}})\dot{\phi}+(\boldsymbol{n}\times\dot{\boldsymbol{E}})\times\nabla'\dot{\phi}+(\boldsymbol{n}\cdot\dot{\boldsymbol{E}})\nabla'\dot{\phi}-\boldsymbol{n}\times\dot{\boldsymbol{J}}_\mathrm{m}\dot{\phi}]\mathrm{d}S' \tag{9.3.14}$$

如果利用恒等式

$$\int_V\nabla'\times\dot{\boldsymbol{J}}_\mathrm{m}\dot{\phi}\mathrm{d}V'=\oint_S\boldsymbol{n}\times\dot{\boldsymbol{J}}_\mathrm{m}\dot{\phi}\mathrm{d}S'+\int_V\dot{\boldsymbol{J}}_\mathrm{m}\times\nabla'\dot{\phi}\mathrm{d}V'$$

则式(9.3.14) 又可简化为

$$\int_V\left(-\mathrm{j}\omega\mu\dot{\boldsymbol{J}}\dot{\phi}-\dot{\boldsymbol{J}}_\mathrm{m}\times\nabla'\dot{\phi}+\frac{\dot{\rho}}{\varepsilon}\nabla'\dot{\phi}\right)\mathrm{d}V'$$
$$=\oint_S[-\mathrm{j}\omega\mu(\boldsymbol{n}\times\dot{\boldsymbol{H}})\dot{\phi}+(\boldsymbol{n}\times\dot{\boldsymbol{E}})\times\nabla'\dot{\phi}+(\boldsymbol{n}\cdot\dot{\boldsymbol{E}})\nabla'\dot{\phi}]\mathrm{d}S' \tag{9.3.15}$$

当 $R=0$(即在积分过程中 $\boldsymbol{r}'$ 点与 $\boldsymbol{r}$ 点相遇时，有 $\boldsymbol{r}'=\boldsymbol{r}$) 时，函数 Q 有奇点，即发生在场点 $P(x,y,z)$ 处。为了除去奇点($R=0$处)，我们可在 P 点(即 $\boldsymbol{r}'=\boldsymbol{r}$)处作一个围绕 P 点、半径为 R_0 的小球面 S_0，其包围的体积为 V_0。这样，体积 V 就成为由小球面 S_0 和从外面包围它的闭合面 S 共同围成的区域 V'，即 $V'=V-V_0$。那么，在这个区域内，函数 Q 和场量 $\dot{\boldsymbol{E}}$ 及 $\dot{\boldsymbol{H}}$ 都满足矢量格林第二定理所要求的连续性条件。这样，式(9.3.15) 将成为

$$\oint_{S_0}[-\mathrm{j}\omega\mu\dot{\phi}(\boldsymbol{n}\times\dot{\boldsymbol{H}})+(\boldsymbol{n}\times\dot{\boldsymbol{E}})\times\nabla'\dot{\phi}+(\boldsymbol{n}\cdot\dot{\boldsymbol{E}})\nabla'\dot{\phi}]\mathrm{d}S'$$
$$=\int_{V-V_0}\left(-\mathrm{j}\omega\mu\dot{\boldsymbol{J}}\dot{\phi}-\dot{\boldsymbol{J}}_\mathrm{m}\times\nabla'\dot{\phi}+\frac{\dot{\rho}}{\varepsilon}\nabla'\dot{\phi}\right)\mathrm{d}V'$$
$$-\oint_S[-\mathrm{j}\omega\mu\dot{\phi}(\boldsymbol{n}\times\dot{\boldsymbol{H}})+(\boldsymbol{n}\times\dot{\boldsymbol{E}})\times\nabla'\dot{\phi}+(\boldsymbol{n}\cdot\dot{\boldsymbol{E}})\nabla'\dot{\phi}]\mathrm{d}S' \tag{9.3.16}$$

现在，我们来分析在 S_0 面上的积分。由于法线 $\boldsymbol{n}$ 是由 P 点沿半径向内取向的，所以在这个球面上，有

$$\nabla\dot{\phi}=\left[\frac{\mathrm{d}}{\mathrm{d}R}\left(\frac{\mathrm{e}^{-\mathrm{j}kR}}{R}\right)\right]_{R=R_0}\boldsymbol{n}=\left(\mathrm{j}k+\frac{1}{R_0}\right)\frac{\mathrm{e}^{-\mathrm{j}kR_0}}{R_0}\boldsymbol{n}=\dot{\Psi}\boldsymbol{n}$$

则在球面 S_0 上，有

$$\oint_{S_0}-\mathrm{j}\omega\mu\dot{\phi}(\boldsymbol{n}\times\dot{\boldsymbol{H}})\mathrm{d}S'=\oint_{S_0}-\mathrm{j}\omega\mu\frac{\mathrm{e}^{-\mathrm{j}kR}}{R}(\boldsymbol{n}\times\dot{\boldsymbol{H}})\bigg|_{R=R_0}\mathrm{d}S'$$
$$=-\mathrm{j}\omega\mu\frac{\mathrm{e}^{-\mathrm{j}kR_0}}{R_0}\oint_{S_0}(\boldsymbol{n}\times\dot{\boldsymbol{H}})\bigg|_{R=R_0}\mathrm{d}S'$$
$$=-\mathrm{j}\omega\mu\frac{\mathrm{e}^{-\mathrm{j}kR_0}}{R_0}[\boldsymbol{n}\times\dot{\boldsymbol{H}}]_{\text{平均值}}4\pi R_0^2=0\quad(\text{当 }R_0\to0\text{ 时})$$

以及在球面 S_0 上，有

$$\oint_{S_0}[(\boldsymbol{n}\times\dot{\boldsymbol{E}})\times\boldsymbol{n}\dot{\Psi}+(\boldsymbol{n}\cdot\dot{\boldsymbol{E}})\dot{\Psi}\boldsymbol{n}]\mathrm{d}S'=\oint_{S_0}[(\boldsymbol{n}\times\dot{\boldsymbol{E}})\times\boldsymbol{n}+(\boldsymbol{n}\cdot\dot{\boldsymbol{E}})\boldsymbol{n}]\dot{\Psi}\mathrm{d}S'$$

由矢量公式可知，$(\boldsymbol{n}\times\dot{\boldsymbol{E}})\times\boldsymbol{n}=(\boldsymbol{n}\cdot\boldsymbol{n})\dot{\boldsymbol{E}}-(\boldsymbol{n}\cdot\dot{\boldsymbol{E}})\boldsymbol{n}=\dot{\boldsymbol{E}}-(\boldsymbol{n}\cdot\dot{\boldsymbol{E}})\boldsymbol{n}$，所以

$$\begin{aligned}\oint_{S_0}[(\boldsymbol{n}\times\dot{\boldsymbol{E}})\times\boldsymbol{n}+(\boldsymbol{n}\cdot\dot{\boldsymbol{E}})\boldsymbol{n}]\dot{\Psi}\mathrm{d}S'&=\oint_{S_0}\dot{\boldsymbol{E}}\dot{\Psi}\mathrm{d}S'\\&=\oint_{S_0}\left(\mathrm{j}k+\frac{1}{R_0}\right)\frac{\mathrm{e}^{-\mathrm{j}kR_0}}{R_0}\dot{\boldsymbol{E}}\mathrm{d}S'\\&=\left(\mathrm{j}k+\frac{1}{R_0}\right)\frac{\mathrm{e}^{-\mathrm{j}kR_0}}{R_0}\oint_{S_0}\dot{\boldsymbol{E}}\mathrm{d}S'\\&=\left(\mathrm{j}k+\frac{1}{R_0}\right)\frac{\mathrm{e}^{-\mathrm{j}kR_0}}{R_0}[\dot{\boldsymbol{E}}]_{\text{平均值}}4\pi R_0^2\\&=4\pi\dot{\boldsymbol{E}}(\boldsymbol{r})\quad(\text{当 }R_0\to 0\text{ 时})\end{aligned}$$

因此，当 $R_0\to 0$ 时，$V'=V-V_0\to V$，有

$$\begin{aligned}\dot{\boldsymbol{E}}(\boldsymbol{r})=&\frac{1}{4\pi}\int_V\left(-\mathrm{j}\omega\mu\dot{\boldsymbol{J}}\dot{\phi}-\dot{\boldsymbol{J}}_{\mathrm{m}}\times\nabla'\dot{\phi}+\frac{\dot{\rho}}{\varepsilon}\nabla'\dot{\phi}\right)\mathrm{d}V'\\&-\frac{1}{4\pi}\oint_S[-\mathrm{j}\omega\mu\dot{\phi}(\boldsymbol{n}\times\dot{\boldsymbol{H}})+(\boldsymbol{n}\times\dot{\boldsymbol{E}})\times\nabla'\dot{\phi}+(\boldsymbol{n}\cdot\dot{\boldsymbol{E}})\nabla'\dot{\phi}]\mathrm{d}S'\end{aligned}\tag{9.3.17}$$

对于磁场强度 $\dot{\boldsymbol{H}}$，可以用类似的方法进行分析，其结果是

$$\begin{aligned}\dot{\boldsymbol{H}}(\boldsymbol{r})=&\frac{1}{4\pi}\int_V\left(-\mathrm{j}\omega\varepsilon\dot{\boldsymbol{J}}_{\mathrm{m}}\dot{\phi}+\dot{\boldsymbol{J}}\times\nabla'\dot{\phi}+\frac{\dot{\rho}_{\mathrm{m}}}{\mu}\nabla'\dot{\phi}\right)\mathrm{d}V'\\&-\frac{1}{4\pi}\oint_S[\mathrm{j}\omega\varepsilon(\boldsymbol{n}\times\dot{\boldsymbol{E}})\dot{\phi}+(\boldsymbol{n}\times\dot{\boldsymbol{H}})\times\nabla'\dot{\phi}+(\boldsymbol{n}\cdot\dot{\boldsymbol{H}})\nabla'\dot{\phi}]\mathrm{d}S'\end{aligned}\tag{9.3.18}$$

这两个解式(9.3.17)和式(9.3.18)是由斯特雷顿和朱兰成于 1939 年首先求得的，所以称为斯特雷顿-朱兰成解[4]。

在前面几章中，在给定电荷分布、磁荷分布、电流分布和磁流分布时，是用矢量位或标量位来计算它们所产生的电磁场的。现在，证明了可以直接计算 $\dot{\boldsymbol{E}}$ 和 $\dot{\boldsymbol{H}}$，而不需要计算这些位。

任一点上的场是由分布在整个空间内的场源产生的。把整个空间分成两个区域：体积 V 所占有的区域和边界面 S 以外的区域。为清楚起见，称体积 V 为观察区，边界面 S 以外的区域为局外区。根据式(9.3.17)和式(9.3.18)可知，位于观察区 V 内的一个场点 $\boldsymbol{r}$ 上的场 $\dot{\boldsymbol{E}}(\boldsymbol{r})$ 和 $\dot{\boldsymbol{H}}(\boldsymbol{r})$ 可表示为一个体积分和一个面积分之和。这里，体积分代表分布在观察区 V 内的源对 $\boldsymbol{r}$ 点的 $\dot{\boldsymbol{E}}$ 和 $\dot{\boldsymbol{H}}$ 的贡献，而面积分显然必须代表区域 V 以外的源(即局外区内的源)对 $\boldsymbol{r}$ 点的 $\dot{\boldsymbol{E}}$ 和 $\dot{\boldsymbol{H}}$ 的贡献。具体地说，在边界

面 S 上的面积分代表了局外区内的源的作用。

如果在局外区内没有任何源分布，可以预料到式(9.3.17) 和式(9.3.18) 中的面积分都为零。

如果把 S 面移至无限远，且场源分布局限在无限空间中的一个有限体积 V 中，那么式(9.3.17) 和式(9.3.18) 中的面积分的贡献将为零。由此可以得到

$$\dot{\boldsymbol{E}}(\boldsymbol{r}) = \frac{1}{4\pi}\int_V \left[-\mathrm{j}\omega\mu\dot{\boldsymbol{J}}\,\frac{\mathrm{e}^{-\mathrm{j}kR}}{R} - \dot{\boldsymbol{J}}_{\mathrm{m}} \times \boldsymbol{\nabla}'\left(\frac{\mathrm{e}^{-\mathrm{j}kR}}{R}\right) + \frac{\dot{\rho}}{\varepsilon}\,\boldsymbol{\nabla}'\left(\frac{\mathrm{e}^{-\mathrm{j}kR}}{R}\right)\right]\mathrm{d}V' \tag{9.3.19}$$

$$\dot{\boldsymbol{H}}(\boldsymbol{r}) = \frac{1}{4\pi}\int_V \left[-\mathrm{j}\omega\varepsilon\dot{\boldsymbol{J}}_{\mathrm{m}}\,\frac{\mathrm{e}^{-\mathrm{j}kR}}{R} + \dot{\boldsymbol{J}} \times \boldsymbol{\nabla}'\left(\frac{\mathrm{e}^{-\mathrm{j}kR}}{R}\right) + \frac{\dot{\rho}_{\mathrm{m}}}{\mu}\,\boldsymbol{\nabla}'\left(\frac{\mathrm{e}^{-\mathrm{j}kR}}{R}\right)\right]\mathrm{d}V' \tag{9.3.20}$$

因为假设了电流分布和磁流分布，所以电荷密度和磁荷密度可由连续性方程确定。对于电流分布和磁流分布可以足够准确知道的天线的辐射场计算，式(9.3.19) 和式(9.3.20) 这两个公式是很有用的。由于是根据天线中的实际场源（电流和磁流）分布来计算场量的，因此称这类天线为实源天线。例如，基本振子、细线天线和天线阵。另外，有一类天线，它的辐射场是根据等效源（等效电流和磁流）计算，称为等效源天线[5]。例如，喇叭天线、反射面天线这一类面天线。

9.3.3 S 面上的等效源分析

由斯特雷顿-朱兰成解看出，根据与函数 $\dot{\phi} = \dfrac{\mathrm{e}^{-\mathrm{j}kR}}{R}$ 相关联的方式，面积分中的三项中每一项分别与体积 V 中某一项相对应。例如，在 $\dot{\boldsymbol{E}}$ 的解式(9.3.17) 中，$-(\boldsymbol{n}\times\dot{\boldsymbol{H}})$、$(\boldsymbol{n}\times\dot{\boldsymbol{E}})$ 和 $-\varepsilon(\boldsymbol{n}\cdot\dot{\boldsymbol{E}})$ 在面积分中的地位分别与电流密度 $\dot{\boldsymbol{J}}$、磁流密度 $\dot{\boldsymbol{J}}_{\mathrm{m}}$ 和电荷密度 $\dot{\rho}$ 在体积分中的地位相同。由 $\dot{\boldsymbol{H}}$ 的解式(9.3.18) 中看出，$\mu(\boldsymbol{n}\cdot\dot{\boldsymbol{H}})$ 在面积分中与磁荷密度 $\dot{\rho}_{\mathrm{m}}$ 在体积分中处于相同的地位。因此，局外区内的源的贡献在形式上可以看成是由分布在 S 上的面分布源所引起的，它们称为等效面源，分别是面密度为 $\dot{\boldsymbol{K}}$ 的电流分布、面密度为 $\dot{\boldsymbol{K}}_{\mathrm{m}}$ 的磁流分布、面密度为 $\dot{\sigma}$ 的电荷分布和面密度为 $\dot{\sigma}_{\mathrm{m}}$ 的磁荷分布。这些等效面源的数学表达式分别为

$$\dot{\boldsymbol{K}} = -\,\boldsymbol{n}\times\dot{\boldsymbol{H}} \tag{9.3.21a}$$

$$\dot{\boldsymbol{K}}_{\mathrm{m}} = \boldsymbol{n}\times\dot{\boldsymbol{E}} \tag{9.3.21b}$$

$$\dot{\sigma} = -\,\varepsilon\boldsymbol{n}\cdot\dot{\boldsymbol{E}} \tag{9.3.21c}$$

$$\dot{\sigma}_{\mathrm{m}} = -\,\mu\boldsymbol{n}\cdot\dot{\boldsymbol{H}} \tag{9.3.21d}$$

其中，$\dot{\boldsymbol{E}}$ 和 $\dot{\boldsymbol{H}}$ 为存在于 S 内表面（在观察区一侧）上的场量。这些面源完全是虚构

的，它们只是局外区内源的等效源。

值得注意的是，由唯一性定理知，在某一区域 V 内，如果 V 中的源分布给定，且在包围 V 的表面 S 上 $\dot{\boldsymbol{E}}$ 或 $\dot{\boldsymbol{H}}$ 的切向分量已经给定，那么在区域 V 内的电磁场完全确定。由此可知，当斯特雷顿-朱兰成的解式(9.3.17)和式(9.3.18)中的 $\boldsymbol{n}\times\dot{\boldsymbol{E}}$ 和 $\boldsymbol{n}\times\dot{\boldsymbol{H}}$ 给定之后，就不能再任意选择 $\boldsymbol{n}\cdot\dot{\boldsymbol{E}}$ 和 $\boldsymbol{n}\cdot\dot{\boldsymbol{H}}$ 了。它们的选择必须与满足麦克斯韦方程的场所受到的限制条件不发生抵触。

9.3.4　局外区内部的场

根据斯特雷顿-朱兰成解的出发点，应用公式(9.3.17)和公式(9.3.18)的前提条件是场点必须位于观察区 V 内，这样才能正确地计算出场值 $\dot{\boldsymbol{E}}$ 和 $\dot{\boldsymbol{H}}$。下面研究当场点位于局外区内部时，应用这两个公式将会得到什么结果。

设有一点 P' 位于 S 面外的局外区内部，如果应用斯特雷顿-朱兰成解的第一公式(9.3.17)，得 P' 点的场 $\dot{\boldsymbol{E}}$ 为

$$\begin{aligned}\dot{\boldsymbol{E}}(P') = &\frac{1}{4\pi}\int_V\left(-\mathrm{j}\omega\mu\dot{\boldsymbol{J}}\dot{\phi}-\dot{\boldsymbol{J}}_{\mathrm{m}}\times\nabla'\dot{\phi}+\frac{\dot{\rho}}{\varepsilon}\nabla'\dot{\phi}\right)\mathrm{d}V'\\&-\frac{1}{4\pi}\oint_S[-\mathrm{j}\omega\mu(\boldsymbol{n}\times\dot{\boldsymbol{H}})\dot{\phi}+(\boldsymbol{n}\times\dot{\boldsymbol{E}})\times\nabla'\dot{\phi}+(\boldsymbol{n}\cdot\dot{\boldsymbol{E}})\nabla'\dot{\phi}]\mathrm{d}S'\end{aligned}\tag{9.3.22}$$

显然，体积分是 V 内的源对局外区内部一点 P' 的贡献，依据等效源的思想，它可以等效成如下的积分：

$$\begin{aligned}&-\frac{1}{4\pi}\oint_S[-\mathrm{j}\omega\mu(\boldsymbol{n}_1\times\dot{\boldsymbol{H}})\dot{\phi}+(\boldsymbol{n}_1\times\dot{\boldsymbol{E}})\times\nabla'\dot{\phi}+(\boldsymbol{n}_1\cdot\dot{\boldsymbol{E}})\nabla'\dot{\phi}]\mathrm{d}S'\\&=\frac{1}{4\pi}\oint_S[-\mathrm{j}\omega\mu(\boldsymbol{n}\times\dot{\boldsymbol{H}})\dot{\phi}+(\boldsymbol{n}\times\dot{\boldsymbol{E}})\times\nabla'\dot{\phi}+(\boldsymbol{n}\cdot\dot{\boldsymbol{E}})\nabla'\dot{\phi}]\mathrm{d}S'\end{aligned}\tag{9.3.23}$$

式中，面积分前的负号变为正号，这是因为对于体积 V 的外部等效来说，S 的法向方向 $\boldsymbol{n}_1$ 是指向 V 的内部的，即 $\boldsymbol{n}_1$ 与外法向方向 $\boldsymbol{n}$ 相反，$\boldsymbol{n}_1=-\boldsymbol{n}$。将式(9.3.23)代入式(9.3.22)中替换其中的体积分，得

$$\begin{aligned}\dot{\boldsymbol{E}}(P') &= \frac{1}{4\pi}\oint_S[-\mathrm{j}\omega\mu(\boldsymbol{n}\times\dot{\boldsymbol{H}})\dot{\phi}+(\boldsymbol{n}\times\dot{\boldsymbol{E}})\times\nabla'\dot{\phi}+(\boldsymbol{n}\cdot\dot{\boldsymbol{E}})\nabla'\dot{\phi}]\mathrm{d}S'\\&\quad-\frac{1}{4\pi}\oint_S[-\mathrm{j}\omega\mu(\boldsymbol{n}\times\dot{\boldsymbol{H}})\dot{\phi}+(\boldsymbol{n}\times\dot{\boldsymbol{E}})\times\nabla'\dot{\phi}+(\boldsymbol{n}\cdot\dot{\boldsymbol{E}})\nabla'\dot{\phi}]\mathrm{d}S'\\&=\boldsymbol{0}\end{aligned}$$

这一结果说明，给出 P' 点的场 $\dot{\boldsymbol{E}}$ 的值为零，而不是场 $\dot{\boldsymbol{E}}$ 的真实值。由此可见，当场点位于观察区 V 内时，斯特雷顿-朱兰成解的第一公式(9.3.17)给出正确的场值 $\dot{\boldsymbol{E}}$。但是，当场点位于局外区内部时，它给出的场 $\dot{\boldsymbol{E}}$ 的值为零，而不是场 $\dot{\boldsymbol{E}}$ 的真实值。

同样的分析也适用于场 $\dot{\boldsymbol{H}}$。这一点留给读者自己证明。

9.3.5 索末菲无限远处的条件

由斯特雷顿-朱兰成解，也可以导出索末菲(Sommerfeld)无限远处条件[5]。现在，考虑这样一种情况，源分布局限在无限体积 V 中的一个有限区域内。我们先把 S 取为环绕 P 点的一个半径 R 的球面 S_R，它包围着全部源分布。

设 $\boldsymbol{R}_0$ 为沿这个球面 S_R 的半径方向的外法向方向单位矢量，即 $\boldsymbol{R}_0=\boldsymbol{n}$。此时，式(9.3.17)中的面积分变为

$$
\begin{aligned}
&\frac{1}{4\pi}\oint_{S_R}[-\mathrm{j}\omega\mu\dot{\phi}(\boldsymbol{n}\times\dot{\boldsymbol{H}})+(\boldsymbol{n}\times\dot{\boldsymbol{E}})\times\nabla'\dot{\phi}+(\boldsymbol{n}\cdot\dot{\boldsymbol{E}})\nabla'\dot{\phi}]\mathrm{d}S'\\
&=\frac{1}{4\pi}\oint_{S_R}[-\mathrm{j}\omega\mu\dot{\phi}(\boldsymbol{R}_0\times\dot{\boldsymbol{H}})+(\boldsymbol{R}_0\times\dot{\boldsymbol{E}})\times\nabla'\dot{\phi}+(\boldsymbol{R}_0\cdot\dot{\boldsymbol{E}})\nabla'\dot{\phi}]\mathrm{d}S'\\
&=-\frac{1}{4\pi}\oint_{S_R}\left\{\mathrm{j}\omega\mu(\boldsymbol{R}_0\times\dot{\boldsymbol{H}})-\left(\mathrm{j}k+\frac{1}{R}\right)[\boldsymbol{R}_0\times(\boldsymbol{R}_0\times\dot{\boldsymbol{E}})-(\boldsymbol{R}_0\cdot\dot{\boldsymbol{E}})\boldsymbol{R}_0]\right\}\frac{\mathrm{e}^{-\mathrm{j}kR}}{R}\mathrm{d}S'\\
&=-\frac{1}{4\pi}\oint_{S_R}\left\{\mathrm{j}\omega\mu\left[(\boldsymbol{R}_0\times\dot{\boldsymbol{H}})+\sqrt{\frac{\varepsilon}{\mu}}\dot{\boldsymbol{E}}\right]+\frac{\dot{\boldsymbol{E}}}{\boldsymbol{R}}\right\}\frac{\mathrm{e}^{-\mathrm{j}kR}}{R}\mathrm{d}S'
\end{aligned}
\tag{9.3.24}
$$

现在，如果使半径 R 不断地增大，球的表面面积将按 R^2 增大。从物理意义上来看，由于源分布局限在一个有限区域内，当 $R\to+\infty$ 时，所以 S_R 上的面积分应趋于零。从数学观点来看，这一物理事实意味着面积分式(9.3.24)应该消失，那么，这就要求场量必须满足以下条件：

$$\lim_{R\to+\infty}R\dot{\boldsymbol{E}}=\text{有限值}\tag{9.3.25a}$$

$$\lim_{R\to+\infty}R\left[(\boldsymbol{R}_0\times\dot{\boldsymbol{H}})+\sqrt{\frac{\varepsilon}{\mu}}\dot{\boldsymbol{E}}\right]=\boldsymbol{0}\tag{9.3.25b}$$

同理，式(9.3.18)中的面积分消失的条件为

$$\lim_{R\to+\infty}R\dot{\boldsymbol{H}}=\text{有限值}\tag{9.3.25c}$$

$$\lim_{R\to+\infty}R\left[\sqrt{\frac{\varepsilon}{\mu}}(\boldsymbol{R}_0\times\dot{\boldsymbol{E}})-\dot{\boldsymbol{H}}\right]=\boldsymbol{0}\tag{9.3.25d}$$

式(9.3.25)称为索末菲无限远处条件。式(9.3.25a)和式(9.3.25c)称为有限性条件，它们要求在离场源很远处，场量振幅至少要按 R^{-1} 减少。式(9.3.25b)和式(9.3.25d)称为辐射条件，它们保证了通过边界球面的全部辐射场形成扩散到无限远处的波。这一点可以这样解释，取式(9.3.25a)和式(9.3.25c)与 $\boldsymbol{R}_0$ 的点积，得

$$\lim_{R\to+\infty}(R\dot{\boldsymbol{E}})\cdot\boldsymbol{R}_0=0\quad\text{和}\quad\lim_{R\to+\infty}(R\dot{\boldsymbol{H}})\cdot\boldsymbol{R}_0=0$$

因此，$\dot{\boldsymbol{E}}$ 和 $\dot{\boldsymbol{H}}$ 沿 $\boldsymbol{R}_0$ 方向的分量减小得要比 R^{-1} 快。可以认为，直到量级 R^{-1} 的各项，$\dot{\boldsymbol{E}}$ 和 $\dot{\boldsymbol{H}}$ 都垂直于 $\boldsymbol{R}_0$。另外，式(9.3.25a)和式(9.3.25c)分别隐含着

$$\lim_{R\to+\infty} R\dot{\boldsymbol{E}} = \sqrt{\frac{\mu}{\varepsilon}}(\dot{\boldsymbol{H}} \times \boldsymbol{R}_0 R) \quad 和 \quad \lim_{R\to+\infty} R\dot{\boldsymbol{H}} = \sqrt{\frac{\varepsilon}{\mu}}(\boldsymbol{R}_0 \times \dot{\boldsymbol{E}} R)$$

或者

$$\dot{\boldsymbol{E}} = \sqrt{\frac{\mu}{\varepsilon}}(\dot{\boldsymbol{H}} \times \boldsymbol{R}_0) \quad (R \to +\infty) \tag{9.3.26a}$$

$$\dot{\boldsymbol{H}} = \sqrt{\frac{\varepsilon}{\mu}}(\boldsymbol{R}_0 \times \dot{\boldsymbol{E}}) \quad (R \to +\infty) \tag{9.3.26b}$$

式(9.3.26a)和式(9.3.26b)与平面电磁波的场量公式相一致。由此可知，直到量级 R^{-1} 的各项，$\dot{\boldsymbol{H}}$ 既与 $\dot{\boldsymbol{E}}$ 垂直，又与 $\boldsymbol{R}_0$ 垂直，而且 $\dot{\boldsymbol{E}}$ 和 $\dot{\boldsymbol{H}}$ 的关系与由球面 S_R 的中心向外推进的平面波场相同。

9.3.6　消除斯特雷顿-朱兰成解中的 $\dot{\rho}$ 和 $\dot{\rho}_m$

应用电流和磁流连续性方程式(9.3.5)和式(9.3.6)，可以消除斯特雷顿-朱兰成解式(9.3.17)和式(9.3.18)的体积分中的 $\dot{\rho}$ 和 $\dot{\rho}_m$，从而可以仅用电流 $\dot{\boldsymbol{J}}$ 和磁流 $\dot{\boldsymbol{J}}_m$ 表示出场量[5]。例如，以式(9.3.5)代入解式(9.3.17)中，得

$$\begin{aligned}\dot{\boldsymbol{E}}(\boldsymbol{r}) = &\frac{\mathrm{j}}{4\pi\omega\varepsilon}\int_V [-k^2\dot{\boldsymbol{J}}\dot{\phi} + \mathrm{j}\omega\varepsilon\dot{\boldsymbol{J}}_m \times \nabla'\dot{\phi} + (\nabla'\cdot\dot{\boldsymbol{J}})\nabla'\dot{\phi}]\mathrm{d}V' \\ &- \frac{1}{4\pi}\oint_S [-\mathrm{j}\omega\mu\dot{\phi}(\boldsymbol{n}\times\dot{\boldsymbol{H}}) + (\boldsymbol{n}\times\dot{\boldsymbol{E}})\times\nabla'\dot{\phi} + (\boldsymbol{n}\cdot\dot{\boldsymbol{E}})\nabla'\dot{\phi}]\mathrm{d}S'\end{aligned} \tag{9.3.27}$$

首先，分析体积分中的 $(\nabla'\cdot\dot{\boldsymbol{J}})\nabla'\dot{\phi}$ 一项。它的 x 分量为

$$(\nabla'\cdot\dot{\boldsymbol{J}})\frac{\partial\dot{\phi}}{\partial x'} = \nabla'\cdot\left(\dot{\boldsymbol{J}}\frac{\partial\dot{\phi}}{\partial x'}\right) - \dot{\boldsymbol{J}}\cdot\nabla'\left(\frac{\partial\dot{\phi}}{\partial x'}\right) = \nabla'\cdot\left(\dot{\boldsymbol{J}}\frac{\partial\dot{\phi}}{\partial x'}\right) - (\dot{\boldsymbol{J}}\cdot\nabla')\frac{\partial\dot{\phi}}{\partial x'}$$

现在分析

$$\int_V \nabla'\cdot\left(\dot{\boldsymbol{J}}\frac{\partial\dot{\phi}}{\partial x'}\right)\mathrm{d}V' = \oint_{S_R}\left(\boldsymbol{n}\cdot\dot{\boldsymbol{J}}\frac{\partial\dot{\phi}}{\partial x'}\right)\mathrm{d}S'$$

只要 R 取得足够大，使得球面 S_R 处于电流源所在区域之外，则在 S_R 上，$\dot{\boldsymbol{J}} = 0$。于是

$$\int_V \nabla'\cdot\left(\dot{\boldsymbol{J}}\frac{\partial\dot{\phi}}{\partial x'}\right)\mathrm{d}V' = 0$$

从而有

$$\int_V (\nabla'\cdot\dot{\boldsymbol{J}})\frac{\partial\dot{\phi}}{\partial x'}\mathrm{d}V' = -\int_V (\dot{\boldsymbol{J}}\cdot\nabla')\frac{\partial\dot{\phi}}{\partial x'}\mathrm{d}V'$$

同样可得

$$\int_V (\nabla'\cdot\dot{\boldsymbol{J}})\frac{\partial\dot{\phi}}{\partial y'}\mathrm{d}V' = -\int_V (\dot{\boldsymbol{J}}\cdot\nabla')\frac{\partial\dot{\phi}}{\partial y'}\mathrm{d}V'$$

$$\int_V (\nabla'\cdot\dot{\boldsymbol{J}})\frac{\partial\dot{\phi}}{\partial z'}\mathrm{d}V' = -\int_V (\dot{\boldsymbol{J}}\cdot\nabla')\frac{\partial\dot{\phi}}{\partial z'}\mathrm{d}V'$$

将以上三式合并为一个矢量式，得

$$\int_V (\nabla'\cdot\dot{\boldsymbol{J}})\nabla'\dot{\phi}\,\mathrm{d}V' = -\int_V (\dot{\boldsymbol{J}}\cdot\nabla')\nabla'\dot{\phi}\,\mathrm{d}V'$$

以此代入式(9.3.27)中，并将 $\dot{\phi}=\dfrac{\mathrm{e}^{-\mathrm{j}kR}}{R}$ 代入，得

$$\begin{aligned}\dot{\boldsymbol{E}}(\boldsymbol{r}) = &-\frac{\mathrm{j}}{4\pi\omega\varepsilon}\int_V [k^2\dot{\boldsymbol{J}}-\mathrm{j}\omega\varepsilon\dot{\boldsymbol{J}}_{\mathrm{m}}\times\nabla'+(\dot{\boldsymbol{J}}\cdot\nabla')\nabla']\frac{\mathrm{e}^{-\mathrm{j}kR}}{R}\mathrm{d}V' \\ &-\frac{1}{4\pi}\oint_S[-\mathrm{j}\omega\mu(\boldsymbol{n}\times\dot{\boldsymbol{H}})+(\boldsymbol{n}\times\dot{\boldsymbol{E}})\times\nabla'+(\boldsymbol{n}\cdot\dot{\boldsymbol{E}})\nabla']\frac{\mathrm{e}^{-\mathrm{j}kR}}{R}\mathrm{d}S'\end{aligned} \tag{9.3.28}$$

同理，磁场 $\dot{\boldsymbol{H}}$ 解的公式(9.3.18)可以化为

$$\begin{aligned}\dot{\boldsymbol{H}}(\boldsymbol{r}) = &-\frac{\mathrm{j}}{4\pi\omega\mu}\int_V [k^2\dot{\boldsymbol{J}}_{\mathrm{m}}+\mathrm{j}\omega\mu\dot{\boldsymbol{J}}\times\nabla'+(\dot{\boldsymbol{J}}_{\mathrm{m}}\cdot\nabla')\nabla']\frac{\mathrm{e}^{-\mathrm{j}kR}}{R}\mathrm{d}V' \\ &-\frac{1}{4\pi}\oint_S[\mathrm{j}\omega\varepsilon(\boldsymbol{n}\times\dot{\boldsymbol{E}})+(\boldsymbol{n}\times\dot{\boldsymbol{H}})\times\nabla'+(\boldsymbol{n}\cdot\dot{\boldsymbol{H}})\nabla']\frac{\mathrm{e}^{-\mathrm{j}kR}}{R}\mathrm{d}S'\end{aligned} \tag{9.3.29}$$

9.4 矢量波的惠更斯原理与谢昆诺夫等效定理

9.4.1 矢量波的惠更斯原理

在9.2节中，已经介绍过标量波的惠更斯原理。现在，介绍矢量波的惠更斯原理，它通过电磁场的数学表达式已经包含在斯特雷顿-朱兰成解式(9.3.17)和式(9.3.18)中。设想作一个封闭面 S 将全部场源包围在其内部(图9.4.1(a))，并且考虑面 S 外部各点的场量。因此，这时面 S 内区域为局外区，而观察区则为自面 S 延伸至无限远的外部空间。由于在观察区中不含场源，它的唯一有限边界面为面 S(观察区的内边界面)，且在无限远处的边界上满足有限性条件和辐射条件，所以，由式(9.3.17)和式(9.3.18)可知，观察区中任一点 P 的场量 $\dot{\boldsymbol{E}}$ 和 $\dot{\boldsymbol{H}}$ 可仅用面 S 上的面积分表示出：

$$\dot{\boldsymbol{E}}(\boldsymbol{r}) = -\frac{1}{4\pi}\oint_S[-\mathrm{j}\omega\mu(\boldsymbol{n}\times\dot{\boldsymbol{H}})\dot{\phi}+(\boldsymbol{n}\times\dot{\boldsymbol{E}})\times\nabla'\dot{\phi}+(\boldsymbol{n}\cdot\dot{\boldsymbol{E}})\nabla'\dot{\phi}]\mathrm{d}S' \tag{9.4.1}$$

$$\dot{\boldsymbol{H}}(\boldsymbol{r}) = -\frac{1}{4\pi}\oint_S[\mathrm{j}\omega\varepsilon(\boldsymbol{n}\times\dot{\boldsymbol{E}})\dot{\phi}+(\boldsymbol{n}\times\dot{\boldsymbol{H}})\times\nabla'\dot{\phi}+(\boldsymbol{n}\cdot\dot{\boldsymbol{H}})\nabla'\dot{\phi}]\mathrm{d}S' \tag{9.4.2}$$

式中 $\dot{\phi}=\dfrac{\mathrm{e}^{-\mathrm{j}kR}}{R}$，$R$ 是面 S 上任一点 Q 至场点 P 的距离，$\boldsymbol{n}$ 是面 S 的内法向方向单位矢量。积分式中的 $\dot{\boldsymbol{E}}$ 和 $\dot{\boldsymbol{H}}$ 分别为面 S 上外侧的电场和磁场。这两个公式就是矢量波的惠更斯原理的数学表示。但是，面 S 可以是包围场源的一个任意封闭曲面，而不一定必须是经典的惠更斯原理所要求的波阵面。

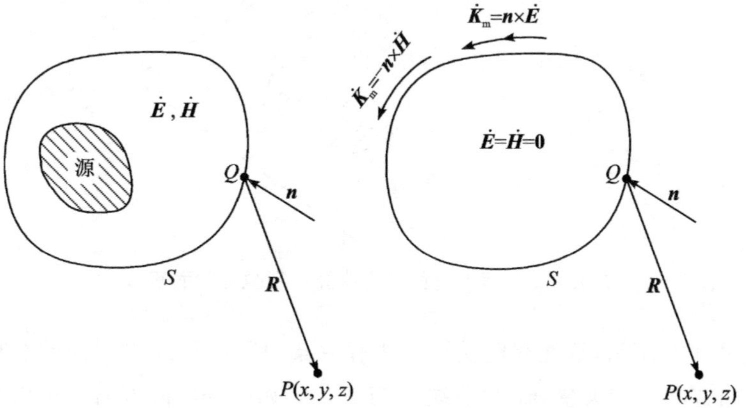

(a) 原问题　　(b) 等效问题

图 9.4.1　矢量波的惠更斯原理

式(9.4.1)和式(9.4.2)分别与前面式(9.2.15)和式(9.2.16)相等效，所以由式(9.2.15)和式(9.2.16)应当可以导出式(9.4.1)和式(9.4.2)，这个推导过程是非常复杂的，这里就不作介绍了。

在 9.3 节中，已经证明了式(9.4.1)和式(9.4.2)对面 S 外部各点能给出真实的场值，而对面 S 内部所有各点给出的场值却为零。显然，在面 S 处，我们人为地使得场量由外侧上的 $\dot{\boldsymbol{E}}$、$\dot{\boldsymbol{H}}$ 跃变到内侧上的零值。按照分界面上场量的衔接条件，如果经过某一表面时场量发生跃变，就一定意味着在该表面上存在着面分布源，如图 9.4.1(b) 所示。必须再一次强调指出，这些面源是虚构的等效源，它们只是为了计算在面 S 的外部的场量而引入的。

9.4.2　谢昆诺夫等效定理

应用连续性方程，可以得到面电流与面电荷、面磁流与面磁荷相互联系的方程如下：

$$\oint_C \dot{\boldsymbol{K}}\cdot\boldsymbol{n}_1\,\mathrm{d}l=-\mathrm{j}\omega\int_A \dot{\sigma}\,\mathrm{d}S \tag{9.4.3}$$

$$\oint_C \dot{\boldsymbol{K}}_\mathrm{m}\cdot\boldsymbol{n}_1\,\mathrm{d}l=-\mathrm{j}\omega\int_A \dot{\sigma}_\mathrm{m}\,\mathrm{d}S \tag{9.4.4}$$

式中 $\boldsymbol{n}_1$、C 和 A 可参见图 9.4.2。可以证明，只要面 S 上的场量 $\dot{\boldsymbol{E}}$ 和 $\dot{\boldsymbol{H}}$ 满足麦克斯韦方程，由式(9.3.21) 给出的 4 种等效源密度确实能满足方程式(9.4.3) 和式(9.4.4)。

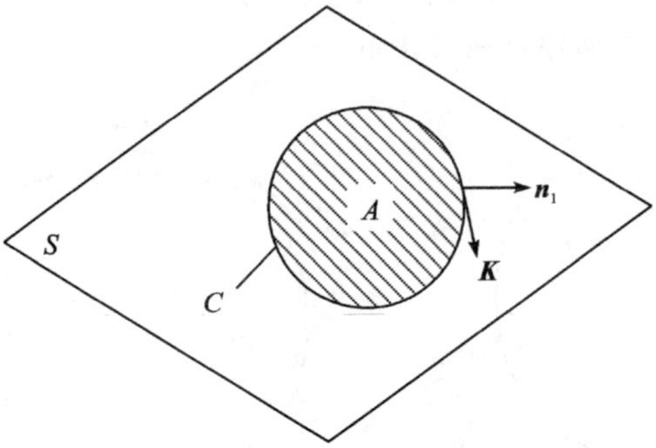

图 9.4.2　面 S 上的闭合曲线 C 所包围的面积 A

如图 9.4.3 所示，设在封闭曲面 S 上作一条包围面积 A 的封闭曲线 C，$\boldsymbol{n}$ 为面 S 的外法向方向单位矢量，$\boldsymbol{n}_1$ 为曲线 C 与面 S 相切的外法向方向单位矢量，$\boldsymbol{\tau}$ 为 C 的切向方向的单位矢量。以 $\dot{\boldsymbol{K}} = -\boldsymbol{n}\times\dot{\boldsymbol{H}}$ 代入式(9.4.3) 的左边中，得

$$\begin{aligned}\oint_C \dot{\boldsymbol{K}}\cdot\boldsymbol{n}_1\mathrm{d}l &= \oint_C -(\boldsymbol{n}\times\dot{\boldsymbol{H}})\cdot\boldsymbol{n}_1\mathrm{d}l \\ &= -\oint_C \dot{\boldsymbol{H}}\cdot(\boldsymbol{n}_1\times\boldsymbol{n})\mathrm{d}l \\ &= \oint_C \dot{\boldsymbol{H}}\cdot\boldsymbol{\tau}\mathrm{d}l = \int_A (\nabla\times\dot{\boldsymbol{H}})\cdot\boldsymbol{n}\mathrm{d}S\end{aligned}$$

这里，我们应用了斯托克斯定理。由于 $\nabla\times\dot{\boldsymbol{H}} = \mathrm{j}\omega\varepsilon\dot{\boldsymbol{E}}$，所以

$$\oint_C \dot{\boldsymbol{K}}\cdot\boldsymbol{n}_1\mathrm{d}l = \mathrm{j}\omega\varepsilon\int_A(\dot{\boldsymbol{E}}\cdot\boldsymbol{n})\mathrm{d}S = -\mathrm{j}\omega\int_A -\varepsilon(\dot{\boldsymbol{E}}\cdot\boldsymbol{n})\mathrm{d}S$$

与式(9.4.3) 相比较，得到

$$\dot{\sigma} = -\varepsilon(\dot{\boldsymbol{E}}\cdot\boldsymbol{n})$$

这一结果与前面式(9.3.21c) 给出的 $\dot{\sigma} = -\varepsilon(\dot{\boldsymbol{E}}\cdot\boldsymbol{n})$ 相一致。同样，由 $\dot{\boldsymbol{K}}_{\mathrm{m}} = \boldsymbol{n}\times\dot{\boldsymbol{E}}$ 和式(9.4.4)，可证明 $\dot{\sigma}_{\mathrm{m}} = -\mu(\boldsymbol{n}\cdot\dot{\boldsymbol{H}})$，它与前面式(9.3.21d) 给出的 $\dot{\sigma}_{\mathrm{m}} = -\mu(\boldsymbol{n}\cdot\dot{\boldsymbol{H}})$ 相一致。从物理意义来说，它们意味着面电荷必然伴随着面电流出现，面磁荷必然伴随着面磁流出现。这样一来，我们只要假设了面 S 上存在着面电流 $\dot{\boldsymbol{K}} = -\boldsymbol{n}\times\dot{\boldsymbol{H}}$ 和面磁流 $\dot{\boldsymbol{K}}_{\mathrm{m}} = \boldsymbol{n}\times\dot{\boldsymbol{E}}$，根据式(9.4.1) 和式(9.4.2)，就能正确地计算出面 S 外任一点上的场量 $\dot{\boldsymbol{E}}$ 和 $\dot{\boldsymbol{H}}$，如图 9.4.1(b) 所示。这就是由谢昆诺夫在 1936 年提出的等效定理[6]。

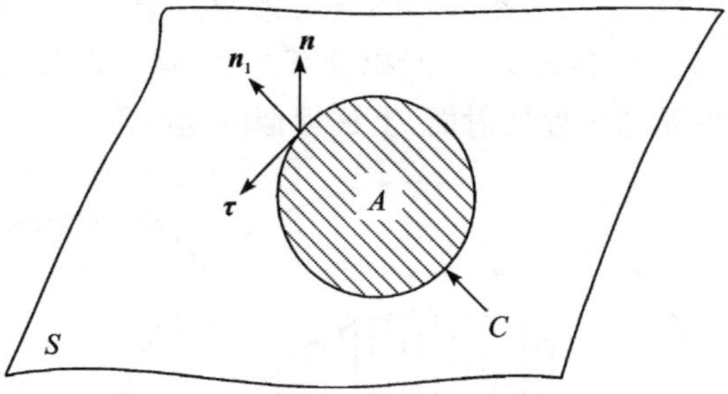

图 9.4.3　面 S 上一条包围面积 A 的封闭曲线 C 的法向方向单位矢量 $\boldsymbol{n}_1$ 和切向方向单位矢量 $\boldsymbol{\tau}$

9.5　口径天线的辐射场

在分析口径天线(例如,反射面天线就是其中的一种)的辐射场时,其辐射口面可以看作是由许多面元所组成,因此其辐射场是面元的辐射场沿整个口面积分的结果。这种方法称为口径场量法,它是以惠更斯原理为基础的,所谓的面元就是惠更斯源(从数学上看就是一个微分面积单元,其上的电磁场为均匀分布)。但是,因为在封闭曲面上场量 $\dot{\boldsymbol{E}}$ 和 $\dot{\boldsymbol{H}}$ 只存在于有限范围内,这就有必要对在 9.3 节中导出的惠更斯原理的积分表达式进行修正。

9.5.1　场量 $\dot{\boldsymbol{E}}$ 和 $\dot{\boldsymbol{H}}$ 不连续的表面分布

为了应用惠更斯原理来计算反射面天线的辐射场,可以作一个封闭曲面 S 将反射面天线包围。如果已知面 S 上各点场量 $\dot{\boldsymbol{E}}$ 和 $\dot{\boldsymbol{H}}$ 的值,则在面 S 外任一场点 P 上的场量就可以按式(9.4.1)和式(9.4.2)计算,即

$$\dot{\boldsymbol{E}}(\boldsymbol{r}) = -\frac{1}{4\pi}\oint_S[-\mathrm{j}\omega\mu(\boldsymbol{n}\times\dot{\boldsymbol{H}})\phi + (\boldsymbol{n}\times\dot{\boldsymbol{E}})\times\nabla'\phi + (\boldsymbol{n}\cdot\dot{\boldsymbol{E}})\nabla'\phi]\mathrm{d}S' \tag{9.5.1}$$

$$\dot{\boldsymbol{H}}(\boldsymbol{r}) = -\frac{1}{4\pi}\oint_S[\mathrm{j}\omega\varepsilon(\boldsymbol{n}\times\dot{\boldsymbol{E}})\phi + (\boldsymbol{n}\times\dot{\boldsymbol{H}})\times\nabla'\phi + (\boldsymbol{n}\cdot\dot{\boldsymbol{H}})\nabla'\phi]\mathrm{d}S' \tag{9.5.2}$$

式中 $\phi = \dfrac{\mathrm{e}^{-\mathrm{j}kR}}{R}$,$R$ 是面 S 上任一点 Q 至场点 P 的距离。这里需要强调指出,$\boldsymbol{n}$ 是面 S 的内法向方向单位矢量,积分式中的 $\dot{\boldsymbol{E}}$ 和 $\dot{\boldsymbol{H}}$ 分别为面 S 上外侧的电场和磁场。

如果天线的辐射主要发生在空间的前半部分,那么面 S 的一种方便的选择方案就是一个靠近反射面前方的无限大平面,它被一个无限大半球所封闭,如图 9.5.1 所示。在几何光学近似下,在面 S 上,只有在反射线达到的部分表面上场量才

是非零值，在其他部分场量则为零。因此，只有无限大平面上直接面对反射面的那一部分才对式(9.5.1) 和式(9.5.2) 的积分有贡献，这一部分表面称为口径面，记为 A。显然，无限大平面越靠近反射面，上述近似就越准确[5]。

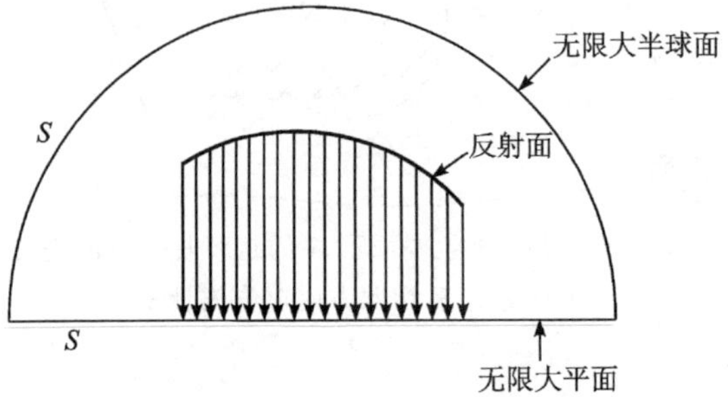

图 9.5.1　反射面天线的辐射场计算

在这种情况下，式(9.5.1) 和式(9.5.2) 中的积分只需要在非封闭的口径面 A 上计算，但是这样就产生了一个问题。在 9.3 节中已经指出，只有在封闭曲面 S 上场量 $\dot{\boldsymbol{E}}$ 和 $\dot{\boldsymbol{H}}$ 都是连续且有连续一阶导数的情况下，式(9.5.1) 和式(9.5.2) 才能够成立。因此，它不能直接应用于口径天线的辐射场的计算，必须加以修正。

9.5.2　等效线电荷和等效线磁荷

在前面的假设下，口径是亮区，在无限大平面上剩余的其他部分是暗区，口径的边缘线是亮区和暗区的交界线。由亮区侧跨过口径边缘线到暗区侧，等效面电流和等效面磁流将随着场量 $\dot{\boldsymbol{E}}$ 和 $\dot{\boldsymbol{H}}$ 由非零值跃变为零值，即产生了不连续性。根据连续性原理，电流和磁流的跃变必然会分别导致电荷和磁荷的出现，即沿口径边缘线会出现线分布的电荷和磁荷。因此，为了使等效面电流和面磁流分布都能满足连续性条件的要求，必须沿口径边缘线引入线分布的等效电荷和磁荷。

这些线分布的等效电荷和磁荷对于辐射场是有贡献的，必须将它们的贡献计入式(9.5.1) 和式(9.5.2) 中，所得到的 $\dot{\boldsymbol{E}}$ 和 $\dot{\boldsymbol{H}}$ 才能满足麦克斯韦方程。

设想有一封闭面 S，它被位于 S 上的一条闭合曲线 C(对于口径天线辐射场计算，C 就是口径边缘线) 分成两个区域 S_1 和 S_2，如图 9.5.2 所示。在 S_1 上，场量 $\dot{\boldsymbol{E}}_1$ 和 $\dot{\boldsymbol{H}}_1$ 及其一阶导数都是连续的，且满足麦克斯韦方程。在 S_2 上，场量 $\dot{\boldsymbol{E}}_2$ 和 $\dot{\boldsymbol{H}}_2$ 及其一阶导数都是连续的，且满足麦克斯韦方程。但在穿过闭合曲线 C 从一个区域到另一个区域时，场量 $\dot{\boldsymbol{E}}$ 和 $\dot{\boldsymbol{H}}$ 与表面 S 相切的分量发生跃变。在图 9.5.2 中，设 $\boldsymbol{n}_1$ 是位于表面上的单位矢量，它同时垂直于 $\boldsymbol{n}$ 和 C 上的单位矢量 $\boldsymbol{l}$，$\boldsymbol{n}$ 是表面 S 的法向方向单位矢量。

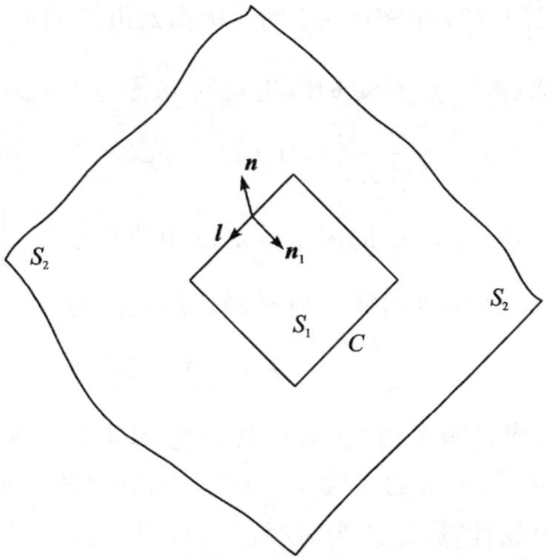

图 9.5.2　位于 S 上的一条闭合曲线 C

设沿 C 上的电荷线密度为 $\dot{\tau}$，由 C 的一段线元 Δl 流出的电流为 $\boldsymbol{n}_1 \cdot (\dot{\boldsymbol{K}}_1 - \dot{\boldsymbol{K}}_2)\Delta l$，在线元 Δl 上积累的电荷为 $\dot{\tau}\Delta l$。根据电流连续性方程式(9.3.5)，有

$$\boldsymbol{n}_1 \cdot (\dot{\boldsymbol{K}}_1 - \dot{\boldsymbol{K}}_2)\Delta l = - \mathrm{j}\omega\dot{\tau}\Delta l$$

或者

$$\boldsymbol{n}_1 \cdot (\dot{\boldsymbol{K}}_1 - \dot{\boldsymbol{K}}_2) = - \mathrm{j}\omega\dot{\tau} \tag{9.5.3}$$

因此，由式(9.3.21(a))，上式(9.5.3)可以写成

$$- \mathrm{j}\omega\dot{\tau} = \boldsymbol{n}_1 \cdot (\boldsymbol{n} \times \dot{\boldsymbol{H}}_2 - \boldsymbol{n} \times \dot{\boldsymbol{H}}_1) = (\dot{\boldsymbol{H}}_2 - \dot{\boldsymbol{H}}_1) \cdot (\boldsymbol{n}_1 \times \boldsymbol{n}) \tag{9.5.4}$$

式中，矢量$(\boldsymbol{n}_1 \times \boldsymbol{n})$的方向沿 $\boldsymbol{l}$ 方向。这就是沿 C 的电荷线密度 $\dot{\tau}$ 的数学表达式。

同理，根据磁流连续性方程式(9.3.6)和等效面磁流密度的公式(9.3.21b)，可求得分布在 C 上的磁荷线密度，记为 $\dot{\tau}^*$，其数学表达式为

$$\mathrm{j}\omega\dot{\tau}^* = (\dot{\boldsymbol{E}}_2 - \dot{\boldsymbol{E}}_1) \cdot (\boldsymbol{n}_1 \times \boldsymbol{n}) \tag{9.5.5}$$

如果 S_2 代表一个不透明的屏(对于口径天线辐射场计算，S_2 就是无限大平面上的非口径口部分)，其上 $\dot{\boldsymbol{E}}_2 = \dot{\boldsymbol{H}}_2 = \boldsymbol{0}$，那么，式(9.5.4)和式(9.5.5)分别变成

$$\dot{\tau} = \frac{1}{\mathrm{j}\omega}\dot{\boldsymbol{H}} \cdot \boldsymbol{l} \tag{9.5.6}$$

$$\dot{\tau}^* = - \frac{1}{\mathrm{j}\omega}\dot{\boldsymbol{E}} \cdot \boldsymbol{l} \tag{9.5.7}$$

应该注意到，在式(9.5.6)和式(9.5.7)中，我们已经将面 S_1 上场量 $\dot{\boldsymbol{E}}_1$ 和 $\dot{\boldsymbol{H}}_1$ 换成 $\dot{\boldsymbol{E}}$ 和 $\dot{\boldsymbol{H}}$ 来表示。

已经知道，在式(9.3.17)中密度为$\dot{\rho}$的体电荷对电场的贡献为$\frac{1}{4\pi\varepsilon}\int_V \dot{\rho}\,\nabla'\phi\mathrm{d}V'$。与此相类似，密度由式(9.5.6)给定的线电荷对电场的贡献为

$$\frac{1}{4\pi\mathrm{j}\omega\varepsilon}\oint_C (\dot{\boldsymbol{H}}\cdot\boldsymbol{l})\,\nabla'\phi\mathrm{d}l' \tag{9.5.8}$$

同理，按照式(9.3.18)，密度为$\dot{\rho}_{\mathrm{m}}$的体磁荷对磁场的贡献为$\frac{1}{4\pi\mu}\int_V \dot{\rho}_{\mathrm{m}}\nabla'\phi\mathrm{d}V'$。与此相类似，密度由式(9.5.7)给定的线磁荷对磁场的贡献为

$$-\frac{1}{4\pi\mathrm{j}\omega\mu}\oint_C (\dot{\boldsymbol{E}}\cdot\boldsymbol{l})\,\nabla'\phi\mathrm{d}l' \tag{9.5.9}$$

要求得S面外侧（或者阴影侧）正确的辐射场，应将以上两个线积分式(9.5.8)和式(9.5.9)分别加到式(9.5.1)和式(9.5.2)上，并将积分范围由封闭面S改为S_1（对于口径天线辐射场计算，则改为口径面A），即

$$\begin{aligned}\dot{\boldsymbol{E}}(\boldsymbol{r}) =& \frac{1}{4\pi\mathrm{j}\omega\varepsilon}\oint_C \nabla'\phi\dot{\boldsymbol{H}}\cdot\mathrm{d}\boldsymbol{l}' \\ &-\frac{1}{4\pi}\int_{S_1}[-\mathrm{j}\omega\mu(\boldsymbol{n}\times\dot{\boldsymbol{H}})\phi+(\boldsymbol{n}\times\dot{\boldsymbol{E}})\times\nabla'\phi+(\boldsymbol{n}\cdot\dot{\boldsymbol{E}})\,\nabla'\phi]\mathrm{d}S'\end{aligned} \tag{9.5.10}$$

$$\begin{aligned}\dot{\boldsymbol{H}}(\boldsymbol{r}) =& -\frac{1}{4\pi\mathrm{j}\omega\mu}\oint_C \nabla'\phi\dot{\boldsymbol{E}}\cdot\mathrm{d}\boldsymbol{l}' \\ &-\frac{1}{4\pi}\int_{S_1}[\mathrm{j}\omega\varepsilon(\boldsymbol{n}\times\dot{\boldsymbol{E}})\phi+(\boldsymbol{n}\times\dot{\boldsymbol{H}})\times\nabla'\phi+(\boldsymbol{n}\cdot\dot{\boldsymbol{H}})\,\nabla'\phi]\mathrm{d}S'\end{aligned} \tag{9.5.11}$$

可以证明，它们等效于下列两式[2]：

$$\dot{\boldsymbol{E}}(\boldsymbol{r}) = \frac{1}{4\pi\mathrm{j}\omega\varepsilon}\oint_C \nabla'\phi\dot{\boldsymbol{H}}\cdot\mathrm{d}\boldsymbol{l}'+\frac{1}{4\pi}\oint_C \phi\dot{\boldsymbol{E}}\times\mathrm{d}\boldsymbol{l}'-\frac{1}{4\pi}\int_{S_1}\left(\dot{\boldsymbol{E}}\frac{\partial\phi}{\partial n'}-\phi\frac{\partial\dot{\boldsymbol{E}}}{\partial n'}\right)\mathrm{d}S' \tag{9.5.12}$$

$$\dot{\boldsymbol{H}}(\boldsymbol{r}) = -\frac{1}{4\pi\mathrm{j}\omega\mu}\oint_C \nabla'\phi\dot{\boldsymbol{E}}\cdot\mathrm{d}\boldsymbol{l}'+\frac{1}{4\pi}\oint_C \phi\dot{\boldsymbol{H}}\times\mathrm{d}\boldsymbol{l}'-\frac{1}{4\pi}\int_{S_1}\left(\dot{\boldsymbol{H}}\frac{\partial\phi}{\partial n'}-\phi\frac{\partial\dot{\boldsymbol{H}}}{\partial n'}\right)\mathrm{d}S' \tag{9.5.13}$$

另外，还可以证明[2]，这些积分所表示的场不仅是无散度的，而且也满足麦克斯韦方程式(9.3.1)和式(9.3.2)。

还可以消去式(9.5.10)和式(9.5.11)中的线积分，其导出过程比较复杂，这里只给出结果如下[5]：

$$\dot{\boldsymbol{E}}(\boldsymbol{r}) = -\frac{1}{4\pi\mathrm{j}\omega\varepsilon}\int_{S_1}\{k^2(\boldsymbol{n}\times\dot{\boldsymbol{H}})\phi+[(\boldsymbol{n}\times\dot{\boldsymbol{H}})\cdot\nabla']\,\nabla'\phi+\mathrm{j}\omega\varepsilon(\boldsymbol{n}\times\dot{\boldsymbol{E}})\times\nabla'\phi\}\mathrm{d}S' \tag{9.5.14}$$

$$\dot{\boldsymbol{H}}(\boldsymbol{r}) = \frac{1}{4\pi \mathrm{j}\omega\mu}\int_{S_1}\{k^2(\boldsymbol{n}\times\dot{\boldsymbol{E}})\dot{\phi} + [(\boldsymbol{n}\times\dot{\boldsymbol{E}})\cdot\boldsymbol{\nabla}']\boldsymbol{\nabla}'\dot{\phi} - \mathrm{j}\omega\mu(\boldsymbol{n}\times\dot{\boldsymbol{H}})\times\boldsymbol{\nabla}'\dot{\phi}\}\mathrm{d}S' \tag{9.5.15}$$

式(9.5.14)和式(9.5.15)提供了根据亮区的场分布计算 S 面外侧辐射场的一种方法。对于口径天线辐射场计算，就是根据口径上的场分布计算其辐射场，称为口径场量法。凡是可利用这种方法进行计算的天线就称为口径天线。除了反射面天线之外，还包括透镜和喇叭天线等。

在口径天线辐射场计算时，也可以不选择平面口径，把它选为一个包围天线的任意曲面口径，其计算结果与平面口径并无差别。

9.5.3　电磁波的绕射[2]

从上述分析看到，由于口径是一个非封闭曲面，在其边缘上场量发生突变，从而导致了波的绕射。这意味着，若将投射到口径上的波射线延续到口径外部，在不被射线覆盖的区域内，场量也并不是零。此外，在射线区域内，场量的值也取不同于根据几何光学原理求得的值。由于口径场量法考虑了绕射作用，所以它符合上述结论。

以标量绕射问题为例，假定面 S 是一个将源和观察者分开的不透明的屏障。如图 9.5.3 所示，面 S 为一个无限大不透明的屏障，S_1 是屏障上的一个小孔，面 $S_{+\infty}$ 是一个半径为无限大的半球面，源在屏障的左边。由于在屏障上开有一个小孔 S_1，所有场将在一定程度上透入观察者所在的区域。已经证明，在面 $S_{+\infty}$ 上的积分为零，所以只剩下在面 S 和面 S_1 上的积分。显然，若已知在孔 S_1 上和在观察者一方的屏障面上 $\dot{\psi}$ 和 $\frac{\partial\dot{\psi}}{\partial n}$ 的值，则根据式(9.2.12)就能计算出绕射场。但是，遗憾的是，这些值是不能准确得到的。为了求出近似解，人们可以暂且依照基尔霍夫的假定：

(1) 在屏障的内表面上，$\dot{\psi} = 0$ 和 $\frac{\partial\dot{\psi}}{\partial n} = 0$；

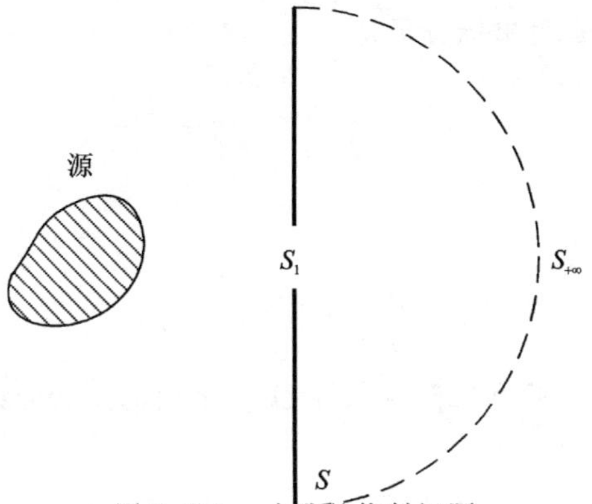

图 9.5.3　小孔的绕射问题

(2) 在缝或孔的表面 S_1 上，场与未经扰动之入射波一样。

自基尔霍夫以来，缝或光栅绕射方向图的计算，几乎都是以上面的两条假设为基础[7]的。显然，这种假设是不合理的。首先，$\dot{\psi}$ 和 $\frac{\partial \dot{\psi}}{\partial n}$ 在屏的内表面上为零这一假设意味着：在孔 S_1 的边缘线 C 上存在不连续性，但格林定理却只有对在整个面 S 上处处连续的函数才能成立。若 $\dot{\psi}$ 和 $\frac{\partial \dot{\psi}}{\partial n}$ 在 S 的任何一个有限部分为零，则它们在 S 所围的全部空间点均为零，这是格林定理的直接结果。其次，电磁场一般不能用一个标量波函数表示，而是由一组代表电场 $\dot{\boldsymbol{E}}$ 和磁场 $\dot{\boldsymbol{H}}$ 的各直角坐标分量的标量函数来表征。但是，这些分量在内点上不但必须满足齐次标量波动方程（式(9.2.3) 右边的 $\dot{g}(\boldsymbol{r}) = 0$），而且还必须是麦克斯韦方程的解。

尽管存在这样一些缺点，经典基尔霍夫理论对几何光学的许多绕射问题还是给出了令人满意的解答。这是因为在光学问题中，口径尺寸比波长大得多，波的绕射作用并不十分显著，辐射场的主要部分集中在来自口径的射线所包围的区域内。或者说绕射所产生的辐射基本上沿入射线向前投射，所以在屏障阴影侧的场量为零这种假设近似成立，即基尔霍夫的假设所引起的误差常常是允许的。实际的计算表明，在主辐射方向（沿入射线方向）附近的小角度范围内由上述假设计算的结果与真实值是基本一致的，但对于偏离主辐射方向较大角度区域的辐射场，基于这种假设的计算值误差很大。这也说明，更为精确的公式必须包括孔边缘的绕射效应。实际上，增大波长将使绕射方向图变宽，那么，根据式(9.2.12) 计算 $\dot{\psi}$ 时，将在屏障遮挡着的背后得出非零值，因而与上述的基尔霍夫假设相矛盾。

相反地，当频率较高时，绕射作用很小，辐射场主要集中在口径轴线附近。在这种情况下，可采用一种高频近似法来分析口径天线的辐射场。对于很多种天线，口径场几乎是线性极化的，这时绕射场的计算可以简化。若进一步再采用高频近似法，则可以转化为一个标量绕射问题，即可采用式(9.2.15) 和式(9.2.16) 分别计算电场和磁场的任一直角坐标分量。

习　题

9.1　设 $\dot{\psi}$ 为方程

$$\frac{\partial^2 \dot{\psi}}{\partial x^2} + \frac{\partial^2 \dot{\psi}}{\partial y^2} + k^2 \dot{\psi} = 0$$

的解，且 $\dot{\psi}$ 及其一阶和二阶导数在 Oxy 平面的闭合曲线 C 之内及其上是连续的。再设

$$u(x,y) = \frac{1}{4\pi}\oint_C \left[\mathrm{H}_0^{(1)}(kR)\frac{\partial \dot{\psi}}{\partial n'} - \dot{\psi}\frac{\partial}{\partial n'}\mathrm{H}_0^{(1)}(kR) \right] \mathrm{d}l'$$

式中，$R=\sqrt{(x-x')^2+(y-y')^2}$，$n$ 是垂直于 C 的外法向方向单位矢量。证明：若点 (x,y,z) 处于 C 之外，则 $u(x,y)=0$；若处于 C 内，$u=\dot{\psi}(x,y)$。

9.2　给出在二维情况下的基尔霍夫公式，并加以讨论。

9.3　设在整个体积 V 内电流的分布由函数 $\dot{\boldsymbol{J}}(x,y,z)$ 给定。证明：该电流分布产生的电场强度可表示为以下积分：

$$\dot{\boldsymbol{E}}(x,y,z)=-\frac{\mathrm{j}}{4\pi\omega\varepsilon}\int_V[(\dot{\boldsymbol{J}}\cdot\nabla')\nabla'+k^2\dot{\boldsymbol{J}}]\frac{\mathrm{e}^{-\mathrm{j}kR}}{R}\mathrm{d}V'$$

式中，$k=\omega\sqrt{\mu\varepsilon}$，且 $R^2=(x-x')^2+(y-y')^2+(z-z')^2$。

9.4　将习题 9.3 的定理用于理想导体，得到

$$\dot{\boldsymbol{E}}(x,y,z)=-\frac{\mathrm{j}}{4\pi\omega\varepsilon}\int_S[(\dot{\boldsymbol{K}}\cdot\nabla')\nabla'+k^2\dot{\boldsymbol{K}}]\frac{\mathrm{e}^{-\mathrm{j}kR}}{R}\mathrm{d}S'$$

式中，$\dot{\boldsymbol{K}}$ 为导体表面 S 上点 (x',y',z') 处的面电流密度。现在，设 S 是一导线的表面，并设导线的曲率是连续的，且横截面的尺寸远小于曲率半径和波长。证明：该导线的电场强度为

$$\dot{\boldsymbol{E}}(x,y,z)=-\frac{\mathrm{j}}{4\pi\omega\varepsilon}\nabla\left\{I\frac{\mathrm{e}^{-\mathrm{j}kR}}{R}\bigg|_{S=S_2}^{S=S_1}+\int_C\frac{\partial I}{\partial l'}\frac{\mathrm{e}^{-\mathrm{j}kR}}{R}\mathrm{d}l'\right\}-\frac{\mathrm{j}\omega\mu}{4\pi}\int_C I\frac{\mathrm{e}^{-\mathrm{j}kR}}{R}\mathrm{d}l'$$

式中，各个线积分为沿点 S_1 至 S_2 之间导线的轮廓线 C。

9.5　设均匀平面波垂直投射到具有一个圆孔的无限大金属板上，试求其绕射场。

参考文献

[1] 符果行. 电磁场中的格林函数法 [M]. 北京：高等教育出版社，1993.

[2] STRATTON J A. Electromagnetic Theory [M]. New York: McGraw-Hill Book Co. , Inc. , 1941.

[3] 马西奎. 电磁场理论及应用 [M]. 2 版. 西安：西安交通大学出版社，2018.

[4] STRATTON J A, CHU L J. Diffraction Theory of Electromagnetic Waves [J]. Physics Review, 1939, 56(1): 99 - 107.

[5] 黄席椿. 电磁辐射、惠更斯原理与几何光学 [M]. 北京：教育部(教育部电磁场理论教师讲习班讲稿)，1984.

[6] SCHELKUNOFF S A. Some Equivalence Theory of Electromagnetics and Their Applications to Radiation Problems [J]. Bell System Tech. Jour. , 1936, 15: 92 - 112.

[7] BORN M, WOLF E. Principles of Optics [M]. 6th ed. Oxford, England: Pergamon Press, 1980.

附录

附录 A　正交坐标系

三种常用正交坐标系(分别见附图 A-1、附图 A-2 和附图 A-3)以及各正交坐标系之间的关系如附表 A-1 所示。

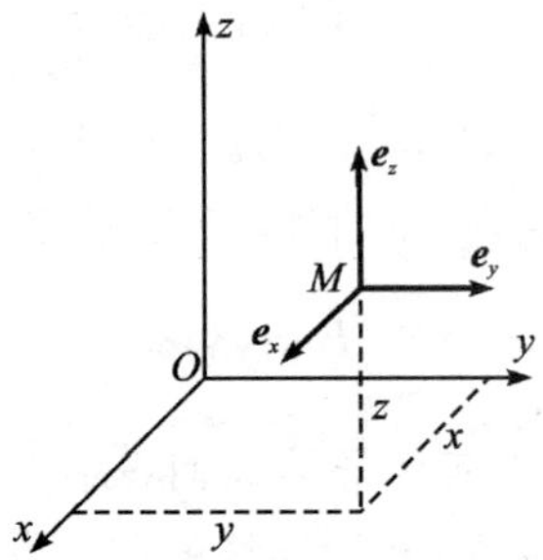

附图 A-1　直角坐标系

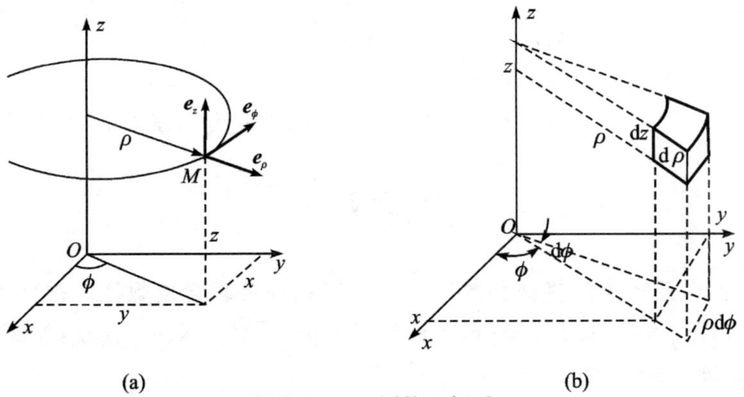

附图 A-2　圆柱坐标系

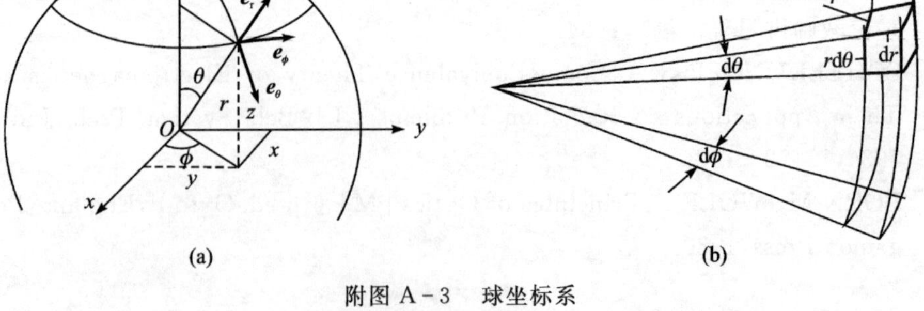

附图 A-3　球坐标系

附表 A-1 三种正交坐标系之间的关系

坐标系	单位向量	元长度	元面积	元体积	与其他坐标系关系	与其他单位矢量关系
直角坐标 x,y,z	$\boldsymbol{e}_x,\boldsymbol{e}_y,\boldsymbol{e}_z$	$\mathrm{d}\boldsymbol{l}=\boldsymbol{e}_x\mathrm{d}x$ $+\boldsymbol{e}_y\mathrm{d}y$ $+\boldsymbol{e}_z\mathrm{d}z$	$\mathrm{d}\boldsymbol{S}=\boldsymbol{e}_x\mathrm{d}y\mathrm{d}z$ $+\boldsymbol{e}_y\mathrm{d}z\mathrm{d}x$ $+\boldsymbol{e}_z\mathrm{d}x\mathrm{d}y$	$\mathrm{d}V=\mathrm{d}x\mathrm{d}y\mathrm{d}z$	$\rho=\sqrt{x^2+y^2}$ $\phi=\arctan(y/x)$ $z=z$ 和 $r=\sqrt{x^2+y^2+z^2}$ $\theta=\arctan\dfrac{\sqrt{x^2+y^2}}{z}$ $\phi=\arctan(y/x)$	$\boldsymbol{e}_\rho=\boldsymbol{e}_x\cos\phi+\boldsymbol{e}_y\sin\phi$ $\boldsymbol{e}_\phi=-\boldsymbol{e}_x\sin\phi+\boldsymbol{e}_y\cos\phi$ $\boldsymbol{e}_z=\boldsymbol{e}_z$ 和 $\boldsymbol{e}_r=\boldsymbol{e}_x\sin\theta\cos\phi+\boldsymbol{e}_y\sin\theta\sin\phi+\boldsymbol{e}_z\cos\theta$ $\boldsymbol{e}_\theta=\boldsymbol{e}_x\cos\theta\cos\phi+\boldsymbol{e}_y\cos\theta\sin\phi-\boldsymbol{e}_z\sin\theta$ $\boldsymbol{e}_\phi=-\boldsymbol{e}_x\sin\phi+\boldsymbol{e}_y\cos\phi$
圆柱坐标 ρ,ϕ,z	$\boldsymbol{e}_\rho,\boldsymbol{e}_\phi,\boldsymbol{e}_z$	$\mathrm{d}\boldsymbol{l}=\boldsymbol{e}_\rho\mathrm{d}\rho$ $+\boldsymbol{e}_\phi\rho\mathrm{d}\phi$ $+\boldsymbol{e}_z\mathrm{d}z$	$\mathrm{d}\boldsymbol{S}=\boldsymbol{e}_\rho\rho\mathrm{d}\phi\mathrm{d}z$ $+\boldsymbol{e}_\phi\mathrm{d}\rho\mathrm{d}z$ $+\boldsymbol{e}_z\rho\mathrm{d}\rho\mathrm{d}\phi$	$\mathrm{d}V=\rho\mathrm{d}\rho\mathrm{d}\phi\mathrm{d}z$	$x=\rho\cos\phi$ $y=\rho\sin\phi$ $z=z$ 和 $r=\sqrt{\rho^2+z^2}$ $\theta=\arctan(\rho/z)$ $\phi=\phi$	$\boldsymbol{e}_x=\boldsymbol{e}_\rho\cos\phi-\boldsymbol{e}_\phi\sin\phi$ $\boldsymbol{e}_y=\boldsymbol{e}_\rho\sin\phi+\boldsymbol{e}_\phi\cos\phi$ $\boldsymbol{e}_z=\boldsymbol{e}_z$ 和 $\boldsymbol{e}_r=\boldsymbol{e}_\rho\sin\theta+\boldsymbol{e}_z\cos\theta$ $\boldsymbol{e}_\theta=\boldsymbol{e}_\rho\cos\theta-\boldsymbol{e}_z\sin\theta$ $\boldsymbol{e}_\phi=\boldsymbol{e}_\phi$
球坐标 r,θ,ϕ	$\boldsymbol{e}_r,\boldsymbol{e}_\theta,\boldsymbol{e}_\phi$	$\mathrm{d}\boldsymbol{l}=\boldsymbol{e}_r\mathrm{d}r$ $+\boldsymbol{e}_\theta r\mathrm{d}\theta$ $+\boldsymbol{e}_\phi r\sin\theta\mathrm{d}\phi$	$\mathrm{d}\boldsymbol{S}=\boldsymbol{e}_r r^2\sin\theta\mathrm{d}\phi\mathrm{d}\theta$ $+\boldsymbol{e}_\theta r\sin\theta\mathrm{d}r\mathrm{d}\phi$ $+\boldsymbol{e}_\phi r\mathrm{d}r\mathrm{d}\theta$	$\mathrm{d}V=r^2\sin\theta\mathrm{d}\theta\mathrm{d}\phi\mathrm{d}r$	$x=r\sin\theta\cos\phi$ $y=r\sin\theta\sin\phi$ $z=r\cos\theta$ 和 $\rho=r\sin\theta$ $\phi=\phi$ $z=r\cos\theta$	$\boldsymbol{e}_x=\boldsymbol{e}_r\sin\theta\cos\phi+\boldsymbol{e}_\theta\cos\theta\cos\phi-\boldsymbol{e}_\phi\sin\phi$ $\boldsymbol{e}_y=\boldsymbol{e}_r\sin\phi\sin\theta+\boldsymbol{e}_\theta\cos\theta\sin\phi+\boldsymbol{e}_\phi\cos\phi$ $\boldsymbol{e}_z=\boldsymbol{e}_r\cos\theta-\boldsymbol{e}_\theta\sin\theta$ 和 $\boldsymbol{e}_\rho=\boldsymbol{e}_r\sin\theta+\boldsymbol{e}_\theta\cos\theta$ $\boldsymbol{e}_\phi=\boldsymbol{e}_\phi$ $\boldsymbol{e}_z=\boldsymbol{e}_r\cos\theta-\boldsymbol{e}_\theta\sin\theta$

附录B 矢量分析常用公式及有关定理

B.1 矢量恒等式

$\boldsymbol{A}\times(\boldsymbol{B}\times\boldsymbol{C})=(\boldsymbol{A}\cdot\boldsymbol{C})\boldsymbol{B}-(\boldsymbol{A}\cdot\boldsymbol{B})\boldsymbol{C}$

$\boldsymbol{A}\cdot(\boldsymbol{B}\times\boldsymbol{C})=\boldsymbol{B}\cdot(\boldsymbol{C}\times\boldsymbol{A})=\boldsymbol{C}\cdot(\boldsymbol{A}\times\boldsymbol{B})$

$\nabla(\varphi u)=\varphi\nabla u+u\nabla\varphi$

$\nabla\cdot(\varphi\boldsymbol{A})=\varphi\nabla\cdot\boldsymbol{A}+\boldsymbol{A}\cdot\nabla\varphi$

$\nabla\times(\varphi\boldsymbol{A})=\varphi(\nabla\times\boldsymbol{A})+\boldsymbol{A}\times\nabla\varphi$

$\nabla(\boldsymbol{A}\cdot\boldsymbol{B})=(\boldsymbol{A}\cdot\nabla)\boldsymbol{B}+(\boldsymbol{B}\cdot\nabla)\boldsymbol{A}+\boldsymbol{A}\times\nabla\times\boldsymbol{B}+\boldsymbol{B}\times\nabla\times\boldsymbol{A}$

$\nabla\cdot(\boldsymbol{A}\times\boldsymbol{B})=\boldsymbol{B}\cdot(\nabla\times\boldsymbol{A})-\boldsymbol{A}\cdot(\nabla\times\boldsymbol{B})$

$\nabla\times(\boldsymbol{A}\times\boldsymbol{B})=\boldsymbol{A}\nabla\cdot\boldsymbol{B}-\boldsymbol{B}\nabla\cdot\boldsymbol{A}+(\boldsymbol{B}\cdot\nabla)\boldsymbol{A}-(\boldsymbol{A}\cdot\nabla)\boldsymbol{B}$

$\nabla\times(\nabla\times\boldsymbol{A})=\nabla(\nabla\cdot\boldsymbol{A})-\nabla^2\boldsymbol{A}$

$\nabla\times(\varphi\nabla u)=\nabla\varphi\times\nabla u$

$\nabla\times\nabla\varphi=\boldsymbol{0}$

$\nabla\cdot\nabla\times\boldsymbol{A}=0$

B.2 矢量积分定理

$$\int_V\nabla\cdot\boldsymbol{A}\mathrm{d}V=\oint_S\boldsymbol{A}\cdot\mathrm{d}\boldsymbol{S}$$

$$\int_V\nabla\times\boldsymbol{A}\mathrm{d}V=\oint_S\mathrm{d}\boldsymbol{S}\times\boldsymbol{A}$$

$$\int_V\nabla\Phi\mathrm{d}V=\oint_S\Phi\mathrm{d}\boldsymbol{S}$$

$$\int_V\nabla\times\boldsymbol{A}\cdot\mathrm{d}\boldsymbol{S}=\oint_S\boldsymbol{A}\cdot\mathrm{d}\boldsymbol{l}$$

$$\int_S\mathrm{d}\boldsymbol{S}\times\nabla\Phi=\oint_l\Phi\mathrm{d}\boldsymbol{l}$$

$$\int_V(\Phi\nabla^2\Psi+\nabla\Phi\cdot\nabla\Psi)\mathrm{d}V=\oint_S\Phi\nabla\Psi\cdot\mathrm{d}\boldsymbol{S}$$ （格林第一公式）

$$\int_V(\Phi\nabla^2\Psi-\Psi\nabla^2\Phi)\mathrm{d}V=\oint_S(\Phi\nabla\Psi-\Psi\nabla\Phi)\cdot\mathrm{d}\boldsymbol{S}$$ （格林第二公式）

$$\int_V(\boldsymbol{B}\cdot\nabla\times\nabla\times\boldsymbol{A}-\boldsymbol{A}\cdot\nabla\times\nabla\times\boldsymbol{B})\mathrm{d}V=\oint_S(\boldsymbol{A}\times\nabla\times\boldsymbol{B}-\boldsymbol{B}\times\nabla\times\boldsymbol{A})\cdot\mathrm{d}\boldsymbol{S}$$

（矢量格林公式）

附录C 曲线坐标系中的矢量微分公式

C.1 直角坐标系

$$\nabla\psi = \boldsymbol{e}_x \frac{\partial\psi}{\partial x} + \boldsymbol{e}_y \frac{\partial\psi}{\partial y} + \boldsymbol{e}_z \frac{\partial\psi}{\partial z}$$

$$\nabla\cdot\boldsymbol{A} = \frac{\partial A_x}{\partial x} + \frac{\partial A_y}{\partial y} + \frac{\partial A_z}{\partial z}$$

$$\nabla\times\boldsymbol{A} = \begin{vmatrix} \boldsymbol{e}_x & \boldsymbol{e}_y & \boldsymbol{e}_z \\ \dfrac{\partial}{\partial x} & \dfrac{\partial}{\partial y} & \dfrac{\partial}{\partial z} \\ A_x & A_y & A_z \end{vmatrix}$$

$$= \boldsymbol{e}_x\left(\frac{\partial A_z}{\partial y} - \frac{\partial A_y}{\partial z}\right) + \boldsymbol{e}_y\left(\frac{\partial A_x}{\partial z} - \frac{\partial A_z}{\partial x}\right) + \boldsymbol{e}_z\left(\frac{\partial A_y}{\partial x} - \frac{\partial A_x}{\partial y}\right)$$

$$\nabla^2\psi = \frac{\partial^2\psi}{\partial x^2} + \frac{\partial^2\psi}{\partial y^2} + \frac{\partial^2\psi}{\partial z^2}$$

$$\nabla^2\boldsymbol{A} = \frac{\partial^2\boldsymbol{A}}{\partial x^2} + \frac{\partial^2\boldsymbol{A}}{\partial y^2} + \frac{\partial^2\boldsymbol{A}}{\partial z^2} = \nabla^2 A_x\boldsymbol{e}_x + \nabla^2 A_y\boldsymbol{e}_y + \nabla^2 A_z\boldsymbol{e}_z$$

C.2 圆柱坐标系

$$\frac{\partial\boldsymbol{e}_\rho}{\partial\phi} = \boldsymbol{e}_\phi \qquad \frac{\partial\boldsymbol{e}_\phi}{\partial\phi} = -\boldsymbol{e}_\rho \qquad \nabla\cdot\boldsymbol{e}_\rho = \frac{1}{\rho} \qquad \nabla\times\boldsymbol{e}_\phi = \frac{\boldsymbol{e}_z}{\rho}$$

$$\nabla\psi = \boldsymbol{e}_\rho \frac{\partial\psi}{\partial\rho} + \boldsymbol{e}_\phi \frac{1}{\rho}\frac{\partial\psi}{\partial\phi} + \boldsymbol{e}_z \frac{\partial\psi}{\partial z}$$

$$\nabla\cdot\boldsymbol{A} = \frac{1}{\rho}\frac{\partial(\rho A_\rho)}{\partial\rho} + \frac{1}{\rho}\frac{\partial A_\phi}{\partial\phi} + \frac{\partial A_z}{\partial z}$$

$$\nabla\times\boldsymbol{A} = \frac{1}{\rho}\begin{vmatrix} \boldsymbol{e}_\rho & \rho\boldsymbol{e}_\phi & \boldsymbol{e}_z \\ \dfrac{\partial}{\partial\rho} & \dfrac{\partial}{\partial\phi} & \dfrac{\partial}{\partial z} \\ A_\rho & \rho A_\phi & A_z \end{vmatrix}$$

$$= \boldsymbol{e}_\rho\left(\frac{1}{\rho}\frac{\partial A_z}{\partial\phi} - \frac{\partial A_\phi}{\partial z}\right) + \boldsymbol{e}_\phi\left(\frac{\partial A_\rho}{\partial z} - \frac{\partial A_z}{\partial\rho}\right) + \boldsymbol{e}_z\frac{1}{\rho}\left(\frac{\partial(\rho A_\phi)}{\partial\rho} - \frac{\partial A_\rho}{\partial\phi}\right)$$

$$\nabla^2\psi = \frac{1}{\rho}\frac{\partial}{\partial\rho}\left(\rho\frac{\partial\psi}{\partial\rho}\right) + \frac{1}{\rho^2}\frac{\partial^2\psi}{\partial\phi^2} + \frac{\partial^2\psi}{\partial z^2}$$

$$= \frac{\partial^2\psi}{\partial\rho^2} + \frac{1}{\rho}\frac{\partial\psi}{\partial\rho} + \frac{1}{\rho^2}\frac{\partial^2\psi}{\partial\phi^2} + \frac{\partial^2\psi}{\partial z^2}$$

$$\nabla^2\boldsymbol{A}=\boldsymbol{e}_\rho\left(\nabla^2A_\rho-\frac{2}{\rho^2}\frac{\partial A_\phi}{\partial\phi}-\frac{A_\rho}{\rho^2}\right)+\boldsymbol{e}_\phi\left(\nabla^2A_\phi+\frac{2}{\rho^2}\frac{\partial A_\rho}{\partial\phi}-\frac{A_\phi}{\rho^2}\right)+\boldsymbol{e}_z\nabla^2A_z$$

$$\begin{aligned}\nabla\nabla\cdot\boldsymbol{A}=&\ \boldsymbol{e}_\rho\left(\frac{\partial^2A_\rho}{\partial\rho^2}+\frac{\partial^2A_z}{\partial\rho\partial z}+\frac{1}{\rho}\frac{\partial^2A_\phi}{\partial\rho\partial\phi}+\frac{1}{\rho}\frac{\partial A_\rho}{\partial\rho}-\frac{1}{\rho^2}\frac{\partial A_\phi}{\partial\phi}-\frac{A_\rho}{\rho^2}\right)\\&+\boldsymbol{e}_\phi\left(\frac{1}{\rho}\frac{\partial^2A_z}{\partial\phi\partial z}+\frac{1}{\rho^2}\frac{\partial^2A_\phi}{\partial\phi^2}+\frac{1}{\rho}\frac{\partial^2A_\rho}{\partial\rho\partial\phi}+\frac{1}{\rho^2}\frac{\partial A_\rho}{\partial\phi}\right)\\&+\boldsymbol{e}_z\left(\frac{\partial^2A_z}{\partial z^2}+\frac{1}{\rho}\frac{\partial^2A_\phi}{\partial\phi\partial z}+\frac{\partial^2A_\rho}{\partial\rho\partial z}+\frac{1}{\rho}\frac{\partial A_\rho}{\partial z}\right)\end{aligned}$$

$$\begin{aligned}\nabla\times\nabla\times\boldsymbol{A}=&\ \boldsymbol{e}_\rho\left(-\frac{1}{\rho^2}\frac{\partial^2A_\rho}{\partial\phi^2}-\frac{\partial^2A_\rho}{\partial z^2}+\frac{\partial^2A_z}{\partial\rho\partial z}+\frac{1}{\rho}\frac{\partial^2A_\phi}{\partial\rho\partial\phi}+\frac{1}{\rho^2}\frac{\partial A_\phi}{\partial\phi}\right)\\&+\boldsymbol{e}_\phi\left(-\frac{\partial^2A_\phi}{\partial z^2}+\frac{1}{\rho}\frac{\partial^2A_z}{\partial\phi\partial z}-\frac{\partial^2A_\phi}{\partial\rho^2}-\frac{1}{\rho}\frac{\partial A_\phi}{\partial\rho}+\frac{A_\phi}{\rho^2}-\frac{1}{\rho^2}\frac{\partial A_\rho}{\partial\phi}+\frac{1}{\rho}\frac{\partial^2A_\rho}{\partial\rho\partial\phi}\right)\\&+\boldsymbol{e}_z\left(-\frac{\partial^2A_z}{\partial\rho^2}-\frac{1}{\rho^2}\frac{\partial^2A_z}{\partial\phi^2}+\frac{\partial^2A_\rho}{\partial\rho\partial z}+\frac{1}{\rho}\frac{\partial^2A_\phi}{\partial\phi\partial z}+\frac{1}{\rho}\frac{\partial A_\rho}{\partial z}-\frac{1}{\rho}\frac{\partial A_z}{\partial\rho}\right)\end{aligned}$$

C.3 球坐标系

$$\frac{\partial\boldsymbol{e}_r}{\partial\phi}=\sin\theta\boldsymbol{e}_\phi\quad\frac{\partial\boldsymbol{e}_r}{\partial\theta}=\boldsymbol{e}_\theta\quad\frac{\partial\boldsymbol{e}_\theta}{\partial\theta}=-\boldsymbol{e}_r\quad\frac{\partial\boldsymbol{e}_\theta}{\partial\phi}=\cos\theta\boldsymbol{e}_\phi$$

$$\frac{\partial\boldsymbol{e}_\phi}{\partial\phi}=-\boldsymbol{e}_r\sin\theta-\boldsymbol{e}_\theta\cos\theta\quad\nabla\cdot\boldsymbol{e}_r=\frac{2}{r}\quad\nabla\cdot\boldsymbol{e}_\theta=\frac{1}{r\tan\theta}$$

$$\nabla\psi=\boldsymbol{e}_r\frac{\partial\psi}{\partial r}+\boldsymbol{e}_\theta\frac{1}{r}\frac{\partial\psi}{\partial\theta}+\boldsymbol{e}_\phi\frac{1}{r\sin\theta}\frac{\partial\psi}{\partial\phi}$$

$$\begin{aligned}\nabla\cdot\boldsymbol{A}&=\frac{1}{r^2}\frac{\partial}{\partial r}(r^2A_r)+\frac{1}{r\sin\theta}\frac{\partial}{\partial\theta}(\sin\theta A_\theta)+\frac{1}{r\sin\theta}\frac{\partial A_\phi}{\partial\phi}\\&=\frac{\partial A_r}{\partial r}+\frac{2A_r}{r}+\frac{1}{r}\frac{\partial A_\theta}{\partial\theta}+\frac{A_\theta}{r\tan\theta}+\frac{1}{r\sin\theta}\frac{\partial A_\phi}{\partial\phi}\end{aligned}$$

$$\nabla\times\boldsymbol{A}=\begin{vmatrix}\boldsymbol{e}_r & r\boldsymbol{e}_\theta & r\sin\theta\boldsymbol{e}_\phi\\ \dfrac{\partial}{\partial r} & \dfrac{\partial}{\partial\theta} & \dfrac{\partial}{\partial\phi}\\ A_r & rA_\theta & r\sin\theta A_\phi\end{vmatrix}$$

$$=\boldsymbol{e}_r\frac{1}{r\sin\theta}\left[\frac{\partial(A_\phi\sin\theta)}{\partial\theta}-\frac{\partial A_\theta}{\partial\phi}\right]+\boldsymbol{e}_\theta\frac{1}{r}\left[\frac{1}{\sin\theta}\frac{\partial A_r}{\partial\phi}-\frac{\partial(rA_\phi)}{\partial r}\right]+\boldsymbol{e}_\phi\frac{1}{r}\left[\frac{\partial(rA_\theta)}{\partial r}-\frac{\partial A_r}{\partial\theta}\right]$$

$$\begin{aligned}=&\ \boldsymbol{e}_r\left[\frac{1}{r}\frac{\partial A_\phi}{\partial\theta}+\frac{A_\phi}{r\tan\theta}-\frac{1}{r\sin\theta}\frac{\partial A_\theta}{\partial\phi}\right]+\boldsymbol{e}_\theta\left[\frac{1}{r\sin\theta}\frac{\partial A_r}{\partial\phi}-\frac{\partial A_\phi}{\partial r}-\frac{A_\phi}{r}\right]\\&+\boldsymbol{e}_\phi\left[\frac{\partial A_\theta}{\partial r}+\frac{A_\theta}{r}-\frac{1}{r}\frac{\partial A_r}{\partial\theta}\right]\end{aligned}$$

$$\nabla^2\psi=\frac{1}{r^2}\frac{\partial}{\partial r}\left(r^2\frac{\partial\psi}{\partial r}\right)+\frac{1}{r^2\sin\theta}\frac{\partial}{\partial\theta}\left(\sin\theta\frac{\partial\psi}{\partial\theta}\right)+\frac{1}{r^2\sin^2\theta}\frac{\partial^2\psi}{\partial\phi^2}$$

$$= \frac{\partial^2 \psi}{\partial r^2} + \frac{2}{r}\frac{\partial \psi}{\partial r} + \frac{1}{r^2}\frac{\partial^2 \psi}{\partial \theta^2} + \frac{1}{r^2 \tan\theta}\frac{\partial \psi}{\partial r} + \frac{1}{r^2 \sin^2\theta}\frac{\partial^2 \psi}{\partial \phi^2}$$

$$\nabla^2 \boldsymbol{A} = \boldsymbol{e}_r\left[\nabla^2 A_r - \frac{2}{r^2}\left(A_r + \cot\theta A_\theta + \csc\theta \frac{\partial A_\phi}{\partial \phi} + \frac{\partial A_\theta}{\partial \theta}\right)\right]$$
$$+ \boldsymbol{e}_\theta\left[\nabla^2 A_\theta - \frac{1}{r^2}\left(\csc^2\theta A_\theta - 2\frac{\partial A_r}{\partial \theta} + 2\cot\theta\csc\theta \frac{\partial A_\phi}{\partial \phi}\right)\right]$$
$$+ \boldsymbol{e}_\phi\left[\nabla^2 A_\phi - \frac{1}{r^2}\left(\csc^2\theta A_\phi - 2\csc\theta \frac{\partial A_r}{\partial \phi} - 2\cot\theta\csc\theta \frac{\partial A_\theta}{\partial \phi}\right)\right]$$

$$\nabla\nabla \cdot \boldsymbol{A} = \boldsymbol{e}_r\left[\frac{\partial^2 A_r}{\partial r^2} + \frac{2}{r}\frac{\partial A_r}{\partial r} - \frac{2A_r}{r^2} - \frac{A_\theta}{r^2 \tan\theta} + \frac{1}{r\tan\theta}\frac{\partial A_\theta}{\partial r} + \frac{1}{r}\frac{\partial^2 A_\theta}{\partial \theta \partial r} - \frac{1}{r^2}\frac{\partial A_\theta}{\partial \theta} +\right.$$
$$\left.\frac{1}{r\sin\theta}\frac{\partial^2 A_\phi}{\partial \phi \partial r} - \frac{1}{r^2 \sin\theta}\frac{\partial A_\phi}{\partial \phi}\right] + \boldsymbol{e}_\theta\left[\frac{1}{r}\frac{\partial^2 A_r}{\partial r \partial \theta} + \frac{2}{r^2}\frac{\partial A_r}{\partial \theta} - \frac{A_\theta}{r^2 \sin^2\theta}\right.$$
$$\left. + \frac{1}{r^2 \tan\theta}\frac{\partial A_\theta}{\partial \theta} + \frac{1}{r}\frac{\partial^2 A_\theta}{\partial \theta^2} + \frac{1}{r^2 \sin\theta}\frac{\partial^2 A_\phi}{\partial \phi \partial \theta} - \frac{\cos\theta}{r^2 \sin^2\theta}\frac{\partial A_\phi}{\partial \phi}\right]$$
$$+ \boldsymbol{e}_\phi\left[\frac{1}{r\sin\theta}\frac{\partial^2 A_r}{\partial r \partial \phi} + \frac{2}{r^2 \sin\theta}\frac{\partial A_r}{\partial \phi} + \frac{\cos\theta}{r^2 \sin^2\theta}\frac{\partial A_\theta}{\partial \phi} + \frac{1}{r^2 \sin\theta}\frac{\partial^2 A_\phi}{\partial \phi \partial \theta}\right.$$
$$\left. + \frac{1}{r^2 \sin^2\theta}\frac{\partial^2 A_\phi}{\partial \phi^2}\right]$$

$$\nabla \times \nabla \times \boldsymbol{A} = \boldsymbol{e}_r\left(\frac{1}{r}\frac{\partial^2 A_\theta}{\partial r \partial \theta} + \frac{1}{r^2}\frac{\partial A_\theta}{\partial \theta} - \frac{1}{r^2}\frac{\partial^2 A_r}{\partial \theta^2} + \frac{1}{r\tan\theta}\frac{\partial A_\theta}{\partial r} + \frac{A_\theta}{r^2 \tan\theta} - \frac{1}{r^2 \tan\theta}\frac{\partial A_r}{\partial \theta} -\right.$$
$$\left.\frac{1}{r^2 \sin^2\theta}\frac{\partial^2 A_r}{\partial \phi^2} + \frac{1}{r\sin\theta}\frac{\partial^2 A_\phi}{\partial r \partial \phi} + \frac{1}{r^2 \sin\theta}\frac{\partial A_\phi}{\partial \phi}\right) + \boldsymbol{e}_\theta\left(\frac{1}{r^2 \sin^2\theta}\frac{\partial^2 A_\phi}{\partial \phi \partial \theta}\right.$$
$$\left. + \frac{\cos\theta}{r^2 \sin^2\theta}\frac{\partial A_\phi}{\partial \phi} - \frac{1}{r^2 \sin^2\theta}\frac{\partial^2 A_\phi}{\partial \phi^2} - \frac{2}{r}\frac{\partial A_\theta}{\partial r} + \frac{1}{r}\frac{\partial^2 A_r}{\partial r \partial \theta} - \frac{\partial^2 A_\theta}{\partial r^2}\right)$$
$$+ \boldsymbol{e}_\phi\left(\frac{1}{r\sin\theta}\frac{\partial^2 A_r}{\partial \phi \partial r} - \frac{2}{r}\frac{\partial A_\phi}{\partial r} - \frac{1}{r^2}\frac{\partial^2 A_\phi}{\partial \theta^2} - \frac{\partial^2 A_\phi}{\partial r^2} - \frac{1}{r^2 \tan^2\theta}\frac{\partial A_\phi}{\partial \theta} + \frac{A_\theta}{r^2 \sin^2\theta}\right.$$
$$\left. + \frac{1}{r^2 \sin^2\theta}\frac{\partial^2 A_\theta}{\partial \theta \partial \phi} - \frac{\cos\theta}{r^2 \sin^2\theta}\frac{\partial A_\theta}{\partial \phi}\right)$$

附录D 若干恒等式

1. $\mathrm{j}_0(kr)=\dfrac{1}{2}\int_0^{\pi}\mathrm{e}^{\mathrm{j}kr\cos\theta}\sin\theta\mathrm{d}\theta=\dfrac{\sin kr}{kr}$

2. $\mathrm{h}_0^{(1)}(kr)=\dfrac{\mathrm{e}^{\mathrm{j}kr}}{\mathrm{j}kr}$, $\mathrm{h}_0^{(2)}(kr)=-\dfrac{\mathrm{e}^{-\mathrm{j}kr}}{\mathrm{j}kr}$

3. $\dfrac{1}{R}=\int_0^{+\infty}\mathrm{e}^{-\lambda|z-z_0|}\mathrm{J}_0(\lambda\rho)\mathrm{d}\lambda$

这是索末菲积分。其中，$R^2=\rho^2+(z-z_0)^2$，$\rho^2=(x-x_0)^2+(y-y_0)^2$

4. $\dfrac{1-a^2}{1+a^2-2a\cos\alpha}=1+2\sum_{n=1}^{+\infty}a^n\cos n\alpha \qquad (|a|<1)$

5. $(\rho^2+z^2)^{-1/2}=\dfrac{2}{a^2}\sum_{n=1}^{+\infty}\dfrac{\mathrm{J}_0(k_n\rho)}{k_n[\mathrm{J}_1(k_na)]^2}\mathrm{e}^{-k_n|z|}$，有条件 $\mathrm{J}_0(k_na)=0$

附录 E 狄拉克函数及其性质

E.1 δ函数的定义及其性质

1. 定义(一维)

$$\delta(x-a)\neq 0 \qquad 当\ x\neq a$$

而且

$$\int_a^b \delta(x-x_0)\mathrm{d}x=\begin{cases}0 & (x_0\in(a,b))\\ 1 & (x_0\notin(a,b))\end{cases}$$

2. 基本性质

$$\delta(-x)=\delta(x)$$

$$\delta(ax)=\frac{1}{|a|}\delta(x)$$

$$\int_{-\infty}^{+\infty} f(x)\delta(x-a)\mathrm{d}x=f(a)$$

$$\int_{-\infty}^{+\infty}\delta(x-a)\delta(x-b)\mathrm{d}x=\delta(a-b)$$

$$x\delta(x)=0$$

$$\int_{-\infty}^{+\infty} f(x)\delta[g(x)-a]\mathrm{d}x=\left[\frac{f(x)}{g'(x)}\right]_{g(x)=a}$$

$$\int_{-\infty}^{+\infty} f(x)\delta'(x-a)\mathrm{d}x=-f'(a)$$

$$\int_{-\infty}^{+\infty} f(x)\delta^{(n)}(x-a)\mathrm{d}x=(-1)^n f^{(n)}(a)$$

$$\delta'(-x)=-\delta'(x)$$

$$\delta^{(n)}(-x)=(-)^n\delta^{(n)}(x)$$

$$\nabla^2\frac{1}{r}=-4\pi\delta(r)$$

E.2 δ函数的几种常用表达式

$$\delta(x)=\lim_{\alpha\to 0}\frac{1}{\pi}\times\frac{\alpha}{\alpha^2+x^2}$$

$$\delta(x)=\lim_{k\to+\infty}\frac{1}{\pi}\times\frac{\sin kx}{x}$$

$$\delta(x)=\lim_{k\to+\infty}\frac{1}{\pi}\times\frac{\sin^2 kx}{kx^2}$$

$$\delta(x)=\frac{1}{2\pi}\int_{-\infty}^{+\infty}\mathrm{e}^{-\mathrm{j}kx}\,\mathrm{d}k=\frac{1}{\pi}\int_{0}^{+\infty}\cos kx\,\mathrm{d}k$$

$$\delta(x)=\frac{1}{2l}\sum_{n=-\infty}^{+\infty}\mathrm{e}^{\mathrm{j}\frac{n\pi x}{l}}$$

$$\delta(\rho)=\int_{0}^{+\infty}k\mathrm{J}_0(k\rho)\rho\,\mathrm{d}k$$

E.3 δ函数以正交归一完备函数展开

1. 傅里叶级数展开

$$\delta(x-x_0)=\frac{1}{2l}\sum_{n=-\infty}^{+\infty}\mathrm{e}^{-\mathrm{j}\frac{n\pi(x-x_0)}{l}}\qquad(-l\leqslant x\leqslant l)$$

2. 贝塞尔函数展开

$$\delta(x-x_0)=\sum_{n=0}^{+\infty}\frac{2(xx_0)^{\frac{1}{2}}\mathrm{J}_m\left(\frac{\mu_n x_0}{a}\right)\mathrm{J}_m\left(\frac{\mu_n x}{a}\right)}{a^2\mathrm{J}'^2_m(\mu_n)}$$

式中 μ_n 是 $\mathrm{J}_m(\mu_n)=0$ 的根，$m>1$。

3. 勒让德多项式展开

$$\delta(x-x_0)=\sum_{l=0}^{+\infty}\frac{2l+1}{2}P_l(x)\mathrm{P}'_l(x_0)\qquad(-1\leqslant x\leqslant 1)$$

4. 一维的δ函数在一个有限区间[0,a]内展开为傅里叶级数

$$\delta(x-x')=\frac{2}{a}\sum_{n=1}^{+\infty}\sin\frac{n\pi x}{a}\sin\frac{n\pi x'}{a}$$

5. 一维的δ函数在(−∞,∞)范围内展开为傅里叶积分

$$\delta(x-x')=\frac{1}{2\pi}\int_{-\infty}^{+\infty}\mathrm{e}^{\mathrm{j}k(x-x')}\,\mathrm{d}k$$

E.4 用δ函数表示的电荷分布

1. 二维和三维δ函数及其性质

二维δ函数：

$$\delta(\rho-\rho')=\delta(x-x')\delta(y-y')$$

三维δ函数：

$$\delta(\boldsymbol{r}-\boldsymbol{r}')=\delta(x-x')\delta(y-y')\delta(z-z')$$

它们分别具有如下性质：

$$\int_{\Delta S}\delta(\rho-\rho')\,\mathrm{d}S=1\qquad(\rho'\in\Delta S)$$

$$\int_{\Delta V}\delta(\boldsymbol{r}-\boldsymbol{r}')\,\mathrm{d}S=1\qquad(r'\in\Delta V)$$

2. 球坐标系中的 δ 函数

$$\delta(\boldsymbol{r}-\boldsymbol{r}') = \frac{1}{r^2\sin\theta}\delta(r-r')\delta(\theta-\theta')\delta(\phi-\phi')$$

3. 圆柱坐标系中的 δ 函数

$$\delta(\rho-\rho') = \frac{1}{\rho}\delta(\rho-\rho')\delta(\phi-\phi')\delta(z-z')$$

4. 几例用 δ 函数表示的电荷分布

(1) 点电荷系的电荷密度：

$$\rho(\boldsymbol{r}) = \sum_{i=1}^{n} q_i\delta(\boldsymbol{r}-\boldsymbol{r}_i)$$

(2) 电荷 q 均匀分布于半径为 a 的球壳上的电荷密度：

$$\rho(\boldsymbol{r}) = \frac{q}{4\pi a^2}\delta(r-a)$$

(3) 半径为 a，总电荷为 q 的带电圆环的电荷密度：

$$\rho(\boldsymbol{r}) = \frac{q}{2\pi a^2}\delta(r-a)\frac{\delta(\theta)}{\sin\theta} \qquad \text{（球坐标系）}$$

或

$$\rho(\boldsymbol{r}) = \frac{q}{2\pi a}\delta(r-a)\delta(z') \qquad \text{（圆柱坐标系）}$$

(4) 均匀分布于半径为 a 的圆柱面上的电荷密度：

$$\rho(\boldsymbol{r}) = \frac{q}{2\pi a}\delta(r-a)$$

式中，q 为单位长度上圆柱面上的电荷。

(5) 电荷 q 均匀分布在半径为 a 的薄平面圆盘上的电荷密度：

$$\rho(\boldsymbol{r}) = \frac{q}{2\pi a}\frac{1}{r^2\sin\theta}\delta(\theta') \qquad \text{（球坐标系）}$$

或

$$\rho(\boldsymbol{r}) = \frac{q}{2\pi a}\frac{1}{r}\delta(z') \qquad \text{（圆柱坐标系）}$$

(6) 置于坐标原点的电偶极子 $\boldsymbol{p}$ 的电荷密度：

$$\rho(\boldsymbol{r}) = -\boldsymbol{p}\cdot\nabla\delta(\boldsymbol{r})$$